量子力学選書
坂井典佑・筒井　泉　監修

場の量子論
不変性と自由場を中心にして

理学博士
坂本眞人 著

裳華房

QUANTUM FIELD THEORY

focus on invariance and free fields

by

Makoto SAKAMOTO, Ph. D.

SHOKABO

TOKYO

刊 行 趣 旨

　現代物理学を支えている，宇宙・素粒子・原子核・物性の各分野の理論的骨組みの多くは，20世紀初頭に誕生した量子力学によって基礎付けられているといっても過言ではありません．そして，その後の各分野の著しい発展により，最先端の研究においては量子力学の原理の理解に加え，それを十分に駆使することが必須となっています．また，量子情報に代表される新しい視点が20世紀末から登場し，量子力学の基礎研究も大きく進展してきています．そのため，大学の学部で学ぶ量子力学の内容をきちんと理解した上で，その先に広がるさらに一歩進んだ理論を修得することが求められています．

　そこで，こうした状況を踏まえ，主に物理学を専攻する学部・大学院の学生を対象として，「量子力学」に焦点を絞った，今までにない新しい選書を刊行することにしました．

　本選書は，学部レベルの量子力学を一通り学んだ上で，量子力学を深く理解し，新しい知識を学生が道具として使いこなせるようになることを目指したものです．そのため，各テーマは，現代物理学を体系的に修得する上で互いに密接な関係をもったものを厳選し，なおかつ，各々が独立に読み進めることができるように配慮された構成となっています．

　本選書が，これから物理学の各分野を志そうという読者の方々にとって，良き「道しるべ」となることを期待しています．

坂井典佑
筒井　泉

まえがき

　自然はどのような法則に従っているのだろうか？　自然法則のあるべき姿を決める何らかの原理はあるのだろうか？　本書の目的は，専門家ではない理工系の学部生などの初学者を対象に，場の量子論をできる限りわかりやすく説明し，同時に自然を支配する基本法則がどのような原理から導かれるかを理解してもらうことにある．

　自然界における根本的な法則を解明するためには，ミクロの世界，すなわち物質の基本構成要素である素粒子の世界で成り立つ法則を明らかにする必要がある．素粒子の世界は量子論と相対性理論によって支配されており，場の量子論の枠組みの中でそれらの法則が記述される．なぜなら，場の量子論は，量子論と（特殊）相対性理論を融合して得られたものだからである．実際，素粒子の世界は，場の量子論に立脚して構築された標準模型（Standard Model）によって記述されている．したがって，自然を理解するためには，場の量子論を避けて通ることはできない．

　すぐれた場の量子論の教科書がいくつもある中で，なぜもう一冊世に出す理由があるのか？　この疑問に答えておく必要があるだろう．場の量子論は，素粒子物理だけでなく原子核物理や物性物理などのさまざまな分野で用いられ，その内容は驚くほど多岐にわたる．ある程度まとまった内容を一冊の本に収めようとすると，どうしても詳しい式の導出や説明が省かれることになる．そうなると，本のレベルは大学院生を対象としたものになり，学部生や素粒子論の専門教育を受けていない人が簡単に読みこなすことは難しくなる．そうした中で，場の量子論を学びたいと願っている人達に対して，少しでも門戸を広げることができたらというのが，本書を執筆した動機である．

　そこで，私が本書を執筆する際に想定したのは，「量子力学と（特殊）相対

性理論の基礎を学んだ（理工系の学部3,4年生レベルの）人が読みこなせる」こと，それから「自学用あるいは自主ゼミのテキストとして使える」ことである．その代わり，わかりやすさを優先させたためボリュームが多くなり，一冊の本にすべてを収めることは断念せざるを得なかった．内容を二冊に分割し，非可換ゲージ場の量子化と摂動論の定式化を続刊「場の量子論 — ゲージ場と摂動論を中心にして —（仮）」へ持っていくことにした．

　本書の特徴は，論理の飛躍を無くして議論の流れを一歩一歩着実に追えるように，他書では省かれているようなことにも紙面を割いたことである．特に，すべての式を読者が確実に導けるように導出過程を省略することなく丁寧に解説し，重要な式に対してはその物理的意味を詳しく説明した．

　初学者が場の量子論を難しいと感じる理由の1つは，式の導出に労力の大半が使われてしまい，式の物理的意味を考える余裕がない（式の導出で満足してしまう!?）からである．本書ではそういう事態を避けるために，式の導出よりも，得られた式の物理的意味の理解に時間を費やせるよう試みたつもりである．

　本書のもうひとつの特徴は，注釈にある．注釈の部分には，読者がつまずきやすい箇所でのコメントに加えて，式の導出や証明，役に立つ公式や考え方のアドバイスなど，理解の助けとなる多くの情報が与えられている．この部分は本文の理解をより深めるためのものなので，読み飛ばさずに目を通してもらいたい．

　各章の本文中に check と書かれた問題が与えられているが，これらを読み飛ばしても本文の学習に支障はない．ただし，理解ができているかを確認したいときは，これらの問題を解くといいだろう．中にはより進んだ内容のものも含まれている．意欲のある読者は是非チャレンジしてもらいたい．本書に問題の解答を（これ以上ページ数を増やせないため）載せられなかったが，裳華房の Web ページ（https://www.shokabo.co.jp/）に詳しい解説つきの解答例をアップする予定である．また，補足説明なども随時載せていきたいと

思っている．それらも本書と合わせて活用してもらいたい．

　最後に，読者の皆さんにひとつお願いがある．本書に書かれている式を暗記しようとしないでほしい．その代わり，式の物理的意味を理解するように心掛けてもらいたい．物理的意味さえわかっていれば，いつでも式は再現できる．実際，本書に書かれていることは，一から導くことができるものばかりだ．場の量子論を"覚えた"とすれば，これほどつまらないものはないだろう．しかし，理解したのであれば，これほど素晴らしいと感じられる学問もそうそうないはずだ．場の量子論を通じて，自然の真理の一端を感じ取ってもらえたならば，本書の真の目的は達せられたことになる．

　本書を執筆する機会を与えていただいた，裳華房の石黒浩之氏，ならびに監修者の坂井典佑氏と筒井泉氏に厚くお礼を申し上げたい．石川楼丈氏，長澤智明氏，西脇健二氏，藤本教寛氏からは，わかりにくい箇所や誤解を招く表現など多くの指摘をいただき，大変感謝している．最後に，この本を執筆するにあたり，大きな支えとなってくれた妻と息子に感謝の意を表したい．

2014年11月

坂 本 眞 人

目　次

1. 場の量子論への招待

1.1 不変性の原理 ……… 1
1.2 相対論は量子化されるのを待っていた？ ……… 3
1.3 質量起源 ……… 4
1.4 相対論的表記法 ……… 6
1.5 時空並進とローレンツ変換 … 9
1.6 アインシュタインの縮約規則 ……… 14
1.7 相対論的不変性とは？ …… 18
1.8 重要なスカラー，ベクトルの例 ……… 20
  1.8.1 重要なベクトル量の例 … 20
  1.8.2 自明でないスカラー量の例 ……… 21
1.9 不変テンソル ……… 22
1.10 自然単位系 ……… 26
1.11 素粒子物理クイックツアー ……… 30
  1.11.1 物質の源となる素粒子 ……… 30
  1.11.2 力の源となる素粒子 … 31
  1.11.3 クォークの閉じ込め … 33
  1.11.4 スピンによる分類 … 34
  1.11.5 クォーク・レプトンの世代 ……… 36
  1.11.6 質量起源 ……… 37
1.12 ファインマン図 ……… 37

2. クライン - ゴルドン方程式

2.1 シュレディンガー方程式からクライン - ゴルドン方程式へ ……… 42
2.2 ローレンツ変換性 ……… 43
  2.2.1 特殊相対性原理 …… 43
  2.2.2 スカラー関数の幾何学的意味 ……… 45
  2.2.3 ベクトル関数の変換性 … 46
2.3 保存量と確率解釈 ……… 47
  2.3.1 シュレディンガー方程式と確率解釈 ……… 48
  2.3.2 クライン - ゴルドン方程式と確率解釈の困難 …… 49
  2.3.3 困難の原因 ……… 50
2.4 負エネルギー解 ……… 52
2.5 非相対論的極限 ……… 53
  2.5.1 電磁場中のスカラー粒子 ……… 54
  2.5.2 正エネルギー解と非相対論的解釈 ……… 54

2.5.3　負エネルギー解と非相対論
　　　　的極限・・・・・・・56
2.5.4　確率解釈の再解釈・・・58

3. マクスウェル方程式

3.1　マクスウェル方程式の相対論的
　　　形式・・・・・・・・・61
　3.1.1　ゲージ場の導入・・・・62
　3.1.2　場の強さ・・・・・・・63
　3.1.3　マクスウェル方程式の
　　　　　相対論的形式・・・・65
　3.1.4　電荷の保存・・・・・・67
　3.1.5　波動方程式・・・・・・68
3.2　相対論的不変性・・・・・・69
3.3　ゲージ変換とゲージ不変性　71
3.4　電磁場は基本的な場か？・・71
3.5　アハロノフ-ボーム効果・・73
3.6　質量項とゲージ不変性の破れ
　　　・・・・・・・・・・・・78
3.7　ゲージ固定と自由度・・・・79
3.8　マクスウェル方程式を覚える
　　　必要はあるか？・・・・・83

4. ディラック方程式

4.1　ディラック方程式の導出・86
　4.1.1　ディラックのアイデア・86
　4.1.2　γ行列・・・・・・・・88
　4.1.3　γ行列のサイズ・・・・90
　4.1.4　ディラック表示・・・・92
　4.1.5　流れの保存・・・・・・94
4.2　スピン角運動量・・・・・・95
　4.2.1　軌道角運動量と
　　　　　スピン角運動量・・・95
　4.2.2　角運動量保存・・・・・96
4.3　正エネルギー解と
　　　負エネルギー解・・・・・98
4.4　電子のスピンと固有磁気
　　　モーメント・・・・・・・99
　4.4.1　電磁場中の電子の
　　　　　ディラック方程式・・99
　4.4.2　非相対論的極限とパウリ項
　　　　　・・・・・・・・・100
　4.4.3　負エネルギー解の物理的
　　　　　意味・・・・・・・102
　4.4.4　公式 (4.43) の証明・・104
4.5　電荷の問題と統計性・・・107
　4.5.1　ディラック方程式と電荷の
　　　　　問題・・・・・・・107
　4.5.2　スピンと統計・・・・109

5. ディラック方程式の相対論的構造

- 5.1 ディラック方程式の相対論的不変性 ・・・・・・・112
  - 5.1.1 相対論的不変性 ・・・112
  - 5.1.2 スピノル場のローレンツ変換性 ・・・・・113
- 5.2 無限小ローレンツ変換 ・・116
  - 5.2.1 一般の無限小ローレンツ変換 ・・・・・・116
  - 5.2.2 無限小空間回転と無限小ローレンツブースト ・・・・・・・・117
  - 5.2.3 無限小ローレンツ変換の生成子 ・・・・・119
- 5.3 有限ローレンツ変換 ・・・122
  - 5.3.1 空間回転 ・・・・・・123
  - 5.3.2 スピノルの二価性 ・・129
  - 5.3.3 ローレンツブースト ・131
  - 5.3.4 ローレンツ変換のまとめ ・・・・・・・・134
- 5.4 双1次形式 ・・・・・・137
  - 5.4.1 不変スピノルテンソルとしての γ 行列 ・138
  - 5.4.2 双1次形式と変換性 ・141
  - 5.4.3 $\bar{\psi}$ の変換性 ・・・・・143
  - 5.4.4 双1次形式の変換性の証明 ・・・・・・・144

6. ディラック方程式と離散的不変性

- 6.1 空間反転 ・・・・・・・149
  - 6.1.1 空間反転不変性 ・・・150
  - 6.1.2 空間反転不変性の物理的意味 ・・・・・・152
- 6.2 時間反転 ・・・・・・・153
- 6.3 荷電共役 ・・・・・・・155
- 6.4 カイラルスピノル ・・・159
  - 6.4.1 カイラル表示 ・・・159
  - 6.4.2 カイラルスピノルとローレンツ変換性 ・160
  - 6.4.3 カイラル固有状態とヘリシティ固有状態・163
  - 6.4.4 γ 行列の表示によらない定式化 ・・・・・166
  - 6.4.5 カイラルスピノルと空間反転 ・・・・168
  - 6.4.6 カイラルスピノルと荷電共役 ・・・・170
  - 6.4.7 カイラルスピノルと双1次形式 ・・・172
  - 6.4.8 カイラル対称性 ・173
- 6.5 パリティの破れ ・・・・174
  - 6.5.1 パリティ非保存の実験 ・・・・・・・・175
  - 6.5.2 理論的説明 ・・・・176
- 6.6 マヨラナスピノル ・・・178
  - 6.6.1 マヨラナスピノルとマヨラナ質量 ・・・178
  - 6.6.2 カイラル条件 vs. マヨラナ条件 ・・・・・・・179

7. ゲージ原理と3つの力

- 7.1 ディラック方程式のゲージ不変性 ・・・・・・・183
- 7.2 ゲージ原理 ・・・・・・184
  - 7.2.1 大域的不変性から局所的不変性へ ・・・・185
  - 7.2.2 ゲージ不変性の思想 ・187
  - 7.2.3 ゲージ不変性の重要な帰結 ・・・・・・・189
- 7.3 $SU(N)$ 群 ・・・・・・・189
  - 7.3.1 群の定義 ・・・・・189
  - 7.3.2 リー群とリー代数 ・191
  - 7.3.3 $SU(2)$ ・・・・・・198
  - 7.3.4 $SU(3)$ ・・・・・・199
- 7.4 $SU(N)$ ゲージ理論 ・・・200
- 7.5 $SU(3) \times SU(2) \times U(1)_Y$ ゲージ理論 ・・・・・・206
  - 7.5.1 $SU(3)$ ゲージ理論 ― 量子色力学 ― ・・・・・・・206
  - 7.5.2 $SU(2) \times U(1)_Y$ ゲージ理論 ― 電弱理論 ― ・・209
  - 7.5.3 クォーク・レプトンの方程式 ・・・・・・212
  - 7.5.4 ゲージ不変性の破れ ・215
- 7.6 ゲージ相互作用とファインマン図 ・・・218
- 7.7 ゲージ理論が語らないこと ・・・・・・・・・・・・220

8. 場と粒子

- 8.1 相対論と量子論の融合が意味するもの ・・・・223
  - 8.1.1 粒子の生成・消滅 ・・223
  - 8.1.2 因果律 ・・・・・・224
- 8.2 光子の願い ― すべては統一的に ― ・・・・・・・・・225
- 8.3 場と粒子描像 ・・・・・228
- 8.4 力学変数としての場 ・・・232

9. ラグランジアン形式

- 9.1 運動方程式と作用原理 ・・234
  - 9.1.1 オイラー-ラグランジュ方程式 ・・・・・234
  - 9.1.2 作用積分と作用原理 ・235
- 9.2 スカラー場の作用積分 ・・237
  - 9.2.1 クライン-ゴルドン方程式と作用積分 ・・・237
  - 9.2.2 オイラー-ラグランジュ

　　　　　方程式・・・・・238
　9.2.3　作用積分の不定性・・241
　9.2.4　不変性の観点から見た
　　　　　作用積分・・・・・241
　9.2.5　作用積分とスカラー場の
　　　　　次元・・・・・・・243
9.3　作用積分の一般的要請・・244
　9.3.1　要請（1̊）：不変性・・245
　9.3.2　要請（2̊）：エルミート性
　　　　　・・・・・・・・・247
　9.3.3　要請（3̊）：局所性・・247
　9.3.4　要請（4̊）：真空の存在

　　　　　・・・・・・・・・248
　9.3.5　要請（5̊）：くりこみ可能性
　　　　　・・・・・・・・・248
9.4　低エネルギー有効理論・・251
9.5　ディラック場の作用積分・254
　9.5.1　自由ディラック場・・254
　9.5.2　相互作用を持つ
　　　　　ディラック場・・・255
9.6　ゲージ場の作用積分・・・256
　9.6.1　$U(1)$ ゲージ場・・・257
　9.6.2　非可換ゲージ場・・・260
9.7　自然法則と作用積分・・・262

10. 有限自由度の量子化と保存量

10.1　有限自由度の量子力学・269
　10.1.1　有限自由度の正準量子化と
　　　　　ハミルトニアン・269
　10.1.2　1次元調和振動子・・271
10.2　エルミート演算子・・・・273
　10.2.1　エルミート演算子の固有値
　　　　　と固有状態・・・・274
　10.2.2　生成消滅演算子・・・277
　10.2.3　調和振動子と粒子描像
　　　　　・・・・・・・・・278
10.3　不変性と保存量・・・・・279
　10.3.1　ネーターの定理・・・279
　10.3.2　保存量の例・・・・・281
10.4　保存量のもう1つの役割　284
　10.4.1　保存量と無限小変換の
　　　　　生成子・・・・・284

　10.4.2　有限変換とユニタリー
　　　　　演算子・・・・・・288
　10.4.3　一般の演算子に対する変換
　　　　　・・・・・・・・・291
10.5　ウィグナーの定理・・・・292
10.6　場の理論における不変性と
　　　保存量・・・・・・・・294
　10.6.1　場の理論におけるネーター
　　　　　の定理・・・・・・294
　10.6.2　時空並進不変性と保存量
　　　　　・・・・・・・・・295
　10.6.3　ローレンツ不変性と保存量
　　　　　・・・・・・・・・297
　10.6.4　位相変換不変性と電荷の
　　　　　保存・・・・・・・299

11. スカラー場の量子化

11.1 実スカラー場の量子化 ‥303
  11.1.1 実スカラー場の
      ハミルトニアン ‥303
  11.1.2 実スカラー場の正準量子化
      ‥‥‥‥‥‥306
  11.1.3 時空並進の生成子としての
      エネルギー運動量 307
  11.1.4 空間回転の生成子としての
      角運動量 ‥‥‥311
11.2 自由実スカラー場の
    スペクトラム ‥‥‥312
  11.2.1 真空状態 $|0\rangle$ ‥‥‥313
  11.2.2 1粒子状態 $|k\rangle$ ‥‥‥314
  11.2.3 n粒子状態 $|k_1, k_2, \cdots, k_n\rangle$
      ‥‥‥‥‥‥320
  11.2.4 生成消滅演算子による表示
      ‥‥‥‥‥‥320
  11.2.5 真空エネルギー ‥‥326
11.3 スカラー場の統計性 ‥‥328
  11.3.1 ボース-アインシュタイン
      統計 ‥‥‥‥329
  11.3.2 因果律 ‥‥‥‥‥330
  11.3.3 スカラー場の交換関係と
      局所因果律 ‥‥332
  11.3.4 反交換関係による量子化は
      可能か？‥‥‥335
  11.3.5 量子化条件の再考 ‥336
11.4 グリーン関数とファインマン
    伝播関数 ‥‥‥‥‥338
11.5 複素スカラー場の量子化 343
  11.5.1 自由複素スカラー場の正準
      量子化とハミルトニアン
      ‥‥‥‥‥‥343
  11.5.2 $U(1)$不変性と$U(1)$電荷
      ‥‥‥‥‥‥344
  11.5.3 自由複素スカラー場の
      スペクトラム ‥346
  11.5.4 複素スカラー場の荷電共役
      不変性 ‥‥‥348
11.6 場の演算子と1粒子波動関数
    ‥‥‥‥‥‥‥‥349

12. ディラック場の量子化

12.1 自由ディラック場の量子化
    ‥‥‥‥‥‥‥‥352
  12.1.1 ボース変数とフェルミ変数
      ‥‥‥‥‥‥352
  12.1.2 自由ディラック場の
      ハミルトニアン ‥355
  12.1.3 自由ディラック場の量子化
      と同時刻反交換関係
      ‥‥‥‥‥‥356
  12.1.4 自由ディラック場の保存量
      ‥‥‥‥‥‥358
12.2 自由ディラック場の
    スペクトラム ‥‥‥361
  12.2.1 ディラック方程式の

目次 xiii

　　　　　一般解 ・・・・・362
　12.2.2　解の性質 ・・・・・364
　12.2.3　自由ディラック粒子
　　　　　の生成消滅演算子と
　　　　　反交換関係 ・・・・369
　12.2.4　自由ディラック粒子の
　　　　　1粒子状態と統計性
　　　　　・・・・・・・・・373
　12.2.5　ディラック場の荷電共役変
　　　　　換とパリティ変換　377
12.3　ディラック場のファインマン
　　　伝播関数 ・・・・・・・380
　12.3.1　ディラック場と局所因果律
　　　　　・・・・・・・・・380
　12.3.2　ディラック場のファインマ
　　　　　ン伝播関数 ・・・・381

13. マクスウェル場の量子化

13.1　マクスウェル場とローレンス
　　　ゲージ条件 ・・・・・384
　13.1.1　ローレンスゲージ条件と
　　　　　ゲージ固定 ・・・384
　13.1.2　ファインマンゲージ・385
　13.1.3　マクスウェル場の量子化
　　　　　条件 ・・・・・・386
13.2　マクスウェル場と生成消滅
　　　演算子 ・・・・・・・388
　13.2.1　マクスウェル場のフーリエ
　　　　　分解 ・・・・・・388
　13.2.2　マクスウェル場のエネル
　　　　　ギー運動量と角運動量演
　　　　　算子 ・・・・・・390
　13.2.3　マクスウェル場の1粒子
　　　　　状態と不定計量 ・392
13.3　補助条件と物理的状態 ・・393
13.4　光子の物理的1粒子状態の
　　　分類 ・・・・・・・・397
13.5　マクスウェル場のファインマン
　　　伝播関数 ・・・・・・398

14. ポアンカレ代数と1粒子状態の分類

14.1　ポアンカレ不変性とポアンカレ
　　　代数 ・・・・・・・・401
　14.1.1　ポアンカレ代数 ・・・402
　14.1.2　ポアンカレ代数の導出と
　　　　　幾何学的解釈 ・・・403
　14.1.3　ポアンカレ代数の
　　　　　1＋3次元分解 ・・406
14.2　ポアンカレ代数の部分代数
　　　・・・・・・・・・・・409
　14.2.1　角運動量代数の固有値と
　　　　　固有状態 ・・・・・409
　14.2.2　2次元ユークリッド代数の
　　　　　固有値と固有状態　412
　14.2.3　固有値問題の
　　　　　解法テクニック ・・414
14.3　1粒子状態の分類 ・・・・417

14.3.1 質量を持つ1粒子状態の分類 ($m > 0$) ・・・ 418

14.3.2 質量を持たない1粒子状態の分類 ($m = 0$) ・・ 421

事項索引 ・・・・・・・・・・・・・・・・・・・・・・・・・・・ 428
欧文索引 ・・・・・・・・・・・・・・・・・・・・・・・・・・・ 435

コ ラ ム

自然法則を記述する言語 ・・・・・・・・・・・・・・・ 41
「量子力学は間違っている」は間違っている ・・・・・・・ 59
g 因子の2からのずれと量子電磁力学 ・・・・・・・・・ 111
鏡の問題 ・・・・・・・・・・・・・・・・・・・・・・・・ 181
謎と物理革命 ・・・・・・・・・・・・・・・・・・・・・ 221
場の量子論の初学者, 中級者, 上級者 ・・・・・・・・・ 268
なぜ電子は安定か？ ・・・・・・・・・・・・・・・・・ 301
科学的理論と反証可能性 ・・・・・・・・・・・・・・・ 427

第1章 場の量子論への招待

　自然の真理を解き明かしていく上で，不変性の理解は不可欠である．相対論的場の量子論は，相対性理論と量子力学が融合したものだが，不変性の観点からは，時空並進不変性とローレンツ不変性を持つ理論体系と見なすことができる．本章では，これから場の量子論を学ぶ準備として，その背景や理解の助けとなる事柄についてまとめておく．

1.1 不変性の原理

　自然はどのような法則に従っているのだろうか？　また，その法則は何らかの原理から導かれるものだろうか？　自然法則，あるいは，物理法則を決める原理があるとすれば，それはどのようなものだろうか？

　アインシュタインは，時間と空間はお互い独立ではなく時空として絡み合っていることを，相対性理論で明らかにした．そしてそれは，時間と空間に対する理解に革命を引き起こした．

　しかしながら，アインシュタインのもたらした真の革命は相対性理論の発見ではない．それは，

「不変性が物理法則のあるべき姿を決める」

という**不変性の原理**（invariance principle）を見抜いたことである．

物理法則（あるいは方程式）がある変換で変わらないとき，物理法則はその変換の下での**不変性**（invariance）を持つという．例えば，運動方程式が座標 (x, y, z) を $(-x, -y, -z)$ に変えても不変なとき，その方程式は空間反転の不変性を持つという．

本書に出てくる重要な不変性として**相対論的不変性**（relativistic invariance）がある．相対論的不変性は，**時空並進不変性**（spacetime translation invariance）と**ローレンツ不変性**（Lorentz invariance）からなる．時空並進不変性とは，時間座標と空間座標の原点をずらす変換（時空並進）の下で不変な性質のことであり，ローレンツ不変性とは，ローレンツ変換の下での不変な性質のことである．

【注】 相対論的不変性の他に，ゲージ不変性も本書では重要な役割を担う．ゲージ不変性は電磁気学の方程式に現れるもので，第3章で詳しく議論する．また，電磁相互作用はゲージ不変性から決まることを第7章で見る．

相対論的不変性が我々の宇宙で成り立っているとすれば，不変性の原理が意味するものは，相対論的不変な方程式のみが物理法則として実現されるということだ．裏を返せば，相対論的不変な方程式のリストが完成したならば，物理法則を記述する方程式はそのリストの中に必ず含まれていることになる．

リストに書かれている方程式は，**スピン**（spin）とよばれる値によって分類される．スピン $0, 1/2, 1$ に対する方程式はそれぞれ**クライン – ゴルドン方程式**（Klein – Gordon equation），**ディラック方程式**（Dirac equation），**マクスウェル方程式**（Maxwell equation）とよばれる．自然界に現れる粒子の種類とそれぞれの粒子に対するスピンと量子数がわかれば，それらの粒子の従う方程式がリストから与えられる．どのようにしてそのリストを作成すればよいかは，本書に書かれている．これから，あなた自身の目と手を使って確かめてほしい．

【注】 本書では取り扱わないが，スピン 3/2 の粒子に対する方程式は**ラリタ – シュウィンガー方程式**（Rarita – Schwinger equation）として知られている．スピン 2 に対する方程

式は，アインシュタインの重力方程式である．

　不変性の原理は，現代物理学の根幹をなす考え方である．そして，それは本書全体のテーマでもある．**「自然法則がいかに不変性の原理から決まっているか」**が理解できたなら，本書の目的の 1 つが達成されたことになる．

1.2　相対論は量子化されるのを待っていた？

　アインシュタインの関係式を見ると，1 つの教訓を思い出す．それは，

『禁止されないものは許される』

というものだ．アインシュタインは，特殊相対性理論でエネルギーと質量の等価性を明らかにした．粒子のエネルギーを E，静止質量を m としたとき，それらは $E = mc^2$ の関係で結ばれるというものである．ここで，c は光速である．この関係は粒子が静止しているときに成り立つ．

　粒子が運動量 $\bm{p} = (p^1, p^2, p^3)$ を持って動いているとき，エネルギーと運動量は，次の相対論的関係

$$E^2 = \bm{p}^2 c^2 + m^2 c^4 \tag{1.1}$$

で結ばれる．この式をエネルギー E について解くと 2 つの解

$$E = \pm\sqrt{\bm{p}^2 c^2 + m^2 c^4} \tag{1.2}$$

が得られる．正エネルギー解のほうは，粒子の持つエネルギーと運動量の関係を正しく表すが，負エネルギー解はいったい何を意味するのだろうか？

　負のエネルギーを持った粒子が存在すると，エネルギー保存則を破ることなく無限のエネルギーを取り出せることになる．なぜなら，負のエネルギーを持った粒子を生成すれば，エネルギー保存則からそれに見合った正のエネルギーが得られるからである．このような状況は，理論的にも実験的にも，とうてい受け入れられるものではない．

【注】量子論は通常，安定な基底（真空）状態の存在を要請する．ところが，負のエネル

ギーを持った粒子が存在すると，いくらでもエネルギーの低い状態が作れてしまう．そのため，この要請が満たされなくなる．

聡明な学生が相対性理論を講義している教授に，『負のエネルギー解を見つけました．この解はどういう意味を持っているのですか？』と質問したとき，古典論しか知らない教授であれば，きっと即座に『それは非物理的な解なので捨ててしまいなさい』と答えるに違いない．それでも学生が『相対論的関係式の解として得られたのですから，何かしらの意味があってもよいのではないでしょうか？』と食い下がると，今度は不機嫌そうな顔をして『君はもっと物理の勉強をしなさい』と言って足早に立ち去っていくことだろう．この場合，勉強すべきは教授のほうだったのだ．

負エネルギー解の物理的意味を知るためには，特殊相対性理論を量子力学の枠組みに組み込む必要がある．ただし，それだけでは十分ではない．それをさらに拡張した，相対論的場の量子論の体系を構築する必要がある．そこで初めて負エネルギー解が，正エネルギーを持った粒子（正確には**反粒子（antiparticle）**）として正しく解釈可能となる．このようにエネルギーと運動量の関係式 (1.1) は，相対論と量子論の融合を我々に促していたのである．

【注】 反粒子とは，粒子と厳密に等しい質量を持ち，電荷などの量子数が逆の粒子のことである．電子の反粒子は**陽電子（positron）**とよばれ，電子と同じ質量を持ち，電荷は電子と逆の正電荷 $+e$ を持つ．詳しくは 6.3 節および 12.2 節で議論する．

1.3 質量起源

相対論を量子化すべきもう 1 つの理由は，質量にある．

特殊相対性原理（principle of special relativity）は，「**すべての慣性系で物理法則は同じ形をとる**」というものである．任意の 2 つの慣性系は時空並進とローレンツ変換によって結びつく．したがって，1.1 節で述べた不変性の原理の形で特殊相対性原理をいいかえると，「**時空並進とローレンツ変換**

によって，物理法則，あるいは方程式が不変である」となる．相対論的不変性を持つ方程式で，最も基本的なものは次の**クライン‐ゴルドン方程式**である．

$$\left\{\frac{1}{c^2}\frac{\partial^2}{\partial t^2} - \frac{\partial^2}{\partial x^2} - \frac{\partial^2}{\partial y^2} - \frac{\partial^2}{\partial z^2} + \left(\frac{mc}{\hbar}\right)^2\right\}\phi(t, \boldsymbol{x}) = 0 \qquad (1.3)$$

これは質量 m を持つ粒子に対する場の方程式だが，この方程式を古典論の立場から理解することは難しい．なぜなら，この方程式の解は三角関数で与えられるので何らかの波を表すと考えられるが，古典論の枠内で解釈する限り，波と粒子は直接結びつかないからである．（次章で具体的に解を与える．）

また，m を粒子の質量と見なすためには，上式からわかるように**プランク定数**（Planck constant）$\hbar$ が必要となる（正確には，プランク定数 h を 2π で割ったものが $\hbar$ である）．つまり，定数 $\hbar$ の起源がわからない限り，クライン‐ゴルドン方程式の物理的意味を正確に理解することは困難だ．

【注】 $\partial^2/\partial x^2$ と $(mc/\hbar)^2$ が同じ単位（あるいは次元）を持つためには，$\hbar$ は角運動量の次元を持たねばならない．実際，プランク定数は角運動量の次元を持つ．（check 1.5 を見よ．）

ただし，例外が1つだけある．それは質量がゼロ（$m=0$）の場合である．このときは方程式から $\hbar$ が消えさり，(1.3) は速さ c で伝播する波を表す．では，質量を持たない粒子は実在しているのだろうか？　それは光である．光は波の性質を持つが，光電効果などで確かめられているように粒子としての性質も持ち，**光子**（photon）とよばれる．

第3章で議論するが，ゲージ不変性の要求は，光子が質量を持つことを禁止する．実際，真空中での電場 $\boldsymbol{E}$ や磁場 $\boldsymbol{B}$ は，$m=0$ とした (1.3) を満たし，光速で真空中を伝わる電磁波の解を与える．マクスウェル方程式が量子力学の誕生を待たずに古典電磁気学として確立できたのは，光子が質量を持たないため，幸運にも $\hbar$ が方程式に現れなかったことが一因であろう．

この節を終える前に，もう1つだけ質量についてコメントしておこう．質量（あるいは重さ）の概念は，誰もが知っているものなので，その起源は相対論や量子論と無関係だと思っているかもしれない．

しかし，質量起源は相対論と量子論にある．物質の重さの根源をたどれば，それらを構成する素粒子の質量にたどり着く．クライン－ゴルドン方程式(1.3)を例に説明したように，質量 m は c と $\hbar$ を抜きにして定義できない．相対論と量子論の基本定数はそれぞれ光速 c とプランク定数 $\hbar$ なので，質量の背後には相対論と量子論が隠れているのである．

実は，素粒子の質量起源はさらに込み入っている．素粒子物理の**標準模型**（standard model）による質量起源の説明は次のものである．電子やクォークなどの素粒子は，初めは質量を持たずに光速で飛び回っていた．ところが，**ヒッグス粒子**（Higgs particle）とよばれる素粒子が真空中で凝縮したため，電子やクォークはヒッグス場の海の中をかきわけて進まなければならなくなった．そのため動きにくくなり，粒子は質量を獲得したのである．

これだけの説明では何のことかわからないと思う．しかし，心配は無用である．ここで述べたことの意味は，続刊『場の量子論―ゲージ場と摂動論を中心にして―（仮）』における標準模型と対称性の自発的破れのところで詳しく説明される．それまで質量起源は謎のままに残しておくことにしよう．

1.4　相対論的表記法

本書で使われる相対論的表記法をここでまとめておく．

無限小だけ離れた時空上の2点を (ct, x, y, z) と $(ct + cdt, x + dx, y + dy, z + dz)$ とし，その間の"距離"の2乗を次式で定義する．

$$ds^2 \equiv c^2 dt^2 - (dx^2 + dy^2 + dz^2) \tag{1.4}$$

上式の定義で注意しておきたいことは，時空座標そのものを使った距離の2乗 $s^2 = c^2 t^2 - (x^2 + y^2 + z^2)$ ではなく，2点間の差 (cdt, dx, dy, dz) を

用いて ds^2 を定義している点である．

すぐ後で議論するように，s^2 の場合はローレンツ変換の下で不変だが，ds^2 はそれに加えて時空座標の並進：$(ct, x, y, z) \to (ct, x, y, z) + (a^0, a^1, a^2, a^3)$ の下でも不変となっている．（ここで，a^0, a^1, a^2, a^3 は任意の定数．）任意の慣性系は時空座標の並進とローレンツ変換で結びつくので，(1.4) で**定義される ds^2 は，すべての慣性系から見て不変**であることがわかる．これは重要な性質だ．

【注】 (1.4) では空間座標部分にマイナス符号をつけたが，時間部分にマイナス符号をつけて $d\tilde{s}^2 \equiv -c^2 dt^2 + (dx^2 + dy^2 + dz^2)$ と定義しても構わない．不変性の観点から，どちらの定義を採用するかは好みの問題にすぎない．本書では (1.4) の定義を採用する．

特殊相対性理論の重要な性質を，ここで確認しておこう．特殊相対性理論は，ローレンツ変換だけでなく時空並進の不変性も合わせ持った理論である．この 2 つの変換をまとめて**ポアンカレ変換**（Poincaré transformation）とよび，特殊相対性理論をポアンカレ変換の下で不変な理論として定式化することができる．相対論というとローレンツ変換のみを連想しがちであるが，時空座標の並進不変性も含まれている．実際，第 14 章のポアンカレ代数と 1 粒子状態の分類のところで，時空並進不変性が重要な役割を果たすことを見るだろう．

ここで，次の 4 次元時空座標 x^μ ($\mu = 0, 1, 2, 3$) を導入しよう．

$$x^\mu = (x^0, x^1, x^2, x^3) \equiv (ct, x, y, z) \tag{1.5}$$

本書全体を通じて，時間方向を 0，空間方向を小文字のローマ字 $j, k, l, \cdots = 1, 2, 3$ で表し，時間と空間方向をまとめてギリシャ文字 $\mu, \nu, \rho, \cdots = 0, 1, 2, 3$ で表すことにする．また，$\boldsymbol{p} = (p^1, p^2, p^3)$ のように太字で 3 次元空間ベクトルを表すこともある．

これだけでは，(1.4) をコンパクトな形に書き表すことができないので，さらに記号を導入する必要がある．その方法は 2 通りある．

1 つ目の方法は，μ の添字を下につけた 4 次元時空座標 x_μ ($\mu = 0, 1, 2,$

3) を，次式のように新たに導入することである．

$$x_\mu = (x_0, x_1, x_2, x_3) \equiv (ct, -x, -y, -z) \tag{1.6}$$

x^μ と x_μ ($\mu = 0, 1, 2, 3$) の違いは，下に示したように空間座標成分の符号にある．

$$x^0 = x_0, \quad x^1 = -x_1, \quad x^2 = -x_2, \quad x^3 = -x_3 \tag{1.7}$$

添字の位置（上つきか下つきか）には注意が必要だ．これらの記号を用いれば，ds^2 は簡単に

$$ds^2 = \sum_{\mu=0}^{3} dx_\mu\, dx^\mu = dx_0\, dx^0 + dx_1\, dx^1 + dx_2\, dx^2 + dx_3\, dx^3$$
$$= c^2 dt^2 - (dx^2 + dy^2 + dz^2) \tag{1.8}$$

と表すことができる．

もう1つの方法は，**計量テンソル** (**metric tensor**) とよばれる次の量

$$\eta_{\mu\nu} = \eta_{\nu\mu} = \begin{cases} +1 & (\mu = \nu = 0) \\ -1 & (\mu = \nu = 1, 2, 3) \\ 0 & (\mu \neq \nu) \end{cases} \tag{1.9}$$

あるいは，行列表記で

$$\eta_{\mu\nu} = \begin{pmatrix} 1 & 0 & 0 & 0 \\ 0 & -1 & 0 & 0 \\ 0 & 0 & -1 & 0 \\ 0 & 0 & 0 & -1 \end{pmatrix} \tag{1.10}$$

を導入して，次のように表すことである．

$$ds^2 = \sum_{\mu,\nu=0}^{3} \eta_{\mu\nu}\, dx^\mu\, dx^\nu = \eta_{00}(dx^0)^2 + \eta_{11}(dx^1)^2 + \eta_{22}(dx^2)^2 + \eta_{33}(dx^3)^2$$
$$= c^2 dt^2 - (dx^2 + dy^2 + dz^2) \tag{1.11}$$

【注】 教科書によっては，計量テンソルの符号が逆の場合（$\eta_{00} = -1$, $\eta_{11} = \eta_{22} = \eta_{33} = 1$) もあるので注意しよう．これも ds^2 の符号の定義と同様，好みの問題である．

(1.7) と (1.10) から，x_μ と x^ν の関係は計量テンソルを通じて

$$x_\mu = \sum_{\nu=0}^{3} \eta_{\mu\nu} x^\nu \qquad (1.12)$$

となる．$\eta_{\mu\nu}$ の逆（行列）$\eta^{\mu\nu}$ を使って，x^μ を x_ν で次のように表すこともできる．

$$x^\mu = \sum_{\nu=0}^{3} \eta^{\mu\nu} x_\nu, \qquad \eta^{\mu\nu} = \begin{pmatrix} 1 & 0 & 0 & 0 \\ 0 & -1 & 0 & 0 \\ 0 & 0 & -1 & 0 \\ 0 & 0 & 0 & -1 \end{pmatrix} \qquad (1.13)$$

$\eta^{\mu\nu}$ は $\eta_{\mu\nu}$ と（値としては）同じものだが，定義は $\eta_{\mu\nu}$ の逆行列，すなわち，$\sum_{\nu=0}^{3} \eta^{\mu\nu} \eta_{\nu\lambda} = \delta^\mu{}_\lambda$ として導入されたものである．$\delta^\mu{}_\lambda$ はクロネッカーシンボルで，次式で定義される．

$$\delta^\mu{}_\lambda = \delta_\lambda{}^\mu = \begin{cases} 1 & (\mu = \lambda) \\ 0 & (\mu \neq \lambda) \end{cases} \qquad (1.14)$$

【注】 クロネッカーシンボル $\delta^\mu{}_\lambda (\mu, \lambda = 0, 1, 2, 3)$ は，4×4 単位行列 I_4 の行列要素に等しい．すなわち，$(I_4)^\mu{}_\lambda = \delta^\mu{}_\lambda$ である．また，任意の $V^\lambda (\lambda = 0, 1, 2, 3)$ に対して $\sum_{\lambda=0}^{3} \delta^\mu{}_\lambda V^\lambda = V^\mu$ が成り立つ．

1.5 時空並進とローレンツ変換

(1.4) のところで，ds^2 はすべての慣性系で同じ値を取ると述べたが，このことは逆に「ds^2 **を不変にする変換によって，すべての慣性系は結びつく**」といいかえてもよい．任意の2つの慣性系は，時空並進とローレンツ変換で結びつく．したがって，時空並進とローレンツ変換を

$$\text{時空並進} \oplus \text{ローレンツ変換} = ds^2 \text{を不変にする変換} \qquad (1.15)$$

として定義することができる．

【注】これは，不変性による，時空並進とローレンツ変換の定義だ．

そこで，ある慣性系の時空座標 x^μ から，別の慣性系の時空座標 x'^μ への変換を考えてみる．

$$x^\mu \longrightarrow x'^\mu = \sum_{\nu=0}^{3} \Lambda^\mu{}_\nu x^\nu + a^\mu \quad (\mu = 0, 1, 2, 3) \quad (1.16)$$

ここで，$a^\mu \, (\mu = 0, 1, 2, 3)$ は時空座標 x^μ の原点を a^μ だけずらす時空並進のパラメータで，$\Lambda^\mu{}_\nu (\mu, \nu = 0, 1, 2, 3)$ はローレンツ変換のパラメータである．

【注】(1.16) は，下の行列表記をコンパクトに書き表したものである．(確かめよ！)

$$\begin{pmatrix} x^0 \\ x^1 \\ x^2 \\ x^3 \end{pmatrix} \longrightarrow \begin{pmatrix} x'^0 \\ x'^1 \\ x'^2 \\ x'^3 \end{pmatrix} = \begin{pmatrix} \Lambda^0{}_0 & \Lambda^0{}_1 & \Lambda^0{}_2 & \Lambda^0{}_3 \\ \Lambda^1{}_0 & \Lambda^1{}_1 & \Lambda^1{}_2 & \Lambda^1{}_3 \\ \Lambda^2{}_0 & \Lambda^2{}_1 & \Lambda^2{}_2 & \Lambda^2{}_3 \\ \Lambda^3{}_0 & \Lambda^3{}_1 & \Lambda^3{}_2 & \Lambda^3{}_3 \end{pmatrix} \begin{pmatrix} x^0 \\ x^1 \\ x^2 \\ x^3 \end{pmatrix} + \begin{pmatrix} a^0 \\ a^1 \\ a^2 \\ a^3 \end{pmatrix} \quad (1.17)$$

後で見るように行列表記は時として便利な場合もあるが，**行列にこだわりすぎると後で出てくるテンソルが理解できなくなる**恐れがある．これからは，行列表記 (1.17) よりも，(1.16) の表記を使いこなせるようにしよう．(1.16) の $\Lambda^\mu{}_\nu$ は行列ではなく成分で書かれた単なる数であることに注意しておく．

(1.16) から

$$dx^\mu \longrightarrow dx'^\mu = \sum_{\nu=0}^{3} \Lambda^\mu{}_\nu dx^\nu \quad (1.18)$$

なので，任意の定数ベクトル a^μ に対して ds^2 は不変であることがわかる．

一方，ローレンツ変換のパラメータ $\Lambda^\mu{}_\nu$ は，ds^2 を不変にする変換として定義することができるので

$$\sum_{\rho, \lambda=0}^{3} \eta_{\rho\lambda} \Lambda^\rho{}_\mu \Lambda^\lambda{}_\nu = \eta_{\mu\nu} \quad (1.19)$$

を満たさなければならない．(証明はすぐ下に与える．) これは，(1.18) の変換がローレンツ変換であるための，$\Lambda^\mu{}_\nu$ に課せられた条件式である．

1.5 時空並進とローレンツ変換

(1.19) に $(\Lambda^{-1})^\mu{}_\alpha (\Lambda^{-1})^\nu{}_\beta$ を掛けて μ, ν について和を取り, $\sum_{\mu=0}^{3} \Lambda^\rho{}_\mu \times (\Lambda^{-1})^\mu{}_\alpha = \delta^\rho{}_\alpha$, $\sum_{\nu=0}^{3} \Lambda^\lambda{}_\nu (\Lambda^{-1})^\nu{}_\beta = \delta^\lambda{}_\beta$ を用いると

$$\eta_{\alpha\beta} = \sum_{\mu,\nu=0}^{3} \eta_{\mu\nu} (\Lambda^{-1})^\mu{}_\alpha (\Lambda^{-1})^\nu{}_\beta \tag{1.20}$$

と書き直すことができる．(1.19) よりも (1.20) のほうが物理的意味がはっきりする．この点については，1.9 節の不変テンソルの項目で詳しく議論する．

【注】 $(\Lambda^{-1})^\mu{}_\alpha$ や $(\Lambda^{-1})^\nu{}_\beta$ は成分で書かれているので，行列ではなく単なる数と見なしてよい．したがって，(1.19) から (1.20) を導出する際に，$(\Lambda^{-1})^\mu{}_\alpha$, $(\Lambda^{-1})^\nu{}_\beta$ と (1.19) の $\eta_{\rho\lambda}, \Lambda^\rho{}_\mu, \Lambda^\lambda{}_\nu$ との順番を自由に入れかえて構わない．では，約束通り (1.19) の証明を下に与えておこう．

$$\begin{aligned}
\sum_{\mu,\nu=0}^{3} \eta_{\mu\nu} dx^\mu dx^\nu &= \sum_{\mu,\nu=0}^{3} \eta_{\mu\nu} dx'^\mu dx'^\nu \quad (\because ds^2 = ds'^2) \\
&= \sum_{\rho,\lambda=0}^{3} \eta_{\rho\lambda} dx'^\rho dx'^\lambda \quad (\because \mu \to \rho, \nu \to \lambda \text{ に文字をおきかえた}) \\
&\overset{(1.18)}{=} \sum_{\rho,\lambda=0}^{3} \eta_{\rho\lambda} \left(\sum_{\mu=0}^{3} \Lambda^\rho{}_\mu dx^\mu\right)\left(\sum_{\nu=0}^{3} \Lambda^\lambda{}_\nu dx^\nu\right) \\
&= \sum_{\mu,\nu=0}^{3} \left(\sum_{\rho,\lambda=0}^{3} \eta_{\rho\lambda} \Lambda^\rho{}_\mu \Lambda^\lambda{}_\nu\right) dx^\mu dx^\nu
\end{aligned}$$

ここで両辺を見比べることによって (1.19) を得る．最後の等号では，$\Lambda^\lambda{}_\nu$ は行列ではなく成分で書かれた単なる数なので，dx^μ と順番を入れかえた．

(1.19) を行列記法で書き表しておくと便利なこともある．$\eta_{\rho\lambda}$ を 4×4 行列 η の $\rho\lambda$ 成分 $(\eta)_{\rho\lambda} \equiv \eta_{\rho\lambda}$, $\Lambda^\rho{}_\mu$ を 4×4 行列 Λ の $\rho\mu$ 成分 $(\Lambda)_{\rho\mu} \equiv \Lambda^\rho{}_\mu$ と見なすと，(1.19) は $\sum_{\rho,\lambda=0}^{3} (\Lambda^T)_{\mu\rho} (\eta)_{\rho\lambda} (\Lambda)_{\lambda\nu} = (\eta)_{\mu\nu}$ と書けるので，次のように行列表示できる．

$$\Lambda^T \eta \Lambda = \eta \tag{1.21}$$

ここで，Λ^T は Λ の転置行列を表し $(\Lambda^T)_{\mu\rho} = (\Lambda)_{\rho\mu}$ である．

【注】 上で行ったように，$\eta_{\mu\nu}$ や $\Lambda^\mu{}_\nu$ を行列と見なすと便利なこともある．しかし，それはあくまで便宜上と思うべきだ．行列に固執してしまうと，添字が 3 つ以上あるテンソルの理解の妨げとなる．気をつけよう．

(1.21) を満たすパラメータ $\Lambda^\mu{}_\nu$ は，以下の 4 つのクラスに分類される．

（1） $\det \Lambda = +1$，かつ，$\Lambda^0{}_0 \geqq +1$ （本義ローレンツ変換） (1.22a)

（2） $\det \Lambda = -1$，かつ，$\Lambda^0{}_0 \geqq +1$ （空間反転を含む） (1.22b)

（3） $\det \Lambda = -1$，かつ，$\Lambda^0{}_0 \leqq -1$ （時間反転を含む） (1.22c)

（4） $\det \Lambda = +1$，かつ，$\Lambda^0{}_0 \leqq -1$ （時空反転を含む） (1.22d)

【注】 （1）〜（4）の分類を見ればわかるように，$\det \Lambda$ あるいは $\Lambda^0{}_0$ の値は不連続である．したがって，お互い連続的に移り合うことはない．

(1.22) の分類は次のように示される．(1.21) の両辺の行列式をとり，公式 $\det(AB) = \det A \cdot \det B$ および $\det A^T = \det A$ を用いることによって

$$(\det \Lambda)^2 = 1 \implies \det \Lambda = \pm 1 \tag{1.23}$$

が得られる．また，(1.19) で $\mu = \nu = 0$ ととると

$$\sum_{\rho,\lambda=0}^{3} \eta_{\rho\lambda} \Lambda^\rho{}_0 \Lambda^\lambda{}_0 = \eta_{00} \xRightarrow{(1.10)} (\Lambda^0{}_0)^2 = 1 + \sum_{i=1}^{3}(\Lambda^i{}_0)^2 \geqq 1$$

$$\implies \Lambda^0{}_0 \geqq 1 \quad \text{または} \quad \Lambda^0{}_0 \leqq -1 \tag{1.24}$$

が得られる．

用語的には，$\det \Lambda = +1$ ($\det \Lambda = -1$) を proper (improper)，$\Lambda^0{}_0 \geqq 1$ ($\Lambda^0{}_0 \leqq -1$) を orthochronous (anti-orthochronous) とよぶ．恒等変換 ($\Lambda^\mu{}_\nu = \delta^\mu{}_\nu$)，すなわち，何もしない変換：$x^\mu \to x'^\mu = x^\mu$ は（1）のクラスに含まれており，（1）のクラスを**本義ローレンツ変換** (**proper orthochronous Lorentz transformation**) とよぶ．

（2）〜（4）の代表元はそれぞれ

（2）空間反転 $\quad P = \begin{pmatrix} 1 & 0 & 0 & 0 \\ 0 & -1 & 0 & 0 \\ 0 & 0 & -1 & 0 \\ 0 & 0 & 0 & -1 \end{pmatrix}$ (1.25a)

（3）時間反転 $\quad T = \begin{pmatrix} -1 & 0 & 0 & 0 \\ 0 & 1 & 0 & 0 \\ 0 & 0 & 1 & 0 \\ 0 & 0 & 0 & 1 \end{pmatrix}$ (1.25b)

(4) 時空反転 $\quad PT = \begin{pmatrix} -1 & 0 & 0 & 0 \\ 0 & -1 & 0 & 0 \\ 0 & 0 & -1 & 0 \\ 0 & 0 & 0 & -1 \end{pmatrix}$ (1.25c)

で与えられる．

　物理的意味は，上から空間反転 (P)，時間反転 (T)，時空反転 (PT) である．(2)〜(4) のクラスに属する任意の Λ は，P，T，PT のそれぞれに，(1) のクラスの本義ローレンツ変換の要素を掛け合わせたもので与えられる．したがって，(2)，(3)，(4) のクラスに対しては，上で定義された P，T，PT 変換を考えれば十分である．

　この分類の重要性は，$\det \Lambda$ あるいは $\Lambda^0{}_0$ のとりうる値が互いに不連続という点にある．このことは，「ローレンツ変換」の下で物理法則が不変と主張したとき，「ローレンツ変換」が (1)〜(4) のすべてを合わせた広義ローレンツ変換を指すとは限らないことを意味する．なぜなら，「(1) のクラスのみからなるローレンツ変換の下で物理法則が不変」という主張も，論理的に可能だからである．よって，(1) のみか，あるいは，(1)〜(4) の組み合わせなのか，どのクラスのローレンツ変換で物理法則が不変かは，理論的に決まるたぐいのものではない．

　実際，実験で明らかになったことは，空間反転 (P)，時間反転 (T)，時空反転 (PT) のいずれの変換の下でも，物理法則は不変に保たれていないということだ．

　したがって，これからは「**(1) のクラスに属する本義ローレンツ変換の下で物理法則が不変**」という要請の下に，相対論的場の量子論を構築していくことになる．今後単にローレンツ変換というときは，本義ローレンツ変換を指すものとする．本義ローレンツ変換では不変だが，それ以外のクラスに属する変換 (すなわち，P，T，PT 変換) では不変でない物理法則も存在する．その例については，第 6 章のディラック方程式と離散的不変性のところで議

〈check 1.1〉

(1.25) で与えられる $\Lambda = P, T, PT$ が，それぞれ (1.22) でのクラス (2)，(3)，(4) に属することを確かめよ．また，$x^\mu \to x'^\mu = \sum_{\nu=0}^{3} \Lambda^\mu{}_\nu x^\nu$ の変換の下で，P は空間反転 ($x'^0 = +x^0, x'^i = -x^i$)，T は時間反転 ($x'^0 = -x^0, x'^i = +x^i$)，PT は時空反転 ($x'^0 = -x^0, x'^i = -x^i$) を引き起こすことを確かめてみよう．◆

1.6 アインシュタインの縮約規則

　表記を簡略化するために，ここで，**アインシュタインの縮約規則**（Einstein's summation convention）を採用する．それは「**上つきと下つきで同じ添字のペアが現れたとき，その添字に関して和をとるものとし，和記号を省く**」というものである．例えば，(1.8) や (1.11) は次のように簡略化される．

$$ds^2 = \sum_{\mu=0}^{3} dx_\mu dx^\mu = \sum_{\mu,\nu=0}^{3} \eta_{\mu\nu} dx^\mu dx^\nu \longrightarrow ds^2 = dx_\mu dx^\mu = \eta_{\mu\nu} dx^\mu dx^\nu$$

　相対論を習いたての学生は，この規則を単に鉛筆の芯やインクを節約するためのものと思っていて，背後に隠された秘密には気づいていないようだ．この規則の真の重要性は，和記号で紙面が埋まるのを防ぐことではない．**和記号を省略しても記号の混乱は決して起こらない**という点である．つまり，上つきと下つきで同じ添字が現れたなら，それらについて必ず和がとられていなければならないということだ．

　さらにいえば，上つき同士，あるいは，下つき同士の同じ添字の和や，3つ以上の添字の和が現れることもない．なぜか？　これらを理解しておくことは，これから先，相対論的不変な理論を構築していく上で不可欠なことなので，以下で説明しておこう．

　4次元**ベクトル**（**vector**）で，上つき添字を持つものは**反変ベクトル**（**con-**

travariant vector)，下つき添字を持つものは**共変ベクトル**（covariant vector）とよばれて区別されるが，その名前は重要でない．重要なのは，4次元ベクトルにはローレンツ変換の下で，**変換性の異なる2種類のベクトルが存在する**ということだ．

【注】 異なる変換性を持つベクトルが2種類しかなかったことは，幸運と思うべきだろう．もし，3種類以上のベクトルが存在していたら，上つきと下つき以外にどこに添字をつけるか頭を悩ませなければならなかったはずだ．

4次元時空座標 x^μ がローレンツ変換で $x^\mu \to x'^\mu = \Lambda^\mu{}_\nu x^\nu$（さっそくアインシュタインの縮約規則を用いた）と変換されたとき，$ds^2 = dx_\mu dx^\mu$ は不変である．したがって，dx_μ と dx^μ がお互い逆に変換すれば，ds^2 は不変になることがわかる．つまり，$(\Lambda^{-1})^\rho{}_\mu \Lambda^\mu{}_\nu = \delta^\rho{}_\nu$ を満たすものとして $\Lambda^\mu{}_\nu$ の逆行列（逆変換）$(\Lambda^{-1})^\rho{}_\mu$ を定義して，下つき添字を持つ x_μ（dx_μ も同じ）が $x_\mu \to x'_\mu = x_\rho (\Lambda^{-1})^\rho{}_\mu$ と変換すれば，ds^2 を不変にすることがわかる．

これを一般化して，上つき添字を持つ（反変）ベクトル $A^\mu (\mu = 0, 1, 2, 3)$ を，ローレンツ変換の下で4次元時空座標 x^μ と同じ変換性を持つ量として定義する．すなわち，

$$\text{反変ベクトル：} \quad A^\mu \quad \longrightarrow \quad A'^\mu = \Lambda^\mu{}_\nu A^\nu \qquad (1.26)$$

である．一方，下つき添字を持つ（共変）ベクトル B_μ は，x_μ と同じ変換性を持つ量として定義する．すなわち，以下のようになる．

$$\text{共変ベクトル：} \quad B_\mu \quad \longrightarrow \quad B'_\mu = B_\nu (\Lambda^{-1})^\nu{}_\mu \qquad (1.27)$$

ここで正しく認識しておくべきことは，次の2点である．1つ目は，ベクトルは変換性によって定義されるのであって，4つの成分を持つ量をベクトルとよぶのではないということだ．変換性を正しく理解していれば，例えば，「$A^\mu = B_\mu$」や「$A^\mu + B_\mu$」などと平気で書いたりしないはずだ．変換性の異なるベクトルを等号で結ぶことはできないし，足し合わせることもできない．

2つ目は，**上つき添字と下つき添字を持つベクトルの変換性は，互いに逆変換である**ということだ．つまり，$B_\mu A^\mu$ はローレンツ変換の下での不変量

($B_\mu A^\mu = B'_\mu A'^\mu$) である．またこのことから，$B^\mu A^\mu$ や $B_\mu A_\mu$ のように上つき同士，あるいは下つき同士の同じ添字の和は現れない理由も理解できる．なぜなら，これらの量は，ローレンツ変換の下で不変ではないからである．同様のことが，3つ以上の添字の和（例えば $A^\mu B_\mu C^\mu$）についても成り立つ．

ここまでくれば，アインシュタインの縮約規則の真の意味が理解できたであろう．この規則を使うということは，これからローレンツ変換の下で不変な理論のみを取り扱うことを宣言したことに他ならないのである．

上ではベクトルについて説明したが，スカラーやテンソルについても定義を与えておこう．これらの量もベクトルと同じく，ローレンツ変換の下での変換性によって定義される．

まず，**スカラー**（scalar）S はローレンツ変換の下での不変量として定義される．すなわち，

$$\text{スカラー}: \quad S \longrightarrow S' = S \tag{1.28}$$

である．**テンソル**（tensor）は一般に2つ以上の添字を持つ量を指すが，例えば2階のテンソル量 $T^{\mu\nu}$, $T^\mu{}_\nu$, $T_{\mu\nu}$ はそれぞれ次の変換性を持つ．

$$2\text{階のテンソル} \begin{cases} T^{\mu\nu} \longrightarrow T'^{\mu\nu} = \Lambda^\mu{}_\rho \Lambda^\nu{}_\lambda T^{\rho\lambda} \\ T^\mu{}_\nu \longrightarrow T'^\mu{}_\nu = \Lambda^\mu{}_\rho T^\rho{}_\lambda (\Lambda^{-1})^\lambda{}_\nu \\ T_{\mu\nu} \longrightarrow T'_{\mu\nu} = T_{\rho\lambda} (\Lambda^{-1})^\rho{}_\mu (\Lambda^{-1})^\lambda{}_\nu \end{cases} \tag{1.29}$$

一見すると複雑に見えるが，変換性のみに注目するならば，$T^{\mu\nu}$, $T^\mu{}_\nu$, $T_{\mu\nu}$ をそれぞれ $x^\mu x^\nu$, $x^\mu x_\nu$, $x_\mu x_\nu$ におきかえて考えればよい．それぞれの添字をベクトルの添字と見なせばよいだけだ．

【注】 通常，2つ以上の添字を持つ量をテンソルとよぶが，場合によってはスカラー，ベクトル，テンソルを総称してテンソルということもある．このときは，スカラーを0階のテンソル，ベクトルを1階のテンソルと見なす．テンソルに慣れていないと，どういうものかイメージがつかめないかもしれない．第3章以降で具体的なテンソル量に出会うので，ここでは添字を2つ以上持つ量をテンソルと思って，あまり気にせずに先に進んでほしい．

さらにうれしいことは，添字の上下にはそれほど神経質になる必要はないという点だ．それは，x^μ と x_ν は計量テンソルを用いて $x^\mu = \eta^{\mu\nu} x_\nu$，あるいは $x_\nu = \eta_{\nu\mu} x^\mu$ と互いに移り合うので，いつでも添字の上げ下げを自由に行うことができる．これは一般のテンソルでも同じである．例えば，$T^{\mu\nu}$，$T^\mu{}_\lambda$，$T_{\rho\lambda}$ は次の関係

$$T^{\mu\nu} = \eta^{\nu\lambda} T^\mu{}_\lambda = \eta^{\mu\rho} \eta^{\nu\lambda} T_{\rho\lambda} \tag{1.30}$$

で結びつけられている．また，

$$A^\mu B_\mu = A_\mu B^\mu \tag{1.31}$$

と書けることにも注意しておく．

添字の上下に気をつけなければならない場合は，2つのベクトルやテンソルを足し合わせるとき（$A^\mu + B^\mu$），あるいは，等号で結ぶとき（$A^\mu = B^\mu$），それから2つの添字の和をとるとき（$A_\mu B^\mu$）である．これら以外ではそれほど神経質になる必要はない．

【注】 ただし，その成分を具体的に議論するときは，上つきと下つき添字では空間成分の符号が逆なので，どちらを取り扱っているのか正しく明記しておかなければならない．例えば，$x^\mu = (ct, x, y, z)$ であるが，$x_\mu = (ct, -x, -y, -z)$ である．また，エネルギー運動量ベクトルは $p^\mu = (E/c, p^x, p^y, p^z)$，$p_\mu = (E/c, -p^x, -p^y, -p^z)$ となる．

どのような場合にせよ，変換性を正しく認識していれば間違うことはないはずだ．物理量の変換性について常に意識しながら本書を読み進めるか否かで，場の量子論の理解に格段の差が生じることになる．これからは変換性に気を配りながら，式を眺める習慣をつけてほしい．

⟨check 1.2⟩

A^μ，B^μ をベクトル，$T^{\mu\nu}$ を2階のテンソルとしたとき，$A^\mu B_\mu$，$A_\rho T^{\rho\mu}$，$A^\mu B^\nu$ はそれぞれ，スカラー，ベクトル，2階のテンソルの変換性を持つことを確かめてみよう．

【注】 上の結果から，変換性を知りたいときは，和のとられた添字は無視してよいことがわかる．例えば，$A_\mu B^\mu \sim A_\bullet B^\bullet$，$A_\rho T^{\rho\mu} \sim A_\bullet T^{\bullet\mu}$ と見なしてよい．◆

【注】 計算の際に，うっかりミスしやすい点について注意を促しておこう．例えば，$A'^{\mu}B'_{\mu} = A^{\mu}B_{\mu}$ を証明するときに，(1.26) と (1.27) をそのまま代入して $A'^{\mu}B'_{\mu} = (\Lambda^{\mu}{}_{\nu}A^{\nu})(B_{\nu}(\Lambda^{-1})^{\nu}{}_{\mu})$ と書いていないだろうか？ これでは ν の添字が4つもあり，どれとどれの ν の和がとられているのか，わからなくなってしまう．このときは，例えば $A'^{\mu} = \Lambda^{\mu}{}_{\rho}A^{\rho}$ として $B'_{\mu} = B_{\nu}(\Lambda^{-1})^{\nu}{}_{\mu}$ の添字 ν とかぶらないように，注意深く異なる添字を選ぶ必要がある．後もう一点注意しておくと，$\Lambda^{\mu}{}_{\nu}$ や $(\Lambda^{-1})^{\mu}{}_{\nu}$ は行列ではなく成分で書かれた単なる数である．したがって，順番は気にしなくてもよい．

1.7 相対論的不変性とは？

この節で，**相対論的不変性**とは何を意味するのか，また，相対論的不変な理論とは何かをはっきりさせておこう．

まず第1に理解しておくべき重要な点は，**すべての物理量は変換性で分類される**ということだ．つまり前節で議論したように，相対論的変換（特にローレンツ変換）の下で，物理量はスカラー，ベクトル，テンソルの何れかに分類される．

【注】 スカラー，ベクトル，テンソル以外に，**スピノル** (spinor) の変換性を持つ量が存在する．スピノルの変換性については第5章で詳しく議論する．

次に重要な点は，**2つの物理量を等号で結ぶとき，変換性が同じものでなければならない**ということだ．異なる変換性を持つ量を等しくおくことはできない．例えば，A, B をスカラー量，A^{μ}, B^{μ} をベクトル量，$A^{\mu\nu}$, $B^{\mu\nu}$ を2階のテンソル量としたとき，

$$\text{スカラー型}：A = B \tag{1.32a}$$

$$\text{ベクトル型}：A^{\mu} = B^{\mu} \tag{1.32b}$$

$$\text{テンソル型}：A^{\mu\nu} = B^{\mu\nu} \tag{1.32c}$$

のように，変換性が同じ物理量同士を結ぶことができる．

このような等式は相対論的不変である．なぜなら，これらの式は，ある慣性系 S で成り立っていれば，任意の慣性系 S′ でも成り立つからである．す

なわち，次の関係が成り立つ．

$$A = B \iff A' = B' \tag{1.33a}$$

$$A^\mu = B^\mu \iff A'^\mu = B'^\mu \tag{1.33b}$$

$$A^{\mu\nu} = B^{\mu\nu} \iff A'^{\mu\nu} = B'^{\mu\nu} \tag{1.33c}$$

ここで，慣性系 S' での物理量には，′（プライム）をつけておいた．

【注】 変換性を理解していれば，(1.33) の証明は簡単である．例えば，ベクトル型の方程式であれば，ベクトルの変換性から $A'^\mu = \Lambda^\mu{}_\nu A^\nu$, $B'^\mu = \Lambda^\mu{}_\nu B^\nu$ なので，$A'^\mu - B'^\mu = \Lambda^\mu{}_\nu A^\nu - \Lambda^\mu{}_\nu B^\nu = \Lambda^\mu{}_\nu (A^\nu - B^\nu)$ となり，$A^\nu - B^\nu = 0 \Longrightarrow A'^\mu - B'^\mu = 0$ が成り立つことがわかる．逆の関係 $A'^\mu - B'^\mu = 0 \Longrightarrow A^\nu - B^\nu = 0$ は，S' 系から S 系へのローレンツ（逆）変換を考えれば同様に成り立つことがわかる．

〈check 1.3〉

ある慣性系で $A = B$ および $A^{\mu\nu} = B^{\mu\nu}$ が成り立っていれば，任意の慣性系で $A' = B'$ および $A'^{\mu\nu} = B'^{\mu\nu}$ が成り立つことを確かめてみよう．◆

物理量はスカラー，ベクトル，テンソル（＋スピノル）で分類されると述べたが，相対論的方程式も同様にスカラー，ベクトル，テンソル（＋スピノル）で分類される．なぜなら，上の議論からわかるように，スカラー型，ベクトル型，テンソル型（＋スピノル型）の方程式は，相対論的不変性を満たしているからである．つまり，ある慣性系で成り立てば，すべての慣性系で同様の式が成り立つことが保証される．

【注】 スカラー型，ベクトル型，テンソル型（＋スピノル型）の方程式は相対論的不変と述べたが，例えば，ベクトル型の方程式 $A^\mu = B^\mu$ はローレンツ変換の下でベクトルの変換性 $A'^\mu - B'^\mu = \Lambda^\mu{}_\nu (A^\nu - B^\nu)$ を持つので，不変ではない．このように，方程式がスカラー型以外のベクトル型やテンソル型（あるいはスピノル型）の場合は，正確にはローレンツ変換の下で**共変**（covariant）であるという．しかし，本書では一貫して「不変性」を強調したいので，正確には共変というべきところでも，（誤解を招かない限り）不変という言葉を使うことにする．

したがって，**物理法則に現れる物理量と方程式がスカラー，ベクトル，テンソル（＋スピノル）によって記述されているならば，自動的に相対論的不**

変性が保証され，相対論的不変な理論が得られることになる．

1.8 重要なスカラー，ベクトルの例

この節では，本書に現れるスカラー，ベクトル量の中で重要と思われるものをピックアップしてまとめておくことにする．

1.8.1 重要なベクトル量の例

時空座標 x^μ 以外で重要なベクトル量として，まず，**エネルギー運動量ベクトル**（energy‐momentum vector）p^μ が挙げられる．

$$p^\mu = (p^0, p^1, p^2, p^3) \equiv (E/c, p^x, p^y, p^z) \tag{1.34}$$

【注】 本書では，物理的な運動量 $\boldsymbol{p} = (p^x, p^y, p^z)$ を上つき成分 (p^1, p^2, p^3) で定義する．したがって，運動量の下つき成分 (p_1, p_2, p_3) は，物理的な運動量とは逆符号，すなわち $(p_1, p_2, p_3) = (-p^x, -p^y, -p^z)$ で与えられることに注意しておこう．

この p^μ から作られる $p^2 \equiv p_\mu p^\mu$ はローレンツ不変量（すなわち，スカラー）であり，アインシュタインの関係を与える．

$$p^2 = m^2 c^2 \iff E^2 = \boldsymbol{p}^2 c^2 + m^2 c^4 \tag{1.35}$$

もう1つ重要なベクトル量として，以下に示す時空座標の微分がある．

$$\left. \begin{aligned} \partial_\mu &\equiv \frac{\partial}{\partial x^\mu} = \left(\frac{1}{c}\frac{\partial}{\partial t}, \frac{\partial}{\partial x}, \frac{\partial}{\partial y}, \frac{\partial}{\partial z}\right) \\ \partial^\mu &\equiv \frac{\partial}{\partial x_\mu} = \left(\frac{1}{c}\frac{\partial}{\partial t}, -\frac{\partial}{\partial x}, -\frac{\partial}{\partial y}, -\frac{\partial}{\partial z}\right) \end{aligned} \right\} \tag{1.36}$$

ここで，$\partial_\mu = \partial/\partial x^\mu (\partial^\mu = \partial/\partial x_\mu)$ が下つき（上つき）ベクトルの変換性，すなわち $\partial'_\mu = \partial_\nu (\Lambda^{-1})^\nu{}_\mu$ ($\partial'^\mu = \Lambda^\mu{}_\nu \partial^\nu$) を持つことに注意しておく．これらの微分ベクトルは，次章から学ぶ相対論的方程式の基本的な構成要素である．

【注】 ∂_μ（および ∂^μ）の変換性を確かめる簡単な方法は，スカラー量 $x^2 \equiv \eta_{\rho\lambda} x^\rho x^\lambda$ を微分してみることである．

$$\partial_\mu x^2 \equiv \frac{\partial}{\partial x^\mu} x^2 = \frac{\partial}{\partial x^\mu}(\eta_{\rho\lambda} x^\rho x^\lambda) = \eta_{\rho\lambda}(\delta_\mu{}^\rho x^\lambda + x^\rho \delta_\mu{}^\lambda) = 2\eta_{\mu\lambda} x^\lambda = 2x_\mu$$

3番目の等号で公式 $\partial x^\rho/\partial x^\mu = \delta_\mu{}^\rho$，4番目の等号で $\eta_{\rho\lambda}$ が $\rho\lambda$ に関して対称 ($\eta_{\rho\lambda} = \eta_{\lambda\rho}$) であることを用いた．$x^2$ がローレンツ変換の下で不変であることに注意すれば，$\partial_\mu = \partial/\partial x^\mu$ は x_μ と同じ変換性を持つことが上式からわかる．

より直接的な証明は，微分のチェーンルールを用いることである．まず，

$$\frac{\partial}{\partial x^\mu} = \frac{\partial x'^\rho}{\partial x^\mu}\frac{\partial}{\partial x'^\rho} = \frac{\partial(\Lambda^\rho{}_\lambda x^\lambda + a^\rho)}{\partial x^\mu}\frac{\partial}{\partial x'^\rho} = \Lambda^\rho{}_\lambda \delta_\mu{}^\lambda \frac{\partial}{\partial x'^\rho} = \Lambda^\rho{}_\mu \frac{\partial}{\partial x'^\rho}$$

であるから，両辺に $(\Lambda^{-1})^\mu{}_\nu$ を掛けて $\Lambda^\rho{}_\mu (\Lambda^{-1})^\mu{}_\nu = \delta^\rho{}_\nu$ を用いると，$(\partial/\partial x^\mu)(\Lambda^{-1})^\mu{}_\nu = \partial/\partial x'^\nu$ となり，$\partial_\mu = \partial/\partial x^\mu$ は下つき（共変）ベクトルの変換性 (1.27) を持つことがわかる．

∂_μ から作られるスカラー量

$$\partial_\mu \partial^\mu = \frac{1}{c^2}\frac{\partial^2}{\partial t^2} - \frac{\partial^2}{\partial x^2} - \frac{\partial^2}{\partial y^2} - \frac{\partial^2}{\partial z^2} \tag{1.37}$$

は，**ダランベール演算子**（d'Alembert operator）とよばれ，相対論的方程式に現れる最も基本的な微分演算子である．（すでに，(1.3) でお目にかかったものだ．）

1.8.2 自明でないスカラー量の例

$p_\mu p^\mu$ や $\partial_\mu \partial^\mu$ のように，ベクトル量からスカラー量を簡単に作ることができるが，ここではもう少し自明でないスカラー量を紹介しておこう．それらは本書の後半でお目にかかることになるだろう．

まず最初の例は，無限小の時空体積要素，およびエネルギー運動量の体積要素である．これらは，ローレンツ変換の下での不変量，すなわちスカラーである．

$$d^4 x \equiv dx^0\, dx^1\, dx^2\, dx^3 = dx'^0\, dx'^1\, dx'^2\, dx'^3 = d^4 x' \tag{1.38a}$$

$$d^4 p \equiv dp^0\, dp^1\, dp^2\, dp^3 = dp'^0\, dp'^1\, dp'^2\, dp'^3 = d^4 p' \tag{1.38b}$$

【注】例えば，$d^4 x$ がスカラー量 ($d^4 x = d^4 x'$) であることは，ローレンツ変換 $x'^\mu = \Lambda^\mu{}_\rho x^\rho$ を変数変換と見なして，そのヤコビアン J ($d^4 x' = J d^4 x$) を求めると，

22   1. 場の量子論への招待

$$J = \left|\det\left(\frac{\partial x'^\mu}{\partial x^\nu}\right)\right| = \left|\det\left(\frac{\partial(\Lambda^\mu{}_\rho x^\rho + a^\mu)}{\partial x^\nu}\right)\right| = |\det(\Lambda^\mu{}_\rho \delta^\rho{}_\nu)| = |\det(\Lambda^\mu{}_\nu)| = 1$$

となることから示される．ここで，ローレンツ変換のパラメータ $\Lambda^\mu{}_\nu$ は $\det \Lambda = \pm 1$ を満たすこと（(1.23) 参照）を用いた．

d^4x や d^4p がスカラー量であることが確かめられると，4次元デルタ関数

$$\delta^4(p) \equiv \delta(p^0)\,\delta(p^1)\,\delta(p^2)\,\delta(p^3) \tag{1.39}$$

もスカラー量 ($\delta^4(p) = \delta^4(p')$) であることがわかる．

【注】これを示すには，デルタ関数のフーリエ積分表示

$$\int d^4x\, e^{ix_\mu p^\mu} = (2\pi)^4\, \delta^4(p) \tag{1.40}$$

を用いるとよい．ここで，

$$\int d^4x \equiv \int_{-\infty}^{\infty} dx^0 \int_{-\infty}^{\infty} dx^1 \int_{-\infty}^{\infty} dx^2 \int_{-\infty}^{\infty} dx^3 \tag{1.41}$$

である．これからは，積分範囲を明示していない場合，$-\infty$ から ∞ の積分範囲がとられているものと約束する．(1.40) から

$$(2\pi)^4\,\delta^4(p') = \int d^4x\, e^{ix_\mu p'^\mu} = \int d^4x'\, e^{ix'_\mu p'^\mu} = \int d^4x\, e^{ix_\mu p^\mu} = (2\pi)^4\,\delta^4(p)$$

となり，$\delta^4(p)$ が不変量であることがわかる．ここで2番目の等号では，x_μ を x'_μ に書きかえた．x_μ は積分変数なので，どのような文字を使ってもいいはずだ．3番目の等号では，積分変数 x'_μ を $x'_\mu = x_\nu(\Lambda^{-1})^\nu{}_\mu$ として x_ν に変数変換し，$p'^\mu = \Lambda^\mu{}_\rho p^\rho$, $d^4x' = d^4x$ および $x'_\mu p'^\mu = x_\mu p^\mu$ を用いた．

1.9 不変テンソル

計量テンソル $\eta_{\mu\nu}$ やクロネッカーシンボル $\delta^\mu{}_\nu$ は定数だが，1.6 節で定義したようなテンソルと見なせるのだろうか？ この質問の答は Yes である．定数だがテンソルと見なせる量のことを，**不変テンソル** (invariant tensor) とよぶ．不変テンソルは，相対論的不変な方程式を導くときに重要な役目を果たす．この節で，不変テンソルの性質について理解を深めておこう．

もし，$\eta_{\mu\nu}$, $\eta^{\mu\nu}$, $\delta^\mu{}_\nu$ をそれぞれ2階の共変テンソル，2階の反変テンソル，

1.9 不変テンソル

2階の混合テンソルと見なすならば，(1.29) から，ローレンツ変換の下で次のように変換しなければならない．

$$\eta_{\mu\nu} \longrightarrow \eta'_{\mu\nu} = \eta_{\rho\lambda}(\Lambda^{-1})^\rho{}_\mu (\Lambda^{-1})^\lambda{}_\nu \qquad (1.42\text{a})$$

$$\eta^{\mu\nu} \longrightarrow \eta'^{\mu\nu} = \Lambda^\mu{}_\rho \Lambda^\nu{}_\lambda \eta^{\rho\lambda} \qquad (1.42\text{b})$$

$$\delta^\mu{}_\nu \longrightarrow \delta'^\mu{}_\nu = \Lambda^\mu{}_\rho \delta^\rho{}_\lambda (\Lambda^{-1})^\lambda{}_\nu \qquad (1.42\text{c})$$

【注】 この節では，テンソルのローレンツ変換性を調べるので，ベクトルの添字がたくさん現れる．テンソルに慣れるまでは，テンソルの添字をいっぺんに全部見ようとしてはならない．添字を個別に見ていけば，ひとつひとつは単にベクトルの変換をしているに過ぎないことがわかるはずだ．

一方，$\eta_{\mu\nu}$, $\eta^{\mu\nu}$, $\delta^\mu{}_\nu$ は定数なので，どの慣性系でも同じ値をとる．すなわち，$\eta'_{\mu\nu} = \eta_{\mu\nu}$, $\eta'^{\mu\nu} = \eta^{\mu\nu}$, $\delta'^\mu{}_\nu = \delta^\mu{}_\nu$ である．したがって，$\eta_{\mu\nu}$, $\eta^{\mu\nu}$, $\delta^\mu{}_\nu$ が 2 階のテンソルと見なせるためには，次式が成り立たなければならない．

$$\eta_{\mu\nu} = \eta_{\rho\lambda}(\Lambda^{-1})^\rho{}_\mu (\Lambda^{-1})^\lambda{}_\nu \qquad (1.43\text{a})$$

$$\eta^{\mu\nu} = \Lambda^\mu{}_\rho \Lambda^\nu{}_\lambda \eta^{\rho\lambda} \qquad (1.43\text{b})$$

$$\delta^\mu{}_\nu = \Lambda^\mu{}_\rho \delta^\rho{}_\lambda (\Lambda^{-1})^\lambda{}_\nu \qquad (1.43\text{c})$$

(1.43a) は，1.5 節で導いた (1.20) そのものである．1.5 節では条件式 (1.43a) を「ローレンツ変換の下で ds^2 が不変」という要請から導いたが，実は，この関係式を「**計量 $\eta_{\mu\nu}$ が 2 階のテンソルと見なせるための条件**」と解釈することもできるのである．

【注】 次に (1.43b) を確かめよう．(1.43a) から導くこともできるが，ここでは ds^2 のローレンツ不変性を使って導いてみよう．ds^2 は下つき添字の時空座標 x_ρ を使って，$ds^2 = \eta^{\rho\lambda} dx_\rho dx_\lambda$ と表すことができるので，(1.19) の導出のときと同じ論法を使って，$\eta^{\rho\lambda} = \eta^{\alpha\beta} \times (\Lambda^{-1})^\rho{}_\alpha (\Lambda^{-1})^\lambda{}_\beta$ が成り立つことがわかる．この式の両辺に $\Lambda^\mu{}_\rho \Lambda^\nu{}_\lambda$ を掛けて $\rho\lambda$ について和をとれば，(1.43b) を得ることができる．最後の (1.43c) は，$(\Lambda^{-1})^\lambda{}_\nu$ が $\Lambda^\mu{}_\lambda = \Lambda^\mu{}_\rho \delta^\rho{}_\lambda$ の逆行列であることから自明に成り立つ．

クロネッカーシンボルが 2 階のテンソルであるためには，1 つの添字が上つきで，もう 1 つは下つきの混合テンソル $\delta^\mu{}_\nu$（あるいは $\delta_\nu{}^\mu$）でなければならないことに注意しよう．実際，$\delta_{\mu\nu}$ や $\delta^{\mu\nu}$ は不変テンソルではない．なぜなら，$\delta'_{\mu\nu} \equiv \delta_{\rho\lambda}(\Lambda^{-1})^\rho{}_\mu (\Lambda^{-1})^\lambda{}_\nu$, $\delta'^{\mu\nu} \equiv \Lambda^\mu{}_\rho \Lambda^\nu{}_\lambda \delta^{\rho\lambda}$ は，$\delta^\mu{}_\nu$ と違って一般に $\delta'_{\mu\nu} \neq \delta_{\mu\nu}$, $\delta'^{\mu\nu} \neq \delta^{\mu\nu}$ だからである．

以上のことから，$\eta_{\mu\nu}$, $\eta^{\mu\nu}$, $\delta^\mu{}_\nu$, $\delta_\nu{}^\mu$ はローレンツ変換の下で 2 階のテンソルと見なすこともできるし，慣性系によらない定数と考えても矛盾しない．このようなテンソルのことを**不変テンソル**とよび，それらは相対性理論の中で重要な役割を果たす．

【注】 計量とクロネッカーシンボル以外の不変テンソルとして，4 階完全反対称テンソル $\varepsilon^{\mu\nu\rho\lambda}$ とディラック方程式に現れる γ 行列 γ^μ がある．γ^μ に関しては 5.4.1 項で，$\varepsilon^{\mu\nu\rho\lambda}$ に関しては check 5.11 で，それぞれ不変テンソルであることを議論する．

不変テンソルが相対論的不変な方程式を構築する際に重要になる，といわれてもピンとこないと思う．そこで，次の積分

$$T^{\mu\nu} \equiv \int d^4p\, p^\mu p^\nu f(p^2) \tag{1.44}$$

を使って，ローレンツ不変性と不変テンソルの関係について考察してみよう．(1.44) で $\int d^4p$ は $\int_{-\infty}^{\infty} dp^0 \int_{-\infty}^{\infty} dp^1 \int_{-\infty}^{\infty} dp^2 \int_{-\infty}^{\infty} dp^3$ を略記したものである．$f(p^2)$ はローレンツ不変な $p^2 \equiv p_\nu p^\nu$ の任意関数で，次の積分の値 A はわかっているものとしよう．

$$\int d^4p\, p^2 f(p^2) = A \tag{1.45}$$

このとき，$T^{\mu\nu}$ を求めよというのがここでの問題である．$f(p^2)$ が具体的に与えられていないので，求めようがないとすぐにあきらめてはならない．実は，ローレンツ変換性に精通していれば，次のような論法で $T^{\mu\nu}$ を簡単に求めることができる．

まず，(1.44) 右辺のローレンツ変換性に注目する．d^4p はローレンツスカラー，$p^\mu p^\nu$ は 2 階のテンソル，$f(p^2)$ は定義によりスカラー量だ．つまり，全体として 2 階のテンソルの変換性を持つことがわかる．また，(1.44) 右辺で $p^\mu p^\nu = p^\nu p^\mu$ なので，$T^{\mu\nu}$ は μ と ν の入れかえに対して対称 ($T^{\mu\nu} = T^{\nu\mu}$) である．さらに，p^μ について積分するので $T^{\mu\nu}$ は定数である．したがって，$T^{\mu\nu}$ は 2 階の対称不変テンソルでなければならない．

1.9 不変テンソル

ところが，上つき添字を持つ 2 階の対称不変テンソルは $\eta^{\mu\nu}$（の定数倍）しかないので（この事実は認めてもらうことにしよう），$T^{\mu\nu}$ は $\eta^{\mu\nu}$ に比例するはずである．すなわち，$T^{\mu\nu} = \alpha \eta^{\mu\nu}$ である．比例定数 α を求めるために，上式の両辺に $\eta_{\mu\nu}$ を掛けて $\mu\nu$ に関して和をとると，

$$\eta_{\mu\nu} T^{\mu\nu} = \alpha \eta_{\mu\nu} \eta^{\mu\nu} = \alpha(\eta_{00}\eta^{00} + \eta_{11}\eta^{11} + \eta_{22}\eta^{22} + \eta_{33}\eta^{33}) = 4\alpha$$

を得る．左辺は $\eta_{\mu\nu} T^{\mu\nu} = \eta_{\mu\nu} \int d^4p \, p^\mu p^\nu f(p^2) = \int d^4p \, p^2 f(p^2) = A$ なので，$A = 4\alpha$，すなわち $T^{\mu\nu} = (A/4)\eta^{\mu\nu}$ と求まる．

【注】 上の議論で，(1.44) 右辺の量が 2 階の対称不変テンソルであるとすぐに認識できたなら，あなたは相対論中級者の域に達しているといってもよい．本書でこれからさまざまな物理量に出会うが，それらのローレンツ変換性が何かを常に考える習慣をつけてほしい．

上の議論は中級者向けのものだったので，初学者向けに少し解説を加えておこう．(1.44) で定義される $T^{\mu\nu}$ が 2 階のテンソルだという主張は，ローレンツ変換の下で $T^{\mu\nu}$ がテンソルとしての変換性：$T^{\mu\nu} \to T'^{\mu\nu} = \Lambda^\mu{}_\rho \Lambda^\nu{}_\lambda T^{\rho\lambda}$（(1.29) 参照）を持つということである．

だが一方で，$T^{\mu\nu}$ は明らかに定数なので，ローレンツ変換の下で変わらない量のはずだ．すなわち，$T'^{\mu\nu} = T^{\mu\nu}$．この両者が矛盾しないためには，$T^{\mu\nu} = \Lambda^\mu{}_\rho \Lambda^\nu{}_\lambda T^{\rho\lambda}$ が成り立たなければならない．これは不変テンソルの定義そのもので，計量テンソル $\eta^{\mu\nu}$ の満たすべき性質そのものでもある．

実際，$T^{\mu\nu}$ が不変テンソルの性質を持つこと（すなわち，$T^{\mu\nu} = \Lambda^\mu{}_\rho \Lambda^\nu{}_\lambda T^{\rho\lambda}$）は，次のように示される．

$$\begin{aligned} T^{\mu\nu} &= \int d^4p \, p^\mu p^\nu f(p^2) = \int d^4p' \, p'^\mu p'^\nu f(p'^2) \\ &= \int d^4p (\Lambda^\mu{}_\rho p^\rho)(\Lambda^\nu{}_\lambda p^\lambda) f(p^2) = \Lambda^\mu{}_\rho \Lambda^\nu{}_\lambda \int d^4p \, p^\rho p^\lambda f(p^2) = \Lambda^\mu{}_\rho \Lambda^\nu{}_\lambda T^{\rho\lambda} \end{aligned}$$

ここで，2 番目の等号では p^μ を p'^μ でおきかえた．p^μ は積分変数なので，どのような文字を使ってもいいはずだ．3 番目の等号では，p'^μ から p^μ への "変数変換" $p'^\mu = \Lambda^\mu{}_\rho p^\rho$ を行った．これはローレンツ変換そのものなので，$d^4p' = d^4p, f(p'^2) = f(p^2)$ である．

⟨check 1.4⟩

関数 $p^\mu f(p^2)$ は，$p^\mu \to -p^\mu$ の変換の下で奇関数なので，$\int d^4p \, p^\mu f(p^2) = 0$ が任意の $f(p^2)$ に対して成り立つ．この関係式を不変テンソルの観点から理解してみよう．（積分 $\int d^4p \, p^\mu f(p^2)$ は定義されているものとする．）

（1）不変ベクトルは存在しないことを証明してみよう．

【ヒント】 任意のローレンツ変換の下で, $\Lambda^\mu{}_\nu V^\nu = V^\mu$ を満たす非自明な定数ベクトル V^μ が存在するか？

(2) 関係式 $\int d^4p \, p^\mu f(p^2) = 0$ を不変テンソルの観点から説明してみよう. ◆

1.10 自然単位系

　物理では対象にしている系の長さ，時間，質量などに関して，典型的なスケールが決まっていることが多い．そのときは，その物理系に相応しい単位の選び方が，おのずから決まる．例えば原子・分子の系を取り扱うのに，メートル (m) やキログラム (kg) を使うのはあまり賢い選択とはいえない．逆に，日常のスケールでの物理に，オングストローム (Å) やナノメートル (nm) を使うのはナンセンスだ．

　(特殊) 相対性理論の持つ基本定数は**光速 (speed of light)**

$$c = 2.99792458 \times 10^8 \, \text{m/s} \quad (\text{定義値}) \tag{1.46}$$

であり，速さの次元を持つ．量子論の基本定数は**プランク定数**

$$\hbar \equiv \frac{h}{2\pi} = \frac{1}{2\pi} \times 6.62607015 \times 10^{-34} \, \text{J} \cdot \text{s} \quad (\text{定義値})$$
$$= 6.582119569\cdots \times 10^{-22} \, \text{MeV} \cdot \text{s} \tag{1.47}$$

であり，角運動量の次元を持つ．

【注】 (1.46) の光速の値は定義値である．また，プランク定数 h も 2019 年 5 月から定義値 $h = 6.62607015 \times 10^{-34}$ J・s として定められることになった．

　我々が取り扱う系は，(特殊) 相対性理論と量子論によって支配されている素粒子の世界だ．したがって，素粒子の速さや角運動量を，相対論と量子論の基本定数である c と $\hbar$ を単位として測るのが最も自然だろう．

　つまり，速さというときに光速の β 倍であるとか，角運動量の大きさがプランク定数の j 倍であるというふうに記述することになる．この約束の下では，

$$c = 1, \qquad \hbar = 1 \tag{1.48}$$

ととることに等しい．これを**自然単位系**（natural unit）とよぶ．例えば，速さが 0.1，角運動量の大きさが 1/2 というときには，実際には，速さが $0.1c$，角運動量の大きさが $\hbar/2$ ということだ．

【注】特殊相対性理論の基本定数が光速 c ということは，速さが光速に近づけば相対論的効果が顕著に表れ，同様に，角運動量の大きさがプランク定数 $\hbar$ に近いならば，量子論的効果が重要になるということだ．素粒子は軽いので光速近くまで加速することが容易にできる．また，素粒子は，0, $\hbar/2$, $\hbar$, ... のスピン角運動量を持つ．したがって，素粒子の世界は相対論と量子論の世界であり，自然単位系をとることは自然の成り行きといえよう．

上で述べたように自然単位系をとることは，速さと角運動量の典型的なスケールが c と $\hbar$ であるような物理系を考察の対象とすることを宣言したことに等しい．この単位系では，いたるところに現れる c と $\hbar$ を 1 とおけるので，表記を簡略化することができる．これは実用上の大きなメリットである．

自然単位系をとる利点はそれだけではない．次元の間の関係をより鮮明にしてくれる．光速は速さの次元を持ち，速さの次元は [長さ/時間] なので，自然単位系では長さと時間は同じ次元を持つと考えてよい．すなわち，[長さ] = [時間] である．また，角運動量は [運動量 × 長さ] の次元を持つので，自然単位系では [1/長さ] = [運動量] = [質量 × 速さ] = [質量 × 長さ/時間] となる．物理量の次元は長さと時間と質量の組み合わせで与えられるので，上で得られた 2 つの関係から，すべての物理量の次元は質量次元で表されることになる．

【注】場合によっては，質量次元の代わりに，エネルギーあるいは長さの次元で表したほうが便利な場合もある．

下に，重要な物理量の次元と質量次元の対応関係をまとめておいた．

$$\left.\begin{aligned}
[1/長さ] = [1/時間] = [運動量] = [エネルギー] = [質量] \\
[速さ] = [角運動量] = [1]
\end{aligned}\right\} \tag{1.49}$$

28　1. 場の量子論への招待

この次元解析から次の対応が読みとれる．

$$
\left.\begin{array}{l}
\text{短距離} \iff \text{短時間} \iff \text{大運動量} \iff \text{高エネルギー} \\
\text{長距離} \iff \text{長時間} \iff \text{小運動量} \iff \text{低エネルギー}
\end{array}\right\} \tag{1.50}
$$

この対応関係は，いろいろな物理現象を直観的に理解するときにしばしば役に立つ．ここで，しっかり上の対応関係を身につけておくようにしよう．

【注】 短（長）距離と大（小）運動量，および，短（長）時間と高（低）エネルギーの対応は，不確定性関係 $\Delta x \sim \hbar/\Delta p, \Delta t \sim \hbar/\Delta E$ そのものである．

最後に，自然単位系が，単なる表記の簡略化だけを意図したものではないことを説明して，この節を終えることにする．$\hbar c$ の値は

$$\hbar c \simeq 197 \times 10^{-15} \text{ MeV} \cdot \text{m} \tag{1.51}$$

なので，大ざっぱにいって自然単位系では

$$\frac{1}{200 \text{ MeV}} \iff 10^{-15} \text{ m} \tag{1.52}$$

の対応がある．

【注】 MeV はエネルギーの単位で，$1 \text{ MeV} = 10^6 \text{ eV}$ である．MeV/c^2 は質量の単位で，例えば，陽子の質量は $m_\text{p} \sim 938 \text{ MeV}/c^2$，電子の質量は $m_\text{e} \sim 0.51 \text{ MeV}/c^2$ である．

このことを念頭において，原子核の大きさが何で決まっているかを考えてみることにしよう．もし原子核の大きさが，相対論と量子論の体系の中で決められているとすれば，原子核の大きさは 10^{-15} m 程度なので，エネルギーと長さの対応 (1.52) から，200 MeV 程度のエネルギーを持つ "何か" が関与していると推測される．

実際，湯川秀樹は，電子の 200 倍，すなわち，$100 \text{ MeV}/c^2$ 程度の質量を持つ π 中間子によって核子（陽子と中性子）が結びつけられ，10^{-15} m という距離は核子間を往き来する π 中間子の到達距離であると考えた（図 1.1 参

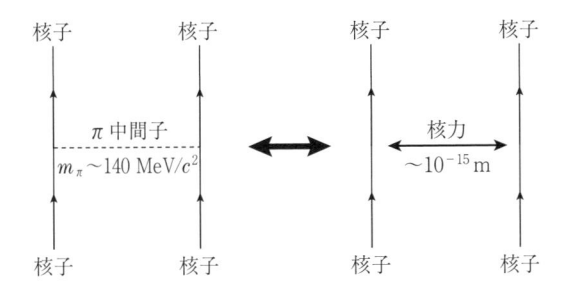

図 1.1 核子が π 中間子をやり取りすることによって，核子間に核力がはたらく（湯川の中間子論）．

照）．これが彼の中間子論のエッセンスである．1935 年の中間子論の発表の後，1947 年に π 中間子が発見され，1949 年に湯川秀樹はノーベル物理学賞を受賞した．

【注】 この湯川の考え方こそ，力に対する現代流の見方に他ならない．

 実際の π 中間子の質量は $140\,\mathrm{MeV}/c^2$ ほどであり，湯川の予言した $100\,\mathrm{MeV}/c^2$ に近い値であった．重要なのは，このような簡単な議論で 2 倍と違わず正しい質量を予言でき，π 中間子の質量（$m_\pi \sim 140\,\mathrm{MeV}/c^2$）と核力の到達距離約 $10^{-15}\,\mathrm{m}$ の間には，(1.52) の対応関係がほぼ成り立っていることである．エネルギー（あるいは質量）と長さの対応 (1.52) は，素粒子物理において覚えておくべき対応関係の 1 つである．

 自然単位系から c と $\hbar$ を復活させるには，c と $\hbar$ の適当なベキを掛けて，その物理量本来の次元に一致するようにベキを決めてやればよい．必要なときには明記して，c と $\hbar$ を復活させることにするが，断りがない限り，これから先では自然単位系を用いて c と $\hbar$ を 1 とおく．

⟨check 1.5⟩

 質量 m から，c と $\hbar$ を適当に掛けることによって，長さの次元を持つ量 L を作り，(1.3) のクライン‐ゴルドン方程式の質量項と比べてみよう．

【ヒント】 $L = m^p c^q \hbar^r$ とおいて両辺の次元を等しくおき, $p = q = -1, r = 1$ を導け.
◆

1.11 素粒子物理クイックツアー

この節では,本書と密接に関係することに話題を絞って,素粒子物理を概観していこう.この節に書かれている内容の多くは,後の章で再びお目にかかることになる.

1.11.1 物質の源となる素粒子

原子の大きさはおよそ 10^{-10} m である.その大きさは,原子核を取り巻く電子雲の拡がりで与えられる.原子の中心にある原子核の大きさは,原子に比べるとずっと小さく,$10^{-15} \sim 10^{-14}$ m 程度である.原子核は,**陽子** (**proton**) と**中性子** (**neutron**) から構成される複合粒子で,陽子と中性子はひとまとめにして**核子** (**nucleon**) とよばれる.

陽子と中性子は,さらに**クォーク** (**quark**) 3体からなる複合粒子系で,陽子はアップ (u) クォーク2つとダウン (d) クォーク1つ,中性子はアップ (u) クォーク1つとダウン (d) クォーク2つから構成される.これらの状況は図1.2に描かれている.現在までの実験で,クォークの内部構造の存在は確認されておらず,電子と同様にクォークは素粒子(基本構成子)と考えられている.

陽子や中性子のように,クォーク3体で作られている粒子を**バリオン** (**baryon**) とよび,クォークと反クォーク(クォークの反粒子)2体で作られる粒子は**メソン** (**meson**) あるいは**中間子**とよばれる.例えば,π^+ 中間子は u クォークと $\bar{\mathrm{d}}$ クォーク(d クォークの反粒子)対からなる複合粒子である.バリオンとメソンを総称して**ハドロン** (**hadron**) とよぶ.

クォークは,アップ (u),ダウン (d),ストレンジ (s),チャーム (c),ボ

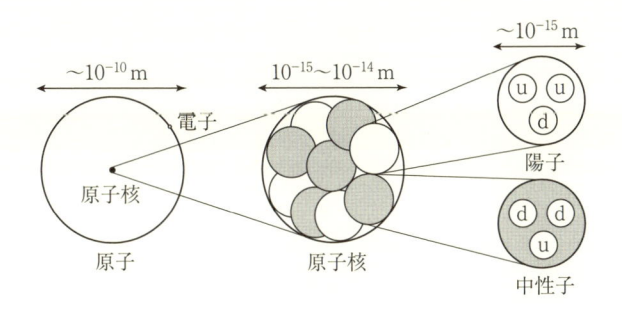

図 1.2 原子は 10^{-10} m ほどの大きさを持ち，中心にある原子核は 10^{-15} 〜 10^{-14} m 程度の大きさで，陽子と中性子から構成されている．陽子は u クォーク 2 つと d クォーク 1 つ，中性子は u クォーク 1 つと d クォーク 2 つからなる複合粒子系である．

トム (b)，トップ (t) の 6 種類が発見されている．電子の仲間は**レプトン** (lepton) とよばれ，電子 (e^-)，電子ニュートリノ (ν_e)，ミュー粒子 (μ^-)，ミューニュートリノ (ν_μ)，タウ粒子 (τ^-)，タウニュートリノ (ν_τ) の 6 種類が知られている．

1.11.2 力の源となる素粒子

素粒子間にはたらく基本的な力，あるいは相互作用は，**電磁相互作用** (electromagnetic interaction)，**強い相互作用** (strong interaction)，**弱い相互作用** (weak interaction)，**重力相互作用** (gravitational interaction) の 4 種類が知られている．これらの基本的相互作用は，(第 7 章で詳しく議論する) **ゲージ原理** (gauge principle) によって統一的に理解することができ，**ゲージボソン** (gauge boson，あるいはゲージ粒子) とよばれる粒子が媒介して，素粒子間に力，あるいは相互作用がはたらくことがわかる．

【注】 重力相互作用は，第 7 章で議論するゲージ原理の枠内には入らないが，「局所変換の下での不変性」という観点からは，重力もゲージ原理と全く同じ考え方で理解することができる．

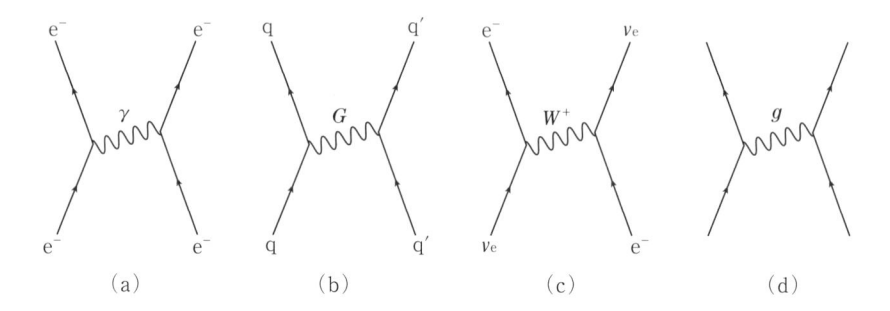

図 1.3 基本的な 4 つの相互作用：（a）電磁相互作用，（b）強い相互作用，（c）弱い相互作用，（d）重力相互作用は，それぞれ（a）光子 (γ)，（b）グルーオン (G)，（c）ウィークボソン ($W^{\pm}, Z^0$)，（d）重力子 (g) が媒介することによってはたらく．

（1） **電磁相互作用**

日常生活の中で，重力以外に感じる力はすべて電磁気力である．電磁気力は長距離力で，**光子**とよばれるゲージボソンを媒介にして，荷電粒子間にはたらく力である（図 1.3(a) 参照）．

【注】 長距離力とは，力の大きさが 2 物体間の距離 r の 2 乗に反比例 ($\propto 1/r^2$) する力のことで，ポテンシャルで表すと $V(r) \propto 1/r$ である．短距離力は，通常，湯川ポテンシャル ($\propto e^{-r/L}/r$) の形で表され，L が力の到達距離の目安を与える．電磁気力は $L = \infty$ に対応するので，長距離力とよばれているのである．

（2） **強い相互作用**

原子核内の陽子や中性子を結びつける力で，より基本的にはクォークにはたらく相互作用である．強い相互作用は短距離力で，原子核内では電磁気力の 100 倍程度の強さを持つ．**グルーオン (gluon)** とよばれるゲージボソンを媒介にして，クォーク間に強い力がはたらく（図 1.3(b) 参照）．

（3） **弱い相互作用**

原子核や中性子のベータ崩壊は，弱い相互作用の一例である．弱い

相互作用も短距離力で，強い力や電磁気力に比べて（その名の通り）非常に弱い．相互作用の強さが非常に弱く短距離力である理由は，媒介するゲージボソン（W^+ ボソンと Z^0 ボソンの3種類でまとめて**ウィークボソン（weak boson）**とよばれる）が，陽子の100倍程度の大きな質量を持つことから説明されている（図1.3 (c) 参照）．

（4）**重力相互作用**

重力は，すべての素粒子間にはたらく長距離力である．素粒子は非常に軽いので，重力は他の3つの力に比べてケタ違いに弱い．したがって，通常は重力を無視して構わない．（本書でも重力は無視する．）ゲージボソンに対応するものは**重力子（graviton）**で，重力子を媒介することによって粒子間に重力がはたらくことになる（図1.3 (d) 参照）．

〈check 1.6〉
電磁気力が長距離力（力の到達距離 = ∞）であることから，光子は質量を持たないことを考察してみよう．

【ヒント】力の到達距離を L，力の源となる粒子の質量を m としたとき，L と m の関係は check 1.5 で与えられる．この関係は，1.10 節の後半で議論した湯川の中間子論で用いられたものだ．なお，光子が質量を持たないことは，第3章で詳しく議論する．もし，新しい力（第5の力？）が発見されたなら，その力の到達距離を知ることが重要になる．なぜなら，到達距離からその力の源となる粒子の質量が推測できるからである．◆

1.11.3 クォークの閉じ込め

1.11.1 項で述べたように，実験的に発見されているクォークは u^a, d^a, s^a, c^a, b^a, t^a の6種類で，それぞれのクォークは $a = R$（赤），G（緑），B（青）の3色の**自由度（degrees of freedom）**を持つ．（もちろん，実際にクォークに"色（color）"がついているわけではない．）例えば，u クォークには u^R, u^G, u^B の3種類が存在する．クォークの色についてのより正確な議論は，7.5.1 項で行うことにする．

強い相互作用を記述する**量子色力学（quantum chromodynamics**，第7章

で解説する）によると，グルーオンとの相互作用のためクォーク単体では存在することはできず，必ず全体として"白色"となる組み合わせで自然界に現れることになる．例えば，R(赤) + G(緑) + B(青) の3色で（光の3原色の意味で）白色ができるので，それに対応して，クォーク3体でできた複合粒子（陽子，中性子，…）が自然界に存在し，それらはバリオンとよばれるものである．

実はもう1つ，白色の実現の仕方がある．それは，$R + \bar{R}, G + \bar{G}, B + \bar{B}$ の組み合わせである．ここで，$\bar{R}, \bar{G}, \bar{B}$ はそれぞれ R, G, B の補色である．クォークとの対応では，補色はクォークの反粒子に対応する．したがって，この場合はクォークと反クォーク対からなる複合粒子系で，これらの粒子はメソンとよばれるものである．

このように「クォークのもつ"色"が，全体として白色となるような組み合わせでしか自然界に現れることはできない」という現象は，**クォークの閉じ込め**（quark confinement）とよばれ，量子色力学の重要な特徴の1つである．

1.11.4　スピンによる分類

角運動量には，**軌道角運動量**（orbital angular momentum）と粒子固有の**スピン角運動量**（spin angular momentum）がある．スピン角運動量は，直観的には粒子の自転による回転をイメージすればよいだろう．角運動量の一般論より，プランク定数 $\hbar$ を単位として測ったスピンの大きさ s は，整数（0, 1, 2, …）または半整数（1/2, 3/2, 5/2, …）のいずれかの値に量子化される．

【注】スピン角運動量は，軌道角運動量と異なり，個々の粒子自身が持つ内部自由度である．角運動量保存則は，スピン角運動量と軌道角運動量を足し合わせたものが保存することを保証するが，一般には各々の角運動量の保存は意味しない．ディラック粒子のスピン角運動量については4.2節で，一般論については第14章で議論する．

整数スピンを持つ粒子は**ボソン**（boson，あるいは**ボース粒子**（bose particle））とよばれ，**ボース–アインシュタイン統計**（Bose–Einstein statistics）に従う．半整数スピンを持つ粒子は**フェルミオン**（fermion，あるいは

フェルミ粒子 (fermi particle)) とよばれ，**フェルミ-ディラック統計** (**Fermi-Dirac statistics**) に従う．

　統計性の違いは，2つの同種粒子の入れかえを行うとはっきりする．ボース粒子の場合は入れかえに対して波動関数は対称だが，フェルミ粒子の場合は入れかえに対して波動関数は反対称，すなわちマイナス符号が現れる．この性質から直ちに，フェルミ粒子は「同種のフェルミ粒子が2個以上同一の状態をとることはできない」という**パウリの排他原理** (**Pauli exclusion principle**) に従う．一方，ボース粒子は同一の状態にいくつでも入る．

　この**スピンと統計** (**spin and statistics**) はお互い密接に関係している．相対性理論と量子力学を融合した理論 (つまり本書で解説する相対論的場の量子論のことだ) が矛盾をきたさないためには，整数スピンの粒子はボース-アインシュタイン統計に，半整数スピンの粒子はフェルミ-ディラック統計に，それぞれ従わなければならないことが示される．これは，場の量子論の重要な成果の1つである．本書でも第11章と第12章で，スピン0のスカラー粒子とスピン1/2のディラック粒子に対するスピンと統計の関係を導く．

　これまで名前の挙がっている素粒子をスピンの大きさで分類してみると，興味深い帰結が得られる (表1.1参照)．物質を構成するクォークやレプトンは，すべて $s = 1/2$ のスピンを持つ．一方，クォークとレプトン間の力の源となるゲージボソンは，$s = 1$ のスピンを持つ．重力子は $s = 2$ のボソンで，時空という物質が入る"器"をコントロールする．

表 1.1　素粒子の持つスピンと自然界における役割．「物質・力・時空」はそれぞれ異なるスピンの粒子が対応する．

スピン	素粒子	自然界における役割
0	ヒッグス粒子	**質量**の起源
$\frac{1}{2}$	電子，クォーク	**物質**の起源
1	光子，ウィークボソン，グルーオン	**力**の起源
2	重力子	重力 (**時空**) の起源

つまり、「物質・力・時空」はお互い別物ではなく、異なるスピンを持つ素粒子がそれぞれの役割を分担していたことがわかる。したがって、素粒子物理は、場の量子論という道具を用いて、「物質・力・時空」を統一的に取り扱う理論体系ということができる。万物の統一も夢ではないかもしれない。

【注】 スピンの観点からは、物質 ($s=1/2$)、力 ($s=1$)、時空 ($s=2$) がそれぞれ対応する。これらを統一するためには、異なるスピンの間に何らかの関係をつける必要があるだろう。その1つの候補が**超対称性**（supersymmetry）である。実際、超対称性はスピンが1/2だけ異なる粒子、すなわち、ボース粒子とフェルミ粒子を結びつける。

1.11.5 クォーク・レプトンの世代

クォークとレプトンはそれぞれ6種類ずつ発見されているが、それらは表1.2のように3つの**世代**（generation）に分けることができる。$\{u, d, e^-, \nu_e\}$ を第1世代のクォーク・レプ

表 1.2 クォーク・レプトンの世代と電荷。質量を除けば、第2世代と第3世代は第1世代のコピーである。

電荷	$+\frac{2}{3}e$	$-\frac{1}{3}e$	$-e$	0
第1世代	u	d	e^-	ν_e
第2世代	c	s	μ^-	ν_μ
第3世代	t	b	τ^-	ν_τ

トンとよび、第2世代は $\{c, s, \mu^-, \nu_\mu\}$、第3世代は $\{t, b, \tau^-, \nu_\tau\}$ である。

u, c, t クォークはそれぞれ電荷 $+(2/3)e$ を持ち、d, s, b クォークは電荷 $-(1/3)e$ を持つ。e^-, μ^-, τ^- 粒子はそれぞれ電荷 $-e$ を持ち、ν_e, ν_μ, ν_τ ニュートリノは電荷を持たない。

実際、質量を除けば、第2世代と第3世代は第1世代の粒子の完全なコピーになっている。なぜ、同じものを3つも自然は用意したのか？ これは素粒子物理に残された未解決問題の1つ（**世代数問題**（generation problem）とよばれる）である。

世代に関して、**ヒッグス粒子**は重要な役目を果たしている。標準模型でヒッグス粒子を無視すると、すべての粒子の質量はゼロとなり、世代間の入れかえに対する不変性が現れる。このことは、第1世代の $\{u, d, e^-, \nu_e\}$、第

2世代の $\{c, s, \mu^-, \nu_\mu\}$，そして第3世代の $\{t, b, \tau^-, \nu_\tau\}$ の間に違いがなくなり，区別できなくなることを意味する．したがって，ヒッグス粒子が世代間を区別するための重要な役割を担っており，世代数問題の解決のためにはヒッグス粒子の理解が欠かせない．

【注】 通常の物質は第1世代のクォークとレプトンから構成されている．だとすると，第2世代と第3世代のクォークとレプトンの役割は一体何なのだろうか？ もし，第1世代のクォークとレプトンのみからなる宇宙があったとすると，我々の宇宙と同じように見えるだろうか？ それとも全く違った宇宙になるのだろうか？

1.11.6 質量起源

第7章で議論するように，クォークとレプトンに対する方程式は，ゲージボソンとの相互作用も含めてゲージ原理からその形が決まってしまう．その方程式を見ると，クォークとレプトンの質量が含まれていないことがわかる．これは，クォークとレプトンの質量が0というよりも，クォークとレプトンの質量項がゲージ不変性から禁止されているというのが正しい理解だ．（ゲージ不変性と質量項については，7.5節で議論する．）

しかしながら，実際観測されているクォークとレプトンは質量を持っている．このクォークとレプトンの質量起源の謎を解く鍵は，スピン $s = 0$ のヒッグス粒子にある．ヒッグス粒子に関しては，理論的にも実験的にも十分な理解はいまだ得られていない．ヒッグス粒子の解明は，素粒子物理の重要な課題の1つである．

【注】 ウィークボソン $W^\pm$ と Z^0 の質量起源もヒッグス粒子が担っている．

1.12 ファインマン図

図1.3は**ファインマン図（Feynman diagram）**とよばれ，素粒子物理を理解する上で欠かせない道具の1つである．例えば電子と光子の電磁相互作用は，図1.4の素過程の組み合わせで表される．図1.4は紙面上方を時間軸正

方向とすると，電子（e⁻）が光子（γ）を放出する過程と見なすことができる．

また一方で，ファインマン図はそれ以上の情報を持つ．実際，図1.4の素過程の相互作用があると，そのグラフを変形した過程（図1.5）も存在する．これは，相対論的不変性の帰結である．図1.5の（a）〜（d）のグラフをより正しく理解するため

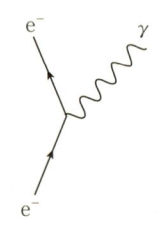

図 1.4 電子（e⁻）と光子（γ）の電磁相互作用の素過程

には，粒子の放出や吸収よりも，粒子の生成と消滅という言葉を用いるのがよい．

この生成・消滅の観点から図1.5(a)のグラフを解釈すると，電子 e⁻ が消滅して，新たに電子と光子を生成したと見なすことができる．図1.5(b)は，逆に電子と光子が一点で消滅して，電子が1つ生成される過程ということができる．

図1.5(c)のグラフは，少し説明が必要だろう．図1.5(c)を素直に解釈すると，電子が光子を生成して，その後電子が過去に向かって運動していることになる．もちろん，時間を逆行する電子などは存在しないので，別の解

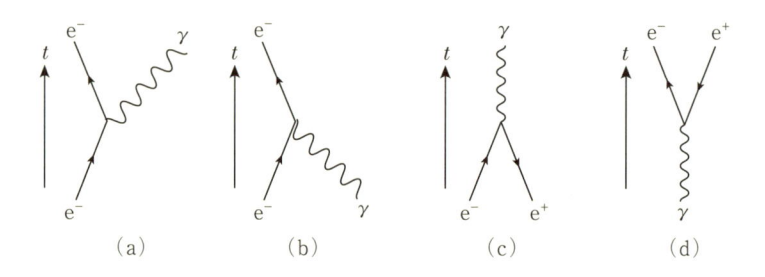

図 1.5 電子と光子の素過程（ここでは，紙面上方に時間軸正方向がとられている）．(a) 光子の生成，(b) 光子の消滅，(c) 電子・陽電子対の消滅，(d) 電子・陽電子対の生成．線上の矢印を電荷（−e）の流れと見なすと，下向きの矢印は +e の電荷を持った粒子（陽電子）が上向き（時間軸正方向）に進んでいると解釈できる．

釈が必要となる．

　そのために，図 1.5（c）の実線上に描かれている矢印を，電子の運動方向ではなく，**電荷 $-e$ の流れ**と再解釈することにしよう．矢印を電荷 $-e$ の流れだと思えば，下向きの電荷 $-e$ の流れは，上向きの電荷 $+e$ の流れと見なすことができる．つまり電子と逆符号の電荷 $+e$ を持つ粒子が，紙面上向きに運動していると解釈し直すことができる．

　この粒子は，**陽電子** (e^+) とよばれ，電子と厳密に等しい質量を持つが，電荷は電子と逆符号の $+e$ を持つ．このような粒子を一般に**反粒子**とよぶ．ファインマン図で時間を逆行する"粒子"は，時間を順行する反粒子に読みかえられる．本書で学ぶ場の量子論は，この解釈の正当性を保証してくれる．

　したがって，図 1.5（c）は電子と陽電子が**対消滅**（pair annihilation）して光子を生成し，図 1.5（d）は光子が消滅して電子と陽電子を**対生成**（pair creation）する過程であると解釈できる．ちなみに，光子の反粒子は光子自身である．

【注】 誤解のないように正確に述べておくと，時間を逆行する"粒子"という見方はあくまで，場を導入しない量子力学的解釈であって，場の量子論では初めから（正しく時間を順行する）反粒子として現れる．場の量子論では，何ら不自然な解釈をする必要はない．

　ファインマン図を使いこなせるようになると，素粒子反応や量子効果などの理解が一気に進む．例えば，電磁相互作用をする電子と光子の系（**量子電磁力学**（**QED**：quantum electrodynamics））では，図 1.4（あるいは図 1.5）の素過程のグラフを組み合わせることで，あらゆる反応を表すことができる．図 1.6（a）～（c）は，図 1.3（a）よりも複雑な電子−電子散乱過程を表すファインマン図の例である．図 1.6（d）は，電子・陽電子の消滅によって 2 つの光子が生成される過程である．

　ファインマン図の利点は，ファインマン規則と合せて使うことによって，さらに強化される．ファインマン図は，素粒子の反応過程を視覚的に表すだけのものではない．1 つのファインマン図が与えられれば，その図から元の

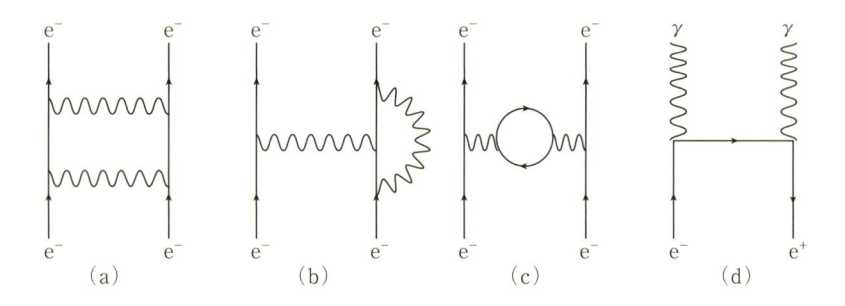

図 1.6 ファインマン図の例．(a)〜(c)は電子-電子散乱の摂動論の高次補正の例．(d)は電子-陽電子の消滅によって2つの光子が生成される過程．

計算式を再現することができる．その対応規則が**ファインマン規則**（Feynman rule）である．

例えば，電子-電子の散乱振幅の計算式を長々と書き下す代わりに，ファインマン図を描けば情報としてそれで十分なのである．数式を見るのと，ファインマン図を見るのとでは，どちらが理解しやすいかは説明するまでもないだろう．

前にも述べたが，ファインマン図の正しい理解のためには，粒子の生成・消滅の概念が鍵となる．それには，**場**（field）という概念の導入が不可欠となる．粒子の生成・消滅を表すのに，なぜ「場」が必要となるのかは，第8章のテーマである．

次章から，スカラー場，ベクトル場（ゲージ場），スピノル場（ディラック場）という言葉が時折り使われるが，場という言葉は単に用語だと思って気にしないでほしい．「場」をきちんと自分のものにするには時間がかかる．本書を読み進めていくうちに，場に対する理解は確実に深まっていくので，まずは「場」という言葉に慣れ親しんでもらいたい．

場についての詳しい議論は第8章以降でなされる．それまでは，肩慣らしの期間だと思って気楽に使うことにしよう．

自然法則を記述する言語

　情報を伝達したり記録するには何らかの言語が必要だ．日常生活では，思想・感情・意志などのコミュニケーションを図るために，日本語や英語など（その地域で通用する）言語を用いるだろう．しかし，コンピュータではプログラミング言語が使われるように，必ずしも日本語や英語のような言語体系がいつも適しているとは限らない．では，自然法則を記述するのに適した言語は何であろうか？
　自然現象を理解しようとした先人達の試みは，**数学**が自然を記述するのに最も適した言語であることを教えてくれる．では，数学によって自然現象はすべて記述可能であり，我々が理解できるものなのであろうか？
　残念ながら，この問いの本当の答えはわからない．しかし，これまでの物理学に関する発展の歴史を見ると，答えは「Yes」であるように見える．なぜ，数学はこれほどまで自然をよく記述できるのか？　これは，考えると不思議なことである．論理的な構造を記述する言語が数学であるとするなら，自然（我々の宇宙）には高度に論理的な仕組みが組み込まれており，それに万物が従っているということなのだろう．自然法則を理解するためには，それらを記述するための数学という言語の理解は避けて通れないということだ．
　場合によっては，ニュートンが微分・積分学を創設したように，自然を記述するための新しい数学を作り出さねばならないかもしれない．我々が，自然の法則を理解するためになすべきことは

『**自然の法則を数学の言葉に翻訳すること**』

なのである．
　幸いなことに，相対論的場の量子論を理解するための数学は，それほど高度なものは必要とされない．実際，大学3年生までに学ぶ物理数学をきちんと身につけていれば，それで十分である．何よりも，古い考えにとらわれず新しい概念を受け入れる柔軟性が大事となる．
【注】　線形代数，複素関数論，フーリエ解析，微分方程式などの数学は，場の量子論を理解するためにあるといっても過言ではない．これらの数学をマスターしたいなら，場の量子論の教科書（本書）はうってつけの演習書だ!?

第2章 クライン-ゴルドン方程式

クライン-ゴルドン方程式は最も基本的な相対論的方程式であり，すべての相対論的自由粒子はこの方程式に従う．本章では，波動関数の確率解釈に基づく量子力学の観点から，クライン-ゴルドン方程式を考察し，問題点とその解決の糸口について議論する．

2.1 シュレディンガー方程式からクライン-ゴルドン方程式へ

クライン-ゴルドン方程式の導出は，自由粒子に対する（非相対論的）シュレディンガー方程式

$$i\frac{\partial}{\partial t}\psi(t, \boldsymbol{x}) = -\frac{1}{2m}\boldsymbol{\nabla}^2\psi(t, \boldsymbol{x}) \tag{2.1}$$

が，どのようにして導かれたかを思い出せば簡単だ．ここで $\boldsymbol{\nabla} = (\partial/\partial x, \partial/\partial y, \partial/\partial z)$ である．この方程式は，非相対論におけるエネルギー E と運動量 $\boldsymbol{p}$ の関係 $E = \boldsymbol{p}^2/2m$ に，対応規則

$$E \longrightarrow i\frac{\partial}{\partial t}, \quad \boldsymbol{p} \longrightarrow -i\boldsymbol{\nabla} \tag{2.2}$$

を適用することによって得られる．

【注】 自由粒子の平面波解 $\psi(t, \boldsymbol{x}) = Ne^{-i(Et-\boldsymbol{p}\cdot\boldsymbol{x})}$ に微分演算子 $i\partial/\partial t$ と $-i\boldsymbol{\nabla}$ を作用させると，エネルギー E と運動量 $\boldsymbol{p}$ が得られる．

ここで注目すべき点は、E を相対論的エネルギーと見なせば、(2.2) の左側の量は (反変) ベクトル $p^\mu = (E, \boldsymbol{p})$、右側の量も (反変) ベクトル $i\partial^\mu = i\partial/\partial x_\mu = (i\partial/\partial t, -i\boldsymbol{\nabla})$ にまとまるということだ。つまり、(2.2) は相対論的形式

$$p^\mu \longrightarrow i\partial^\mu \quad (\mu = 0, 1, 2, 3) \tag{2.3}$$

に書き表すことができる。

したがって、シュレディンガー方程式を導いたのと同じことを、アインシュタインの関係 $E^2 = \boldsymbol{p}^2 + m^2$ で行えば、次の**クライン-ゴルドン方程式**が得られる。

$$-\frac{\partial^2}{\partial t^2}\phi(t, \boldsymbol{x}) = (-\boldsymbol{\nabla}^2 + m^2)\phi(t, \boldsymbol{x}) \tag{2.4}$$

c と $\hbar$ を復活させて、相対論的形式に書き直しておくと、

$$\left\{\partial_\mu \partial^\mu + \left(\frac{mc}{\hbar}\right)^2\right\}\phi(x) = 0 \tag{2.5}$$

となる。ここで $\phi(x)$ は、$\phi(t, \boldsymbol{x})$ を簡略化して書いたものだ。

【注】 上の説明からわかるように、クライン-ゴルドン方程式とアインシュタインの関係 $E^2 = \boldsymbol{p}^2 + m^2$ は等価な内容を持っている。アインシュタインの関係は、スカラー粒子に限らずすべての (自由) 粒子が満たすべき関係式である。したがって、後の章で見るように、ディラック粒子やゲージ粒子もクライン-ゴルドン方程式を満たす。より正確にいえば、ディラック粒子はディラック方程式に従うが、ディラック方程式からクライン-ゴルドン方程式を導くことができる。つまり、ディラック方程式はクライン-ゴルドン方程式を内包しているのである。ゲージ粒子も同様である。

2.2 ローレンツ変換性

2.2.1 特殊相対性原理

ここでは、特殊相対性原理の要請が満たされていること、すなわち、クライン-ゴルドン方程式が、すべての慣性系で同じ形で成り立つことを確かめ

る．1.5節で述べたように，任意の慣性系は，時空座標の並進（平行移動）とローレンツ変換でつながる．つまり，2つの慣性系 S, S' の時空座標をそれぞれ x^μ, x'^μ としたとき，これらは次の関係

$$x'^\mu = \Lambda^\mu{}_\nu x^\nu + a^\mu \qquad (2.6)$$

で結ばれていることになる．上式で $\Lambda^\mu{}_\nu x^\nu$ はローレンツ変換を表し，a^μ は定数ベクトルで時空座標の並進に対応する．

【注】 相対論的不変性の中には「時空並進不変性」も含まれていることを，再度強調しておく．並進不変性の重要性は，もう少し先を読めば明らかになる．

ここで確かめることは，1つの慣性系 S でクライン – ゴルドン方程式 $(\partial_\mu \partial^\mu + m^2)\phi(x) = 0$ が成り立っているときに，任意の慣性系 S' でも，クライン – ゴルドン方程式が以下のように成り立っていることである．

$$(\partial_\mu \partial^\mu + m^2)\phi(x) = 0 \iff (\partial'_\mu \partial'^\mu + m^2)\phi'(x') = 0 \quad (2.7)$$

このとき，慣性系 S' でのクライン – ゴルドン方程式は，S' 系の時空座標 x'^μ と関数 $\phi'(x')$ で表されていることに注意しておく．$\phi'(x')$ と $\phi(x)$ の関係は，ローレンツ不変性の要請から決めることができる．

(2.6) の変換の下で，微分演算子 ∂^μ, ∂_μ は以下のベクトルの変換性を持つ．

$$\partial'^\mu = \Lambda^\mu{}_\nu \partial^\nu, \qquad \partial'_\mu = \partial_\nu (\Lambda^{-1})^\nu{}_\mu \qquad (2.8)$$

⟨check 2.1⟩

(2.8) を確かめてみよう．◆

ここで，微分演算子 ∂_μ, ∂^μ は時空座標の並進 $x^\mu \to x'^\mu = x^\mu + a^\mu$ の下で不変であることに注意しておく．（check 2.1 参照．）この事実は重要である．クライン – ゴルドン方程式に限らず，これから学ぶディラック方程式やマクスウェル方程式など，相対論的不変な方程式がなぜ微分方程式で表されるのか？ という問いに，1つの答を与えてくれる．例えば，$x_\mu x^\mu$ はローレンツ不変量だが，時空並進の下で不変ではない．したがって，相対論的方程式の中に現れることはできない．一方，並進不変かつ非自明なローレンツ変

換性を持つ最も基本的な量が，微分演算子 $\partial_\mu, \partial^\mu$ なのである．

微分演算子 $\partial^\mu, \partial_\mu$ は，(2.6) の変換（ポアンカレ変換）の下で，(2.8) のようにベクトルとして振舞うので，期待通りにダランベール演算子 $\partial_\mu \partial^\mu$ は (2.6) の変換の下で不変，すなわち，$\partial'_\mu \partial'^\mu = \partial_\mu \partial^\mu$ を満たす．したがって，$\phi'(x')$ と $\phi(x)$ の関係が

$$\phi'(x') = \phi(x) \tag{2.9}$$

で結ばれているならば，(2.7) が成り立ち，特殊相対性原理の要請が満たされていることがわかる．

2.2.2 スカラー関数の幾何学的意味

(2.9) は，スカラー関数の定義と思ってもよいし，クライン‐ゴルドン方程式のローレンツ不変性の要請と見なしてもよい．しかし (2.9) の意味を，もう少し掘り下げて理解しておくことは無駄ではない．以下で，異なる慣性系 S と S' から見たときのスカラー関数の関係 (2.9) を，幾何学的な観点から求めてみよう．

5と書かれたプラカードが地面の上に置かれているとしよう（図 2.1(a)

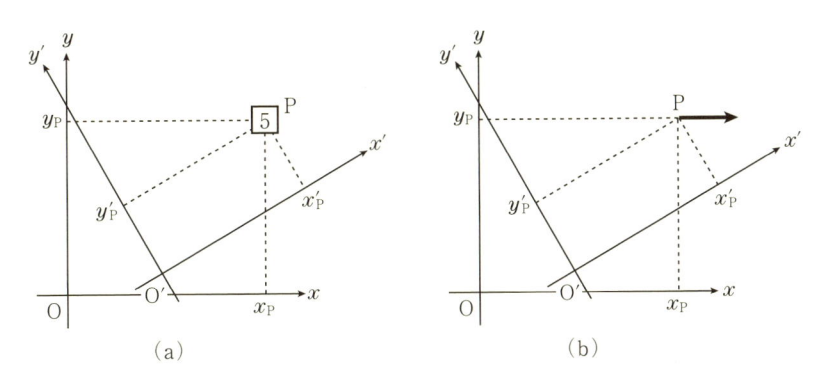

図 2.1 2つの慣性系 S, S' から見た (a) スカラー量と (b) ベクトル量．(x_P, y_P) は S 系から見た点 P の座標，(x'_P, y'_P) は S' 系から見た同一点 P の座標を表す．(a) には 5 と書かれたプラカード，(b) にはベクトル（矢印）が点 P に置かれている．

参照).地面に立っている人(図2.1では座標系 (x, y) に対応)が,そのプラカードを見たら,数字の $\boxed{5}$ が書かれているのが見えるだろう.

このプラカードを今度は,上空を飛んでいる飛行機(図2.1では座標系 (x', y') に対応)から見たら,どうだろうか? 同じものを見ているのだから,当然 $\boxed{5}$ という数字が書かれているのが見えるだろう.

同じプラカードに書かれている数字は,どの人(どの座標系)から見ても同じということだ.(当たり前だ!)このとき,$\phi(x)$ は地面に立っている人から見たプラカードの数字に対応し,$\phi'(x')$ は飛行機から見たプラカードの数字を表す.同じ(同一点上の)プラカードを見ているので,$\phi(x)$ と $\phi'(x')$ の値が等しいのは当然である.これが,(2.9),すなわち $\phi'(x') = \phi(x)$ の物理的意味である.($\{x^\mu\}$ と $\{x'^\mu\}$ は同一時空点(図2.1の点P)を表していることに注意.)

スカラー関数とは,各時空点ごとに1つの数を割り当てたものなので,慣性系のとり方とは無関係に各時空点上のスカラー関数の値は1つに決まっている.スカラー関数が (2.6) の変換の下で不変といわれる意味は,このことを指すのである.

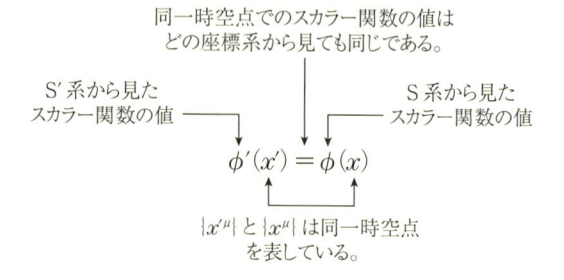

同一時空点でのスカラー関数の値は
どの座標系から見ても同じである。

S' 系から見た
スカラー関数の値

S 系から見た
スカラー関数の値

$$\phi'(x') = \phi(x)$$

$\{x'^\mu\}$ と $\{x^\mu\}$ は同一時空点
を表している。

2.2.3 ベクトル関数の変換性

次章で議論するマクスウェル方程式には,ベクトル関数(ゲージ場)$A^\mu(x)$

が現れるので、ここでついでにベクトル関数の変換性を求めておこう。

スカラー関数 $\phi(x)$ の変換性から、ベクトル関数 $A^\mu(x)$ の変換性を簡単に導くことができる。$\phi(x)$ はスカラー、$A^\mu(x)$ と ∂^μ は共にベクトルであることに注意すると、変換性の観点から $A^\mu(x)$ と $\partial^\mu \phi(x)$ は同じ変換性を持つことがわかる。∂^μ と ∂_μ の変換性は (2.8)、また $\phi(x)$ の変換性は (2.9) で与えられているので、$\partial^\mu \phi(x)$ および $\partial_\mu \phi(x)$ の変換性は、$\partial'^\mu \phi'(x') = \Lambda^\mu{}_\nu \times \{\partial^\nu \phi(x)\}$ および $\partial'_\mu \phi'(x') = \{\partial_\nu \phi(x)\}(\Lambda^{-1})^\nu{}_\mu$ と求まる。したがって、ベクトル関数の変換性は

$$A'^\mu(x') = \Lambda^\mu{}_\nu A^\nu(x), \qquad A'_\mu(x') = A_\nu(x)(\Lambda^{-1})^\nu{}_\mu \quad (2.10)$$

で与えられることがわかる。

【注】 (2.10) の右辺にローレンツ変換のパラメータ $\Lambda^\mu{}_\nu$ あるいは $(\Lambda^{-1})^\nu{}_\mu$ が現れている理由は、幾何学的に解釈できる。図2.1(b)を見てもらおう。そこには、ベクトル(矢印)が点Pに描かれている。(x, y) 座標系から見ると、この矢印は x 軸方向を向いているが、(x', y') 座標系から見ると、もはや x' 軸方向を向いていない。これは、(x, y) 座標系と (x', y') 座標系が(原点の平行移動と)空間回転で結びついているからである。つまり、座標軸の回転とベクトルの回転が連動しているのである。

(2.10) で1つコメントしておきたいことは、ベクトル関数 $A^\mu(x)$ の変換性 (2.10) には、x^μ の変換性 (2.6) と異なり、平行移動のパラメータ a^μ が現れていない点である。これは、ベクトルは本来、平行移動によって変わらない量だからである。このことは、一般の座標変換 $x^\mu \to x'^\mu = x'^\mu(x)$ を考えるとはっきりする。このとき、ベクトル $V^\mu(x)$ の変換性は次式で定義される。

$$V'^\mu(x') = \frac{\partial x'^\mu}{\partial x^\nu} V^\nu(x), \qquad V'_\mu(x') = \frac{\partial x^\nu}{\partial x'^\mu} V_\nu(x)$$

(これは、一般相対性理論におけるベクトルの定義だ！) $V^\mu(x)$ の変換性は、dx'^μ と dx^ν の関係 $(dx'^\mu = (\partial x'^\mu / \partial x^\nu) dx^\nu)$ を考えれば理解できるだろう。(2.10) は、$x'^\mu = \Lambda^\mu{}_\nu x^\nu + a^\mu$ とした特別な場合に対応する。

2.3　保存量と確率解釈

シュレディンガー方程式では、波動関数 ϕ を確率解釈することが可能だった。しかし、クライン–ゴルドン方程式を満たす関数 ϕ では、それができない。

2. クライン - ゴルドン方程式

このことを以下で見ることにする．まずは，シュレディンガー方程式の場合の復習から始めよう．

2.3.1 シュレディンガー方程式と確率解釈

量子力学の教科書で必ず導かれているように，シュレディンガー方程式から，次の確率の保存

$$\frac{\partial \rho}{\partial t} + \nabla \cdot \boldsymbol{j} = 0 \tag{2.11}$$

を満たす確率密度 ρ と確率流 $\boldsymbol{j}$ が，以下のように得られる．

$$\rho = \phi^* \phi \tag{2.12a}$$

$$\boldsymbol{j} = -\frac{i}{2m}\{\phi^* \nabla \phi - (\nabla \phi^*)\phi\} \tag{2.12b}$$

(2.11) は一般に，**流れの保存**（current conservation）とよばれる．

【注】 ϕ, ψ はそれぞれファイ，プサイと発音する．この 2 つは文字の形が似ているので，間違いやすい．取り違えて覚えないように注意しよう．

ρ と $\boldsymbol{j}$ が流れの保存を満たすことは，シュレディンガー方程式（とその複素共役をとった式）を用いれば確かめられる．流れの保存 (2.11) は，以下のように $\rho(t, \boldsymbol{x})$ を全空間で積分したものが保存することを保証してくれる．

$$\frac{d}{dt}\int_V d^3\boldsymbol{x}\, \rho(t, \boldsymbol{x}) = 0 \tag{2.13}$$

【注】 証明は次の通りである．

$$\frac{d}{dt}\int_V d^3\boldsymbol{x}\, \rho(t, \boldsymbol{x}) = \int_V d^3\boldsymbol{x}\, \frac{\partial \rho(t, \boldsymbol{x})}{\partial t} \stackrel{(2.11)}{=} -\int_V d^3\boldsymbol{x}\, \nabla \cdot \boldsymbol{j}(t, \boldsymbol{x})$$

$$= -\int_{\partial V} dS\, \boldsymbol{n} \cdot \boldsymbol{j}(t, \boldsymbol{x}) = 0 \tag{2.14}$$

ここで，V は全空間の体積で，3 番目の等号ではガウスの発散定理を用いて体積積分を境界 ∂V（V の表面）上の面積分におきかえた．dS は ∂V 上の無限小面積要素を表し，$\boldsymbol{n}$ は dS 上の外向き単位法線ベクトルである．最後の等号では，体積無限大 ($V \to \infty$) として無限遠方 ($|\boldsymbol{x}| \to \infty$) では確率の流れはない ($\boldsymbol{j} = \boldsymbol{0}$) ことを用いた．

ここで重要な点をコメントしておく．(2.13) の証明に必要だったものは，流れの保存 (2.11) のみである．ρ や $\boldsymbol{j}$ の具体形は (2.13) の証明には必要ない．

したがって，$\rho(t, \boldsymbol{x}) = |\phi(t, \boldsymbol{x})|^2$ に対して確率解釈

$$\rho(t, \boldsymbol{x}) = \text{時刻 } t, \text{ 位置 } \boldsymbol{x} \text{ に粒子が見出される確率密度} \quad (2.15)$$

が可能となる．$\rho(t, \boldsymbol{x})$ は定義より $\rho \geqq 0$ を満たしていることに注意しておく．これは確率解釈が可能となるための必要条件である．

【注】$\rho(t, \boldsymbol{x})$ のより正確な意味は，$\rho(t, \boldsymbol{x}) d^3\boldsymbol{x}$ が，位置 $\boldsymbol{x}$ における体積 $d^3\boldsymbol{x}$ 中に時刻 t において粒子が見出される確率である．

ある時刻 $t = t_0$ に，粒子が全空間のどこかに存在しているとすると，それは $\int_V d^3\boldsymbol{x}\, \rho(t_0, \boldsymbol{x}) = 1$ を意味する．このとき (2.13) の結果より，任意の時刻 t で $\int_V d^3\boldsymbol{x}\, \rho(t, \boldsymbol{x}) = 1$ が保証され，粒子は勝手に消えたり現れたりすることなく，全空間のどこかに必ず存在していることになる．それゆえ $\phi(t, \boldsymbol{x})$ を 1 粒子波動関数とよぶことがある．

2.3.2 クライン-ゴルドン方程式と確率解釈の困難

クライン-ゴルドン方程式にもシュレディンガー方程式と同様に，流れの保存を満たす ρ と $\boldsymbol{j}$ が存在する．

$$\rho = \frac{i}{2m}\left(\phi^* \frac{\partial \phi}{\partial t} - \frac{\partial \phi^*}{\partial t}\phi\right) \quad (2.16\text{a})$$

$$\boldsymbol{j} = -\frac{i}{2m}\{\phi^* \boldsymbol{\nabla}\phi - (\boldsymbol{\nabla}\phi^*)\phi\} \quad (2.16\text{b})$$

これらは相対論的形式に書き表すことができ，**カレント（current）** とよばれる 4 元ベクトル j^μ ($\mu = 0, 1, 2, 3$) を

$$j^\mu = (\rho, \boldsymbol{j}) = \frac{i}{2m}\{\phi^* \partial^\mu \phi - (\partial^\mu \phi^*)\phi\} \quad (2.17)$$

で定義しておくと，j^μ は次に示す流れの保存の式を満たす．

$$\partial_\mu j^\mu = 0 \quad (2.18)$$

上式は，(2.11) を相対論的形式に表したもので，クライン - ゴルドン方程式 $(\partial_\mu \partial^\mu + m^2)\phi = 0$ と，その複素共役の式を用いれば導くことができる．j^μ は流れの保存 (2.18) を満たすので，次式で定義される Q が保存する．

$$\frac{dQ}{dt} = 0, \quad Q \equiv \int_V d^3\boldsymbol{x}\, j^0(t, \boldsymbol{x}) = \int_V d^3\boldsymbol{x}\, \rho(t, \boldsymbol{x}) \quad (2.19)$$

証明は，シュレディンガー方程式のところで行ったもの ((2.14) 参照) と全く同じなので，ここでは繰り返さない．

シュレディンガー方程式の場合との違いは，Q は保存 ($dQ/dt = 0$) するが，ρ を確率密度と見なせないことである．なぜなら ρ の定義 (2.16a) からわかるように，ρ は正負両方の値をとりうるからである．次節で議論する負エネルギー解の問題とも関係するので，具体的に ρ の符号を確かめておこう．

クライン - ゴルドン方程式の解として，次の（静止）解がある．

$$\phi_E(t, \boldsymbol{x}) = N e^{-iEt}, \quad E = \pm m \quad (2.20)$$

ここで，N は比例定数である．この解を ρ の表式 (2.16a) に代入すると，簡単な計算の後に次式で与えられることがわかる．

$$\rho = \frac{E}{m}|N|^2 \quad (2.21)$$

したがって $E = \pm m$ の符号で，ρ の符号が + にも - にもなりうることが確かめられる．

【注】 次の 2.4 節で説明するが，$E = +m$ は正エネルギー解，$E = -m$ は負エネルギー解に対応する．したがって，正エネルギー解に対しては $\rho \geqq 0$，負エネルギー解に対しては $\rho \leqq 0$ となる．

⟨check 2.2⟩

(2.18) ～ (2.21) を確かめてみよう．◆

2.3.3 困難の原因

シュレディンガー方程式では，$\rho \geqq 0$ を満たし確率解釈ができたのに，な

2.3 保存量と確率解釈 51

ぜ相対論化したクライン‐ゴルドン方程式ではうまくいかなかったのか？その理由を探っておくことは，ディラック方程式を導く際のヒントにもなるので，ここで議論しておこう．

(2.12) と (2.16) を比べると j は同じだが，シュレディンガー方程式から得られる ρ は時間微分を含んでいない．一方，クライン‐ゴルドン方程式から得られる ρ は時間微分が含まれている．どうやら，この時間微分が $\rho \geq 0$ の性質を失わせた原因のようだ．ρ に時間微分が現れた理由は，クライン‐ゴルドン方程式が時間に関して2階微分方程式であることに起因している．

なぜなら，ρ と j が流れの保存 ($\partial \rho / \partial t + \nabla \cdot j = 0$) を満たすことを示す際に，シュレディンガー方程式，あるいはクライン‐ゴルドン方程式を使う必要があるからである．シュレディンガー方程式は時間に関して1階微分方程式なので，ρ は時間微分を含む必要はない．一方，クライン‐ゴルドン方程式は時間に関して2階微分方程式なので，流れの保存が成り立つためには，ρ に時間の微分が含まれていないと証明の際にクライン‐ゴルドン方程式が使えない．

クライン‐ゴルドン方程式が時間の2階微分を含むのは，相対論的不変性からの要求である．なぜなら，ローレンツ変換は時間と空間座標を混ぜる線形変換なので，空間の2階微分があれば，ローレンツ不変性は時間についても2階微分を要求するからである．それならば時間も空間も，1階微分の方程式にすればよいではないかという考えが浮かぶ．それは取りも直さず，ディラックがディラック方程式を導いたときに用いたアイデアである．これについては，第4章で詳しく議論することにしよう．

【注】 場の量子論の観点からは，複素場 ($\phi^* \neq \phi$) は複素スカラー粒子，実場 ($\phi^* = \phi$) は実スカラー粒子に対応することがわかっている．これまでの議論では暗に複素スカラー場を想定したが，実スカラー場を考えることもできる．

しかし，実スカラー場を考えるならば，$\phi^* = \phi$ なので定義から恒等的に $\rho = j = 0$ となり，そもそも確率解釈しようにも保存量が存在しない．このことからも，シュレディンガー方程式と同じく ϕ を1粒子波動関数と見なし確率解釈を行おうとする試みは，うまく

いかないことがわかる.

一方,場の量子論で問題が生じない理由は,電磁場との相互作用を考えるとはっきりする.このとき,ρ と $\boldsymbol{j}$ は電荷密度と電流密度に対応し,電荷密度であれば ρ が正と負両方の値をとっても不思議でも何でもない.また,実スカラー場は電荷を持てないことが示せるので,対応する電荷密度や電流密度が存在しないのも当然である.これらの点に関しては,10.6.4 項で議論する.

2.4 負エネルギー解

クライン–ゴルドン方程式の 2 つ目の問題点として,負エネルギー解の存在がある.これはエネルギーと運動量の相対論的関係式 $E^2 = \boldsymbol{p}^2 + m^2$ には,正エネルギー解 $E = \sqrt{\boldsymbol{p}^2 + m^2}$ だけでなく,負エネルギー解

$$E = -\sqrt{\boldsymbol{p}^2 + m^2} \tag{2.22}$$

も存在することからくる.これは,クライン–ゴルドン方程式固有の問題ではなく,明らかに相対論的量子力学全般に関わる問題である.

上で述べたことを具体的に以下で確かめてみよう.クライン–ゴルドン方程式 (2.4) は,簡単に確かめられるように,任意の 3 次元定数ベクトル $\boldsymbol{p}$ に対して次の解を持つ.

$$\phi_{\boldsymbol{p}}^{(\pm)}(t, \boldsymbol{x}) = N e^{\mp i(E_p t - \boldsymbol{p} \cdot \boldsymbol{x})} \tag{2.23}$$

ここで,$\boldsymbol{p} \cdot \boldsymbol{x} = p^1 x^1 + p^2 x^2 + p^3 x^3$, $E_p \equiv \sqrt{\boldsymbol{p}^2 + m^2}$,$N$ は比例定数である.

また,この解は次の固有値方程式を満たす.

$$\widehat{H}\phi_{\boldsymbol{p}}^{(\pm)} = \pm E_p \phi_{\boldsymbol{p}}^{(\pm)}, \qquad \widehat{\boldsymbol{p}} \phi_{\boldsymbol{p}}^{(\pm)} = \pm \boldsymbol{p} \phi_{\boldsymbol{p}}^{(\pm)} \tag{2.24}$$

ここで,"^"(ハット)をつけた量は微分演算子で,$\widehat{H} \equiv i(\partial/\partial t)$ と $\widehat{\boldsymbol{p}} \equiv -i\boldsymbol{\nabla}$ はそれぞれ,量子力学におけるエネルギー演算子と運動量演算子に対応する.

〈check 2.3〉

(2.23) で定義される関数 $\phi_{\boldsymbol{p}}^{(\pm)}(t, \boldsymbol{x})$ が,クライン–ゴルドン方程式,および固

有値方程式 (2.24) を満たすことを確かめてみよう．また，解 $\phi_p^{(\pm)}(t,\boldsymbol{x})$ の重ね合わせ $\int d^3\boldsymbol{p}\{a^{(+)}(\boldsymbol{p})\,\phi_p^{(+)}(t,\boldsymbol{x}) + a^{(-)}(\boldsymbol{p})\,\phi_p^{(-)}(t,\boldsymbol{x})\}$ も，クライン‐ゴルドン方程式を満たすことを示してみよう．ここで，$a^{(\pm)}(\boldsymbol{p})$ は $\boldsymbol{p}$ の任意関数である．◆

(2.24) が意味することは，量子力学の教えによると，$\phi_p^{(\pm)}$ はエネルギー $\pm E_p$，および運動量 $\pm\boldsymbol{p}$ を持つ固有状態を表しているということだ．したがってクライン‐ゴルドン方程式は，予想通り負エネルギー解 $\phi_p^{(-)}$ を含んでいることがわかる．

負エネルギー解があると，正エネルギー状態から出発しても，正エネルギーを次々に放出して負のエネルギー状態へ落ち込むことができる．つまり，あらゆる状態は，正のエネルギーを放出することによって，エネルギーのより低い状態へ移れることになる．このプロセスは終わることがないので，すべての状態は不安定となる．これは物理的に受け入れ難い状況であるし，量子論的に正当化できない．

【注】 実際，場の量子論はエネルギーに下限があることを要求する．

このようにやっかいものの負エネルギー解だが，物理的に全く意味を持たないと決めつけるのは早計だ．次節で**非相対論的極限（non‐relativistic limit）**を調べるが，そこでは負エネルギー解に対して物理的解釈が可能であることが示唆される．

2.5 非相対論的極限

光速に比べて速さが非常に遅い系，あるいは，静止エネルギーに比べて運動エネルギーとポテンシャルエネルギーが十分小さい系では，相対性理論はニュートン力学に移行する．したがって，クライン‐ゴルドン方程式の場合は，シュレディンガー方程式へ帰着することが期待される．ここでは物理的意味が明確になるように，電磁相互作用を持つクライン‐ゴルドン方程式を

取り扱うことにする．

それによって，クライン‐ゴルドン方程式で問題となった ρ の確率解釈や負のエネルギー解が，なぜシュレディンガー方程式では問題とならなかったのかが理解でき，負エネルギー解の物理的解釈に対する重要な示唆が得られる．

2.5.1 電磁場中のスカラー粒子

量子論で電磁相互作用を導入するためには，まず電場 E と磁場 B をベクトルポテンシャル A とスカラーポテンシャル A^0 を用いて，次のように表しておく必要がある．

$$E = -\nabla A^0 - \frac{\partial A}{\partial t}, \qquad B = \nabla \times A \tag{2.25}$$

自由粒子の方程式に電磁相互作用を導入するには，次のおきかえを行えばよいことがわかっている．

$$\frac{\partial}{\partial t} \longrightarrow \frac{\partial}{\partial t} + iqA^0, \qquad \nabla \longrightarrow \nabla - iqA \tag{2.26}$$

ここで，q は粒子の電荷を表す．このおきかえ規則については，第 7 章のゲージ原理のところで詳しく説明するので，ここではとりあえず認めてもらうことにする．このおきかえによって，クライン‐ゴルドン方程式は

$$\left\{ \left(\frac{\partial}{\partial t} + iqA^0\right)^2 - (\nabla - iqA)^2 + m^2 \right\} \phi(t, \boldsymbol{x}) = 0 \tag{2.27}$$

となる．これは，電荷 q を持つスカラー粒子が電磁相互作用をしている場合の相対論的方程式である．

2.5.2 正エネルギー解と非相対論的解釈

まず初めの目標は，非相対論的極限をとることによって，電荷 q の粒子に対する次のシュレディンガー方程式を導くことである．

$$i\frac{\partial \phi(t, \boldsymbol{x})}{\partial t} = \left\{ -\frac{1}{2m}(\nabla - iqA)^2 + qA^0 \right\} \phi(t, \boldsymbol{x}) \tag{2.28}$$

ここで，ϕ と ψ の間の関係は次式で与えられる．

$$\phi(t, \boldsymbol{x}) = e^{-imt}\psi(t, \boldsymbol{x}) \tag{2.29}$$

シュレディンガー方程式の波動関数 ψ は，クライン-ゴルドン方程式の ϕ そのものではないことに注意しよう．上式の因子 e^{-imt} は，ϕ の持つ相対論的エネルギー $E = \sqrt{\boldsymbol{p}^2 + m^2} = m\sqrt{1 + (\boldsymbol{p}^2/m^2)} = m + \boldsymbol{p}^2/2m + \cdots$ から，静止エネルギー m を取り除くために必要なものだ．

【注】上で述べたことをもう少し詳しく説明しておこう．ϕ を相対論的エネルギー $E = \sqrt{\boldsymbol{p}^2 + m^2}$ を持つ固有状態，ψ を非相対論的エネルギー $E_{非相} = \boldsymbol{p}^2/(2m)$ を持つ固有状態としよう．つまり，固有値方程式 (2.24) の言葉で述べると，ϕ と ψ はそれぞれ $i\partial \phi/\partial t = E\phi = \sqrt{\boldsymbol{p}^2 + m^2}\phi$ と $i\partial \psi/\partial t = E_{非相}\psi = (\boldsymbol{p}^2/2m)\psi$ を満たしていることになる．これらの方程式は簡単に解けて，

$$i\frac{\partial \phi}{\partial t} = \sqrt{\boldsymbol{p}^2 + m^2}\phi \implies \phi \propto e^{-i\sqrt{\boldsymbol{p}^2+m^2}t}$$

$$i\frac{\partial \psi}{\partial t} = \frac{\boldsymbol{p}^2}{2m}\psi \implies \psi \propto e^{-i\frac{\boldsymbol{p}^2}{2m}t}$$

となる．したがって，ϕ と ψ は非相対論的極限の下に，$\phi \propto e^{-i\sqrt{\boldsymbol{p}^2+m^2}t} = e^{-i(m+(\boldsymbol{p}^2/2m)+\cdots)t} \sim e^{-imt}\psi$ で結びつく．この関係が (2.29) に他ならない．

波動関数 ψ の物理的意味がわかったところで，非相対論的極限の下にシュレディンガー方程式 (2.28) を導こう．そのために，(2.27) の左辺第 1 項が，非相対論的極限で次のように変形されることに注意しておく．

$$\left(\frac{\partial}{\partial t} + iqA^0\right)^2 \phi \simeq e^{-imt}\left\{2m\left(-i\frac{\partial}{\partial t} + qA^0\right)\psi - m^2\psi\right\} \tag{2.30}$$

【注】まず，(2.29) を (2.27) 左辺の第 1 項に代入すると次式を得る．

$$\left(\frac{\partial}{\partial t} + iqA^0\right)^2 \phi = e^{-imt}\left(\frac{\partial}{\partial t} + iqA^0 - im\right)^2 \psi$$
$$= e^{-imt}\left\{\left(\frac{\partial}{\partial t} + iqA^0\right)\left(\frac{\partial}{\partial t} + iqA^0 - 2im\right)\psi - m^2\psi\right\}$$

最初の等号では，任意の関数 $f(t)$ に対して成り立つ公式

$$\left(\frac{\partial}{\partial t}\right)^n \{e^{-imt}f(t)\} = e^{-imt}\left(\frac{\partial}{\partial t} - im\right)^n f(t) \tag{2.31}$$

を用いた．ここで非相対論的近似 $|m\psi| \gg |i(\partial \psi/\partial t)|, |qA^0\psi|$ をとる．これは静止エネルギー (m) に比べて，非相対論的エネルギー ($i(\partial/\partial t) \sim E_{非相}$) やポテンシャルエネルギー ($qA^0$)

は十分小さいという仮定である．この近似の下では $(\partial/\partial t + iqA^0 - 2im)\phi \simeq -2im\phi$ としてよいので，(2.30) を得る．

(2.30) 右辺の最後の項は，(2.27) の質量項 $m^2\phi$ と相殺することがわかる．（これで，静止エネルギーがクライン‐ゴルドン方程式から取り除かれた．）したがって，(2.27) を ϕ に関する方程式に書き直すと，非相対論的極限の下で求めたかったシュレディンガー方程式 (2.28) が得られたことになる．

2.5.3　負エネルギー解と非相対論的極限

ϕ と φ の関係式 (2.29) のところでは述べなかったが，ϕ の持つ正と負のエネルギー解のうち，正エネルギー解に対応するほうを，シュレディンガー方程式の波動関数 φ として取り出したことになっている．負エネルギー解に対応する波動関数を χ とすると，実に興味ある結果が得られる．それを以下で確かめよう．

ここでは，ϕ と χ の間の関係は次式で与えられるものと仮定する．

$$\phi(t, \boldsymbol{x}) = e^{-i(-m)t}\chi^*(t, \boldsymbol{x}) \tag{2.32}$$

(2.29) と異なる点が 2 つある．1 つは，静止エネルギー m の符号が負になっている点だ．これは，ϕ から負のエネルギー解を取り出すことを意味する．2 番目の相違点は，(2.32) の右辺で波動関数の複素共役がとられていることだ．なぜ複素共役をとる必要があるのかについては，以下での議論を見れば理解できるだろう．

まず (2.32) を (2.27) に代入して，前と同様に非相対論的近似 $|m\chi| \gg |i(\partial\chi/\partial t)|, |qA^0\chi|$ を仮定すると，次式が得られる．

$$i\frac{\partial\chi^*}{\partial t} = \left\{+\frac{1}{2m}(\boldsymbol{\nabla} - iq\boldsymbol{A})^2 + qA^0\right\}\chi^* \tag{2.33}$$

このままでは，χ^* をシュレディンガー方程式の波動関数と見なすわけにはいかない．なぜなら，(2.28) と比較すると，運動エネルギー項（右辺第 1 項）の符号が逆になっているからである．これを正しい符号にするためには，

(2.33) の両辺の複素共役をとり，全体に -1 を掛けてやればよい．

$$i\frac{\partial \chi}{\partial t} = \left\{ -\frac{1}{2m}(\boldsymbol{\nabla} - i(-q)\boldsymbol{A})^2 + (-q)A^0 \right\}\chi \qquad (2.34)$$

⟨check 2.4⟩

(2.33) を導き，(2.34) を確かめてみよう．◆

再び (2.28) と比べると重要な違いに気がつく．質量 m は同じだが，電荷の符号が（正エネルギー）波動関数 ϕ の場合と逆の $-q$ となっていることだ．つまり，負エネルギー解を非相対論的近似の下で解釈すると，**質量は同じだが電荷が逆符号の粒子**（反粒子とよぶ）に対応しているということだ．したがって，もともとのクライン–ゴルドン方程式 (2.27) には，電荷 q の粒子だけでなく，電荷 $-q$ を持つ反粒子の解も含まれていたのだ．

【注】 上での結果を整理しておこう．シュレディンガー方程式の観点，すなわち，非相対論的極限の解析から，クライン–ゴルドン方程式には，同じ質量を持ち電荷の符号が逆の2種類の粒子（(2.28) と (2.34)）が含まれていることが示唆され，相対論的には，それらが合わさって1つの方程式 (2.27) に組み込まれることになる．このように相対論的方程式の枠組みでは，粒子と反粒子が必ずペアで組み込まれているのである．（ただし，光子のように粒子と反粒子が同じ場合もある．）

これで負エネルギー解の問題が解決されたかというと，残念ながらそうはなっていない．負エネルギー解を，反粒子の波動関数 χ と関係づけるためには，(2.32) で見たように複素共役をとる必要がある．（相対論的）量子力学の枠内で，「なぜそのような手続きを取らなければならないのか？」に答えることは難しい．

しかしながら，第 11 章のスカラー場の量子化で議論するように場の量子論の観点から見れば，複素共役をとる理由はごく自然に理解できる．場の量子論での解決を楽しみにして，もうしばらく待つことにしよう．

【注】 1.12 節でのファインマン図 1.5（ c ）をどのように解釈したかを思い出すと，興味深い対応が見えてくる．そこでは，時間を逆行する "粒子" を，時間を順行する反粒子でおきかえた．これはちょうど，反粒子の波動関数を得るために，負エネルギー解の複素共役を

とったことに対応している．なぜなら，シュレディンガー方程式で複素共役をとると
($H^* = H$ に注意して)，

$$i\hbar \frac{\partial \psi}{\partial t} = H\psi \xrightarrow{\text{複素共役}} i\hbar \frac{\partial \psi^*}{\partial(-t)} = H\psi^*$$

なので，複素共役の操作は時間反転 $t \to -t$ に対応しているからである．

2.5.4 確率解釈の再解釈

最後に，非相対論的極限の観点から，確率解釈の問題をもう一度眺めてみることにする．

クライン-ゴルドン方程式の ρ の表式 (2.16a) に，まず正エネルギー解に対応する (2.29) を代入して非相対論的極限をとると，

$$\begin{aligned}
\rho &\stackrel{(2.16a)}{=} \frac{i}{2m}\left(\phi^* \frac{\partial \phi}{\partial t} - \frac{\partial \phi^*}{\partial t}\phi\right) \\
&\stackrel{(2.29)}{=} \frac{i}{2m}\left\{\psi^*\left(\frac{\partial \psi}{\partial t} - im\psi\right) - \left(\frac{\partial \psi^*}{\partial t} + im\psi^*\right)\psi\right\} \\
&\simeq \psi^*\psi \quad \left(\because \text{非相対論的極限} \quad |m\psi| \gg \left|\frac{\partial \psi}{\partial t}\right|\right)
\end{aligned} \quad (2.35)$$

となり，予想通りシュレディンガー方程式の結果 (2.12a) を再現する．

一方，負エネルギー解に対応する (2.32) を (2.16a) に代入して非相対論的極限をとると

$$\rho \stackrel{(2.32)}{=} \frac{i}{2m}\left\{\chi\left(\frac{\partial \chi^*}{\partial t} + im\chi^*\right) - \left(\frac{\partial \chi}{\partial t} - im\chi\right)\chi^*\right\} \simeq -\chi^*\chi$$
$$(2.36)$$

となり，(これまた予想通り！）負の確率密度が得られる．ここで，$-\rho$ を改めて ρ と定義しなおせば，$\rho \simeq \chi^*\chi \geq 0$ となり確率解釈が可能なように見える．

しかしながら，このように確率解釈を無理矢理行おうとすると，正エネル

ギー解と負エネルギー解の ρ に対して異なる取り扱いをしなければならない．（負エネルギー解では $-\rho$ を ρ と再定義する．）そのため，そのままでは相対論的拡張はできない．なぜなら，相対論的には正エネルギー解と負エネルギー解の両方を対等に取り扱うべきだからである．

クライン－ゴルドン方程式における ρ の符号問題は，ρ に粒子の電荷 q を掛けて $q\rho$ を電荷密度と見なせば，すべては解決される．電荷密度ならば，$q\rho$ が正負両方の値をとっても問題はない．さらに，非相対論的極限で正エネルギー解の場合は $q\rho \simeq q\phi^*\phi$，負エネルギー解の場合は $q\rho \simeq -q\chi^*\chi$ となることは，粒子と反粒子が q と $-q$ の電荷をそれぞれ持つことを考えればつじつまが合う．

だが，$q\rho$ を電荷密度と解釈すればうまくいきそうだとしても，その根拠はそれほど明白ではない．またクライン－ゴルドン方程式には，なぜ流れの保存を満たす ρ と j が存在しているのか，さらにはその起源は何かについて，この章の解析では今一つはっきりしない．これらの点を明確にするためには，不変性と保存量の関係を理解する必要がある．それは，第10章でなされる．もう少し，待つことにしよう．

~~~~~~

「量子力学は間違っている」は間違っている

パラドックスは逆説や逆理ともよばれるが，ここでは「正しい（と思える）前提と妥当な（と思える）推論から，受け入れがたい結論が得られること」としておこう．

パラドックスは理解を深めるのに役に立つ．なぜなら，理解が不十分だと，前提あるいは推論が間違っているのか，それとも直感には反するが結論は正しいのか，判断できないからである．

ここで読者の皆さんに量子力学のパラドックスを紹介しておこう．このパラ

ドックスは量子力学の根幹に関わるものである.

量子力学では,座標演算子 $\hat{x}$ と運動量演算子 $\hat{p}$ に次の交換関係を課す.(以下では演算子にハット ^ をつける.)

$$[\hat{x}, \hat{p}] = i\hbar \tag{2.37}$$

運動量演算子 $\hat{p}$ の固有値 k の固有状態 $|k\rangle$ を考えると,その定義から

$$\hat{p}|k\rangle = k|k\rangle, \qquad \langle k|\hat{p} = k\langle k| \tag{2.38}$$

が成り立つ.(第2式は $\hat{p}$ がエルミートであることを用いた.)

さて,(2.37)の左辺を $\langle k|$ と $|k\rangle$ で挟むと,交換関係の定義から以下のように 0 であることがわかる.

$$\langle k|[\hat{x}, \hat{p}]|k\rangle = \langle k|(\hat{x}\hat{p} - \hat{p}\hat{x})|k\rangle = \langle k|\hat{x}\hat{p}|k\rangle - \langle k|\hat{p}\hat{x}|k\rangle$$
$$\stackrel{(2.38)}{=} k\langle k|\hat{x}|k\rangle - k\langle k|\hat{x}|k\rangle = 0$$

一方,(2.37)の右辺を $\langle k|$ と $|k\rangle$ で挟むと $\langle k|i\hbar|k\rangle = i\hbar\langle k|k\rangle \neq 0$ となり,これは明らかに矛盾である.したがって,交換関係 (2.37) は自己矛盾を含んでおり,量子力学は間違っている,という結論に導かれそうである.

もちろん本書の読者にとって「量子力学が間違っている」という結論は受け入れがたいものであろうし,量子力学の根幹をなす交換関係 (2.37) が間違っているとは思わないだろう.とすると,上の推論のどこかに間違いがあるはずだ.その問題部分を指摘してほしい.そして,正しい推論をすれば,どこにも矛盾は現れないことを示してほしい.

【ヒント】 同じ運動量固有値を持つ $\langle k|$ と $|k\rangle$ ではなく,異なる固有値を持つ $\langle k|$ と $|q\rangle$ で挟んでみよ.デルタ"関数"は,たいていの場合,通常の関数として取り扱っても問題を起こさないのだが,不注意な取り扱いをすると上のパラドックスのようにおかしな結論が導かれることがある.

第3章 マクスウェル方程式

　電場 E, 磁場 B で書かれたマクスウェル方程式は4組の方程式で書かれているが, ベクトル場 A^μ を用いると, たった1つの相対論的方程式におきかわる. このときマクスウェル方程式の持つ最も重要な性質はゲージ不変性である. ゲージ不変性は光子が質量を持つことを禁止し, マクスウェル方程式の形を本質的に決める役割を持つ.

3.1 マクスウェル方程式の相対論的形式

　マクスウェル方程式は, 以下に示す電場 E および磁場 B に対する4組の方程式からなる.

$$\nabla \cdot B = 0 \tag{3.1a}$$

$$\nabla \times E + \frac{1}{c}\frac{\partial B}{\partial t} = 0 \tag{3.1b}$$

$$\nabla \cdot E = \rho \tag{3.1c}$$

$$\nabla \times B - \frac{1}{c}\frac{\partial E}{\partial t} = \frac{1}{c}j \tag{3.1d}$$

この節で, これらの方程式を相対論的形式に書き直すことにしよう. ここでは光速 c を復活させてあるが ($\hbar$ はマクスウェル方程式には現れない), これ

から先は断らない限り，$c = \hbar = 1$ の自然単位系をとる．

【注】 電磁気学のさまざまな法則は，MKS 単位系や CGS 単位系，あるいは有理化/非有理化などの単位系の違いで，(真空の) 誘電率 ε_0 や透磁率 μ_0，あるいは 4π が現れたりする．(3.1) で採用したヘビサイド-ローレンツ (あるいは CGS ガウス) 有理化単位系は，これらの係数が簡単になるように選ばれたもので，素粒子の系を取り扱うのに便利な単位系である．この単位系では，**微細構造定数** (fine-structure constant) は $\alpha = e^2/(4\pi\hbar c) \simeq 1/137$ で与えられる．(MKS 単位系では，$\alpha = e^2/(4\pi\varepsilon_0\hbar c)$ である．)

まず，マクスウェル方程式の物理的意味を説明しておこう．(3.1a) は「**単磁荷** (monopole) が存在しない」ことを意味し，(3.1b) は「磁場が時間的に変動すると電場を生じる」というファラデーの法則を表す．さらに，(3.1c) は「任意の閉曲面内の全電荷は閉曲面に対して垂直方向電場の面積分に等しい」というガウスの法則を表す．最後に，(3.1d) は「電場の時間的変化，あるいは電流によって磁場が生じる」という拡張されたアンペールの法則を表す．

これら 4 つの方程式を，符号や係数まで含めて覚えるのは大変だ．しかしながら，これらの方程式が相対論的不変性を持つことを知っていれば，覚えることはほとんど何もない．裏を返せば，マクスウェル方程式に現れる符号や係数は，相対論的不変性から勝手な値をとることはできないということだ．この章を最後まで読めば，その理由がわかる．

3.1.1 ゲージ場の導入

まず，マクスウェル方程式の最初の 2 式，(3.1a) と (3.1b) は，簡単に解くことができる．$\nabla \cdot B = 0$ を満たすベクトル場 B は，ベクトル解析の定理より，(ベクトルポテンシャルとよばれる) 3 次元ベクトル関数 A を用いて，$B = \nabla \times A$ と表すことができる．これを，第 2 式 (3.1b) に代入して整理すると $\nabla \times (E + (\partial/\partial t)A) = 0$ となる．

これに再びベクトル解析の定理を用いると，$\nabla \times E' = 0$ ($E' \equiv E + (\partial/\partial t)A$) を満たす 3 次元ベクトル量 E' は，(スカラーポテンシャルとよば

れる) スカラー関数 A^0 を使って, $E' = -\nabla A^0$ と表すことができる. したがって, 電場 E と磁場 B は

$$E = -\nabla A^0 - \frac{\partial A}{\partial t}, \qquad B = \nabla \times A \tag{3.2}$$

と表すことができる.

つまり電場 E と磁場 B を, (3.2) のように A^0 と A を用いて表すことによって, マクスウェル方程式の最初の 2 式 (3.1a), (3.1b) は解かれた (すなわち, 考えなくてよい) ことになる. スカラーポテンシャル A^0 とベクトルポテンシャル A は, 1 つの 4 元ベクトル場 $A^\mu = (A^0, A)$ にまとめることができる. これからは, 場の量子論での慣例にならって, $A^\mu(x)$ を**ゲージ場** (**gauge field**) とよぶことにする.

〈check 3.1〉

任意の (3 次元) ベクトル関数 $A(x)$ およびスカラー関数 $A^0(x)$ に対して, $\nabla \cdot (\nabla \times A) = 0$, $\nabla \times (\nabla A^0) = \mathbf{0}$ が成り立つことを確かめてみよう. ◆

3.1.2 場の強さ

ここで**場の強さ** (**field strength**) とよばれる 2 階の反対称テンソル場

$$F^{\mu\nu}(x) = -F^{\nu\mu}(x) \equiv \partial^\mu A^\nu(x) - \partial^\nu A^\mu(x) \tag{3.3}$$

を導入すると, (3.2) を相対論的形式にまとめることができる. ここで, $F^{\mu\nu}$ ($\mu, \nu = 0, 1, 2, 3$) は電場・磁場と次の対応関係にある.

$$F^{\mu\nu} = \begin{pmatrix} 0 & -E^1 & -E^2 & -E^3 \\ E^1 & 0 & -B^3 & B^2 \\ E^2 & B^3 & 0 & -B^1 \\ E^3 & -B^2 & B^1 & 0 \end{pmatrix} = -F^{\nu\mu} \tag{3.4}$$

つまり, 電場 E と磁場 B は, 2 階の反対称テンソル場 $F^{\mu\nu}$ としてひとまとまりに捉えるべきものである.

【注】 (3.4) は, (3.3) の μ, ν に 0 ~ 3 の値を具体的に代入して確かめることができる.

このとき，$\partial^0 = \partial/\partial t$, $\partial^j = -\partial_j = -\partial/\partial x^j$ に注意せよ．

$$F^{0j} = \partial^0 A^j - \partial^j A^0 \longleftrightarrow -E^j \quad (j = 1, 2, 3)$$
$$F^{23} = \partial^2 A^3 - \partial^3 A^2 \longleftrightarrow -B^1$$
$$F^{31} = \partial^3 A^1 - \partial^1 A^3 \longleftrightarrow -B^2$$
$$F^{12} = \partial^1 A^2 - \partial^2 A^1 \longleftrightarrow -B^3$$

場の強さ $F^{\mu\nu}$ を用いると，マクスウェル方程式の最初の 2 式 ((3.1a) と (3.1b)) は，まとめて次のように書き表すことができる．(証明は check 3.2 を参照.)

$$\partial^\rho F^{\mu\nu} + \partial^\mu F^{\nu\rho} + \partial^\nu F^{\rho\mu} = 0 \quad (\mu, \nu, \rho = 0, 1, 2, 3) \quad (3.5)$$

【注】 (3.1a) と (3.1b) から，電場 E と磁場 B をゲージ場 $A^\mu = (A^0, \boldsymbol{A})$ を使って (3.2) のように書き表すことができた．(3.1a) と (3.1b) は (3.5) と等価で，(3.2) は (3.3) と等価なので，(3.5) を満たす $F^{\mu\nu}$ は，A^μ を使って (3.3) の形に表すことができることを意味する．すなわち，

$$\partial^\rho F^{\mu\nu} + \partial^\mu F^{\nu\rho} + \partial^\nu F^{\rho\mu} = 0 \implies F^{\mu\nu} = \partial^\mu A^\nu - \partial^\nu A^\mu \quad (3.6)$$

である．これは，**ポアンカレの補題**(Poincaré's lemma) として知られている一般的な結果の一例となっている．

〈check 3.2〉

マクスウェル方程式の最初の 2 式 ((3.1a) と (3.1b)) は，(3.5) と等価であることを証明せよ．また，(3.3) を (3.5) の左辺に代入すると，恒等的にゼロになることを確かめてみよう．

【ヒント】 問題の前半に対しては，$M^{\rho\mu\nu} \equiv \partial^\rho F^{\mu\nu} + \partial^\mu F^{\nu\rho} + \partial^\nu F^{\rho\mu}$ と定義したとき，$M^{\rho\mu\nu}$ は $(\rho\mu\nu)$ に関して完全反対称であることをまず確かめよ．これが確かめられたなら，完全反対称性から $(\mu, \nu, \rho) = (0, 1, 2)$, $(0, 2, 3)$, $(0, 3, 1)$, $(1, 2, 3)$ の 4 つの場合を具体的に確かめれば十分である．(なぜか？) このとき，(3.4) の関係を用いよ. ◆

(3.5) を別の方法で導出しておくことは，マクスウェル理論の拡張であるヤン–ミルズ理論 (第 7 章で議論する) の理解に役立つだろう．**共変微分** (covariant derivative) を $D^\mu = \partial^\mu + iqA^\mu$ と定義しておくと，場の強さ $F^{\mu\nu} = \partial^\mu A^\nu - \partial^\nu A^\mu$ は，D^μ と D^ν の交換関係を使って次式で与えられる．

3.1 マクスウェル方程式の相対論的形式　　65

$$[D^\mu, D^\nu] = iqF^{\mu\nu} \tag{3.7}$$

【注】 上式の正確な意味は，任意の関数 $G(x)$ に対して，$[D^\mu, D^\nu]G(x) = iq F^{\mu\nu}(x) G(x)$ が成り立つということである．

この (3.7) の関係を用いると，(3.5) は次式のように書き表すことができる．

$$[D^\rho, [D^\mu, D^\nu]] + [D^\mu, [D^\nu, D^\rho]] + [D^\nu, [D^\rho, D^\mu]] = 0 \tag{3.8}$$

上式の左辺は恒等的にゼロとなるので，(3.5) のことを**ビアンキ恒等式** (Bianchi identity) とよぶこともある．

⟨check 3.3⟩

交換関係の定義 $[A, B] \equiv AB - BA$ より，任意の量 A, B, C に対して次の関係が恒等的に成り立つことを証明してみよう．

$$[A, [B, C]] + [B, [C, A]] + [C, [A, B]] = 0 \tag{3.9}$$

この式は**ヤコビの恒等式** (Jacobi identity) とよばれる．◆

3.1.3　マクスウェル方程式の相対論的形式

続いて，マクスウェル方程式の残りの 2 式に移ろう．(3.1c) と (3.1d) の右辺に現れる電荷密度 ρ と電流密度 $\boldsymbol{j}$ は，流れの保存（電荷の保存）の式

$$\frac{\partial}{\partial t}\rho + \boldsymbol{\nabla} \cdot \boldsymbol{j} = 0 \tag{3.10}$$

を満たすので，4 元荷電ベクトル j^μ を $j^\mu = (\rho, \boldsymbol{j})$ と定義すれば，流れの保存の式 (3.10) は

$$\partial_\mu j^\mu = 0 \tag{3.11}$$

と相対論的形式に書き表すことができる．

ここまでくれば，マクスウェル方程式の残り 2 式を相対論的形式に書き表すことはたやすい．これから (3.1c) と (3.1d) を相対論的形式に書き直すが，そこで使われる論法は，相対論を理解する上で欠かせないものだ．その考え方を本書を通じてマスターしてもらいたい．

3. マクスウェル方程式

(3.1c) と (3.1d) の右辺は4元ベクトル j^ν の形にまとまるので，左辺も4元ベクトルで表されるはずだ．なぜなら，マクスウェル方程式が相対論的不変性を持つならば，方程式の両辺は同じ変換性を持たねばならないからである．

手持ちにあるのは，時空座標の微分ベクトル ∂^ρ と場の強さである2階反対称テンソル $F^{\mu\nu}$ である．∂^ρ と $F^{\mu\nu}$ から作ることのできるベクトルは本質的に $\partial_\mu F^{\mu\nu}$ しかない (check 3.4 参照) ので，後は比例係数を正しく合わせるだけである．

【注】 $\nu = 0$ とおいて確かめてみると

$$\partial_\mu F^{\mu 0} = \partial_1 F^{10} + \partial_2 F^{20} + \partial_3 F^{30} = \frac{\partial}{\partial x^1} E^1 + \frac{\partial}{\partial x^2} E^2 + \frac{\partial}{\partial x^3} E^3 = \nabla \cdot \boldsymbol{E}$$

が得られる．また $\nu = 1$ とおくと

$$\partial_\mu F^{\mu 1} = \partial_0 F^{01} + \partial_2 F^{21} + \partial_3 F^{31} = \frac{\partial}{\partial t}(-E^1) + \frac{\partial}{\partial x^2}(+B^3) + \frac{\partial}{\partial x^3}(-B^2)$$

$$= \left(-\frac{\partial}{\partial t} \boldsymbol{E} + \nabla \times \boldsymbol{B} \right)^{\text{第1成分}}$$

となる．$\nu = 2, 3$ の場合も同様に確かめられる．

したがって，4組のマクスウェル方程式は，相対論的形式に書き表すと

$$F^{\mu\nu} = \partial^\mu A^\nu - \partial^\nu A^\mu \tag{3.12a}$$

$$\partial_\mu F^{\mu\nu} = j^\nu \tag{3.12b}$$

にまとまることになる．これらの方程式から得られるいくつかの重要な帰結について，これから明らかにしていこう．

【注】 ここで行ったことをまとめておこう．ゲージ場 $A^\mu = (A^0, \boldsymbol{A})$ を (3.2) のように導入することで，マクスウェル方程式の最初の2式 ((3.1a) と (3.1b)) を解くことができる．(3.2) をまとめて相対論的形式に書き表したものが (3.12a) である．場の強さ $F^{\mu\nu}$ と $\boldsymbol{E}$, $\boldsymbol{B}$ の関係は，(3.4) で与えられる．つまり，$\boldsymbol{E}$, $\boldsymbol{B}$ の代わりにゲージ場 A^μ を考えれば，マクスウェル方程式の最初の2式は考えなくてもよいということだ．マクスウェル方程式の残りの2式 ((3.1c) と (3.1d)) は，相対論的形式に表せば1つの式 (3.12b) にまとまる．したがって，4つのマクスウェル方程式は，ゲージ場 A^μ に関する1つの方程式 (3.12b) と本質的に等価なのである．((3.12a) は $F^{\mu\nu}$ の定義と思えばよい．)

⟨check 3.4⟩
 ∂^ρ と $F^{\mu\nu}$ の積から作られるベクトルは本質的に $\partial_\mu F^{\mu\nu}$ しかないことを示してみよう．

【ヒント】 ∂^ρ と $F^{\mu\nu}$ の積から作られる反変ベクトルの候補として，$\partial_\mu F^{\mu\nu}$，$\partial_\mu F^{\nu\mu}$，$\partial^\nu F_\mu{}^\mu \equiv \partial^\nu(\eta_{\rho\mu} F^{\rho\mu})$ の3つがある．このとき，$\partial_\mu F^{\mu\nu} = -\partial_\mu F^{\nu\mu}$，$\partial^\nu F_\mu{}^\mu = 0$ を満たすことを確かめよ．◆

3.1.4 電荷の保存

(3.12b) の1つの帰結は，右辺の4元ベクトル j^ν が流れの保存 $\partial_\nu j^\nu = 0$ を満たさなければならないということだ．すなわち，

$$\partial_\mu F^{\mu\nu} = j^\nu \implies \partial_\nu j^\nu = 0 \tag{3.13}$$

である．

【注】 上式は，$F^{\mu\nu}$ の反対称性 ($F^{\mu\nu} = -F^{\nu\mu}$) から次のように導かれる．そのために，まず $\partial_\nu \partial_\mu F^{\mu\nu} = 0$ を示す．

$$\partial_\nu \partial_\mu F^{\mu\nu} \stackrel{\mu \leftrightarrow \nu}{=} \underbrace{\partial_\mu \partial_\nu F^{\nu\mu}}_{\partial_\nu \partial_\mu \ -F^{\mu\nu}} = -\partial_\nu \partial_\mu F^{\mu\nu} \implies \partial_\nu \partial_\mu F^{\mu\nu} = 0$$

最初の等号では，和がとられている2つの添字 μ, ν を，$\mu \to \nu, \nu \to \mu$ と書きかえた．(3.12b) の両辺に ∂_ν を作用させて，上の結果を用いれば次式を得る．

$$\partial_\nu j^\nu \stackrel{(3.12b)}{=} \partial_\nu \partial_\mu F^{\mu\nu} = 0$$

もちろん，マクスウェル方程式に現れる4元荷電ベクトル j^ν は流れの保存を満たすことを知っているが，上で確かめたことは，(3.12b) の相対論的構造自身が流れの保存を内包しているということだ．別の言葉でいいかえると，流れの保存 ($\partial_\nu j^\nu = 0$) を満たす4元ベクトル j^ν のみが，(3.12b) の右辺に現れることができ，電磁場と相互作用できるということだ．

流れの保存は**電荷の保存**(**charge conservation**)

$$\frac{dQ}{dt} = 0, \qquad Q \equiv \int_V d^3\boldsymbol{x}\, j^0(t, \boldsymbol{x}) \tag{3.14}$$

とセットになっている．証明は (2.14) と同じなのでここでは繰り返さない．

電荷の保存は流れの保存の式 $\partial_\nu j^\nu = 0$ が保証してくれるわけだが，流れの保存の起源は，3.3節で議論するゲージ対称性と深い関わりがある．対称性と保存則の間の対応については，第10章で詳しく考察するので，そこでもう一度，電荷の保存の起源について理解を深めることにしよう．

3.1.5 波動方程式

クライン - ゴルドン方程式は，アインシュタインの関係 $E^2 = \boldsymbol{p}^2 + m^2$ に対応規則を用いて導かれた．アインシュタインの関係はエネルギーと運動量の関係なので，粒子の種類とは無関係に成り立たなければならない．したがって，電場・磁場，すなわち $F^{\mu\nu}$ に対しても成り立っているはずだ．実際，真空中 ($j^\nu = 0$) では，$F^{\mu\nu}$（同じことだが電場・磁場）は次の**波動方程式**（**wave equation**）に従うことがわかる．（ここでは光速 c を復活させておいた．）

$$\left(\frac{1}{c^2}\frac{\partial^2}{\partial t^2} - \boldsymbol{\nabla}^2\right)F^{\mu\nu}(t, \boldsymbol{x}) = 0 \tag{3.15}$$

【注】(3.12b) の $\partial_\rho F^{\rho\nu} = j^\nu$ に ∂^μ を掛けたものと，μ と ν を入れかえた式の差をとると

$$\begin{aligned}
\partial^\mu j^\nu - \partial^\nu j^\mu &\overset{(3.12b)}{=} \partial^\mu \partial_\rho F^{\rho\nu} - \partial^\nu \partial_\rho F^{\rho\mu} \\
&\overset{(3.12a)}{=} \partial^\mu \partial_\rho (\partial^\rho A^\nu - \partial^\nu A^\rho) - \partial^\nu \partial_\rho (\partial^\rho A^\mu - \partial^\mu A^\rho) \\
&= \partial_\rho \partial^\rho (\partial^\mu A^\nu - \partial^\nu A^\mu) \quad (\because \partial^\mu \partial_\rho \partial^\nu = \partial^\nu \partial_\rho \partial^\mu) \\
&= \partial_\rho \partial^\rho F^{\mu\nu}
\end{aligned}$$

を得る．したがって，真空中 ($j^\nu = 0$) では (3.15) が成り立つことがわかる．

(3.15) は，あらゆる方向に同じ速さ（光速）c で伝わる波（電磁波）を表す．それを見るには，(3.15) の解として，例えば，x 軸正方向へ伝わる波 $\cos(\omega t - kx)$ を考えてみるとよい．これが (3.15) の解となるためには (ω と k を正の量として) $\omega = kc$ が成り立たなければならない．したがって，(3.15) の解として $\cos\{\omega[t - (x/c)]\}$ が得られる．波の位相 $\omega[t - (x/c)]$ を好きな値 $\theta_0 = \omega[t - (x/c)]$ に固定して両辺を時間 t で微分すると，

$dx/dt = c$, すなわち, 光速で波が伝わることがわかる. ここでは x 軸正方向に伝わる波を考えたが, (3.15) に現れるラプラシアン $\nabla^2 = \partial^2/\partial x^2 + \partial^2/\partial y^2 + \partial^2/\partial z^2$ は x, y, z に関して対称であり空間回転の下で不変なので, 上で得た結論は波の伝わる方向には無関係に成り立つ.

⟨check 3.5⟩

任意の 3 次元ベクトル $\boldsymbol{k}$ に対して $\omega^2 = \boldsymbol{k}^2 c^2$ ならば, $\cos(\omega t - \boldsymbol{k} \cdot \boldsymbol{x})$ が (3.15) の解となることを確かめよ. その結果から, この解が $\boldsymbol{k}$ 方向に光速 c で進む波を表すことを確かめてみよう.

【ヒント】 速度 $\boldsymbol{v}$ で伝わる波に対して, 同じ速度 $\boldsymbol{v}$ で動く系 ($\boldsymbol{x} \to \boldsymbol{x}' \equiv \boldsymbol{x} - \boldsymbol{v}t$) に移れば, その波は止まって見えるはずだ. (そのとき, 波の解は $\cos(\boldsymbol{k} \cdot \boldsymbol{x}')$ の形となる.) それと, $\omega t - \boldsymbol{k} \cdot \boldsymbol{x} = -\boldsymbol{k} \cdot [\boldsymbol{x} - \omega(\boldsymbol{k}/|\boldsymbol{k}|^2)t]$ の変形を考えてみよ. ◆

(3.15) を実空間で調べる代わりに, エネルギー運動量空間で調べてみよう. これは, 数学的にはフーリエ変換をすることと等価であり, 物理的には微分演算子 $i(\partial/\partial t)$ と $-i\nabla$ を, 対応規則で $i(\partial/\partial t) \to E$, $-i\nabla \to \boldsymbol{p}$ におきかえることに等しい. このおきかえを (3.15) に対して行うと, エネルギーと運動量の間に次の関係が成り立っていることがわかる.

$$E^2 = \boldsymbol{p}^2 c^2 \tag{3.16}$$

これは, 質量がゼロの場合のアインシュタインの関係に他ならない. つまり, 電磁場, より正確には, **光子は質量を持っていない**ことを意味する. この結果は, 相対論において「質量を持たない粒子は常に光速で運動する」という一般的性質と合致する.

3.2 相対論的不変性

前節で, マクスウェル方程式を相対論的形式に書き表したので, 相対論的不変性はほとんど自明だが, 理解を確実なものにするためにここで確認しておこう.

3. マクスウェル方程式

マクスウェル方程式が**相対論的不変性**を持つとは，ある慣性系 S で (3.12a) と (3.12b) が成り立っているとき，任意の慣性系 S′ でも同じ方程式が成り立つことをいう．すなわち，

$$F^{\mu\nu}(x) = \partial^\mu A^\nu(x) - \partial^\nu A^\mu(x) \iff F'^{\mu\nu}(x') = \partial'^\mu A'^\nu(x') - \partial'^\nu A'^\mu(x') \tag{3.17a}$$

$$\partial_\mu F^{\mu\nu}(x) = j^\nu(x) \iff \partial'_\mu F'^{\mu\nu}(x') = j'^\nu(x') \tag{3.17b}$$

が成立することである．

任意の2つの慣性系は，時空座標の並進およびローレンツ変換：$x'^\mu = \Lambda^\mu{}_\nu x^\nu + a^\mu$ で結びつけられている．クライン - ゴルドン方程式の相対論的不変性のところで議論したように，∂_μ, $j^\nu(x)$, $A^\nu(x)$, $F^{\mu\nu}(x)$ がそれぞれベクトルやテンソルの変換性 ($\partial'_\mu = \partial_\rho (\Lambda^{-1})^\rho{}_\mu$, $j'^\nu(x') = \Lambda^\nu{}_\lambda j^\lambda(x)$, $A'^\nu(x') = \Lambda^\nu{}_\lambda A^\lambda(x)$, $F'^{\mu\nu}(x') = \Lambda^\mu{}_\sigma \Lambda^\nu{}_\lambda F^{\sigma\lambda}(x)$) を持つならば，(3.17a)，および (3.17b) の対応が成り立ち，相対論的不変性が保証される．

【注】 ここでは，(3.17b) の対応のみ確かめておく．S′ 系での量 $\partial'_\mu F'^{\mu\nu}(x') - j'^\nu(x')$ を S 系での量で書き直すと，

$$\partial'_\mu F'^{\mu\nu}(x') - j'^\nu(x') = \{\underbrace{\partial_\rho (\Lambda^{-1})^\rho{}_\mu}_{\delta^\rho{}_\sigma}\}\{\Lambda^\mu{}_\sigma \Lambda^\nu{}_\lambda F^{\sigma\lambda}(x)\} - \Lambda^\nu{}_\lambda j^\lambda(x)$$

$$= \Lambda^\nu{}_\lambda \{\partial_\rho F^{\rho\lambda}(x) - j^\lambda(x)\}$$

となり，(3.17b) で左側の式が成り立てば，右側の式も成り立つことがわかる．逆に，(3.17b) の右側の式が成り立てば左側の式も成り立つことは，上式に $(\Lambda^{-1})^\alpha{}_\nu$ を掛ければ確かめられる．

上の計算からわかるように，$\partial'_\mu F'^{\mu\nu}(x') - j'^\nu(x') = \Lambda^\nu{}_\lambda \{\partial_\rho F^{\rho\lambda}(x) - j^\lambda(x)\}$ の関係を満たすので，$\partial_\rho F^{\rho\lambda}(x) - j^\lambda(x)$ はローレンツ変換の下で不変ではない．これは，$\partial_\mu F^{\mu\nu}(x) = j^\nu(x)$ がベクトル型の方程式なので，ローレンツ変換の下でベクトルの変換性を持つからである．したがって正確には，マクスウェル方程式は相対論的共変であるとよぶべきものだ．

3.3 ゲージ変換とゲージ不変性

ゲージ場 $A^\mu(x)$ を使って書かれた，マクスウェル方程式 (3.12a) と (3.12b) の持つ最も重要な性質は，**ゲージ不変性**（gauge invariance）（あるいは**ゲージ対称性**（gauge symmetry）ともよばれる）である．それは次の変換

$$A^\mu(x) \longrightarrow A'^\mu(x) = A^\mu(x) + \partial^\mu \Lambda(x) \tag{3.18}$$

の下で，$F^{\mu\nu}(x)$ が不変という性質である．$F^{\mu\nu}$ が不変なので，マクスウェル方程式も不変である．ここで重要なことは，変換のパラメータ $\Lambda(x)$ が時空座標 x^μ の任意関数で構わないという点だ．

【注】 場の強さ $F^{\mu\nu}$ がゲージ変換の下で不変であることを確かめておこう．

$$\begin{aligned}
F'^{\mu\nu}(x) &= \partial^\mu A'^\nu(x) - \partial^\nu A'^\mu(x) \\
&\overset{(3.18)}{=} \partial^\mu \{A^\nu(x) + \partial^\nu \Lambda(x)\} - \partial^\nu \{A^\mu(x) + \partial^\mu \Lambda(x)\} \\
&= \partial^\mu A^\nu(x) + \partial^\mu \partial^\nu \Lambda(x) - \partial^\nu A^\mu(x) - \partial^\nu \partial^\mu \Lambda(x) \\
&= F^{\mu\nu}(x) \quad (\because \partial^\mu \partial^\nu = \partial^\nu \partial^\mu)
\end{aligned}$$

ゲージ変換では，ローレンツ変換と違って，時空座標 x^μ は変換しないことに注意しておく．

このように変換のパラメータ $\Lambda(x)$ が時空座標 x^μ に依存する変換のことを，局所的変換，あるいは**ゲージ変換**（gauge transformation）とよぶ．ゲージ変換の下での不変性は，自然の法則を支配する指導原理の1つ――**ゲージ原理**――として基本的な役割を果たす．このゲージ不変性はミクロな世界の法則を理解する鍵となるので，第7章で，さまざまな角度からゲージ不変性の物理的意味や重要性を明らかにしていく．

3.4 電磁場は基本的な場か？

3.1節で，電場 E と磁場 B をゲージ場 A^μ を使って表した．ここで，電場・磁場とゲージ場のどちらがより基本的な量か気になるところである．

古典論では，電場 E と磁場 B が基本的な物理量であり，ゲージ場 A^μ は単

なる数学的道具に過ぎない．なぜなら，4組のマクスウェル方程式 (3.1)，および荷電粒子の運動方程式 $m\,(d^2\boldsymbol{x}/dt^2) = q(\boldsymbol{E} + \boldsymbol{v} \times \boldsymbol{B})$ は，電場 $\boldsymbol{E}$ と磁場 $\boldsymbol{B}$ を使って書かれておりゲージ場の出番はない．

また，$\boldsymbol{E}$ と $\boldsymbol{B}$ は観測量でゲージ不変だが，ゲージ場 A^μ はゲージ変換 (3.18) の下で不変ではない．マクスウェル方程式はゲージ変換で不変なので，A^μ とゲージ変換した $A'^\mu \equiv A^\mu + \partial^\mu \Lambda$ は，同じマクスウェル方程式を満たす．つまり，ゲージ場自身を，マクスウェル方程式の解として一意的に決められない．したがって，ゲージ場 A^μ は直接の観測量と見なすことはできない．

一方，量子論では，ゲージ場 A^μ がより基本的な量である．古典論で主役であった運動方程式は量子論では脇役に追いやられ，その代わりにハミルトニアンやラグランジアンが主役の座に躍り出る．電磁場中の荷電粒子に対するハミルトニアンやラグランジアンはゲージ場を使って書かれており，電場や磁場ではうまく書き下せない．実際，電磁場中のシュレディンガー方程式 (2.28)，およびクライン-ゴルドン方程式 (2.27) は，電磁場 $\boldsymbol{E}$, $\boldsymbol{B}$ ではなくゲージ場 $A^\mu = (A^0, \boldsymbol{A})$ を使って書かれている．

また，相対論的方程式は場の変換性によって分類され，スカラー場，(次章で取り扱う) スピノル場，ベクトル場 (ゲージ場) に対して，それぞれクライン-ゴルドン方程式，ディラック方程式，マクスウェル方程式が対応する．この観点からもゲージ場を基本的な場と考えるのが自然である．

それでもゲージ場を，電場や磁場よりも基本的と考えることに抵抗を感じる人がいるだろう．実際，ゲージ場 A^μ 自身はゲージ変換の下で不変ではないので，物理量でも直接の観測量でもない．しかしながら，電場や磁場よりも，ゲージ場をより基本的な量だと考えないと説明のできない現象——**アハロノフ-ボーム効果** (Aharonov-Bohm effect)——が存在する．

このアハロノフ-ボーム効果は純粋に量子力学的現象で，ゲージ場の存在を仮定しないと説明できない．このことを次節で説明しよう．ただし，ここ

ではアハロノフ-ボーム効果の本質に集中したいので，数学的厳密性にはこだわらないことにする．

【注】 アハロノフ-ボーム効果に言及している量子力学の教科書として，J.J.サクライ著：「現代の量子力学（上）」（吉岡書店，1989 年）がある．解説書として，外村彰 著：「ゲージ場を見る（ブルーバックス）」（講談社，1997 年），大貫義郎 著：「アハロノフ-ボーム効果（物理学最前線 9）」（共立出版，1987 年）などが参考になるだろう．原論文は，Y. Aharonov and D. Bohm：Significance of Electromagnetic Potentials in the Quantum Theory, Phys. Rev. 115 (1959) 485-491.

3.5 アハロノフ-ボーム効果

アハロノフ-ボーム効果のエッセンスを模式化したものが図 3.1 に描かれている．図 3.1 のように垂直軸周りに局在化した磁場を用意する．そこで，電子が磁場に触れないように，ループ Γ に沿って一周ぐるりと回ることを考えよう．このとき，電子が中央の磁場の影響を受けることがありうるかというのが，ここでの問題である．

ループ Γ 上で磁場は $B = 0$ なので，古典論的には電子は磁場の影響を受けることはないはずだ．しかし，電磁気学には次のような不思議な式が存在する．

$$\oint_\Gamma d\boldsymbol{x} \cdot \boldsymbol{A} = \int_S d\boldsymbol{S} \cdot \boldsymbol{B} \quad (3.19)$$

これは**ストークスの定理（Stokes' theorem）**で，左辺はループ Γ に沿ってのゲージ場 $\boldsymbol{A}$ の線積分，右辺はループ Γ の内側を貫く全磁束を表す．左辺を計算するのに必要なも

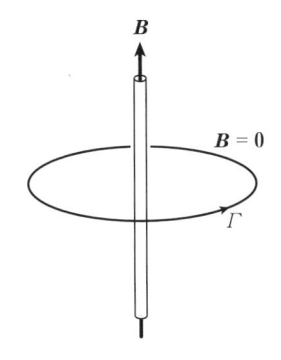

図 3.1 ループ Γ は，垂直軸周りに局在化している磁場 B の周りを一周する経路で，Γ 上では $B=0$ である．

のは，ループ上のゲージ場 A の値のみだ．ループ Γ 以外の場所からの情報は全く必要ない．Γ 上において，磁場はゼロなので左辺の量はゼロになってもよさそうだが，右辺はループ内を貫く磁束に等しいので明らかにゼロではない．つまり，ループ Γ 上のゲージ場 A は，ループ Γ の内側の情報，すなわち，ループ Γ を貫く磁束を知っているということだ．

【注】 ここで強調しておきたいことは，ループ Γ 上の磁場の情報から，ループ Γ の中央を貫く磁束を知ることはできないということだ．実際，ループ Γ 上の磁場はゼロである．

したがって，ループ Γ 上の磁場そのものではなく，ゲージ場 A を感じ取ることができるなら，Γ に沿って一周回ったときに ((3.19) 左辺)，ループ Γ の内側を貫く全磁束 ((3.19) 右辺) を知ることができるわけだ．電子がいかにして (3.19) 左辺の量を知ることができるかを以下で見ていこう．量子論の不思議な世界を垣間見ることができる．

アハロノフとボームに従って，無限に長いソレノイドが置かれた，ダブルスリットの実験を考察することにしよう (図 3.2 参照)．左の電子銃からスクリーンに向かって電子が発射される．その間にはダブルスリットが置かれている．2 つのスリットの間のすぐ後方に，紙面と垂直方向に無限に長いソ

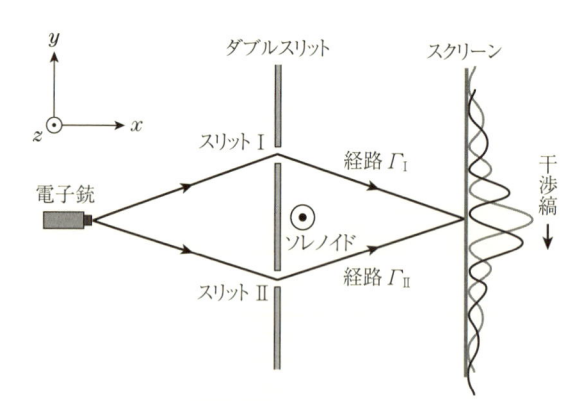

図 3.2 アハロノフ-ボーム効果の実験．

レノイドが置かれている．ソレノイドに電子が触れないように，ソレノイドの周りは壁で囲まれているとしよう．

　ここで重要な点は，無限に長いソレノイドを考えているので，磁場はソレノイドの内部（z軸方向）にのみ存在し，ソレノイド外部に磁場は漏れだしていないということである．（図3.1の状況が実現されている．）したがって，電子は磁場に触れることなく，スクリーンに到達することになる．この状況でこれから調べたい問題は，ソレノイドの磁場の強さを変えたときに，スクリーンに現れる電子の干渉パターンが変化するかどうかである．

　我々の設定では，磁場 $\boldsymbol{B}$ は

$$\boldsymbol{B} = \begin{cases} (0, 0, B_z) & （ソレノイド内部） \\ (0, 0, 0) & （ソレノイド外部） \end{cases} \quad (3.20)$$

である．図3.2でスリットⅠ(Ⅱ)を通ってスクリーンに到達した電子の波動関数を $\psi^{\mathrm{I}}(t, \boldsymbol{x})$ ($\psi^{\mathrm{II}}(t, \boldsymbol{x})$) とし，そのときの電子の経路を Γ_{I} (Γ_{II}) としておく（図3.2参照）．

　波動関数 $\psi^{\mathrm{I}}(t, \boldsymbol{x})$ に対するシュレディンガー方程式は，

$$i\hbar \frac{\partial}{\partial t} \psi^{\mathrm{I}}(t, \boldsymbol{x}) = -\frac{\hbar^2}{2m} \left\{ \boldsymbol{\nabla} - i\frac{(-e)}{\hbar c} \boldsymbol{A}(\boldsymbol{x}) \right\}^2 \psi^{\mathrm{I}}(t, \boldsymbol{x}) \quad (3.21)$$

で与えられる（(2.28) 参照）．ここでは，量子力学的効果であることを強調するために $\hbar$（と c）を復活させておいた．（電子の電荷を $-e$ とした．）

　経路 Γ_{I} 上では $\boldsymbol{B} = \boldsymbol{\nabla} \times \boldsymbol{A} = \boldsymbol{0}$ なので，上式のベクトルポテンシャル $\boldsymbol{A}(\boldsymbol{x})$ はベクトル解析の定理より，次の形に書き表すことができる．（$\boldsymbol{\nabla} \times \boldsymbol{\nabla} = \boldsymbol{0}$ を思い出せ．）

$$\boldsymbol{A}(\boldsymbol{x}) = \boldsymbol{\nabla} \varphi_{\mathrm{I}}(\boldsymbol{x}) \quad (3.22)$$

この関係式は，φ_{I} に関して解き直すことができて

$$\varphi_{\mathrm{I}}(\boldsymbol{x}) = \int_{\boldsymbol{x}_0 : \Gamma_{\mathrm{I}}}^{\boldsymbol{x}} d\boldsymbol{x}' \cdot \boldsymbol{A}(\boldsymbol{x}') \quad (3.23)$$

と与えられる．実際，$\boldsymbol{\nabla}$ を両辺に作用させると (3.22) が得られる．ここで，

x_0 は電子銃から電子が発射される位置で，線積分は経路 Γ_I に沿ってなされる（図 3.2 参照）．

このとき，シュレディンガー方程式 (3.21) は，次の変換
$$\psi^\text{I}(t, \boldsymbol{x}) = e^{i\frac{(-e)}{\hbar c}\varphi_\text{I}(\boldsymbol{x})} \psi_0^\text{I}(t, \boldsymbol{x}) \tag{3.24}$$
で，自由粒子のシュレディンガー方程式に帰着することがわかる．すなわち，
$$i\hbar \frac{\partial}{\partial t} \psi_0^\text{I}(t, \boldsymbol{x}) = -\frac{\hbar^2}{2m} \nabla^2 \psi_0^\text{I}(t, \boldsymbol{x}) \tag{3.25}$$
である．ここで，公式 $e^{-i(-e/\hbar c)\varphi_\text{I}} \nabla e^{i(-e/\hbar c)\varphi_\text{I}} = \nabla + i(-e/\hbar c)(\nabla \varphi_\text{I})$ を用いた．つまり，ψ_0^I はソレノイドがない場合の（スリット I を通り抜けた）電子の波動関数に対応する．

同様のことを，スリット II を通った電子の波動関数 $\psi^\text{II}(t, \boldsymbol{x})$ に対して行えば，
$$\psi^\text{II}(t, \boldsymbol{x}) = e^{i\frac{(-e)}{\hbar c}\varphi_\text{II}(\boldsymbol{x})} \psi_0^\text{II}(t, \boldsymbol{x}), \quad \varphi_\text{II}(\boldsymbol{x}) = \int_{\boldsymbol{x}_0 : \Gamma_\text{II}}^{\boldsymbol{x}} d\boldsymbol{x}' \cdot \boldsymbol{A}(\boldsymbol{x}') \tag{3.26}$$
と与えられることがわかる．ψ_0^I と同様，ψ_0^II はソレノイドがない場合にスリット II を通り抜けた電子の波動関数に対応する．

スクリーン上の，位置 $\boldsymbol{x}$ に到達した電子の波動関数を $\psi(t, \boldsymbol{x})$ としておくと，量子力学の重ね合わせの原理から，$\psi(t, \boldsymbol{x})$ はスリット I とスリット II を通った電子の波動関数の和 $\psi^\text{I}(t, \boldsymbol{x}) + \psi^\text{II}(t, \boldsymbol{x})$ で与えられることになる．

ここで，$\varphi_\text{II} - \varphi_\text{I}$ がどういう量かを以下で計算してみよう．
$$\varphi_\text{II}(\boldsymbol{x}) - \varphi_\text{I}(\boldsymbol{x}) = \int_{\boldsymbol{x}_0 : \Gamma_\text{II}}^{\boldsymbol{x}} d\boldsymbol{x}' \cdot \boldsymbol{A}(\boldsymbol{x}') - \int_{\boldsymbol{x}_0 : \Gamma_\text{I}}^{\boldsymbol{x}} d\boldsymbol{x}' \cdot \boldsymbol{A}(\boldsymbol{x}')$$
$$= \oint_{\Gamma_\text{II} - \Gamma_\text{I}} d\boldsymbol{x}' \cdot \boldsymbol{A}(\boldsymbol{x}')$$
$$= \int_S d\boldsymbol{S} \cdot \boldsymbol{B} \equiv \Phi \quad (=\text{ソレノイドの全磁束}) \tag{3.27}$$

2番目の等号で経路 $\Gamma_{\mathrm{II}} - \Gamma_{\mathrm{I}}$ は，経路 Γ_{II} を通って経路 Γ_{I} を逆向きに進む，ソレノイドを一周するループに対応するので，3番目の等号でストークスの定理 (3.19) を使って書き直した．

したがって，次の重要な結果を得る．

$$\psi(t, \boldsymbol{x}) = \psi^{\mathrm{I}}(t, \boldsymbol{x}) + \psi^{\mathrm{II}}(t, \boldsymbol{x})$$
$$= e^{i\frac{(-e)}{\hbar c}\varphi_1}\left\{\psi_0^{\mathrm{I}}(t, \boldsymbol{x}) + \underbrace{e^{i\frac{(-e)}{\hbar c}\Phi}}_{\text{位相のずれ}}\psi_0^{\mathrm{II}}(t, \boldsymbol{x})\right\} \quad (3.28)$$

つまり，ソレノイドがない場合 ($\Phi = 0$) と比べてみると，スリットIを通った電子の波動関数とスリットIIを通った電子の波動関数の相対的な位相が，ソレノイドの存在によって $-e\Phi/(\hbar c)$ だけずれることがわかる．すなわち電子は，磁場 $\boldsymbol{B} = 0$ の領域しか通っていないにもかかわらず，ソレノイドの磁束によって，スクリーン上の干渉パターンが変化することになる．

これが有名なアハロノフ-ボーム効果である．波動関数の位相は純粋に量子力学的特性なので，量子論の世界で初めて，ゲージ場の本質的役割が見えてくるのである．

【注】 アハロノフ-ボーム効果は，磁場よりもゲージ場のほうが基本的な量であることを示すものだが，ゲージ場そのものを見ているわけではない．実際，観測可能な効果はソレノイドの磁束 Φ のみに依存し，Φ は磁場 $\boldsymbol{B}$ から直接得られることに注意しておく．

⟨check 3.6⟩

(3.25) を確かめよ．また，(3.28) から，ソレノイドの全磁束が

$$\Phi = \frac{2\pi\hbar c}{e}n \quad (n\text{ は任意の整数}) \quad (3.29)$$

のとき，電子はソレノイドの存在を（たとえ $\Phi \neq 0$ であっても）知ることはできないことを確かめてみよう．上式は**磁束の量子化**（**magnetic flux quantization**）とよばれる条件式で，量子論における磁束の特殊性を表す関係式である．◆

3.6 質量項とゲージ不変性の破れ

これまでの考察から，マクスウェル方程式は質量を持たないゲージ場 A^μ に対する方程式と見なせることがわかった．マクスウェル方程式に従うゲージ場は光子に対応するので，光子は質量を持たないことになる．この節では，マクスウェル方程式に質量項を加えると，ゲージ不変性が破れることを確かめる．このことは，ゲージ不変性の1つの重要な役割—光子が質量を持つことを禁止する—を明らかにする．光子が質量を持たないのには，理由があったのだ．

3.1 節で，真空中のゲージ場は $\partial_\mu(\partial^\mu A^\nu - \partial^\nu A^\mu) = 0$ を満たすことを確かめた．この方程式は，質量を持つ場合へ拡張できる．その方程式は**プロカ方程式**（**Proca equation**）とよばれ，次式で与えられる．

$$\partial_\mu(\partial^\mu A^\nu - \partial^\nu A^\mu) + m^2 A^\nu = 0 \tag{3.30}$$

上式の左から ∂_ν を作用させると，次式

$$\partial_\nu A^\nu = 0 \quad (m \neq 0) \tag{3.31}$$

が導かれる．この条件は，$m = 0$ のときには得られないことに注意しておく．

【注】(3.31) の証明は次の通りである．(3.30) の両辺に ∂_ν を作用させると

$$\begin{aligned}
0 &= \partial_\nu \partial_\mu (\partial^\mu A^\nu - \partial^\nu A^\mu) + m^2 \partial_\nu A^\nu \\
&= \partial_\nu \partial_\mu \partial^\mu A^\nu - \underbrace{\partial_\nu \partial_\mu \partial^\nu A^\mu}_{\partial_\mu \partial_\nu \partial^\nu A^\mu} + m^2 \partial_\nu A^\nu = m^2 \partial_\nu A^\nu
\end{aligned}$$

となる．2 行目の第 2 項では，μ と ν の添字の入れかえ $\mu \leftrightarrow \nu$ を行った．また最後の等号では，微分の順序の入れかえ $\partial_\mu \partial_\nu = \partial_\nu \partial_\mu$ を行った．上式から，$m \neq 0$ ならば $\partial_\nu A^\nu = 0$ となる．

(3.31) を (3.30) に用いると，(3.30) は次のように簡単化される．

$$(\partial_\mu \partial^\mu + m^2) A^\nu = 0 \tag{3.32}$$

これは質量 m のクライン-ゴルドン方程式に他ならない．したがって，プロカ方程式に従うゲージ場 A^μ は，質量 m を持つことがわかる．

質量がゼロでない ($m \neq 0$) ときは (3.31) が導けるが，質量がゼロ ($m = 0$) のときにはこの条件式は得られない．このことは，$m = 0$ と $m \neq 0$ で，本質的な違いが方程式に存在していることを示唆する．実際，$m \neq 0$ のときは，プロカ方程式 (3.30) の質量項 $m^2 A^\nu$ のために，ゲージ変換 $A^\nu(x) \to A'^\nu(x) = A^\nu(x) + \partial^\nu \Lambda(x)$ の不変性が破れていることがわかる．つまり，「**ゲージ不変性の要求はゲージ場が質量を持つことを禁止する**」という重要な結論が導かれる．

⟨check 3.7⟩
プロカ方程式 (3.30) は，ゲージ変換 $A^\nu(x) \to A^\nu(x) + \partial^\nu \Lambda(x)$ の下で不変ではないことを確かめ，ゲージ不変性の要求は $m = 0$，すなわち，質量項 $m^2 A^\nu$ を禁止することを示してみよう．◆

マクスウェル方程式に従うゲージ場，すなわち，光子が質量を持たない理由は偶然ではなく，ゲージ不変性がそれを保証していたのである．光子は質量を持たないが，質量を持つゲージ場も自然界には存在する．それは，弱い相互作用に現れる $W^\pm$ ボソンと Z^0 ボソンとよばれるゲージ場だ．これらのゲージ場は，ゲージ対称性の自発的破れに伴って質量を獲得する．ゲージ粒子の質量獲得の機構については，続刊における対称性の自発的破れのところで詳しく議論する予定だ．

3.7 ゲージ固定と自由度

前節の解析で，ゲージ不変性は，ゲージ場の質量項を禁止する役割を持つことを見た．この節では，ゲージ不変性の役割について，別の観点—ゲージ場の**自由度**—から考察する．一見すると，ゲージ場 A^μ は 4 元ベクトルなので (スカラー場 ϕ の自由度を 1 とすると) 4 つの自由度を持つように思える．しかし実際には,質量を持たないゲージ場は, (光子がそうであるように) 横波

成分に対応する2つの自由度しか持たない．このことを以下で見ていこう．

波には縦波と横波があり，**縦波**（longitudinal wave）は進行方向に沿った振動成分で，**横波**（transverse wave）は進行方向と垂直な面での振動成分である．マクスウェル方程式に従う光子は，横波成分のみを持ち縦波成分は持たない．**縦波成分を持たない理由はゲージ不変性にある**．これを以下で見ていこう．

【注】 縦波は進行方向の振動なので振動成分の数は1つ，横波は進行方向と垂直な面内での振動なので，独立な振動成分の数は2つである．

そのために，ゲージ変換の下での不変性を利用して，**クーロンゲージ条件**（Coulomb gauge condition）とよばれる次の**ゲージ固定**（gauge fixing）条件

$$\nabla \cdot A = 0 \tag{3.33}$$

をゲージ場に課すことにしよう．

【注】 ゲージ固定条件を課すとはどういう意味かを以下に説明しておこう．任意のベクトルポテンシャル $A(x)$ が与えられたとき，一般には $\nabla \cdot A(x) \neq 0$ である．そこで，ゲージ変換：$A(x) \to A'(x) = A(x) + \nabla \Lambda(x)$ を使って，$A'(x)$ が $\nabla \cdot A'(x) = 0$ を満たすように $\Lambda(x)$ の任意性をうまく利用しようということである．このような操作をゲージ固定とよぶ．実際，$\Lambda(x)$ として $0 = \nabla \cdot A'(x) = \nabla \cdot A(x) + \nabla^2 \Lambda(x)$ を満たす解を選べばよい．以下では，$'$（プライム）を省略して，$A(x)$ が (3.33) のクーロンゲージ条件を満たすものとする．

クーロンゲージ条件と無限遠方で $A^0(t, \boldsymbol{x})$ の値が 0 ($A^0(t, \boldsymbol{x}) \xrightarrow{|x|\to\infty} 0$) の条件を課すと，

$$A^0(t, \boldsymbol{x}) = 0 \tag{3.34}$$

となることがわかる．

【注】 (3.34) を示すために，まず $\nabla^2 A^0 = 0$ を導く．真空中 ($j^\nu = 0$) として，(3.12b) に (3.12a) を代入して $\nu = 0$ とおくと

$$\begin{aligned}
0 &= \partial_\mu \partial^\mu A^0 - \partial_\mu \partial^0 A^\mu \\
&= (\partial_0 \partial^0 - \nabla^2) A^0 - \partial_0 \partial^0 A^0 - \partial^0 \nabla \cdot A \\
&\stackrel{(3.33)}{=} -\nabla^2 A^0
\end{aligned} \tag{3.35}$$

が導かれる．この方程式の解は，無限遠方で $A^0(t, \boldsymbol{x})$ の値が 0 ($A^0(t, \boldsymbol{x}) \xrightarrow{|x|\to\infty} 0$) を課す

と，自明な解，すなわち，$A^0(t, \boldsymbol{x}) = 0$ しかないことがわかる．これを見るには，次のように運動量空間へ $A^\mu(t, \boldsymbol{x})$ をフーリエ変換するとよい．

$$A^\mu(t, \boldsymbol{x}) = \int \frac{d^3 \boldsymbol{k}}{(2\pi)^3} e^{-i k \cdot x} \tilde{A}^\mu(t, \boldsymbol{k}) \tag{3.36}$$

(3.35) は運動量空間では $\boldsymbol{k}^2 \tilde{A}^0(t, \boldsymbol{k}) = 0$ となるので，$\boldsymbol{k} \neq 0$ ならば $\tilde{A}^0(t, \boldsymbol{k}) = 0$ でなければならない．したがって，$\boldsymbol{k} = 0$ のモードのみがゼロでない値を持ちうるが，その場合 (3.36) より，$A^0(t, \boldsymbol{x}) = A^0(t)$ となり A^0 は $\boldsymbol{x}$ によらないことがわかる．ところが無限遠方 ($|\boldsymbol{x}| \to \infty$) で $A^0(t, \boldsymbol{x}) = 0$ を要請したので，結局 (3.34) の結果となる．以上の解析から，クーロンゲージ条件 $\nabla \cdot \boldsymbol{A} = 0$ をとると，$A^0 = 0$ としてよいことがわかる．

光子が縦波成分を持たないことは，フーリエ変換 (3.36) を用いて，クーロンゲージ条件 (3.33) を運動量空間で表すと明確になる．すなわち，

$$\boldsymbol{k} \cdot \tilde{\boldsymbol{A}}(t, \boldsymbol{k}) = 0 \tag{3.37}$$

である．上式から $\tilde{\boldsymbol{A}}(t, \boldsymbol{k})$ の $\boldsymbol{k}$ 方向成分（運動量方向成分）は $\boldsymbol{0}$，すなわち縦波成分を持てないことがわかる．したがって，質量を持たないゲージ場（光子）は，ベクトル4成分 ($A^\mu, \mu = 0, 1, 2, 3$) のうち，**横波成分に対応する2成分のみが物理的自由度**であることが結論づけられる．

質量を持たないゲージ場の自由度から，縦波成分が取り除かれた原因はゲージ不変性にある．このことを明確な形で見るために，質量を持つゲージ場（プロカ場）の自由度を調べることにしよう．そこに縦波成分に対応する3番目の自由度が現れたなら，上の主張は正しいことになる．

質量がゼロでない場合は，ゲージ不変性は失われる．そのとき，(3.31) $\partial_\nu A^\nu = 0$ がプロカ方程式 (3.30) から導かれ，ゲージ場 A^ν はクライン-ゴルドン方程式 (3.32) に従う．(3.31) と (3.32) は，ゲージ場 $A^\nu(x)$ を4次元時空座標 x^μ に関してフーリエ逆変換

$$\tilde{A}^\nu(k) \equiv \int d^4 x \, e^{i k_\mu x^\mu} A^\nu(x) \tag{3.38}$$

することによって，簡単に解くことができる．

(3.31)，および (3.32) を $\tilde{A}^\nu(k)$ を用いて書き表すと

$$k_\nu \tilde{A}^\nu(k) = 0 \tag{3.39a}$$

$$(k_\mu k^\mu - m^2)\tilde{A}^\nu(k) = 0 \tag{3.39b}$$

が得られる．

第 2 式 (3.39b) は，$k^\mu = (E, \boldsymbol{k})$ とおくと，アインシュタインの関係 $E^2 = \boldsymbol{k}^2 + m^2$ を与える．第 1 式 (3.39a) は，静止系をとると簡単になる．静止系では $\boldsymbol{k} = 0$，および $k^0 = E = \sqrt{\boldsymbol{k}^2 + m^2} = m$ なので，第 1 式は $0 = k_\nu \tilde{A}^\nu = m\tilde{A}^0$，すなわち，$\tilde{A}^0 = 0$ になる．これ以上の条件式は出てこないので，質量を持つゲージ場は，($\tilde{A}^0$ を除いた)$\tilde{A}^j (j=1,2,3)$ の 3 つの物理的自由度を持つことがわかる．したがって，横波成分の 2 つの自由度に加えて，縦波成分の自由度 1 つを含むことが結論づけられる．

ゲージ場の自由度について，さらに運動方程式の観点から眺めてみると理解が深まる．マクスウェル方程式でも，プロカ方程式でもどちらでも構わない．ゲージ場の第 0 成分 A^0 に対する方程式を具体的に書き下してみてほしい．そこには，A^0 に対する時間微分が含まれていないことに気がつく ((3.35) 参照)．運動方程式とは，本来物理量 (物理的自由度) に対する時間発展を記述するものである．したがって，A^0 のように，時間微分項 d^2A^0/dt^2 が含まれていない量は物理的な場とは見なせない．

【注】 上の議論はあまり馴染みがないと思うので，コメントを与えておこう．ニュートンの運動方程式に代表されるように，運動方程式は粒子の座標のような物理量，すなわち物理的自由度の時間発展を記述するものである．しかしながら，方程式に時間微分を持たない自由度が現れることがある．そのような量は，補助的な自由度，すなわち**補助場** (auxiliary field) とよばれる．例えば，プロカ方程式で $\nu = 0$ とおいて計算すると，(3.30) $\xrightarrow{\nu=0} (-\nabla^2 + m^2)A^0 = \nabla \cdot \dot{\boldsymbol{A}}$ となる．($\dot{\boldsymbol{A}}$ は $\boldsymbol{A}$ の時間微分を表す．) この式は，フーリエ変換 (3.36) を用いると，$\tilde{A}^0(t, \boldsymbol{k}) = -i\boldsymbol{k} \cdot \dot{\tilde{\boldsymbol{A}}}(t, \boldsymbol{k})/(\boldsymbol{k}^2 + m^2)$ と書き直すことができる．この関係式が意味することは，$\tilde{\boldsymbol{A}}(t, \boldsymbol{k})$ が与えられたら，この式を通じて $\tilde{A}^0(t, \boldsymbol{k})$ は自動的に決まってしまうということである．このように，他の自由度 (今の場合は $\tilde{\boldsymbol{A}}(t, \boldsymbol{k})$) で書かれてしまうような量を補助場とよぶのである．

プロカ方程式は $A^j (j=1,2,3)$ に関して時間の 2 階微分項 $\partial^2 A^j/\partial t^2$ を与えるので，$A^j (j=1,2,3)$ はすべて物理的自由度として寄与する．一方，マ

クスウェル方程式にも $A^j (j=1, 2, 3)$ に関して時間の 2 階微分項 $\partial^2 A^j/\partial t^2$ が含まれているが，ゲージ不変性のため (縦波に相当する) 自由度が 1 つ取り除かれているのである．

【注】 ゲージ変換 $A^\mu(x) \to A'^\mu(x) = A^\mu(x) + \partial^\mu \Lambda(x)$ の不変性が存在するため，(3.33) のところで説明したように，クーロンゲージ条件 $\nabla \cdot A = 0$ を課すことができる．このゲージ固定条件は，運動量空間では (3.37) のように書かれるので，運動量方向成分 (縦波成分) が取り除かれるのである．したがって，3 つある自由度 $A^j (j=1, 2, 3)$ のうち，運動量方向と垂直な成分 (横波成分) のみが物理的自由度となる．

最後に，ゲージ固定についてコメントしておこう．ここではクーロンゲージ条件 $\nabla \cdot A = 0$ をとって議論したが，これは，物理的自由度を調べるのによく使われる便利なゲージ固定である．しかし，このゲージ固定は，時間成分と空間成分が対等に扱われていないので，ゲージ理論の一般的性質を議論する目的には向いていない．

他のゲージ固定条件としては，相対論的不変性が明白な**ローレンツゲージ条件** (**Lorenz gauge condition**)

$$\partial_\mu A^\mu = 0 \tag{3.40}$$

もよく使われる．ただし，この場合は自由度の勘定の議論は少々やっかいとなる．

3.8 マクスウェル方程式を覚える必要はあるか？

4 組のマクスウェル方程式 (3.1) を完璧に覚えるのは大変だ．しかし，事の本質を知ってしまえば，暗記する必要はない．このことを説明して，この章を終えることにしよう．

マクスウェル方程式の最初の 2 式 (3.1a) と (3.1b) の解は，ゲージ場を用いて (3.2) あるいは $F^{\mu\nu} = \partial^\mu A^\nu - \partial^\nu A^\mu$ で与えられる．したがって，電場 E や磁場 B よりもゲージ場 A^μ が基本的な場であることを認めてしまえば，

(3.1a) と (3.1b) を考える必要はない．マクスウェル方程式の残りの 2 式 (3.1c) と (3.1d) は，(3.12b) すなわち $\partial_\mu F^{\mu\nu} = j^\nu$ と等価なので，$F^{\mu\nu}$ をゲージ場で書き直せば，

$$\partial_\mu(\partial^\mu A^\nu - \partial^\nu A^\mu) = j^\nu \tag{3.41}$$

を得る．

つまり，4 組のマクスウェル方程式は，たった 1 つの相対論的方程式 (3.41) にまとめることができるのである．何とも簡単になったものだ．しかも，左辺の量は，(i) 右辺と同じベクトル量，(ii) ゲージ場の 1 次式，(iii) 時空座標の 2 階微分までを含む，(iv) ゲージ不変性，を要請すればその形は (比例係数を除いて) 一意的に決まる．なぜなら，(i)，(ii)，(iii) の要請から可能な候補は $\partial_\mu \partial^\mu A^\nu$, $\partial_\mu \partial^\nu A^\mu$ と A^ν に絞られ，(iv) のゲージ不変性の要請から，$\partial_\mu(\partial^\mu A^\nu - \partial^\nu A^\mu)$ の組み合わせに決まってしまうからである．

【注】 方程式の右辺と左辺の相対論的変換性が等しくなければ，相対論的不変性は保たれない (1.7 節参照)．これが (i) の要請だ．(ii) と (iii) の要請は，ゲージ場の運動方程式で時空座標の微分を含む運動項を求めるためのものである．

このように，相対論的不変性とゲージ不変性の重要性を知っていれば，マクスウェル方程式を覚える必要はないのである．これはうれしいニュースだ．**不変性の原理**の勝利でもある．

〈check 3.8〉

(i)，(ii)，(iii) の要請から可能な候補は，$\partial_\mu \partial^\mu A^\nu$, $\partial_\mu \partial^\nu A^\mu$, A^ν の線形結合 $\alpha \partial_\mu \partial^\mu A^\nu + \beta \partial_\mu \partial^\nu A^\mu + \gamma m^2 A^\nu$ で与えられることを示し，ゲージ不変性の要求から，$\alpha = -\beta, \gamma = 0$ となることを確かめてみよう．◆

最後に，この章で得た教訓を述べて終わることにしよう．ベクトル粒子は，質量を持つか持たないかで，粒子の従う方程式の性質が大きく異なることを見た．実際，プロカ方程式で質量 m をゼロにとると，ゲージ不変性が現れる．質量を持つか持たないかで，なぜ性質が大きく変わるのか？ そのヒントは，

3.8 マクスウェル方程式を覚える必要はあるか？

質量を持たない場合はその粒子の静止系が存在しないことにある．（質量を持たない粒子は常に光速で動きまわるので，その粒子の静止系をとることができない．）次章から学ぶディラック方程式にも，質量を持たない場合には新たな性質が現れる．第14章で質量を持つ粒子と質量を持たない粒子の違いについて一般的に議論するが，これからは，ゼロ質量の粒子に出会ったら，質量を持たない理由は何かを考える習慣をつけておこう．

第4章 ディラック方程式

　本章では，ディラックのアイデアに従って，ディラック方程式を導出する．ディラック方程式の成功は，電子のスピンを説明し，スピンと磁場の相互作用項（パウリ項）を理論的に導いたことである．これらの性質をディラック方程式から導き，さらに，質量は全く同じだが電荷は逆符号の反粒子の存在や，ディラック粒子の従うフェルミ－ディラック統計について，相対論的量子力学の観点から考察する．

4.1　ディラック方程式の導出

　この節で，ディラック方程式を導こう．ディラックの独創性に触れるいい機会なので，彼のアイデアに従ってディラック方程式を導くことにする．

4.1.1　ディラックのアイデア

　ディラック方程式を導く際のヒントを得るために，まず初めに，ディラックがクライン－ゴルドン方程式について抱いていた不満についてまとめておこう．
　ディラックは電子を記述する相対論的方程式を求めていたのだが，クライン－ゴルドン方程式は，ディラックの望むものではなかった．なぜなら，スカラー粒子に対するクライン－ゴルドン方程式には，電子のスピンに対応する自由度が含まれていなかったからだ．

4.1 ディラック方程式の導出

次にディラックが不満に思った点は，(2.16a) で定義される "確率" 密度 ρ が，$\rho = \phi^*\phi \geqq 0$ の形をしておらず，正負両方の値をとることだ．これは 2.3 節で議論したように，クライン–ゴルドン方程式が，時間に関して 2 階微分を含むことに起因する．そこでディラックは，相対論的不変性を持つ時間に関する 1 階微分方程式を探すことにした．

すべての粒子は，アインシュタインの関係

$$E^2 - \boldsymbol{p}^2 - m^2 = 0 \tag{4.1}$$

を満たさなければならない．まず，この関係式から出発するのがよいだろう．これに対応規則 $E \to i(\partial/\partial t)$, $\boldsymbol{p} \to -i\boldsymbol{\nabla}$ を適用して，得られたものがクライン–ゴルドン方程式である．そこには E^2 項があるので時間の 2 階微分を含む．(4.1) を満たしつつ，時間に関して 1 階微分方程式を得るにはどうしたらよいだろうか？

1 つの方法は，次のように因数分解することだ．

$$E^2 - \boldsymbol{p}^2 - m^2 = (E + \sqrt{\boldsymbol{p}^2 + m^2})(E - \sqrt{\boldsymbol{p}^2 + m^2}) \tag{4.2}$$

この因数分解から，アインシュタインの関係 (4.1) を満たしつつ，時間に関する 1 階微分方程式

$$\left(i\frac{\partial}{\partial t} - \sqrt{-\boldsymbol{\nabla}^2 + m^2}\right)\phi(x) = 0 \tag{4.3}$$

が得られる．この方程式は (4.2) の持つ 2 つの解のうち，正エネルギー解 ($E = +\sqrt{\boldsymbol{p}^2 + m^2}$) を選んだことになる．

しかしながら，容易に想像がつくように，(4.3) は満足のいくものではない．まず第 1 に，時間と空間が対等に取り扱われていない．このため相互作用項を取り入れた際に，相対論的不変性が保たれるかどうか自明ではない．第 2 の問題は，負エネルギー解を単純に捨て去ってよいのかはっきりしない点である．第 3 の問題点は，クライン–ゴルドン方程式と同じく，スピンの自由度を含んでいないことである．したがって，(4.3) は，我々が求めているものではない．

ディラックの独創的なところは，$E^2 - \boldsymbol{p}^2 - m^2 = p_\mu p^\mu - m^2$ に，次に挙げるもう1つの"因数分解"の仕方があることに気がついたことである．

$$p_\mu p^\mu - m^2 = (\gamma^\nu p_\nu + m)(\gamma^\mu p_\mu - m) \tag{4.4}$$

ここで，$\gamma^\mu (\mu = 0, 1, 2, 3)$ はこれから決める量である．この関係から，アインシュタインの関係 (4.1) を満たし，($p^\mu \to i\partial^\mu$ のおきかえによって) 時空座標に関して1階微分のみを含む以下の**ディラック方程式**が得られる．

$$(i\gamma^\mu \partial_\mu - m)\phi(x) = 0 \tag{4.5}$$

見過ごされがちだが，(4.4) の"因数分解"からもわかるように，上式の代わりに質量 m の前の符号を逆にした $(i\gamma^\mu \partial_\mu + m)\phi(x) = 0$ のほうを選んでもよかった．(4.3) の場合は，正エネルギー解を選ぶか，負エネルギー解を選ぶかで物理的意味が異なる．しかし，(4.4) の分解の場合，$-m$ を選んでも $+m$ を選んでも物理的には等価である．したがって，ディラック方程式 (4.5) は，(4.3) と違って，正エネルギー解と負エネルギー解の両方を含んでいると予想される．

【注】 $(i\gamma^\mu \partial_\mu - m)$ を選んでも $(i\gamma^\mu \partial_\mu + m)$ を選んでも，物理的には等価であることは，次のように示すことができる．5.4節で確かめるように，$\gamma^\mu (\mu = 0, 1, 2, 3)$ と反可換な量 γ^5 が存在する ((5.57) 参照)．γ^5 を (4.5) の左から掛けて $\gamma^5 \gamma^\mu = -\gamma^\mu \gamma^5$ を用いると，$(i\gamma^\mu \partial_\mu + m)(\gamma^5 \phi) = 0$ を得る．ここで $\gamma^5 \phi$ を改めて ϕ とおきなおせば，$m \to -m$ とした方程式が得られる．

4.1.2 γ 行列

ディラック方程式 (4.5) に現れる $\gamma^\mu (\mu = 0, 1, 2, 3)$ は，もちろん単なる数ではありえない．もしそうだとすると，(4.4) の等式は成り立たないからである．また次章で確かめるように，ローレンツ変換に対してディラック方程式は不変にならない．以下で γ^μ の満たすべき性質を明らかにしていこう．

そこでディラックは，γ^μ を $N \times N$ 行列で表されるとして，波動関数 ϕ は N 成分を持つと仮定した．

4.1 ディラック方程式の導出

$$\psi(x) = \begin{pmatrix} \phi^1(x) \\ \phi^2(x) \\ \vdots \\ \phi^N(x) \end{pmatrix} \tag{4.6}$$

このとき，(4.4) は，$(p_\mu p^\mu - m^2)I_N = (\gamma^\nu p_\nu + mI_N)(\gamma^\mu p_\mu - mI_N)$ と書き表すのが正しい．ここで I_N は $N \times N$ 単位行列を表す．

行列は一般に非可換なので，γ^μ が次の関係式

$$\{\gamma^\mu, \gamma^\nu\} = 2\eta^{\mu\nu}I_N \quad (\mu, \nu = 0, 1, 2, 3) \tag{4.7}$$

を満たすならば，(4.4) が成り立つことがわかる．ここで，$\{A, B\}$ は**反交換関係**（anticommutation relation）を表し，

$$\{A, B\} \equiv AB + BA \tag{4.8}$$

で定義される．反交換関係 (4.7) を満たす行列を **γ（ガンマ）行列**（gamma matrices）とよび，反交換関係 (4.7) は γ 行列を特徴づける最も重要な式である．

⟨check 4.1⟩
γ 行列 γ^μ が反交換関係 (4.7) を満たすならば，(4.4) が成り立つことを確かめてみよう．

【ヒント】 p_ν と γ^μ，および，p_ν と p_μ は可換である．(4.4) 右辺では μ, ν の添字について和がとられているので，$\mu \to \nu$，$\nu \to \mu$ と添字をおきかえてもよい．このことから，$(\gamma^\nu p_\nu) \times (\gamma^\mu p_\mu) = \gamma^\nu \gamma^\mu p_\nu p_\mu = (1/2)(\gamma^\nu \gamma^\mu + \gamma^\mu \gamma^\nu) p_\nu p_\mu = p_\mu p^\mu I_N$ を導け．◆

ここで 1 つ強調しておきたい点は，$\psi(x)$ がディラック方程式 (4.5) を満たすならば，同時にクライン–ゴルドン方程式

$$(\partial_\mu \partial^\mu + m^2)\psi(x) = 0 \tag{4.9}$$

も満たすことである．これは，反交換関係 (4.7) が保証してくれる．なぜなら，(4.7) は (4.4) の因数分解が成り立つことを保証するので，$\psi(x)$ がディラック方程式を満たせば，自動的にクライン–ゴルドン方程式を満たすことになるからである．

【注】 クライン-ゴルドン方程式は，アインシュタインの関係 $p_\mu p^\mu - m^2 = E^2 - \boldsymbol{p}^2 - m^2 = 0$ を量子論的に表現したものなので，ディラック粒子を含めすべての相対論的（自由）粒子はクライン-ゴルドン方程式に従わなければならない．

4.1.3　γ 行列のサイズ

次に問題となるのは，(4.7) を満たす $N \times N$ 行列 $\gamma^\mu (\mu = 0, 1, 2, 3)$ を求めることである．まず初めに，この条件を満たす γ^μ が存在するための必要条件は，N が4以上の偶数でなければならないことを示す．

N の数を決めることは物理的に非常に重要な意味を持つので，少し丁寧に議論を進めていくことにする．波動関数は N 成分を持ち，それらの成分に対応する自由度をディラック方程式は必然的に持つことになる．これらの自由度がどのような物理的意味を持つかは，後ほど明らかにする．

【注】 これから，行列 M に対して $M = 0 (M\psi = 0)$ と書いたときは，右辺の 0 は $N \times N$ 零行列（N 成分零ベクトル）を略記したものとする．

まず N が偶数であることは，次のように示される．(4.7) から γ^0 と γ^1 は反可換，すなわち $\gamma^0 \gamma^1 = -\gamma^1 \gamma^0$ を満たす．両辺の行列式をとると $\det \gamma^0 \cdot \det \gamma^1 = (-1)^N \det \gamma^1 \cdot \det \gamma^0$ となるので

$$1 = (-1)^N \tag{4.10}$$

が成り立つ必要がある．したがって，N は偶数でなければならない．ここで，公式 $\det(AB) = \det A \cdot \det B$，および，$\det(-I_N) = (-1)^N$ を用いた．

【注】 (4.10) を導く際に，$\det \gamma^0, \det \gamma^1 \neq 0$ を仮定したが，これは (4.7) から保証される．なぜなら，(4.7) で $\mu = \nu = 0$ あるいは $\mu = \nu = 1$ とおくと $(\gamma^0)^2 = I_N = -(\gamma^1)^2$ が導かれ，各辺の行列式をとることによって $(\det \gamma^0)^2 = 1 = (-1)^N (\det \gamma^1)^2$ が得られるからである．

⟨check 4.2⟩
γ^0 の固有値は ± 1 で，（縮退度も考慮した）γ^0 の固有値の和は 0 であることを証明せよ．また，このことからも γ 行列のサイズ N が偶数でなければならないことを示してみよう．

【ヒント】 問題を解くのに必要な関係式は，$(\gamma^0)^2 = I_N$ と $\text{tr}(\gamma^0) = 0$ である．$\text{tr}(\gamma^0) = 0$ を示すには，$(\gamma^1)^2 = -I_N$，$\gamma^0\gamma^1 = -\gamma^1\gamma^0$ および $\text{tr}(AB) = \text{tr}(BA)$ を用いて，$\text{tr}(\gamma^0) = -\text{tr}(\gamma^0(\gamma^1)^2) = +\text{tr}(\gamma^1\gamma^0\gamma^1) = +\text{tr}(\gamma^0(\gamma^1)^2) = -\text{tr}(\gamma^0)$ を導けばよい．後は，γ^0 の固有値の和と $\text{tr}(\gamma^0)$ がどのような関係にあるかを考えよ．◆

N は偶数なので最も小さい値，すなわち，$N = 2$ の場合が可能かどうか調べてみよう．そのために，次の**パウリ行列**（**Pauli matrices**）を思い出してもらおう．

$$\sigma^1 = \begin{pmatrix} 0 & 1 \\ 1 & 0 \end{pmatrix}, \quad \sigma^2 = \begin{pmatrix} 0 & -i \\ i & 0 \end{pmatrix}, \quad \sigma^3 = \begin{pmatrix} 1 & 0 \\ 0 & -1 \end{pmatrix} \quad (4.11)$$

パウリ行列はエルミート（†はエルミート共役を表す）

$$(\sigma^j)^\dagger = \sigma^j \quad (j = 1, 2, 3) \quad (4.12)$$

で，次の性質を満たす行列として特徴づけられる．

$$(\sigma^1)^2 = (\sigma^2)^2 = (\sigma^3)^2 = I_2 \quad (I_2 は 2 \times 2 単位行列) \quad (4.13\text{a})$$

$$\sigma^1\sigma^2 = -\sigma^2\sigma^1 = i\sigma^3, \quad \sigma^2\sigma^3 = -\sigma^3\sigma^2 = i\sigma^1, \quad \sigma^3\sigma^1 = -\sigma^1\sigma^3 = i\sigma^2 \quad (4.13\text{b})$$

【注】 (4.12) と (4.13) は，パウリ行列を特徴づける重要な関係式である．パウリ行列を見たら，これらの式が頭にすぐ浮かぶようにしておこう．

関係式 (4.13) は，次のようにコンパクトな表式にまとめられる．

$$[\sigma^j, \sigma^k] = 2i\sum_{l=1}^{3} \varepsilon^{jkl}\sigma^l \quad (4.14\text{a})$$

$$\{\sigma^j, \sigma^k\} = 2\delta^{jk}I_2 \quad (j, k = 1, 2, 3) \quad (4.14\text{b})$$

ここで，$[A, B]$ は交換関係，$\{A, B\}$ は反交換関係を表し，ε^{jkl} ($j, k, l = 1, 2, 3$) は（3次元空間における）3階**完全反対称テンソル**（**totally antisymmetric tensor**）で，定義は次式で与えられる．

$$\varepsilon^{jkl} = \begin{cases} +1 & (jkl) = (123) の偶置換 \\ -1 & (jkl) = (123) の奇置換 \\ 0 & その他 \end{cases} \quad (4.15)$$

【注】 この定義から，ゼロでない ε^{jkl} は，$1 = \varepsilon^{123} = \varepsilon^{231} = \varepsilon^{312} = -\varepsilon^{321} = -\varepsilon^{213} = -\varepsilon^{132}$ である．

⟨check 4.3⟩
パウリ行列 $\sigma^j (j = 1, 2, 3)$ が，(4.12)〜(4.14) を満たすことを確かめてみよう．◆

(4.14b) と (4.7) から，$i\sigma^j$ と $\gamma^j (j = 1, 2, 3)$ は同じ反交換関係を満たすので，$\gamma^j = i\sigma^j$ ととればよい．残るのは，(4.7) で $\mu = \nu = 0$ および $\mu = 0$, $\nu = j$ とおいた，$(\gamma^0)^2 = I_2$, $\gamma^0 \gamma^j + \gamma^j \gamma^0 = 0$ を満たす 2×2 行列 γ^0 が存在するかどうかである．それを確かめるために，γ^0 を単位行列 I_2 とパウリ行列の和で $\gamma^0 = b_0 I_2 + \sum_{k=1}^{3} b_k \sigma^k$ と表しておこう．このようにしても一般性を失うことはない．なぜなら，b_0 と b_k を任意の複素数としておけば，任意の 2×2 複素行列を表すことができるからである．

この表式（および $\gamma^j = i\sigma^j$）を，$\gamma^0 \gamma^j + \gamma^j \gamma^0 = 0$ に代入して (4.14b) を用いると $b_0 \sigma^j + b_j I_2 = 0$ となり，すべての $j = 1, 2, 3$ に対して成り立つためには $b_0 = b_j = 0$ でなければならない．これは $\gamma^0 = 0$ を意味し，$(\gamma^0)^2 = I_2$ と矛盾する．したがって，$N = 2$ の場合には解がない．

⟨check 4.4⟩
ここでの解析から，時空の次元 d が 2 あるいは 3 のとき，γ 行列 $\gamma^\mu (\mu = 0, 1, \cdots, d-1)$ に $N = 2$ の解があることがわかる．実際，$d = 2$ ($\mu = 0, 1$) のときは $\gamma^0 = \sigma^3$ および $\gamma^1 = i\sigma^1$, $d = 3$ ($\mu = 0, 1, 2$) のときは，それらに加えて $\gamma^2 = i\sigma^2$ と選べば，反交換関係 $\{\gamma^\mu, \gamma^\nu\} = 2\eta^{\mu\nu} I_2$ を満たすことを確かめてみよう．

【注】 このように，γ 行列のサイズは時空の次元に依存する．一般の時空次元 d の場合は，$N = 2^{[d/2]}$ ($[x]$ はガウス記号) で与えられることが知られている．◆

4.1.4 ディラック表示

上の考察で $N = 2$ の可能性は排除された．N は偶数なので次の可能性は $N = 4$ である．2×2 行列では無理だったが，4×4 行列を用いれば，(4.7)

の関係を満たす4つの行列 γ^μ ($\mu = 0, 1, 2, 3$) が存在する．実際，次式で与えられる行列は (4.7) を満たすことが確かめられる．

$$\gamma_D^0 \equiv \begin{pmatrix} I_2 & 0 \\ 0 & -I_2 \end{pmatrix}, \quad \gamma_D^j \equiv \begin{pmatrix} 0 & \sigma^j \\ -\sigma^j & 0 \end{pmatrix} \quad (j = 1, 2, 3) \quad (4.16)$$

ここで，$\mathbf{0}$ は 2×2 零行列を表す．この γ 行列は**ディラック表示**（Dirac representation）とよばれ，γ^0 を対角化した表示になっている点が特徴である．そのためこの表示は，エネルギーの固有状態を調べる際に用いると便利な表示である（4.3節および4.4節参照）．

ディラック表示 (4.16) は γ 行列の一例だが，ディラック表示以外にも，(4.7) の反交換関係を満たす γ 行列は無限個存在する．それを説明しよう．γ^μ が (4.7) を満たすならば，逆行列を持つ任意の行列 S を用いて，新たに定義した $\tilde{\gamma}^\mu \equiv S^{-1} \gamma^\mu S$ も (4.7) を満たす．証明は以下の通りである．

$$\{\tilde{\gamma}^\mu, \tilde{\gamma}^\nu\} = \{S^{-1} \gamma^\mu S, S^{-1} \gamma^\nu S\} = S^{-1} \underbrace{\{\gamma^\mu, \gamma^\nu\}}_{2\eta^{\mu\nu} I_4} S = 2\eta^{\mu\nu} I_4 \quad (4.17)$$

実は，この逆も成り立つことが知られている．つまり，(4.7) を満たす2つの γ 行列 γ^μ と $\tilde{\gamma}^\mu$ が与えられたとき，$\tilde{\gamma}^\mu = S^{-1} \gamma^\mu S$ となる行列 S が必ず存在する．このような変換を**相似変換**（similarity transformation）とよぶ．このことは，$\tilde{\gamma}^\mu$ を使って与えられたディラック方程式 $(i\tilde{\gamma}^\mu \partial_\mu - mI_4)\tilde{\psi} = 0$ の左から S を掛けることによって，$\gamma^\mu (= S\tilde{\gamma}^\mu S^{-1})$ を用いた表示 $(i\gamma^\mu \partial_\mu - mI_4)\psi = 0$ ($\psi \equiv S\tilde{\psi}$) に，いつでも変換できることを意味する．つまり，安心して好きな γ 行列の表示を用いて構わないということだ．

これからは，どのような物理的性質を調べたいかに応じて，便利な γ 行列の表示を用いることにする．

⟨check 4.5⟩

(4.16) で与えられる γ 行列が (4.7)，および

$$(\gamma_D^0)^\dagger = \gamma_D^0, \quad (\gamma_D^j)^\dagger = -\gamma_D^j \quad (j = 1, 2, 3) \quad (4.18)$$

を満たすことを確かめてみよう．また，S をユニタリー行列 ($S^\dagger = S^{-1}$) としたと

き，新たに定義される $\tilde{\gamma}^\mu \equiv S^{-1}\gamma_D^\mu S$ も (4.18) と同様の関係を満たすことを確かめてみよう．

【ヒント】 公式 $(AB)^\dagger = B^\dagger A^\dagger$ を用いよ．◆

【注】 本書では，γ 行列の表示について深く立ち入ることはしない．興味のある読者は，川村嘉春 著：「量子力学選書 相対論的量子力学」(裳華房，2012 年) の第 3 章に詳しい議論がなされているので，そちらを参考にしてほしい．

4.1.5 流れの保存

ディラック方程式が求まったので，ディラックの思惑通りに，流れの保存を満たす"確率"密度 ρ が正定値の形で与えられているか確かめておこう．

シュレディンガー方程式やクライン - ゴルドン方程式と同じように，ディラック方程式でも以下の流れの保存の式が成り立つ．

$$\frac{\partial}{\partial t}\rho(t, \boldsymbol{x}) + \boldsymbol{\nabla} \cdot \boldsymbol{j}(t, \boldsymbol{x}) = 0 \qquad (4.19)$$

ここで，

$$\rho = \phi^\dagger \phi, \qquad j^k = \phi^\dagger \gamma^0 \gamma^k \phi \quad (k = 1, 2, 3) \qquad (4.20)$$

である．$\phi^\dagger$ は ϕ のエルミート共役で，$\phi^\dagger = ((\phi^1)^*, (\phi^2)^*, (\phi^3)^*, (\phi^4)^*)$ である．あるいは相対論的形式で表すと

$$\partial_\mu j^\mu = 0, \qquad j^\mu = (\rho, j^k) = \phi^\dagger \gamma^0 \gamma^\mu \phi \qquad (4.21)$$

となる．したがって，ディラックが望んでいた形 $\rho = \phi^\dagger \phi = \sum_{a=1}^{4} (\phi^a)^* \phi^a$ が得られたことになる．

⟨check 4.6⟩
流れの保存 (4.21) が成り立っていることを確かめてみよう．

【ヒント】 流れの保存が成り立っていることを確かめるためには，ディラック方程式 $(i\gamma^\mu \partial_\mu - m)\phi = 0$ とそのエルミート共役をとった式 $-i(\partial_\mu \phi^\dagger)(\gamma^\mu)^\dagger - m\phi^\dagger = 0$ および $(\gamma^0)^\dagger = \gamma^0$，$(\gamma^j)^\dagger = -\gamma^j$ (check 4.5 参照) と (4.7) から導かれる関係 $\gamma^0 \gamma^\mu = (\gamma^\mu)^\dagger \gamma^0$ を用いればよい．◆

4.2 スピン角運動量

4.2.1 軌道角運動量とスピン角運動量

ディラック方程式の波動関数 ϕ は4成分を持ち，電子の持つスピン 1/2 の自由度を含んでいると期待できる．そのことを確かめるために，角運動量演算子を調べることにしよう．

量子力学で学んだように**軌道角運動量演算子** L は次式

$$L = x \times p = x \times (-i\nabla) \tag{4.22}$$

で与えられ，次の角運動量演算子の交換関係を満たす．

$$[L^1, L^2] = iL^3, \quad [L^2, L^3] = iL^1, \quad [L^3, L^1] = iL^2 \tag{4.23}$$

あるいは，完全反対称テンソル ε^{jkl} を用いると，上の関係式はひとまとめに以下のように書き表すことができる．

$$[L^j, L^k] = i\sum_{l=1}^{3} \varepsilon^{jkl} L^l, \quad (j, k = 1, 2, 3) \tag{4.24}$$

ディラック粒子の重要な性質の1つは，軌道角運動量 L は一般に保存しないが，次の全角運動量 J が保存するということだ．（証明は 4.2.2 項でなされる．）

$$J = L + S \tag{4.25}$$

ここで，S は**スピン角運動量演算子**で次式で定義される．

$$S = \left(\frac{i}{2} \gamma^2 \gamma^3, \frac{i}{2} \gamma^3 \gamma^1, \frac{i}{2} \gamma^1 \gamma^2 \right) \tag{4.26}$$

S をスピン角運動量演算子と見なす理由は，S はエルミート（行列）で L と同じ角運動量の交換関係

$$[S^j, S^k] = i\sum_{l=1}^{3} \varepsilon^{jkl} S^l \quad (j, k = 1, 2, 3) \tag{4.27}$$

を満たし，さらに S の2乗 ($S^2 = (S^1)^2 + (S^2)^2 + (S^3)^2$) は

$$S^2 = \frac{3}{4}I_4 = \frac{1}{2}\left(\frac{1}{2}+1\right)I_4 \tag{4.28}$$

を満たすので，スピン $j=1/2$ の角運動量演算子を表現しているからである．

【注】 スピン S の大きさが j のとき，S^2 の固有値は $j(j+1)$ で与えられる．

もう少し具体的に見るために，ディラック表示 (4.16) を用いて，スピン演算子 S を書き下してみると

$$S_{\rm D} = \begin{pmatrix} \frac{1}{2}\sigma & 0 \\ 0 & \frac{1}{2}\sigma \end{pmatrix}, \quad \sigma = (\sigma^1, \sigma^2, \sigma^3) \tag{4.29}$$

と表されることがわかる．ここでディラック表示であることを明示するために，S に D の添字を付けておいた．

このことから，4 成分波動関数 ψ のうち，(ディラック表示では) 上 2 成分，および下 2 成分それぞれがスピン 1/2 の状態を表すことがわかる．より詳しい解析は，4.4 節で行われるが，そこでは非相対論的極限をとることによって，上 2 成分は電子の状態，下 2 成分は電子の反粒子状態に対応していることが明らかになる．どうやら我々は正しい方向へ進んでいるようだ．

⟨check 4.7⟩
(4.26) で定義されるスピン角運動量演算子 S が，エルミートであり，かつ (4.27)〜(4.29) を満たすことを確かめてみよう．◆

4.2.2 角運動量保存

角運動量演算子 $J = L + S$ が保存量であることを確かめるために，ディラック方程式 (4.5) を次の形に書き直す．

$$i\frac{\partial}{\partial t}\psi = H\psi, \quad H = -i\gamma^0 \sum_{j=1}^{3} \gamma^j \frac{\partial}{\partial x^j} + m\gamma^0 \tag{4.30}$$

J が保存量ということは J の時間微分がゼロ $(dJ/dt = 0)$ であり，このことはハイゼンベルク方程式 $(i(dO(t)/dt) = [O(t), H])$ から，J とハミルトニ

アン H が可換

$$\frac{d\boldsymbol{J}}{dt} = 0 \iff [\boldsymbol{J}, H] = 0 \qquad (4.31)$$

を意味する．$[\boldsymbol{J}, H] = 0$ の証明は読者の練習問題としておく．

⟨check 4.8⟩

$L^1 = -i\{x^2(\partial/\partial x^3) - x^3(\partial/\partial x^2)\}$, $S^1 = (i/2)\gamma^2\gamma^3$ と H の交換関係が次式

$$[L^1, H] = \gamma^0\gamma^2\frac{\partial}{\partial x^3} - \gamma^0\gamma^3\frac{\partial}{\partial x^2}, \qquad [S^1, H] = \gamma^0\gamma^3\frac{\partial}{\partial x^2} - \gamma^0\gamma^2\frac{\partial}{\partial x^3}$$

で与えられ，$[J^1, H] = 0$ となることを確かめてみよう．残りの成分 J^2, J^3 についても同様に，ハミルトニアン H と可換であることを示してみよう．

【ヒント】 上式を導くのに必要なものは，$[(\partial/\partial x^j), (\partial/\partial x^k)] = 0$, $[x^j, (\partial/\partial x^k)] = -\delta^j{}_k$, $[\gamma^2\gamma^3, \gamma^0\gamma^2] = 2\gamma^0\gamma^3$, $[\gamma^2\gamma^3, \gamma^0\gamma^3] = -2\gamma^0\gamma^2$ である．◆

ここで注意しておきたいことは，$\boldsymbol{L}$（あるいは $\boldsymbol{S}$）は H と可換ではなく，$\boldsymbol{L}+\boldsymbol{S}$ の和 $\boldsymbol{J}$ が可換という事実である．つまり，保存する角運動量は，軌道角運動量 $\boldsymbol{L}$ とスピン角運動量 $\boldsymbol{S}$ を合わせた $\boldsymbol{J} = \boldsymbol{L} + \boldsymbol{S}$ であり，$\boldsymbol{L}$（あるいは $\boldsymbol{S}$）は一般に単独では保存しない．

$\boldsymbol{L}$ と $\boldsymbol{S}$ は，角運動量の交換関係 (4.24) と (4.27) をそれぞれ満たすが，$\boldsymbol{J} = \boldsymbol{L} + \boldsymbol{S}$ も角運動量演算子と見なせるためには，$\boldsymbol{J}$ 自身も同様の交換関係を満たす必要がある．すなわち，

$$[J^j, J^k] = i\sum_{l=1}^{3}\varepsilon^{jkl}J^l \quad (j, k = 1, 2, 3) \qquad (4.32)$$

でなければならない．これは L^j と S^j がそれぞれ角運動量の交換関係 (4.24) と (4.27) を満たすことと，L^j と S^j が可換 $[L^j, S^k] = 0$ から直ちに確かめられる．これで，$\boldsymbol{J} = \boldsymbol{L} + \boldsymbol{S}$ が全角運動量として保存し，$\boldsymbol{S}$ がスピン 1/2 のスピン角運動量演算子を表すことが示せたことになる．これはディラック方程式の第 1 の成功である．

4.3 正エネルギー解と負エネルギー解

ディラック方程式の物理的意味を知るために，ディラック粒子が静止している場合の解を求めてみよう．このとき，$0 = \boldsymbol{p}\phi(t, \boldsymbol{x}) = -i\boldsymbol{\nabla}\phi(t, \boldsymbol{x})$，すなわち，$\phi(t, \boldsymbol{x}) = \phi(t)$ なのでディラック方程式は

$$\left(i\gamma^0 \frac{\partial}{\partial t} - mI_4\right)\phi(t) = 0 \tag{4.33}$$

となる．ここでは，γ^0 が対角化されている表示が便利なので，ディラック表示 (4.16) を用いると，(4.33) には次の4つの独立解があることがわかる．

$$\phi^{(1)} = N^{(1)}e^{-imt}\begin{pmatrix} 1 \\ 0 \\ 0 \\ 0 \end{pmatrix}, \quad \phi^{(2)} = N^{(2)}e^{-imt}\begin{pmatrix} 0 \\ 1 \\ 0 \\ 0 \end{pmatrix}$$

$$\phi^{(3)} = N^{(3)}e^{-i(-m)t}\begin{pmatrix} 0 \\ 0 \\ 1 \\ 0 \end{pmatrix}, \quad \phi^{(4)} = N^{(4)}e^{-i(-m)t}\begin{pmatrix} 0 \\ 0 \\ 0 \\ 1 \end{pmatrix}$$

$$\tag{4.34}$$

ここで，$N^{(a)}(a = 1, 2, 3, 4)$ は規格化定数である．

クライン－ゴルドン方程式と同様に，$E = m$ の正エネルギー解（$\phi^{(1)}$ と $\phi^{(2)}$）と $E = -m$ の負エネルギー解（$\phi^{(3)}$ と $\phi^{(4)}$）の両方の解があることがわかる．クライン－ゴルドン方程式との違いは，正と負のエネルギー解それぞれに，2つの独立な状態が存在する点である．次節で，ϕ の上2つ（下2つ）の成分は，電子（電子の反粒子：陽電子）のスピン上向きと下向きの状態に対応することを見る．

【注】 ディラック方程式 $(i\gamma^\mu \partial_\mu - mI_4)\phi = 0$ で，$m \to -m$ とおきかえても，$\phi^{(1)}$，$\phi^{(2)} \leftrightarrow \phi^{(3)}$，$\phi^{(4)}$ の入れかえが起こるだけで，本質的には同じ物理を表していることがわか

る．したがって，4.1.1項の最後で指摘したように，ディラック方程式の質量項の符号は，$\pm m$のどちらを選んでも物理的には等価である．

4.4 電子のスピンと固有磁気モーメント

　この節では，電子（および反粒子の陽電子）に対するスピンと磁場の相互作用項（パウリ項）が，電磁場中のディラック方程式から非相対論的極限をとることによって，正しく導かれることを確かめる．

4.4.1 電磁場中の電子のディラック方程式

　ディラック方程式の理解を深めるために，自由電子のディラック方程式を電磁場と相互作用している系へ拡張しておこう．この拡張は，クライン－ゴルドン方程式で行ったのと同様に，(2.26)のおきかえ，すなわち $\partial/\partial t \to \partial/\partial t - ieA^0$, $\nabla \to \nabla + ieA$ とすればよい．（このおきかえについては，7.2節のゲージ原理のところで議論する．）ここでは電子の電荷を $-e(e>0)$ としている．γ^0 を掛けて少し整理すると，次の方程式を得る．

$$i\frac{\partial}{\partial t}\psi(t,\boldsymbol{x}) = \{\boldsymbol{\alpha}\cdot(-i\boldsymbol{\nabla}+e\boldsymbol{A})+m_e\gamma^0-eA^0 I_4\}\psi(t,\boldsymbol{x})$$

(4.35)

ここで m_e は電子の質量，また $\boldsymbol{\alpha} \equiv (\gamma^0\gamma^1, \gamma^0\gamma^2, \gamma^0\gamma^3)$ と定義した．

　この節での目的は，**非相対論的極限**をとることによって，電磁場中での電子に対する**パウリ方程式**（Pauli equation）

$$i\frac{\partial}{\partial t}\varphi(t,\boldsymbol{x}) = \left\{\frac{1}{2m_e}(-i\boldsymbol{\nabla}+e\boldsymbol{A})^2 I_2 + \frac{e}{2m_e}\boldsymbol{\sigma}\cdot\boldsymbol{B} - eA^0 I_2\right\}\varphi(t,\boldsymbol{x})$$

(4.36)

を導くことである．φ は，電子の持つスピン上向きと下向きの状態を表す2成分波動関数である．我々が特に注目したいのは，上式の右辺第2項の**パウ**

リ項 (Pauli term) $(e/2m_e)\boldsymbol{\sigma}\cdot\boldsymbol{B}$ である．この項は電子のスピン $S = (1/2)\boldsymbol{\sigma}$ と磁場との相互作用を与える．この項は現象論的に手で加えられたが，ディラック方程式からこの項が導かれるならば，ディラック方程式の勝利といえるだろう．

電子のスピン演算子は，パウリ行列を使って $S = (1/2)\boldsymbol{\sigma}$ と表されるが，γ 行列 (4.16) にパウリ行列が顔を出していることは，我々が正しい方向へ向かっていることの証だろう．γ 行列 (4.16) にパウリ行列が現れた理由は偶然ではない．それは $i\gamma^j (j = 1, 2, 3)$ が，パウリ行列の満たす反交換関係 $\{\sigma^j, \sigma^k\} = 2\delta^{jk}$ と同じ関係 $\{i\gamma^j, i\gamma^k\} = 2\delta^{jk}$ を満たすからである．この γ 行列の反交換関係は，4.1.2 項で議論したように，波動関数 ψ が（ディラック方程式に加えて）クライン–ゴルドン方程式，すなわちアインシュタインの関係を満たさねばならないという要請から導かれたものであった．したがって，ディラック粒子の持つエネルギーと運動量がアインシュタインの関係 $E^2 = \boldsymbol{p}^2 + m^2$ を満たすためには，スピンの自由度を持つ必要があると結論づけてもよいだろう．

4.4.2 非相対論的極限とパウリ項

非相対論的極限は，クライン–ゴルドン方程式の場合と同様の手続きに従って行われるが，ディラック方程式の場合，波動関数 ψ が 4 成分を持つため，電子の自由度を取り出すための工夫が少し必要である．まず，4 成分波動関数 ψ を 2 つの 2 成分波動関数 φ と χ を用いて次のように表しておこう．

$$\psi(t, \boldsymbol{x}) = e^{-im_e t} \begin{pmatrix} \varphi(t, \boldsymbol{x}) \\ \chi(t, \boldsymbol{x}) \end{pmatrix} \quad (4.37)$$

ここで因子 $e^{-im_e t}$ は，クライン–ゴルドン方程式のところでも説明したように，相対論的エネルギー $E = m_e + \boldsymbol{p}^2/(2m_e) + \cdots$ から，静止エネルギー m_e を取り除くために必要となる．γ 行列としては，以下のディラック表示 (4.16) をとる．

4.4 電子のスピンと固有磁気モーメント

$$\gamma_\mathrm{D}^0 = \begin{pmatrix} I_2 & 0 \\ 0 & -I_2 \end{pmatrix}, \quad \alpha^j = \gamma_\mathrm{D}^0 \gamma_\mathrm{D}^j = \begin{pmatrix} 0 & \sigma^j \\ \sigma^j & 0 \end{pmatrix} \quad (j=1,2,3)$$

(4.38)

【注】 ディラック表示では，ψ の上 2 成分 φ を電子の波動関数と見なすことができる．γ^0 が対角型ではない表示では，φ と χ の線形結合が電子の波動関数に対応し，見通しがよくない．

これらの表示を (4.35) に代入すると，2 成分波動関数に対する次の方程式が得られる．

$$i\frac{\partial}{\partial t}\varphi = \boldsymbol{\sigma}\cdot\boldsymbol{\pi}\chi - eA^0\varphi \tag{4.39a}$$

$$i\frac{\partial}{\partial t}\chi = \boldsymbol{\sigma}\cdot\boldsymbol{\pi}\varphi - 2m_\mathrm{e}\chi - eA^0\chi \tag{4.39b}$$

ここで，

$$\boldsymbol{\pi} \equiv -i\boldsymbol{\nabla} + e\boldsymbol{A} \tag{4.40}$$

と定義した．

非相対論的極限では，静止エネルギーに比べて運動エネルギーやポテンシャルエネルギーは十分小さいと仮定してもよいので，(4.39b) で $i(\partial/\partial t)\chi$ や $eA^0\chi$ の項を $2m_\mathrm{e}\chi$ の項に比べて無視することができる (2.5.2 項参照)．そのとき，(4.39b) は

$$\chi = \frac{1}{2m_\mathrm{e}}(\boldsymbol{\sigma}\cdot\boldsymbol{\pi})\varphi \tag{4.41}$$

となる．この関係を用いて (4.39a) から χ を消去することによって次式を得る．

$$i\frac{\partial}{\partial t}\varphi = \left\{\frac{1}{2m_\mathrm{e}}(\boldsymbol{\sigma}\cdot\boldsymbol{\pi})(\boldsymbol{\sigma}\cdot\boldsymbol{\pi}) - eA^0 I_2\right\}\varphi \tag{4.42}$$

最後に次の公式 (4.4.4 項に証明を与えておいた)

$$(\boldsymbol{\sigma}\cdot\boldsymbol{\pi})(\boldsymbol{\sigma}\cdot\boldsymbol{\pi}) = (-i\boldsymbol{\nabla} + e\boldsymbol{A})^2 I_2 + e\boldsymbol{\sigma}\cdot\boldsymbol{B} \tag{4.43}$$

を用いれば，2成分波動関数 φ に対するパウリ方程式 (4.36) が導かれる．
　この結果から**パウリ項**

$$\frac{e}{2m_\text{e}}\boldsymbol{\sigma}\cdot\boldsymbol{B} = 2\frac{e}{2m_\text{e}}\left(\frac{1}{2}\boldsymbol{\sigma}\right)\cdot\boldsymbol{B} \equiv g\frac{e}{2m_\text{e}}\boldsymbol{S}\cdot\boldsymbol{B} \quad (4.44)$$

が確かに得られ，（スピン演算子が $\boldsymbol{S}=(1/2)\boldsymbol{\sigma}$ で与えられることから）電子がスピン 1/2 を持ち，上式から $g=2$（係数 g のことを **g因子** (**g - factor**) とよぶ）であることが導かれたことになる．これはディラック方程式の第2の勝利である．

【注】　ディラック方程式が発見されるまでは，電子の g 因子が，なぜ2に非常に近い値なのかは全くの謎であった．ディラックは，パウリ項を正しく導けたことで，彼の見つけた方程式が電子を記述するものであることを確信したようだ．

4.4.3　負エネルギー解の物理的意味

　ディラック方程式の成功は，パウリ方程式の導出だけではない．ディラック方程式の持つ負エネルギー解の物理的意味を探ることによって，反粒子の存在が示唆される．これは，ディラック方程式の第3の成功である．
　負エネルギー解を取り出すために，(4.37) とは m_e の符号を逆にして

$$\psi(t,\boldsymbol{x}) = e^{-i(-m_\text{e})t}\begin{pmatrix}\tilde{\varphi}(t,\boldsymbol{x})\\\tilde{\chi}(t,\boldsymbol{x})\end{pmatrix} \quad (4.45)$$

と定義し，$\tilde{\chi}$ に対する2成分パウリ方程式を導くことにする．正エネルギー解の場合と同じ手続きに従って非相対論的極限をとると，(4.36) に対応する次式が得られる．

$$i\frac{\partial}{\partial t}\tilde{\chi} = \left\{-\frac{1}{2m_\text{e}}(-i\boldsymbol{\nabla}+e\boldsymbol{A})^2 I_2 - \frac{e}{2m_\text{e}}\boldsymbol{\sigma}\cdot\boldsymbol{B} - eA^0 I_2\right\}\tilde{\chi} \quad (4.46)$$

〈check 4.9〉

　(4.45) を (4.35) に代入して $\tilde{\varphi}$ と $\tilde{\chi}$ に対する方程式を導け．次に非相対論的極限（$2m_\text{e}\tilde{\varphi}$ に比べて $i(\partial\tilde{\varphi}/\partial t)$ と $eA^0\tilde{\varphi}$ を無視する近似）をとることによって，(4.46) を導出してみよう．◆

4.4 電子のスピンと固有磁気モーメント

クライン–ゴルドン方程式の負エネルギー解と同じように，上式右辺第1項の運動エネルギー項の符号が負 ((4.36) と見比べよ) となっており，このままでは物理的な粒子として解釈できない．そこで，運動エネルギー項を正しい符号にもっていくために，(クライン–ゴルドン方程式のときと同じように) (4.46) の両辺の複素共役をとって整理すると，

$$i\frac{\partial}{\partial t}\tilde{\chi}^* = \left\{\frac{1}{2m_e}(-i\boldsymbol{\nabla}-e\boldsymbol{A})^2 I_2 + \frac{e}{2m_e}\boldsymbol{\sigma}^*\cdot\boldsymbol{B} + eA^0 I_2\right\}\tilde{\chi}^* \tag{4.47}$$

となる．

これで，運動エネルギー項は正しい符号を持つことができた．だが物理的解釈を行うにはまだ不十分だ．パウリ行列の複素共役がとられているので，このままではパウリ項をスピン演算子 $\boldsymbol{S}=(1/2)\boldsymbol{\sigma}$ を使って書き表せない．実際，σ^1 と σ^3 は実行列だが，σ^2 が純虚数行列なので，$\boldsymbol{\sigma}^* = (\sigma^1, -\sigma^2, \sigma^3) \neq \boldsymbol{\sigma}$ である．$\boldsymbol{\sigma}^*$ を $\boldsymbol{\sigma}$ に戻すために，σ^1 と σ^3 (あるいは σ^2 のみ) の符号を変える必要がある．σ^j と σ^k は $j \neq k$ ならば互いに反可換 $\sigma^j\sigma^k = -\sigma^k\sigma^j$ $(j \neq k)$ であったことを思い出すと，σ^2 によって $\boldsymbol{\sigma}^*$ を $\boldsymbol{\sigma}$ に変えることが可能であることに気がつく．すなわち，

$$\sigma^2 \boldsymbol{\sigma}^* \sigma^2 = -\boldsymbol{\sigma} \tag{4.48}$$

である．(4.47) の左から $i\sigma^2$ を掛けて上の関係式を用いると，最終的に

$$i\frac{\partial}{\partial t}(i\sigma^2\tilde{\chi}^*) = \left\{\frac{1}{2m_e}(-i\boldsymbol{\nabla}-e\boldsymbol{A})^2 I_2 - \frac{e}{2m_e}\boldsymbol{\sigma}\cdot\boldsymbol{B} + eA^0 I_2\right\}(i\sigma^2\tilde{\chi}^*) \tag{4.49}$$

を得る．

【注】 (4.49) では σ^2 の代わりに $i\sigma^2$ を掛けたが，因子 i はあってもなくてもここでの結論は変わらない．ただし，後で議論する荷電共役との対応が見やすいように i をつけておいた．

上式と (4.36) を比べれば，負エネルギー解の物理的解釈は明白だ．すな

わち，2成分波動関数 $i\sigma^2\tilde{\chi}^*$ は，正エネルギー解と全く同じ質量 m_e とスピン 1/2 を持つが，電荷は電子と逆符号の正電荷 $e > 0$ の粒子を表す．正エネルギー解が電子に対応するならば，負エネルギー解は電子の反粒子である**陽電子**を表すことがわかる．

再度強調しておくが，上の解析で負エネルギー解の問題が解決したわけではない．(4.37) と (4.45)，あるいは (4.36) と (4.49) を見ればわかるように，正エネルギー解と負エネルギー解の取り扱いは異なっている．そのため，正エネルギー解と負エネルギー解を同時に取り扱うことは難しい．なぜ，正エネルギー解と負エネルギー解とで波動関数の取り扱いが異なるのかは，この解析ではよくわからない．負エネルギー問題の完全な解決のためには，場の量子論への移行が不可欠なのだ．

4.4.4 公式 (4.43) の証明

最後に，約束した (4.43) の証明を行って，この節を終えることにする．(4.43) を自力ですらすらと導けるなら，以下の証明を読む必要はない．次節へスキップしよう．しかし，パウリ行列や 3 階完全反対称テンソル ε^{jkl} の取り扱いに慣れていないなら，この 4.4.4 項は非常によい演習問題となる．下に与えた導出は，エレガントな証明とは言いがたいが，他のところでも応用の効く計算テクニックを随所に盛り込んだものだ．解説もつけておいたので，目だけでなく手も動かして必ず式を追うようにしてほしい．

【注】 まずは，役に立つ公式をリストアップしておく．これらの公式は他のところでも使われるものなので，きちんと理解しておこう．パウリ行列が出てきたときは，何はともあれ，公式 (4.14a) と (4.14b)，すなわち，

$$[\sigma^j, \sigma^k] = 2i\sum_{l=1}^{3}\varepsilon^{jkl}\sigma^l, \quad \{\sigma^j, \sigma^k\} = 2\delta^{jk}I_2 \qquad (4.50)$$

をまず頭に浮かべなければならない．
次に，一般に可換ではない 2 つの量 A, B の積に対して次の恒等式が成り立つことに注意しておく．

4.4 電子のスピンと固有磁気モーメント

$$AB = \frac{1}{2}(AB+BA) + \frac{1}{2}(AB-BA) = \frac{1}{2}\{A,B\} + \frac{1}{2}[A,B] \qquad (4.51)$$

この公式の応用は，「2つの添字を持つ任意の量（行列もこの中に含まれる）T^{jk} ($j, k = 1, 2, \cdots, N$) は，添字 jk に関して対称部分と反対称部分に分解できる」という以下に挙げるものだ．

$$T^{jk} = \frac{1}{2}\underbrace{(T^{jk}+T^{kj})}_{\text{対称部分}} + \frac{1}{2}\underbrace{(T^{jk}-T^{kj})}_{\text{反対称部分}} \qquad (4.52)$$

以下の公式は，添字 jk に関して対称な量 $S^{jk} = S^{kj}$ と反対称な量 $A^{jk} = -A^{kj}$ の積に関するものだ．

$$\sum_{j,k=1}^{N} S^{jk}A^{jk} = 0 \qquad (4.53)$$

この恒等式もよく使われる．添字に関する（反）対称性は，常に気にかけておかなければならない重要な性質だ．上式の証明に必要なものは，$S^{jk}(A^{jk})$ が jk に関して対称（反対称）という性質のみで，それぞれ具体的にどのようなものかを知る必要は全くない．証明は次のようになされる．

$$\sum_{j,k=1}^{N} S^{jk}A^{jk} \stackrel{j\leftrightarrow k}{=} \sum_{k,j=1}^{N} \underbrace{S^{kj}}_{S^{jk}}\underbrace{A^{kj}}_{-A^{jk}} = -\sum_{j,k=1}^{N} S^{jk}A^{jk} \implies \sum_{j,k=1}^{N} S^{jk}A^{jk} = 0$$

上の式変形で使ったことは，和に使われる文字（ダミーインデックスとよばれる）は，（他の文字と重複しなければ）何を使ってもよいということと，$X = -X$ ならば $X = 0$ という（当たり前の）ロジックだ．

3次元のベクトルの外積 $\boldsymbol{a}\times\boldsymbol{b}$ と3階反対称テンソル ε^{jkl} との対応関係

$$V = \boldsymbol{a}\times\boldsymbol{b} \iff (V^1, V^2, V^3) = (a^2b^3-a^3b^2, a^3b^1-a^1b^3, a^1b^2-a^2b^1)$$
$$\iff V^i = \sum_{j,k=1}^{3} \varepsilon^{ijk}a^jb^k = \sum_{j,k=1}^{3} \varepsilon^{ijk}\frac{1}{2}(a^jb^k-a^kb^j) \qquad (4.54)$$

もよく使われる．これを確かめるためには，例えば $i = 1$ とおいて，$V^1 = \sum_{j,k}\varepsilon^{1jk}a^jb^k = \varepsilon^{123}a^2b^3 + \varepsilon^{132}a^3b^2 = a^2b^3 - a^3b^2$ と具体的に求めてみればよい．この公式を用いると，磁場 $\boldsymbol{B}$ とベクトルポテンシャル $\boldsymbol{A}$ との関係 $\boldsymbol{B} = \nabla\times\boldsymbol{A}$ は，成分表示で

$$\boldsymbol{B} = \nabla\times\boldsymbol{A} \iff B^i = \sum_{j,k=1}^{3} \varepsilon^{ijk}\frac{1}{2}\left(\frac{\partial}{\partial x^j}A^k - \frac{\partial}{\partial x^k}A^j\right) \qquad (4.55)$$

と書き表すことができる．

次に量子力学でもよくお目にかかるものとして，微分演算子 $\partial/\partial x^j$ と任意関数 $f(\boldsymbol{x})$ の交換関係がある．

4. ディラック方程式

$$\left[\frac{\partial}{\partial x^j}, f(\boldsymbol{x})\right] = \frac{\partial f(\boldsymbol{x})}{\partial x^j} \tag{4.56}$$

左辺の交換関係を1つのまとまったものと見なすならば，そのままこの公式を用いて構わない．しかし左辺を，交換関係の定義に従ってばらして考えるならば（(4.56)の証明はばらして計算する必要がある），任意関数 $G(\boldsymbol{x})$ を用意して，(4.56) は $\{\partial (fG)/\partial x^j\} - f(\partial G/\partial x^j) = (\partial f/\partial x^j)G$ を意味していると理解する必要がある．このとき，左辺の微分 $\partial/\partial x^j$ は $G(\boldsymbol{x})$ にも作用するが，右辺の $\partial/\partial x^j$ は $f(\boldsymbol{x})$ のみに作用していることに注意しよう．

最後に，混乱しやすい点（何と何が可換で何と何が非可換か）についてコメントしておこう．これからの証明に現れる量は，パウリ行列 σ^i，微分演算子 $\partial_j = \partial/\partial x^j$ とベクトルポテンシャル $A^k(t, \boldsymbol{x})$ である．σ^i は行列なので，σ^i と σ^k は一般に可換ではない．しかし，微分演算子 ∂_k は行列ではなく σ^i は定数行列なので，σ^i と ∂_k は可換である．同様に σ^i と A^k も可換である．したがって，σ^i は $\pi^k = -i(\partial/\partial x^k) + eA^k$ とも可換である．一方，A^k は $\boldsymbol{x}$ の関数なので，微分演算子 ∂_j とは可換ではない．このことは，π^j と π^k は一般に可換ではないことを意味する．

少々長い準備だったが，ここまでくれば (4.43) の証明は難しくない．(4.43) の左辺から変形していくことにする．

$$\begin{aligned}\left(\sum_{j=1}^{3} \sigma^j \pi^j\right)\left(\sum_{k=1}^{3} \sigma^k \pi^k\right) &= \sum_{j,k=1}^{3} \sigma^j \sigma^k \pi^j \pi^k \quad (\because \pi^j \sigma^k = \sigma^k \pi^j) \\ &\stackrel{(4.51)}{=} \sum_{j,k=1}^{3} \left(\frac{1}{2}\{\sigma^j, \sigma^k\} + \frac{1}{2}[\sigma^j, \sigma^k]\right)\pi^j \pi^k \\ &\stackrel{(4.50)}{=} \sum_{j=1}^{3} (\pi^j)^2 I_2 + i\sum_{l=1}^{3} \sigma^l \left(\sum_{j,k=1}^{3} \varepsilon^{jkl} \pi^j \pi^k\right)\end{aligned} \tag{4.57}$$

上式右辺第2項の括弧の中を変形する．

$$\begin{aligned}\sum_{j,k=1}^{3} \varepsilon^{jkl} \pi^j \pi^k &\stackrel{(4.51)}{=} \sum_{j,k=1}^{3} \varepsilon^{jkl}\left(\frac{1}{2}\{\pi^j, \pi^k\} + \frac{1}{2}[\pi^j, \pi^k]\right) \\ &\stackrel{(4.53)}{=} \sum_{j,k=1}^{3} \varepsilon^{jkl} \frac{1}{2}[\pi^j, \pi^k] \\ &\stackrel{(4.40)}{=} \sum_{j,k=1}^{3} \varepsilon^{jkl} \frac{1}{2}\left[-i\frac{\partial}{\partial x^j} + eA^j, -i\frac{\partial}{\partial x^k} + eA^k\right] \\ &= \sum_{j,k=1}^{3} \varepsilon^{jkl} \frac{1}{2}\left(-\underbrace{\left[\frac{\partial}{\partial x^j}, \frac{\partial}{\partial x^k}\right]}_{0} - ie\underbrace{\left[\frac{\partial}{\partial x^j}, A^k\right]}_{\frac{\partial A^k}{\partial x^j}} - ie\underbrace{\left[A^j, \frac{\partial}{\partial x^k}\right]}_{-\frac{\partial A^j}{\partial x^k}} + e^2\underbrace{\left[A^j, A^k\right]}_{0}\right) \\ &\stackrel{(4.55)}{=} -ieB^l \quad (\because \varepsilon^{jkl} = \varepsilon^{ljk})\end{aligned}$$

これを (4.57) に代入すれば，(4.43) が導かれたことになる．

読者から，なぜもっと早く教えてくれなかったのかとおしかりを受けるかもしれない．

多くの教科書は，任意の3次元ベクトル a, b に対して成り立つ次の公式

$$(\sigma \cdot a)(\sigma \cdot b) = a \cdot b I_2 + i\sigma \cdot (a \times b) \tag{4.58}$$

から出発して，(4.43) を導いている．そのほうが証明をコンパクトにできるからだ．だが，公式 (4.58) の背後にある考え方や，その使い方に精通してもらいたかったので，ここではあえてそのような近道はとらなかった．ここまで読み終えた読者のみなさんは，これから公式 (4.58) を使いこなしてもらいたい．

⟨check 4.10⟩

公式 (4.51) を用いて，パウリ行列の2つの関係式 (4.50) を1つにまとめた公式

$$\sigma^j \sigma^k = \delta^{jk} I_2 + i \sum_{l=1}^{3} \varepsilon^{jkl} \sigma^l \tag{4.59}$$

を導き，公式 (4.58) を証明してみよう．◆

4.5 電荷の問題と統計性

ディラック方程式の第1の成功は電子のスピンの導出，第2の成功はパウリ項の導出，第3の成功は反粒子の予言であった．この節では，第4の成功，すなわちディラック粒子と統計性について議論しよう．

4.5.1 ディラック方程式と電荷の問題

これまでの解析で，正エネルギー解と負エネルギー解はそれぞれ粒子と反粒子に対応することが明らかになった．この解釈と電荷の保存が矛盾しないためには，スピン 1/2 を持つディラック粒子は，スカラー粒子とは異なる統計性—フェルミ–ディラック統計—に従うことが示唆される．このことを以下で見ていこう．

クライン–ゴルドン方程式でも，流れの保存が成り立っていることを 2.3.2 項で見た．(2.16a) で与えられる ρ は正負両方の値をとり，粒子と反粒子は ρ に対して逆符号で寄与する．そのため，ρ を確率密度と解釈することはできず，電荷密度と見なすべき量であることが，非相対論的極限での考

察から示唆された．

この結論は，ディラック方程式の場合でも成り立つはずである．なぜなら，電磁相互作用をしている系で最も基本的な保存量は，電荷だからである．（実際，$j^\mu = -e(\rho, \boldsymbol{j})$ が電流の流れを表す 4 元荷電ベクトルであることを，9.6.1 項で確かめる．）

ところが，この解釈は問題を引き起こす．なぜなら，ディラック方程式から得られる ρ は，$\rho = \phi^\dagger \phi$ の正定値の形をしており負電荷（密度）を与えないので，このままでは単純に ρ を電荷密度と解釈することはできないからである．ディラックの思惑—確率解釈ができるように ρ を正定値の形に求めたい—が裏目に出てしまったのだろうか？

結論から述べると，この問題の解決には新しい概念—**スピンと統計**—の導入が必要だったのである．スピンと統計とは，整数スピンの粒子は**ボース－アインシュタイン統計**，半整数スピンの粒子は**フェルミ－ディラック統計**に従わなければならないというものである．スピンと統計を正確に理解するためには，第 11 章と第 12 章で議論するスカラー場の量子化とディラック場の量子化が必要である．そこでは，場の量子論の要請とスピンと統計が密接に絡んでいるのを見る．とはいえ，量子力学のレベルでもその概念の糸口を得ることはできる．それを以下で見ていこう．

まず，正エネルギー解を取り出すために，(4.37) の表式を $\rho = \phi^\dagger \phi$ に代入して $\rho_{\text{正エネルギー}} = \varphi^\dagger \varphi + \chi^\dagger \chi$ を得る．このとき，(4.37) に現れている因子 $e^{-im_e t}$ は $\phi^\dagger$ と ϕ で相殺する．χ と φ は (4.41) で結びついているが，非相対論的極限では $|\boldsymbol{\pi}| \sim |\boldsymbol{p}| \ll m_e$ なので，$|\chi| \ll |\varphi|$ であることがわかる．これは正エネルギー解 (φ) に比べて，負エネルギー解 (χ) の寄与は無視できることを意味しており，(4.37) で正エネルギー解を取り出したことに対する正当性を与えてくれる．したがって，χ を無視すると

$$\rho_{\text{正エネルギー}} \simeq \varphi^\dagger \varphi = (\varphi_1^*, \varphi_2^*) \begin{pmatrix} \varphi_1 \\ \varphi_2 \end{pmatrix} = \varphi_1^* \varphi_1 + \varphi_2^* \varphi_2 \quad (4.60)$$

となる.

一方，負エネルギー解に対応する表式 (4.45) を $\rho = \phi^\dagger \phi$ に代入して，非相対論的極限をとると

$$\rho_{\text{負エネルギー}} \simeq \tilde{\chi}^\dagger \tilde{\chi} = (\tilde{\chi}_1^*, \tilde{\chi}_2^*)\begin{pmatrix} \tilde{\chi}_1 \\ \tilde{\chi}_2 \end{pmatrix} = \tilde{\chi}_1^* \tilde{\chi}_1 + \tilde{\chi}_2^* \tilde{\chi}_2 \quad (4.61)$$

となる．前節での解析により，負エネルギー解は正エネルギー解とは逆符号の電荷を持つ反粒子と解釈したいので，ρ を電荷密度とするならば，$\rho_{\text{正エネルギー}}$ と $\rho_{\text{負エネルギー}}$ は逆符号の値をとってほしいところだ．しかしながら，(4.60) と (4.61) を見るとそうはなっていない．これが電荷の問題である．

4.5.2 スピンと統計

クライン-ゴルドン方程式のときは，電荷の問題は生じなかった (2.5.4 項参照)．なぜディラック方程式の場合は，符号がうまく合わないのだろうか？

前節で，負エネルギー解が正しい運動項の符号とパウリ項を持つためには，$\tilde{\chi}$ ではなく $\varphi_\text{反} \equiv i\sigma^2 \tilde{\chi}^*$ が反粒子に対する 2 成分波動関数であることを見た．したがって，我々が期待する電荷密度の表式は，$(\varphi_\text{反})^\dagger \varphi_\text{反}$ にマイナスをつけた $\rho_{\text{負エネルギー}} = -(\varphi_\text{反})^\dagger \varphi_\text{反}$ である．この表式が (4.61) と一致しているかどうかを見るために，$\varphi_\text{反}$ を $\tilde{\chi}$ の成分で表してみると $\varphi_\text{反} = i\sigma^2 \tilde{\chi}^* = \begin{pmatrix} \tilde{\chi}_2^* \\ -\tilde{\chi}_1^* \end{pmatrix}$ なので

$$\rho_{\text{負エネルギー}} = -(\varphi_\text{反})^\dagger \varphi_\text{反} = -(\tilde{\chi}_1 \tilde{\chi}_1^* + \tilde{\chi}_2 \tilde{\chi}_2^*) \quad (4.62)$$

となる．残念ながら，我々が望む表式 (4.62) と (4.61) の符号は合ってないように見える．

しかし，(4.61) と (4.62) の右辺の微妙な違いを見過ごしてはならない．(4.62) 右辺の表式から (4.61) 右辺へもっていくには，$\tilde{\chi}_a$ と $\tilde{\chi}_a^*$ ($a = 1, 2$) の順番を入れかえる必要がある．そう，まだ可能性が残されていたのだ．つ

まり，$\tilde{\chi}_a$ と $\tilde{\chi}_a^*$ が入れかえに関して反可換，すなわち

$$\tilde{\chi}_a \tilde{\chi}_b^* \overset{?}{=} -\tilde{\chi}_b^* \tilde{\chi}_a \quad (a, b = 1, 2) \tag{4.63}$$

を満たせば，(4.61) と (4.62) の表式は一致する．波動関数の**反可換性**（an-ticommutativity）(4.63) を，確率解釈に基づく従来の量子力学の枠組みの中で正当化することは難しい．しかし，波動関数を場の演算子と見なし量子化すれば，(4.63) の物理的意味もはっきりする．場の量子化については第 11 章以降で学ぶとして，反可換性 (4.63) の持つ物理的帰結は重要なので以下で説明しておこう．

クライン-ゴルドン方程式で ρ を電荷（密度）と解釈する際に，波動関数の反可換性は必要なかった．したがって，スピン 0 のスカラー粒子の波動関数は可換としてよい．一方，スピン 1/2 を持つディラック粒子の波動関数は反可換としなければならない．**ボース-アインシュタイン統計（フェルミ-ディラック統計）**は，2 つの同種粒子を入れかえたときに**波動関数が対称（反対称）**であることで特徴づけられる．これらの統計性から要請される波動関数の（反）対称性は，実は上での電荷の議論から得た波動関数の（反）可換性からの帰結なのである．

ここで理解してほしいことは，スピンと統計の関係は勝手に決められたものではなく，(量子化された) 相対論的方程式の中に初めから組み込まれていたという点である．つまり，相対論的場の量子論の体系の中で，整数スピンを持つ粒子はボース-アインシュタイン統計に，半整数スピンを持つ粒子はフェルミ-ディラック統計に必然的に従うということである．

【注】 物理的な粒子は必ずスピンと統計性の関係に従わなければならないが，非物理的な粒子の場合は必ずしもそうではない．ゲージ理論の量子化の際に現れる**ゴースト**（ghost）粒子はその一例である．ゴースト粒子はスピンを持たないスカラー粒子だが，反可換性を持ちフェルミ-ディラック統計に従う．

g 因子の 2 からのずれと量子電磁力学

電子の g 因子の値は実験からほぼ $g \simeq 2$ であることがわかっていたが,ディラック方程式が発見されるまでは,なぜ 2 に近い値をとるのかは謎のままであった.ディラック方程式の 1 つの成功は,$g = 2$ を説明したことにある.g 因子は場の量子論の成功とも深くかかわり,場の量子論を学ぶ動機づけにもなるので少し詳しく解説しておこう.

電子の g 因子は詳しく測定されており,実は 2 の値から少しだけずれている.

$$\frac{g-2}{2} = 0.001159 \cdots$$

このずれは,次の値

$$\frac{\alpha}{2\pi}, \qquad \alpha \equiv \frac{e^2}{4\pi\hbar c} \simeq \frac{1}{137}$$

に非常に近いことがわかる.(ぜひ実際に電卓を片手に確かめてほしい.) α は**微細構造定数**とよばれ,電磁相互作用の結合定数に相当する無次元パラメータである.(ここでは,$\hbar$ と c を復活させておいた.) g 因子の 2 からのずれが $\alpha/2\pi$ の値に非常に近いということは,この量は,理論的に説明可能であることを強く示唆する.

実際,ディラック方程式に電磁相互作用を取り入れ,電子と光子からなる相対論的場の量子論:**量子電磁力学**によって,見事に説明することができる.この量子電磁力学は,マクロなスケールからミクロなスケールまで幅広く自然界を記述し,我々の手にある最も成功した理論ということができる.

α の高次補正項をさらに考慮に入れると,実験値と理論値は驚くべき精度で一致する.これは,量子電磁力学の成功だけでなく,相対論的場の量子論の成功も意味する.

第5章 ディラック方程式の相対論的構造

本章では，ディラック方程式のローレンツ変換性について詳しく議論する．ディラック方程式の波動関数はスピノル場ともよばれ，スカラー，ベクトル，テンソル以外にスピノルの変換性を持つ量が新たに加わることになる．スピノルは，2回転（720°回転）しないと元に戻らないという特異な性質を持つ．また，スピノルから双1次形式を作ることによって，スカラー，ベクトル，テンソル量を構成できる．

5.1 ディラック方程式の相対論的不変性

前章の解析で，ディラック方程式はスピン 1/2 を持つ粒子を記述していることが確信できただろう．しかしまだ，ディラック方程式の相対論的不変性をきちんと示していなかった．これは自明ではない．この章で詳しく議論しておくことにする．特に，ディラック場 $\psi(x)$ のローレンツ変換性は，ディラック方程式の相対論的構造を理解する上での鍵となる．

5.1.1 相対論的不変性

ディラック方程式が**相対論的不変性**を持つためには，ある慣性系 S でディラック方程式 $(i\gamma^\mu \partial_\mu - m I_4)\psi(x) = 0$ が成り立っているとき，任意の別の慣性系 S′ でも同じ形の方程式が成り立たなければならない．すなわち，

$$(i\gamma^\mu \partial_\mu - mI_4)\psi(x) = 0 \iff (i\gamma^\mu \partial'_\mu - mI_4)\psi'(x') = 0 \tag{5.1}$$

である．S'系のディラック方程式は，S'系の時空座標x'^μとディラック場$\psi'(x')$を用いて記述されていることに注意しておく．粒子の質量mと定数行列γ^μは，どの慣性系でも共通なので(5.1)では同じものが使われている．

【注】 (5.1)で「S'系のγ行列をγ^μと書いて，S系のγ行列γ^μとは異なっていてもいいのではないか？」という疑問を抱くかもしれない．この疑問は，「計量$\eta^{\mu\nu}$はS系とS'系で同じものか？」という問いと本質的に同じものだ．計量$\eta^{\mu\nu}$は"定数"なので，慣性系によらないと考えるのは自然だ．しかし一方で，計量$\eta^{\mu\nu}$はベクトルの添字を2つ持っているので，ローレンツ変換の下で2階のテンソルとして変換すべきだと考えることもできる．

一見すると，定数であり，かつ，テンソルであるという要請は互いに矛盾しているように思えるが，この両者の性質を計量$\eta^{\mu\nu}$は矛盾なく兼ね備えている．そのような量を不変テンソルとよんだ(1.9節参照)．実は，5.4.1項で明らかになるように，γ行列も計量と同じ不変テンソルの仲間である．したがって，γ行列γ^μは，慣性系によらない定数行列としてもよいし，ローレンツ変換でベクトル(とスピノル)の変換を持つ量と考えても，両者に矛盾はない．

あるいは，次のように考えることもできる．S系とS'系のディラック方程式に現われるγ行列をそれぞれγ^μとγ'^μとして，一般に違ったものに選んだとしよう．しかしながら，4.1.4項でコメントしたように，γ^μとγ'^μは相似変換$\gamma'^\mu = S\gamma^\mu S^{-1}$で結びつく．したがって，$S'$系のディラック方程式に対して左から$S$を掛けて$S\psi'(x')$を改めて$\psi'(x')$とおけば，(5.1)の対応関係が成立することがわかる．

ローレンツ変換と時空並進を分けて議論したほうがわかりやすいので，まず時空並進$x'^\mu = x^\mu + a^\mu$の下での不変性から調べることにする．この場合のディラック方程式の不変性は自明である．なぜなら，微分演算子∂_μは時空並進の下で不変($\partial'_\mu = \partial_\mu$)だからである(2.2.1項参照)．したがって，時空並進$x'^\mu = x^\mu + a^\mu$の下で$\psi'(x') = \psi(x)$ならば，ディラック方程式は不変である．

5.1.2 スピノル場のローレンツ変換性

ディラック場$\psi(x)$は時空並進の下で不変だが，ローレンツ変換

$$x'^\mu = \Lambda^\mu{}_\nu x^\nu \tag{5.2}$$

の下で不変ではない．それを今から明らかにしよう．

ディラック方程式に現れる微分演算子 ∂_μ は，ローレンツ変換 (5.2) の下で下つき (共変) ベクトルの変換性 $\partial'_\mu = \partial_\nu (\Lambda^{-1})^\nu{}_\mu$ を持つ．一方，ディラック場の変換性，すなわち $\phi(x)$ と $\psi'(x')$ の間の関係は，ローレンツ変換 (5.2) を眺めても決まらない．ディラック場は 4 成分を持つので，ローレンツ変換の下で不変である必要はなく，次のような変換性を一般に仮定することができる．

$$\psi'(x') = S(\Lambda)\,\psi(x) \tag{5.3}$$

ここで，$S(\Lambda)$ はローレンツ変換のパラメータ $\Lambda^\mu{}_\nu$ に依存した 4×4 行列である．

【注】 スカラー場 $\phi(x)$ はローレンツ変換の下で不変 ($\phi'(x') = \phi(x)$) だったが，ベクトル場 $A^\mu(x)$ はベクトルの変換性 ($A'^\mu(x') = \Lambda^\mu{}_\nu A^\nu(x)$) を持ったことを思い出そう (2.2.3 項参照)．実際，スカラー場以外はすべて，ローレンツ変換の下で自明でない変換性を持つ．そして，自明な変換性 ($\phi'(x') = \phi(x)$) を持つ量をスカラーとよぶのである．

今後，ローレンツ変換性を強調したいときは，(スカラー，ベクトル，テンソルと同じような意味で) $\psi(x)$ を**スピノル**とよぶことにする．つまり，スピノルの変換性は (5.3) で与えられることになる．

スピノルの変換行列 $S(\Lambda)$ は，ディラック方程式のローレンツ不変性から決めることができる．そのために，S' 系でのディラック方程式を S 系での時空座標 x^μ と $\psi(x)$ で，以下のように書き直すことにする．

$$\begin{aligned}0 &= (i\gamma^\mu \partial'_\mu - mI_4)\psi'(x') \\ &= S(\Lambda)\,[i(\Lambda^{-1})^\nu{}_\mu \{S^{-1}(\Lambda)\gamma^\mu S(\Lambda)\}\partial_\nu - mI_4]\psi(x)\end{aligned}$$

上式から相対論的不変性 (5.1) が成り立つためには，$(\Lambda^{-1})^\nu{}_\mu \{S^{-1}(\Lambda)\,\gamma^\mu \times S(\Lambda)\} = \gamma^\nu$，あるいは，両辺に $\Lambda^\rho{}_\nu$ を掛けて ν について和をとった式，すなわち，

$$S^{-1}(\Lambda)\gamma^\rho S(\Lambda) = \Lambda^\rho{}_\nu \gamma^\nu \tag{5.4}$$

が満たされればよいことがわかる．

【注】 このとき，$(i\gamma^\mu \partial'_\mu - mI_4)\, \psi'(x') = S(\Lambda)\,(i\gamma^\mu \partial_\mu - mI_4)\,\phi(x)$ の関係があるので，ディラック方程式はローレンツ変換の下で不変ではなく，正確には共変である．

ここで初学者がよく混乱しがちな点について注意しておこう．(5.4) で行列と見なすべき量は，$S(\Lambda)$, $S^{-1}(\Lambda)$, γ^ρ, γ^ν であり，$\Lambda^\rho{}_\nu$ はここでは行列ではなく，単なる係数と見なすべき量である．少々煩雑になるが，行列の添字を (5.4) に書き入れると

$$\sum_{a', b'=1}^{4} \{S^{-1}(\Lambda)\}^{a'}{}_a (\gamma^\rho)^{a'}{}_{b'} \{S(\Lambda)\}^{b'}{}_b = \Lambda^\rho{}_\nu (\gamma^\nu)^a{}_b \qquad (5.5)$$

となる．ここで ρ, ν はベクトルの添字で，a, b 等はスピノルの添字である．それぞれローレンツ変換性の異なる添字なので，混同しないように注意しよう．

【注】 γ^ν の添字 ν は $\Lambda^\rho{}_\nu$ によって変換され，ベクトルの変換性を持つ添字である．一方，$(\gamma^\rho)^{a'}{}_{b'}$ の変換行列の添字 a', b' は，行列 $S^{-1}(\Lambda)$ と $S(\Lambda)$ によって変換される (スピノルの変換性を持つ) 添字である．(5.5) で $S^{-1}(\Lambda)$, γ^ρ, $S(\Lambda)$, γ^ν の行列の添字を略記したものが (5.4) の行列表示である．

以上の考察より，ディラック方程式のローレンツ変換性の問題は，(5.4) を満たす行列 $S(\Lambda)$ を求める問題に帰着したことになる．これから $S(\Lambda)$ を具体的に求めるが，その前に，(5.4) を満たす $S(\Lambda)$ が存在する直感的な理由を説明しておこう．

まず γ 行列は，次の反交換関係を満たすものとして導入されたことを思い出そう．

$$\{\gamma^\rho, \gamma^\lambda\} = 2\eta^{\rho\lambda} I_4 \qquad (5.6)$$

(4.17) で確かめたように，γ^ρ が (5.6) を満たせば，$\tilde{\gamma}^\rho \equiv S^{-1}\gamma^\rho S$ も同じ反交換関係を満たす．

このことを念頭において (5.4) を眺めてみよう．(5.4) の右辺を $\tilde{\gamma}^\rho \equiv \Lambda^\rho{}_\nu \gamma^\nu$ とおいてみると，$\tilde{\gamma}^\rho$ は γ^ρ と同じ反交換関係を満たすことがわかる．

したがって $\tilde{\gamma}^\rho$ と γ^ρ は，ある行列 $S(\Lambda)$ を用いて $\tilde{\gamma}^\rho = S^{-1}(\Lambda)\gamma^\rho S(\Lambda)$ の関係で結びついていると期待できる．これが (5.4) に他ならない．

【注】 $\tilde{\gamma}^\rho$ が反交換関係 $\{\tilde{\gamma}^\rho, \tilde{\gamma}^\lambda\} = 2\eta^{\rho\lambda}I_4$ を満たすことは，次のように確かめられる．

$$\{\tilde{\gamma}^\rho, \tilde{\gamma}^\lambda\} = \{\Lambda^\rho{}_\nu \gamma^\nu, \Lambda^\lambda{}_\sigma \gamma^\sigma\} = \Lambda^\rho{}_\nu \Lambda^\lambda{}_\sigma \{\gamma^\nu, \gamma^\sigma\} \stackrel{(5.6)}{=} 2\Lambda^\rho{}_\nu \Lambda^\lambda{}_\sigma \eta^{\nu\sigma} I_4 \stackrel{(1.43b)}{=} 2\eta^{\rho\lambda} I_4$$

5.2 無限小ローレンツ変換

一般のローレンツ変換の場合は後で求めることにして，この節では**無限小ローレンツ変換**（infinitesimal Lorentz transformation）

$$x'^\mu = \Lambda^\mu{}_\nu x^\nu = (\delta^\mu{}_\nu + \Delta\omega^\mu{}_\nu)x^\nu, \qquad (\Lambda^\mu{}_\nu = \delta^\mu{}_\nu + \Delta\omega^\mu{}_\nu) \tag{5.7}$$

の場合に，(5.4) を満たす変換行列 $S(\Lambda)$ が次式で与えられることを示す．

$$S(\Lambda) = I_4 - \frac{i}{4}\Delta\omega_{\mu\nu}\sigma^{\mu\nu}, \qquad \sigma^{\mu\nu} \equiv \frac{i}{2}[\gamma^\mu, \gamma^\nu] \tag{5.8}$$

ここで，$\Delta\omega_{\mu\nu}$ は $\Delta\omega^\lambda{}_\nu$ から $\eta_{\mu\lambda}$ を使って，上つき添字を下に降ろしたもの

$$\Delta\omega_{\mu\nu} = \eta_{\mu\lambda}\Delta\omega^\lambda{}_\nu \tag{5.9}$$

である．あるいは，$\Delta\omega^\rho{}_\nu = \eta^{\rho\mu}\Delta\omega_{\mu\nu}$ と書くこともできる．

【注】 無限小変換では，常に無限小パラメータの 2 次以上の項を無視する．

5.2.1 一般の無限小ローレンツ変換

無限小変換の場合は，$\Lambda^\mu{}_\nu = \delta^\mu{}_\nu + \Delta\omega^\mu{}_\nu$ の逆行列を $(\Lambda^{-1})^\mu{}_\nu = \delta^\mu{}_\nu - \Delta\omega^\mu{}_\nu$ としてよい．この関係をローレンツ変換の条件式 (1.20)，すなわち $\eta_{\rho\lambda}(\Lambda^{-1})^\rho{}_\mu (\Lambda^{-1})^\lambda{}_\nu = \eta_{\mu\nu}$ に代入して $\Delta\omega$ の 2 次の項を無視すると

$$\Delta\omega_{\mu\nu} = -\Delta\omega_{\nu\mu} \tag{5.10}$$

を得る．つまり，無限小ローレンツ変換のパラメータ $\Delta\omega_{\mu\nu}$ が，添字 $\mu\nu$ に関して反対称であればよい．

後の議論の理解を助けるために，ローレンツ変換 (5.7) を行列表示で書き

表しておこう.

$$\begin{pmatrix} x'^0 \\ x'^1 \\ x'^2 \\ x'^3 \end{pmatrix} = \begin{pmatrix} \Lambda^0{}_0 & \Lambda^0{}_1 & \Lambda^0{}_2 & \Lambda^0{}_3 \\ \Lambda^1{}_0 & \Lambda^1{}_1 & \Lambda^1{}_2 & \Lambda^1{}_3 \\ \Lambda^2{}_0 & \Lambda^2{}_1 & \Lambda^2{}_2 & \Lambda^2{}_3 \\ \Lambda^3{}_0 & \Lambda^3{}_1 & \Lambda^3{}_2 & \Lambda^3{}_3 \end{pmatrix} \begin{pmatrix} x^0 \\ x^1 \\ x^2 \\ x^3 \end{pmatrix}$$

$$= \begin{pmatrix} 1 & \varDelta\omega_{01} & \varDelta\omega_{02} & \varDelta\omega_{03} \\ \varDelta\omega_{01} & 1 & -\varDelta\omega_{12} & \varDelta\omega_{31} \\ \varDelta\omega_{02} & \varDelta\omega_{12} & 1 & -\varDelta\omega_{23} \\ \varDelta\omega_{03} & -\varDelta\omega_{31} & \varDelta\omega_{23} & 1 \end{pmatrix} \begin{pmatrix} x^0 \\ x^1 \\ x^2 \\ x^3 \end{pmatrix} \quad (5.11)$$

【注】 ここでは, $\varDelta\omega^0{}_j = \varDelta\omega_{0j} = -\varDelta\omega_{j0} = \varDelta\omega^j{}_0$, $\varDelta\omega^j{}_k = -\varDelta\omega_{jk} = \varDelta\omega_{kj} = -\varDelta\omega^k{}_j$ ($j, k = 1, 2, 3$), および反対称性から $\mu = \nu$ のとき, $\varDelta\omega_{\mu\nu} = 0 = \varDelta\omega^\mu{}_\nu$ ($\mu = \nu = 0, 1, 2, 3$) を用いた. このことから, $\varDelta\omega_{\mu\nu}$ の独立成分は $\{\varDelta\omega_{01}, \varDelta\omega_{02}, \varDelta\omega_{03}, \varDelta\omega_{23}, \varDelta\omega_{31}, \varDelta\omega_{12}\}$ の 6 つであることがわかる.

$\varDelta\omega_{\mu\nu}$ の独立な 6 つの成分のうち, $\{\varDelta\omega_{01}, \varDelta\omega_{02}, \varDelta\omega_{03}\}$ はそれぞれ x^1 軸, x^2 軸, x^3 軸方向の**ローレンツブースト (Lorentz boost)** のパラメータに対応し, $\{\varDelta\omega_{23}, \varDelta\omega_{31}, \varDelta\omega_{12}\}$ はそれぞれ x^2x^3 平面内 (x^1 軸周り), x^3x^1 平面内 (x^2 軸周り), x^1x^2 平面内 (x^3 軸周り) の回転のパラメータに対応する. これらの対応をこれから具体的に見ていくことにしよう.

〈check 5.1〉
 $N \times N$ 対称行列 $S_{ij} = +S_{ji}$ ($i, j = 1, 2, \cdots, N$) の独立な成分の数は $(1/2)N \times (N+1)$, $N \times N$ 反対称行列 $A_{ij} = -A_{ji}$ の独立な成分の数は $(1/2)N(N-1)$ であることを確かめてみよう. ◆

5.2.2 無限小空間回転と無限小ローレンツブースト

まず x^1x^2 平面内 (x^3 軸周り) の θ 回転を考えてみよう.

5. ディラック方程式の相対論的構造

$$\begin{pmatrix} x'^0 \\ x'^1 \\ x'^2 \\ x'^3 \end{pmatrix} = \begin{pmatrix} 1 & 0 & 0 & 0 \\ 0 & \cos\theta & -\sin\theta & 0 \\ 0 & \sin\theta & \cos\theta & 0 \\ 0 & 0 & 0 & 1 \end{pmatrix} \begin{pmatrix} x^0 \\ x^1 \\ x^2 \\ x^3 \end{pmatrix} \overset{|\theta|\ll 1}{\simeq} \begin{pmatrix} x^0 \\ x^1 - \theta x^2 \\ x^2 + \theta x^1 \\ x^3 \end{pmatrix}$$

(5.12)

【注】 空間回転を「ベクトルの長さを変えない変換」として定義することができる．この定義から，上の変換が空間回転を表していることを確かめるには，$(x'^1, x'^2) = (\cos\theta x^1 - \sin\theta x^2, \sin\theta x^1 + \cos\theta x^2)$ が $(x'^1)^2 + (x'^2)^2 = (x^1)^2 + (x^2)^2$ を満たしていることを示せばよい．

一方，(5.11) で ($\Delta\omega_{12} = -\Delta\omega_{21}$ のみを残して他の $\Delta\omega_{\mu\nu}$ 成分をゼロにおいて)，$\Delta\omega_{12} = \theta$ とおけば $x^1 x^2$ 平面内の無限小回転を表していることがわかる．同様に $x^2 x^3$ 平面内，$x^3 x^1$ 平面内の無限小回転のパラメータは，それぞれ $\Delta\omega_{23}$, $\Delta\omega_{31}$ が対応していることが示せる．

次に，ローレンツブーストとの対応について見てみよう．x^1 軸方向のローレンツブーストは次式で与えられる．

$$\begin{pmatrix} x'^0 \\ x'^1 \\ x'^2 \\ x'^3 \end{pmatrix} = \begin{pmatrix} \gamma(v) & -v\gamma(v) & 0 & 0 \\ -v\gamma(v) & \gamma(v) & 0 & 0 \\ 0 & 0 & 1 & 0 \\ 0 & 0 & 0 & 1 \end{pmatrix} \begin{pmatrix} x^0 \\ x^1 \\ x^2 \\ x^3 \end{pmatrix}, \quad \gamma(v) = \frac{1}{\sqrt{1-v^2}}$$

(5.13)

この表示は，v が2つの慣性系間の相対速度に対応するので物理的意味はわかりやすいが，空間回転 (5.12) との対応が見やすい表示のほうがここでは便利である．

【注】 光速 c を復活させると，(5.13) での v は v/c でおきかえられる．

そこで $-1 < v < 1$ (c を復活させて正確に書くと $-1 < v/c < 1$) であることに注目して，$\tanh\eta = v$ として**ラピディティ (rapidity)** η を導入する．$-1 < \tanh\eta < 1$ なので，v と η は一対一に対応する．これから，$\cosh\eta =$

$(1 - \tanh^2 \eta)^{-1/2} = \gamma(v)$, および, $\sinh \eta = \tanh \eta \cdot \cosh \eta = v\gamma(v)$ なので, (5.13) はラピディティ η を使って次のように書き直すことができる.

$$\begin{pmatrix} x'^0 \\ x'^1 \\ x'^2 \\ x'^3 \end{pmatrix} = \begin{pmatrix} \cosh \eta & -\sinh \eta & 0 & 0 \\ -\sinh \eta & \cosh \eta & 0 & 0 \\ 0 & 0 & 1 & 0 \\ 0 & 0 & 0 & 1 \end{pmatrix} \begin{pmatrix} x^0 \\ x^1 \\ x^2 \\ x^3 \end{pmatrix} \overset{|\eta| \ll 1}{\simeq} \begin{pmatrix} x^0 - \eta x^1 \\ x^1 - \eta x^0 \\ x^2 \\ x^3 \end{pmatrix}$$
(5.14)

【注】 速度が光速に比べて非常に遅い非相対論的状況 ($|v| \ll 1$) では, $|\eta| \ll 1$ であり, そのときは $\eta \simeq v$ である.

今度は (5.11) で ($\Delta\omega_{01} = -\Delta\omega_{10}$ を残して他の $\Delta\omega_{\mu\nu}$ 成分をゼロにおいて), $\Delta\omega_{01} = -\eta$ とおけば x^1 軸方向の無限小ローレンツブーストを表していることがわかる. 同様に, x^2 軸方向, x^3 軸方向のローレンツブーストは, $\Delta\omega_{02}, \Delta\omega_{03}$ がそれぞれ対応していることが確かめられる.

具体的に, 空間回転 (5.12) とローレンツブースト (5.14) が与えられているので, それらの間の相似点/相違点についてコメントしておこう. 両者は $\cos \leftrightarrow \cosh$, $\sin \leftrightarrow \sinh$ の対応があり, 非対角項の符号が 1 か所異なっている. これは, $(x^1)^2 + (x^2)^2$ を不変にする変換 (空間回転) と $(x^0)^2 - (x^1)^2$ を不変にする変換 (ローレンツブースト) の違いからきている. また, この違いは, 三角関数と双曲線関数の性質の違い, $\cos^2 \theta + \sin^2 \theta = 1$ と $\cosh^2 \eta - \sinh^2 \eta = 1$ にも見てとれる.

5.2.3 無限小ローレンツ変換の生成子

無限小空間回転, および, ローレンツブーストと $\Delta\omega_{\mu\nu}$ の対応がわかったので, 元の問題に戻って無限小ローレンツ変換 $x'^\mu = x^\mu + \Delta\omega^\mu{}_\nu x^\nu$ の場合に, (5.4) を満たす行列 $S(\Lambda)$ を見つけることにしよう.

ここでは無限小変換を考えているので, $S(\Lambda)$ として $\Delta\omega_{\mu\nu}$ の 1 次まで展開した形を仮定してもよい. すなわち,

$$S(\Lambda) = I_4 - \frac{i}{4}\Delta\omega_{\mu\nu}\sigma^{\mu\nu} \tag{5.15}$$

である．($\sigma^{\mu\nu}$ がこれから求めるべき量である．) $S(\Lambda)$ は，ローレンツ変換におけるスピノル ψ の変換行列なので，(5.15) の表式から $\sigma^{\mu\nu}$ のことを(無限小) **ローレンツ変換の生成子（generator）** とよぶ．

$\sigma^{\mu\nu}$ は 4×4 行列で $\Delta\omega_{\mu\nu}$ が添字 $\mu\nu$ に関して反対称であることから，$\sigma^{\mu\nu}$ も $\mu\nu$ に関して反対称 $\sigma^{\mu\nu} = -\sigma^{\nu\mu}$ と仮定して一般性を失わない（(4.52) と (4.53) 参照）．$S(\Lambda)$ の逆行列は $S^{-1}(\Lambda) = I_4 + (i/4)\Delta\omega_{\mu\nu}\sigma^{\mu\nu}$ で与えられるので，これと $S(\Lambda)$ の表式 (5.15) を (5.4) に代入して，$\Delta\omega$ の 2 次以上の項を無視すると

$$\frac{i}{4}\Delta\omega_{\mu\nu}[\sigma^{\mu\nu}, \gamma^\rho] = \Delta\omega^\rho{}_\nu \gamma^\nu \tag{5.16}$$

を得る．

【注】(5.16) の導出は以下の通りである．

$S^{-1}(\Lambda)\gamma^\rho S(\Lambda) = \Lambda^\rho{}_\nu \gamma^\nu$

$\implies \left(I_4 + \dfrac{i}{4}\Delta\omega_{\mu\nu}\sigma^{\mu\nu}\right)\gamma^\rho\left(I_4 - \dfrac{i}{4}\Delta\omega_{\mu'\nu'}\sigma^{\mu'\nu'}\right) = (\delta^\rho{}_\nu + \Delta\omega^\rho{}_\nu)\gamma^\nu$

$\implies \gamma^\rho + \dfrac{i}{4}\Delta\omega_{\mu\nu}\sigma^{\mu\nu}\gamma^\rho - \gamma^\rho \dfrac{i}{4}\Delta\omega_{\mu'\nu'}\sigma^{\mu'\nu'} = \gamma^\rho + \Delta\omega^\rho{}_\nu \gamma^\nu$

$\implies \dfrac{i}{4}\Delta\omega_{\mu\nu}(\sigma^{\mu\nu}\gamma^\rho - \gamma^\rho \sigma^{\mu\nu}) = \Delta\omega^\rho{}_\nu \gamma^\nu$

2 行目では，$\Lambda^\rho{}_\nu = \delta^\rho{}_\nu + \Delta\omega^\rho{}_\nu$ を代入した．3 行目では，$\Delta\omega$ の 2 次の項を無視した．最後の行では，$\Delta\omega_{\mu\nu}$ は行列ではなく単なる係数なので，γ^ρ と順番を入れかえて一番左に持っていった．

(5.16) の右辺は，$\Delta\omega^\rho{}_\nu = \eta^{\rho\mu}\Delta\omega_{\mu\nu}$ と書けることと，$\Delta\omega_{\mu\nu}$ は $\mu\nu$ に関して反対称であることを用いると，$\Delta\omega^\rho{}_\nu \gamma^\nu = \Delta\omega_{\mu\nu}\eta^{\rho\mu}\gamma^\nu = \Delta\omega_{\mu\nu}(1/2) \times (\eta^{\rho\mu}\gamma^\nu - \eta^{\rho\nu}\gamma^\mu)$ と書き直せる（(4.52) と (4.53) 参照）．この式を (5.16) 右辺に代入することによって，(5.16) から $\Delta\omega_{\mu\nu}$ を取りはずすことができる．すなわち，

5.2 無限小ローレンツ変換

$$[\sigma^{\mu\nu}, \gamma^\rho] = -2i(\eta^{\rho\mu}\gamma^\nu - \eta^{\rho\nu}\gamma^\mu) \tag{5.17}$$

が得られる．

【注】 任意の $\Delta\omega_{\mu\nu}$ に対して，$\Delta\omega_{\mu\nu}T^{\mu\nu} = 0$ を満たすとき $T^{\mu\nu} = 0$ と結論づけたいところだが，$\Delta\omega_{\mu\nu}$ が $\mu\nu$ に関して反対称なのでそれは必ずしも正しくない．$\Delta\omega_{\mu\nu}T^{\mu\nu} = \Delta\omega_{\mu\nu} \times (1/2)(T^{\mu\nu} + T^{\nu\mu}) + \Delta\omega_{\mu\nu}(1/2)(T^{\mu\nu} - T^{\nu\mu})$ と書き直したときに，$\Delta\omega_{\mu\nu}$ の反対称性 ($\Delta\omega_{\mu\nu} = -\Delta\omega_{\nu\mu}$) より $T^{\mu\nu}$ の対称部分 $(1/2)(T^{\mu\nu} + T^{\nu\mu})$ は寄与しない ((4.53) 参照)．したがって，$0 = \Delta\omega_{\mu\nu}T^{\mu\nu} = \Delta\omega_{\mu\nu}(1/2)(T^{\mu\nu} - T^{\nu\mu}) \Rightarrow T^{\mu\nu} - T^{\nu\mu} = 0$ が正しい結論である．

したがって，我々の目的は上式を満たす行列 $\sigma^{\mu\nu}$ を求めることである．さて，あなたは，(5.17) を満たす行列 $\sigma^{\mu\nu}$ がどのようなものか予想できるだろうか？ γ 行列を用いて表すことができるとしたらどうだろう．答を見る前に，少し考えてほしい．

【注】 念のため注意しておくが，$\sigma^{\mu\nu}$ を行列とよんでいるのは $\mu\nu$ の添字に関してではない．例えば，(5.15) で行列の成分をあらわに書くと $(S(\Lambda))^a{}_b = (I_4)^a{}_b - (i/4)\Delta\omega_{\mu\nu} \times (\sigma^{\mu\nu})^a{}_b$ となる．

$\sigma^{\mu\nu}$ はベクトルの添字を 2 つ (μ と ν) 持ち，それらに対して反対称 ($\sigma^{\mu\nu} = -\sigma^{\nu\mu}$) である．このような性質を持つ行列を γ 行列から作るとなると，最も簡単な組み合わせは $\gamma^\mu\gamma^\nu - \gamma^\nu\gamma^\mu$ であろう．実際，この予想は正しく，

$$\sigma^{\mu\nu} = \frac{i}{2}[\gamma^\mu, \gamma^\nu] \tag{5.18}$$

で与えられる．(5.17) を満たすことは，以下の【注】で確かめる．

【注】
$$[\sigma^{\mu\nu}, \gamma^\rho] = \frac{i}{2}[\gamma^\mu\gamma^\nu - \gamma^\nu\gamma^\mu, \gamma^\rho]$$
$$= \frac{i}{2}(\gamma^\mu\{\gamma^\nu, \gamma^\rho\} - \{\gamma^\mu, \gamma^\rho\}\gamma^\nu - \gamma^\nu\{\gamma^\mu, \gamma^\rho\} + \{\gamma^\nu, \gamma^\rho\}\gamma^\mu)$$
$$\stackrel{(5.6)}{=} -2i(\eta^{\rho\mu}\gamma^\nu - \eta^{\rho\nu}\gamma^\mu)$$

ここで，2 番目の等号では公式 $[AB, C] = A\{B, C\} - \{A, C\}B$ を使った．ここでの計算のポイントは，$\{\gamma^\mu, \gamma^\nu\} = 2\eta^{\mu\nu}I_4$ が与えられているので，$[\sigma^{\mu\nu}, \gamma^\rho]$ の計算のときに γ 行列の反交換関係が現れるように変形していくという点である．むやみに交換関係をばらすことは慎もう．

⟨check 5.2⟩
次の公式を証明せよ．
$$[AB, C] = A[B, C] + [A, C]B = A\{B, C\} - \{A, C\}B \quad (5.19a)$$
$$\{AB, C\} = A[B, C] + \{A, C\}B = A\{B, C\} - [A, C]B \quad (5.19b)$$
これらの公式を使えば，3つ以上の行列や演算子の積からなる(反)交換関係も導くことができる．例として，公式 (5.19a) を2度用いることによって，公式 $[ABC, D] = AB[C, D] + A[B, D]C + [A, D]BC$ を導いてみよう．

【ヒント】 公式 (5.19) の証明は，右辺をばらして左辺に一致することを確かめればよい．◆

式の変形ばかりが続いたので，ここで式の物理的意味についてコメントしておこう．(5.15) の下で述べたように，$\sigma^{\mu\nu}$ はローレンツ変換の生成子という役割を持つ．この観点から見ると，(5.17) は，γ^ρ がローレンツ変換の下でベクトルの変換性を持つと解釈できる．第14章で詳しく議論する予定なので，今述べたことが理解できなくても構わない．知っておいてほしいことは，(5.17) の関係は明確な物理的意味を持っているという事実である．

【注】 物理的意味を持っているということは，(5.17) を暗記する必要はないということだ．つまり，(5.17) は「γ^ρ がローレンツ変換の下でベクトルの変換性を持つ」という性質を式で表したものにすぎない．

5.3 有限ローレンツ変換

5.2節で無限小ローレンツ変換の場合に (5.4)，つまり $S^{-1}(\Lambda)\gamma^\rho S(\Lambda) = \Lambda^\rho{}_\nu \gamma^\nu$ を満たす変換行列 $S(\Lambda)$ を具体的に求めたが，有限変換の場合はどうなのか気になるところだ．実際は，無限小変換を繰り返し行うことで有限変換を生成できるので，無限小変換さえわかれば十分なことが多い．

そうはいっても，今一つピンとこないと思うので，この節で無限小変換と有限変換の関係を明らかにしておこう．本節の内容は，多少数学的側面が強

いので初読のときは読み飛ばしてもらっても構わない．ただし，**群論**（**group theory**）の導入部にもなっているので，群論に興味のある読者はしっかり手を動かして計算を追うようにしよう．

5.3.1 空間回転

まずは馴染みの深い空間回転から見ていこう．例として，$x^1 x^2$平面内（x^3軸周り）の回転角θの回転を考える．ここでは，(5.12)で与えた$\Lambda^{\mu}{}_{\nu}$を4×4行列と見なし，$\Lambda^{(12)}(\theta)$と定義しておく．（$\Lambda^{(12)}(\theta)$の添字(12)は$x^1 x^2$平面内の回転を表す．）

$$\Lambda^{(12)}(\theta) = \begin{pmatrix} 1 & 0 & 0 & 0 \\ 0 & \cos\theta & -\sin\theta & 0 \\ 0 & \sin\theta & \cos\theta & 0 \\ 0 & 0 & 0 & 1 \end{pmatrix} \quad (5.20)$$

まず最初の目標は，$\Lambda^{(12)}(\theta)$を次のように指数関数行列に書き表すことである．

$$\Lambda^{(12)}(\theta) = e^{-i\theta J_V^{12}}, \qquad J_V^{12} = \begin{pmatrix} 0 & 0 & 0 & 0 \\ 0 & 0 & -i & 0 \\ 0 & i & 0 & 0 \\ 0 & 0 & 0 & 0 \end{pmatrix} \quad (5.21)$$

【注】 ここで，J_V^{12}の添字12は$\Lambda^{(12)}(\theta)$と同じく$x^1 x^2$平面内の回転を明示するためのもので，もう1つの添字VはJ_V^{12}（および$\Lambda^{(12)}(\theta)$）がベクトルx^{μ}に作用する（(5.12)参照）ことを連想させるためにつけておいた．

(5.21)では，指数の肩に行列J_V^{12}が載っているので，まずは「**行列の関数**（**function of matrices**）」の定義をここで与えておこう．本書では，行列Mの関数$f(M)$を以下のようにテイラー展開で定義する．

$$f(M) \equiv f(0)I + f^{(1)}(0)M + \frac{f^{(2)}(0)}{2!}M^2 + \cdots = \sum_{n=0}^{\infty} \frac{f^{(n)}(0)}{n!}M^n \tag{5.22}$$

ここで I は単位行列, $f^{(n)}(0)$ は, 通常の変数 x に対する微分 $f^{(n)}(0) \equiv d^n f(x)/dx^n|_{x=0}$ として定義されたものである.

(5.22) 右辺は行列 M のベキしか現れていないので, 通常の行列の演算がそのまま使える. 行列の関数の取り扱いに迷ったら, テイラー展開 (5.22) に戻って考えればよい. 数学的には, 右辺の級数の収束性が気になるところかもしれない. しかし, 収束性が問題になる場合は本書では現れないので, ここでは気にしないことにする.

特に重要な行列の関数 $f(M)$ は, 次の指数関数行列である.

$$e^M \equiv I + M + \frac{1}{2!}M^2 + \frac{1}{3!}M^3 + \cdots = \sum_{n=0}^{\infty} \frac{1}{n!}M^n \tag{5.23}$$

この定義から, 互いに可換な行列 $M_1 M_2 = M_2 M_1$ に対して (通常の指数関数と同じように), 指数関数の最も重要な性質

$$e^{M_2} e^{M_1} = e^{M_1 + M_2} = e^{M_1} e^{M_2} \quad (M_1 M_2 = M_2 M_1 \text{ の場合}) \tag{5.24}$$

が成り立つ.

【注】 非可換 $(M_1 M_2 \neq M_2 M_1)$ のときは, 一般に $e^{M_2} e^{M_1}$ は, $e^{M_1 + M_2}$ あるいは $e^{M_1} e^{M_2}$ に等しくないので気をつけよう.

指数関数行列の定義が与えられたので, (5.21) の関係を導くことは難しくない. まず, $|\theta| \ll 1$ のとき, (5.20) 右辺と (5.21) 左側の式の右辺が θ の 1 次まで一致していることを確かめてほしい. そのとき, (5.21) では $\Lambda^{(12)}(\theta) \simeq I_4 - i\theta J_V^{12}$ としてよい. 一般の θ に対しても (5.20) 右辺と (5.21) 左側の式の右辺が等しいことを確かめることができる. その証明は下の【注】に与えておいた.

【注】 まず, (5.21) の J_V^{12} の定義から, $(J_V^{12})^{2m} = (J_V^{12})^2$, $(J_V^{12})^{2m+1} = J_V^{12}$ であることに注意すると, 以下のように (5.21) の関係が確かめられる.

5.3 有限ローレンツ変換

$$\begin{aligned}
e^{-i\theta J_V^{12}} &\stackrel{(5.23)}{=} \sum_{n=0}^{\infty} \frac{(-i\theta)^n}{n!}(J_V^{12})^n \\
&= I_4 + \sum_{m=1}^{\infty} \frac{(-i\theta)^{2m}}{(2m)!}\underbrace{(J_V^{12})^{2m}}_{(J_V^{12})^2} + \sum_{m=0}^{\infty} \frac{(-i\theta)^{2m+1}}{(2m+1)!}\underbrace{(J_V^{12})^{2m+1}}_{J_V^{12}} \\
&= I_4 + \underbrace{\left(\sum_{m=1}^{\infty}\frac{(-1)^m \theta^{2m}}{(2m)!}\right)}_{-1+\cos\theta}(J_V^{12})^2 + \underbrace{\left(\sum_{m=0}^{\infty}\frac{(-1)^m \theta^{2m+1}}{(2m+1)!}\right)}_{\sin\theta}(-iJ_V^{12}) \\
&= \begin{pmatrix} 1 & 0 & 0 & 0 \\ 0 & \cos\theta & -\sin\theta & 0 \\ 0 & \sin\theta & \cos\theta & 0 \\ 0 & 0 & 0 & 1 \end{pmatrix} = \Lambda^{(12)}(\theta)
\end{aligned}$$

このように空間回転の変換行列 $\Lambda^{(12)}(\theta)$ が，指数関数行列 $e^{-i\theta J_V^{12}}$ で表されることがわかった．この事実は，指数関数行列の性質を考えてみるともっともな結果といえる．このことを説明しておこう．

空間回転の幾何学的意味を考えればわかるように，$x^1 x^2$ 平面内で θ_1 回転した後に続けて θ_2 回転したものは，一度に $\theta_1+\theta_2$ 回転したものと等価である（図 5.1 参照）．

$$\Lambda^{(12)}(\theta_2)\Lambda^{(12)}(\theta_1) = \Lambda^{(12)}(\theta_1+\theta_2) \tag{5.25}$$

上の関係は，三角関数の加法定理を使えば，(5.20) から直接確かめることができる．(5.25) の関係を満たすとき，パラメータ θ に関して**加法的**（additive）とよぶ．この関係は，指数関数行列で見ればより直接的だ．なぜな

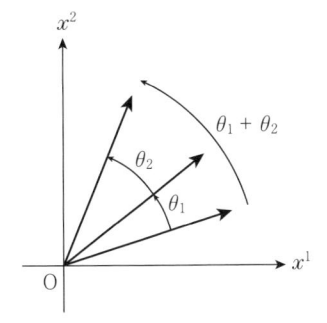

図 5.1 $x^1 x^2$ 平面内で θ_1 回転の後に θ_2 回転したものは，一度に $\theta_1+\theta_2$ 回転したものに等しい．

5. ディラック方程式の相対論的構造

ら (5.25) の関係は，指数関数行列の加法性 $e^{-i\theta_2 J_V^{12}}e^{-i\theta_1 J_V^{12}} = e^{-i(\theta_1+\theta_2)J_V^{12}}$ に他ならないからである．

それでは続いて，$x^1 x^2$ 平面内での θ 回転 $\Lambda^{(12)}(\theta)$ に伴うスピノルの変換行列 $S^{(12)}(\theta)$ を，具体的に求めることにしよう．(5.4) から $\Lambda^{(12)}(\theta)$ と $S^{(12)}(\theta)$ の関係は，次式で与えられる．

$$S^{(12)}(\theta)^{-1}\gamma^\rho S^{(12)}(\theta) = (\Lambda^{(12)}(\theta))^\rho{}_\nu \gamma^\nu \tag{5.26}$$

【注】 これまでの記法では $S^{(12)}(\Lambda^{(12)}(\theta))$ と書くべきところだが，ここでは簡略化して $S^{(12)}(\theta)$ と記した．

この関係から，$S^{(12)}(\theta)$ も $\Lambda^{(12)}(\theta)$ が満たす関係 (5.25) と同様の関係式

$$S^{(12)}(\theta_2)S^{(12)}(\theta_1) = S^{(12)}(\theta_1 + \theta_2) \tag{5.27}$$

を満たすことがわかる．

【注】 上式は (5.26) と (5.25) を用いて，次のように確かめられる．

$$\begin{aligned}
S^{(12)}(\theta_1)^{-1}S^{(12)}(\theta_2)^{-1}\gamma^\rho S^{(12)}(\theta_2)S^{(12)}(\theta_1) &\stackrel{(5.26)}{=} S^{(12)}(\theta_1)^{-1}[(\Lambda^{(12)}(\theta_2))^\rho{}_\nu\gamma^\nu]S^{(12)}(\theta_1) \\
&= (\Lambda^{(12)}(\theta_2))^\rho{}_\nu\{S^{(12)}(\theta_1)^{-1}\gamma^\nu S^{(12)}(\theta_1)\} \\
&\stackrel{(5.26)}{=} (\Lambda^{(12)}(\theta_2))^\rho{}_\nu(\Lambda^{(12)}(\theta_1))^\nu{}_\lambda\gamma^\lambda \\
&\stackrel{(5.25)}{=} (\Lambda^{(12)}(\theta_1+\theta_2))^\rho{}_\lambda\gamma^\lambda \\
&\stackrel{(5.26)}{=} S^{(12)}(\theta_1+\theta_2)^{-1}\gamma^\rho S^{(12)}(\theta_1+\theta_2)
\end{aligned}$$

(5.27) の θ に関する加法性から，スピノルの変換行列 $S^{(12)}(\theta)$ も $\Lambda^{(12)}(\theta)$ と同様に，指数関数行列で表されることが期待される．実際，$S^{(12)}(\theta)$ は次式で与えられることがわかる．

$$S^{(12)}(\theta) = e^{-i\theta J_S^{12}}, \qquad J_S^{12} = \frac{1}{2}\sigma^{12} \tag{5.28}$$

【注】 $S^{(12)}(\theta)$，したがって，J_S^{12} はスピノル ψ に作用するので，そのことを想起させるために J_S^{12} に S の添字をつけておいた．

(5.28) は次のようにして示すことができる．(5.27) の性質から $S^{(12)}(\theta)$ を無限小変換の繰り返しとして表せることに気がつけば，以下の通り証明は難しくない．

$$S^{(12)}(\theta) \stackrel{(5.27)}{=} \lim_{N\to\infty}\Bigl(S\Bigl(\varLambda^{(12)}\Bigl(\frac{\theta}{N}\Bigr)\Bigr)\Bigr)^{N} \stackrel{(5.15)}{=} \lim_{N\to\infty}\Bigl(I_4 - \frac{i}{2}\frac{\theta}{N}\sigma^{12}\Bigr)^{N} = e^{-i\theta\frac{\sigma^{12}}{2}}$$

2番目の等号では，$\varDelta\omega_{12} = -\varDelta\omega_{21} = \theta/N$ および $\sigma^{21} = -\sigma^{12}$ を使った．最後の等号では，公式 $\lim_{N\to\infty}(1+X/N)^N = e^X$ を用いた．

〈check 5.3〉

(5.28) を別の方法で導いてみよう．まず，(5.27) の両辺を θ_2 で微分して，その後で $\theta_2 = 0$（および $\theta_1 = \theta$）とおくことによって，次式を導け．

$$-iJ_S^{12}S^{(12)}(\theta) = \frac{dS^{(12)}(\theta)}{d\theta}, \qquad J_S^{12} \equiv i\frac{dS^{(12)}(\theta)}{d\theta}\Bigr|_{\theta=0} \tag{5.29}$$

次に，この微分方程式の解が (5.28) の第1式 $S^{(12)}(\theta) = e^{-i\theta J_S^{12}}$ に他ならないことを確かめよ．また，(5.15) と (5.29) の第2式から $J_S^{12} = (1/2)\,\sigma^{12}$ の関係が得られることを導いてみよう．

【注】この結果から，無限小変換 (5.15) がわかれば，有限変換の表式 (5.28) が求まることがわかる．◆

J_S^{12} を具体的に表示するために，ディラック表示 (4.16) での γ 行列を用いて表すと

$$J_S^{12} = \frac{1}{2}\sigma^{12} = \frac{i}{4}[\gamma_D^1, \gamma_D^2] = \frac{1}{2}\begin{pmatrix} \sigma^3 & 0 \\ 0 & \sigma^3 \end{pmatrix} \tag{5.30}$$

となる．右辺の表式は，4.2.1項で導いたスピン角運動量演算子 S の第3成分 S^3 に等しい．これは偶然ではない．J_S^{12} は，スピノル ψ に対する x^3 軸周りの無限小空間回転の生成子であるが，それは x^3 軸方向のスピン演算子 S^3 に他ならないからである．

【注】無限小変換の生成子に対する物理的意味については，10.4 節で詳しく議論する．

ここまでくれば，$S^{(12)}(\theta)$ の具体的な行列表示を求めることは簡単だ．

5. ディラック方程式の相対論的構造

$$S^{(12)}(\theta) = e^{-i\theta J_S^{12}} = \begin{pmatrix} e^{-i\theta/2} & 0 & 0 & 0 \\ 0 & e^{i\theta/2} & 0 & 0 \\ 0 & 0 & e^{-i\theta/2} & 0 \\ 0 & 0 & 0 & e^{i\theta/2} \end{pmatrix} \quad (5.31)$$

ここで最後の等号は，(5.23) に従って $e^{-i\theta J_S^{12}}$ をテイラー展開して計算すればよい．今の場合，J_S^{12} は (5.30) から対角型行列なので証明はたやすいだろう．

$x^2 x^3$ 平面内 (x^1 軸周り)，$x^3 x^1$ 平面内 (x^2 軸周り) の回転についても同様の議論を繰り返すことによって，次の関係が成り立つことがわかる．

$$\Lambda^{(23)}(\theta_1) = \begin{pmatrix} 1 & 0 & 0 & 0 \\ 0 & 1 & 0 & 0 \\ 0 & 0 & \cos\theta_1 & -\sin\theta_1 \\ 0 & 0 & \sin\theta_1 & \cos\theta_1 \end{pmatrix} = e^{-i\theta_1 J_V^{23}} \quad (5.32\text{a})$$

$$\Lambda^{(31)}(\theta_2) = \begin{pmatrix} 1 & 0 & 0 & 0 \\ 0 & \cos\theta_2 & 0 & \sin\theta_2 \\ 0 & 0 & 1 & 0 \\ 0 & -\sin\theta_2 & 0 & \cos\theta_2 \end{pmatrix} = e^{-i\theta_2 J_V^{31}} \quad (5.32\text{b})$$

ここで J_V^{23}, J_V^{31} は次式で与えられる．

$$J_V^{23} = \begin{pmatrix} 0 & 0 & 0 & 0 \\ 0 & 0 & 0 & 0 \\ 0 & 0 & 0 & -i \\ 0 & 0 & i & 0 \end{pmatrix}, \quad J_V^{31} = \begin{pmatrix} 0 & 0 & 0 & 0 \\ 0 & 0 & 0 & i \\ 0 & 0 & 0 & 0 \\ 0 & -i & 0 & 0 \end{pmatrix} \quad (5.33)$$

対応するスピノルの変換行列は，(ディラック表示での γ 行列を用いると) 次式で与えられる．

$$S^{(23)}(\theta_1) = e^{-i\theta_1 J_S^{23}} = \begin{pmatrix} \cos\frac{\theta_1}{2} & -i\sin\frac{\theta_1}{2} & 0 & 0 \\ -i\sin\frac{\theta_1}{2} & \cos\frac{\theta_1}{2} & 0 & 0 \\ 0 & 0 & \cos\frac{\theta_1}{2} & -i\sin\frac{\theta_1}{2} \\ 0 & 0 & -i\sin\frac{\theta_1}{2} & \cos\frac{\theta_1}{2} \end{pmatrix}$$

(5.34a)

$$S^{(31)}(\theta_2) = e^{-i\theta_2 J_S^{31}} = \begin{pmatrix} \cos\frac{\theta_2}{2} & -\sin\frac{\theta_2}{2} & 0 & 0 \\ \sin\frac{\theta_2}{2} & \cos\frac{\theta_2}{2} & 0 & 0 \\ 0 & 0 & \cos\frac{\theta_2}{2} & -\sin\frac{\theta_2}{2} \\ 0 & 0 & \sin\frac{\theta_2}{2} & \cos\frac{\theta_2}{2} \end{pmatrix}$$

(5.34b)

なお，J_S^{23}, J_S^{31} は

$$J_S^{23} = \frac{1}{2}\sigma^{23} = \frac{1}{2}\begin{pmatrix} \sigma^1 & 0 \\ 0 & \sigma^1 \end{pmatrix}, \quad J_S^{31} = \frac{1}{2}\sigma^{31} = \frac{1}{2}\begin{pmatrix} \sigma^2 & 0 \\ 0 & \sigma^2 \end{pmatrix}$$

(5.35)

である．導出は読者の練習問題としておく．

⟨check 5.4⟩

(5.32) 〜 (5.35) を確かめよう． ◆

【注】 ij 平面内での回転が $\exp\{-i\theta J^{ij}\}$ と指数関数型行列で表される理由の1つは，背後に群が控えているからである．群については7.3節で解説する．

5.3.2 スピノルの二価性

5.3.1項の結果は，スピノル場の奇妙な性質をあぶり出してくれる．実空

間上では，$x^1 x^2$ 平面内で 2π 回転（すなわち $360°$ 回転）すれば，元に戻るはずだ．実際，

$$x^\mu \xrightarrow{2\pi\text{回転}} x'^\mu = \{\Lambda^{(12)}(\theta=2\pi)\}^\mu{}_\nu x^\nu \overset{(5.20)}{=} \delta^\mu{}_\nu x^\nu = x^\mu \tag{5.36}$$

となり，2π 回転の下で x'^μ は x^μ に等しい．これは当然の結果だ．

しかし，スピノル $\phi(x)$ は 2π 回転の下で不変ではない．(5.31) に $\theta = 2\pi$ を代入した結果は，スピノル場に対する次の変換を与える．

$$\phi(x) \xrightarrow{2\pi\text{回転}} \phi'(x') = S^{(12)}(\theta=2\pi)\phi(x) = -\phi(x) \tag{5.37}$$

つまり，スピノルの場合は，4π 回転（$720°$ 回転）しなければ元に戻らないのだ！　これは，数学的には，半回転ねじってつなげた帯（メビウスの帯）と等価だ．メビウスの帯の中央の一点から帯に沿って鉛筆で線を引いていったとき，一周しただけでは完全には元の場所に戻らない．

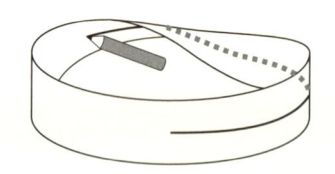

図 5.2　メビウスの帯．鉛筆で帯に沿って線を引いていくと，一周しても元の場所には戻らず，出発点のちょうど真裏の点に到達する．

ちょうど出発点の裏側に到達しているはずだ．完全に元の場所に戻るためには，メビウスの帯を 2 周しなければならない（図 5.2 参照）．

メビウスの帯に興味を持ったなら，次の実験を行ってみることをお奨めする．まず手のひらを上にして，その上にコーヒーカップを載せる（図 5.3（a））．（落としても大丈夫なように，プラスティック製のカップを使うとよい．）カップに水が入っていると思って，カップを床と平行に保ったまま，手首を一回転させてみよう（図 5.3（a）〜図 5.3（c））．どのようにうまく手のひらを回転させても，一回転しただけでは，腕が奇妙にねじれた状態になってしまうはずだ（図 5.3（c））．続けてもう一回転させると，腕を元に戻すこ

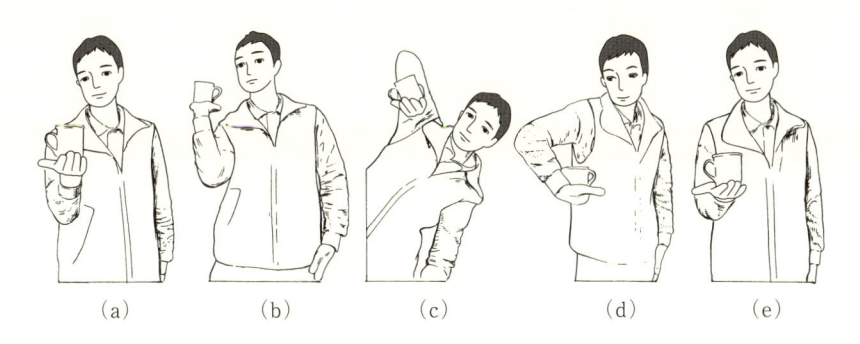

図 5.3 コーヒーカップを手のひらに乗せて (図 5.3(a))，手のひらを 1 回転させても元に戻らない (図 5.3(a)〜図 5.3(c))．2 回転して初めて元の状態に戻る (図 5.3(e))．

とができる (図 5.3(c)〜図 5.3(e))．何とも不思議な現象だが，これもスピノルの回転と数学的に等価だ．

スピノルは 2 回転 (720° 回転) しなければ元に戻らないが，そのようなものを許していいのかと疑問に思う読者も多いことだろう．これはもっともな疑問だ．しかし，理論の枠組みとしての要請は，「物理量 (観測量) は実空間内での 360° 回転の下で不変でなければならない」ということであって，直接観測可能ではない量にまで 360° の回転不変性を課す必然性はない．

実際，量子力学では波動関数に位相の不定性があるので，360° 回転で -1 の位相が現れても，ϕ と $-\phi$ は状態として区別できない．一方，$\phi^\dagger \phi$ のような量は量子力学でも観測可能量に対応するが，この場合は 360° 回転で元に戻り，問題は起きないことがわかる．

5.3.3 ローレンツブースト

5.3.2 項では空間回転について考察した．続いて，ローレンツブーストについて議論しよう．初めに x^1 軸方向のブーストを考える．このとき，$x^\mu \to x'^\mu = \Lambda^\mu{}_\nu x^\nu$ で与えられるブーストのパラメータ $\Lambda^\mu{}_\nu$ を 4×4 行列と見なし，$\Lambda^{(01)}(\eta)$ と記すことにする ((5.14) 参照)．つまり，

$$\Lambda^{(01)}(\eta) = \begin{pmatrix} \cosh \eta & -\sinh \eta & 0 & 0 \\ -\sinh \eta & \cosh \eta & 0 & 0 \\ 0 & 0 & 1 & 0 \\ 0 & 0 & 0 & 1 \end{pmatrix} \tag{5.38}$$

である．η は加法的な変数で，$\Lambda^{(01)}(\eta)$ は次の関係を満たす．

$$\Lambda^{(01)}(\eta_2)\Lambda^{(01)}(\eta_1) = \Lambda^{(01)}(\eta_1 + \eta_2) \tag{5.39}$$

【注】 ブーストのパラメータ $\Lambda^\mu{}_\nu$ を相対速度 v ではなく，(5.38) のように**ラピディティ** η を使って表した理由は，η が (5.39) の関係を満たすからである．(5.39) は，双曲線関数の加法定理，$\cosh \eta_1 \cosh \eta_2 + \sinh \eta_1 \sinh \eta_2 = \cosh(\eta_1 + \eta_2)$, $\cosh \eta_1 \sinh \eta_2 + \sinh \eta_1 \times \cosh \eta_2 = \sinh(\eta_1 + \eta_2)$ を用いれば，簡単に確かめることができる．

(5.39) の関係から，空間回転のときと同じように，指数関数行列を使って

$$\Lambda^{(01)}(\eta) = e^{i\eta J_V^{01}} \tag{5.40}$$

と表すことができる．

【注】 空間回転 (5.21) のときと指数の肩の符号が逆なのは，(5.11) において，一方は $\Delta\omega_{12} = \theta$ であり，もう一方が $\Delta\omega_{01} = -\eta$ となることからの符号の違いからきている．

4×4 行列 J_V^{01} を求めるためには，$|\eta| \ll 1$ として (5.38) と (5.40) の右辺を展開して，η に関して 1 次の係数を見比べればよい．結果は

$$J_V^{01} = \begin{pmatrix} 0 & i & 0 & 0 \\ i & 0 & 0 & 0 \\ 0 & 0 & 0 & 0 \\ 0 & 0 & 0 & 0 \end{pmatrix} \tag{5.41}$$

である．実際，(5.40) と (5.38) の右辺が有限の η で等しいことは，(5.40) の右辺を指数関数行列の定義式 (5.23) に従ってテイラー展開し，$(J_V^{01})^{2m} = (-1)^{m+1}(J_V^{01})^2$, $(J_V^{01})^{2m+1} = (-1)^m J_V^{01}$, および，双曲線関数の展開式 $\cosh \eta = \sum\limits_{m=0}^{\infty} \eta^{2m}/(2m)!$, $\sinh \eta = \sum\limits_{m=0}^{\infty} \eta^{2m+1}/(2m+1)!$ を用いれば確かめられる．

空間回転の場合と同様の手続きを踏むことによって，x^1 軸方向のローレンツブーストに伴うスピノルの変換行列 $S^{(01)}(\eta) \equiv S(\Lambda^{(01)}(\eta))$ を求めるこ

とができる．(5.25) から (5.27) の加法性を導いたのと同じ論法で，(5.39) から $S^{(01)}(\eta)$ の加法性 $S^{(01)}(\eta_2)S^{(01)}(\eta_1) = S^{(01)}(\eta_1 + \eta_2)$ を導くことができる．このことから，(5.28) で $S^{(12)}(\theta)$ の表式を求めたのと同様の議論を用いれば，$S^{(01)}(\eta)$ は次のように指数関数行列で表せることがわかる．

$$S^{(01)}(\eta) = e^{i\eta J_S^{01}}, \qquad J_S^{01} = \frac{1}{2}\sigma^{01} = \frac{i}{2}\gamma^0\gamma^1 \qquad (5.42)$$

【注】 $|\eta| \ll 1$ のときは，$\Delta\omega_{01} = -\Delta\omega_{10} = -\eta$ とおけば (5.15) に一致する．

ディラック表示の γ 行列 (4.16) を用いて，具体的に $S^{(01)}(\eta)$ を 4×4 行列で表すと次式となる．

$$S^{(01)}(\eta) = \begin{pmatrix} I_2 \cosh\dfrac{\eta}{2} & -\sigma^1 \sinh\dfrac{\eta}{2} \\ -\sigma^1 \sinh\dfrac{\eta}{2} & I_2 \cosh\dfrac{\eta}{2} \end{pmatrix} \qquad (5.43)$$

この式は，(5.42) で $e^{i\eta J_S^{01}}$ をテイラー展開して，J_S^{01} の偶数ベキと奇数ベキに分けてまとめることによって確かめることができる．

x^2 軸方向と x^3 軸方向のローレンツブーストについても，同様の議論を繰り返すことによって，$\Lambda^{(02)}(\eta_2)$, $\Lambda^{(03)}(\eta_3)$，および，$S^{(02)}(\eta_2)$, $S^{(03)}(\eta_3)$ に対する次の表式を得る．

$$\Lambda^{(02)}(\eta_2) = e^{i\eta_2 J_V^{02}} = \begin{pmatrix} \cosh\eta_2 & 0 & -\sinh\eta_2 & 0 \\ 0 & 1 & 0 & 0 \\ -\sinh\eta_2 & 0 & \cosh\eta_2 & 0 \\ 0 & 0 & 0 & 1 \end{pmatrix} \qquad (5.44\text{a})$$

$$\Lambda^{(03)}(\eta_3) = e^{i\eta_3 J_V^{03}} = \begin{pmatrix} \cosh\eta_3 & 0 & 0 & -\sinh\eta_3 \\ 0 & 1 & 0 & 0 \\ 0 & 0 & 1 & 0 \\ -\sinh\eta_3 & 0 & 0 & \cosh\eta_3 \end{pmatrix} \qquad (5.44\text{b})$$

$$S^{(02)}(\eta_2) = e^{i\eta_2 J_S^{02}} = \begin{pmatrix} I_2 \cosh\dfrac{\eta_2}{2} & -\sigma^2 \sinh\dfrac{\eta_2}{2} \\ -\sigma^2 \sinh\dfrac{\eta_2}{2} & I_2 \cosh\dfrac{\eta_2}{2} \end{pmatrix} \quad (5.44\text{c})$$

$$S^{(03)}(\eta_3) = e^{i\eta_3 J_S^{03}} = \begin{pmatrix} I_2 \cosh\dfrac{\eta_3}{2} & -\sigma^3 \sinh\dfrac{\eta_3}{2} \\ -\sigma^3 \sinh\dfrac{\eta_3}{2} & I_2 \cosh\dfrac{\eta_3}{2} \end{pmatrix} \quad (5.44\text{d})$$

$$J_V^{02} = \begin{pmatrix} 0 & 0 & i & 0 \\ 0 & 0 & 0 & 0 \\ i & 0 & 0 & 0 \\ 0 & 0 & 0 & 0 \end{pmatrix}, \quad J_V^{03} = \begin{pmatrix} 0 & 0 & 0 & i \\ 0 & 0 & 0 & 0 \\ 0 & 0 & 0 & 0 \\ i & 0 & 0 & 0 \end{pmatrix} \quad (5.44\text{e})$$

$$\left. \begin{aligned} J_S^{02} &= \frac{1}{2}\sigma^{02} = \frac{i}{2}\gamma^0 \gamma^2 \\ J_S^{03} &= \frac{1}{2}\sigma^{03} = \frac{i}{2}\gamma^0 \gamma^3 \end{aligned} \right\} \quad (5.44\text{f})$$

〈check 5.5〉

(5.42)〜(5.44) を確かめよ．また，空間回転の生成子 J^{23}, J^{31}, J^{12} はエルミート，ローレンツブーストの生成子 J^{01}, J^{02}, J^{03} は反エルミートであることを確かめてみよう．◆

5.3.4　ローレンツ変換のまとめ

ローレンツ変換に関するこれまでの結果をまとめておこう．ローレンツ変換 ($x'^\mu = \Lambda^\mu{}_\nu x^\nu$) の下で，スピノルは $\psi'(x') = S(\Lambda)\psi(x)$ と変換する．スピノルの変換行列 $S(\Lambda)$ とローレンツ変換のパラメータ $\Lambda^\mu{}_\nu$ の関係は，$S^{-1}(\Lambda)\gamma^\mu S(\Lambda) = \Lambda^\mu{}_\nu \gamma^\nu$ で与えられる．$S(\Lambda)$ を $\Lambda^\mu{}_\nu$ で直接書き下すことは難しいが，反対称なパラメータ $\omega_{\mu\nu} = -\omega_{\nu\mu}$ を用いることで，$\Lambda^\mu{}_\nu$ と $S(\Lambda)$ のそれぞれを表示することができる．そのために，（これまで行ってきたように）$\Lambda^\mu{}_\nu$ を行列 Λ の $\mu\nu$ 成分と見なすことにする．

このとき，注意しなければならない点は，Λ はベクトルの添字 $(\Lambda)^\mu{}_\nu$ ($\mu, \nu = 0, 1, 2, 3$) を持つ 4×4 行列であって，一方，$S(\Lambda)$ はスピノルの添字 $(S(\Lambda))^a{}_b$ ($a, b = 1, 2, 3, 4$) を持つ 4×4 行列であるという点だ．たまたま，どちらも 4×4 行列で表されているが，その添字の意味は全く異なる．Λ はベクトルに作用し（例えば $(\Lambda)^\mu{}_\nu x^\nu$），$S(\Lambda)$ はスピノルに作用する（$(S(\Lambda))^a{}_b \psi^b(x)$）．作用するものの違いをきちんと理解しておくことは重要だ．

【注】ベクトル添字の上つきと下つきの記法を真似て，スピノルの添字も上つきと下つきを区別している．この点に関しては，5.4.1項で説明する．

これまでの解析でわかったことは，反対称パラメータ $\omega_{\mu\nu}$ を用いれば，ベクトルに対する変換行列 Λ とスピノルに対する変換行列 $S(\Lambda)$ を統一的に表示できるということである．

$$\Lambda(\omega) = e^{-\frac{i}{2}\omega_{\mu\nu}J_V^{\mu\nu}} \tag{5.45}$$

$$S(\omega) = e^{-\frac{i}{2}\omega_{\mu\nu}J_S^{\mu\nu}} \tag{5.46}$$

【注】指数の肩に $1/2$ がついているのは，$\omega_{\mu\nu}$ と $J^{\mu\nu}$ が共に $\mu\nu$ に関して反対称なので，和 $\omega_{\mu\nu}J^{\mu\nu}$ の中に同じものが 2 重にカウントされているからである．例えば $\omega_{\mu\nu}J^{\mu\nu} = \omega_{01}J^{01} + \omega_{10}J^{10} + \cdots = 2\omega_{01}J^{01} + \cdots$ である．

ここで，$J_V^{\mu\nu}$ と $J_S^{\mu\nu}$ は $\mu\nu$ に関して反対称（$J_V^{\mu\nu} = -J_V^{\nu\mu}, J_S^{\mu\nu} = -J_S^{\nu\mu}$）で，それぞれ次式で与えられる．

$$(J_V^{\mu\nu})^\rho{}_\lambda = i(\eta^{\mu\rho}\delta^\nu{}_\lambda - \eta^{\nu\rho}\delta^\mu{}_\lambda) \tag{5.47a}$$

$$J_S^{\mu\nu} = \frac{1}{2}\sigma^{\mu\nu} = \frac{i}{4}[\gamma^\mu, \gamma^\nu] \tag{5.47b}$$

(5.47a) 右辺の表式は，これまで具体的に求めてきた $J_V^{01}, J_V^{02}, J_V^{03}, J_V^{12}, J_V^{23}, J_V^{31}$ の行列表示をまとめて書き表したものだ．ぜひ，手を動かして確かめてほしい．

(5.47a) で添字 $\rho\lambda$ は行列 $J_V^{\mu\nu}$ の $\rho\lambda$ 成分に対応する．ρ が上つきで λ が下つきと上下に書かれている理由は，次の通りである．例えば，2つの行列 J_V^{01} と J_V^{01} の積を考えたときに，$(J_V^{01}J_V^{01})^\rho{}_\lambda = (J_V^{01})^\rho{}_\sigma (J_V^{01})^\sigma{}_\lambda$ となるが，σ は行列の添字であると共にベクトルの添字でもあるので，アインシュタインの縮約規則に従って，1つは上つき，もう1つは下つきに書かれているのである．(一方，$J_S^{\mu\nu}$ も 4×4 行列だが，(5.47b) では行列の添字は省略されている．)

1つみなさんに朗報をお伝えしよう．ここまで長い道のりだったので，(5.47) の導出を思い出すのも大変だし，覚えなければならないといわれたら，きっと憂鬱な気分になるだろう．しかし，心配には及ばない．1.9節での不変テンソルの知識を総動員すれば，(5.47a) と (5.47b) の右辺の結果は，不思議でもなんでもない，ある意味当然の帰結であることがわかる．

(5.47a) 左辺は，3つの上つきベクトル添字 μ, ν, ρ と1つの下つきベクトル添字 λ を持つが，これら4つの添字を持つ不変テンソルは，計量テンソルとクロネッカーシンボルを使って作ろうとすると，$\eta^{\mu\rho}\delta^\nu{}_\lambda$，$\eta^{\nu\rho}\delta^\mu{}_\lambda$ および $\eta^{\mu\nu}\delta^\rho{}_\lambda$ しかないことがわかる．これらの組み合わせに μ と ν の入れかえに関する反対称性を課すと，(比例定数を除いて) $\eta^{\mu\rho}\delta^\nu{}_\lambda - \eta^{\nu\rho}\delta^\mu{}_\lambda$ の組み合わせに決まってしまう．$J_S^{\mu\nu}$ のほうは，以前述べたように $\mu\nu$ に関しては反対称のベクトル添字で，4×4 行列 $(J_S^{\mu\nu})^a{}_b$ としての添字 ab はスピノルの添字なので，γ 行列を用いて，$\gamma^\mu\gamma^\nu - \gamma^\nu\gamma^\mu$ に比例することはもっともな帰結といえる．

ここでの教訓は，最終的に得られた結果において，多くの場合，明確な物理的意味を持っているということだ．これからは，式が導出できたからといって安心せずに，そこから一歩踏み込んで式の物理的意味を考える習慣をつけるようにしよう．

最後に，$J_V^{\mu\nu}$ と $J_S^{\mu\nu}$ に隠されている秘密を暴いて，この節を終えることにする．$J_V^{\mu\nu}$ と $J_S^{\mu\nu}$ はそれぞれ (5.47a) と (5.47b) で与えられ，異なる表式を持つが，不思議なことにどちらも次の同じタイプの交換関係を満たす．

$$[J^{\mu\nu}, J^{\rho\lambda}] = -i(\eta^{\mu\rho}J^{\nu\lambda} - \eta^{\nu\rho}J^{\mu\lambda} + \eta^{\mu\lambda}J^{\rho\nu} - \eta^{\nu\lambda}J^{\rho\mu}) \quad (5.48)$$

なぜ，$J_V^{\mu\nu}$ と $J_S^{\mu\nu}$ が同じ交換関係に従うのか？ その理由は 10.6 節および第 14 章の議論で明らかになる．ここで，みなさんがなすべきことは，$J_V^{\mu\nu}$ と $J_S^{\mu\nu}$ が (5.48) を満たすことの確認ではない．（もちろん，確認してもらっても構わない．）やってもらいたいことは，(5.48) の右辺を計量テンソル $\eta^{\mu\rho}$ と $J^{\nu\lambda}$ の積（および，添字 μ, ν, ρ, λ を入れかえたもの）の線形結合で表したときに，左辺の持つ添字の反対称性を考慮に入れると，(比例係数を除いて) 右辺の形が一意的に決まることの確認だ．つまり，(5.48) も暗記する必要はないということだ．

【注】 ローレンツ変換の集合は**群**（group）をなし，**ローレンツ群**（Lorentz group）とよばれる．また，無限小ローレンツ変換の生成子 $J^{\mu\nu}$ が満たす交換関係 (5.48) は，**ローレンツ代数**（Lorentz algebra）とよばれ，ローレンツ群の構造を特徴づけるものである．群と代数の関係は 7.3.2 項のリー群とリー代数のところで，またローレンツ代数を含んだ**ポアンカレ代数**（Poincaré algebra）については第 14 章で議論されているので，第 7 章と第 14 章を読み終わった後に再びここに戻ってきてもらいたい．そうすれば，この章の理解が格段に深まるはずだ．

〈check 5.6〉

(5.48) の左辺は，(ⅰ) $\mu \leftrightarrow \nu$，(ⅱ) $\rho \leftrightarrow \lambda$，(ⅲ) $(\mu\nu) \leftrightarrow (\rho\lambda)$ のそれぞれの入れかえに関して反対称であることを確かめよ．また，(5.48) の右辺も同様の反対称性を持っていることを確かめ，右辺の形が比例係数を除いて一意的であることを示してみよう．

【ヒント】 (ⅰ)，(ⅱ) は $J^{\mu\nu}$ の $\mu \leftrightarrow \nu$ に関する反対称性，(ⅲ) は交換関係の持つ反対称性 $[A, B] = -[B, A]$ に由来するものである．◆

5.4 双 1 次形式

この節では，スピノル場の 2 体から作られる**双 1 次形式**（bilinear form）について考察し，ローレンツ変換の下で双 1 次形式がスカラー，ベクトル，

テンソルの変換性を持つことを明らかにする．

5.4.1 不変スピノルテンソルとしての γ 行列

ディラック方程式の発見で，ローレンツ変換 $x'^\mu = \Lambda^\mu{}_\nu x^\nu$ の下で，スカラー，ベクトル，テンソル以外に，スピノルの変換性 $\psi'(x') = S(\Lambda)\psi(x)$ を持つ量の存在が明らかになった．このとき，スピノルの変換行列 $S(\Lambda)$ は，ローレンツ変換のパラメータ $\Lambda^\mu{}_\nu$ とは $S^{-1}(\Lambda)\gamma^\mu S(\Lambda) = \Lambda^\mu{}_\nu \gamma^\nu$ の関係で結びつく．この関係を次のように書きかえてみると興味深いことがわかる．

$$\gamma^\mu = \Lambda^\mu{}_\nu S(\Lambda) \gamma^\nu S^{-1}(\Lambda) \tag{5.49}$$

【注】再度混乱を避けるために注意しておくが，(5.49)で行列は γ 行列と $S(\Lambda)$，$S^{-1}(\Lambda)$ である．$\Lambda^\mu{}_\nu$ は μ と ν の添字を持った単なる係数なので，$S(\Lambda)$ や $S^{-1}(\Lambda)$ とは可換である．

1.9節で，$\eta^{\mu\nu}$, $\eta_{\mu\nu}$, $\delta^\mu{}_\nu$ は定数だが，テンソルと見なすこともできること，すなわち，不変テンソルの性質を持つことを指摘した．例えば，$\eta^{\mu\nu}$ をテンソルと見なすことができるためには，ローレンツ変換 $x'^\mu = \Lambda^\mu{}_\nu x^\nu$ の下で，2階のテンソルとしての変換性 $\eta'^{\mu\nu} = \Lambda^\mu{}_\rho \Lambda^\nu{}_\lambda \eta^{\rho\lambda}$ を持たなければならない．ところが $\eta^{\mu\nu}$ は定数なので，テンソルの変換性と矛盾しないための唯一の可能性は $\eta'^{\mu\nu} = \eta^{\mu\nu}$ となること，すなわち，$\Lambda^\mu{}_\rho \Lambda^\nu{}_\lambda \eta^{\rho\lambda} = \eta^{\mu\nu}$ が成り立つことである．実際，ローレンツ変換ではこの関係が成り立つので，$\eta^{\mu\nu}$ をテンソルと見なしても矛盾は起こらないことが保証される．逆の見方をすれば，**$\eta^{\mu\nu}$ をテンソルとして不変に保つ変換がローレンツ変換**なのである．

この観点から (5.49) を眺めると，スピノルの変換まで含めれば，γ^μ も不変テンソル（**不変スピノルテンソル** (invariant spinor tensor) とこれからよぶことにする）と見なしてよいことがわかる．これを以下で見ていこう．

(5.49) 右辺の係数 $\Lambda^\mu{}_\nu$ は，γ^μ を μ の添字に関してベクトルと見なしたときの変換に対応する．γ^μ はベクトルの添字だけでなく，（行列としての）スピノルの添字 $(\gamma^\mu)^a{}_b (a, b = 1, 2, 3, 4)$ を持つ．

ここで，1つの添字 a を上つきに書き，もう1つの添字 b を下つき添字と

5.4 双1次形式

した理由は，ベクトルの上つきと下つき添字を（変換性の違いで）区別したのと同じ理由だ．スピノル ϕ は $\phi \to \phi' = S(\Lambda)\phi$ と変換するので，ϕ の成分を上つき添字 ψ^a ($a = 1, 2, 3, 4$) で表すことにして，スピノルの上つき添字は $S(\Lambda)$ で変換する ($\psi^a \to \psi'^a = \{S(\Lambda)\}^a{}_b \psi^b$) ものと約束する．一方，スピノルの下つき添字は，ベクトルの変換性を真似て，$S^{-1}(\Lambda)$ で変換する ($\bar{\psi}_a \to \bar{\psi}'_a = \bar{\psi}_b \{S^{-1}(\Lambda)\}^b{}_a$) としておく．

【注】 ベクトルの変換性は，上つきと下つき添字で逆だったことを思い出そう．すなわち，$V^\mu \to V'^\mu = \Lambda^\mu{}_\nu V^\nu$, $V_\mu \to V'_\mu = V_\nu (\Lambda^{-1})^\nu{}_\mu$ と変換する．これを真似て，スピノルの上つき添字の量は $\psi^a \to \psi'^a = S^a{}_b \psi^b$, 下つき添字の量は $\bar{\psi}_a \to \bar{\psi}'_a = \bar{\psi}_b (S^{-1})^b{}_a$ と変換するものと約束する．

この記法の基に，もう一度，成分をあらわに書いた $(\gamma^\mu)^a{}_b$ を見ると，γ 行列は3つの添字を持つ双スピノルベクトルとよぶべき量であることがわかる．（双スピノルとはスピノルの添字を2つ持つ量のことである．）したがって，ローレンツ変換の下での変換性は，それぞれの3つの添字の変換性に従って，$(\gamma^\mu)^a{}_b \to \Lambda^\mu{}_\nu \{S(\Lambda)\}^a{}_c (\gamma^\nu)^c{}_d \{S^{-1}(\Lambda)\}^d{}_b = \Lambda^\mu{}_\nu \{S(\Lambda) \gamma^\nu S^{-1}(\Lambda)\}^a{}_b$ となる．これは，(5.49) の右辺に他ならない．この量が (5.49) の左辺，すなわち，γ^μ に等しいということは，**γ^μ を双スピノルベクトルと見なしてもよいし，ローレンツ不変な定数行列と見なしてもよい**ことを意味する．

これは取りも直さず，γ^μ が不変スピノルテンソルの資格を持っているということだ．

$$\gamma^\mu = \Lambda^\mu{}_\nu \{S(\Lambda) \gamma^\nu S^{-1}(\Lambda)\} \iff \gamma^\mu \text{ は不変スピノルテンソル} \tag{5.50}$$

このことをより明確な形で示してくれるのが，この節で考察するスピノルの双1次形式である．

双1次形式に進む前に，不変スピノルテンソルの観点から γ 行列の反交換関係

$$\{\gamma^\mu, \gamma^\nu\} = 2\eta^{\mu\nu} I_4 \tag{5.51}$$

を見直してみると、より深い理解が得られる。左辺は添字 μ と ν に関する（対称）テンソル構造と、γ 行列の持つ双スピノル構造を併せ持つ。したがって、右辺も同じ構造を持つ不変スピノルテンソルから構成されていると期待される。

この観点からもう一度、(5.51) の右辺 $\eta^{\mu\nu} I_4$ を見てみると、確かに $\eta^{\mu\nu}$ は添字 $\mu\nu$ に関する対称不変テンソルで、**単位行列 I_4 もスピノルの変換に関する不変スピノル**（invariant spinor）$(S(\Lambda) I_4 S^{-1}(\Lambda) = I_4)$ となっている。つまり全体として、左辺と同じ不変スピノルテンソルの構造を正しく保持していることがわかる。したがって、変換性を正しく理解していれば、(5.51) の左辺の量が与えられたなら、（比例係数を除いて）右辺の量が即座に頭に浮かぶ……はずだ。変換性を理解していれば、(5.51) も暗記する必要のない式だといえる。

【注】 単位行列 I_4 のスピノルの添字を $(I_4)^a{}_b = \delta^a{}_b$ としておくと、上つき添字 a は $S(\Lambda)$ で、下つき添字 b は $S^{-1}(\Lambda)$ で変換するので、$(I_4)^a{}_b \to \{S(\Lambda)\}^a{}_{a'} (I_4)^{a'}{}_{b'} \{S^{-1}(\Lambda)\}^{b'}{}_b = \{S(\Lambda) S^{-1}(\Lambda)\}^a{}_b = (I_4)^a{}_b$ となり、I_4 を不変スピノルと見なすことができる。

⟨check 5.7⟩

（1）$T^{\mu_1\cdots\mu_n} \equiv \mathrm{tr}(\gamma^{\mu_1}\cdots\gamma^{\mu_n})$ は不変テンソル、すなわち、$T^{\mu_1\cdots\mu_n} = \Lambda^{\mu_1}{}_{\nu_1}\cdots\times\Lambda^{\mu_n}{}_{\nu_n} T^{\nu_1\cdots\nu_n}$ を満たすことを証明してみよう。（2）不変テンソルの観点から、$T^{\mu_1\mu_2} \propto \eta^{\mu_1\mu_2}$、および、$T^{\mu_1\cdots\mu_n} = 0$ ($n =$ 奇数) となることを説明してみよう。（3）実際、$\mathrm{tr}(\gamma^{\mu_1}\cdots\gamma^{\mu_n})$ を計算して、$T^{\mu_1\mu_2} = 4\eta^{\mu_1\mu_2}$, $T^{\mu_1\cdots\mu_n} = 0$ ($n =$ 奇数) となることを証明してみよう。

【ヒント】 （1）の証明は、(5.49) とトレースの性質 $\mathrm{tr}(AB) = \mathrm{tr}(BA)$ から得られる。（2）では、計量 $\eta^{\mu\nu}$, クロネッカーシンボル $\delta^\mu{}_\nu$, (5.69) で定義される4階完全反対称テンソル $\varepsilon^{\mu\nu\rho\lambda}$ を用いて、奇数階の不変テンソルを作ることができるかを考えてみよ。（3）では、$\mathrm{tr}(\gamma^\mu\gamma^\nu) = (1/2)\mathrm{tr}(\{\gamma^\nu,\gamma^\mu\}) = \eta^{\mu\nu}\mathrm{tr}(I_4)$, $\gamma^{\mu_1}\cdots\gamma^{\mu_n}(\gamma^5)^2 = (-1)^n \gamma^5\gamma^{\mu_1}\cdots\gamma^{\mu_n}\gamma^5$ を用いよ。γ^5 の行列の性質は 5.4.2 項に与えられている。◆

5.4.2 双1次形式と変換性

本書では，ディラック表示と同じエルミート性 (check 4.5 参照)

$$(\gamma^0)^\dagger = \gamma^0, \qquad (\gamma^j)^\dagger = -\gamma^j \quad (j=1,2,3) \tag{5.52}$$

を満たす γ 行列の表示に限定して，議論していくことにする．応用上はこの場合を考えれば十分である．実際，後で紹介するカイラル表示 (6.36) やマヨラナ表示 (6.80) も，(5.52) のエルミート性を満たしている．

次の量をスピノル場 $\phi(x)$ の**双1次形式**とよぶ．

$$\bar{\phi}(x)\,\Gamma\,\phi(x) \tag{5.53}$$

ここで，$\bar{\phi}(x)$ は $\phi(x)$ の**ディラック共役 (Dirac conjugate)** とよばれ，次式で定義される量である．

$$\bar{\phi}(x) \equiv \phi^\dagger(x)\gamma^0 \tag{5.54}$$

(5.53) の Γ は γ 行列の積で与えられる量で，特に重要なものは

$$\Gamma = I_4,\ \gamma^\mu,\ \sigma^{\mu\nu} = \frac{i}{2}[\gamma^\mu, \gamma^\nu],\ \gamma^5,\ \gamma^\mu\gamma^5 \tag{5.55}$$

である．γ^5 はすべての γ 行列を掛け合わせたもので

$$\gamma^5 \equiv i\gamma^0\gamma^1\gamma^2\gamma^3 = \gamma_5 \tag{5.56}$$

で定義され，その重要な性質は以下に示す γ^μ との反可換性だ．

$$\gamma^5\gamma^\mu = -\gamma^\mu\gamma^5 \quad (\mu=0,1,2,3) \tag{5.57}$$

また，γ^5 は次の性質も満たす．

$$(\gamma^5)^2 = I_4, \qquad (\gamma^5)^\dagger = \gamma^5 \tag{5.58}$$

〈check 5.8〉

(5.55) に与えられている (独立な) 行列の数が 16 であることを確かめてみよう．

【ヒント】 双1次形式に現れる Γ 行列は 4×4 行列なので，独立な行列の成分の数は 16 である．したがって，この結果から双1次形式 $\bar{\phi}(x)\,\Gamma\phi(x)$ での行列 Γ は，(5.55) に与えられている行列の線形結合で一般的に書き表すことができる．◆

〈check 5.9〉

(5.57) と (5.58) を確かめてみよう．

【ヒント】 (5.57) と (5.58) の証明に必要なものは，$\gamma^\mu \gamma^\nu = -\gamma^\nu \gamma^\mu (\mu \neq \nu)$, $(\gamma^0)^2 = I_4 = -(\gamma^j)^2$, $(\gamma^0)^\dagger = \gamma^0$, $(\gamma^j)^\dagger = -\gamma^j$, および，エルミート共役の公式 $(AB)^\dagger = B^\dagger A^\dagger$ である．◆

(5.55) に与えられている Γ に対して，ローレンツ変換 $x'^\mu = \Lambda^\mu{}_\nu x^\nu$ の下での変換性を以下に与えておこう．証明は後で行うことにする．

(ⅰ) スカラー：$\bar{\phi}(x) \phi(x)$
$$\bar{\phi}'(x') \psi'(x') = \bar{\phi}(x) \phi(x) \tag{5.59}$$

(ⅱ) ベクトル：$\bar{\phi}(x) \gamma^\mu \phi(x)$
$$\bar{\phi}'(x') \gamma^\mu \psi'(x') = \Lambda^\mu{}_\nu \bar{\phi}(x) \gamma^\nu \phi(x) \tag{5.60}$$

(ⅲ) 2階(反対称)テンソル：$\bar{\phi}(x) \sigma^{\mu\nu} \phi(x)$
$$\bar{\phi}'(x') \sigma^{\mu\nu} \psi'(x') = \Lambda^\mu{}_\rho \Lambda^\nu{}_\lambda \bar{\phi}(x) \sigma^{\rho\lambda} \phi(x) \tag{5.61}$$

(ⅳ) 擬スカラー：$\bar{\phi}(x) \gamma^5 \phi(x)$
$$\bar{\phi}'(x') \gamma^5 \psi'(x') = (\det \Lambda) \bar{\phi}(x) \gamma^5 \phi(x) \tag{5.62}$$

(ⅴ) 擬ベクトル：$\bar{\phi}(x) \gamma^\mu \gamma^5 \phi(x)$
$$\bar{\phi}'(x') \gamma^\mu \gamma^5 \psi'(x') = (\det \Lambda) \Lambda^\mu{}_\nu \bar{\phi}(x) \gamma^\nu \gamma^5 \phi(x) \tag{5.63}$$

(ⅰ), (ⅱ), (ⅲ) のスカラー，ベクトル，テンソルの変換性については特に補足する必要はないが，(ⅳ) と (ⅴ) の擬スカラーと擬ベクトルの変換性についてはコメントしておいたほうがよいだろう．

(広義)ローレンツ変換の場合は $\det \Lambda = \pm 1$ なので，$\det \Lambda = +1$ のクラスのローレンツ変換に対して $\bar{\phi}(x) \gamma^5 \phi(x)$ はスカラーとして振舞うが，$\det \Lambda = -1$ のクラスに対してはマイナス符号が現れる．このような量は**擬スカラー (pseudo scalar)** とよばれる．擬スカラーの特徴は，空間反転 P, あるいは，時間反転 T ((1.25) 参照) の下で (このとき $\det \Lambda = -1$ となる)，マイナス符号が現れるという性質だ．

$$\bar{\phi}(x)\gamma^5\phi(x) \xrightarrow{P,T} \bar{\phi}'(x')\gamma^5\phi'(x') = -\bar{\phi}(x)\gamma^5\phi(x) \quad (5.64)$$

擬ベクトル（pseudo vector）の変換性は，ベクトルの変換性に付加的な因子 $\det \Lambda$ がついたもので，3次元空間での軸性ベクトルに対応する．擬スカラーと同様に，空間反転や時間反転の下で余分なマイナス符号 ($\det \Lambda = -1$) が現れる．

5.4.3 $\bar{\phi}$ の変換性

この項と次の 5.4.4 項で，5.4.2 項に与えた双1次形式 $\bar{\phi}\Gamma\phi$ の変換性を証明しておく．まず初めに，双1次形式で ϕ のエルミート共役 $\phi^\dagger$ そのものではなく，ディラック共役 $\bar{\phi} \equiv \phi^\dagger\gamma^0$ が使われる理由から説明しておこう．この定義は一見奇妙に思えるが，ローレンツ変換の下で $\bar{\phi}(x)$ が $\phi(x)$ とは逆の変換性

$$\bar{\phi}'(x') = \bar{\phi}(x)S^{-1}(\Lambda) \quad (5.65)$$

を持つために必要とされる．((5.65) の変換性から，$\bar{\phi}$ のスピノルの添字は下つき $\bar{\phi}_a (a = 1, 2, 3, 4)$ であることがわかる．) (5.65) の証明を下の【注】に与えておく．

【注】 (5.65) の変換性は，$S(\Lambda)$ の満たす性質 $\gamma^0 S^\dagger(\Lambda)\gamma^0 = S^{-1}(\Lambda)$ から導かれる．この関係式を以下で導こう．

5.3 節での考察から，$S(\Lambda)$ は次の形で一般的に表される．

$$S(\Lambda) = e^{-(i/2)\omega_{\mu\nu}J_S^{\mu\nu}}, \quad J_S^{\mu\nu} = \frac{1}{2}\sigma^{\mu\nu} \quad (5.66)$$

$\bar{\phi}(x)$ の変換性を調べるために，$S(\Lambda)$ のエルミート共役をとると

$$\{S(\Lambda)\}^\dagger = e^{+(i/2)\omega_{\mu\nu}(J_S^{\mu\nu})^\dagger}$$

となる．これを導くためには，指数関数行列をテイラー展開 (5.23) して，$\omega_{\mu\nu}$ は実数であることと $\{(-i/2)\omega_{\mu\nu}J_S^{\mu\nu}\}^n\}^\dagger = \{(+i/2)\omega_{\mu\nu}(J_S^{\mu\nu})^\dagger\}^n$ を用いればよい．一方，$S(\Lambda)$ の逆行列 $S^{-1}(\Lambda)$ は，(通常の指数関数と同じく) (5.66) の指数の肩の符号を逆にしたもので与えられる．

$$S^{-1}(\Lambda) = e^{+(i/2)\omega_{\mu\nu}J_S^{\mu\nu}}$$

ここで問題となるのは，一般に $\omega_{\mu\nu}(J_S^{\mu\nu})^\dagger$ は $\omega_{\mu\nu}J_S^{\mu\nu}$ に等しくないという点である．これは，$J_S^{jk} (j, k = 1, 2, 3)$ はエルミート（$(J_S^{jk})^\dagger = J_S^{jk}$）だが，$J_S^{0j} (j = 1, 2, 3)$ は反エルミート（$(J_S^{0j})^\dagger = -J_S^{0j}$）という性質からきている（check 5.5 参照）．そこで何とかして

$S^\dagger(\Lambda)$ を $S^{-1}(\Lambda)$ に変える必要がある.それが,ディラック共役 $\bar{\psi}$ の定義 (5.54) に γ^0 が現れている理由である.

実際,次の性質
$$\gamma^0 S^\dagger(\Lambda) \gamma^0 = S^{-1}(\Lambda)$$
を用いれば (5.65) の変換性が容易に確かめられる.上式は,(5.52) と $\gamma^0 \gamma^j = -\gamma^j \gamma^0 (j = 1, 2, 3)$ より導かれる関係式
$$\gamma^0 (\gamma^\mu)^\dagger \gamma^0 = \gamma^\mu \tag{5.67}$$
を使えば,次のように証明できる.
$$\gamma^0 S^\dagger(\Lambda) \gamma^0 = \gamma^0 e^{+(i/2)\omega_{\mu\nu}(J_S^{\mu\nu})^\dagger} \gamma^0 = e^{+(i/2)\omega_{\mu\nu}\gamma^0(J_S^{\mu\nu})^\dagger \gamma^0} = e^{+(i/2)\omega_{\mu\nu}J_S^{\mu\nu}} = S^{-1}(\Lambda)$$
2番目の等号では,指数関数行列の展開式と $\gamma^0 M^n \gamma^0 = (\gamma^0 M \gamma^0)^n$ を用いた.3番目の等号では,$\gamma^0 (J_S^{\mu\nu})^\dagger \gamma^0 = \gamma^0 ((i/4)[\gamma^\mu, \gamma^\nu])^\dagger \gamma^0 = \gamma^0(-(i/4)[(\gamma^\nu)^\dagger, (\gamma^\mu)^\dagger])\gamma^0 = -(i/4) \times [\gamma^0(\gamma^\nu)^\dagger \gamma^0, \gamma^0(\gamma^\mu)^\dagger \gamma^0] \stackrel{(5.67)}{=} -(i/4)[\gamma^\nu, \gamma^\mu] = +J_S^{\mu\nu}$ を用いた.

5.4.4 双1次形式の変換性の証明

ここまでくれば,スカラー $\bar{\psi}(x)\psi(x)$,ベクトル $\bar{\psi}(x)\gamma^\mu\psi(x)$,テンソル $\bar{\psi}(x)\sigma^{\mu\nu}\psi(x)$ の変換性を導くことはたやすい.実際,$\psi'(x') = S(\Lambda)\psi(x)$,$\bar{\psi}'(x') = \bar{\psi}(x)S^{-1}(\Lambda)$,および,$S^{-1}(\Lambda)\gamma^\mu S(\Lambda) = \Lambda^\mu{}_\rho \gamma^\rho$ を用いれば,(5.59),(5.60),(5.61) が直接導かれる.

一方,擬スカラーおよび擬ベクトルの性質は,次の γ^5 の変換性
$$S^{-1}(\Lambda)\gamma^5 S(\Lambda) = (\det \Lambda)\gamma^5 \tag{5.68}$$
から導かれる.つまり,γ^5 の存在がスカラーを擬スカラーに,ベクトルを擬ベクトルに変える源になっていたのである.擬スカラーや擬ベクトルは空間反転の下で符号を変えるので,**γ^5 は空間反転の偶奇性(parity)を変える**はたらきを持つことがわかる.(5.68) の証明は少々やっかいだ.この項の残りで証明を与えておくが,初読のときは読みとばしても構わない.

【注】 いい機会なので,(5.68) の証明に移る前に,双1次形式についていくつかコメントしておこう.まず,4.1.5項で導いた流れの保存の式 $(\partial/\partial t)\rho + \boldsymbol{\nabla} \cdot \boldsymbol{j} = 0$ で,$\rho = \psi^\dagger\psi$,$j^k = \psi^\dagger \gamma^0 \gamma^k \psi$ と与えられていたが,このときは,ローレンツ変換性に注意を払っていなかった.しかし,流れの保存の式を相対論的形式 $\partial_\mu j^\mu = 0$ に書き直してみると,$j^\mu = (\rho, j^k) = \bar{\psi}\gamma^\mu\psi$ となり,確かに双1次形式でのベクトルの表式に一致していることがわかる.これはもちろん偶然ではない.ディラック方程式の相対論的不変性からの帰結に他ならない.

2番目のコメントは,360°の空間回転とスピノルの回転の関係についてだ.(5.37) で見

たように，実空間では 360° の空間回転は何もしない変換と同じことだが，スピノル空間での 360° 回転は，恒等変換ではなく，マイナス符号が現れる ($\phi \xrightarrow{360°回転} -\phi$). しかし，双 1 次形式は 360° の回転の下で元に戻る．すなわち，$\bar{\psi}(x)\Gamma\psi(x) \xrightarrow{360°回転} \bar{\psi}(x)\Gamma\psi(x)$. つまり，双 1 次形式で作られるスカラー，ベクトル，テンソル量は，360° 回転の下で通常の量と同じ変換性を持つことがわかる．

(5.68) の証明の前に，いくつか準備をしておこう．証明の鍵は，行列式の定義と次式で定義される 4 階**完全反対称テンソル**

$$\varepsilon^{\nu_0\nu_1\nu_2\nu_3} = \begin{cases} +1 & (\nu_0\nu_1\nu_2\nu_3) = (0123) \text{ の偶置換} \\ -1 & (\nu_0\nu_1\nu_2\nu_3) = (0123) \text{ の奇置換} \\ 0 & \text{その他} \end{cases} \quad (5.69)$$

の性質にある．取り扱いに慣れていないと添字がたくさん現れるので，初学者にとって鬼門かもしれない．本書は式の導出を丁寧に行うことを基本方針としているので，省略せずに (5.68) の導出を以下で与えることにする．行列式と 4 階完全反対称テンソルに慣れる絶好の機会だ．

【注】 完全反対称性から，$(\nu_0\nu_1\nu_2\nu_3)$ の中に同じ数字があると $\varepsilon^{\nu_0\nu_1\nu_2\nu_3} = 0$ となる．したがって，$\varepsilon^{\nu_0\nu_1\nu_2\nu_3} = \pm 1$ となるのは，$(\nu_0\nu_1\nu_2\nu_3)$ が (0123) の置換の場合のみである．具体的には，$1 = \varepsilon^{0123} = -\varepsilon^{1023} = -\varepsilon^{0213} = -\varepsilon^{0132} = \cdots$ である．同様に下つきの 4 階完全反対称テンソルの $\varepsilon_{\nu_0\nu_1\nu_2\nu_3}$ は計量を使って，$\varepsilon_{\nu_0\nu_1\nu_2\nu_3} \equiv \eta_{\nu_0\rho_0}\eta_{\nu_1\rho_1}\eta_{\nu_2\rho_2}\eta_{\nu_3\rho_3}\varepsilon^{\rho_0\rho_1\rho_2\rho_3}$ という形で定義される．このとき，$\varepsilon_{0123} = \eta_{00}\eta_{11}\eta_{22}\eta_{33}\varepsilon^{0123} = -\varepsilon^{0123}$ となるので，ε_{0123} と ε^{0123} は逆符号

$$\varepsilon_{0123} = -\varepsilon^{0123} = -1 \quad (5.70)$$

であることに注意しておこう．

(5.68) を導くためには，まず行列式の定義をきちんと理解しておく必要がある．一般に $N \times N$ 行列 M の行列式 $\det M$ は，N 階完全反対称テンソルを使って定義することができる．今の場合は 4×4 行列を M とし，その $\mu\nu$ 成分を $M^\mu{}_\nu$ と書くとき，**行列式** (determinant) $\det M$ は次式で定義される．

$$\det M \equiv \varepsilon^{\nu_0\nu_1\nu_2\nu_3} M^0{}_{\nu_0} M^1{}_{\nu_1} M^2{}_{\nu_2} M^3{}_{\nu_3} = -\varepsilon_{\nu_0\nu_1\nu_2\nu_3} M^{\nu_0}{}_0 M^{\nu_1}{}_1 M^{\nu_2}{}_2 M^{\nu_3}{}_3$$
$$(5.71)$$

最後の表式にマイナス符号がついているのは，$\varepsilon_{0123} = -\varepsilon^{0123} = -1$ だからである．ここで，アインシュタインの縮約規則がとられていることに注意し

〈check 5.10〉

2×2 行列 $M^\mu{}_\nu(\mu, \nu = 0, 1)$ の場合は，2 階の完全反対称テンソル $\varepsilon^{\nu_0 \nu_1}$ を使って $\det M = \varepsilon^{\nu_0 \nu_1} M^0{}_{\nu_0} M^1{}_{\nu_1}$ と定義される．3×3 行列 $M^\mu{}_\nu(\mu, \nu = 0, 1, 2)$ の場合は，3 階の完全反対称テンソル $\varepsilon^{\nu_0 \nu_1 \nu_2}$ を使って $\det M = \varepsilon^{\nu_0 \nu_1 \nu_2} M^0{}_{\nu_0} M^1{}_{\nu_1} M^2{}_{\nu_2}$ で定義される．これらが，よく知られた 2×2 と 3×3 行列の行列式の定義と一致していることを具体的に確かめてみよう．◆

次に，任意の 4 階完全反対称テンソル $T^{\nu_0 \nu_1 \nu_2 \nu_3}$, $T_{\nu_0 \nu_1 \nu_2 \nu_3}$ に対する次の公式も必要となる．

$$T^{\nu_0 \nu_1 \nu_2 \nu_3} = \varepsilon^{\nu_0 \nu_1 \nu_2 \nu_3} T^{0123}, \qquad T_{\nu_0 \nu_1 \nu_2 \nu_3} = -\varepsilon_{\nu_0 \nu_1 \nu_2 \nu_3} T_{0123} \quad (5.72)$$

【注】この公式の意味することは，「4 階完全反対称テンソル $T^{\nu_0 \nu_1 \nu_2 \nu_3}(T_{\nu_0 \nu_1 \nu_2 \nu_3})$ は $\varepsilon^{\nu_0 \nu_1 \nu_2 \nu_3}$ $(-\varepsilon_{\nu_0 \nu_1 \nu_2 \nu_3})$ に比例し，その比例係数は T^{0123} (T_{0123}) で与えられる」ということである．これは覚えておいて損のない公式だ．この公式の証明は，$T^{\nu_0 \nu_1 \nu_2 \nu_3}$ が完全反対称であることから，$(\nu_0 \nu_1 \nu_2 \nu_3)$ の中に同じ数字を含めば $T^{\nu_0 \nu_1 \nu_2 \nu_3} = 0$ となり，$(\nu_0 \nu_1 \nu_2 \nu_3)$ が (0123) を置換したものであれば $T^{\nu_0 \nu_1 \nu_2 \nu_3} = \pm T^{0123}$（偶置換の場合は $+$，奇置換の場合は $-$）であること，すなわち

$$T^{\nu_0 \nu_1 \nu_2 \nu_3} = \begin{cases} +T^{0123} & (\nu_0 \nu_1 \nu_2 \nu_3) = (0123) \text{の偶置換} \\ -T^{0123} & (\nu_0 \nu_1 \nu_2 \nu_3) = (0123) \text{の奇置換} \\ 0 & \text{その他} \end{cases} \quad (5.73)$$

に気がつけば理解できるだろう．(5.72) の第 2 式も同様である．

準備が整ったので，(5.68) の証明に移ろう．証明は以下のように γ 行列のローレンツ変換性 (5.4) に立ち戻って行われる．

まず，$\gamma^5 = i\gamma^0 \gamma^1 \gamma^2 \gamma^3$ を $\varepsilon_{\mu_0 \mu_1 \mu_2 \mu_3}$ を使って次のように表しておくと便利である．

$$\gamma^5 = -\frac{i}{4!} \varepsilon_{\mu_0 \mu_1 \mu_2 \mu_3} \gamma^{\mu_0} \gamma^{\mu_1} \gamma^{\mu_2} \gamma^{\mu_3} \quad (5.74)$$

この式を確かめるには，$(\mu_0 \mu_1 \mu_2 \mu_3)$ が (0123) の偶（奇）置換の場合は $\varepsilon_{\mu_0 \mu_1 \mu_2 \mu_3} = -1(+1)$ で，それ以外の場合はゼロであること，それから，γ 行

列の反可換性 ($\mu \neq \nu$ のとき $\gamma^\mu \gamma^\nu = -\gamma^\nu \gamma^\mu$) から,$\varepsilon_{\mu_0 \mu_1 \mu_2 \mu_3} \gamma^{\mu_0} \gamma^{\mu_1} \gamma^{\mu_2} \gamma^{\mu_3} = -4! \gamma^0 \gamma^1 \gamma^2 \gamma^3$ を導けばよい.この γ^5 の表式を用いて,(5.68) の左辺を計算すると

$$S^{-1} \gamma^5 S \stackrel{(5.74)}{=} -\frac{i}{4!} \varepsilon_{\mu_0 \mu_1 \mu_2 \mu_3} S^{-1} \gamma^{\mu_0} S S^{-1} \gamma^{\mu_1} S S^{-1} \gamma^{\mu_2} S S^{-1} \gamma^{\mu_3} S$$

$$\stackrel{(5.4)}{=} -\frac{i}{4!} \varepsilon_{\mu_0 \mu_1 \mu_2 \mu_3} (\Lambda^{\mu_0}{}_{\nu_0} \gamma^{\nu_0}) (\Lambda^{\mu_1}{}_{\nu_1} \gamma^{\nu_1}) (\Lambda^{\mu_2}{}_{\nu_2} \gamma^{\nu_2}) (\Lambda^{\mu_3}{}_{\nu_3} \gamma^{\nu_3})$$

$$= -\frac{i}{4!} \varepsilon_{\mu_0 \mu_1 \mu_2 \mu_3} \Lambda^{\mu_0}{}_{\nu_0} \Lambda^{\mu_1}{}_{\nu_1} \Lambda^{\mu_2}{}_{\nu_2} \Lambda^{\mu_3}{}_{\nu_3} (\gamma^{\nu_0} \gamma^{\nu_1} \gamma^{\nu_2} \gamma^{\nu_3})$$

$$\equiv -\frac{i}{4!} T_{\nu_0 \nu_1 \nu_2 \nu_3} \gamma^{\nu_0} \gamma^{\nu_1} \gamma^{\nu_2} \gamma^{\nu_3}$$

となる.上の変形では,γ^ν は行列なので順番を勝手に入れかえることはできないが,$\Lambda^\mu{}_\nu$ は単なる係数なので順番に関係なくどの位置にもっていっても構わないことに注意しよう.

ここで,$T_{\nu_0 \nu_1 \nu_2 \nu_3} \equiv \varepsilon_{\mu_0 \mu_1 \mu_2 \mu_3} \Lambda^{\mu_0}{}_{\nu_0} \Lambda^{\mu_1}{}_{\nu_1} \Lambda^{\mu_2}{}_{\nu_2} \Lambda^{\mu_3}{}_{\nu_3}$ が 4 階の完全反対称テンソルであることに注意すると (check 5.11 参照),公式 (5.72) が使えて

$$S^{-1} \gamma^5 S \stackrel{(5.72)}{=} -\frac{i}{4!} (-\varepsilon_{\nu_0 \nu_1 \nu_2 \nu_3} T_{0123}) \gamma^{\nu_0} \gamma^{\nu_1} \gamma^{\nu_2} \gamma^{\nu_3}$$

$$\stackrel{(5.74)}{=} -T_{0123} \gamma^5 = (\det \Lambda) \gamma^5$$

となり,(5.68) が示されたことになる.最後の等号では,$T_{0123} = \varepsilon_{\mu_0 \mu_1 \mu_2 \mu_3} \times \Lambda^{\mu_0}{}_0 \Lambda^{\mu_1}{}_1 \Lambda^{\mu_2}{}_2 \Lambda^{\mu_3}{}_3 \stackrel{(5.71)}{=} -\det \Lambda$ を用いた.

⟨check 5.11⟩

計量やクロネッカーシンボル以外に,4 階の完全反対称テンソル $\varepsilon^{\mu \nu \rho \lambda}$ も不変テンソルと見なすことができる.実際,次の関係を満たすことを証明せよ.

$$\Lambda^\mu{}_{\mu'} \Lambda^\nu{}_{\nu'} \Lambda^\rho{}_{\rho'} \Lambda^\lambda{}_{\lambda'} \varepsilon^{\mu' \nu' \rho' \lambda'} = (\det \Lambda) \varepsilon^{\mu \nu \rho \lambda} \qquad (5.75)$$

このことから,$\varepsilon^{\mu \nu \rho \lambda}$ を (本義ローレンツ変換に対して) 不変テンソルと見なしてよいことを考察してみよう.

148   5. ディラック方程式の相対論的構造

【ヒント】 まず，(5.75) の左辺は $(\mu\nu\rho\lambda)$ に関して 4 階完全反対称 (任意の隣り合う 2 つの添字の入れかえに対して反対称) であることを示し，公式 (5.72) と行列式の定義 (5.71) を用いよ．◆

第6章 ディラック方程式と離散的不変性

ディラック方程式は，ローレンツ変換のような連続的不変性だけでなく，空間反転，時間反転，荷電共役などの離散的不変性を持つ．これらの離散的不変性とカイラルスピノルについて詳しく議論する．カイラルスピノルはスピン右巻き，あるいは左巻き状態からなり，それらを足し合わせたものがディラックスピノルである．素粒子の世界を記述する標準模型は，このカイラルスピノルで構成された理論である．

6.1 空間反転

方程式が与えられたときに，初めになすべきことは何か？ いきなり方程式を解き始めるのは，賢いやり方ではない．方程式の持つ不変性，あるいは，対称性のリストを作ることが，まず初めに行うべきことである．

ディラック方程式のローレンツ不変性については，第5章までの解析で確かめられた．そこでは，無限小ローレンツ変換から出発して，有限ローレンツ変換へと考察を進めていった．重要な不変性の中には，無限小変換の繰り返し，あるいは，連続変換では実現できない類の**離散的不変性**（discrete invariance）が存在する．その代表例は，空間反転，時間反転，荷電共役の不変性である．

この節では手始めに，電磁場中のディラック方程式に対する空間反転不変

性について議論する．

【注】 空間反転は，連続的な回転によっては実現できない．例えば，あなたの左手をいろいろな角度にいくら回してみても，右手とは一致しないはずだ．このことは，連続的な回転によって決して移り合うことのない2つのクラス―右手系と左手系―が存在することを意味する．

6.1.1 空間反転不変性

空間反転，あるいは**パリティ変換**（parity transformation）は次式で定義される．

$$x^\mu = (x^0, \boldsymbol{x}) \xrightarrow{P} x'^\mu = (x'^0, \boldsymbol{x}') = (x^0, -\boldsymbol{x}) \quad (6.1)$$

$x'^\mu = \Lambda_P{}^\mu{}_\nu x^\nu$ として，$\Lambda_P{}^\mu{}_\nu$ を行列表示しておくと次式で与えられる．

$$\Lambda_P = \begin{pmatrix} 1 & 0 & 0 & 0 \\ 0 & -1 & 0 & 0 \\ 0 & 0 & -1 & 0 \\ 0 & 0 & 0 & -1 \end{pmatrix} \quad (6.2)$$

電磁場中のディラック方程式が空間反転不変性を持つならば，次の対応関係が成り立つはずである．

$$[i\gamma^\mu(\partial_\mu + iqA_\mu(x)) - mI_4]\psi(x) = 0$$
$$\xleftrightarrow{P} [i\gamma^\mu(\partial'_\mu + iqA'_\mu(x')) - mI_4]\psi'(x') = 0 \quad (6.3)$$

このとき，ゲージ場 $A_\mu(x)$ は空間反転の下で次のように変換する．

$$A'_\mu(x') = A_\nu(x)(\Lambda_P^{-1})^\nu{}_\mu = \begin{cases} A_0(x) & (\mu = 0) \\ -A_j(x) & (\mu = j = 1, 2, 3) \end{cases} \quad (6.4)$$

ここで，$\Lambda_P^{-1} = \Lambda_P$ である．

【注】 $A_\mu(x)$ の変換性 (6.4) は，ニュートン力学における荷電粒子の運動方程式

$$m\frac{d^2\boldsymbol{x}}{dt^2} = q\left\{\boldsymbol{E}(x) + \frac{d\boldsymbol{x}}{dt} \times \boldsymbol{B}(x)\right\} \quad (6.5)$$

から導くことができる．空間反転不変性が成り立っているならば，空間反転した系でも (6.5) と同じ形の方程式

$$m\frac{d^2 x'}{dt'^2} = q\left\{E'(x') + \frac{dx'}{dt'} \times B'(x')\right\} \tag{6.6}$$

が成り立つ．空間反転では $x' = -x$, $t' = t$ なので，(6.5) と (6.6) が矛盾しないためには，電場と磁場の変換性は

$$E'(x') = -E(x), \qquad B'(x') = +B(x) \tag{6.7}$$

でなければならない．このことから，電場は**極性ベクトル** (polar vector)，磁場は**軸性ベクトル** (axial vector) であることがわかる．また，電場，磁場とゲージ場 $A^\mu = (A^0, \boldsymbol{A})$ の関係は，$E = -(\partial/\partial t)\boldsymbol{A} - \nabla A^0$, $B = \nabla \times \boldsymbol{A}$ なので，(6.7) から

$$A'^0(x') = +A^0(x), \qquad \boldsymbol{A}'(x') = -\boldsymbol{A}(x) \tag{6.8}$$

が導かれる．これらを（下つき）ベクトルの変換則の形で書き直したものが (6.4) である．

⟨check 6.1⟩

空間反転の下での電場と磁場の変換性 (6.7) は，マクスウェル方程式 (3.1) からも導くことができる．それを確かめてみよう．

【ヒント】 空間反転の下で，電荷密度 ρ と電流密度 $\boldsymbol{j}$ は，$(\rho, \boldsymbol{j}) \xrightarrow{P} (\rho, -\boldsymbol{j})$ と変換する．
◆

(6.4) から，空間反転の下でゲージ場 $A_\mu(x)$ は ∂_μ と同じ変換性を持ち，$\partial'_\mu + iqA'_\mu(x') = \{\partial_\nu + iqA_\nu(x)\}(\Lambda_P^{-1})^\nu{}_\mu$ と変換する．したがって，空間反転不変性 (6.3) が成り立つためには，$\psi'(x') = S(\Lambda_P)\psi(x)$ としたとき（ローレンツ不変性が成り立つための条件と同じように）

$$S^{-1}(\Lambda_P)\gamma^\mu S(\Lambda_P) = \Lambda_P{}^\mu{}_\nu \gamma^\nu = \begin{cases} \gamma^0 & (\mu = 0) \\ -\gamma^j & (\mu = j = 1, 2, 3) \end{cases} \tag{6.9}$$

を満たす変換行列 $S(\Lambda_P)$ が存在すればよい．これは，$(\gamma^0)^2 = I_4$, および，$\gamma^0 \gamma^j \gamma^0 = -\gamma^j (j = 1, 2, 3)$ に気がつけば，$S(\Lambda_P) \propto \gamma^0$ ととればよいことがわかる．したがって，ディラック場 $\psi(x)$ が空間反転の下で

$$\psi(x) \xrightarrow{P} \psi'(x') = S(\Lambda_P)\psi(x) = \eta_P \gamma^0 \psi(x) \tag{6.10}$$

のように変換すれば，ディラック方程式は空間反転の下で不変である．

ここで，η_P は**固有パリティ** (intrinsic parity) とよばれる位相因子（$\eta_P = e^{i\varphi_P}$）である．$P^2 = 1$ を要請するならば，η_P のとりうる値は $\eta_P = \pm 1$ とな

る．量子力学では，ひとつの波動関数 ϕ の位相は観測可能量ではないので，粒子が1種類だけだと位相 η_P は物理的意味を持たない．したがって，その場合は，$\eta_P = 1$ としても一般性を失うことはない．しかし，複数個の異なる粒子が存在する場合は，それらの波動関数間の相対位相は物理的意味を持つ．(6.3節で粒子，反粒子の固有パリティについて議論する．)

6.1.2　空間反転不変性の物理的意味

空間反転不変性は，ある物理現象が起こったとき，その現象を鏡に映したものも全く同じように実現することを意味する．

【注】　鏡に写す**鏡映**（reflection）は，鏡の面と平行な2つの座標軸はそのままで，鏡の面と垂直方向の向きのみを反転させる変換である．したがって，厳密には3軸とも反転させる空間反転（パリティ変換）とは異なる．しかし，鏡映は空間反転と鏡の面内での180°回転の組み合わせで実現されるので，空間反転のクラスに分類される．

別のいい方をすれば，我々の世界で成り立っている物理法則と全く同じものが，鏡に映った世界でも成り立つことを意味する．したがって，空間反転不変性が厳密に成り立っているならば，あなたが朝目覚めたとき，現実の世界にいるのか，それとも鏡の世界にいるのかを知る手段はない．

電磁場中のディラック方程式は**空間反転不変性（パリティ不変性）** を持っていたが，自然界のすべての法則が空間反転の下で不変かどうかは別問題である．実際，ベータ崩壊などの弱い相互作用では空間反転不変性は破れている．相対論的不変性と矛盾せずに空間反転不変性を破るカラクリについては，6.4節および6.5節で説明する．

【注】　もし，あなたが現実の世界にいるのか，鏡の世界にいるのか，心配で夜も眠れないのなら，6.5.1項で紹介する実験を行ってみるとよい．6.5.1項に書かれている結果が得られたなら，あなたは現実の世界にいることになる．

6.2 時間反転

この節では，空間反転と対になる**時間反転**（time reversal）について議論しよう．時間反転は，文字通り時間の向きを反転させる変換である．

$$x^\mu = (x^0, \bm{x}) \xrightarrow{T} x'^\mu = (x'^0, \bm{x}') = (-x^0, \bm{x}) \quad (6.11)$$

電磁場中のディラック方程式は，時間反転不変性を持つので次の対応関係が成り立つ．

$$[i\gamma^\mu(\partial_\mu + iqA_\mu(x)) - mI_4]\phi(x) = 0$$
$$\xleftrightarrow{T} [i\gamma^\mu(\partial'_\mu + iqA'_\mu(x')) - mI_4]\phi'(x') = 0 \quad (6.12)$$

このとき，$\psi'(x')$ と $\phi(x)$ の関係を以下で求めよう．

時間反転の下でのゲージ場 $A_\mu(x)$ の変換性は，再び電磁場中の荷電粒子の運動方程式 (6.5) から次のように得られる．

$$A_\mu(x) \xrightarrow{T} A'_\mu(x') = \begin{cases} A_0(x) & (\mu = 0) \\ -A_j(x) & (\mu = j = 1, 2, 3) \end{cases} \quad (6.13)$$

【注】 時間反転 $(t' = -t, \bm{x}' = \bm{x})$ の下で，$m(d^2\bm{x}'/dt'^2) = q\{\bm{E}'(x') + (d\bm{x}'/dt') \times \bm{B}'(x')\}$ が成り立つためには，$\bm{E}'(x') = \bm{E}(x)$，$\bm{B}'(x') = -\bm{B}(x)$ の関係がなければならない．一方，$\bm{E}(x) = -\nabla A^0(x) - (\partial/\partial t)\bm{A}(x)$，$\bm{B}(x) = \nabla \times \bm{A}(x)$ なので，ゲージ場の変換性は (6.13) で与えられることになる．

$\psi'(x')$ と $\phi(x)$ の関係を求めるためのヒントは，シュレディンガー方程式 $i(\partial/\partial t)\varphi = H\varphi$ に隠されている．シュレディンガー方程式の複素共役をとって，ハミルトニアン H が実であることを用いると

$$i\frac{\partial}{\partial(-t)}\varphi^* = H\varphi^* \quad (6.14)$$

が得られる．この式の意味することは，波動関数の複素共役 φ^* は時間を過去へとさかのぼって進む解に対応するということだ．

6. ディラック方程式と離散的不変性

ディラック方程式の場合は，4成分波動関数であることを考慮して

$$\psi'(x') = T\psi^*(x) \equiv TK\psi(x) \tag{6.15}$$

と仮定すればよいと思われる．ここで，T は 4×4 行列でこれから求めるものだ．演算子 K は，K の右にある量に関して複素共役をとるものと約束する．あるいは，任意の複素数 a に対して次の関係が成り立つものとして，K を定義してもよい．

$$aK = Ka^*, \quad \text{あるいは}, \quad K^{-1}aK = a^* \tag{6.16}$$

後は行列 T が

$$T^{-1}\gamma^\mu T = \begin{cases} (\gamma^0)^* & (\mu = 0) \\ -(\gamma^j)^* & (\mu = j = 1, 2, 3) \end{cases} \tag{6.17}$$

を満たすならば，ディラック方程式が時間反転の下で不変となることが確かめられる．詳細は以下の【注】を参照のこと．

【注】 以下では，(6.12) の左辺が成り立てば，右辺も成り立つことを示す．

$$\begin{aligned}
[i\gamma^\mu(\partial'_\mu + iqA'_\mu(x')) - mI_4]\psi'(x') &\overset{(6.15)}{=} [i\gamma^\mu(\partial'_\mu + iqA'_\mu(x')) - mI_4]TK\psi(x) \\
&= T[i(T^{-1}\gamma^\mu T)(\partial'_\mu + iqA'_\mu(x')) - mI_4]K\psi(x) \\
&= T[-i(\gamma^\mu)^*(\partial_\mu - iqA_\mu(x)) - mI_4]K\psi(x) \\
&\quad (\because (6.11), (6.13), (6.17) \text{ を使った．}) \\
&\overset{(6.16)}{=} TK[+i\gamma^\mu(\partial_\mu + iqA_\mu(x)) - mI_4]\psi(x) \\
&= 0
\end{aligned}$$

残る作業は，(6.17) を満たす 4×4 行列 T を求めることである．T の具体形を得るために，ここではディラック表示 (4.16) を用いることにしよう．ディラック表示では

$$(\gamma^\mu_\text{D})^* = \begin{cases} +\gamma^\mu_\text{D} & (\mu = 0, 1, 3) \\ -\gamma^\mu_\text{D} & (\mu = 2) \end{cases} \tag{6.18}$$

なので，(6.17) を満たすためには，T として γ^1_D, γ^3_D とは反可換，γ^0_D, γ^2_D とは可換な行列を持ってくればよい．そのような行列 T は，位相因子の不定

性を除いて

$$T = i\gamma_{\mathrm{D}}^1\gamma_{\mathrm{D}}^3, \qquad T^{-1} = i\gamma_{\mathrm{D}}^1\gamma_{\mathrm{D}}^3 \qquad (6.19)$$

ととればよいことがわかる．このとき，T は次の関係を満たす．

$$T = T^{-1} = -T^* = T^\dagger = -T^T \qquad (6.20)$$

【注】 時間反転の定義の中に，K のような複素共役をとる演算子を導入する必要がある．その理由は，時間反転不変性の反ユニタリー性（10.5 節のウィグナーの定理参照）にある．

⟨check 6.2⟩

(6.19) で定義される時間反転行列 T が，(6.17)，および (6.20) を満たすことを確かめてみよう．◆

6.3 荷電共役

荷電共役（charge conjugation）は，**粒子と反粒子を入れかえる変換**である．粒子と反粒子を区別する必要があるので，電荷 q を持つ荷電粒子のディラック方程式

$$[i\gamma^\mu(\partial_\mu + iqA_\mu) - mI_4]\psi = 0 \qquad (6.21)$$

を考えることにしよう．

スピノル場 ψ の荷電共役をとったものを ψ^C と書くことにする．ψ が粒子に対する場を表すとするなら，ψ^C は反粒子に対する場を表すことになる．非相対論的極限での解析から，反粒子は粒子と同じ質量 m を持ち，電荷が逆符号 $-q$ を持つと考えられるので，ψ^C は次のディラック方程式

$$[i\gamma^\mu(\partial_\mu - iqA_\mu) - mI_4]\psi^C = 0 \qquad (6.22)$$

に従うと期待される．以下で ψ^C と ψ の関係を求めよう．

ψ^C と ψ の関係を求めるヒントは，非相対論的極限での反粒子の波動関数の形にある．クライン–ゴルドン方程式でもディラック方程式でも，運動項が正となるように変換した反粒子（負エネルギー解）の波動関数は，元の波

動関数の複素共役がとられていたことを思い出そう．そこで，まず (6.21) の複素共役をとった次の式から出発することにしよう．

$$[-i(\gamma^\mu)^*(\partial_\mu - iqA_\mu) - mI_4]\phi^* = 0 \qquad (6.23)$$

【注】 空間反転や時間反転と異なり，荷電共役は時空座標 x^μ の変換とは独立である．したがって，荷電共役の下で時空座標 x^μ は変換しない．それゆえ，この節では $\phi(x)$ とは書かずに ϕ と簡単に記すことにする．

電荷 q の符号がひっくり返って，目標の (6.22) に一歩近づいた．次に (5.67) と $(\gamma^0)^2 = I_4$ の複素共役をとった式 $(\gamma^0)^*(\gamma^\mu)^T(\gamma^0)^* = (\gamma^\mu)^*$ と $(\gamma^{0*})^2 = I_4$ を使って，(6.23) を変形すると

$$[-i(\gamma^\mu)^T(\partial_\mu - iqA_\mu) - mI_4]\bar\phi^T = 0 \qquad (6.24)$$

となる．

【注】 ここで，上つき添字 T は行列の転置を表す．(6.23) から (6.24) を導くには，まず $(\gamma^\mu)^* = (\gamma^0)^*(\gamma^\mu)^T(\gamma^0)^*$ を (6.23) に代入する．次に，エルミート共役の定義 $M^\dagger \equiv (M^*)^T$ より，$(\gamma^0)^*\phi^* = ((\gamma^0\phi)^\dagger)^T = (\phi^\dagger\gamma^0)^T = \bar\phi^T$ を用い（このとき $(\gamma^0)^\dagger = \gamma^0$ を使った），最後に左から $(\gamma^0)^*$ を掛けて $(\gamma^{0*})^2 = I_4$ を用いるとよい．

したがって，次の関係

$$C(\gamma^\mu)^T C^{-1} = -\gamma^\mu \qquad (6.25)$$

を満たす荷電共役行列 C が存在するならば，(6.24) の左から C を掛け，ϕ^C を次式

$$\begin{aligned}\phi^C &\equiv C\bar\phi^T \\ &= C(\gamma^0\phi)^*\end{aligned} \qquad (6.26)$$

で定義することによって，(6.24) から (6.22) が得られることがわかる．

荷電共役行列 C の定義式 (6.25) は γ 行列の表示にはよらないのだが，行列 C の具体形を求めるためには，γ 行列の表示を選ぶ必要がある．この節の目的のためには，ディラック表示 (4.16) を使うと，荷電共役の物理的意味が明確になるので便利である．

ディラック表示では，

$$(\gamma_D^\mu)^T = \begin{cases} +\gamma_D^\mu & (\mu = 0, 2) \\ -\gamma_D^\mu & (\mu = 1, 3) \end{cases} \tag{6.27}$$

が成り立つので，荷電共役行列 C として

$$C = i\gamma_D^2 \gamma_D^0 = \begin{pmatrix} 0 & -i\sigma^2 \\ -i\sigma^2 & 0 \end{pmatrix}, \quad C^{-1} = -i\gamma_D^2 \gamma_D^0 \tag{6.28}$$

ととれば (6.25) を満たすことがわかる．(6.25) を確かめるために必要なものは，$(\gamma^0)^2 = -(\gamma^2)^2 = I_4$ と $\gamma^\mu \gamma^\nu = -\gamma^\nu \gamma^\mu (\mu \neq \nu)$，および (6.27) の関係である．$C$ の定義には位相因子の不定性があり，右辺の虚数 i は慣用としてつけられている．また，(6.28) で与えられる荷電共役行列 C は，次の関係を満たす．

$$C = -C^{-1} = -C^\dagger = -C^T = C^* \tag{6.29}$$

このように，ψ が質量 m，電荷 q の粒子を表すとすれば，$\psi^C \equiv C\bar{\psi}^T$ は質量 m で電荷の符号が逆 ($-q$) の粒子を表すことになる．また期待されるように，荷電共役変換を2回続けて行うと，元に戻ることも確かめられる．

$$(\psi^C)^C = \psi \tag{6.30}$$

〈check 6.3〉

(6.28) で定義される荷電共役行列 C が，(6.25), (6.29), および (6.30) を満たすことを確かめてみよう．◆

ここで，荷電共役波動関数 ψ^C と非相対論的極限での反粒子の2成分波動関数との対応を見ておくことは，無駄ではないだろう．4成分波動関数 ψ を2成分波動関数 φ, χ を使って

$$\psi = \begin{pmatrix} \varphi \\ \chi \end{pmatrix} \tag{6.31}$$

と表しておくと，ディラック表示では4.3節および4.4節で見たように，φ は正エネルギー解，χ は負エネルギー解に対応している．2成分波動関数を使って，ψ^C を表示してみると

$$\phi^C = C\bar{\phi}^T = i\gamma_D^2 \phi^* = \begin{pmatrix} i\sigma^2 \chi^* \\ -i\sigma^2 \varphi^* \end{pmatrix} \qquad (6.32)$$

となり,確かに ϕ^C の上成分は,非相対論的極限での反粒子に対する 2 成分波動関数に一致していることがわかる ((4.49) 参照).

次に,粒子 ϕ と反粒子 ϕ^C の固有パリティがどうなっているか調べておこう. ϕ と ϕ^C の相対的な固有パリティを知りたいので, ϕ の固有パリティを $\eta = 1$ として構わない. ϕ を空間反転したものは, $\phi \xrightarrow{P} \phi^P = \gamma^0 \phi$ となる.このとき, ϕ^C の固有パリティを調べると, ϕ と ϕ^C の固有パリティは次式のように相対的に逆符号を持つことがわかる.

$$\phi^C \xrightarrow{\phi \to \phi^P} (\phi^P)^C = -\gamma^0 \phi^C \qquad (6.33)$$

【注】 これは次のように確かめることができる.

$$(\phi^P)^C \stackrel{(6.26)}{=} C(\overline{\phi^P})^T = C((\phi^P)^\dagger \gamma^0)^T = C(\gamma^0)^T (\phi^P)^*$$
$$\stackrel{\phi^P = \gamma^0 \phi}{=} C(\gamma^0)^T (\gamma^0)^* \phi^* \stackrel{(6.26)}{=} C(\gamma^0)^T C^{-1} \phi^C \stackrel{(6.25)}{=} -\gamma^0 \phi^C$$

固有パリティは,粒子の散乱や崩壊のときに重要となってくる.電磁相互作用や強い相互作用では空間反転不変性は破れないので,反応の前後で系のパリティ(各粒子の固有パリティと軌道角運動量からの寄与を掛け合わせたもの)は保存する.したがって,散乱や崩壊の前後で,パリティが変わるようなプロセスは決して起きない.このような規則は,**選択則** (**selection rule**) とよばれ,素粒子の反応過程を考える際に重要な役割を果たす.

【注】 π 中間子は擬スカラー粒子であることが,実験的に確かめられている.これは次のように理解することができる.
　中間子(メソン)は,クォークと反クォークのペアから作られる複合粒子である (1.11.1 項および 7.5.1 項参照). π 中間子は,クォーク (u または d) と反クォーク ($\bar{\text{u}}$ または $\bar{\text{d}}$) の相対的な軌道角運動量が $l = 0$ の S 波基底状態で,スピンを含めた全角運動量 J は 0 (すなわちスカラー粒子)である.このことから, π 中間子のパリティ固有値は,クォークと反クォークの固有パリティの積で与えられることになる.(他にパリティ固有値への寄与はない.) (6.33) からクォークと反クォークの固有パリティは逆符号を持つので,それらの積は -1 となる.したがって, π 中間子のパリティ固有値は -1 となり, π 中間子は擬スカラー粒子であることがわかる.(この結果は,クォーク模型を支持する理論的根拠の 1

つである．)

〈check 6.4〉
ゲージ場 A_μ の荷電共役を
$$A_\mu^C = -A_\mu \tag{6.34}$$
と定義するならば，荷電共役の下で電磁場中のディラック方程式は不変であること，すなわち，次の対応が成り立つことを確かめてみよう．
$$[i\gamma^\mu(\partial_\mu + iqA_\mu) - mI_4]\psi = 0 \xLeftrightarrow{C} [i\gamma^\mu(\partial_\mu + iqA_\mu^C) - mI_4]\psi^C = 0 \tag{6.35}$$

◆

【注】ディラック方程式の**荷電共役不変性**は (6.35) が成り立つことを指す．この節では，ディラック場 ψ の荷電共役 (6.26) を求めるためと，ψ^C の物理的意味 (ψ と逆符号の電荷を持つこと) を明確に示すために，ゲージ場 A_μ の荷電共役 (6.34) の結果を先取りした (6.22) から出発した．

6.4 カイラルスピノル

γ^5 の固有値は ± 1 で与えられ，その固有状態はカイラルスピノルとよばれる．この節では，標準模型を理解する上で欠かすことのできないカイラルスピノルの性質について詳しく議論する．

6.4.1 カイラル表示

ディラック表示の他によく使われるものに，次式で定義される表示がある．
$$\gamma_W^0 = \begin{pmatrix} 0 & I_2 \\ I_2 & 0 \end{pmatrix}, \quad \gamma_W^j = \begin{pmatrix} 0 & -\sigma^j \\ \sigma^j & 0 \end{pmatrix} \quad (j = 1, 2, 3) \tag{6.36}$$
あるいは，ひとまとめにして次式で与えられる．
$$\gamma_W^\mu = \begin{pmatrix} 0 & \sigma_W^\mu \\ \bar\sigma_W^\mu & 0 \end{pmatrix}, \quad \sigma_W^\mu \equiv (I_2, -\boldsymbol{\sigma}), \quad \bar\sigma_W^\mu \equiv (I_2, \boldsymbol{\sigma}) \tag{6.37}$$

この表示は**カイラル表示** (**chiral representation**)，あるいは，**ワイル表示**

(**Weyl representation**) とよばれる．カイラル表示の特徴は，γ^5 が次のように対角化された表示になっている点である．

$$\gamma_W^5 = i\gamma_W^0 \gamma_W^1 \gamma_W^2 \gamma_W^3 = \begin{pmatrix} I_2 & 0 \\ 0 & -I_2 \end{pmatrix} \tag{6.38}$$

この節の目的は，γ^5 の固有状態の物理的性質を明らかにすることである．

〈check 6.5〉

ディラック表示での γ 行列 γ_D^μ とカイラル表示での γ_W^μ は，次のユニタリー変換

$$\gamma_D^\mu = U\gamma_W^\mu U^\dagger \quad (\mu = 0, 1, 2, 3), \qquad U = U^\dagger = \frac{1}{\sqrt{2}}\begin{pmatrix} I_2 & I_2 \\ I_2 & -I_2 \end{pmatrix} \tag{6.39}$$

で結びついていることを確かめてみよう．また，ディラック表示の場合と同様に $(\gamma_W^0)^\dagger = +\gamma_W^0$, $(\gamma_W^j)^\dagger = -\gamma_W^j$ $(j=1,2,3)$，および $C(\gamma_W^\mu)^T C^{-1} = -\gamma_W^\mu$ $(\mu=0,1,2,3)$ を満たすことを確かめてみよう．ここで，C は荷電共役行列で，$C = i\gamma_W^2 \gamma_W^0$ で定義される．

【注】　このとき，ディラック表示での波動関数 ψ_D とカイラル表示での波動関数 ψ_W は，$\psi_D = U\psi_W$ の関係にある．◆

6.4.2　カイラルスピノルとローレンツ変換性

4成分波動関数 ψ の上2成分を ξ，下2成分を ζ としておく．

$$\psi(x) = \begin{pmatrix} \xi(x) \\ \zeta(x) \end{pmatrix} \tag{6.40}$$

波動関数の各成分の物理的意味は，γ 行列の表示に依存するので，波動関数 ψ にも添字 W をつけるべきところだが，ここでは混乱を生じない限り，添字は省略する．このとき (6.38) から，(6.40) の $\xi(\zeta)$ は，γ_W^5 の $+1(-1)$ の固有値を持つ固有状態に対応することがわかる．

$$\gamma_W^5 \psi_R = +\psi_R \iff \psi_R = \begin{pmatrix} \xi \\ 0 \end{pmatrix} \tag{6.41a}$$

$$\gamma_W^5 \psi_L = -\psi_L \iff \psi_L = \begin{pmatrix} 0 \\ \zeta \end{pmatrix} \tag{6.41b}$$

ψ_{R}, ψ_{L} を**カイラルスピノル**（chiral spinor），あるいは**ワイルスピノル**（Weyl spinor）という．γ^5 の固有値は**カイラリティ**（chirality）とよばれ，カイラリティ $+1$ の ψ_{R} はスピン**右巻き**（right-handed）状態，カイラリティ -1 の ψ_{L} はスピン**左巻き**（left-handed）状態とよばれる．本義ローレンツ変換の下で，ψ_{R} と ψ_{L} はお互い混ざり合うことはなく独立に変換する．以下で，これらのカイラルスピノルの性質を詳しく議論していくことにしよう．

これまでの解析から，ローレンツ変換 $x^\mu \to x'^\mu = \Lambda^\mu{}_\nu x^\nu$ の下で，$\psi(x)$ は次のスピノルの変換性を持つことがわかった．

$$\psi(x) \longrightarrow \psi'(x') = S(\Lambda)\psi(x) \tag{6.42}$$

ここで 4×4 変換行列 $S(\Lambda)$ は，反対称パラメータ $\omega_{\mu\nu} = -\omega_{\nu\mu}$ ($\mu, \nu = 0, 1, 2, 3$) を用いて

$$S(\Lambda) = \exp\left\{-\frac{i}{2}\omega_{\mu\nu}J_{\mathrm{S}}^{\mu\nu}\right\}, \qquad J_{\mathrm{S}}^{\mu\nu} = \frac{1}{2}\sigma^{\mu\nu} \tag{6.43}$$

と表される．$\sigma^{\mu\nu}$ をカイラル表示で表すと

$$\sigma^{\mu\nu} = \frac{i}{2}[\gamma_{\mathrm{W}}^\mu, \gamma_{\mathrm{W}}^\nu] = \begin{pmatrix} \frac{i}{2}(\sigma_{\mathrm{W}}^\mu \bar\sigma_{\mathrm{W}}^\nu - \sigma_{\mathrm{W}}^\nu \bar\sigma_{\mathrm{W}}^\mu) & 0 \\ 0 & \frac{i}{2}(\bar\sigma_{\mathrm{W}}^\mu \sigma_{\mathrm{W}}^\nu - \bar\sigma_{\mathrm{W}}^\nu \sigma_{\mathrm{W}}^\mu) \end{pmatrix} \tag{6.44}$$

となり，2×2 のブロック対角化された形をしていることがわかる．ブロック対角化された行列を何回掛けてもブロック対角化されたままなので，(6.43) で定義される $S(\Lambda)$ も，次のようにブロック対角化されていることになる．

$$S(\Lambda) = \begin{pmatrix} \exp\left\{\frac{1}{8}\omega_{\mu\nu}(\sigma_{\mathrm{W}}^{\mu}\bar{\sigma}_{\mathrm{W}}^{\nu} - \sigma_{\mathrm{W}}^{\nu}\bar{\sigma}_{\mathrm{W}}^{\mu})\right\} & 0 \\ 0 & \exp\left\{\frac{1}{8}\omega_{\mu\nu}(\bar{\sigma}_{\mathrm{W}}^{\mu}\sigma_{\mathrm{W}}^{\nu} - \bar{\sigma}_{\mathrm{W}}^{\nu}\sigma_{\mathrm{W}}^{\mu})\right\} \end{pmatrix}$$
(6.45)

さて, $S(\Lambda)$ の物理的意味をはっきりさせるために, もう少し変形しよう. 5.2節と5.3節で詳しく議論したように, ローレンツ変換のパラメータ $\omega_{\mu\nu}$ の独立な6成分のうち, $\boldsymbol{\eta} \equiv (-\omega_{01}, -\omega_{02}, -\omega_{03})$ はそれぞれ x^1, x^2, x^3 軸方向のローレンツブーストに対応し, $\boldsymbol{\theta} \equiv (\omega_{23}, \omega_{31}, \omega_{12})$ はそれぞれ x^2x^3, x^3x^1, x^1x^2 平面内での空間回転に対応する. $\boldsymbol{\eta}$ と $\boldsymbol{\theta}$ およびパウリ行列 $\boldsymbol{\sigma}$ を用いて (6.45) を表すと,

$$S(\Lambda) = \begin{pmatrix} \exp\left\{-i\boldsymbol{\theta}\cdot\frac{\boldsymbol{\sigma}}{2} - \boldsymbol{\eta}\cdot\frac{\boldsymbol{\sigma}}{2}\right\} & 0 \\ 0 & \exp\left\{-i\boldsymbol{\theta}\cdot\frac{\boldsymbol{\sigma}}{2} + \boldsymbol{\eta}\cdot\frac{\boldsymbol{\sigma}}{2}\right\} \end{pmatrix}$$
(6.46)

となる.

この表示から, ψ_{R} と ψ_{L}, あるいは, ξ と ζ は本義ローレンツ変換の下で, **お互いに混ざり合うことはなく, 独立に変換する**ことがわかる. したがって, 本義ローレンツ変換の不変性のみを要求するならば, ξ と ζ (あるいは ψ_{R} と ψ_{L}) は異なる独立な粒子を表していると解釈できる. 実際に, $\zeta = 0$ として ξ のみ, あるいは, $\xi = 0$ として ζ のみからなる粒子を考えることもできるし, ξ と ζ で相互作用の形が異なる理論を作ることもできる.

【注】 (6.46)で表される変換は, 本義ローレンツ変換に属する. $\boldsymbol{\theta} = \boldsymbol{\eta} = 0$ のときは, $S(\Lambda) = I_4$ なので明らかに本義ローレンツ変換のクラスに属する. また, $\boldsymbol{\theta}$ と $\boldsymbol{\eta}$ は連続パラメータであり, 不連続性を生じることはないので, 任意の $\boldsymbol{\theta}$ と $\boldsymbol{\eta}$ に対して $S(\Lambda)$ は本義ローレンツ変換の要素である ((1.22) 参照).

ξ と ζ が理論の中に対称的に含まれていないときは，空間反転不変性は破れる．なぜなら，空間反転の下で $\psi \xrightarrow{P} \gamma^0 \psi$ と変換するが（(6.10) で $\eta_P = 1$ とおいた），γ^0 の表示 (6.36) から空間反転は ξ と ζ を入れかえる変換に対応しているからである．

$$\xi \xleftrightarrow{P} \zeta \qquad (6.47)$$

したがって空間反転不変性は，ξ と ζ（あるいは ψ_R と ψ_L）の入れかえの対称性を理論に要求する．この点については後でもう一度振り返ることにして，カイラル表示を用いて，ξ と ζ の性質をもう少し詳しく調べよう．

〈check 6.6〉

(6.40) で定義された2成分スピノル ξ, ζ のローレンツ変換性を求め，$\xi^\dagger \xi$ および $\zeta^\dagger \zeta$ はローレンツ不変（スカラー）量であることを確かめよ．また，$\xi^\dagger \xi$ および $\zeta^\dagger \zeta$ は，ローレンツ不変量ではないことを示してみよう．

【ヒント】 ローレンツ変換性は，(6.42) と (6.46) から求めよ．また，公式 $(e^X)^\dagger = e^{X^\dagger}$ を用いよ．◆

6.4.3 カイラル固有状態とヘリシティ固有状態

電磁場中のディラック方程式を，カイラル表示を使って2成分波動関数で書き表すと

$$i\bar{\sigma}_W^\mu(\partial_\mu + iqA_\mu)\xi - m\zeta = 0, \qquad i\sigma_W^\mu(\partial_\mu + iqA_\mu)\zeta - m\xi = 0 \qquad (6.48)$$

となる．この2組の方程式は，空間反転 (6.47) の下で不変なので，電磁相互作用をしているディラック粒子の系は空間反転不変性を持つ．（これは，すでに 6.1 節で確かめたことである．）

ここで注目してもらいたいことは，質量がゼロでない場合（$m \neq 0$）は (6.48) から ξ と ζ は質量 m を通じて互いに混ざり合うが，$m = 0$ の場合は ξ と ζ は互いに独立な方程式に従うという点だ．

特に，電磁場が存在しない場合（$A_\mu = 0$）で質量を持たない自由粒子の状態を考えると，その物理的意味がはっきりする．(6.48) で $A_\mu = 0$ および

$m = 0$ とおき，自由粒子の平面波解 $\psi = \begin{pmatrix} \xi \\ \zeta \end{pmatrix} \propto e^{-iEt+i\bm{p}\cdot\bm{x}}$ ($E = |\bm{p}|$) を代入して (つまり，(6.48) で $i\,(\partial/\partial t) \to E$, $-i\bm{\nabla} \to \bm{p}$ のおきかえを行って，$\bar{\sigma}_W^\mu$ および σ_W^μ を (6.37) から I_2 と $\bm{\sigma}$ で書きかえると)

$$E\xi = +\bm{\sigma}\cdot\bm{p}\,\xi, \qquad E\zeta = -\bm{\sigma}\cdot\bm{p}\,\zeta \tag{6.49}$$

を得る．ここで**ヘリシティ（helicity）h** を導入しよう．

$$h \equiv \frac{\bm{S}\cdot\bm{p}}{|\bm{p}|} \quad \left(\bm{S} = \frac{1}{2}\bm{\sigma}\right) \tag{6.50}$$

ヘリシティは，粒子のスピン $\bm{S}$ と運動量 $\bm{p}$ のなす角度を θ としたとき，$h = |\bm{S}|\cos\theta$ という幾何学的意味を持つ．(ここでは，$|\bm{S}| = 1/2$ である．) 特に，**ヘリシティ $h = +1/2$ ($h = -1/2$) はスピンと運動量の方向が平行 (反平行) の状態を表す** (図 6.1 参照)．

(a) ヘリシティ $h = +1/2$ の状態   (b) ヘリシティ $h = -1/2$ の状態

図 6.1 $m = 0$ のときは，カイラリティの固有状態 ψ_R, ψ_L とヘリシティの固有状態は一致する．

(6.49) に戻ると，$m = 0$ のときは $E = |\bm{p}|$ なので，ξ は $h = +1/2$, ζ は $h = -1/2$ の固有状態に対応することがわかる．すなわち，

$$h\xi = +\frac{1}{2}\xi, \qquad h\zeta = -\frac{1}{2}\zeta \tag{6.51}$$

である．上式を導く際に，(6.49) で $\bm{\sigma} = 2\bm{S}$ および $E = |\bm{p}|$ とおきかえて，ヘリシティの定義式 (6.50) を用いた．

ξ (ζ) は，カイラリティ $+1 (-1)$ の固有状態 $\psi_\mathrm{R}(\psi_\mathrm{L})$ に対応していたので，**質量がゼロの場合 ($m = 0$) は，カイラリティ ± 1 とヘリシティ $\pm 1/2$ の固有状態は一致する．**

$$
\begin{array}{ccc}
\text{カイラリティの固有状態} & & \text{ヘリシティの固有状態} \\
\gamma^5 = +1\,(-1) & \underset{\text{一致}}{\overset{m=0}{\Longleftrightarrow}} & h = +\dfrac{1}{2}\left(-\dfrac{1}{2}\right)
\end{array}
\quad (6.52)
$$

したがって，$\phi_R(\phi_L)$ は，ヘリシティ $h = +1/2(-1/2)$ を持ち，運動方向（逆方向）のスピンを持つ状態，すなわちスピン右巻き（左巻き）状態とよばれるのである．

質量がゼロでない場合 ($m \neq 0$) は，カイラリティとヘリシティの固有状態は一般に一致しない．しかし，エネルギー E が質量 m に比べて十分大きい ($E \gg m$ で質量が無視できる) ときは，m/E 程度の補正を無視する近似で，カイラリティ $+1(-1)$ の状態はヘリシティ $+1/2(-1/2)$ を持つとしてよい．なぜなら，$m \neq 0$ のときは，(6.49) の第 1 式右辺に質量項 $m\zeta$ が加わり $\xi = \{(\boldsymbol{\sigma}\cdot\boldsymbol{p})/E\}\xi + (m/E)\zeta$ となるが，この式の右辺第 2 項からわかるように，ζ の項は ξ に比べて (m/E) 程度の小さな寄与しか与えないからである．

$m \neq 0$ のときに，ヘリシティ $\pm 1/2$ の状態が混ざり合う理由は，直観的にも次のように理解できる．$m \neq 0$ の場合は，粒子の速さは光速より遅いので，粒子の速度より速く動いている慣性系に移ることができる．そしてその系では，粒子は逆向きの速度（運動量）を持つことになる（図 6.2 参照）．そのとき，スピンの向きは変わらないので，ヘリシティの符号は変わることになる．つまり，$m \neq 0$ の粒子の場合は，慣性系によって粒子のヘリシティの符号は変わりうる．

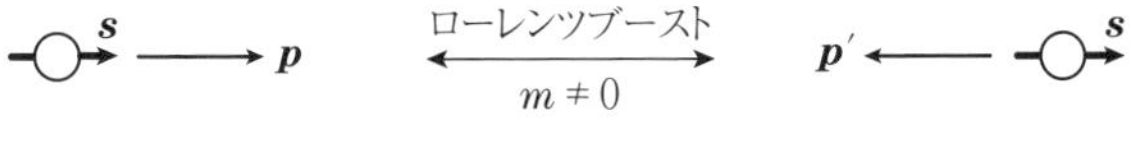

図 6.2 $m \neq 0$ の粒子は光速以下でしか動けないので，運動量が逆方向を向く慣性系が存在する．このとき，スピン S の向きは変わらないので，ヘリシティの符号が変わることになる．

一方，$m=0$ の粒子は常に光速で動くので，その粒子より速く動く慣性系は存在しない．したがって，$m=0$ の粒子のヘリシティは，どの慣性系から見ても不変である．

一方，カイラリティの固有状態 ξ と ζ は，ローレンツ変換ではそれぞれ独立に変換するので，お互い混ざり合うことはない．したがって，$m \neq 0$ の場合は，カイラリティの固有状態 ξ あるいは ζ は，ヘリシティ $+1/2$ と $-1/2$ の混合状態で与えられることがわかる．

最後に，ξ（あるいは ζ）とその反粒子状態のヘリシティの関係も調べておこう．まず初めに，$\sigma^2(\sigma^j)^*\sigma^2 = -\sigma^j$ ($j=1,2,3$) が成り立つことに注意する．これは，$(\sigma^1)^* = \sigma^1$, $(\sigma^2)^* = -\sigma^2$, $(\sigma^3)^* = \sigma^3$ および $\sigma^i \sigma^j = -\sigma^j \sigma^i$ ($i \neq j$) から導かれる．そこで，(6.51) の複素共役をとって，左から σ^2 を掛けて $\sigma^2(\sigma^j)^*\sigma^2 = -\sigma^j$ を用いると（(6.50) から $h^* = (\boldsymbol{\sigma}\cdot\boldsymbol{p}/(2|\boldsymbol{p}|))^* = \boldsymbol{\sigma}^* \cdot \boldsymbol{p}/(2|\boldsymbol{p}|)$ で与えられることに注意），

$$h(-i\sigma^2\xi^*) = -\frac{1}{2}(-i\sigma^2\xi^*), \qquad h(i\sigma^2\zeta^*) = +\frac{1}{2}(i\sigma^2\zeta^*)$$

$$(6.53)$$

となる．$-i\sigma^2\xi^*$ ($i\sigma^2\zeta^*$) をそれぞれ ξ (ζ) の反粒子状態と定義するなら ((6.64) 参照)，ξ とその反粒子 $-i\sigma^2\xi^*$ (ζ とその反粒子 $i\sigma^2\zeta^*$) は逆符号のヘリシティを持つことがわかる ((6.51) 参照)．

【注】 ニュートリノ ν はヘリシティ $h = -1/2$ を持つ左巻き状態 ν_L，一方，反ニュートリノ $\bar{\nu}$ はヘリシティ $h = +1/2$ を持つ右巻き状態 $\bar{\nu}_\mathrm{R}$ であることが，実験的に確認されている．これはニュートリノ ν が状態 ζ に対応し，反ニュートリノ $\bar{\nu}$ が ζ の反粒子状態 $i\sigma^2\zeta^*$ に対応すると考えれば説明がつく．現在までのところ，右巻きニュートリノ ν_R の存在は実験的に確認されていない．

6.4.4　γ 行列の表示によらない定式化

これまでの議論の多くは，カイラル表示 γ_W^μ に依存した形で与えられていたので，γ 行列の表示によらない形で再定式化しておいたほうがよいだろう．

(ただし前にも述べたが，$(\gamma^0)^\dagger = \gamma^0$, $(\gamma^j)^\dagger = -\gamma^j$ を満たす γ 行列に限定する.) γ^5 の固有値をカイラリティとよび，カイラリティ $+1$ のスピン右巻き状態を ψ_R，カイラリティ -1 のスピン左巻き状態を ψ_L と書く．このとき，任意の (4 成分) 波動関数は次の**カイラル分解**（chiral decomposition）ができる．

$$\psi = \frac{1}{2}(I_4 + \gamma^5)\psi + \frac{1}{2}(I_4 - \gamma^5)\psi = P_R\psi + P_L\psi \quad (6.54)$$

ここで，$P_R \equiv (1/2)(I_4 + \gamma^5)$, $P_L \equiv (1/2)(I_4 - \gamma^5)$ は，$(\gamma^5)^2 = I_4$ から次の関係式を満たし，**射影演算子**（projection operator）の役割を果たす．

$$P_R + P_L = I_4 \quad (6.55\text{a})$$

$$(P_R)^2 = P_R, \qquad (P_L)^2 = P_L \quad (6.55\text{b})$$

$$P_R P_L = P_L P_R = 0 \quad (6.55\text{c})$$

【注】 (6.55) を満たす P_R, P_L を射影演算子とよぶ理由は次の通りである．(6.55a) は，1 つの空間を P_R 成分と P_L 成分の 2 つに分解できることを意味し，その 2 つの成分を合わせると元の空間全体になることを表す．(6.55b) は，一度 P_R (あるいは P_L) 成分を取り出してしまえば，再び P_R (あるいは P_L) を作用させても何も変わらないことを意味する．最後の式は，P_R 成分と P_L 成分には共通部分はなく，P_R 成分に P_L 成分 (あるいはその逆) は含まれていないことを意味している．

さらに，

$$\gamma^5 P_R = P_R \gamma^5 = P_R \quad (6.56\text{a})$$

$$\gamma^5 P_L = P_L \gamma^5 = -P_L \quad (6.56\text{b})$$

を満たすので，次のように $P_R\psi(P_L\psi)$ はカイラリティ $+1(-1)$ の固有状態であることがわかる．

$$\gamma^5 \psi_R = +\psi_R, \qquad \psi_R \equiv \frac{1}{2}(I_4 + \gamma^5)\psi = P_R\psi \quad (6.57\text{a})$$

$$\gamma^5 \psi_L = -\psi_L, \qquad \psi_L \equiv \frac{1}{2}(I_4 - \gamma^5)\psi = P_L\psi \quad (6.57\text{b})$$

また，次の関係式もよく使われる重要なものだ．

$$\gamma^\mu P_{\rm R} = P_{\rm L} \gamma^\mu, \qquad \gamma^\mu P_{\rm L} = P_{\rm R} \gamma^\mu \tag{6.58}$$

つまり，γ 行列はカイラリティを変えるはたらきがある．

⟨check 6.7⟩

カイラル表示では，

$$P_{\rm R} = \frac{1}{2}(I_4 + \gamma_{\rm W}^5) = \begin{pmatrix} I_2 & 0 \\ 0 & 0 \end{pmatrix}, \qquad P_{\rm L} = \frac{1}{2}(I_4 - \gamma_{\rm W}^5) = \begin{pmatrix} 0 & 0 \\ 0 & I_2 \end{pmatrix}$$

となることを示し，これらの表示を用いて (6.55) 〜 (6.58) を具体的に確かめてみよう．◆

次に，カイラリティの固有状態 $\psi_{\rm R}$ と $\psi_{\rm L}$ のローレンツ変換性を調べてみよう．γ^5 と γ^μ は反可換 ($\gamma^5 \gamma^\mu = -\gamma^\mu \gamma^5$) なので，$\gamma^5$ と $\sigma^{\mu\nu} = (i/2)[\gamma^\mu, \gamma^\nu]$ は可換である．(6.43) で与えられるスピノルの変換行列 $S(\Lambda)$ は，$\sigma^{\mu\nu}$ から作られるので γ^5 と $S(\Lambda)$ は可換，すなわち，カイラリティの射影演算子 $(1/2) \times (I_4 \pm \gamma^5)$ と $S(\Lambda)$ は可換である．

したがって，$\psi'(x') = S(\Lambda) \psi(x)$ の左から $(1/2)(I_4 \pm \gamma^5)$ を作用させることによって，$\psi_{\rm R}$ と $\psi_{\rm L}$ のローレンツ変換は

$$\psi'_{\rm R}(x') = S(\Lambda)\, \psi_{\rm R}(x), \qquad \psi'_{\rm L}(x') = S(\Lambda)\, \psi_{\rm L}(x) \tag{6.59}$$

となり，$\psi_{\rm R}$ と $\psi_{\rm L}$ **は本義ローレンツ変換では混ざり合わない**ことがわかる．これはカイラル表示で，上 2 成分 ξ と下 2 成分 ζ は，互いにローレンツ変換で独立に変換することと同じだ．

6.4.5 カイラルスピノルと空間反転

空間反転はカイラリティを反転し，次のように $\psi_{\rm R}$ と $\psi_{\rm L}$ を入れかえる．

$$\psi_{\rm R} \xleftrightarrow{P} \psi_{\rm L} \tag{6.60}$$

この結果は，カイラル表示での 2 成分波動関数の関係 (6.47) を再現する．

【注】(6.60) の関係は次のようにして示される．空間反転では $\psi \xrightarrow{P} \psi^P \equiv \gamma^0 \psi$ と変換するので，

$$\psi_{\rm R} = \frac{I_4 + \gamma^5}{2} \psi \xrightarrow{P} \frac{I_4 + \gamma^5}{2} (\psi^P) = \gamma^0 \frac{I_4 - \gamma^5}{2} \psi = \gamma^0 \psi_{\rm L}$$

となる．同様に，$\psi_L \xrightarrow{P} \gamma^0 \psi_R$ が得られる．したがって，空間反転は ψ_R と ψ_L を入れかえる．

このことを念頭において，もう一度電磁場中のディラック方程式を眺めてみよう．ディラック方程式の左から $P_R = (1/2)(I_4 + \gamma^5)$，または $P_L = (1/2)(I_4 - \gamma^5)$ を掛けて (6.58) を用いると，次の2組の方程式が得られる．

$$i\gamma^\mu(\partial_\mu + iqA_\mu)\psi_L - m\psi_R = 0 \qquad (6.61a)$$
$$i\gamma^\mu(\partial_\mu + iqA_\mu)\psi_R - m\psi_L = 0 \qquad (6.61b)$$

質量 m が0の場合には，ψ_R と ψ_L は分離した方程式に従うが，質量が0でない場合 ($m \neq 0$) は，質量 m を通して ψ_R と ψ_L の混合が起こることがわかる．つまり，**質量を持つためには，ψ_R と ψ_L の両方のカイラリティを持った固有状態が必要**になる．この事実は，カイラルスピノルを含む系では特に重要であり，粒子の質量起源に対する新しい見方を与えてくれる．忘れないように頭に入れておこう．

空間反転不変性について，もう少しコメントを与えておこう．電磁場中のディラック方程式 (6.61) は ψ_R と ψ_L の入れかえの下で対称なので，（これまで何度も見てきたように）空間反転不変性を持つ．実際に，**電磁相互作用と強い相互作用に関しては空間反転不変性を保ち**，右巻きの電子 e_R^- と右巻きのクォーク q_R，および，左巻きの電子 e_L^- と左巻きのクォーク q_L は理論の中に対等に組み込まれている．

しかしながら，相対論的不変性として本義ローレンツ変換の下での不変性のみを要求する立場では，ψ_R と ψ_L が同じ形の相互作用を持つ必然性はない．実際，我々の自然界は，ψ_R と ψ_L が異なる相互作用を持つことを許している．弱い相互作用に関しては，左巻きの電子 e_L^- やクォーク q_L は W ボソンと相互作用するが，右巻きの電子 e_R^- やクォーク q_R は W ボソンと相互作用しない．また，Z ボソンとの相互作用の強さも左巻きと右巻きとでは異なっている．したがって，**弱い相互作用では空間反転不変性（パリティ）は破れてい**

ることになる．標準模型におけるパリティ不変性の破れは 7.5 節で議論する．

さらに，ニュートリノは電磁相互作用も強い相互作用もせず，弱い相互作用を通してのみ反応を起こす．それゆえ，ニュートリノは物質とほとんど反応せず，人体はおろか，地球さえも簡単に通り抜けてしまう．そのときに関与するのは左巻きニュートリノ ν_L のみで，右巻きニュートリノは現れない．最近のニュートリノ実験から，ニュートリノはわずかだが質量を持つことが示唆されている．その質量がディラック質量ならば右巻きニュートリノ ν_R が存在することになる．もし，ν_R が存在したならば，ν_L とは全く異なった相互作用をしていることになる．ニュートリノに関しては謎だらけである．今後の実験と理論の発展が待たれる．

【注】 ニュートリノの質量起源として，**ディラック質量**（Dirac mass，ディラック方程式の質量項）と，もう1つ**マヨラナ質量**（Majorana mass，後の 6.6 節を見よ）の2つが考えられている．このどちらなのかは結着はついていない．ニュートリノは，標準模型を超えた新しい物理の手掛かりになると考えている研究者は多い．

〈check 6.8〉

(6.60) と (6.61) は，カイラル表示をとると (6.47) と (6.48) にそれぞれ帰着することを確かめてみよう．◆

6.4.6　カイラルスピノルと荷電共役

カイラルスピノル ψ_R と ψ_L の荷電共役についても調べておこう．荷電共役の定義 $\psi \xrightarrow{C} \psi^C = C\bar{\psi}^T$ に従って，ψ_R と ψ_L を変換させると次式のようにカイラリティが反転することがわかる．

$$\psi_R \xrightarrow{C} (\psi^C)_R \equiv \frac{I_4 + \gamma^5}{2}\psi^C = \left(\frac{I_4 - \gamma^5}{2}\psi\right)^C = (\psi_L)^C \quad (6.62a)$$

$$\psi_L \xrightarrow{C} (\psi^C)_L \equiv \frac{I_4 - \gamma^5}{2}\psi^C = \left(\frac{I_4 + \gamma^5}{2}\psi\right)^C = (\psi_R)^C \quad (6.62b)$$

【注】 ここで注意しておきたいことは，荷電共役の操作はカイラリティを変える（$(\psi_R)^C =$

$(\phi^C)_{\mathrm{L}}$, $(\phi_{\mathrm{L}})^C = (\phi^C)_{\mathrm{R}}$ という点だ．したがって，カイラリティの射影演算子 P_{R}, P_{L} と荷電共役の操作は可換ではないので，ϕ_{L}^C や ϕ_{R}^C という書き方は，カイラリティと荷電共役のどちらを先に行ったのかがあいまいなので使うべきではない．

〈check 6.9〉
(6.62) を確かめてみよう．

【ヒント】 (6.62) を導く際に，次の関係式 $C(\gamma^5)^T = \gamma^5 C$, $(\gamma^5)^* = (\gamma^5)^T$, $\gamma^0 \gamma^5 = -\gamma^5 \gamma^0$, $\bar{\phi}^T = (\gamma^0 \phi)^*$ を用いよ．◆

(6.62) で見たように，C 変換 ($\phi \to \phi^C = C\bar{\phi}^T$) は ψ_{R} と ψ_{L} を入れかえるので，C 変換は ψ_{R}（あるいは ψ_{L}）だけで閉じた変換になっていない．そのため，荷電共役 (C 変換) 不変性を持たない理論では，カイラルスピノルの反粒子を C 変換ではうまく定義できない．このときは，次の CP 変換によって反粒子を定義することができる．（この場合，むしろ CP 変換が粒子 ↔ 反粒子変換なのである．）

$$(\psi_{\mathrm{R}})_{\text{反粒子}} \equiv (\psi^{CP})_{\mathrm{R}} \equiv \frac{I_4 + \gamma^5}{2} (\psi^P)^C = C(\psi_{\mathrm{R}})^* \quad (6.63\mathrm{a})$$

$$(\psi_{\mathrm{L}})_{\text{反粒子}} \equiv (\psi^{CP})_{\mathrm{L}} \equiv \frac{I_4 - \gamma^5}{2} (\psi^P)^C = C(\psi_{\mathrm{L}})^* \quad (6.63\mathrm{b})$$

【注】 ここでは，CP 変換を P 変換を行った後に C 変換を行うものとして $\psi^{CP} = (\psi^P)^C = C\overline{(\gamma^0 \psi)}^T$ と定義した．

カイラル表示でこの CP 変換を見てみると，$\psi_{\mathrm{R}} = \begin{pmatrix} \xi \\ 0 \end{pmatrix}$, $\psi_{\mathrm{L}} = \begin{pmatrix} 0 \\ \zeta \end{pmatrix}$, および $C = i\gamma_{\mathrm{W}}^2 \gamma_{\mathrm{W}}^0 = \begin{pmatrix} -i\sigma^2 & 0 \\ 0 & i\sigma^2 \end{pmatrix}$ なので，

$$\xi_{\text{反粒子}} = -i\sigma^2 \xi^*, \quad \zeta_{\text{反粒子}} = +i\sigma^2 \zeta^* \quad (6.64)$$

となる．この結果と (6.53) および (6.51) から，$\xi_{\text{反粒子}}$ ($\zeta_{\text{反粒子}}$) は ξ (ζ) と逆のヘリシティ $h = -1/2$ ($h = +1/2$) を持つことがわかる．このことから，6.4.3 項の最後に述べた性質——ニュートリノ ν_{L} と反ニュートリノ $\bar{\nu}_{\mathrm{R}}$ はそれ

それぞれ逆のヘリシティ $h = -1/2$ と $h = +1/2$ を持つ—ことが示せたことになる.

6.4.7　カイラルスピノルと双 1 次形式

5.4 節での双 1 次形式をカイラル分解で表したものは, 現象論を議論するときに重要となる. そのために, ディラック共役 $\bar{\psi}$ のカイラリティについて調べておこう. $\overline{\psi_R}(\overline{\psi_L})$ を $\psi_R(\psi_L)$ のディラック共役とすると,

$$\overline{\psi_R} \equiv (\psi_R)^\dagger \gamma^0 = \left(\frac{I_4 + \gamma^5}{2}\psi\right)^\dagger \gamma^0 = \bar{\psi}\left(\frac{I_4 - \gamma^5}{2}\right) \quad (6.65\mathrm{a})$$

$$\overline{\psi_L} \equiv (\psi_L)^\dagger \gamma^0 = \left(\frac{I_4 - \gamma^5}{2}\psi\right)^\dagger \gamma^0 = \bar{\psi}\left(\frac{I_4 + \gamma^5}{2}\right) \quad (6.65\mathrm{b})$$

となる. $\overline{\psi_R}(\overline{\psi_L})$ からは, 射影演算子 $P_L = (1/2)(I_4 - \gamma^5)\,(P_R = (1/2)(I_4 + \gamma^5))$ が現れていることに注意しよう. (6.65) の 3 番目の等号では, $(\gamma^5)^\dagger = \gamma^5$ および $\gamma^5\gamma^0 = -\gamma^0\gamma^5$ を使った.

次に, カイラリティの射影演算子 P_R, P_L の性質 (6.55), (6.56), (6.58) を用いると, 5.4 節で議論した双 1 次形式は次のようにカイラル分解できる.

$$\bar{\psi}\psi = \overline{\psi_L}\psi_R + \overline{\psi_R}\psi_L \quad (6.66\mathrm{a})$$

$$\bar{\psi}\gamma^\mu\psi = \overline{\psi_R}\gamma^\mu\psi_R + \overline{\psi_L}\gamma^\mu\psi_L \quad (6.66\mathrm{b})$$

$$\bar{\psi}\sigma^{\mu\nu}\psi = \overline{\psi_L}\sigma^{\mu\nu}\psi_R + \overline{\psi_R}\sigma^{\mu\nu}\psi_L \quad (6.66\mathrm{c})$$

$$\bar{\psi}\gamma^5\psi = \overline{\psi_L}\psi_R - \overline{\psi_R}\psi_L \quad (6.66\mathrm{d})$$

$$\bar{\psi}\gamma^\mu\gamma^5\psi = \overline{\psi_R}\gamma^\mu\psi_R - \overline{\psi_L}\gamma^\mu\psi_L \quad (6.66\mathrm{e})$$

導出は簡単なので読者に任せるとして, カイラリティのどのような組み合わせが現れるのか, 特に, ψ_R と ψ_L の 4 つの組み合わせ (RR, LL, LR, RL) のうち, RR と LL, あるいは, LR と RL のどちらかの組み合わせしか現れないことに注意しよう.

また, $\bar{\psi}\psi$ の双 1 次形式は ψ_R と ψ_L の両方が必要だが, $\bar{\psi}\gamma^\mu\psi$ の双 1 次形式は, ψ_R のみ, あるいは, ψ_L のみで構成できることに注意しておこう. これは

後の章で議論するラグランジアン形式で理論を書き下したときに，運動項 ($\bar{\psi}\gamma^\mu\partial_\mu\psi$) は ψ_R のみ，あるいは，ψ_L のみで閉じた形に書けるが，質量項 ($m\bar{\psi}\psi$) は ψ_R と ψ_L の両方の自由度がなければ書き下せないことを意味する．さらに，$\bar{\psi}\gamma^5\psi$ と $\bar{\psi}\gamma^\mu\gamma^5\psi$ の右辺にマイナス符号が現れている理由は，空間反転の下での擬スカラーと擬ベクトルの変換性と，カイラルスピノルの変換性 $\psi_R \overset{P}{\longleftrightarrow} \psi_L$ を考慮すれば理解できる．

⟨check 6.10⟩

(6.66) を確かめてみよう．◆

6.4.8 カイラル対称性

3.6 節で質量 m を持つベクトル場 (プロカ場) に対する方程式を議論した．この方程式で質量 m をゼロにおくと，$m \neq 0$ のときにはなかった不変性—ゲージ不変性—が現れ，このゲージ不変性はゲージ場が質量を持つことを禁止することがわかった．同じようなことが，ディラック方程式でも起こることを以下で確かめよう．

そのために，電磁場中のディラック方程式

$$[i\gamma^\mu(\partial_\mu + iqA_\mu(x)) - mI_4]\psi(x) = 0 \tag{6.67}$$

を考える．この方程式には，次の**位相変換** (phase transformation) の不変性が存在する．

$$\psi(x) \longrightarrow e^{i\alpha}\psi(x) \tag{6.68}$$

ここで，α は任意の実定数である．しかし，この不変性は $m \neq 0$ のときにも成り立つので，我々が求めているものではない．

$m = 0$ のときには，次の**カイラル変換** (chiral transformation)

$$\psi(x) \longrightarrow e^{i\beta\gamma^5}\psi(x) \tag{6.69}$$

の下での不変性がディラック方程式 (6.67) に現れる．ここで，β は任意の実数である．このとき方程式は，**カイラル対称性** (chiral symmetry) を持つという．重要なポイントは，質量項 ($m \neq 0$) があると (6.69) の不変性は壊

れてしまう点である．つまり，**カイラル対称性の存在は質量項を禁止する**（つまり $m=0$ を保証する）のである．

【注】 (6.69) のカイラル変換を ψ_R と ψ_L で表すと，ψ_R と ψ_L がそれぞれ γ^5 の $+1$ と -1 の固有状態であることから，

$$\psi_R \to e^{i\beta}\psi_R, \quad \psi_L \to e^{-i\beta}\psi_L$$

となる．

カイラル対称性の 1 つの重要な帰結は，**軸性ベクトルカレント**（axial vector current）の保存，すなわち，

$$\partial_\mu j^{\mu 5} = 0, \qquad j^{\mu 5} \equiv \bar{\psi}\gamma^\mu\gamma^5\psi \tag{6.70}$$

である．実際，check 6.11 の (6.71) から，$m=0$ のとき $j^{\mu 5}$ は保存する．カイラル対称性と保存量 $j^{\mu 5}$ の関係は，第 10 章の議論を参考にしてほしい．

〈**check 6.11**〉

$m=0$ のときは，カイラル変換 (6.69) の下でディラック方程式 (6.67) は不変，$m \neq 0$ のときは不変にならないことを確かめよ．また，電磁場中のディラック方程式 (6.67) を用いて，次式が成り立つことを証明してみよう．

$$\partial_\mu j^{\mu 5} = 2im\bar{\psi}\gamma^5\psi \tag{6.71}$$

【ヒント】 カイラル対称性を確かめるために必要な公式は，$\gamma^\mu e^{i\beta\gamma^5} = e^{-i\beta\gamma^5}\gamma^\mu$ である．この式を導くためには，$e^{i\beta\gamma^5}$ をテイラー展開して $\gamma^\mu\gamma^5 = -\gamma^5\gamma^\mu$ を用いればよい．(6.71) を証明するために必要なものは，ディラック方程式 (6.67) とそのエルミート共役をとった式，および $\gamma^0(\gamma^\mu)^\dagger\gamma^0 = \gamma^\mu$，$\gamma^\mu\gamma^5 = -\gamma^5\gamma^\mu$ である．◆

6.5　パリティの破れ

1957 年にウーらはコバルト ^{60}Co の崩壊を観測して，**空間反転の破れ**（parity violation）を実験で確認した．この実験結果は，当時の研究者達に大きな衝撃を与えたようである．この実験を，前節での結果を用いて説明することがこの節の目的である．

6.5.1 パリティ非保存の実験

ウーらは，コバルト原子核 ^{60}Co が β 崩壊によってニッケル原子核 ^{60}Ni に遷移する過程を観測した．(実際の実験では $\bar{\nu}_e$ を観測していない．)

$$^{60}\text{Co} \longrightarrow {}^{60}\text{Ni} + e^- + \bar{\nu}_e \tag{6.72}$$

ここで，Co はコバルト，Ni はニッケル，e^- は電子，$\bar{\nu}_e$ は反電子ニュートリノを表す．

^{60}Co の核は磁場の中で非常に低い温度に冷却される．これによって ^{60}Co の核スピンは磁場の方向を向く．^{60}Co は核スピン角運動量 $5\hbar$ を持ち，崩壊後は ^{60}Ni となり核スピン角運動量 $4\hbar$ を持っていることがわかっている．したがって，残りのスピン角運動量 $\hbar$ は e^- と $\bar{\nu}_e$ が持ち去ったことになる．

観測の結果，電子 e^- は ^{60}Co の核スピンとは逆の方向に放出されやすいことがわかった (図 6.3 参照)．この実験結果は，明らかにパリティ (空間反転) の対称性を破っている．なぜなら，パリティの対称性が破れていなければ，図 6.3 において鏡に映った現象 (^{60}Ni の核スピンと同じ方向に e^- が放出) も同じ確率で観測されるはずなのに，観測ではそうではなかったからである．この実験結果を理論の立場から，次の 6.5.2 項で説明しよう．

【注】この実験を鏡に映してみると，図 6.3 のように ^{60}Ni の核スピンの方向は変わらないが，e^- と $\bar{\nu}_e$ の放出される方向は反転する．^{60}Ni の核スピンの方向が変わらないのは，スピンの回転方向 (図では右回り) は鏡に映った像でも右回りのままで同じだからである．

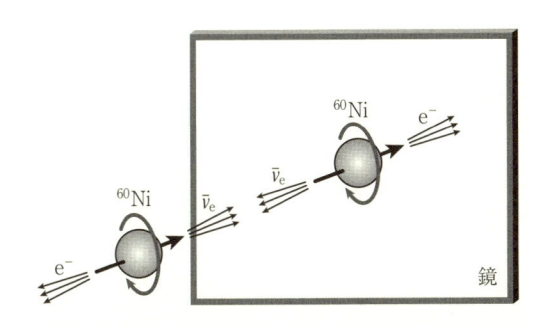

図 6.3 ^{60}Co $\to$ ^{60}Ni + e^- + $\bar{\nu}_e$ の崩壊を鏡に映してみた図．

6.5.2 理論的説明

以下では，e^- が ^{60}Co の核スピンと反対方向，$\bar{\nu}_e$ が核スピン方向に放出される理由を，理論的観点から考察する．

^{60}Co → ^{60}Ni + e^- + $\bar{\nu}_e$ の崩壊は，弱い相互作用を通じて起こる．弱い相互作用ではニュートリノに関して，左巻きのカイラリティを持つニュートリノ（ν_L）と右巻きのカイラリティを持つ反ニュートリノ（$\bar{\nu}_R$）のみが反応に関与することがわかっている（7.5.2項参照）．

電子ニュートリノ ν_e は左巻きのカイラリティ（L）を持ち，ヘリシティ $h_{\nu_e} = -1/2$ の固有状態であることがわかっている．一方，6.4.6項での議論から，反電子ニュートリノ $\bar{\nu}_e$ は電子ニュートリノ ν_e と逆のヘリシティ

$$h_{\bar{\nu}_e} = +\frac{1}{2} \tag{6.73}$$

を持ち，右巻きのカイラリティ（R）状態である．したがって，反電子ニュートリノ $\bar{\nu}_e$ のスピンと運動量は同じ方向を向くことになる（図6.4参照）．

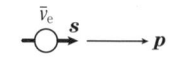

図 6.4 反ニュートリノはヘリシティ $h = +1/2$ を持つので，スピンと運動量の方向は同じである．

このことを考慮に入れると，ウーらの実験結果は，次のように自然に説明される．図6.5において，^{60}Co と ^{60}Ni はそれぞれ右向き核スピン $5\hbar$ と $4\hbar$ を持っているので，角運動量保存から，スピン角運動量 $5\hbar - 4\hbar = \hbar$ を e^- と $\bar{\nu}_e$ が持ち去ったことになる．e^- と $\bar{\nu}_e$ のスピンの大きさはそれぞれ $\hbar/2$ であるので，角運動量保存が成り立つ唯一の可能性は，e^- と $\bar{\nu}_e$ のスピンが ^{60}Ni の核スピンと同じ方向を向く場合のみである（図6.6参照）．

【注】 角運動量保存の議論で，e^- と $\bar{\nu}_e$ の間の相対運動から生じる軌道角運動量の寄与が気になるかもしれない．^{60}Co の崩壊において原子核はほとんど動かず，e^- と $\bar{\nu}_e$ は図6.5のようにほぼ反対方向に放出される．e^- あるいは $\bar{\nu}_e$ の放出方向を z 軸としたとき，e^- と $\bar{\nu}_e$ の2体運動から生じる角運動量の方向は z 軸と垂直である．本文で議論されている角運動量保存は z 軸方向なので，e^- と $\bar{\nu}_e$ の軌道角運動量は考慮しなくてもよいことがわかる．

6.5 パリティの破れ

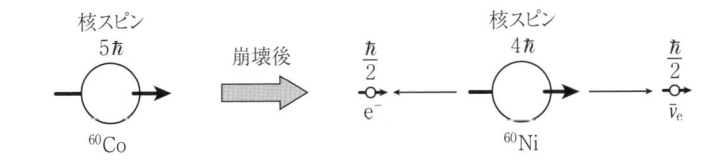

図 6.5 ^{60}Co の崩壊における各粒子のスピンの方向

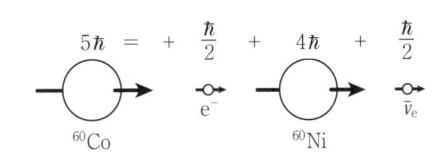

図 6.6 角運動量保存から，（この場合は）e^- と $\bar{\nu}_e$ のスピンの方向は共に，^{60}Ni と同じ右向きでなければならない．

　上の角運動量保存の議論から，反電子ニュートリノ $\bar{\nu}_e$ のスピンの方向は，^{60}Ni の核スピンの向きと同じでなければならないことがわかった．これに $\bar{\nu}_e$ のヘリシティ $h_{\bar{\nu}_e} = +1/2$ の性質（スピンと運動量の向きが同じ）を加味すると，$\bar{\nu}_e$ は ^{60}Ni の核スピンの向きと同じ方向に飛び出ることになる（図 6.5 参照）．

　一方，電子は ^{60}Ni の核スピンと逆方向に放出されるので，電子のスピンは電子の運動量と逆方向を向くことになる（図 6.5 参照）．このことから，ヘリシティ $-1/2$ 状態（スピンと運動量は逆向き）の電子が ^{60}Co の崩壊現象に関与すると考えれば（7.5.2 項参照），^{60}Ni の核スピンと逆方向に e^- が放出されるという実験結果（図 6.3）をうまく説明できることがわかる．

【注】 ニュートリノ振動実験から間接的にではあるが，ニュートリノは質量を持つことが示唆されている．ニュートリノが質量を持っているなら，カイラリティの固有状態であってもヘリシティの固有状態には必ずしもならない．しかし，ニュートリノの質量は非常に小さいと考えられているので，(6.4.3 項の議論から) m_ν/E 程度の補正を無視する近似で反電子ニュートリノ $\bar{\nu}_e$ は右巻きヘリシティの固有状態と見なして構わない．

6.6 マヨラナスピノル

6.6.1 マヨラナスピノルとマヨラナ質量

これまで粒子と反粒子は別ものと考えてきたが，**粒子と反粒子が同一のフェルミ粒子**も存在できる．そのような粒子は**マヨラナスピノル**（Majorana spinor）とよばれ，次の**マヨラナ条件**（Majorana condition）を満たす．

$$\psi_\mathrm{M} = (\psi_\mathrm{M})^C \tag{6.74}$$

ここで，$(\psi_\mathrm{M})^C$ は ψ_M の荷電共役である．マヨラナスピノルは，電荷を持つことができない．なぜなら，ψ_M と $(\psi_\mathrm{M})^C$ は電荷の符号を逆にした方程式をそれぞれ満たすので，マヨラナ条件と矛盾しないためには，マヨラナスピノルの電荷は 0 でなければならないからである．

マヨラナスピノルは粒子と反粒子が同一なので，ディラックスピノルの半分の自由度しか持たない．実際，任意のディラックスピノル ψ は，2 つのマヨラナスピノル $\psi_\mathrm{M}^{(1)}$, $\psi_\mathrm{M}^{(2)}$ を用いて次のように表すことができる．

$$\psi = \psi_\mathrm{M}^{(1)} + i\psi_\mathrm{M}^{(2)} \tag{6.75}$$

$(\psi_\mathrm{M}^{(a)})^C = \psi_\mathrm{M}^{(a)}\,(a=1,2)$ なので，この関係は $\psi_\mathrm{M}^{(a)}$ について逆に解き直すことができて

$$\psi_\mathrm{M}^{(1)} = \frac{1}{2}(\psi + \psi^C), \qquad \psi_\mathrm{M}^{(2)} = -\frac{i}{2}(\psi - \psi^C) \tag{6.76}$$

となる．上式第 1 式の ψ として，例えば，左巻きカイラルスピノル ψ_L にとると，マヨラナスピノルは（$\psi_\mathrm{M}^{(1)} \to \psi_\mathrm{M}$ と書きかえて）

$$\psi_\mathrm{M} = \frac{1}{2}(\psi_\mathrm{L} + (\psi_\mathrm{L})^C) \tag{6.77}$$

と表すことができる．

この表示を用いてマヨラナスピノルに対するディラック方程式

$$i\gamma^\mu \partial_\mu \psi_\mathrm{M} - m\psi_\mathrm{M} = 0 \tag{6.78}$$

を，(6.77) の ϕ_L と $(\phi_L)^C$ を用いて書き直すと以下のようになる．

$$i\gamma^\mu \partial_\mu \phi_L - m(\phi_L)^C = 0 \qquad (6.79)$$

【注】 上式を導くためには，(6.78) の左から $P_R = (1/2)(I_4 + \gamma^5)$ を掛けて，$P_R \gamma^\mu = \gamma^\mu P_L$ と (6.77) から得られる $P_R \psi_M = (1/2)(\phi_L)^C$，および $P_L \psi_M = (1/2)\phi_L$ を用いればよい．ここで，$(\phi_L)^C$ は左巻きではなく右巻きのカイラリティを持つことに注意しておこう（(6.62) 参照）．

6.4 節では，左巻きカイラルスピノル ϕ_L は，相棒の右巻き ϕ_R が存在しないと質量項を持てないと述べた．しかしながら，ϕ_L が電荷などの量子数を持たない場合は，別の可能性があり，(6.79) の左辺第 2 項のように質量を持つことができる．このような質量のことを**マヨラナ質量**とよぶ．ニュートリノ ν_L は電荷を持たないので正にこの例となっていて，マヨラナ質量を持つことが可能だ．ニュートリノの質量起源がディラック型（このときは ν_R が存在する）なのか，それともマヨラナ型（このときは ν_R は不要）なのか，決着がついていない大問題の 1 つである．

6.6.2　カイラル条件 vs. マヨラナ条件

ディラックスピノル以外に，カイラルスピノル（ϕ_R あるいは ϕ_L）とマヨラナスピノル（$\psi_M = (\psi_M)^C$）が存在することがわかったが，カイラルでかつマヨラナ条件を同時に満たすフェルミ粒子が存在するかという疑問に答えておこう．

例として，左巻きカイラリティを持つ粒子 ϕ_L を考えよう．左巻きカイラリティの定義から $P_L \phi_L = \phi_L$ を満たしている．この粒子に，さらにマヨラナ条件（$\phi_L \stackrel{?}{=} (\phi_L)^C$）を課すことができるかが問題となる．

しかしながら，カイラリティを保ったままマヨラナ条件は課せないことがわかる．なぜなら，(6.62) より $(\phi_L)^C$ は右巻きカイラリティを持つので，左巻きカイラリティを持つ ϕ_L と等しくおくことはできないからである．したがって，カイラル条件とマヨラナ条件は同時に課すことはできない．

【注】 カイラルスピノル（ワイルスピノル）やマヨラナスピノルの存在条件は，時空の次

元に依存する．カイラル条件は，時間と空間の次元を足した時空の次元 D が偶数の場合のみ課すことができる．これは，γ 行列 γ^μ ($\mu = 0, 1, \cdots, D-1$) と反可換な行列 ($D = 4$ では γ^5 のこと) が，$D =$ 偶数のときにしか存在しないことから導かれる．一方，マヨラナ条件は，$D = 2 + 8n, 3 + 8n, 4 + 8n$ (n は 0 または正の整数) の場合に課せることが知られている．また，カイラル条件とマヨラナ条件を同時に課すことができる次元は，$D = 2 + 8n$ のときだけである．特に，$D = 10$ でマヨラナ–ワイルスピノルが存在する事実は，**超弦理論**（**superstring theory**）が $D = 10$ 次元で定義されていることと深い関係にある．一般の次元でのカイラル条件とマヨラナ条件については，谷井義彰 著：「超重力理論」（サイエンス社，2011 年）で詳しく議論されている．

6.6.3 マヨラナ表示

γ 行列は一意的ではなく，いろいろな表示が存在する．どの表示を選んでも物理的には等価なのだが，どのような物理を調べたいかによって便利な表示をとるのが賢いやり方だ．ディラック表示やカイラル表示以外にも，**マヨラナ表示**（**Majorana representation**）とよばれる γ 行列が知られている．

$$\left.\begin{array}{l} \gamma_M^0 = \begin{pmatrix} 0 & \sigma^2 \\ \sigma^2 & 0 \end{pmatrix}, \quad \gamma_M^1 = \begin{pmatrix} i\sigma^3 & 0 \\ 0 & i\sigma^3 \end{pmatrix} \\[2mm] \gamma_M^2 = \begin{pmatrix} 0 & -\sigma^2 \\ \sigma^2 & 0 \end{pmatrix}, \quad \gamma_M^3 = \begin{pmatrix} -i\sigma^1 & 0 \\ 0 & -i\sigma^1 \end{pmatrix} \end{array}\right\} \quad (6.80)$$

これらが，反交換関係 $\{\gamma^\mu, \gamma^\nu\} = 2\eta^{\mu\nu} I_4$ を満たすことは読者への課題としておこう．この表示は名前の通り，マヨラナスピノルを調べるのに適している．その重要な特徴は，γ_M^μ ($\mu = 0, 1, 2, 3$) がすべて純虚数行列で与えられている点である．すなわち，

$$(\gamma_M^\mu)^* = -\gamma_M^\mu \quad (\mu = 0, 1, 2, 3) \tag{6.81}$$

を満たす．この性質から，$C(\gamma^\mu)^T C^{-1} = -\gamma^\mu$ を満たす荷電共役行列 C は，マヨラナ表示では $C = -\gamma_M^0 = C^{-1}$ ととればよいことがわかり，マヨラナ条件 $\psi_M = (\psi_M)^C$ は簡単に

$$\psi_M = (\psi_M)^* \tag{6.82}$$

となる．つまり，（マヨラナ表示では）マヨラナスピノルは実波動関数によっ

6.6 マヨラナスピノル 181

〈check 6.12〉

マヨラナ表示の γ 行列 (6.80) は，反交換関係 $\{\gamma_M^\mu, \gamma_M^\nu\} = 2\eta^{\mu\nu} I_4$，および，$(\gamma_M^0)^\dagger = \gamma_M^0$, $(\gamma_M^j)^\dagger = -\gamma_M^j$ $(j = 1, 2, 3)$, $(\gamma_M^\mu)^* = -\gamma_M^\mu$ $(\mu = 0, 1, 2, 3)$ を満たすことを確かめよ．また，マヨラナ表示では，$C(\gamma^\mu)^T C^{-1} = -\gamma^\mu$ を満たす荷電共役行列 C を $C = -\gamma_M^0 = C^{-1}$ ととればよいことを示し，(6.82) を確かめてみよう．◆

～～～～～～～～～～～～～～～～～～～～～～～～～

鏡の問題

下の文書を見てもらいたい．そこに書かれた文字は，鏡に映されたものだ．

> この文章は，鏡に映してある．
> 書けばわかるが，正しく
> 読むことができる。

左右がひっくり返っているので，そのままでは読めない．しかし，右から左へ読んでいけばひっくり返った文字をなんとか読めるし，鏡に映せば左右がひっくり返って左から右へ元の正しい文章として読むことができる．このように，鏡は映ったものの左右を逆転する．

ここで簡単な質問に答えてもらいたい．

『鏡は左右を逆にするだけで，上下を逆にしないのはなぜか？』

上の鏡文字を見ると，文字は左右を逆転しているが，上の行は鏡文字の中でも上の行にあり，下の行は下のままである．鏡に映った"あなた"も，頭は上にあり足は下にある．確かに鏡は，左右を逆転させるが，上下は逆転させずそのままにしているようだ．

でもよく考えてほしい．鏡の表面は，全くつるつるで平らである．右も左も，上も下も鏡は区別しているようには見えない．事実，鏡を 90° 回転しても何の変化も起きない．かたくなに，左右のみを入れかえ，上下はそのままである．

あなたは，この鏡の不思議な性質について，誰もが納得できる説明を与えることができるだろうか？

【注】 M. ガードナー 著：「新版 自然界における左と右」(紀伊國屋書店, 1992年) で，この問題について詳しい議論がなされている．また，朝永振一郎も鏡の問題を「鏡の中の世界」(みすず書房, 1995年) と「鏡の中の物理学」(講談社, 1976年) で取り上げている．

第7章

ゲージ原理と3つの力

素粒子の従う自然法則はゲージ原理によって支配されている．実際，重力を除いた3つの力（強い力，弱い力，電磁気力）は，それぞれ非常に異なる性質を持つにも関わらず，ゲージ原理によって統一的に理解することができる．本章では，マクスウェル理論を拡張した非可換ゲージ理論を紹介し，$SU(3) \times SU(2) \times U(1)$ ゲージ理論として記述される標準模型を概観する．

7.1 ディラック方程式のゲージ不変性

マクスウェル方程式を電場 E，磁場 B の代わりにゲージ場 A_μ を使って書き直すと，次の**ゲージ変換**

$$A_\mu(x) \longrightarrow A'_\mu(x) = A_\mu(x) + \partial_\mu \Lambda(x) \tag{7.1}$$

の下での不変性が現れる．ここで，重要な点は，$\Lambda(x)$ が時空座標に存在する任意のスカラー場であることだ．このゲージ不変性は，ゲージ場（光子）が質量を持つことを禁止し，縦波の自由度を光子から取り除くための重要な役割を果たしていた（3.6節と3.7節参照）．また，ゲージ不変性から，マクスウェル方程式の形は（本質的でない係数を除けば）一意的に決まることも3.8節で見た．

このようにゲージ不変性は，マクスウェル方程式が成り立つために必要不

可欠な不変性である．したがって，マクスウェル方程式だけでなく，ゲージ場と相互作用するすべての荷電粒子の方程式で，ゲージ不変性は成り立っているべきだろう．

そのことを電磁場中の荷電粒子に対するディラック方程式

$$[i\gamma^\mu(\partial_\mu + iqA_\mu(x)) - m]\phi(x) = 0 \tag{7.2}$$

を例にとって確かめてみよう．

【注】 上式の質量 m の項は mI_4 と書くべきだが，ここでは単位行列 I_4 を省略した．これからスピノル以外の添字も現れ表式が煩雑になってくるので，なるべく添字を省略して記述することにする．添字で混乱しそうなときには，適宜コメントを加えることにする．

一見すると，ゲージ変換 (7.1) の下で (7.2) のディラック方程式は不変でないように見える．しかし，(7.1) の変換と同時に，$\phi(x)$ も次のように変換すれば，(7.2) は不変であることがわかる．((7.1) と (7.3) を総称して**ゲージ変換**とよぶ．)

$$\phi(x) \longrightarrow \phi'(x) = e^{-iq\Lambda(x)}\phi(x) \tag{7.3}$$

〈check 7.1〉

次の恒等式

$$e^{iq\Lambda(x)}\partial_\mu e^{-iq\Lambda(x)} = \partial_\mu - iq(\partial_\mu \Lambda(x)) \tag{7.4}$$

を証明して，電磁場中のディラック方程式 (7.2) とクライン‐ゴルドン方程式 (2.27) は，(7.1)，(7.3)，および $\phi(x) \to \phi'(x) = e^{-iq\Lambda(x)}\phi(x)$ の下で不変であることを確かめてみよう．

【ヒント】 (7.4) の正確な意味は，任意関数 $f(x)$ に対して $e^{iq\Lambda(x)}\partial_\mu\{e^{-iq\Lambda(x)}f(x)\} = \{\partial_\mu - iq(\partial_\mu\Lambda(x))\}f(x)$ が成り立つということである．◆

7.2 ゲージ原理

これまで調べてきたように，マクスウェル方程式や電磁場中のディラック方程式，クライン‐ゴルドン方程式はゲージ不変性を持つ．そこで，ゲージ

不変性を原理として理論に要求したものが**ゲージ原理**である．ゲージ原理は驚くべき帰結をもたらす．ゲージ場（光子）の存在が必然的に要求され，さらにゲージ場と荷電粒子間の相互作用が一意的に決まることがわかる．以下では，ゲージ原理について詳しく見ていくことにする．

7.2.1 大域的不変性から局所的不変性へ

前節で，電磁場中のディラック方程式は，ゲージ変換の下で不変であることを確かめた．この節では，ゲージ不変性の理解をさらに深めるために，異なる観点からゲージ変換を眺めてみることにする．そのために，次の問題を設定してみよう．

> 『**自由粒子のディラック方程式から，電磁場中の荷電粒子のディラック方程式を得るための"原理"は存在するか？**』

この問いに答えるために，次のステップに従って議論を進めていく．

ステップ1：自由ディラック方程式から出発

$$[i\gamma^\mu \partial_\mu - m]\phi(x) = 0 \tag{7.5}$$

ステップ2：大域的不変性から局所的不変性へ

自由ディラック方程式は，次の**大域的変換**（global transformation）（θ は任意の実定数）の下で不変である．

$$\phi(x) \longrightarrow \phi'(x) = e^{-i\theta}\phi(x) \tag{7.6}$$

次に，大域的変換のパラメータ θ を，時空座標 x^μ に依存した任意の実関数 $\Lambda(x)$ に拡張する．

$$\phi(x) \longrightarrow \phi'(x) = e^{-iq\Lambda(x)}\phi(x) \tag{7.7}$$

このように，時空座標に依存した変換を**局所的変換**（local transformation，あるいは**ゲージ変換**）とよぶ．

【注】 ここで，q は電荷である．$q=0$ のときは電磁相互作用をしないので，そのときは (7.7) の変換が自明（恒等変換）となるように $\Lambda(x)$ の前に q を掛けておいた．

ステップ3：ゲージ場と共変微分の導入

　　ゲージ変換のパラメータ $\Lambda(x)$ は時空座標に依存しているので，ゲージ変換によって $\Lambda(x)$ に微分 ∂_μ がかかった余分な項が次のように現れる．

$$\partial_\mu \psi(x) \longrightarrow \partial_\mu \psi'(x) = \partial_\mu \{e^{-iq\Lambda(x)} \psi(x)\}$$
$$= e^{-iq\Lambda(x)} \{\partial_\mu - \underbrace{iq\partial_\mu \Lambda(x)}_{\text{余分な項}}\} \psi(x) \tag{7.8}$$

この余分な項 $iq\partial_\mu \Lambda(x)$ を取り除くために，新しい自由度としてゲージ場 $A_\mu(x)$ を導入することにより，次のように微分 ∂_μ を**共変微分 D_μ** におきかえる．

$$\partial_\mu \longrightarrow D_\mu \equiv \partial_\mu + iqA_\mu(x) \tag{7.9}$$

【注】(7.8)に現れた項 $iq\partial_\mu \Lambda(x)$ はベクトルなので，この項を取り除く（吸収する）ためにはベクトル場 $A_\mu(x)$ が必要になることに注意しよう．

ステップ4：共変微分に対する要請

　　共変微分に対して，「$D_\mu \psi(x)$ が $\psi(x)$ と同じゲージ変換性を持つ」ことを要求する．すなわち，

$$D_\mu \psi(x) \longrightarrow D'_\mu \psi'(x) = e^{-iq\Lambda(x)} D_\mu \psi(x) \tag{7.10}$$

ここで，$D'_\mu = \partial_\mu + iq A'_\mu(x)$ である．

【注】大域的変換のときは $\partial_\mu \psi \to \partial_\mu \psi' = e^{-i\theta} \partial_\mu \psi$ と変換したので，ゲージ変換に対しても同様の変換性 (7.10) を持つことを共変微分 $D_\mu \psi$ に要請した．

　　$D_\mu \psi(x)$ が $\psi(x)$ と同じ変換性を持つということは，さらに共変微分を掛けた $D_{\mu_1} D_{\mu_2} \psi(x)$, $D_{\mu_1} D_{\mu_2} D_{\mu_3} \psi(x)$, $\cdots$ も $\psi(x)$ と同じ変換性を持つことに注意しよう．すなわち，次式が成り立つ．

$$D_{\mu_1} \cdots D_{\mu_n} \psi(x) \longrightarrow D'_{\mu_1} \cdots D'_{\mu_n} \psi'(x) = e^{-iq\Lambda(x)} D_{\mu_1} \cdots D_{\mu_n} \psi(x) \tag{7.11}$$

7.2 ゲージ原理

【注】 $\tilde{\psi}(x) \equiv D_\mu \psi(x)$ とおくと、(7.10) より $\tilde{\psi}'(x) = e^{-iq\Lambda(x)}\tilde{\psi}(x)$ と変換するので、共変微分の性質より $D'_\nu \tilde{\psi}'(x) = e^{-iq\Lambda(x)} D_\nu \tilde{\psi}(x)$ を満たす。つまり、$D_\nu D_\mu \psi(x)$ も $\psi(x)$ と同じ変換性 $D'_\nu D'_\mu \psi'(x) = e^{-iq\Lambda(x)} D_\nu D_\mu \psi(x)$ を持つ。

ステップ 5：ゲージ場のゲージ変換性

(7.10) の要請から、ゲージ場の変換性が次のように決まる。

$$A_\mu(x) \longrightarrow A'_\mu(x) = A_\mu(x) + \partial_\mu \Lambda(x) \quad (7.12)$$

これはもともとのゲージ変換 (7.1) そのものである。

【注】 (7.12) は、ゲージ場 $A_\mu(x)$ に $\partial_\mu \Lambda(x)$ を吸収することによって、(7.8) の余分な項を取り除いたと解釈できる。

ステップ 6：最小結合

自由ディラック方程式に現れる微分 ∂_μ を共変微分 D_μ でおきかえる。このようにして得られた相互作用を**最小結合**（minimal coupling）とよぶ。この最小結合によって、ゲージ不変な電磁相互作用を持つディラック方程式が導かれる。

自由ディラック方程式　　　　電磁場中のディラック方程式

$$[i\gamma^\mu \partial_\mu - m]\psi = 0 \xrightarrow[\partial_\mu \to D_\mu]{\text{最小結合}} [i\gamma^\mu(\partial_\mu + iqA_\mu) - m]\psi = 0$$

$$(7.13)$$

7.2.2 ゲージ不変性の思想

大域的位相変換 (7.6) の不変性は、ある地点で波動関数の位相を変えたならば、月の裏側であろうと宇宙の果てであろうとすべての場所で一斉に同じ位相 $e^{-i\theta}$ だけ変換しなければ、方程式の不変性が保てないことを意味する。

しかしながら、自然界の相互作用は局所的で光の速さを超えてその影響が伝わることはないので、この大域的不変性の要求は何とも居心地の悪さを感じてしまう。それよりも、局所的に各点各点自由に位相を選べるほうが自然な気がする。これが (局所的) ゲージ不変性の思想である。

188　7. ゲージ原理と3つの力

　幾何学的な観点からゲージ不変性を眺めると次のようになる．（スピノルの添字は無視すると）$\phi(x)$ は各時空点 x^μ 上に複素数，あるいは，複素平面を対応させる量と見なすことができる．このとき，複素平面上に実軸 $\mathrm{Re}\phi(x)$ と虚軸 $\mathrm{Im}\phi(x)$ が与えられ，位相変換 (7.6) は実軸と虚軸を複素平面内で（時計回りに）角度 θ だけ回転させることに対応する．

　大域的位相変換の場合は，すべての時空点で同じ角度だけ回転させることになる．一方，ゲージ変換 (7.7) の場合は，回転角が $q\Lambda(x)$ で与えられるので，時空の各点各点で実軸 $\mathrm{Re}\phi(x)$ と虚軸 $\mathrm{Im}\phi(x)$ の方向を自由に選べることになる（図 7.1 参照）．

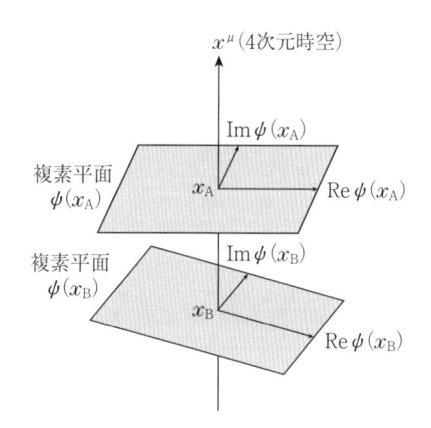

図 7.1　ゲージ原理：時空の各点各点で，$\phi(x)$ の実軸 $\mathrm{Re}\phi(x)$ と虚軸 $\mathrm{Im}\phi(x)$ の方向を自由に選んでも物理法則は変わらない．

　この観点からゲージ原理を，アインシュタインの相対性原理「座標系のとり方によらず自然法則は不変である」と対比して捉えると面白い．すなわち，

『**複素平面 $\phi(x)$ の座標軸のとり方によらず自然法則は不変である．**』

　このとき，各時空点ごとに実軸 $\mathrm{Re}\phi(x)$ と虚軸 $\mathrm{Im}\phi(x)$ のとり方が違うので，その違いを吸収して，自然法則を不変な形に保つためのものが必要となる．その役割を担うものがゲージ場なのである．つまり，「ゲージ原理を実現するためにゲージ場が存在している」ということができる．あるいはゲー

ジ場は力の源でもあるので,「ゲージ不変性を保つために物質間に力がはたらく」と解釈することもできる.

7.2.3 ゲージ不変性の重要な帰結

ゲージ不変性から導かれる重要な帰結について,ここでまとめておこう.
（1）ゲージ不変性を満たすために,"必然的"に新しい量（自由度）,すなわち,**ゲージ場の導入**が必要となる.
（2）ゲージ不変性の要求に伴って現れたゲージ場は,荷電粒子間の**力の源**（source of force）となる.別の見方をすれば,ゲージ不変性を保つために,荷電粒子間に力がはたらくと解釈できる.
（3）微分を共変微分におきかえる（最小結合）ことによって,ゲージ不変性が保証される.したがって,最小結合の処方箋によって,ゲージ場と荷電粒子間の**相互作用が一意的**に決まることになる.

7.3 $SU(N)$ 群

前節で議論したゲージ不変性を拡張するために,この節で**群**について解説しておこう.以下では,特殊ユニタリー群 $SU(N)$ を例にとって説明する.特に,$SU(3)$ と $SU(2)$ は,自然界の3つの力である強い力,弱い力,電磁気力を理解する上で重要な鍵となる群である.

7.3.1 群の定義

なぜ物理で群が重要になるかというと,ある変換の下で系が不変であったとき,

『不変性に伴う変換全体の集合は群をなす』

からである.不変性を調べる際に群の知識が役に立つ理由はここにある.まずは群の定義から出発しよう.

集合 G とその任意の2つの元 U_1, U_2 に対して,積 $U_1 U_2$ が定義されてい

るとする．このとき，次の性質 ($\overset{\circ}{0}$) 〜 ($\overset{\circ}{3}$) を満たす集合 G は積の演算の下で群をなすという．

($\overset{\circ}{0}$) G の任意の 2 つの元 U_1, U_2 に対して，積 $U_1 U_2$ も G の元である．

($\overset{\circ}{1}$) 任意の 3 つの元の積に対して，結合則 $(U_1 U_2) U_3 = U_1 (U_2 U_3)$ が成り立つ．

($\overset{\circ}{2}$) 単位元とよばれる G の元 I が存在し，任意の元 U に対して $UI = IU = U$ が成り立つ．

($\overset{\circ}{3}$) 任意の元 U に対して，$UU^{-1} = U^{-1}U = I$ となる逆元 $U^{-1} \in G$ が存在する．

$N \times N$ 複素行列 U で行列式が 1 ($\det U = 1$)，かつ，ユニタリー条件 ($U^\dagger U = UU^\dagger = I_N$) を満たす行列の集合

$$G_{SU(N)} = \{U = N \times N \text{複素行列} \,|\, U^\dagger U = UU^\dagger = I_N, \det U = 1\}$$
(7.14)

は群をなし，N 次**特殊ユニタリー群** (special unitary group) $SU(N)$ とよばれる．($SU(1)$ は，数 1 のみからなる集合で自明なので，一般に $SU(N)$ は $N \geq 2$ である．)

【注】集合 $G_{SU(N)}$ が群をなすことを証明しておこう．まず，($\overset{\circ}{0}$) の性質，すなわち，集合 $G_{SU(N)}$ の任意の元 U_1, U_2 の積 $U_1 U_2$ が再び $G_{SU(N)}$ の元になること，すなわち，$U_1 U_2$ がユニタリーかつ $\det(U_1 U_2) = 1$ を満たすことは，次のように確かめられる．

$$(U_1 U_2)^\dagger (U_1 U_2) = U_2^\dagger \underbrace{U_1^\dagger U_1}_{I_N} U_2 = \underbrace{U_2^\dagger U_2}_{I_N} = I_N, \qquad \det(U_1 U_2) = \underbrace{\det U_1}_{1} \cdot \underbrace{\det U_2}_{1} = 1$$

($\overset{\circ}{1}$) の結合則は，$G_{SU(N)}$ の元が行列で与えられているので，行列の性質から自明に成り立つ．($\overset{\circ}{2}$) の単位元は単位行列 I_N で与えられ，$I_N \in G_{SU(N)}$ であることは容易に確かめられる．($\overset{\circ}{3}$) の逆元の存在は，$U \in G_{SU(N)}$ ならば U^{-1} も $G_{SU(N)}$ に属することを確かめればよい．($\det U \neq 0$ なので U の逆行列 U^{-1} は必ず存在する．) これも行列式の公式 $\det U^{-1} = (\det U)^{-1}$ と $U^\dagger = U^{-1}$ の関係からすぐに確かめられる．

ユニタリー群 (unitary group) $U(N)$ ではなく，行列式が 1 の特殊ユニタリー群 $SU(N)$ を取り上げた理由は，群 $U(N)$ は一般に $SU(N)$ と次式で定義される群 $U(1)$ との積で与えられるからである．

$$G_{U(1)} = \{U = e^{i\theta} | 0 \leq \theta < 2\pi\} \tag{7.15}$$

群 $U(1)$ は絶対値が 1 の複素数の集合である．つまり，群 $U(N)$ の任意の元は，$U \in G_{SU(N)}$ と $e^{i\theta} \in G_{U(1)}$ との積 $e^{i\theta}U$ で与えられるので，$U(N)$ よりも $SU(N)$ のほうがより基本的な群なのである．

〈check 7.2〉

次式で定義される行列の集合は，それぞれ群をなすことを確かめてみよう．

$$G_{O(N)} = \{R = N \times N \text{実行列} | R^T R = RR^T = I_N\}$$

$$G_{SO(N)} = \{R = N \times N \text{実行列} | R^T R = RR^T = I_N, \det R = 1\}$$

$$G_{SL(N,\mathbb{C})} = \{M = N \times N \text{複素行列} | \det M = 1\}$$

【注】 集合 $G_{O(N)}, G_{SO(N)}, G_{SL(N,\mathbb{C})}$ は，それぞれ**直交群** (orthogonal group) $O(N)$，**特殊直交群** (special orthogonal group) $SO(N)$，**複素特殊線形変換群** (complex special linear group) $SL(N,\mathbb{C})$ とよばれる．◆

7.3.2 リー群とリー代数

次に群ではないが，群 $SU(N)$ と密接な関係にある，エルミート ($X = X^\dagger$) とトレースレス ($\text{tr}\,X = 0$) の条件を満たす $N \times N$ 複素行列の集合である

$$\mathcal{A}_{su(N)} = \{X = N \times N \text{複素行列} | X = X^\dagger, \text{tr}\,X = 0\} \tag{7.16}$$

を考察しよう．$N = 2$ と $N = 3$ の場合の具体例は，次の 7.3.3 項と 7.3.4 項で与えられる．

このとき，$G_{SU(N)}$ の任意の元 $U \in G_{SU(N)}$ は，$\mathcal{A}_{su(N)}$ の元 $X \in \mathcal{A}_{su(N)}$ を用いて

$$U = e^{iX} \in G_{SU(N)}, \qquad X \in \mathcal{A}_{su(N)} \tag{7.17}$$

と表すことができる．e^{iX} は指数関数型行列なので，テイラー展開 (5.23) で定義されているものとする．このとき，$G_{SU(N)}$ は**リー群** (Lie group) の一例で，$\mathcal{A}_{su(N)}$ は群 $G_{SU(N)}$ の**リー代数** (Lie algebra) とよばれる．リー群のほうは大文字 $SU(N)$ と書かれ，リー代数のほうは小文字 $su(N)$ を使って書かれることが多い．

リー群とリー代数の関係 (7.17) は非常に重要なので，もう少し詳しく見

ておこう．まず，(7.17) 左側の式における右辺の指数関数型行列 e^{iX} は群 $SU(N)$ の元であることを確かめよう．示すことは，$U = e^{iX}$ がユニタリー ($U^\dagger = U^{-1}$) および $\det U = 1$ を満たすことである．

$$(e^{iX})^\dagger = e^{-iX^\dagger} = e^{-iX} \quad (\because X = X^\dagger) \tag{7.18a}$$

$$\det(e^{iX}) = e^{i\,\mathrm{tr}\,X} = 1 \quad (\because \mathrm{tr}\,X = 0) \tag{7.18b}$$

【注】(7.18a) の最初の等号は，テイラー展開の定義式 $(e^{iX})^\dagger = \{\sum_n (iX)^n/n!\}^\dagger = \sum_n (-iX^\dagger)^n/n! = e^{-iX^\dagger}$ を用いた．(7.18b) の最初の等号を示すためには，任意の対角行列 X_{diag} に対して次の関係が成り立つことにまず注目する．

$$\begin{aligned}
\det(e^{iX_{\mathrm{diag}}}) &= \det \exp\left\{i \begin{pmatrix} x_1 & & 0 \\ & x_2 & \\ & & \ddots \\ 0 & & & x_N \end{pmatrix}\right\} = \det \begin{pmatrix} e^{ix_1} & & 0 \\ & e^{ix_2} & \\ & & \ddots \\ 0 & & & e^{ix_N} \end{pmatrix} \\
&= e^{ix_1} e^{ix_2} \cdots e^{ix_N} = e^{i(x_1 + x_2 + \cdots + x_N)} = e^{i\,\mathrm{tr}\,X_{\mathrm{diag}}}
\end{aligned} \tag{7.19}$$

次に，X はエルミート行列なのでユニタリー行列 V によって対角化可能，すなわち，$X = V^{-1} X_{\mathrm{diag}} V$ とできることに注意する．これから，(7.18b) の最初の等号が次のように示される．

$$\begin{aligned}
\det(e^{iX}) &= \det(e^{iV^{-1} X_{\mathrm{diag}} V}) = \det\left[\sum_{n=0}^{\infty} \frac{i^n}{n!} (V^{-1} X_{\mathrm{diag}} V)^n\right] \\
&= \det\left[V^{-1} \left\{\sum_{n=0}^{\infty} \frac{i^n}{n!} (X_{\mathrm{diag}})^n\right\} V\right] \quad (\because (V^{-1} X V)^n = V^{-1} X^n V) \\
&= \det V^{-1} \cdot \det(e^{iX_{\mathrm{diag}}}) \cdot \det V \quad (\because \det(AB) = \det A \cdot \det B) \\
&= e^{i\,\mathrm{tr}\,X_{\mathrm{diag}}} \quad (\because (7.19) \text{および} \det V^{-1} \cdot \det V = \det(V^{-1} V) = 1) \\
&= e^{i\,\mathrm{tr}(V^{-1} X_{\mathrm{diag}} V)} \quad (\because V^{-1} V = I_N,\ \mathrm{tr}(AB) = \mathrm{tr}(BA)) \\
&= e^{i\,\mathrm{tr}\,X} \quad (\because X = V^{-1} X_{\mathrm{diag}} V)
\end{aligned}$$

以上の結果から，指数関数型行列 e^{iX} は，$X \in \mathcal{A}_{su(N)}$ ならば，$G_{SU(N)}$ の元であることがわかる．実はこの逆も成り立ち，任意の $U \in G_{SU(N)}$ の行列は，$X \in \mathcal{A}_{su(N)}$ の行列を用いて (7.17) の形で表すことができる．この証明は群論の教科書に任せることにする．

【注】例えば，佐藤光 著：「丸善パリティ物理学コース 物理数学概論 群と物理」(丸善出版，1993 年)，あるいは，窪田高弘 著：「物理のためのリー群とリー代数」(サイエンス社，2008 年) が参考になるだろう．

後の節で $SU(N)$ ゲージ不変性を議論する際に，必要となる性質をここでまとめておこう．まず，$\mathcal{A}_{su(N)}$ の任意の元を X, $G_{SU(N)}$ の任意の元を U としたとき，UXU^{-1} は $\mathcal{A}_{su(N)}$ に属する．すなわち，

$$UXU^{-1} \in \mathcal{A}_{su(N)} \tag{7.20}$$

である．これを示すには $(UXU^{-1})^{\dagger} = UXU^{-1}$, および，$\mathrm{tr}(UXU^{-1}) = 0$ を確かめればよい．

少し込み入っているのは次の性質の証明である．連続パラメータ s に対して，$U(s) \in G_{SU(N)}$ を満たす $SU(N)$ 行列 $U(s)$ があるとき，次式が成り立つ．

$$i\frac{dU(s)}{ds}U^{-1}(s) \in \mathcal{A}_{su(N)} \tag{7.21}$$

【注】この関係を証明するには，リー代数を用いて $U(s)$ を $U(s) = e^{iX(s)}$ ($X(s) \in \mathcal{A}_{su(N)}$) と表し，すぐ後で証明する次の関係式を用いればよい．

$$i\frac{de^{iX(s)}}{ds}e^{-iX(s)} = -\int_0^1 dt\, e^{i(1-t)X(s)}\frac{dX(s)}{ds}e^{-i(1-t)X(s)} \tag{7.22}$$

上式の右辺が $\mathcal{A}_{su(N)}$ の元であることが確かめられれば，(7.21) が示されたことになる．(7.22) の右辺全体が $\mathcal{A}_{su(N)}$ の元であることを示すには，任意の s に対して $X(s) \in \mathcal{A}_{su(N)}$ であることから，$dX(s)/ds = \lim_{\Delta s \to 0}(1/\Delta s)(X(s+\Delta s) - X(s)) \in \mathcal{A}_{su(N)}$ に注意して，(7.22) 右辺の被積分関数行列がエルミート・トレースレスであることを確かめればよい．(7.22) の証明は次のようにしてなされる．

$$\begin{aligned}
i\frac{de^{iX(s)}}{ds}e^{-iX(s)} &= i\Big[\int_0^1 dt\, \frac{d}{dt}\Big[e^{i(1-t)X(s)}\frac{de^{itX(s)}}{ds}\Big]\Big]e^{-iX(s)} \\
&= i\Big[\int_0^1 dt\Big[e^{i(1-t)X(s)}\{-iX(s)\}\frac{de^{itX(s)}}{ds} \\
&\qquad + e^{i(1-t)X(s)}\frac{d}{ds}\{iX(s)e^{itX(s)}\}\Big]\Big]e^{-iX(s)} \\
&= -\int_0^1 dt\, e^{i(1-t)X(s)}\frac{dX(s)}{ds}e^{-i(1-t)X(s)}
\end{aligned}$$

ここで，最初の等号では，微分と積分の関係 $\int_0^1 dt\frac{d}{dt}f(t) = f(1) - f(0)$ を用いた．2 番目の等号では，t 微分を実行して $(d/dt)e^{\pm itX(s)} = \pm iX(s)\,e^{\pm itX(s)} = \pm e^{\pm itX(s)}iX(s)$ を用いた．3 番目の等号では，第 2 項目で s 微分を実行し，$(d/ds)\{iX(s)e^{itX(s)}\} = i(dX(s)/ds)e^{itX(s)} + iX(s)(de^{itX(s)}/ds)$ を用いた．

リー代数 $\mathcal{A}_{su(N)}$ の元 X は，エルミート・トレースレスの $N \times N$ 複素行列

で与えられる．$N \times N$ 複素行列は，実数で数えて $2N^2$ 個のパラメータを持つが，エルミートの条件 $X = X^\dagger$ は N^2 個の条件式，トレースレスの条件 $\mathrm{tr} X = 0$ は 1 個の条件式を与えるので，独立な実数の数は $2N^2 - N^2 - 1 = N^2 - 1$ となる．

したがって，リー代数 $\mathcal{A}_{su(N)}$ の元の中から独立な $N^2 - 1$ 個の元 $\{T^a \in \mathcal{A}_{su(N)}, a = 1, 2, \cdots, N^2 - 1\}$ を用意すれば，$\{T^a\}$ をリー代数の基底行列と見なすことができる．すなわち，任意の $X \in \mathcal{A}_{su(N)}$ は，基底行列 $\{T^a\}$ を用いて次のように展開可能である．

$$X = \sum_{a=1}^{N^2-1} \theta^a T^a, \qquad X \in \mathcal{A}_{su(N)} \tag{7.23}$$

ここで θ^a $(a = 1, 2, \cdots, N^2 - 1)$ は $N^2 - 1$ 個の実パラメータである．

基底行列 T^a は

$$T^a = (T^a)^\dagger, \qquad \mathrm{tr}\, T^a = 0 \quad (a = 1, 2, \cdots, N^2 - 1) \tag{7.24}$$

を満たす $N^2 - 1$ 個の独立な行列であれば，（計算に便利なように）好きに選んで構わない．T^a の独立な数 d_G は群 G の**次元（dimension）**とよばれ，群を特徴づける指標の 1 つである．群 $SU(N)$ の場合は上で調べたように $d_G = N^2 - 1$ となる．

X_1, X_2 を $\mathcal{A}_{su(N)}$ の任意の元としたとき，$i[X_1, X_2] = i(X_1 X_2 - X_2 X_1)$ も $\mathcal{A}_{su(N)}$ の元となる．

$$i[X_1, X_2] \in \mathcal{A}_{su(N)} \tag{7.25}$$

【注】 公式 $(AB)^\dagger = B^\dagger A^\dagger$ および $\mathrm{tr}(AB) = \mathrm{tr}(BA)$ を用いれば，$i[X_1, X_2]$ がエルミート・トレースレス行列であることを確かめられる．

(7.23) と (7.25) の結果から，$i[T^a, T^b]$ をエルミート・トレースレス行列の基底 $\{T^c, c = 1, 2, \cdots, N^2 - 1\}$ で展開できることがわかる．すなわち，

$$[T^a, T^b] = i \sum_{c=1}^{N^2-1} f^{abc} T^c \tag{7.26}$$

である．ここで，実定数 $f^{abc} = -f^{bac}$ ($a, b, c = 1, 2, \cdots, N^2 - 1$) は群の**構造定数**（**structure constant**）とよばれ，群構造を決める重要な量である．また，T^a を**群の生成子**とよぶ．

構造定数 f^{abc} が群構造を決めることは，以下のように理解することができる．ここで群構造とは群の積の規則を指す．

群 G の 2 つの元 $\exp\{i\sum_a \theta_1^a T^a\}$ と $\exp\{i\sum_a \theta_2^a T^a\}$ の積を考える．（群 G は $SU(N)$ でなくても以下の議論は成り立つ．）群の定義から，その積を再び群 G の元として表すことができる．すなわち，

$$\exp\left\{i\sum_a \theta_1^a T^a\right\} \exp\left\{i\sum_a \theta_2^a T^a\right\} = \exp\left\{i\sum_a \theta_3^a T^a\right\} \qquad (7.27)$$

である．このとき，θ_3^a を $\{\theta_1^a, \theta_2^a\}$ の関数として見たとき，関数 $\theta_3^a = \theta_3^a(\theta_1, \theta_2)$ が群 G の構造（積の規則）を与えることになる．

関数 $\theta_3^a(\theta_1, \theta_2)$ が群 G のどのような性質によって決まるかを知るには，次の**ベーカー–キャンベル–ハウスドルフの公式**（**Baker–Campbell–Hausdorff formula**）を用いればよい．

$$\exp\{X\}\exp\{Y\} = \exp\Big\{X + Y + \frac{1}{2}[X, Y] + \frac{1}{12}([X, [X, Y]] \\ + [Y, [Y, X]]) + (X, Y \text{の多重交換関係})\Big\} \qquad (7.28)$$

この公式は X, Y に関して高次の一般項まで与えられているが，ここで必要な事実は，右辺の指数の肩が初項 $X + Y$ を除いて X と Y の多重交換関係で表されていることである．

〈check 7.3〉

ベーカー–キャンベル–ハウスドルフの公式 (7.28) の両辺をテイラー展開（あるいは log をとってからテイラー展開）することによって，両辺が (X, Y の 3 次まで) 一致していることを確かめてみよう．◆

ベーカー–キャンベル–ハウスドルフの公式と交換関係 (7.26) から，θ_3^a (θ_1, θ_2) の関数形を具体的に求めてみると

$$\theta_3^a(\theta_1, \theta_2) = \theta_1^a + \theta_2^a - \frac{1}{2}\sum_{b,c}f^{bca}\theta_1^b\theta_2^c + \frac{1}{12}\sum_{b,c,d,e}f^{cde}f^{bea}(\theta_1^b\theta_1^c\theta_2^d + \theta_2^b\theta_2^c\theta_1^d) + \cdots \tag{7.29}$$

となる．ここで重要な点は，上式の関数形は構造定数 f^{abc} のみに依存していていることである．これは，ベーカー–キャンベル–ハウスドルフの公式の右辺が ($X+Y$ を除いて) X と Y の (多重) 交換関係で与えられているという事実から導かれる．したがって，関数 $\theta_3^a(\theta_1, \theta_2)$ は，群の構造定数 f^{abc} によって完全に決まることになる．

ここで強調しておきたいことは，生成子 T^a がどのような行列で与えられているかの具体的な情報は一切使われていない点だ．(7.29) の導出過程を再確認してもらえばわかることだが，実際必要だったものは，T^a が交換関係 (7.26) を満たすという性質のみである．

つまり，異なる生成子の組 $\{T^a\}$ と $\{T'^a\}$ が与えられたとして，それらが同じ交換関係 (7.26)，すなわち同じ代数を満たすならば，同じ群の生成子と見なすことができるのである．このとき，$\{T^a\}$ と $\{T'^a\}$ が本質的に異なるとき，$\{T^a\}$ と $\{T'^a\}$ は異なる**表現** (**representation**) を与えることになる．

表現についてもう少し詳しく述べておこう．$\{T^a\}$ と $\{T'^a\}$ が，ある正則行列 V を用いて**相似変換** $T'^a = VT^aV^{-1}$ $(a=1,2,\cdots)$ で結びついているとき，2つの表現 $\{T^a\}$ と $\{T'^a\}$ は**同値** (**equivalence**) であるという．また，$\{T^a\}$ を相似変換によって，(すべての a に対して) 次のようにブロック対角化できるとき，

$$VT^aV^{-1} = \begin{pmatrix} T_1^a & 0 \\ 0 & T_2^a \end{pmatrix} \quad (a=1,2,\cdots) \tag{7.30}$$

表現 $\{T^a\}$ は**可約** (**reducible**) といい，可約でないとき**既約** (**irreducible**) な

表現という．群の表現を求める問題は，既約表現の分類を行うことと等価である．

【注】 この節を読み終えた後に，もう一度 5.3 節の議論を振り返ってみてほしい．初めて 5.3 節を読んだときは，先の見通しがよくわからず霧のかかった状態で突き進んでいたと思う．今やその霧がなくなって，はっきりと視界が開けた気持ちになっているのではないだろうか．（もしそうでないなら，この節をもう一度読みなおそう．）5.3 節でのローレンツ変換の生成子 $J^{\mu\nu}$（$= J_V^{\mu\nu}$ あるいは $J_S^{\mu\nu}$）は，この節での生成子 T^a に対応し，それらを指数関数の肩に載せたもの $\exp\{-(i/2)\sum \omega_{\mu\nu} J^{\mu\nu}\}$ がローレンツ群の元を与える．また，$J_V^{\mu\nu}$ はベクトルに作用するベクトル表現を与え，$J_S^{\mu\nu}$ はスピノルに作用するスピノル表現を与える．それらは，共にローレンツ群の代数 (5.48)（代数は表現によらない）を満たしているのである．

素粒子論向けの群論の教科書としては，ジョージアイ 著：「物理学におけるリー代数（原著第 2 版）」（吉岡書店，2010 年）が筆頭に挙げられるだろう．

⟨check 7.4⟩

ヤコビの恒等式 $[T^a,[T^b,T^c]] + [T^b,[T^c,T^a]] + [T^c,[T^a,T^b]] = 0$（check 3.3 参照）から，構造定数に対する次の条件式を導いてみよう．

$$\sum_{d=1}^{d_G}(f^{bcd}f^{ade} + f^{cad}f^{bde} + f^{abd}f^{cde}) = 0 \tag{7.31}$$

この式を用いて，$(T^a_{\text{adj}})^{bc} \equiv if^{bac}$ が交換関係 (7.26) を満たすことを確かめてみよう．ここで bc は行列の添字で，T^a_{adj} は $d_G \times d_G$ 行列（$SU(N)$ のときは $d_G = N^2 - 1$）である．

【注】 構造定数を用いて定義される表現 T^a_{adj} を**随伴表現**（adjoint representation）とよぶ．これは，群 $SU(N)$ に限らず他の群でも同様に存在する表現である．◆

⟨check 7.5⟩

$\{T^a, a = 1, 2, \cdots, N^2 - 1\}$ に対して $\text{tr}(T^a T^b) = \lambda \delta^{ab}$（$\lambda$ は実数）を満たすように選ぶと便利である．この基底の下で，構造定数 f^{abc} が $f^{abc} = -(i/\lambda)\text{tr}([T^a, T^b]T^c)$ で与えられることを示せ．この結果とトレースの性質 $\text{tr}(AB) = \text{tr}(BA)$，および，交換関係の定義 $[A,B] = AB - BA$ を用いて，f^{abc} が (abc) に関して完全反対称であることを証明してみよう．◆

7.3.3 SU(2)

　ここまで一般の $SU(N)$ で考察してきたので，イメージがつかみにくい部分もあったかもしれない．ここでは，最も基本的な $SU(2)$ のリー代数について具体的に議論していくことにする．

　2×2 複素行列 X に対してエルミートかつトレースレス条件を課すと，行列の成分に次の関係がつく．

$$X = X^\dagger \iff \begin{pmatrix} a_{11} & a_{12} \\ a_{21} & a_{22} \end{pmatrix} = \begin{pmatrix} a_{11}^* & a_{21}^* \\ a_{12}^* & a_{22}^* \end{pmatrix} \iff \begin{cases} a_{11} = a_{11}^* \\ a_{22} = a_{22}^* \\ a_{12} = a_{21}^* \end{cases}$$

$$\mathrm{tr}\, X = 0 \iff \mathrm{tr}\begin{pmatrix} a_{11} & a_{12} \\ a_{21} & a_{22} \end{pmatrix} = 0 \iff a_{11} + a_{22} = 0$$

したがって，任意の $X \in \mathcal{A}_{su(2)}$ は一般に 3 つの実パラメータ θ^a ($a = 1, 2, 3$) を用いて，次のように書き表すことができる．

$$X = \frac{1}{2}\begin{pmatrix} \theta^3 & \theta^1 - i\theta^2 \\ \theta^1 + i\theta^2 & -\theta^3 \end{pmatrix} = \sum_{a=1}^{3} \theta^a \frac{\sigma^a}{2} \equiv \sum_{a=1}^{3} \theta^a T^a \quad (7.32)$$

ここで $\{\sigma^a, a = 1, 2, 3\}$ は，これまでもお馴染みの**パウリ行列**である．つまり，パウリ行列を，エルミート・トレースレス行列の基底として特徴づけることができる．

　$T^a = \sigma^a/2$ ($a = 1, 2, 3$) の交換関係は，パウリ行列の交換関係を用いて

$$[T^a, T^b] = i \sum_{c=1}^{3} \varepsilon^{abc} T^c \quad (7.33)$$

となる．この結果から，群 $SU(2)$ の**構造定数** f^{abc} は，3 階完全反対称テンソル ε^{abc} で与えられることがわかる．

【注】角運動量演算子 J^a ($a = 1, 2, 3$) の満たす交換関係は $[J^a, J^b] = i\sum_{c=1}^{3}\varepsilon^{abc} J^c$ で与えられるので，(7.33) の結果から $su(2)$ 代数に他ならないことがわかる．さらに，5.3.1 項での議論から，J^a を指数関数の肩に上げたもの $\exp\{i\sum_{a=1}^{3}\theta^a J^a\}$ は有限の空間回転行列を与えることを示したが，それは $SU(2)$ 群の要素に対応していることがわかる．このことか

ら，$SU(2)$ 群を回転群とよぶこともある．もう一度，5.3.1項を振り返ってみよう．

⟨check 7.6⟩

$T^a = (1/2)\sigma^a (a = 1, 2, 3)$ が $\mathrm{tr}(T^a T^b) = (1/2)\delta^{ab}$ および (7.33) を満たすことを確かめよ．また，check 7.5 の結果を参考にして，次元 d_G の数 (= 独立な T^a の数) が 3 の群 G の構造定数 f^{abc} は，($f^{abc} \neq 0$ ならば) 本質的に $SU(2)$ の構造定数に等しいことを証明してみよう．

【注】 このことから，群 $SU(2)$ と $SO(3)$ は同じ代数を持つことがわかる．◆

⟨check 7.7⟩

次の 3×3 行列 $\{T^a_{j=1}, a = 1, 2, 3\}$ は，$su(2)$ 代数 (7.33) を満たすことを確かめてみよう．

$$T^1_{j=1} = \begin{pmatrix} 0 & \frac{1}{\sqrt{2}} & 0 \\ \frac{1}{\sqrt{2}} & 0 & \frac{1}{\sqrt{2}} \\ 0 & \frac{1}{\sqrt{2}} & 0 \end{pmatrix}, \quad T^2_{j=1} = \begin{pmatrix} 0 & -\frac{i}{\sqrt{2}} & 0 \\ \frac{i}{\sqrt{2}} & 0 & -\frac{i}{\sqrt{2}} \\ 0 & \frac{i}{\sqrt{2}} & 0 \end{pmatrix}$$

$$T^3_{j=1} = \begin{pmatrix} +1 & 0 & 0 \\ 0 & 0 & 0 \\ 0 & 0 & -1 \end{pmatrix}$$

【注】 T^3 の対角成分を見てもらえばわかるように，$T^a_{j=1/2} \equiv \sigma^a/2 \ (a = 1, 2, 3)$ はスピン $j = 1/2$ 表現，$T^a_{j=1} \ (a = 1, 2, 3)$ はスピン $j = 1$ 表現に対応する．一般に $(2j+1) \times (2j+1)$ 行列を用いて，$su(2)$ 代数である (7.33) を満たすスピン j 表現 $T^a_j \ (a = 1, 2, 3)$ を構成することができる．◆

7.3.4 $SU(3)$

群 $SU(3)$ の次元は $d_{SU(3)} = 3^2 - 1 = 8$ である．このとき，基底行列 $T^\alpha \ (\alpha = 1, 2, \cdots, 8)$ として，パウリ行列を 3×3 行列に拡張した以下の**ゲルマン行列 (Gell-Mann matrices)** λ^α を使って，$T^\alpha = \lambda^\alpha/2$ と選ぶことが多い．

$$\lambda^1 = \begin{pmatrix} 0 & 1 & 0 \\ 1 & 0 & 0 \\ 0 & 0 & 0 \end{pmatrix}, \quad \lambda^2 = \begin{pmatrix} 0 & -i & 0 \\ i & 0 & 0 \\ 0 & 0 & 0 \end{pmatrix}, \quad \lambda^3 = \begin{pmatrix} 1 & 0 & 0 \\ 0 & -1 & 0 \\ 0 & 0 & 0 \end{pmatrix}$$

$$\lambda^4 = \begin{pmatrix} 0 & 0 & 1 \\ 0 & 0 & 0 \\ 1 & 0 & 0 \end{pmatrix}, \quad \lambda^5 = \begin{pmatrix} 0 & 0 & -i \\ 0 & 0 & 0 \\ i & 0 & 0 \end{pmatrix}, \quad \lambda^6 = \begin{pmatrix} 0 & 0 & 0 \\ 0 & 0 & 1 \\ 0 & 1 & 0 \end{pmatrix}$$

$$\lambda^7 = \begin{pmatrix} 0 & 0 & 0 \\ 0 & 0 & -i \\ 0 & i & 0 \end{pmatrix}, \quad \lambda^8 = \begin{pmatrix} \frac{1}{\sqrt{3}} & 0 & 0 \\ 0 & \frac{1}{\sqrt{3}} & 0 \\ 0 & 0 & -\frac{2}{\sqrt{3}} \end{pmatrix} \tag{7.34}$$

【注】 上式で定義される $T^\alpha = \lambda^\alpha/2$ ($\alpha = 1, \cdots, 8$) は，$(T^\alpha)^\dagger = T^\alpha$，$\mathrm{tr}(T^\alpha) = 0$，$\mathrm{tr}(T^\alpha T^\beta) = \delta^{\alpha\beta}/2$ を満たす．

7.4 $SU(N)$ゲージ理論

これまで調べてきたゲージ不変性は，群の言葉でいえば，$U(1)$ゲージ不変性に対応する．これは，波動関数のゲージ変換 $\psi' = e^{-iq\Lambda}\psi$ の位相 $e^{-iq\Lambda}$ が，群 $U(1)$ の元 ($e^{-iq\Lambda} \in U(1)$) に属するからである．この節では，これを群 $SU(N)$ へ拡張する．

群 $SU(N)$ の 2 つの元 U_1, U_2 は一般に非可換 ($U_1 U_2 \neq U_2 U_1$) なので，得られた理論を**非可換ゲージ理論** (non‐abelian gauge theory)，あるいは，発見者の名にちなんで**ヤン‐ミルズ理論** (Yang‐Mills theory) とよぶ．それでは，7.2.1 項でのステップに従って，$SU(N)$ ゲージ不変性を持つ方程式を構築していくことにしよう．以下では，ステップ 1 から 6 の要点に絞って議論を進めていく．

N 成分自由ディラック方程式から出発する．

7.4 $SU(N)$ゲージ理論

$$[i\gamma^\mu \partial_\mu - m]\Psi(x) = 0, \qquad \Psi(x) = \begin{pmatrix} \phi^1(x) \\ \phi^2(x) \\ \vdots \\ \phi^N(x) \end{pmatrix} \qquad (7.35)$$

このディラック方程式 (7.35) は, 次の大域的 $SU(N)$ 変換の下で不変である.

$$\Psi(x) \longrightarrow \Psi'(x) = U\Psi(x) \qquad U \in G_{SU(N)} \qquad (7.36)$$

【注】 ここは添字で混乱しやすいところなので, 少し説明を与えておこう. (7.35) では添字が省略されている. スピノルとゲージ群の添字をあらわに書くと, (7.35) は次のようになる.

$$\sum_{k=1}^{N} \sum_{b=1}^{4} [i(\gamma^\mu)^a{}_b \partial_\mu \delta^j{}_k - m\delta^a{}_b \delta^j{}_k]\phi^{kb}(x) = 0$$

ここで, $a,b (=1,\cdots,4)$ はスピノルの添字, $j,k (=1,\cdots,N)$ はゲージ群の添字である. 上式をスピノルの添字を省略してゲージ群に関して行列表示をしておくと, 次のように表すこともできる.

$$\begin{pmatrix} i\gamma^\mu\partial_\mu - mI_4 & 0 & \cdots & 0 \\ 0 & i\gamma^\mu\partial_\mu - mI_4 & \cdots & 0 \\ \vdots & \vdots & \ddots & \vdots \\ 0 & 0 & \cdots & i\gamma^\mu\partial_\mu - mI_4 \end{pmatrix} \begin{pmatrix} \phi^1(x) \\ \phi^2(x) \\ \vdots \\ \phi^N(x) \end{pmatrix} = \begin{pmatrix} 0 \\ 0 \\ \vdots \\ 0 \end{pmatrix}$$

(7.36) での $N \times N$ 行列 U はスピノルの添字を持っていないので, γ 行列とは可換である. すなわち,

$$[i\gamma^\mu\partial_\mu - m](U\Psi) = U[i\gamma^\mu\partial_\mu - m]\Psi$$

である. したがって, (7.36) の大域的変換の下で, ディラック方程式 (7.35) は不変であることがわかる. スピノルとゲージ群の添字をあらわに書くと上式は,

$$\sum_{k=1}^{N} \sum_{b=1}^{4} [i(\gamma^\mu)^a{}_b \partial_\mu \delta^j{}_k - m\delta^a{}_b \delta^j{}_k]\left(\sum_{l=1}^{} U^k{}_l \phi^{lb}\right) = \sum_{k,l=1}^{N} \sum_{b=1}^{4} U^j{}_k [i(\gamma^\mu)^a{}_b \partial_\mu \delta^k{}_l - m\delta^a{}_b \delta^k{}_l]\phi^{lb}$$

である. (ここで, a,b はスピノルの添字, j,k,l はゲージ群の添字である.) 添字をあまり書きたくない気持ちを察してもらえるだろうか.

もう1つコメントを付け加えておくと, 方程式 (7.35) は, $U(1)$ の位相変換も含めた $U(N) = SU(N) \times U(1)$ の不変性を持っている. $U(1)$ の場合はすでに議論したので, ここでは $SU(N)$ 部分に注目して議論する.

そこで, U に時空座標依存性を持たせ, (7.36) の変換を次のようにゲージ変換に拡張する.

7. ゲージ原理と3つの力

$$\Psi(x) \longrightarrow \Psi'(x) = U(x)\Psi(x) \tag{7.37a}$$

$$U(x) = e^{-ig\Lambda(x)}, \qquad \Lambda(x) = \sum_{a=1}^{N^2-1} \theta^a(x) T^a \tag{7.37b}$$

ここで，$T^a (a = 1, 2, \cdots, N^2 - 1)$ はリー代数 $\mathcal{A}_{su(N)}$ の基底行列で，g は**結合定数**（**coupling constant**）とよばれ，相互作用の強さを表すパラメータである．

【注】 $g = 0$ とおくと，(7.37)から $U(x) = I_N$ となり，$\Psi(x)$ は自明な変換 $\Psi(x) \to \Psi(x)$ しかしない．したがって，$g \to 0$ の極限では，ゲージ相互作用をしなくなることがわかる．

変換(7.36)を(7.37)のように局所化（ゲージ化とよぶ）したので，$SU(N)$ ゲージ変換の下で $U(x)$ に微分 ∂_μ がかかった余分な項を生じる．

$$\begin{aligned}\partial_\mu \Psi(x) \longrightarrow \partial_\mu \Psi'(x) &= \partial_\mu \{U(x)\Psi(x)\} \\ &= U(x)[\partial_\mu + \underbrace{\{U^{-1}(x)\partial_\mu U(x)\}}_{\text{余分な項}}]\Psi(x)\end{aligned} \tag{7.38}$$

【注】 $SU(N)$ は非可換群なので，一般に $\partial_\mu e^{-ig\Lambda(x)} \neq -ig(\partial_\mu \Lambda(x)) e^{-ig\Lambda(x)}$ であることに注意しておく．

(7.38)の余分な項を吸収して消し去るために，ゲージ場 $A_\mu(x)$ を導入し，微分を共変微分におきかえる．

$$\partial_\mu \longrightarrow D_\mu = \partial_\mu + igA_\mu(x) \tag{7.39}$$

【注】 ここで A_μ は $N \times N$ 行列で，共変微分を正確に書き表すと $D_\mu = \partial_\mu I_N + igA_\mu(x)$ である．

$SU(N)$ ゲージ場 $A_\mu(x)$ のゲージ変換性は，「$D_\mu \Psi(x)$ が $\Psi(x)$ と同じ変換性を持つ」という要請，すなわち，

$$D_\mu \Psi(x) \longrightarrow D'_\mu \Psi'(x) = U(x) D_\mu \Psi(x) \tag{7.40}$$

から，次のように決まる．

$$A_\mu(x) \longrightarrow A'_\mu(x) = U(x)A_\mu(x)U^{-1}(x) + \frac{i}{g}\{\partial_\mu U(x)\}U^{-1}(x) \tag{7.41}$$

この関係から，$A_\mu(x)$ がどのような量でなければならないかが決まる．(7.21) から，上式右辺第 2 項はリー代数 $\mathscr{A}_{su(N)}$ に値を持つので，$A_\mu(x)$ および $A'_\mu(x)$ も $\mathscr{A}_{su(N)}$ に値を持つとすればよい．(そうすれば，(7.41) で右辺第 2 項を $A'_\mu(x)$ に問題なく取り込むことができる．)

【注】$A_\mu \in \mathscr{A}_{su(N)}$ と決まれば，(7.41) 右辺第 1 項 $UA_\mu U^{-1}$ も (7.20) から $\mathscr{A}_{su(N)}$ に値を持つことがわかり，(7.41) の変換は左辺と右辺で整合性を保っていることがわかる．

したがって $A_\mu(x)$ は，$SU(N)$ のリー代数 $\mathscr{A}_{su(N)}$ に属し，エルミート・トレースレス条件を満たす $N \times N$ 複素行列で与えられる．

$$A_\mu(x) = (A_\mu(x))^\dagger, \qquad \operatorname{tr} A_\mu(x) = 0 \tag{7.42}$$

$\mathscr{A}_{su(N)}$ の基底行列 $\{T^a\}$ を用いれば，$A_\mu(x)$ を次のように表すこともできる．

$$A_\mu(x) = \sum_{a=1}^{N^2-1} A_\mu^a(x) T^a \tag{7.43}$$

上式の表記から，$SU(N)$ ゲージ不変性は $N^2 - 1$ 個のゲージ場 A_μ^a ($a = 1, 2, \cdots, N^2 - 1$) を要求することになる．

【注】(7.43) 左辺の $A_\mu(x)$ は $N \times N$ 行列で与えられているが，右辺の $A_\mu^a(x)$ ($a = 1, 2, \cdots, N^2 - 1$) は $N^2 - 1$ 個の実関数で行列ではないので注意しよう．右辺の行列部分は T^a が担っている．

最後のステップは，N 成分自由ディラック方程式の微分 ∂_μ を共変微分 D_μ でおきかえること (**最小結合**) によって達成される．この最小結合の処方箋によって，ディラック方程式は，$SU(N)$ 大域的不変性から $SU(N)$ ゲージ不変性を持つ方程式に拡張されたことになる．すなわち，

$$[i\gamma^\mu(\partial_\mu + igA_\mu(x)) - m]\Psi(x) = 0 \tag{7.44}$$

である．

⟨check 7.8⟩

(7.40) の要請から，ゲージ場の変換が (7.41) で与えられることを示し，非可換ゲージ変換 (7.36) および (7.41) の下で，方程式 (7.44) が不変であることを確かめてみよう．◆

(7.44) は，一見すると $U(1)$ ゲージ対称性を持つディラック方程式と同じように見える．しかし，大きな違いがいくつかある．1つ目は $\Psi(x)$ が N 成分ベクトルであること，2つ目は $A_\mu(x)$ が $N \times N$ 行列で与えられるリー代数 $\mathcal{A}_{su(N)}$ の元 ((7.42) あるいは (7.43)) であること，そして3つ目はゲージ場 $A_\mu(x)$ の変換が $U(x)$ の非可換性から (7.41) で与えられることである．

【注】 変換 (7.41) が $U(1)$ ゲージ変換の拡張になっていることは，次のようにして確かめることができる．$A_\mu(x)$ を行列ではなく単なる関数とし，$U(x)$ を $U(1)$ に属する絶対値が1の関数，すなわち，$U(x) = e^{-ig\Lambda(x)}$ とおいて (7.41) に代入すると，$A_\mu(x)$ と $U(x)$ は可換であり，$\partial_\mu U(x) = -ig(\partial_\mu \Lambda(x))U(x)$ なので

$$A'_\mu(x) = U(x)A_\mu(x)U^{-1}(x) + \frac{i}{g}\{\partial_\mu U(x)\}U^{-1}(x) = A_\mu(x) + \partial_\mu \Lambda(x)$$

となり，$U(1)$ ゲージ変換 (7.1) が再現される．

少し長い道程だったので，方程式 (7.44) を得るために必要なものは何か，再確認しておこう．必要な情報は，

- **ゲージ群は何か**（ここでは群 $SU(N)$）
- **$\Psi(x)$ の変換性**（ここでは $\Psi(x) \to \Psi'(x) = U(x)\Psi(x)$，$U \in G_{SU(N)}$）

の2つである．この2つの情報が与えられれば，この節で述べた議論に従って，(7.44) に誰もが到達するはずだ．

ゲージ場 A_μ の定義 (7.42) やゲージ変換性 (7.41)，そして A_μ が方程式の中でどのように現れるのかをわざわざ述べる必要はないし，方程式自身を書き下す必要すらない．ゲージ原理，すなわち，ゲージ不変性がすべての指導原理となっていることを理解してもらいたい．

最小結合の手続きについて，もう少しコメントを加えておいたほうがよいだろう．大域的変換 $\Psi(x) \to U\Psi(x)$ の不変性を持つ方程式であっても，局

所的変換 $\Psi(x) \to U(x)\Psi(x)$ の下で一般に不変ではない．その理由は，微分項 $\partial_\mu \Psi(x)$ は大域的変換の下では $\Psi(x)$ と同じく $\partial_\mu \Psi(x) \to U\partial_\mu \Psi(x)$ と変換するが，局所的変換では (7.38) のように変換し，$\partial_\mu \Psi(x)$ は $\Psi(x)$ と同じ変換性を持たないからである．

このように，$\Psi(x)$ と $\partial_\mu \Psi(x)$ が同じゲージ変換性を持たないのは，微分 ∂_μ と $U(x)$ が可換でないことが原因だ．そこで，共変微分 D_μ を導入し，微分項 $D_\mu \Psi(x)$ が $\Psi(x)$ と同じ変換性を持つことを要求すれば，微分演算子 D_μ と局所的変換 $U(x)$ はあたかも可換として取り扱ってよいことになる．つまり，大域的不変性が成り立っていれば，最小結合 ($\partial_\mu \to D_\mu$ のおきかえ) の手続きによって，局所的ゲージ不変性が自動的に保証されるのである．

⟨check 7.9⟩

方程式が大域的変換 $\Psi(x) \to U\Psi(x)$ の下で不変ならば，方程式の中の微分 ∂_μ をすべて共変微分 D_μ におきかえることによって，その方程式は局所的変換 $\Psi(x) \to U(x)\Psi(x)$ の下での不変性を持つことを考察してみよう．◆

ここで強調しておきたいことは，(7.39) が共変微分の定義式というよりも，Ψ と $D_\mu \Psi$ が同じ変換性を持つとして共変微分 D_μ が定義されていると理解するのが正しい．次の check 7.10 を解けば，その意味がわかるだろう．

⟨check 7.10⟩

$\Psi(x)$ のゲージ変換性は，ここで考えたものが唯一ではない．例えば，$\Psi_{\mathrm{ad}}(x)$ を $N \times N$ エルミート・トレースレス行列だとすると，$\Psi_{\mathrm{ad}}(x)$ のゲージ変換性を $\Psi_{\mathrm{ad}}(x) \to \Psi'_{\mathrm{ad}}(x) = U(x)\Psi_{\mathrm{ad}}(x)U^{-1}(x)$ と定義することが可能になる．このとき共変微分 D_μ は，$D_\mu \Psi_{\mathrm{ad}}(x)$ が $\Psi_{\mathrm{ad}}(x)$ と同じゲージ変換性 $D'_\mu \Psi'_{\mathrm{ad}}(x) = U(x) \times (D_\mu \Psi_{\mathrm{ad}}(x))U^{-1}(x)$ を持つものとして定義される．ここで，$\Psi_{\mathrm{ad}}(x)$ に対する共変微分を $D_\mu \Psi_{\mathrm{ad}}(x) \equiv \partial_\mu \Psi_{\mathrm{ad}}(x) + ig[A_\mu(x), \Psi_{\mathrm{ad}}(x)]$ と定義するなら，$D_\mu \Psi_{\mathrm{ad}}(x)$ が $\Psi_{\mathrm{ad}}(x)$ と同じゲージ変換性を持つことを確かめてみよう．ただし，ゲージ場 $A_\mu(x)$ の変換は (7.41) で与えられるものとする．

【ヒント】 $0 = \partial_\mu(UU^{-1}) = (\partial_\mu U)U^{-1} + U(\partial_\mu U^{-1})$ を用いよ．本文で与えた N 成分ベ

クトル $\Psi(x)$ は群 $SU(N)$ の**基本表現**（fundamental representation）とよばれ，$\Psi_{\mathrm{ad}}(x)$ は**随伴表現**とよばれるものである．ゲージ群の添字をつけるとすると，基本表現に対しては $\Psi^j(j=1,\cdots,N)$ と上つきに，随伴表現に対しては $(\Psi_{\mathrm{ad}})^j{}_k(j,k=1,\cdots,N)$ と上下に添字をつけるのがよいだろう．（では，その理由はどうしてであろうか？）基本表現と随伴表現以外にも群の表現は無数に存在する．群の表現の理解のためには，群論の詳しい知識が必要となるので，ここではこれ以上深入りしないことにする．◆

これから先に進む前に，あなた自身がここで確認すべきことは，$\Psi(x)$ の変換性が $\Psi(x) \to \Psi'(x) = U(x)\Psi(x)\,(U(x) \in G_{SU(N)})$ と与えられたとき，何も見ずに (7.44) を導くことができるかである．そのとき同時に，ゲージ場の変換性 (7.41) と方程式 (7.44) のゲージ不変性も導けなければならない．これをクリアできたなら，次節へ進む資格が与えられたことになる．

7.5　$SU(3) \times SU(2) \times U(1)_Y$ ゲージ理論

ここまでくれば，素粒子の従う自然法則を理解する準備ができたことになる．1.11 節で述べたように，物質を構成するクォークやレプトンには，（重力を除けば）強い力，弱い力，電磁気力の3つの力がはたらくことがわかっている．これらの力は**標準模型**，すなわち，$SU(3) \times SU(2) \times U(1)_Y$ ゲージ理論によって記述される．これを以下で説明しよう．

【注】 $U(1)_Y$ の添字 Y は，電磁相互作用に対するゲージ不変性 $U(1)_{\mathrm{em}}$ と区別するためにつけておいた．

7.5.1　$SU(3)$ ゲージ理論 ― 量子色力学 ―

自然界には，クォーク3体からなるバリオン（陽子や中性子など），それからクォークと反クォーク対からなるメソン（π 中間子など）が存在し，これらのクォーク間にはたらく力が強い力である．一方，**電子やニュートリノなどのレプトンには，強い力ははたらかない**．

これまで6種類のクォーク（q = u, d, s, c, b, t）が発見されており，それぞ

れのクォークは"**色**" (color) とよばれる 3 つの自由度 q^a ($a = 1, 2, 3$) を持っている.（例えば, アップクォークには 3 種類の u^1, u^2, u^3 が存在する.）1.11 節では, $a = R$（赤）, G（緑）, B（青）と光の 3 原色になぞらえて番号づけをしたが, ここでは単に $a = 1, 2, 3$ としておく.

$q^a(x)$ をクォークの（スピノル 4 成分）波動関数としておくと, $SU(3)$ ゲージ変換 $q^a(x) \xrightarrow{SU(3)} q'^a(x) = \sum_{b=1}^{3} U(x)^a{}_b q^b(x)$（行列表示では, $q(x) \xrightarrow{SU(3)} q'(x) = U(x)q(x)$）の下での $q(x)$ は不変なディラック方程式に従う.（ここではスピノルの添字は省略されている.）$U(x)$ は前節で定義した $G_{SU(3)}$ の元である.

この $SU(3)$ ゲージ不変性に伴って, **グルーオン** (gluon) とよばれる $SU(3)$ ゲージ場 $G_\mu(x) = \sum_{\alpha=1}^{8} G_\mu^\alpha(x) T^\alpha$ ($T^\alpha = \lambda^\alpha/2 : \lambda^\alpha$ ($\alpha = 1, 2, \cdots, 8$) はゲルマン行列 (7.34)) が存在し, 微分 ∂_μ は共変微分 $D_\mu = \partial_\mu + ig_3 G_\mu$ におきかわる. ここで, g_3 は $SU(3)$ ゲージ相互作用の強さを表す結合定数である.

光子を媒介することによって荷電粒子間に電磁気力がはたらいたように, **クォーク間をグルーオンが媒介することによって強い力がはたらく**. グルーオンとの相互作用により, "色" を持つクォークがいくつか集まって, "白色" の複合粒子を構成する. これを**クォークの閉じ込め** (quark confinement), あるいは, **カラーの閉じ込め** (color confinement) とよぶ. これは, "色" を持った状態はエネルギー的に非常に高いため, 大きなエネルギーを与えない限り "色" を持った状態を作り出せないからである. これが, クォークが単体では現れずに, バリオンやメソンなどの "白色" の複合粒子として自然界に現れる理由なのである. このカラーの閉じ込めを解析的に示すことは, 素粒子物理の重要な未解決問題の 1 つである.

【注】 計算機を使って数値的には確かめられている. 数値的解析手法は, **格子ゲージ理論** (lattice gauge theory) とよばれ, カラーの閉じ込めのような非摂動的効果を調べるのに強力な方法として近年大きな発展が見られる. カラーの閉じ込めの問題は, クレイ数学研究所が 2000 年に発表した 7 つのミレニアム懸賞問題の 1 つである. もし解析的に証明ができたなら, 100 万ドルが与えられる.

ここで"白色"という言葉は，$SU(3)$ 変換の不変量の意味で使われている．例えば，π^+ 中間子は反 d クォーク ($\bar{d}$) と u クォーク (u) の対 $\bar{d}u$ から構成されるが，$SU(3)$ ゲージ変換の下で，u と $\bar{d}$ はそれぞれ $u \xrightarrow{SU(3)} u' = Uu$, $\bar{d} \xrightarrow{SU(3)} \bar{d}' = \bar{d}U^{-1}$ と変換する．したがって，$\bar{d}u$ は $\bar{d}u \xrightarrow{SU(3)} \bar{d}'u' = (\bar{d}U^{-1}) \times (Uu) = \bar{d}u$ と不変であることがわかる．

【注】 クォーク q は $SU(3)$ のゲージ変換で $q \to Uq$ と変換する．反クォークは荷電共役変換した $q^C \equiv C(\gamma^0 q)^*$ に対応するので ((6.26) 参照)，反クォークの波動関数 $\bar{q}$ を $\bar{q} \equiv (q^C)^T = q^\dagger \gamma^0 C^T$ と定義すると，$\bar{q} \to \bar{q}U^\dagger = \bar{q}U^{-1}$ と変換することがわかる．(このとき，クォークのカラーの自由度とスピノルの自由度は独立なので，$SU(3)$ の行列 U とスピノルの行列 γ^0, C とは可換であることに注意しよう．) この $\bar{q}$ の変換性から，クォーク q のカラーの添字を上つき (q^a, $a = 1, 2, 3$) につけたとすれば，反クォーク $\bar{q}$ のカラーの添字は下つき ($\bar{q}_a$, $a = 1, 2, 3$) につけるとよいことがわかる．

また，クォーク 3 体 $qq'q''$ からなるバリオンは，

$$B = \sum_{a,b,c=1}^{3} \varepsilon_{abc} q^a q'^b q''^c \tag{7.45}$$

で与えられており，$SU(3)$ ゲージ変換 ($q^a \xrightarrow{SU(3)} \sum_{a'=1}^{3} U^a_{a'} q^{a'}$) の下で不変

$$B \xrightarrow{SU(3)} B' = B \tag{7.46}$$

である．このように，強い力は $SU(3)$ ゲージ理論によって記述され，**量子色力学**とよばれている．

⟨check 7.11⟩

(7.45) で与えられるバリオンが，$SU(3)$ ゲージ変換の下で不変であることを確かめてみよう．

【ヒント】 5.4.4 項での議論を参考にして，$\sum_{a,b,c=1}^{3} \varepsilon_{abc} U^a_{a'} U^b_{b'} U^c_{c'} = \det U \cdot \varepsilon_{a'b'c'}$ を証明せよ．また，$U \in SU(3)$ ならば，$\det U = 1$ であることに注意せよ．◆

レプトンには，強い力がはたらかないことが実験的にわかっている．理論的には，その理由を次のように説明することができる．

レプトンは "色" の自由度を持っていないと仮定しよう．そのとき，レプ

トンの波動関数を $l(x)$ とすると，$SU(3)$ ゲージ変換の下で（"色"の自由度を持っていないので）自明な変換

$$l(x) \xrightarrow{SU(3)} l'(x) = l(x) \tag{7.47}$$

しかしないことになる．レプトンは，(7.47) のように $SU(3)$ ゲージ変換の下で不変なので，レプトンのディラック方程式にグルーオン G_μ が現れることはない．なぜなら，（微分 ∂_μ を共変微分におきかえることなく）∂_μ のままで，レプトンの $SU(3)$ ゲージ不変性が保たれているからである．そのため，レプトンとグルーオン G_μ との相互作用項は存在しない．つまり，強い力はレプトンにははたらかないことになる．

7.5.2 $SU(2) \times U(1)_Y$ ゲージ理論 — 電弱理論 —

電磁相互作用と弱い相互作用は統一されて，**電弱理論**（electroweak theory），あるいは**ワインバーグ‐サラム理論**（Weinberg‐Salam theory）とよばれる $SU(2) \times U(1)_Y$ ゲージ理論で記述されることがわかっている．$SU(2)$ ゲージ場 W_μ は，パウリ行列を用いて

$$W_\mu = \sum_{a=1}^{3} W_\mu^a \frac{\sigma^a}{2} = \frac{1}{2}\begin{pmatrix} W_\mu^3 & W_\mu^1 - iW_\mu^2 \\ W_\mu^1 + iW_\mu^2 & -W_\mu^3 \end{pmatrix} = \begin{pmatrix} \frac{1}{2}W_\mu^3 & \frac{1}{\sqrt{2}}W_\mu^+ \\ \frac{1}{\sqrt{2}}W_\mu^- & -\frac{1}{2}W_\mu^3 \end{pmatrix} \tag{7.48}$$

と表される (7.3.3 項参照)．ここで，$W_\mu^\pm = (1/\sqrt{2})(W_\mu^1 \mp iW_\mu^2)$ である．後でわかるように，添字の $\pm$ は $W_\mu^\pm$ の持つ電荷に対応する．

左巻きのクォークとレプトンは 2 つで組をなして，次のように $SU(2)$ **2 重項**（doublet）を構成する．

7. ゲージ原理と3つの力

$$\left.\begin{array}{ccc} \begin{pmatrix} u_L \\ d_L \end{pmatrix}, & \begin{pmatrix} c_L \\ s_L \end{pmatrix}, & \begin{pmatrix} t_L \\ b_L \end{pmatrix} \\ \begin{pmatrix} \nu_{eL} \\ e_L^- \end{pmatrix}, & \begin{pmatrix} \nu_{\mu L} \\ \mu_L^- \end{pmatrix}, & \begin{pmatrix} \nu_{\tau L} \\ \tau_L^- \end{pmatrix} \end{array}\right\} \quad (7.49)$$

ここで，L は左巻きカイラルスピノル ($\gamma^5 \psi_L = -\psi_L$) を表す (6.4節参照)．2重項は，(7.4節で $N = 2$ とおいた) $SU(2)$ ゲージ変換性を持つ．

一方，クォーク・レプトンの右巻き成分は $SU(2)$ **1重項 (singlet)** をなす．

$$\begin{array}{c} u_R, \ d_R, \ c_R, \ s_R, \ t_R, \ b_R \\ e_R^-, \ \mu_R^-, \ \tau_R^- \end{array} \quad (7.50)$$

ここで，R は右巻きカイラルスピノル ($\gamma^5 \psi_R = +\psi_R$) を表す．1重項は，$SU(2)$ ゲージ変換の下で不変 (変換しない) である．右巻きニュートリノに関しては今のところ観測されていないので，上のリストには載せていない．

【注】 標準模型には右巻きニュートリノは含まれておらず，ニュートリノは質量を持たないと仮定されている．ところが，ニュートリノの飛行中に別の種類のニュートリノに変化するという現象―**ニュートリノ振動** (neutrino oscillation) ―が実験で確かめられた．この現象は，ニュートリノが (非常に小さいが) ゼロでない質量を持つことを意味しており，ニュートリノに関する標準模型の修正が必要と考えられている．

$SU(2)$ ゲージ変換によって，(7.49) の左巻きクォークとレプトンはそれぞれ (7.37) で $N = 2$ の場合の $SU(2)$ ゲージ変換性を持つ．したがって，微分 ∂_μ は共変微分 (7.39)，すなわち

$$D_\mu = \partial_\mu + ig_2 W_\mu = \partial_\mu + ig_2 \sum_{a=1}^{3} W_\mu^a \frac{\sigma^a}{2} \quad (7.51)$$

でおきかえられることになる．ここで，g_2 は $SU(2)$ ゲージ相互作用の強さを表す結合定数である．

一方，(7.50) の右巻きクォークとレプトンは $SU(2)$ ゲージ変換の下で不変なので，微分はそのままでよく共変微分におきかえる必要はない．

このように，左巻きクォークとレプトンは，共変微分 $D_\mu = \partial_\mu + ig_2 W_\mu$ を

通して $SU(2)$ ゲージ場 W_μ との相互作用項を持つ．一方，右巻きクォークとレプトンは，W_μ に関する共変微分を持たないので，W_μ との相互作用項が存在しない．したがって，**クォーク・レプトンの左巻き成分 (7.49) は $SU(2)$ ゲージ場 W_μ と相互作用し，右巻き成分 (7.50) は相互作用しない**ことになる．左巻きと右巻きのクォークとレプトンで相互作用の形が違うので，6.4.5項で議論したように，**ワインバーグ－サラム理論では空間反転不変性は破れている**ことになる．

ワインバーグ－サラム理論に含まれる $U(1)_Y$ ゲージ不変性は，マクスウェル方程式や電磁場中のディラック方程式が持つ電磁場の $U(1)_{em}$ ゲージ不変性そのものではないので注意しておく．電磁相互作用と同じタイプの $U(1)$ ゲージ不変性なので，電磁相互作用における電荷と同様に，クォークとレプトンそれぞれに対して，$U(1)_Y$ 電荷 Y (**ハイパーチャージ (hyper charge)** とよばれる) を与えれば，$U(1)_Y$ ゲージ相互作用は共変微分

$$D_\mu = \partial_\mu + ig_1 \frac{Y}{2} B_\mu \tag{7.52}$$

として決まることになる．g_1 は $U(1)_Y$ ゲージ結合定数，Y は g_1 を単位とし

表 7.1　クォークの $U(1)_Y$ 電荷 Y

クォーク	$\begin{pmatrix} u_L \\ d_L \end{pmatrix}$, $\begin{pmatrix} c_L \\ s_L \end{pmatrix}$, $\begin{pmatrix} t_L \\ b_L \end{pmatrix}$	u_R, c_R, t_R	d_R, s_R, b_R
$U(1)_Y$ 電荷 Y	$\dfrac{1}{3}$	$\dfrac{4}{3}$	$-\dfrac{2}{3}$

表 7.2　レプトンの $U(1)_Y$ 電荷 Y

レプトン	$\begin{pmatrix} \nu_{eL} \\ e_L^- \end{pmatrix}$, $\begin{pmatrix} \nu_{\mu L} \\ \mu_L^- \end{pmatrix}$, $\begin{pmatrix} \nu_{\tau L} \\ \tau_L^- \end{pmatrix}$	e_R^-, μ_R^-, τ_R^-
$U(1)_Y$ 電荷 Y	-1	-2

て測った $U(1)_Y$ 電荷である．B_μ は $U(1)_Y$ ゲージ不変性に付随するゲージ場である．クォーク・レプトンの $U(1)_Y$ 電荷 Y は，実験から表 7.1 と表 7.2 で与えられることがわかっている．

7.5.3 クォーク・レプトンの方程式

7.5.1 項と 7.5.2 項でゲージ群 $SU(3)$，$SU(2)$，$U(1)_Y$ のそれぞれに対してクォークとレプトンの変換性を与えたので，クォークとレプトンがどのような方程式に従うかは完全に決まったことになる．もし，答を見ずにクォークとレプトンの方程式を書き下すことに不安を覚えるなら，もう一度 7.4 節に戻って理解し直そう．

【注】ゲージ不変性が常に指導原理となる．与えられたゲージ変換の下で，方程式が不変になっていれば，それは求めているものである．

ここでは確認を兼ねて，第 1 世代のクォーク・レプトンに対する方程式を書き下ししておく．第 2・第 3 世代のクォーク・レプトンに対しても全く同様の式が成り立つ．

$$i\gamma^\mu \Big\{ \partial_\mu + ig_3 G_\mu + ig_2 W_\mu + i\frac{g_1}{2}\Big(\frac{1}{3}\Big)B_\mu \Big\} \begin{pmatrix} u_\mathrm{L} \\ d_\mathrm{L} \end{pmatrix} = 0 \quad (7.53\mathrm{a})$$

$$i\gamma^\mu \Big\{ \partial_\mu + ig_3 G_\mu + i\frac{g_1}{2}\Big(\frac{4}{3}\Big)B_\mu \Big\} u_\mathrm{R} = 0 \quad (7.53\mathrm{b})$$

$$i\gamma^\mu \Big\{ \partial_\mu + ig_3 G_\mu + i\frac{g_1}{2}\Big(-\frac{2}{3}\Big)B_\mu \Big\} d_\mathrm{R} = 0 \quad (7.53\mathrm{c})$$

$$i\gamma^\mu \Big\{ \partial_\mu + ig_2 W_\mu + i\frac{g_1}{2}(-1)B_\mu \Big\} \begin{pmatrix} \nu_\mathrm{eL} \\ e_\mathrm{L}^- \end{pmatrix} = 0 \quad (7.53\mathrm{d})$$

$$i\gamma^\mu \Big\{ \partial_\mu + i\frac{g_1}{2}(-2)B_\mu \Big\} e_\mathrm{R}^- = 0 \quad (7.53\mathrm{e})$$

【注】(7.53a)～(7.53c) からわかることは，左巻きクォーク u_L，d_L は $SU(3)$ ゲージ場 G_μ，$SU(2)$ ゲージ場 W_μ，$U(1)_Y$ ゲージ場 B_μ と相互作用を持ち，右巻きクォーク u_R あるいは d_R は G_μ と B_μ とのみ相互作用を持つということだ．(7.53d) と (7.53e) からは，左巻きレプトン ν_eL と e_L^- は W_μ と B_μ，右巻きレプトン e_R^- は B_μ とのみ相互作用を持つこと

がわかる．特に，レプトンは $(G_\mu$ との) 強い相互作用をしないことと，右巻きクォーク・レプトンは $SU(2)$ ゲージボソン W_μ と相互作用しない点が重要である．

ここで記法に注意してもらいたい．u, d クォークそれぞれが"色"の 3 成分を持ち，$G_\mu = \sum_{\alpha=1}^{8} G_\mu^\alpha \left(\frac{\lambda^\alpha}{2}\right)$ は 3×3 行列として u, d それぞれに作用する．一方，$W_\mu = \sum_{a=1}^{3} W_\mu^a \left(\frac{\sigma^a}{2}\right)$ は，2×2 行列として 2 成分ベクトル $\begin{pmatrix} u_L \\ d_L \end{pmatrix}$ および $\begin{pmatrix} \nu_{eL} \\ e_L^- \end{pmatrix}$ に作用する．(7.53) では煩雑になるのを避けるため，u, d クォークの"色"の添字は省略されている．

しかし初学者にとって，$SU(3)$ や $SU(2)$ の添字がどうなっているのか，必ずしも自明ではないだろう．そこで，(7.53a) を例にとって添字の構造について確認しておくことにする．(7.53a) に"色"の添字をつけて詳しく書き表すと，次式のようになる．

$$\sum_{b=1}^{3} \begin{pmatrix} i\gamma^\mu (D_\mu^u)^a{}_b & i\gamma^\mu \frac{ig_2}{\sqrt{2}} W_\mu^+ \delta^a{}_b \\ i\gamma^\mu \frac{ig_2}{\sqrt{2}} W_\mu^- \delta^a{}_b & i\gamma^\mu (D_\mu^d)^a{}_b \end{pmatrix} \begin{pmatrix} u_L^b \\ d_L^b \end{pmatrix} = 0$$

ここで，$a, b \, (= 1, 2, 3)$ は"色"の添字を表し，3×3 行列 D_μ^u, D_μ^d は次式で与えられる．

$$(D_\mu^u)^a{}_b = \partial_\mu \delta^a{}_b + ig_3 (G_\mu)^a{}_b + i\frac{g_2}{2} W_\mu^3 \delta^a{}_b + i\frac{g_1}{2}\left(\frac{1}{3}\right) B_\mu \delta^a{}_b$$

$$(D_\mu^d)^a{}_b = \partial_\mu \delta^a{}_b + ig_3 (G_\mu)^a{}_b - i\frac{g_2}{2} W_\mu^3 \delta^a{}_b + i\frac{g_1}{2}\left(\frac{1}{3}\right) B_\mu \delta^a{}_b$$

【注】 実際には，u_L^b, d_L^b, γ^μ はさらにスピノルの添字を持っているのだが，さすがにスピノルの添字まで書き加える気は起こらなかった．

〈check 7.12〉

7.4節での議論を参考にして, $\begin{pmatrix} u_L \\ d_L \end{pmatrix}$, u_R, d_R, $\begin{pmatrix} \nu_{eL} \\ e_L^- \end{pmatrix}$, e_R^-, および G_μ, W_μ, B_μ がそれぞれ $SU(3)$, $SU(2)$, $U(1)_Y$ ゲージ理論の下でどのような変換をするか, 具体的に書き下せ. また, それぞれのゲージ変換の下でクォーク・レプトンの方程式 (7.53) が不変であることを確かめてみよう.

【ヒント】例えば, $\begin{pmatrix} u_L \\ d_L \end{pmatrix}$ のゲージ変換性は次式で与えられる.

$$\begin{pmatrix} u_L \\ d_L \end{pmatrix} \xrightarrow{SU(3)} \begin{pmatrix} U_3(x) u_L \\ U_3(x) d_L \end{pmatrix}, \quad \begin{pmatrix} u_L \\ d_L \end{pmatrix} \xrightarrow{SU(2)} \begin{pmatrix} U_2(x) \end{pmatrix} \begin{pmatrix} u_L \\ d_L \end{pmatrix}$$

$$\begin{pmatrix} u_L \\ d_L \end{pmatrix} \xrightarrow{U(1)_Y} e^{-i(g_1/2)(1/3)\Lambda(x)} \begin{pmatrix} u_L \\ d_L \end{pmatrix}$$

ここで, $U_3(x) \in SU(3)$, $U_2(x) \in SU(2)$, $\Lambda(x)$ は任意関数である. ◆

方程式 (7.53) からも見てとれるが, グルーオン G_μ はクォークのみと相互作用し, 左巻き (L) と右巻き (R) を区別しない. つまり, グルーオンによる強い相互作用は空間反転不変であることがわかる. $SU(2)$ のゲージ場 W_μ は, 2重項の左巻きクォークと左巻きレプトンにのみ結合し, 1重項の右巻きクォークと右巻きレプトンとは相互作用しない. $U(1)_Y$ ゲージ場 B_μ は, $U(1)_Y$ 電荷 Y の大きさに比例して, 各々のクォークとレプトンに結合する. このとき, W_μ と B_μ は左巻きと右巻きのクォークとレプトンとでは結合の仕方が異なるので, 空間反転不変性を破っていることがわかる. これが 6.5 節で述べたパリティの破れの起源である.

さらに (7.53a)〜(7.53e) すべてをよく見てみると, 重要な事実に気がつく. どの方程式にも質量項がないのだ. 6.4.5項で見たように, (ディラック) 質量を持つには, 左巻き (L) と右巻き (R) カイラリティの両方が必要になる. もし, (7.53) に質量項を加えようと思うと, 例えば, $\begin{pmatrix} u_L \\ d_L \end{pmatrix}$ の方程式に $m \begin{pmatrix} u_R \\ d_R \end{pmatrix}$ の項をつけ加えたくなる. ところが, この項は方程式の持つ $SU(3)$

$\times SU(2) \times U(1)_Y$ ゲージ不変性を壊してしまう.

なぜなら, $\begin{pmatrix} u_L \\ d_L \end{pmatrix}$ と $\begin{pmatrix} u_R \\ d_R \end{pmatrix}$ は異なる $SU(2)$ ゲージ変換性を持つからである. 実際, $\begin{pmatrix} u_L \\ d_L \end{pmatrix}$ は $SU(2)$ ゲージ変換の下で $\begin{pmatrix} u_L \\ d_L \end{pmatrix} \xrightarrow{SU(2)} U \begin{pmatrix} u_L \\ d_L \end{pmatrix} (U \in G_{SU(2)})$ と変換するが, 一方の u_R, d_R は $SU(2)$ ゲージ変換の下で不変のままで変換しない. すなわち, $\begin{pmatrix} u_R \\ d_R \end{pmatrix} \xrightarrow{SU(2)} \begin{pmatrix} u_R \\ d_R \end{pmatrix}$ である. ローレンツ不変性の要求から, 異なるローレンツ変換性を持つ量 (例えばスカラーとベクトル) を足し合わせることができなかったように, ゲージ不変性の要求から, 異なるゲージ変換性を持つ量 ($\begin{pmatrix} u_L \\ d_L \end{pmatrix}$ と $\begin{pmatrix} u_R \\ d_R \end{pmatrix}$) を足し合わせることはできない.

つまり, クォークとレプトンがたまたま質量を持っていないということではなく, $SU(3) \times SU(2) \times U(1)_Y$ **ゲージ不変性の要請からクォーク・レプトンの質量項は禁止される**というのが正しい理解だ.

しかしながら, 実際には電子もクォークも質量を持っていることを我々は知っている. これが素粒子物理における**質量起源の問題** (**problem of mass generation**) である. 第1章でも述べたが, 素粒子の質量起源は単純ではない. 実際には, クォーク・レプトンの方程式 (7.53) にヒッグス場との相互作用項をつけ加える必要がある. これについては, 続刊における対称性の自発的破れの議論を待つ必要がある. そこで, クォーク・レプトンの質量起源が明らかになる (check 9.14 参照).

7.5.4 ゲージ不変性の破れ

$SU(2)$ ゲージ不変性が厳密に成り立っているならば, $SU(2)$ ゲージ変換で $\begin{pmatrix} \nu_{eL} \\ e_L^- \end{pmatrix} \xrightarrow{SU(2)} \begin{pmatrix} \nu'_{eL} \\ e_L'^- \end{pmatrix} = U \begin{pmatrix} \nu_{eL} \\ e_L^- \end{pmatrix} (U \in SU(2))$ と変換するので, ν_{eL} と e_L^- は

$SU(2)$ 行列 U を通してお互い混ざり合うことになる．この $SU(2)$ 変換の下で方程式は不変なのであるから，このことは $\begin{pmatrix} \nu_{\text{eL}} \\ e_{\text{L}}^- \end{pmatrix}$ と $\begin{pmatrix} \nu'_{\text{eL}} \\ e'^-_{\text{L}} \end{pmatrix}$，すなわち ν_{eL} と e_{L}^- の区別がつかないことを意味する．しかし実際は，ν_{eL} は電荷を持たず，電子は $-e$ の電荷を持つので容易に識別可能である．

この問題を解決するメカニズムが，対称性の自発的破れである．$SU(2) \times U(1)_Y$ ゲージ不変性は対称性の自発的破れの機構を通じて，$U(1)_{\text{em}}$ ゲージ不変性にまで小さくなる．

$$SU(2) \times U(1)_Y \xrightarrow{\text{対称性の破れ}} U(1)_{\text{em}} \tag{7.54}$$

3.6節で指摘したように，ゲージ不変性が破れると，ゲージ場は一般に質量を持つ．(7.54) の場合も，破れたゲージ不変性に応じてゲージ場は質量を持つことになる．

(7.48) で与えられる 3 つの $SU(2)$ ゲージ場 $W_\mu^\pm$, W_μ^3 と 1 つの $U(1)_Y$ ゲージ場 B_μ のうち，W_μ^3 と B_μ を組み直して

$$\begin{aligned} A_\mu &\equiv W_\mu^3 \sin\theta_{\text{W}} + B_\mu \cos\theta_{\text{W}} \\ Z_\mu^0 &\equiv W_\mu^3 \cos\theta_{\text{W}} - B_\mu \sin\theta_{\text{W}} \end{aligned}, \quad \sin\theta_{\text{W}} \equiv \frac{g_1}{\sqrt{(g_2)^2 + (g_1)^2}} \tag{7.55}$$

と定義すると，A_μ は電磁相互作用における $U(1)_{\text{em}}$ ゲージ場に対応し，この $U(1)_{\text{em}}$ ゲージ不変性は破れていない．したがって，A_μ の質量は 0 のままである．

【注】 θ_{W} は**ワインバーグ角**（Weinberg angle, あるいは weak angle）とよばれ，現象論的に重要な量である．観測値は $\sin^2\theta_{\text{W}} \simeq 0.23$ である．

一方，$W_\mu^\pm$ と Z_μ^0 は（添字の $\pm$ と 0 は電荷を表す），$SU(2) \times U(1)_Y$ ゲージ不変性のうち破れた不変性に対応するゲージ場で，それぞれ

$$m_W \simeq 80.4\,\text{GeV}, \qquad m_Z \simeq 91.2\,\text{GeV} \tag{7.56}$$

の質量（陽子の質量のおよそ100倍）を持つ．どのようにしてゲージ不変性が破れ，$W_\mu^\pm$ と Z_μ^0（およびクォークとレプトン）が質量を獲得するかの具体的機構については，続刊における対称性の自発的破れのところで詳しく論じることにする．

電磁相互作用における電荷 e は，

$$e = g_2 \sin\theta_W = g_1 \cos\theta_W \tag{7.57}$$

で与えられ，クォーク・レプトンの電荷は $U(1)_{\text{em}}$ ゲージ場 A_μ との結合定数から読み取ることができる．例えば，(7.53b) の u_R クォークに対する方程式を，(7.55) で定義される A_μ（および Z_μ^0）で書き直すと

$$(7.53\text{b}) \implies i\gamma^\mu\left(\partial_\mu + i\frac{2e}{3}A_\mu + \cdots\right)u_R = 0$$

となるので，u クォークの電荷は $2e/3$ であることがわかる．他のクォークとレプトンの電荷も同様にして求めることができる．クォークとレプトンの電荷は，表 1.2 にまとめられている．

【注】 クォーク・レプトンの（e を単位として測った）電荷 Q は，次の公式 (**西島 − ゲルマンの法則 (Nishijima − Gell − Mann formula)**) で与えられることが知られている．

$$Q = I_3 + \frac{Y}{2} \tag{7.58}$$

ここで I_3 は，アイソスピン（の第3成分）とよばれ，$\begin{pmatrix} u_L \\ d_L \end{pmatrix}$ や $\begin{pmatrix} \nu_{eL} \\ e_L^- \end{pmatrix}$ などの $SU(2)$ 2重項の上成分 $u_L,\ \nu_{eL}$（下成分 $d_L,\ e_L^-$）に対しては $+1/2\ (-1/2)$，$u_R,\ d_R,\ e_R^-$ などの $SU(2)$ 1重項に対しては 0 の値をとる．

⟨check 7.13⟩

西島 − ゲルマンの法則 (7.58) から，クォーク・レプトンの電荷を求め，表 1.2 の値と一致していることを確かめてみよう．また，(7.53) から直接，電荷を読み取ってみよう．◆

7.6 ゲージ相互作用とファインマン図

前節でクォーク・レプトンとゲージ場との相互作用が明らかになったので，それらを図示しておくと視覚的にも理解が進むだろう．

u, d クォークは，それぞれ3つの"色"を持っており，$SU(3)$ ゲージ相互作用を通じてグルーオン G_μ と結合する（図7.2(a)参照）．

(7.48)で定義される $SU(2)$ ゲージ場 $W_\mu^\pm$ は，2×2 行列の非対角成分に現れるので，(7.53)における左巻きクォーク $\begin{pmatrix} u_L \\ d_L \end{pmatrix}$（左巻きレプトン $\begin{pmatrix} \nu_{eL} \\ e_L^- \end{pmatrix}$）の上成分 u_L (ν_{eL}) と下成分 d_L (e_L^-) を結びつける．u_L, d_L, ν_{eL}, e_L^- の電荷はそれぞれ $(2/3)e$, $-(1/3)e$, 0, $-e$ なので，u_L と d_L，および ν_{eL} と e_L^- の電荷の差は（電荷の保存により）$W_\mu^\pm$ が担うことになる（図7.2(b)参照）．(7.48)から W_μ^3 は対角成分なので，$W_\mu^\pm$ と違って，W_μ^3 との相互作用でクォーク・レプトンの種類が変化することはない．

Z_μ^0 は W_μ^3 と B_μ の重ね合わせで与えられ，(7.53)から推測されるように，u, d, e^-, ν_e のすべてと相互作用項を持つ（図7.2(c)参照）．

A_μ は電磁相互作用に対するゲージ場なので，電荷を持った粒子（u, d, e^-）のみと相互作用する（図7.2(d)参照）．以上述べた相互作用を図で表

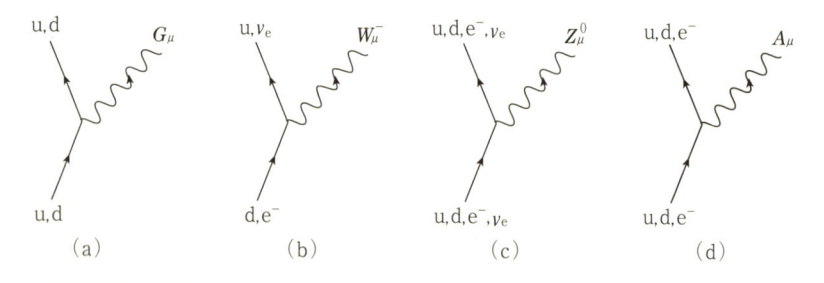

図7.2 クォーク・レプトンとゲージ場との相互作用（素過程）を描いたファインマン図.

したものが図7.2である.

⟨check 7.14⟩

(7.53)から，図7.2(a)〜図7.2(d)の相互作用が存在することを確かめてみよう. ◆

ファインマン図は，素粒子間の相互作用を直感的に理解する上で非常に役に立つ．ファインマン図の有用な点の1つは，図7.2に描かれている素過程の図をいくつか組み合わせることによって，いろいろな素粒子の反応を調べられることである．

例えば，クォーク-クォーク間の強い力は図7.3(a)のようにグルーオンを媒介としてはたらくことがわかる．ミュー粒子の崩壊 $\mu^- \to e^- + \bar{\nu}_e + \nu_\mu$ ($\bar{\nu}_e$ は ν_e の反粒子) は，図7.2(b)で第1世代のレプトンと第2世代のレプトンを組み合わせることによって得られ，W_μ^- が媒介して起こることがわかる (図7.3(b) 参照)．図7.3(c) は，電子・陽電子対からミュー粒子・反ミュー粒子対が生成する過程 ($e^- + e^+ \to \mu^- + \mu^+$) で，中間状態に A_μ と Z_μ^0 が飛ぶことがわかる．この場合は図7.2(c)および図7.2(d)で反粒子

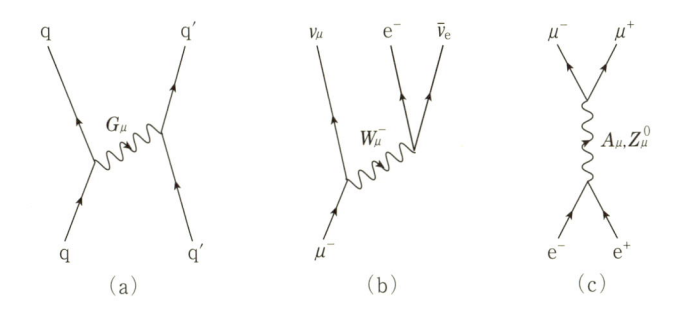

図7.3 さまざまな反応過程の例．(a) クォーク間にグルーオンが飛び，強い力がはたらく．(b) μ^- の崩壊過程．(c) e^- と e^+ が対消滅し，μ^- と μ^+ が対生成される過程．(図の矢印は粒子の流れを表す.)

も含めた反応を用いた．

〈check 7.15〉
　自由中性子 n は，約 15 分ほどで陽子 p，電子 e^-，反電子ニュートリノ $\bar{\nu}_e$ に崩壊（n → p + e^- + $\bar{\nu}_e$）する．この崩壊過程がどのような相互作用を通じて起きているのか，図 7.2 のファインマン図を使って説明してみよう．（図 7.3 の例を参考にせよ．）

【ヒント】　中性子と陽子はそれぞれ (udd) と (uud) のクォーク 3 体で構成されているので，中性子の崩壊をクォークの反応過程 d → u + e^- + $\bar{\nu}_e$ におきかえて考えよ．◆

7.7　ゲージ原理が語らないこと

　この章であなたは，クォーク・レプトンとゲージ場に対する自然法則—$SU(3) \times SU(2) \times U(1)_Y$ ゲージ理論—について知ったことになる．

　何度も述べたことだが重要なので繰り返し強調しておくと，クォーク・レプトンが従う方程式を暗記する必要など全くない．方程式 (7.53) を再現するには，クォーク・レプトンの $SU(3) \times SU(2) \times U(1)_Y$ ゲージ変換性がわかれば十分である．後はゲージ原理がすべてを導いてくれる．これからは，クォーク・レプトンについて語るときは，ゲージ群 $SU(3) \times SU(2) \times U(1)_Y$ とクォーク・レプトンのゲージ変換性を思い出すようにしよう．

〈check 7.16〉
　クォーク・レプトンのゲージ変換性が与えられたなら，(7.53) のように方程式をわざわざ書き下す必要はないことを確かめてみよう．◆

　これまで見てきたように，ゲージ不変性の要求は，クォーク・レプトンの従う方程式に強い制限を与える．このことは，**ゲージ原理が自然法則のあるべき姿を決める指導原理としての役割を担っている**ことを意味している．つまり，自然法則全体がゲージ原理を満たすように，お互い調和のとれた形で成立していなければならないということだ．

上で述べたことを逆の視点から見てみると面白い．**ゲージ原理が語らないことは何だろうか？**

ゲージ原理は，ゲージ群に関して何も答えてくれない．理論的には $SU(3)$ や $SU(2)$ ではなく，もっと大きな群，例えば $SU(1000000)$ でもよかったはずなのだが，自然は控えめに小さなゲージ群 $SU(3) \times SU(2) \times U(1)_Y$ を採用した．また，クォーク・レプトン以外の粒子を好きなだけ持ち込んでもゲージ原理とは抵触しないのだが，自然はほんのひと握りのクォーク・レプトンで満足したようだ．

【注】正確には，「アノマリー（anomaly：量子異常）の相殺条件」を課す必要がある．アノマリーがあると，量子効果によってゲージ不変性が壊れることが知られている．そのため，粒子の種類（とゲージ群）に制限がつく．クォークとレプトンはこの相殺条件を満たしていることがわかっている．アノマリーについては，例えば，九後汰一郎 著：「ゲージ場の量子論II」（培風館，1989年）を参考にするとよいだろう．

なぜ，ゲージ群は $SU(3) \times SU(2) \times U(1)_Y$ なのか？ なぜ，物質を構成する粒子としてクォークとレプトンが選ばれたのか？ これらの問いに答があるのかどうかわからない．ひょっとしたら，これらの選択は神の領域で，我々が足を踏み入れてはならない聖域なのかもしれない．しかし，ゲージ群やクォーク・レプトンのゲージ変換性を見てみると，それほど好き勝手なものが選ばれているわけでもなさそうだ．「ゲージ原理が語らないこと」が一体何を"語っている"のかを明らかにすることは，素粒子物理に残された課題の1つである．

謎と物理革命

行く手に多くの謎や問題が立ちはだかっているならば，あなたは幸運な状況にいると思うべきだ．その謎や問題の解決が難しければ難しいほど，そして，より根本

的であればあるほど，それらの解決には従来の考え方や概念を大きく変更する必要があるはずだ．

　量子力学の誕生前には，古典力学のほころびが見え始め，いくつかの大きな謎が物理学者の前に立ちはだかった．断片的な解決策は提案されたが，それらがなぜうまくいくのかの説明は，古典的概念を大きく変える量子力学の完成を待たなければならなかった．

　量子力学から場の量子論への移行も似たところがある．量子力学ですべてうまくいくと思われていたものが，相対論を取り入れようとした瞬間に多くの問題を生み出すことになった．量子力学の枠内でそれらの問題に対する解決のヒントはいろいろな形で見えてはいたが，根本的な解決には「場」という新しい概念の導入が必要であった．

　素粒子理論では，ミクロの世界を記述する標準模型が確立している．この理論は，これまで行われてきた数多くの高エネルギー実験の結果を驚くべき精度で説明する．しかし，この模型が究極理論であると考える研究者はほとんどいない．それは，標準模型には多くの謎や問題が残されているからである．

　一体何が問題なのかは，読者自身の判断にゆだねることにする．なぜなら，何が本質的な問題なのかをかぎわける能力は，研究者に必要とされる資質の1つだからである．

　標準模型を越えた先には，きっと物理の革命が待ち受けているだろう．正しく問題設定ができたなら，あなたは物理革命を起こす準備ができたことになる．

第 8 章

場 と 粒 子

　相対論と量子論の融合は，必然的に粒子の生成・消滅を引き起こす．そのため，粒子数が保存する理論体系は必然的に破綻する．したがって，波動関数の確率解釈に基づいた量子力学を，粒子の生成・消滅を取り込んだ理論体系へ拡張する必要がある．それが場の量子論である．本章で「場」の概念を説明し，場と粒子の橋渡しを行うことにする．

8.1 相対論と量子論の融合が意味するもの

8.1.1 粒子の生成・消滅

　量子力学と相対性理論の融合がどのような状況を引き起こすかを考えると，$\phi(x)$ を1粒子波動関数と見なし確率解釈に基づく量子力学的体系では，うまくいかないことが容易に想像できる．このことを説明しよう．

【注】 広い意味では量子力学の中に場の量子論も含まれるが，ここでは「量子力学」という用語を，場の量子論と対比するために，粒子数保存と波動関数の確率解釈に基づいた量子力学的体系に限定して使っている．

　量子力学は，不確定性関係 $\Delta t \Delta E \sim \hbar$ から，短時間 Δt の間には $\Delta E \sim \hbar/\Delta t$ 程度のエネルギーのゆらぎが起こることを許容する．一方，相対性理論は，エネルギーと質量の等価性を暴いてみせたので，エネルギーは粒子へ

と姿を変えることができる．したがって，量子力学と相対性理論が出会うならば，粒子の生成や消滅という現象が理論の枠組みの中に自然と組み込まれると期待される．

ところが，$\psi(x)$を1粒子波動関数と見なす量子力学的枠組みでは，そのような過程を含む余地がない．なぜなら，波動関数の確率解釈に固執する限り，粒子数は変わらないからである．

高エネルギー加速器実験では，粒子の生成・消滅が日常茶飯事の現象として観測されている．例えば，電子e^-と陽電子e^+が対消滅していくつかの光子に変わったり(図1.6(d)参照)，他のさまざまな粒子を生成する現象が観測されている(図7.3(c)参照)．また，μ^-粒子はほぼ100％の確率で，$\mu^- \to e^- \bar{\nu}_e \nu_\mu$に崩壊することが知られている(図7.3(b)参照)．

このように，粒子数が保存する量子力学的体系を，粒子の生成・消滅を含んだ理論体系―場の量子論―へ拡張することは必然のように見える．

8.1.2 因果律

因果律あるいは因果性は，一般的な用語として原因と結果の間の関係を指すが，相対性理論の中では少し異なる意味で使われる．

光速が最高速度なので，ある領域内で起こった現象が離れた別の領域へ，光の速さを超えて影響を及ぼすことは決してない．これが相対性理論における**因果律**(causality)とよばれるものだ．この因果律は，相対論的場の量子論でも要請の1つとして課される．

因果律を頭に置いて，クライン-ゴルドン方程式やディラック方程式に相互作用をどのように取り入れるか考えてみよう．ニュートン力学でも量子力学でも相互作用を導入するには，ポテンシャルエネルギーをハミルトニアンに加えればよかった．例えば，電荷を持った2粒子間にはたらくクーロンポテンシャルの場合であれば，次の項をハミルトニアンに加えることになる．

$$V(r) = \frac{q_1 q_2}{4\pi |\boldsymbol{r}_1 - \boldsymbol{r}_2|}$$

ここで，$|\boldsymbol{r}_1 - \boldsymbol{r}_2|$ は2粒子間の距離，q_1, q_2 はそれぞれの粒子の電荷である．

しかし，このようなポテンシャルを相互作用項として，相対論的方程式の中に加えることはできない．なぜなら，このポテンシャルから得られるクーロン力は，2つの電荷の間に力を瞬時に伝えるからである．これは明らかに因果律と矛盾する．

クーロン力を因果律と矛盾しない形で理解するにはどうしたらよいか？その答は図1.3(a)のファインマン図に与えられている．片方の荷電粒子が光子を放出し，もう一方の荷電粒子が光子を吸収することによって，結果的に荷電粒子間にクーロン力がはたらくことになる．これが場の量子論の用意した答だ．

ここで重要なことは，この過程では2つの離れた荷電粒子は直接相互作用をしていないという点だ．光子を媒介として力を及ぼし合っているので，明らかに因果律を満たしている．

このように，すべての力は何らかの粒子が飛びかうことによってはたらくとするなら（図1.3参照），因果律とは抵触せずに相互作用を導入することができる．このことは，粒子の生成・消滅が因果律を保つための鍵となることを意味している．やはり，量子力学からの発想の転換が必要のようである．

8.2　光子の願い ― すべては統一的に ―

自然を支配する法則は，それが基本的であればあるほど，個々の対象によらず統一的に調和のとれたものになると期待してもおかしくはないだろう．

古典電磁気学のおさらいから始めよう．電荷 q，質量 m を持つ粒子の運動方程式は

$$m\frac{d^2\boldsymbol{x}}{dt^2} = q(\boldsymbol{E}(t,\boldsymbol{x}) + \boldsymbol{v}\times\boldsymbol{B}(t,\boldsymbol{x})) \tag{8.1}$$

で与えられ，電場 $\boldsymbol{E}$ と磁場 $\boldsymbol{B}$ はマクスウェル方程式

$$\left.\begin{array}{l}\nabla\cdot\boldsymbol{B}(t,\boldsymbol{x}) = 0, \quad \nabla\times\boldsymbol{E}(t,\boldsymbol{x}) + \dfrac{\partial \boldsymbol{B}(t,\boldsymbol{x})}{\partial t} = \boldsymbol{0} \\[2mm] \nabla\cdot\boldsymbol{E}(t,\boldsymbol{x}) = \rho(t,\boldsymbol{x}), \quad \nabla\times\boldsymbol{B}(t,\boldsymbol{x}) - \dfrac{\partial \boldsymbol{E}(t,\boldsymbol{x})}{\partial t} = \boldsymbol{j}(t,\boldsymbol{x})\end{array}\right\} \tag{8.2}$$

に従う．

　アインシュタインにとって，粒子の運動方程式とマクスウェル方程式の不整合性は，受け入れられるものではなかった．ニュートンの運動方程式はガリレイ変換の不変性を持つが，マクスウェル方程式はローレンツ変換の不変性を持つ．両者はお互い相容れない．アインシュタインは，時空の持つ不変性はすべての法則に対して普遍的に成り立つべきものと考え，ニュートンの運動方程式もローレンツ変換の下で不変となるように修正すべきだと主張した．それが (特殊) 相対性理論である．

　しかしながら，たとえ (8.1) を相対論的不変な形に書き直したとしても，まだ (8.1) と (8.2) の間には不調和が残されている．

　(8.1) に現れる座標 $\boldsymbol{x}$ は荷電粒子の位置を表すが，(8.2) に現れている座標 $\boldsymbol{x}$ は単に空間の位置を指定しているパラメータにすぎず，粒子の位置とは無関係である．また，(8.1) は荷電粒子の位置 $\boldsymbol{x}(t)$ を決める方程式だが，(8.2) のマクスウェル方程式は，電場 $\boldsymbol{E}(t,\boldsymbol{x})$ と磁場 $\boldsymbol{B}(t,\boldsymbol{x})$ を決定する方程式である．

　このように同じ物理法則でありながら，ニュートンの運動方程式は粒子の位置 $\boldsymbol{x}$ を力学変数と見なし，マクスウェル方程式は電場 $\boldsymbol{E}$ と磁場 $\boldsymbol{B}$ という場の量を力学変数と見なして，それらの変数を決定する方程式となっている．物理法則が何らかの原理から統一的に導かれるものとするならば，この両者

の不調和を見過ごすことはできない．

【注】 運動方程式とは，物理量の時間発展を記述する方程式のことである．ここでは，その物理量のことを「力学変数」とよんでいる．

この状況は，量子力学へ移行するとかなり改善される．このとき，運動方程式 (8.1) は次のシュレディンガー方程式におきかわる．

$$i\frac{\partial}{\partial t}\phi(t, \boldsymbol{x}) = \left[-\frac{1}{2m}(\boldsymbol{\nabla} - iq\boldsymbol{A}(t, \boldsymbol{x}))^2 + qA^0(t, \boldsymbol{x})\right]\phi(t, \boldsymbol{x}) \tag{8.3}$$

ここで，$\boldsymbol{E} = -\boldsymbol{\nabla}A^0 - (\partial \boldsymbol{A}/\partial t)$，$\boldsymbol{B} = \boldsymbol{\nabla} \times \boldsymbol{A}$ である．(8.1) と比べれば，(8.3) はマクスウェル方程式に近づいたといえる．それでも，電場 $\boldsymbol{E}(t, \boldsymbol{x})$，磁場 $\boldsymbol{B}(t, \boldsymbol{x})$ と波動関数 $\phi(t, \boldsymbol{x})$ の持つ物理的解釈には，まだ隔たりがある．だが，後もう少しだ．

それでは最後に，(シュレディンガー方程式を相対論化した) クライン-ゴルドン方程式，ディラック方程式，マクスウェル方程式を，自由粒子の場合に，3つ並べて書いてみることにしよう．

$$(\partial_\mu \partial^\mu + m^2)\phi(x) = 0 \tag{8.4a}$$

$$(i\gamma^\mu \partial_\mu - m)\psi(x) = 0 \tag{8.4b}$$

$$(\partial_\rho \partial^\rho \delta^\nu{}_\mu - \partial^\nu \partial_\mu)A^\mu(x) = 0 \tag{8.4c}$$

【注】 第3章で示したように，4組のマクスウェル方程式 (8.2) は，ゲージ場 $A^\mu(x)$ を用いることによって (8.4c) にまとめられる．ただし，ここでは $\rho = 0$，$\boldsymbol{j} = \boldsymbol{0}$ である．

これら3つの方程式は，粒子の持つローレンツ変換性 (スカラー，スピノル，ベクトル) の違いによって分けられており，スカラー粒子に対してクライン-ゴルドン方程式，スピノル粒子に対してディラック方程式，(質量を持たない) ベクトル粒子に対してマクスウェル方程式が対応する．しかし，相対論的方程式という観点からは，これらの方程式はどれも対等なものである．

したがって，自然法則が不変性の原理に従って，調和のとれた形で成り立っ

ているとするならば，これら3つの方程式は統一的に取り扱われるべきものだろう．特に，$\phi(x)$，$\psi(x)$，$A^\mu(x)$ に対して異なる取り扱いをする理由は全くない．

3つの方程式の中で最も素性がよくわかっているのは，光子に対するマクスウェル方程式である．$A^\mu(x)$ はゲージ場（あるいは，ベクトル場）とよばれ，時空座標 $x^\mu = (t, \bm{x})$ は単に時空点を表すパラメータである．次節で説明するように，ベクトル場 $A^\mu(x)$ とは各時空点ごとに1つのベクトル A^μ を対応させる量である．

他の2つの方程式に対してもマクスウェル方程式と同等の取り扱いをするならば，$\phi(x)$ はスカラー場，$\psi(x)$ はスピノル場として，$\phi(x)$，$\psi(x)$ を場の量と見なすことになる．

方程式 (8.4) は場 $\phi(x)$，$\psi(x)$，$A^\mu(x)$ に対する運動方程式と見なすことができるので，力学変数は場 $\phi(x)$，$\psi(x)$，$A^\mu(x)$ である．したがって量子化は，力学変数であるこれらの場に対して実行されることになる．

ここで再度強調しておきたいことは，これらの方程式で $x^\mu = (t, \bm{x})$ は単に時空点を表すパラメータにすぎないという点である．つまり，座標 $\bm{x}$ は演算子と見なすべき量ではない．方程式は同じでも，量子化すべき力学変数を何にとるかで，方程式の物理的解釈が異なることになる．我々はもっと早く光子の主張に耳を傾けるべきだったようだ．

【注】 運動方程式 (8.1) における $\bm{x}(t)$ は，時間の関数であり粒子の位置を表す．一方，(8.4) における $x^\mu = (t, \bm{x})$ は，単に時空点を表すパラメータに過ぎず，t と $\bm{x}$ は互いに独立な量である．

8.3 場と粒子描像

これまで，スカラー場，ベクトル場（ゲージ場），スピノル場（ディラック場）という言葉を時折使ってきた．この節で，場とは何かについて直観的イ

メージを持ってもらうことにする．

場 の代表例は，電磁気学でお馴染みの電場 $E(t, \boldsymbol{x})$ や磁場 $B(t, \boldsymbol{x})$ である．これらは (3次元) ベクトル場とよばれるものだ．電場や磁場を直接見ることはできないが，電荷や磁荷があるとその周りに電場や磁場が発生する．磁石の周りに砂鉄をばらまけば，特有の模様が現れる．それは磁石の周りに磁場が存在していることの証拠だ．

ある点での電場 E を知りたければ，単位電荷をそこに置き，その電荷にはたらく力の方向と強さを測ればそれが電場 E を与える．図 8.1 に電荷の周りに発生した電場の様子が描かれている．図の矢印の意味は，その点に点電荷を置くと，矢印の方向に矢印の長さに比例した力がはたらくことを意味する．

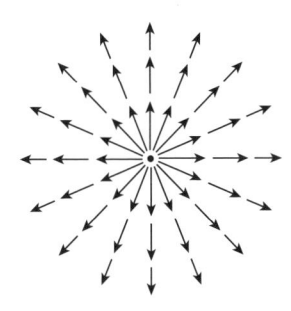

図 8.1 矢印は点電荷の周りの電場を表す．

ベクトル場の別の例は，天気図でよく見られる風向風速の分布図だ．矢印の向きはその地点での風の方向，矢印の長さは風の強さを表す．このように，ベクトル場とは，時空の各点ごとに (相対論の場合は 4 次元) ベクトルを描いたものを想像すればよい．

スカラー場はベクトル場よりも単純だ．各点ごとに 1 つの数値を対応させたものだ．スカラー場の具体的なイメージを持ちたいなら，太鼓の膜を想像するとよい．太鼓を叩いたときに，太鼓の膜は振動する．ある時刻 t における平衡点からのズレの距離を膜の各点ごとに表したものが，スカラー場 $\phi(t, \boldsymbol{x})$ と思えばよい．$\phi(t, \boldsymbol{x})$ の値が大きければ時刻 t に位置 $\boldsymbol{x}$ での太鼓の膜が大きく振れていることを表し，$\phi(t, \boldsymbol{x}) = 0$ であればそこでは太鼓の膜は振れていないことになる．

このように場のイメージは，ベクトル場に対しては電場や磁場を，スカラー

場に対しては太鼓の膜を想像してもらえばよいだろう．場の量子論は，このような**場の概念から粒子の生成・消滅の概念への橋渡し**をする．場の量子論を学んでいない読者にとって，この両者の概念の間には大きな隔たりがあるだろう．残りのスペースを使って，その間のギャップを少し埋めることにする．

まず，粒子とは何だろうか？　よく考えるとその定義は難しい．点粒子を想像するかもしれないが，10^{-15} m 程度の拡がりを持つ陽子も，原子・分子のスケール（$\sim 10^{-10}$ m）から見れば点粒子と見なすことができるだろう．ここでは粒子の概念を広く捉えて，**エネルギーが局在化している状態**を"粒子"とよぶことにする．つまり，空間の限られた領域内にエネルギーの塊があれば，それを粒子と見なそうということである．そこで，図 8.2 を見てもらいたい．ピンと張ったゴムひもを考え，時刻 t における平衡点からの距離をスカラー場 $\phi(t,x)$ に対応させる．ひもが振動している部分はエネルギー E を持つ．その振動部分が局在化しているならば，それを質量 $m = E$ の"粒子"と見なすことができる．

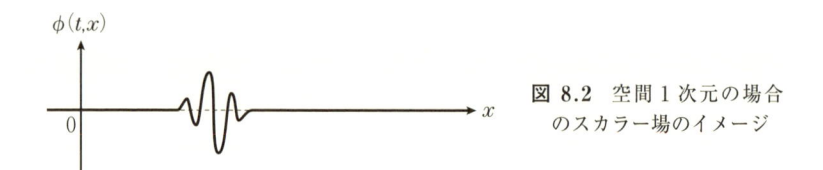

図 8.2　空間 1 次元の場合のスカラー場のイメージ

我々は相対性理論の枠組みで考えているので，エネルギー E が与えられれば，アインシュタインの関係 $E = m$ から粒子の質量を定義することができる．このように，エネルギーの観点から粒子を捉えておくと，場とのつながりが見えてくる．それを以下で説明しよう．

まず，非常に大きな太鼓を想像してもらおう．太鼓を叩くとその周りの膜が振動する．膜が振動している部分はエネルギーを持つ．単純に太鼓を叩けば，その振動は叩いた場所を中心に同心円状に広がっていくだろう．しかし，うまく叩けば，振動がある特定の方向に伝わるようにすることも可能だ．

このとき，太鼓の振動は局所的に起こっているので，我々の観点からは，"粒子"が生成されてある方向に運動していると解釈することができる．別の場所でも太鼓を叩けば，そこで粒子が発生して振動の伝播に伴って，その粒子も動くことになる．

【注】 結晶中に局在化した結晶格子振動を，"粒子"として捉えたものを**フォノン**（phonon）とよぶ．BCS 理論は，金属中の電子とフォノンの相互作用を考えることによって，電子間に引力がはたらきクーパー対（Cooper pair）が生成され，金属が超伝導状態になることを明らかにした．

このようにして，いくつもの粒子を生成すると，2つの粒子の衝突も起こるだろう．そのとき，2つの粒子，すなわち2つの膜の振動は複雑にからみ，ある場合には再び2つの方向へ分かれて振動が伝わっていくだろうし，場合によっては，3つ，あるいは，それ以上に振動の方向が分かれて伝わっていくこともあるだろう．前者の場合は，2つの粒子が衝突して再び離れていくという粒子の2体散乱と見なせるだろうし，後者の場合は，2つの粒子の衝突によって新たな粒子を1つ以上生成した過程と見なすことができる．

【注】 理想化された太鼓の場合は線形の波動方程式で記述され，波を重ね合わせても何も起こらず単に素通りしてしまうだけだ．これは相互作用を無視した自由粒子の場合に対応する．しかし，現実の太鼓は理想化された状態にはないので，一般には非線形項が加わった波動方程式に従って振動する．この非線形項は波の間に相互作用を及ぼすので，ぶつかった波は形を変えて伝わっていくことになる．

上の説明がなんとなく理解できたとしても，我々の宇宙全体が太鼓でできているわけではないので，やはりスカラー場の実体は何なのかイメージがわかないかもしれない．そのときは，スカラー場の代わりに電場・磁場を考えればよい．

電場 E と磁場 B が存在すると，その場所に $(1/2)\{E^2(x) + B^2(x)\}$ のエネルギー（密度）が発生する．そのときは，粒子として光子が生成されていることになる．逆に考えると，光子の存在はそこにエネルギーが存在していることを意味し，そのエネルギーは電場・磁場として実現されていることに

なる．電場・磁場は空間の至る所で値を持ちうるので，光子も空間の至る所で生成・消滅できることになる．

このことは，光子に限らない．電子やクォークなどすべての粒子に対して，対応する場が存在する．その場が値を持ったり，あるいは，場の値が時間的空間的に変化することによってその空間にエネルギーが生じ，その結果としてその場が表す粒子を生成（あるいは消滅）することになる．

8.4 力学変数としての場

粒子数の固定された量子力学の体系から，粒子の生成・消滅を許す場の量子論への移行は，座標 x から場 $\phi(x)$ を力学変数と見なす理論体系への転換を意味する．

これまで学んできた量子力学では，座標 x や運動量 p が力学変数であり，それらを演算子として量子化した．一方，場の量子論において，場 $\phi(x) = \phi(t, \boldsymbol{x})$ に含まれる座標 x は，空間の位置を示す単なるパラメータにすぎない．場の量子論での力学変数は場 $\phi(x)$ であり，$\phi(x)$ を演算子として量子化することになる．そうすることによって，これまで見てきた相対論的量子力学のかかえる問題が，何事もなかったかのように一気に解決する．そこには不自然さは何 1 つない．

初学者が場の量子論をわかりにくいと感じる原因の 1 つは，場の量子論をこれまで学んできた量子力学の延長線上で捉えようとするからである．古典力学や量子力学で座標や運動量を力学変数と見なすことに慣れ親しんできたので，初学者にとって，座標ではなく（これまで波動関数とよんでいた）場を演算子と見なすことに戸惑いがあるかもしれない．せっかく身につけた量子力学から離れたくない気持ちもよくわかる．しかし，新しい概念の理解には，時として知識が邪魔をする．

このようなときは，過去を引きずらない方が理解は早い．シュレディン

ガー方程式における波動関数という"古い"概念はいったん脇に置いて,「場」の概念を素直に受け入れることだ.実際,これまで学んできた古典力学や量子力学を見直してみると,場を力学変数と見なしても,ほんの少しの拡張でこれまでの(特に解析力学の)知識がそっくりそのまま適用できることがわかる.むやみに恐れる必要はない.

第9章 ラグランジアン形式

不変性の原理は，自然法則を理解する上で最も基本的な概念の1つである．そして，素粒子物理の目的の1つは「自然法則の持つ不変性を完全に把握すること」である．第1章の初めで述べた「不変性の原理が自然法則のあるべき姿を決める」の意味が，本章で明らかになる．

9.1 運動方程式と作用原理

場の理論の準備として，有限自由度の力学系に対する解析力学の復習から始めよう．

9.1.1 オイラー–ラグランジュ方程式

n自由度 $\{q_i, i = 1, 2, \cdots, n\}$ の力学系を考え，次の運動方程式から出発する．

$$m_i \frac{d^2 q_i}{dt^2} = F_i, \quad F_i = -\frac{\partial}{\partial q_i} V(q_1, q_2, \cdots, q_n) \quad (i = 1, 2, \cdots, n) \tag{9.1}$$

ここで，$V(q_1, q_2, \cdots, q_n)$ はポテンシャルエネルギーである．

【注】 例えば，N 個の質点が3次元空間内を運動している場合は，それぞれの質点の3次元座標 $\boldsymbol{x}_a = (x_a, y_a, z_a)\,(a = 1, 2, \cdots, N)$ を総称して $\{q_i, i = 1, 2, \cdots, 3N\}$ と表してい

ると考えてもらいたい．

ラグランジアン (Lagrangian) L を次式で導入する．

$$L(q_1, \cdots, q_n, \dot{q}_1, \cdots, \dot{q}_n) \equiv \underbrace{\sum_{i=1}^{n} \frac{m_i}{2}\left(\frac{dq_i}{dt}\right)^2}_{\text{運動エネルギー}} - \underbrace{V(q_1, \cdots, q_n)}_{\text{ポテンシャルエネルギー}} \quad (9.2)$$

ここで，変数につけられたドット "˙" は時間微分 ($\dot{q} = dq/dt$) を表すものと約束する．ラグランジアンを用いると，運動方程式 (9.1) は次の**オイラー-ラグランジュ方程式 (Euler–Lagrange equation)** に書きかえられる．

$$\frac{d}{dt}\left(\frac{\partial L}{\partial \dot{q}_i}\right) - \frac{\partial L}{\partial q_i} = 0 \quad (i = 1, 2, \cdots, n) \quad (9.3)$$

ラグランジアン $L = L(q, \dot{q})$ の中では，q_i と $\dot{q}_i$ は独立変数と見なしていることに注意しておけば，(9.3) から (9.1) を導くことはさほど難しくないだろう．

【注】 以下では，$L(q_1, \cdots, q_n, \dot{q}_1, \cdots, \dot{q}_n)$ を簡単のため $L(q, \dot{q})$ と略記することがある．

9.1.2 作用積分と作用原理

ラグランジアンよりも基本的な量は，ラグランジアンを時間で積分した**作用積分 (action integral)**

$$S[q_1, \cdots, q_n] \equiv \int_{-\infty}^{\infty} dt\, L(q_1, \cdots, q_n, \dot{q}_1, \cdots, \dot{q}_n) \quad (9.4)$$

である．この作用積分（簡単に**作用 (action)** とよぶこともある）を用いると，オイラー-ラグランジュ方程式 (9.3) は次の**作用原理 (action principle)**（あるいは**最小作用の原理 (least action principle)** ともよばれる）から導かれる．

$$\delta S = 0 \quad (9.5)$$

すなわち，**粒子は作用積分 S が極値をとるように運動する**．ここで，δ は任意の変分を表し，図 9.1 のように q_i の軌跡を無限小だけ変化させるものである．ただし，時間の端点 ($t = \pm\infty$) では，q_i の変化量はゼロとする．

9. ラグランジアン形式

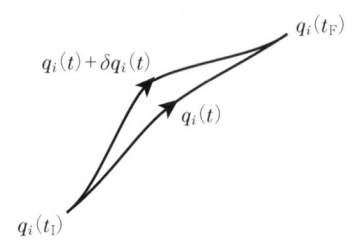

図 9.1 $q_i(t)$ に対する無限小変分. 端点では $\delta q_i(t_\mathrm{I}) = \delta q_i(t_\mathrm{F}) = 0$ とする. 通常は端点の時間を $t_\mathrm{I} = -\infty$, $t_\mathrm{F} = +\infty$ にとる.

$$\delta q_i(t)|_{t \to \pm \infty} = 0 \tag{9.6}$$

(9.5) は驚くほど簡潔な条件式である. この単純さは「原理」とよぶに相応しい. オイラー–ラグランジュ方程式の導出はすぐ後で行うとして, 作用原理の持つ重要性について2つコメントしておこう.

1つ目は, 作用原理 (9.5) において, (9.1) や (9.3) のようにすべての自由度 $q_i (i = 1, 2, \cdots, n)$ に対する方程式を書き下す必要がない点である. たった1つの式で十分なのである. もはや, オイラー–ラグランジュ方程式 (9.3) を覚える必要はない. 作用原理 $\delta S = 0$ からいつでも導き出せる. これはうれしい知らせだ.

2つ目は, 力学変数のとり方に作用原理は依存しない点だ. 力学変数が場の量であっても作用原理 (9.5) はそっくりそのまま成り立つ. したがって, 作用積分と作用原理は我々の目的に沿う舞台設定である.

【注】 では約束通り, 作用原理とオイラー–ラグランジュ方程式の等価性

$$\delta S = 0 \iff \frac{d}{dt}\left(\frac{\partial L}{\partial \dot{q}_i}\right) - \frac{\partial L}{\partial q_i} = 0 \quad (i = 1, 2, \cdots, n) \tag{9.7}$$

を導いておこう. 作用原理 $\delta S = 0$ は, より正確には $\delta S \equiv S[q + \delta q] - S[q] = 0$, すなわち,

$$\int_{-\infty}^{\infty} dt\, L(q + \delta q, \dot{q} + \delta \dot{q}) - \int_{-\infty}^{\infty} dt\, L(q, \dot{q}) = 0 \tag{9.8}$$

である. δq_i は無限小量なので, 左辺第1項の $L(q + \delta q, \dot{q} + \delta \dot{q})$ を δq_i および $\delta \dot{q}_i$ に関して展開して1次まで残すと

$$L(q + \delta q, \dot{q} + \delta \dot{q}) = L(q, \dot{q}) + \sum_{i=1}^{n}\left(\delta q_i \frac{\partial L}{\partial q_i} + \delta \dot{q}_i \frac{\partial L}{\partial \dot{q}_i}\right) \tag{9.9}$$

となる. ここで, $\delta \dot{q}_i = (d/dt)\delta q_i$ であることに注意しておく. なぜなら, 変分は q_i に関し

てとられているので，$\dot{q}_i + \delta \dot{q}_i$ は正確には $(d/dt)(q_i + \delta q_i)$ と書くべきものだからである．
(9.9) の右辺第3項を次のように変形しておく．

$$\delta \dot{q}_i \frac{\partial L}{\partial \dot{q}_i} = \left(\frac{d}{dt} \delta q_i\right) \frac{\partial L}{\partial \dot{q}_i} = -\delta q_i \frac{d}{dt}\left(\frac{\partial L}{\partial \dot{q}_i}\right) + \frac{d}{dt}\left(\delta q_i \frac{\partial L}{\partial \dot{q}_i}\right) \tag{9.10}$$

(9.9) と (9.10) を (9.8) に代入して次式を得る．

$$\begin{aligned} 0 &\stackrel{(9.8)}{=} \int_{-\infty}^{\infty} dt\, L(q + \delta q, \dot{q} + \delta \dot{q}) - \int_{-\infty}^{\infty} dt\, L(q, \dot{q}) \\ &\stackrel{(9.9)}{=} \int_{-\infty}^{\infty} dt \sum_{i=1}^{n} \left\{ \delta q_i(t)\, \frac{\partial L}{\partial q_i} + \delta \dot{q}_i(t)\, \frac{\partial L}{\partial \dot{q}_i} \right\} \\ &\stackrel{(9.10)}{=} \int_{-\infty}^{\infty} dt \sum_{i=1}^{n} \left\{ \delta q_i(t) \left[\frac{\partial L}{\partial q_i} - \frac{d}{dt}\left(\frac{\partial L}{\partial \dot{q}_i}\right)\right] + \frac{d}{dt}\left(\delta q_i(t)\, \frac{\partial L}{\partial \dot{q}_i}\right) \right\} \\ &= \int_{-\infty}^{\infty} dt \sum_{i=1}^{n} \delta q_i(t) \left[\frac{\partial L}{\partial q_i} - \frac{d}{dt}\left(\frac{\partial L}{\partial \dot{q}_i}\right)\right] + \sum_{i=1}^{n}\left[\delta q_i(t)\, \frac{\partial L}{\partial \dot{q}_i}\right]_{t=-\infty}^{t=\infty} \\ &\stackrel{(9.6)}{=} \int_{-\infty}^{\infty} dt \sum_{i=1}^{n} \delta q_i(t) \left[\frac{\partial L}{\partial q_i} - \frac{d}{dt}\left(\frac{\partial L}{\partial \dot{q}_i}\right)\right] \end{aligned} \tag{9.11}$$

$\delta q_i(t)$ は任意の変分なので，上式が成り立つためには，(9.11) 右辺の [ ] 括弧の中身がゼロ，すなわち，オイラー - ラグランジュ方程式が成り立たなければならない．

上の証明からわかるように，オイラー - ラグランジュ方程式 (9.3) は覚えるものではない．作用原理 $\delta S = 0$ から導くものなのである．

9.2 スカラー場の作用積分

この節では，前節での有限自由度の解析をスカラー場に適用する．まず，クライン - ゴルドン方程式を導く作用積分を求め，それを相互作用を含めた一般の作用積分へ拡張する．また，後の節で必要となる作用積分の性質についても議論しておく．

9.2.1 クライン - ゴルドン方程式と作用積分

ここでは，実スカラー場 ($\phi = \phi^*$) に対する作用積分 $S[\phi]$ を求めることにする．クライン - ゴルドン方程式を作用原理から導く作用積分は，次式で与えられる．

238　9. ラグランジアン形式

$$S_0[\phi] = \int d^4x \left\{ \frac{1}{2} \partial_\mu \phi(x) \partial^\mu \phi(x) - \frac{m^2}{2} (\phi(x))^2 \right\} \quad (9.12)$$

ここで, $\int d^4x = \int_{-\infty}^{\infty} dx^0 \int_{-\infty}^{\infty} dx^1 \int_{-\infty}^{\infty} dx^2 \int_{-\infty}^{\infty} dx^3$ である. 実際, 変分をとってみると

$$\delta S_0[\phi] = \int d^4x \left\{ \frac{1}{2} \underbrace{(\partial_\mu \delta \phi(x)) \partial^\mu \phi(x)}_{\partial_\mu (\delta \phi \partial^\mu \phi) - \delta \phi \partial_\mu \partial^\mu \phi} + \frac{1}{2} \partial_\mu \phi(x) \partial^\mu \delta \phi(x) - m^2 \phi(x) \delta \phi(x) \right\}$$

$$= -\int d^4x \left[(\partial_\mu \partial^\mu + m^2) \phi(x) \right] \delta \phi(x) \quad (9.13)$$

ここで, 2番目の等号では全微分項 (表面項ともよばれる) $\int d^4x\, \partial_\mu (\delta \phi\, \partial^\mu \phi)$ を落とした. これは時空の無限遠方 ($|x^\mu| \to \infty$) で場 $\phi(x)$ と変分 $\delta \phi(x)$ がゼロになる, すなわち

$$\phi(x)|_{|x^\mu| \to \infty} = \delta \phi(x)|_{|x^\mu| \to \infty} = 0 \quad (9.14)$$

を要求することで正当化される.

【注】　作用積分 $S[\phi]$ が有限の値を持つためには, 時空の無限遠方 ($|x^\mu| \to \infty$) で $\phi(x)$ の値は十分速く 0 にならなければならない. 同じことは, $\phi(x)$ の変分 $\delta \phi(x)$ にも要求される. 全微分項は, ガウスの発散定理 (V は4次元体積, ∂V は V の表面)

$$\int_V d^4x\, \partial_\mu X^\mu = \int_{\partial V} d\sigma_\mu\, X^\mu \quad (9.15)$$

を用いると, 時空の無限遠方での ∂V 上の表面積分で与えられる. したがって, (9.14) の条件の下で, 全微分項を無視できることがわかる.

$\delta \phi(x)$ は任意の変分なので作用原理が成り立つためには, (9.13) 右辺の括弧 [⋯] の中身がゼロ, すなわち,

$$\delta S_0[\phi] = 0 \implies (\partial_\mu \partial^\mu + m^2)\phi(x) = 0 \quad (9.16)$$

として, クライン - ゴルドン方程式が得られる.

9.2.2　オイラー - ラグランジュ方程式

実スカラー場 $\phi(x)$ に対する一般の作用積分は, (9.12) から予想がつくように次の形で書き表される.

9.2 スカラー場の作用積分

$$S[\phi] = \int d^4x \, \mathcal{L}(\phi, \partial_\mu \phi) \tag{9.17}$$

ここで，$\mathcal{L}$ は ϕ と $\partial_\mu \phi$ の関数で，**ラグランジアン密度 (Lagrangian density)** とよばれる．($L \equiv \int d^3x \, \mathcal{L}$ がラグランジアンに対応する．ただし，慣習として $\mathcal{L}$ をラグランジアンとよぶこともある．) 自由場のときは，$\mathcal{L}_0 = (1/2)\partial_\mu \phi \partial^\mu \phi - (m^2/2)\phi^2$ で与えられる．

(9.17) の作用積分から，次の**オイラー‐ラグランジュ方程式**

$$\partial_\mu \left(\frac{\partial \mathcal{L}}{\partial \partial_\mu \phi} \right) - \frac{\partial \mathcal{L}}{\partial \phi} = 0 \tag{9.18}$$

を導くことができる．詳細は以下の【注】に載せた．

【注】
$$\begin{aligned}
\delta S[\phi] &= S[\phi + \delta\phi] - S[\phi] \\
&= \int d^4x \underbrace{\{\mathcal{L}(\phi + \delta\phi, \partial_\mu(\phi + \delta\phi)) - \mathcal{L}(\phi, \partial_\mu\phi)\}}_{\mathcal{L}(\phi, \partial_\mu\phi) + \frac{\partial \mathcal{L}}{\partial \phi}\delta\phi + \frac{\partial \mathcal{L}}{\partial \partial_\mu \phi}\partial_\mu \delta\phi} \\
&= \int d^4x \left\{ \frac{\partial \mathcal{L}}{\partial \phi}\delta\phi + \underbrace{\frac{\partial \mathcal{L}}{\partial \partial_\mu \phi}\partial_\mu \delta\phi}_{\partial_\mu\left(\frac{\partial \mathcal{L}}{\partial \partial_\mu \phi}\delta\phi\right) - \partial_\mu\left(\frac{\partial \mathcal{L}}{\partial \partial_\mu \phi}\right)\delta\phi} \right\} \\
&\stackrel{(9.14)}{=} \int d^4x \left[\frac{\partial \mathcal{L}}{\partial \phi} - \partial_\mu\left(\frac{\partial \mathcal{L}}{\partial \partial_\mu \phi}\right) \right]\delta\phi(x) \tag{9.19}
\end{aligned}$$

したがって，作用原理 $\delta S = 0$ から，オイラー‐ラグランジュ方程式 (9.18) が導かれることがわかる．

自由場のラグランジアン密度 $\mathcal{L}_0 = (1/2)\partial_\mu \phi \partial^\mu \phi - (m^2/2)\phi^2$ のときは，$\partial \mathcal{L}_0/\partial \partial_\mu \phi = \partial^\mu \phi$，$\partial \mathcal{L}_0/\partial \phi = -m^2\phi$ なので，オイラー‐ラグランジュ方程式 (9.18) からクライン‐ゴルドン方程式が導かれることが確かめられる．(9.18) は，古典力学でのオイラー‐ラグランジュ方程式 (9.3) の素直な拡張になっていることがわかる．

【注】$\partial \mathcal{L}/\partial \partial_\mu \phi = \partial^\mu \phi$ は次のようにして求められる．

$$\frac{\partial \mathcal{L}}{\partial \partial_\mu \phi} = \frac{\partial}{\partial \partial_\mu \phi}\left(\frac{1}{2}\partial_\nu \phi \partial^\nu \phi\right) = \frac{\partial}{\partial \partial_\mu \phi}\left(\frac{1}{2}\eta^{\nu\rho}\partial_\nu \phi \partial_\rho \phi\right)$$

$$= \frac{1}{2}\eta^{\nu\rho}\left\{\frac{\partial(\partial_\nu\phi)}{\partial\partial_\mu\phi}\partial_\rho\phi + \partial_\nu\phi\frac{\partial(\partial_\rho\phi)}{\partial\partial_\mu\phi}\right\}$$

$$= \frac{1}{2}\eta^{\nu\rho}\{\delta_\nu{}^\mu\partial_\rho\phi + \partial_\nu\phi\delta_\rho{}^\mu\}$$

$$= \frac{1}{2}\eta^{\mu\rho}\partial_\rho\phi + \frac{1}{2}\eta^{\nu\mu}\partial_\nu\phi = \partial^\mu\phi$$

前にも指摘したが，オイラー－ラグランジュ方程式を覚える必要はない．作用原理 $\delta S = 0$ から導かれるものであり，(9.18) の導出過程を理解することのほうが重要である．オイラー－ラグランジュ方程式を導くときに，部分積分が必要となる ((9.19) の 3 番目の等号の式を参照)．このため，ラグランジアン密度 $\mathcal{L}$ ではなく，$\mathcal{L}$ を積分した作用積分 $S = \int d^4x\,\mathcal{L}$ が必要となるのである．

相互作用項も含めた作用積分は，質量項 $(m^2/2)\phi^2$ をポテンシャル $V(\phi)$ におきかえたもので与えられる．

$$S[\phi] = \int d^4x\,\mathcal{L}(\phi,\partial_\mu\phi) = \int d^4x \left\{ \underbrace{\frac{1}{2}\partial_\mu\phi\partial^\mu\phi}_{\text{運動項}} - \underbrace{V(\phi)}_{\text{ポテンシャル項}} \right\} \quad (9.20)$$

例えば，相互作用項として ϕ^4 項をポテンシャルに持つ場合，すなわち

$$V(\phi) = \frac{m^2}{2}\phi^2 + \frac{\lambda}{4!}\phi^4 \quad (9.21)$$

のときは，オイラー－ラグランジュ方程式から次の運動方程式

$$\partial_\mu\partial^\mu\phi + m^2\phi + \frac{\lambda}{3!}\phi^3 = 0 \quad (9.22)$$

が導かれる．

【注】 $V(\phi)$ の ϕ^4 項の係数 $1/4!$ は結合定数 λ に含めても構わない．しかし，勝手につけられたわけでもない．実は，ファインマン規則での表式を簡単にするために，この係数が選ばれている．ここでは，理由があるということだけ覚えておけば十分だ．

⟨check 9.1⟩
オイラー－ラグランジュ方程式から (9.22) を導け．また，作用原理 $\delta S = 0$ から直接 (9.22) を導いてみよう．◆

9.2.3 作用積分の不定性

作用積分には不定性がある．それを議論しておこう．運動方程式を作用原理から導く立場では，(9.20) の作用積分で $\partial_\mu \phi \partial^\mu \phi$ の代わりに $-\phi \partial_\mu \partial^\mu \phi$ でおきかえて，$S'[\phi] = \int d^4x \left\{ -\frac{1}{2} \phi \partial_\mu \partial^\mu \phi - V(\phi) \right\}$ としても同じ方程式が導かれる．なぜなら，$S[\phi]$ と $S'[\phi]$ の違いは，部分積分 $\partial_\mu \phi \partial^\mu \phi = -\phi \partial_\mu \partial^\mu \phi + \partial_\mu (\phi \partial^\mu \phi)$ を行ったときの右辺第 2 項の全微分項 $\partial_\mu (\phi \partial^\mu \phi)$ だからである．このような全微分項は，時空の無限遠方での表面項に対応するので，無限遠方での場の境界条件 (9.14) の下では寄与しない．

したがって，今後特に断りのない限り，作用積分に現れる全微分項（あるいは表面項）は無視する．物理的には，無限の未来や過去の出来事，あるいは宇宙の果てで起こった出来事が，我々の取り扱う物理量に影響を及ぼすことはないということだ．

⟨check 9.2⟩
ラグランジアン密度 $\mathcal{L}$ に全微分項 $\Delta \mathcal{L} = \partial_\mu K^\mu(\phi)$ をつけ加えても，オイラー－ラグランジュ方程式 (9.18) は変わらないことを証明してみよう．ここで，$K^\mu(\phi)$ は $\phi(x)$ のみの関数である．
【ヒント】 合成関数の微分公式 $\partial_\mu K^\mu(\phi(x)) = (\partial K^\mu(\phi)/\partial \phi(x)) \partial_\mu \phi(x)$ を用いよ．◆

9.2.4 不変性の観点から見た作用積分

9.2.1 項では，クライン－ゴルドン方程式を作用原理から導くという立場から作用積分の形を求めた．これを不変性の観点から眺め直すことによって，作用積分に対する新しい見方が可能になる．それをここで説明しておこう．

運動方程式は作用原理を通して作用積分から導かれるので，作用積分のもつ不変性はそのまま運動方程式の持つ不変性を意味する．

9. ラグランジアン形式

$$\text{作用積分の不変性} \implies \text{運動方程式の不変性} \quad (9.23)$$

したがって，「**運動方程式の相対論的不変（共変）性は，作用積分の相対論的不変性から保証される**」ことになる．実際，前節で求めた作用積分 (9.20) は相対論的不変性を持つ．すなわち，以下のように $S'[\phi'] = S[\phi]$ が成り立つ．

$$S'[\phi'] = \int d^4x' \left\{ \frac{1}{2} \partial'_\mu \phi'(x') \partial'^\mu \phi'(x') - V(\phi'(x')) \right\}$$

$$= \int d^4x \left\{ \frac{1}{2} \partial_\mu \phi(x) \partial^\mu \phi(x) - V(\phi(x)) \right\} = S[\phi] \quad (9.24)$$

ここで，2番目の等号では $d^4x' = d^4x$, $\partial'_\mu \partial'^\mu = \partial_\mu \partial^\mu$, $\phi'(x') = \phi(x)$ を用いた．

作用積分の不変性の観点から，クライン-ゴルドン方程式を眺めると次のようになる．スカラー場 ϕ と微分 ∂_μ の2次までからなる相対論的不変な作用積分を考えたときに，それから作用原理を通して得られる方程式がクライン-ゴルドン方程式に他ならない．実際，この条件の下で最も一般的な作用積分は，次式で与えられることがわかる．

$$S_0 = \int d^4x \left\{ \frac{A}{2} \partial_\mu \phi \partial^\mu \phi - B\phi - \frac{C}{2}\phi^2 \right\}$$

$$= \int d^4x \left\{ \frac{1}{2} \partial_\mu \left(\sqrt{A}\phi + \frac{\sqrt{A}B}{C} \right) \partial^\mu \left(\sqrt{A}\phi + \frac{\sqrt{A}B}{C} \right) \right.$$

$$\left. - \frac{C}{2A}\left(\sqrt{A}\phi + \frac{\sqrt{A}B}{C} \right)^2 + \frac{B^2}{2C} \right\}$$

$$(9.25)$$

【注】この他にも，$\partial_\mu \partial^\mu \phi$, $\partial_\mu \partial^\mu (\phi^2)$, $\phi \partial_\mu \partial^\mu \phi$ などの項を加えることができる．しかし，$\partial_\mu \partial^\mu \phi$, $\partial_\mu \partial^\mu (\phi^2)$ は全微分項なので，9.2.3項の議論から無視できる．$\phi \partial_\mu \partial^\mu \phi$ は，全微分項の違いを除けば $-\partial_\mu \phi \partial^\mu \phi$ に等しい．したがって，(9.25) で与えられる作用積分が一般的なものと考えて構わない．

ここで$\sqrt{A}\phi + \sqrt{A}B/C$を改めて$\phi$とおき直し，$m^2 \equiv C/A$ と定義すれば，(定数項の $B^2/2C$ を除いて) (9.12) の作用積分が得られる．上の変形で自明でない部分は，$A>0$ と $C/A>0$ の条件が成り立っていなければならないという点だ．$A>0$ でないと運動項の符号が負となってしまい，物理的粒子として解釈できない．また，$C/A>0$ でないと $m^2 = C/A$ が負となってしまい，m を粒子の質量と見なせなくなる．したがって，質量 m を持つ物理的粒子であるためには，この 2 つの条件 ($A>0$, $C/A>0$) が物理的要請として満たされている必要がある．

【注】 $C/A<0$ の場合でも相互作用項まで考慮に入れれば，物理的意味のある理論になりうる．実際，ヒッグス粒子に対する作用積分は $C/A<0$ の場合に相当する．この場合は，$\phi = 0$ の配位が不安定であることを意味し，対称性の自発的破れが起こる．これについては，続刊における対称性の自発的破れのところで詳しく議論する．また，作用積分の中の定数項は，運動方程式，あるいは作用原理に影響しないので，無視して構わない．

〈check 9.3〉

相対論的不変性の観点からは，ハミルトニアンよりも作用積分を使ったほうがより便利である．なぜだろうか？

【ヒント】 エネルギーはローレンツ変換の下で不変か？ また，ハミルトニアンを使って運動方程式 (ハイゼンベルグ方程式) を導くことができるが，その方程式の相対論的不変性 (あるいは共変性) を示すことは自明な作業か？ ◆

9.2.5　作用積分とスカラー場の次元

作用積分の次元は角運動量，すなわち，プランク定数 $\hbar$ と同じ次元を持つ．このことからスカラー場の質量次元を求めることができる．後の解析で重要となるので，ここで確かめておこう．

作用積分の次元は古典力学でも場の理論でも同じなので，古典力学での作用積分から次元を求めてみる．次元のみに注目すると

$$S \sim \int dt \frac{m}{2}\left(\frac{dx}{dt}\right)^2 \sim m\, dx\, \frac{dx}{dt} \sim \text{質量} \times \text{長さ} \times \text{速さ} \sim \text{角運動量}$$

(9.26)

となる．したがって，作用積分は角運動量の次元を持ち，自然単位系では無次元量である．

物理量 A の (自然単位系での) 質量次元を $[A]$ と表すことにしよう．つまり，物理量 A が (質量)^n の次元を持っているとき，$[A] = n$ と書くものとする．このとき，質量 m の次元は定義より $[m] = 1$ であり，作用積分の質量次元は上の解析より

$$[S] = 0 \tag{9.27}$$

である．また，1.10 節での解析より自然単位系では，時空座標は質量の逆数の次元を持つので，x^μ の質量次元は $[x^\mu] = -1$ であり $[d^4x] = -4$ を得る．

したがって，場の量子論におけるラグランジアン密度 $\mathcal{L}$ の質量次元は，$S = \int d^4x \, \mathcal{L}$ より

$$[\mathcal{L}] = 4 \tag{9.28}$$

となる．これからスカラー場 ϕ の質量次元は ($[\partial_\mu] = [m] = 1$ を考慮して)，

$$[\phi] = 1 \tag{9.29}$$

で与えられることがわかる．ここで行ったような次元解析は，物理現象を直感的に理解するのに役に立つ．ここでの結果は必ず手を動かして確かめてほしい．

⟨check 9.4⟩

$S, \mathcal{L}, \phi$ の質量次元がそれぞれ $[S] = 0, [\mathcal{L}] = 4, [\phi] = 1$ で与えられることを確かめてみよう．◆

9.3 作用積分の一般的要請

前節まではスカラー場の作用積分について考察したが，ここでは作用積分に対する次の一般的要請について，以下で詳しく説明しておこう．

(①) **不変性**：作用積分は相対論的不変性を持つ．その他の不変性（ゲージ不変性や大域的不変性など）も必要に応じて要請される．

(②) **エルミート性**：作用積分は実（量子論的にはエルミート）．

(③) **局所性**：作用積分は局所的な項のみを含む．

(④) **真空の存在**：ハミルトニアンの固有値（エネルギー）に下限が存在．

(⑤) **くりこみ可能性**：ラグランジアン密度に含まれる項の（パラメータを除いた量の）質量次元は4以下．

9.3.1 要請 (①)：不変性

相対論的不変性は，場の量子論の基本的要請である．それ以外の不変性として，例えば，複素スカラー場 $\Phi(x)$ に対する次の大域的 $U(1)$ 変換

$$\Phi \longrightarrow \Phi' = e^{-i\theta}\Phi \quad (0 \leq \theta < 2\pi) \tag{9.30}$$

の下での不変性を考えてみよう．Φ の複素共役の変換が $\Phi^* \to \Phi'^* = e^{+i\theta}\Phi^*$ となることを考慮に入れれば，(9.20) の拡張として作用積分が

$$S[\Phi] = \int d^4x \, \{\partial_\mu \Phi^* \partial^\mu \Phi - V(|\Phi|^2)\} \tag{9.31}$$

で与えられることがわかる．ポテンシャル V は (9.30) の $U(1)$ 不変性を持つために，$|\Phi|^2 = \Phi^*\Phi$ の関数でなければならない．

大域的 $U(1)$ 変換 (9.30) を局所的 $U(1)$（ゲージ）変換

$$\Phi(x) \longrightarrow \Phi'(x) = e^{-iq\Lambda(x)}\Phi(x) \tag{9.32}$$

に拡張することができる．この場合は，7.2節での手続きに従って，作用積分 (9.31) に含まれる微分 ∂_μ を共変微分 $D_\mu = \partial_\mu + iqA_\mu(x)$ におきかえればよい．

$$S[\Phi, A_\mu] = \int d^4x \, \{(D_\mu \Phi)^* D^\mu \Phi - V(|\Phi|^2)\} \tag{9.33}$$

$|\Phi|^2$ はこのままでも，(9.32) の $U(1)$ ゲージ変換の下で不変になっていることに注意しておく．

⟨check 9.5⟩

$V(|\Phi|^2) = m^2 \Phi^* \Phi$ のとき, (9.33) から作用原理を用いて, 電荷 q を持つスカラー粒子の相対論的方程式 ((2.27) で ϕ を Φ におきかえたもの) を導いてみよう.

【ヒント】 Φ と Φ^* の変分は独立に取り扱って構わない. Φ^* の変分 $\delta\Phi^*$ から (2.27) が導かれ, Φ の変分 $\delta\Phi$ から (2.27) の複素共役をとった式が得られる. ◆

作用積分 (9.31) に戻って, 複素スカラー場を実スカラー場で表してみよう. 1個の複素スカラー場 Φ は, 2個の実スカラー場 $\phi_a (a = 1, 2)$ を使って次のように書き表すことができる.

$$\Phi(x) = \frac{1}{\sqrt{2}}(\phi_1(x) + i\phi_2(x)) \tag{9.34}$$

これを (9.31) に代入すると

$$S[\phi_1, \phi_2] = \int d^4x \left\{ \sum_{a=1}^{2} \frac{1}{2} \partial_\mu \phi_a \partial^\mu \phi_a - V\left(\frac{1}{2}((\phi_1)^2 + (\phi_2)^2)\right) \right\} \tag{9.35}$$

となる.

この作用積分は, 次の2次元回転の不変性を持つ.

$$\begin{pmatrix} \phi_1 \\ \phi_2 \end{pmatrix} \longrightarrow \begin{pmatrix} \phi'_1 \\ \phi'_2 \end{pmatrix} = \begin{pmatrix} \cos\theta & \sin\theta \\ -\sin\theta & \cos\theta \end{pmatrix} \begin{pmatrix} \phi_1 \\ \phi_2 \end{pmatrix} \tag{9.36}$$

数学的には, 複素数の $U(1)$ 位相変換 (9.30) と (9.36) で与えられる実2次元ベクトルの回転 (群の言葉でいえば $SO(2)$) が, 群として同型であることを意味している.

ここで注目すべき点は, 2次元ベクトルの回転不変性を課したため, ポテンシャルの形が強い制限を受けていることである. もし, この不変性を要求しなければ, ポテンシャルは ϕ_1 と ϕ_2 の任意関数 $V(\phi_1, \phi_2)$ が許される. しかし, (9.36) の不変性のため, V は ϕ_1 と ϕ_2 の特殊な組み合わせ $(\phi_1)^2 + (\phi_2)^2$ の関数に制限されることになる. このように, どのような不変性が課

されているかは作用積分の形を決める上で決定的に重要である．

⟨check 9.6⟩

(9.30) と (9.36) が等価であることを確かめてみよう．◆

9.3.2 要請（2̊）：エルミート性

作用積分，あるいは，ラグランジアン密度が（古典論では）実数でなければならない．その理由は，ラグランジアン密度から定義されるハミルトニアン，すなわち，エネルギーが実数であることを保証するためだ．この要請から，例えば，(9.21) での ϕ^4 の結合定数 λ は実数でなければならないことがわかる．量子論的には，ラグランジアン密度がエルミートであればよい．このときハミルトニアンはエルミートとなり，エネルギー固有値は実数となる．

次章で見るが，時間発展の演算子はハミルトニアンを使って $U(t) = e^{iHt}$ と与えられる．この演算子がユニタリー（$U^\dagger = U^{-1}$）であるためにはハミルトニアン H がエルミートでなければならない．この時間発展演算子 $U(t)$ のユニタリー性は，量子論の基本的要請の1つである．

9.3.3 要請（3̊）：局所性

局所性は，ラグランジアン密度が同一時空点の場のみの関数で与えられることを要請する．例えば，異なる時空点の場の積 $\phi(x)\phi(x+a)$ が作用積分に現れることを禁止する．なぜなら，このような項を許したとすると，離れた時空点 x^μ と $x^\mu + a^\mu$ の間に光の速さを超えた相互作用が起こり，8.1.2 項で議論した因果律を破ってしまうからである．

また，局所的相互作用項であっても，微分の次数は有限次までとする．なぜなら，無限次の微分項を許すと，非局所的な項 $\phi(x)\phi(x+a)$ も $\phi(x+a)$ を x^μ の周りでテイラー展開することによって，$\phi(x)\phi(x+a) = \phi(x) \times \{\phi(x) + a^\mu \partial_\mu \phi(x) + (1/2!)(a^\mu \partial_\mu)^2 \phi(x) + \cdots\}$ のように局所的相互作用で表すことができてしまうからである．このように，相対論的場の量子論では，因果律の要請から粒子間の相互作用は時空の同一点で起こると仮定される．

9.3.4 要請（$\overset{\circ}{4}$）：真空の存在

相対論的場の量子論は，ハミルトニアンの固有値（エネルギー）に下限があることを要請する．この要請は，エネルギーの最低固有状態，すなわち，**真空状態**（vacuum state）の存在を保証する．エネルギーに下限がないと，エネルギーを放出（例えば光子を放出）することによっていくらでも低いエネルギー状態へ遷移することができ，安定状態が存在しないことになる．

この要請が，スカラー場の作用積分に対してどのような制限を与えるか見ておこう．まず，(9.21)でのϕ^4項の結合定数λが正でなければならないことがわかる．さもなければ，ポテンシャルエネルギーに下限がないことになってしまう．ただし，($\overset{\circ}{4}$)の要請からは(9.21)の$(1/2)m^2\phi^2$項の符号に関して（$\lambda>0$である限り）何も制限は出てこない．また，運動エネルギーが正となるためには，運動項$(1/2)\partial_\mu\phi\partial^\mu\phi$の係数は(9.20)のように正でなければならない．

また，相対論的不変性の要請から，**真空状態は時空並進不変性とローレンツ不変性を持つ**と仮定する．

9.3.5 要請（$\overset{\circ}{5}$）：くりこみ可能性

（$\overset{\circ}{1}$）〜（$\overset{\circ}{4}$）の要請は，作用積分あるいはラグランジアン密度に対して強い制限を与えるが，それでもラグランジアン密度の形を決めるには条件が足りない．例えば，スカラー場のポテンシャル項としてϕ^6項，あるいはもっと高いべきの相互作用項を加えてもよいのか，また，$(\partial_\mu\partial^\mu\phi)^2$のような高階微分項を加えてもよいのかに対して何も答えてくれない．要請（$\overset{\circ}{5}$）がその質問に対する指針を与えてくれる．

実スカラー場を例にとって，（$\overset{\circ}{5}$）の要請を説明しておこう．9.2.5項で調べたように，スカラー場ϕと微分∂_μの質量次元は共に$[\phi]=[\partial_\mu]=1$である．このことを頭において，ϕと∂_μから作られる質量次元が4以下のスカラー量をリストアップしてみよう（表9.1）．このリストの中で$\partial_\mu\partial^\mu\phi$，

9.3 作用積分の一般的要請

表 9.1 ϕ と ∂_μ から作られる質量次元 4 以下のスカラー量

質量次元	相対論的不変量
1	ϕ
2	ϕ^2
3	ϕ^3, $\partial_\mu \partial^\mu \phi$
4	ϕ^4, $\partial_\mu \phi \partial^\mu \phi$, $\phi \partial_\mu \partial^\mu \phi$, $\partial_\mu \partial^\mu (\phi^2)$

$\partial_\mu \partial^\mu (\phi^2)$ と $\phi \partial_\mu \partial^\mu \phi$ は，9.2.3 項や 9.2.4 項で議論したように除外して構わない．

さらに簡単のため $\phi \to -\phi$ の不変性（Z_2 **不変性**（Z_2 invariance）とよばれる）を課しておくと，(5̊) の要請から得られる最も一般的なラグランジアン密度は次式で与えられる．

$$\mathcal{L} = \frac{1}{2} \partial_\mu \phi \partial^\mu \phi - \frac{m^2}{2} \phi^2 - \frac{\lambda}{4!} \phi^4 \tag{9.37}$$

このとき，ラグランジアン密度 $\mathcal{L}$ の質量次元は $[\mathcal{L}] = 4$ なので，上式に現れるパラメータ m^2, λ の質量次元は

$$[m^2] = 2, \qquad [\lambda] = 0 \tag{9.38}$$

となる．

パラメータの観点から，要請 (5̊) をいいかえておくと便利なこともある．次の要請 (5̊) と (5̊′) は等価である．

(5̊) ラグランジアン密度に含まれる項の（パラメータを除いた量の）質量次元は 4 以下．

(5̊′) ラグランジアン密度に現れるパラメータの質量次元は 0 または正である．

⟨check 9.7⟩
(5̊) と (5̊′) の要請が等価であることを説明してみよう．◆

(5̊) または (5̊′) の条件を満たすラグランジアン密度は，**くりこみ可能 (renormalizable)** とよばれる．くりこみ可能なラグランジアン密度は有限個のパラメータ ((9.37) では m^2, λ) で記述され，その理論から計算される物理量はそれらのパラメータの関数として求まる．パラメータの値は，(理論から決まるものではなく) 実験から決められる．しかし，いったんパラメータの値が実験から決まってしまえば，理論の不定性はもはや存在しない．

より正確には，くりこみ可能であるためには，対称性と (5̊) または (5̊′) の要請から許されるすべての項が，ラグランジアン密度に含まれていなければならない．例えば，表9.1 で ϕ^3 を入れて ϕ を入れない理論はくりこみ可能ではない．

【注】 $\phi \to -\phi$ の Z_2 不変性があれば，ϕ^3 項と ϕ 項は排除される．しかし，ϕ^3 項が存在すると Z_2 不変性はなくなるため，ϕ 項を排除する理由がなくなる．したがって，ラグランジアン密度には ϕ^3 項と ϕ 項の両方を含めなければならない．

パラメータの値が決まった後の理論から導き出される結果は，すべて理論の予言と見なされる．予言と実験結果が食い違えば，その理論は敗北を認め撤退することになる．一方，予言と実験結果が次々と合致するなら，自然を記述する基本理論の候補として名乗りを上げることができる．

それがまさに，7.5節で紹介した標準模型とよばれる $SU(3) \times SU(2) \times U(1)_Y$ ゲージ理論なのである．標準模型は高エネルギー実験からこれまで数々の挑戦を受け，見事に連戦連勝を収めてきた．自然の真理に最も近い理論ということができる．

場の量子論では一般に，摂動計算で求めた物理量が (形式的に) 発散し無限大の値を持つ．そのため，その"無限大"をパラメータの中にくりこんで有限の値にする，**くりこみ (renormalization)** が必要になる．質量次元が4以下の相互作用項のみからなるくりこみ可能な理論では，このくりこみによって，物理量の"無限大"はすべて取り除かれ，物理的意味のある結果が得られることがわかっている．

ところが，質量次元が4より大きい相互作用項（同じことだがパラメータの質量次元が負の相互作用項）がラグランジアン密度に存在すると，くりこみの一般論から無限個の相互作用項を導入しなければ，物理量の発散を取り除けないことがわかっている．無限個のパラメータを持った理論で高々有限個の実験結果を再現したところで，その理論が正しいと信じる理由にはならないだろう．

くりこみ可能性の厳密な証明は，かなり難解で本書のレベルを超えてしまう．ここではその詳細には立ち入らないことにする．その代わりに次節で，くりこみ可能な項がなぜ重要なのか，また，くりこみ可能でない項の役割とは何かについて，低エネルギー有効理論の立場から説明しておくことにする．

【注】例えば，次の教科書にくりこみ可能性の証明が議論されている．九後汰一郎 著：「ゲージ場の量子論Ⅱ」（培風館，1989年）．

〈check 9.8〉
くりこみ可能な相互作用の形は時空の次元に依存する．例えば，空間2次元（時空の次元 = 3）の場合，相互作用項として $\lambda\phi^6$ 項もくりこみ可能な項として許されることを確かめよ．また，時空の次元が2の場合のくりこみ可能な相互作用項について考察してみよう．

【ヒント】$S = \int d^3x \left\{ \frac{1}{2}\partial_\mu\phi\partial^\mu\phi - \frac{1}{2}m^2\phi^2 - \cdots \right\}$ として，ϕ の質量次元が $[\phi] = 1/2$ となることを確かめよ．ここでくりこみ可能性の要求は (5') を用いる．また，時空の次元が2の場合，ϕ の質量次元がどうなるか，求めてみよ．◆

9.4 低エネルギー有効理論

この節では，くりこみ可能性の要請 (5̊) を数学的な側面から説明する代わりに，物理的な側面——**低エネルギー有効理論** (low energy effective theory)——から捉え直してみる．場の量子論を低エネルギー有効理論として捉える立場では，要請 (5̊) で定義されるくりこみ可能な相互作用だけでなく，く

りこみ不可能な項も一般に含めて考察する．そこでは，くりこみ可能な項と不可能な項の違いは，低エネルギーで重要な相互作用とそうでない相互作用の違いに対応する．

以下の議論では直観的な理解を優先させたいので，あくまで定性的であり厳密なものではない．低エネルギー有効理論の考え方は，素粒子物理だけでなく物性物理でも有用な概念である．その応用は非常に多岐にわたる．より詳しい内容については，別途文献を参照してほしい．

【注】 低エネルギー有効理論の立場から書かれた場の量子論の教科書として，次のものがある．ワインバーグ 著：「場の量子論 1 巻〜4 巻」(吉岡書店，1997 年)，A. Zee：*Quantum Field Theory IN A NUTSHELL* (Princeton University Press, 2003)．

一般的に理論には適用限界が存在する．例えば，ニュートン力学は原子・分子の世界を正しく記述することはできず，長さのスケールでいえば 10^{-10} m 程度が適用限界であろう．それよりも小さいスケールでは，新しい物理，すなわち，量子力学の世界が待ち受けている．

また，これまで議論してきたように，波動関数の確率解釈に基づき粒子数が保存する量子力学的体系にも，適用限界が存在する．系の全エネルギーが粒子の静止エネルギーを超えると粒子の生成・消滅が無視できなくなり，相対論的場の量子論による記述が必要になる．

このような適用限界のスケールを**カットオフスケール** (cutoff scale) とよび，素粒子物理ではエネルギー（あるいは質量）次元にとることが多い．カットオフ Λ を持つ理論は，Λ 以上のエネルギースケールでどのような理論，あるいは，物理が成り立っているかに対して何も答えることはできない．Λ 以下でのエネルギースケールの物理を近似的に記述する有効理論ということができる．

【注】 Λ を長さの次元にとるならば，Λ よりも長距離スケールでの物理を記述する有効理論ということになる．

我々が手にしている理論がいかに実験結果を正しく説明したとしても，実

験や観測で到達できるエネルギーには限界がある．したがって，その理論に適用限界はないなどと，軽々しく主張するのは慎んだほうがよい．

理論の適用限界としてカットオフスケール Λ を持ち込んだことの代償は，物理量が一般に Λ に依存することである．この Λ 依存性について，次元解析の観点から考察してみると，($\overset{\circ}{5}$) の要請に対する新しい側面が見えてくる．そのために，実スカラー場の理論を例にとって，$g\phi^n$ ($n>4$) 相互作用項を調べてみることにする．

以下では本質的な部分に集中したいので，重要でない数係数は無視する．ラグランジアン密度の質量次元は 4 でスカラー場 ϕ は 1 なので，結合定数 g の質量次元は $[g] = 4 - n$ となり，$n>4$，すなわち，くりこみ可能でないとき g は負の質量次元を持つことになる．(($\overset{\circ}{5}{}'$) の条件を思い出せ！)

そこで，$1/\Lambda^{n-4} \equiv g$ と定義したとき，Λ をこの理論のカットオフスケールと見なすのが，低エネルギー有効理論の基本的立場である．そのとき，カットオフ無限大の極限 ($\Lambda \to \infty$)，すなわち，無限大のエネルギーまで理論は適用可能と考えるならば，くりこみ可能でない項 $g\phi^n = (1/\Lambda^{n-4})\phi^n$ ($n>4$) の寄与は無視できるだろう．これが ($\overset{\circ}{5}$) の要請に対応する．

有限の大きさのカットオフ Λ の場合でも，Λ に比べて十分低いエネルギースケール $E (\ll \Lambda)$ を考えるならば，くりこみ不可能な項の寄与は小さいと期待できる．これを見るために，系の典型的なエネルギースケールが E であったとし，運動項 $\partial_\mu \phi \partial^\mu \phi$ と (くりこみ可能な) ϕ^4 項がラグランジアン密度の中で同じ程度の寄与 ($\partial_\mu \phi \partial^\mu \phi \sim \phi^4$) を与えていると仮定してみよう．このとき対応規則を使って微分 $\partial_\mu \partial^\mu$ を定性的に $\partial_\mu \partial^\mu \sim p_\mu p^\mu \sim E^2$ におきかえると，($\partial_\mu \phi \partial^\mu \phi \sim \phi^4$ から) 大雑把に ϕ^2 の大きさを $\phi^2 \sim E^2$ と見積もることができる．(ここでは ϕ^4 の結合定数 λ は $\lambda \sim 1$ とした．)

この状況の下で，ϕ^4 項と $g\phi^n$ 項の大きさを比べてみると，

$$\frac{g\phi^n}{\phi^4} \overset{\phi^2 \sim E^2}{\sim} \frac{gE^n}{E^4} \overset{g=1/\Lambda^{n-4}}{\sim} \left(\frac{E}{\Lambda}\right)^{n-4} \qquad (9.39)$$

となる．この結果から，低エネルギー $E \ll \Lambda$ では，くりこみ不可能な項 $g\phi^n (n>4)$ は運動項 $\partial_\mu \phi \partial^\mu \phi$ や ϕ^4 項に比べて $(E/\Lambda)^{n-4}$ の分だけ小さな寄与しか与えないことがわかる．これが，「**くりこみ不可能な項は低エネルギーでは重要でない**」直感的な理由である．

　上の解析から，逆にエネルギーがだんだん高くなるとくりこみ不可能な項の寄与が大きくなる．そして，カットオフスケール $(E \sim \Lambda)$ では，くりこみ不可能な項とくりこみ可能な項が同程度の寄与を与えることがわかる．したがって，カットオフスケール Λ ではすべてのくりこみ不可能な項を取り入れる必要がある．そのとき元の理論は破綻し，何らかの新しい理論がそのスケールで現れると期待される．これがカットオフ Λ の物理的意味である．

9.5　ディラック場の作用積分

9.5.1　自由ディラック場

　自由ディラック方程式 $(i\gamma^\mu \partial_\mu - m)\psi = 0$ を導く作用積分は，次式で与えられる．

$$S[\psi] = \int d^4 x \, \mathcal{L}(\psi) = \int d^4 x \, \bar{\psi}(x)(i\gamma^\mu \partial_\mu - m)\psi(x) \quad (9.40)$$

実際，$\delta \psi$ と $\delta \bar{\psi}$ を独立な変分だと思って，$\delta \bar{\psi}$ に関する作用原理から自由ディラック方程式が導かれる．

　ここで重要な点は，作用積分 (9.40) が 9.3 節での要請 ($\overset{\circ}{1}$) の相対論的不変性を満たしていることである (check 9.9 参照)．ディラック方程式自身は，ローレンツ変換の下でスピノルの変換性 $(i\gamma^\mu \partial'_\mu - m)\psi'(x') = S(\Lambda) \times (i\gamma^\mu \partial_\mu - m)\psi(x)$ を持つので不変ではなかった．(それゆえ，共変とよばれる．) それにも関わらず，ディラック方程式が特殊相対性原理 $(i\gamma^\mu \partial_\mu - m) \times \psi(x) = 0 \Leftrightarrow (i\gamma^\mu \partial'_\mu - m)\psi'(x') = 0$ を満たしていたのは，ディラック

方程式を導く作用積分が相対論的不変性を持っていたからに他ならない.

運動方程式と作用積分のどちらがより基本的な量かは,不変性の観点から考えれば明らかである.ディラック方程式が先にあるのではない.作用積分が最も基本的な量で,それから作用原理を通じて運動方程式が導かれ,その方程式に粒子は従うと考えるのが正しい理解である.

⟨check 9.9⟩

自由ディラック場の作用積分 (9.40) が,相対論的不変であることと実(エルミート)であることを確かめてみよう.

【ヒント】 スピノルの双 1 次形式 $\bar{\phi}\Gamma\phi$ の複素共役(エルミート共役)は,$(\bar{\phi}\Gamma\phi)^* = (\bar{\phi}\Gamma\phi)^\dagger \equiv \phi^\dagger \Gamma^\dagger \bar{\phi}^\dagger$ で定義される.(M が行列ではなく 1 成分量のときは,$M^* = M^\dagger$ である.)この定義と $\gamma^0 (\gamma^\mu)^\dagger \gamma^0 = \gamma^\mu$, $(\gamma^0)^\dagger = \gamma^0$, $(\gamma^0)^2 = I_4$, および部分積分を用いよ.また,作用積分の中での全微分項は無視して構わない (9.2.3 項参照). ◆

9.5.2 相互作用を持つディラック場

自由ディラック場の作用積分 (9.40) を相互作用のある場合に拡張してみよう.例えば,ディラック粒子が電荷 q を持つ場合,電磁相互作用を (9.40) に取り入れることができる.そのときは 7.2 節での手続きに従って,(9.40) に含まれる微分 ∂_μ を共変微分 $D_\mu = \partial_\mu + iqA_\mu(x)$ におきかえればよい.

$$S[\phi, A_\mu] = \int d^4x \, \bar{\phi}(x)(i\gamma^\mu D_\mu - m)\phi(x) \tag{9.41}$$

この作用積分がゲージ変換:$\phi(x) \to \phi'(x) = e^{-iq\Lambda(x)}\phi(x)$, $A_\mu(x) \to A'_\mu(x) = A_\mu(x) + \partial_\mu \Lambda(x)$ の下で不変であることを示すのは,7.2 節での議論を理解していれば易しい練習問題だろう.このとき,$\bar{\phi}(x) = \phi^\dagger(x)\gamma^0$ のゲージ変換性は $\bar{\phi}(x) \to \bar{\phi}'(x) = \bar{\phi}(x)e^{+iq\Lambda(x)}$ であることに注意しておく.

スカラー場との相互作用も考えることができる.相対論的不変で最も簡単な相互作用項は次のものである.

$$\mathscr{L}_{\text{Yukawa}} = g\,\phi(x)\,\bar{\psi}(x)\,\psi(x) \tag{9.42}$$

このようなスカラー場とスピノル場との結合を**湯川相互作用** (Yukawa interaction) とよぶ．$\bar{\psi}\psi$ および ϕ はローレンツ変換の下で不変なので，湯川相互作用は相対論的不変である．

くりこみ可能性を見るために，ディラック場 ψ の質量次元を求めておこう．$[\mathcal{L}] = 4$ および $[\partial_\mu] = [m] = 1$ より

$$[\psi] = [\bar{\psi}] = \frac{3}{2} \tag{9.43}$$

である．ゲージ場やスカラー場の質量次元は 1 ($[A_\mu] = [\phi] = 1$) なので，$[\bar{\psi}\gamma^\mu A_\mu \psi] = [\phi\bar{\psi}\psi] = 4$ である．したがって，(9.41) と (9.42) で与えられるラグランジアン密度はくりこみ可能である．

【注】　$\bar{\psi}\psi$ と $\bar{\psi}\gamma^\mu\psi$ を擬スカラー $\bar{\psi}\gamma^5\psi$ と擬ベクトル $\bar{\psi}\gamma^\mu\gamma^5\psi$ でおきかえたものも，くりこみ可能な項を与える．

⟨check 9.10⟩

ディラック場，ゲージ場の質量次元がそれぞれ $[\psi] = 3/2$, $[A_\mu] = 1$ であることを確かめよ．また，双 1 次形式としてテンソル量 $\bar{\psi}\sigma^{\mu\nu}\psi$ を作ることができるが，これからはくりこみ可能な相互作用を得ることはできない．その理由を説明してみよう．

【ヒント】　電荷 q の質量次元は 0 である．$\bar{\psi}\sigma^{\mu\nu}\psi$ から作られるスカラー量を $T_{\mu\nu}\bar{\psi}\sigma^{\mu\nu}\psi$ として，ベクトル場 A_μ，微分演算子 ∂_μ，計量 $\eta_{\mu\nu}$，および，スカラー場 ϕ から 2 階のテンソル $T_{\mu\nu}$ の候補を列挙し，質量次元が 4 以下のものが構成できるかを考えよ．また，$\eta_{\mu\nu}\sigma^{\mu\nu} = 0$ が成り立つ．なぜか？　◆

9.6　ゲージ場の作用積分

この節では，$U(1)$ ゲージ場および非可換ゲージ場に対するラグランジアン密度をゲージ不変性（と相対論的不変性）の観点から導出する．また，ゲージ場とスカラー場やスピノル場との間のゲージ相互作用項についても議論する．

9.6.1 U(1) ゲージ場

第 3 章で見たように，電場や磁場ではなくゲージ場 A_μ を用いれば，4 組のマクスウェル方程式は次の 1 つの方程式にまとめられる．

$$\partial_\nu(\partial^\nu A^\mu - \partial^\mu A^\nu) = j^\mu \tag{9.44}$$

この方程式を導く作用積分，あるいは，ラグランジアン密度を直接求めるには，若干の試行錯誤が必要だろう．しかし，不変性の観点から眺めるなら，ラグランジアン密度を求めることはさほど難しい作業ではない．それを以下で見ていこう．

まず，真空中 ($j^\mu = 0$) の場合のラグランジアン密度を求めることから始めよう．我々が望むラグランジアン密度は，ゲージ不変性と相対論的不変性の両方を持ち，(パラメータを除いた量の) 質量次元が 4 以下の量である．場の強さ $F_{\mu\nu} = \partial_\mu A_\nu - \partial_\nu A_\mu$ はゲージ不変であったことを思い出すと，$F_{\mu\nu}$ から作られる相対論的不変量は比例係数を除いて一意的であることがわかる．すなわち，

$$\mathscr{L}(A_\mu) = -\frac{1}{4} F_{\mu\nu} F^{\mu\nu} \tag{9.45}$$

である．係数の $-1/4$ は，$A_j\,(j = 1, 2, 3)$ の時間微分項が $\mathscr{L} = +(1/2) \times (\partial A_j/\partial t)^2 + \cdots$ となるように決められている．(9.45) を電場と磁場を使って表すと次式で与えられる．

$$\mathscr{L} = \frac{1}{2} \boldsymbol{E}^2 - \frac{1}{2} \boldsymbol{B}^2 \tag{9.46}$$

【注】 $F_{\mu\nu}F^{\mu\nu} = \sum_{j=1}^{3}(F_{0j}F^{0j} + F_{j0}F^{j0}) + \cdots = -2\sum_{j=1}^{3}(F_{0j})^2 + \cdots$ であることに注意．このとき，$F^{0j} = -F^{j0} = -F_{0j} = F_{j0}$ の関係を用いた．また，3.7 節で A_0 の時間微分項がマクスウェル方程式に含まれていないことを見たが，$F_{00} = F^{00} = 0$ なのでラグランジアン密度にも $\partial A_0/\partial t$ の項は含まれていない．つまり，A_0 は物理的自由度には対応していない．

質量項 $(1/2)m^2 A_\mu A^\mu$ は相対論的不変性からは許されるが，ゲージ不変性を破る．したがって，ゲージ場の質量項を (9.45) のラグランジアン密度に

含めることはできない．これは重要なので，ゲージ場の質量項がゲージ不変性を破ることを再度確認してほしい．

⟨check 9.11⟩
次式で与えられるラグランジアン密度

$$\mathcal{L}_{F\tilde{F}} = \alpha F_{\mu\nu}\tilde{F}^{\mu\nu}, \qquad \tilde{F}^{\mu\nu} \equiv \frac{1}{2}\varepsilon^{\mu\nu\lambda\rho}F_{\lambda\rho}$$

も，ゲージ不変，相対論的不変，かつ，くりこみ可能である．（α は任意の実数．）しかし，この項は運動方程式に寄与しない．なぜだろうか？ また，$\mathcal{L}_{F\tilde{F}}$ を $\boldsymbol{E}, \boldsymbol{B}$ を用いて書き表してみよう．

【ヒント】$\mathcal{L}_{F\tilde{F}}$ は全微分 $\mathcal{L}_{F\tilde{F}} = \partial_\mu X^\mu$ の形に書き表せることを示せ．◆

次に，電荷 q_Φ と q_ϕ を持つ複素スカラー場 Φ とディラック場 ψ との電磁相互作用を取り入れることにしよう．ラグランジアン密度を用いれば，この作業は簡単だ．すでに，電磁相互作用がある場合の複素スカラー場とディラック場のラグランジアン密度は求めてあるので，それら全部を足し合わせるだけで完成だ．

$$\mathcal{L}(A_\mu, \Phi, \psi) = -\frac{1}{4}F_{\mu\nu}F^{\mu\nu} + (D_\mu\Phi)^* D^\mu\Phi - m_\Phi^2 \Phi^*\Phi - \frac{\lambda}{4}(\Phi^*\Phi)^2 \\ + \bar{\psi}(i\gamma^\mu D_\mu - m_\psi)\psi$$

(9.47)

ここで，Φ および ψ に対する共変微分は，q_Φ, q_ψ をそれぞれ Φ, ψ の電荷とすると，$D_\mu \Phi \equiv (\partial_\mu + iq_\Phi A_\mu)\Phi, D_\mu\psi \equiv (\partial_\mu + iq_\psi A_\mu)\psi$ で定義される．

このラグランジアン密度は，相対論的不変性と共に次のゲージ変換

$$A_\mu(x) \longrightarrow A'_\mu(x) = A_\mu(x) + \partial_\mu \Lambda(x) \qquad (9.48\text{a})$$

$$\Phi(x) \longrightarrow \Phi'(x) = e^{-iq_\Phi \Lambda(x)}\Phi(x) \qquad (9.48\text{b})$$

$$\psi(x) \longrightarrow \psi'(x) = e^{-iq_\psi \Lambda(x)}\psi(x) \qquad (9.48\text{c})$$

の不変性を持つ，最も一般的なくりこみ可能なラグランジアン密度である．

9.6 ゲージ場の作用積分

$q_\Phi \neq 0$ のときはゲージ不変性から，湯川相互作用項 $g\Phi(x)\bar{\psi}(x)\psi(x)$ は許されないことに注意しておく．

マクスウェル方程式を変分原理から導くために，ラグランジアン密度 (9.47) に対してゲージ場 A_μ の変分を計算する必要がある．

【注】 この手の計算に慣れていない読者のために，ここでは少し丁寧に導出過程を書いておく．マクスウェル方程式を導出したいので，変分はゲージ場に対してのみ行われる．

$$\delta\{F_{\mu\nu}F^{\mu\nu}\} = \delta F_{\mu\nu}F^{\mu\nu} + F_{\mu\nu}\delta F^{\mu\nu} = 2\delta F_{\mu\nu}F^{\mu\nu}$$
$$= 2(\partial_\mu \delta A_\nu - \partial_\nu \delta A_\mu)F^{\mu\nu} = \underbrace{4(\partial_\mu \delta A_\nu)F^{\mu\nu}}_{-4\delta A_\nu \partial_\mu F^{\mu\nu} + 4\partial_\mu(\delta A_\nu F^{\mu\nu})}$$
$$\stackrel{\mu \leftrightarrow \nu}{=} -4\delta A_\mu \partial_\nu F^{\nu\mu} + (\text{全微分項}) \qquad (9.49\text{a})$$

$$\delta\{(D_\mu \Phi)^* D^\mu \Phi\} = (\delta D_\mu \Phi)^* D^\mu \Phi + (D_\mu \Phi)^* \delta D^\mu \Phi$$
$$= (iq_\Phi \delta A_\mu \Phi)^* D^\mu \Phi + (D_\mu \Phi)^* iq_\Phi \delta A^\mu \Phi$$
$$= \delta A_\mu [-iq_\Phi \{\Phi^* D^\mu \Phi - (D^\mu \Phi)^* \Phi\}] \qquad (9.49\text{b})$$

$$\delta\{\bar{\psi}(i\gamma^\mu D_\mu - m)\psi\} = \bar{\psi}i\gamma^\mu \delta D_\mu \psi = \bar{\psi}i\gamma^\mu(iq_\Phi \delta A_\mu)\psi \qquad (9.49\text{c})$$

ここで，(9.49a) の 2 番目の等号では，$A_\mu B^\mu = A^\mu B_\mu$ が成り立つことから $F_{\mu\nu}\delta F^{\mu\nu} = F^{\mu\nu}\delta F_{\mu\nu}$ と書き直した．(9.49a) の 4 番目の等号では，$F^{\mu\nu}$ の ($\mu\nu$ に関する) 反対称性を使って $-(\partial_\nu \delta A_\mu)F^{\mu\nu} \stackrel{\mu \leftrightarrow \nu}{=} -(\partial_\mu \delta A_\nu)F^{\nu\mu} = +(\partial_\mu \delta A_\nu)F^{\mu\nu}$ と変形した．

ラグランジアン密度の全微分項は作用原理 $\delta S = 0$ では無視できるので，最終的に (9.49) の結果から次のマクスウェル方程式を導くことができる．

$$\partial_\nu(\partial^\nu A^\mu - \partial^\mu A^\nu) = j_\Phi^\mu + j_\psi^\mu \qquad (9.50)$$

ここで，4 元電流ベクトル j_Φ^μ と j_ψ^μ は次式で与えられる．

$$j_\Phi^\mu = iq_\Phi\{\Phi^* D^\mu \Phi - (D^\mu \Phi)^* \Phi\}, \qquad j_\psi^\mu = q_\Phi \bar{\psi}\gamma^\mu \psi \qquad (9.51)$$

この結果は，第 2 章と第 4 章で述べた主張「(2.17) と (4.21) で定義される j^μ は電荷の流れを表す 4 元ベクトルである」を正当化するものである．

【注】 正確には，(2.17) の j^μ で微分 ∂^μ を共変微分 D^μ におきかえる必要がある．次章の 10.6 節で，位相変換の不変性に基づく保存カレントとして j_Φ^μ をもう一度導くことにする．

ラグランジアン密度 (9.47) を導出する際に，マクスウェル方程式の知識を全く必要としなかったことに注意しておく．実際，我々の立場では，なぜ

マクスウェル方程式 (9.50) が成り立つのかを"説明"できる．なぜなら，相対論的不変性とゲージ不変性 (+ くりこみ可能性) から，ラグランジアン密度 (9.47) の形が自動的に決まるからである．つまり，**マクスウェル方程式は，(特殊) 相対性原理とゲージ原理の不変性からの必然的な帰結**なのである．

⟨check 9.12⟩

相対論的不変性とゲージ不変性から，くりこみ可能なラグランジアン密度は (9.47) で与えられることを示せ．また，(9.51) で定義される j_Φ^μ と j_ϕ^μ は保存カレント，すなわち $\partial_\mu j_\Phi^\mu = \partial_\mu j_\phi^\mu = 0$ を満たすことを導いてみよう．

【ヒント】 (9.47) のラグランジアン密度には，質量次元が 4 以下の量しか現れていないことを確かめよ．また，相対論的不変性は保つが，ゲージ不変性を破る項にはどのようなものがあるか考えてみよ．$\partial_\mu j_\Phi^\mu = \partial_\mu j_\phi^\mu = 0$ を確かめるためには，Φ と ϕ の運動方程式を用いよ．◆

9.6.2 非可換ゲージ場

ここでは，$U(1)$ ゲージ場を拡張して，7.4 節で議論した $SU(N)$ ゲージ場に対するラグランジアン密度を求めることにする．このとき鍵となるのは場の強さ $F_{\mu\nu}$ である．$U(1)$ ゲージ場の場合は，共変微分 $D_\mu = \partial_\mu + iqA_\mu$ の交換関係から，$[D_\mu, D_\nu] = iqF_{\mu\nu}$ として $F_{\mu\nu} = \partial_\mu A_\nu - \partial_\nu A_\mu$ を求めることができた (3.1.2 項参照)．

これにならって，$SU(N)$ ゲージ場の場合も

$$F_{\mu\nu} \equiv \frac{1}{ig}[D_\mu, D_\nu] \qquad (9.52)$$

として，**場の強さ** $F_{\mu\nu}$ を定義する．ここで，共変微分は $D_\mu = \partial_\mu + igA_\mu$ と定義され，$SU(N)$ ゲージ場 A_μ は $N \times N$ エルミート・トレースレス行列で与えられている．行列の順番に注意して (9.52) の右辺を計算すると

$$F_{\mu\nu} = \partial_\mu A_\nu - \partial_\nu A_\mu + ig[A_\mu, A_\nu] \qquad (9.53)$$

となる．この関係式から，場の強さ $F_{\mu\nu}$ もゲージ場 A_μ と同じく，$N \times N$ エルミート・トレースレス行列で与えられることがわかる ((9.55) 参照)．

【注】 $U(1)$ ゲージ場のときは $[A_\mu, A_\nu] = 0$ なので、$F_{\mu\nu} = \partial_\mu A_\nu - \partial_\nu A_\mu$ が再現される．

7.4節で議論したように $SU(N)$ ゲージ変換の下で，ϕ，$D_\mu \phi$ は $\phi' = U\phi$，$D'_\mu \phi' = U D_\mu \phi$ と変換する．このことから，D_μ 自身は $D'_\mu = U D_\mu U^{-1}$ と変換することがわかる．したがって，(9.52) の定義から $F_{\mu\nu}$ の変換性は

$$F_{\mu\nu}(x) \longrightarrow F'_{\mu\nu}(x) = U(x) F_{\mu\nu}(x) U^{-1}(x) \tag{9.54}$$

であることがわかる．

$SU(N)$ ゲージ場 $A_\mu(x)$ を行列で書く代わりに，$N \times N$ エルミート・トレースレス行列の基底 $\{T^a, a = 1, 2, \cdots, N^2 - 1\}$ を使って $A_\mu(x) = \sum_{a=1}^{N^2-1} A_\mu^a(x) T^a$ と表し，$N^2 - 1$ 個のゲージ場 $A_\mu^a (a = 1, 2, \cdots, N^2 - 1)$ を用いた表式も便利である．このとき，$[T^b, T^c] = i \sum_{a=1}^{N^2-1} f^{bca} T^a$ の関係を用いて $F_{\mu\nu}$ を T^a で展開すると

$$F_{\mu\nu} = \sum_{a=1}^{N^2-1} \left(\partial_\mu A_\nu^a - \partial_\nu A_\mu^a - g \sum_{b,c=1}^{N^2-1} f^{bca} A_\mu^b A_\nu^c \right) T^a \equiv \sum_{a=1}^{N^2-1} F_{\mu\nu}^a T^a \tag{9.55}$$

となる．

ここまでくれば，$SU(N)$ ゲージ不変なラグランジアン密度 $\mathcal{L}(A_\mu^a)$ を書き下すことは容易である．

$$\mathcal{L}(A_\mu^a) = -\frac{1}{2} \mathrm{tr}(F_{\mu\nu} F^{\mu\nu}) = -\frac{1}{4} \sum_{a=1}^{N^2-1} F_{\mu\nu}^a F^{\mu\nu a} \tag{9.56}$$

ここで，基底行列 $\{T^a\}$ の規格化を $\mathrm{tr}(T^a T^b) = (1/2) \delta^{ab}$ とした．(9.56) が $SU(N)$ ゲージ変換の下で不変であることは，(9.54) とトレースの性質 $\mathrm{tr}(AB) = \mathrm{tr}(BA)$ から保証される．

ここでも，ゲージ不変性からゲージ場の質量項 $(m^2/2) \sum_a A_\mu^a A^{\mu a}$ は許されないことに注意しておく．$U(1)$ ゲージ場と同様に $SU(N)$ ゲージ場も質量を持つことはできない．

$U(1)$ ゲージ理論との違いを見ておくことは重要だ．$U(1)$ ゲージ場の場

合は，(9.55) で最初の等号の右辺第 3 項 $gf^{bca}A_\mu^b A_\nu^c$ に対応する項は存在しない ($f^{bca} = 0$) ので，$F_{\mu\nu}F^{\mu\nu}$ の中にはゲージ場の 2 次しか含まれておらず自己相互作用はない．これは，光子は電荷を持った粒子と相互作用するが，光子自身は電荷を持たないので自己相互作用しないことから理解できる．

$SU(N)$ ゲージ場は，$F_{\mu\nu}$ の中にゲージ場の 2 次の項 ($gf^{bca}A_\mu^b A_\nu^c$) を含むので，ラグランジアン密度にはゲージ場の 3 次と 4 次の自己相互作用項が含まれる．例えば，強い力では，グルーオン自身がカラーの自由度を持ちクォークだけでなくグルーオン自身とも相互作用する．弱い力における $W^\pm$ ボソンや Z^0 ボソンも $SU(2)$ ゲージ場を起源に持つので，これらのゲージボソン同士の相互作用項が存在する．これらの**自己相互作用の存在は非可換ゲージ理論の重要な特徴**である．

【注】 例えば，クライン - ゴルドン方程式 $(\partial_\mu\partial^\mu + m^2)\phi(x) = 0$ は線形なので，任意の 2 つの（平面波）解を重ね合わせてもやはり解となる．つまり，2 つの平面波を重ね合わせてもお互い干渉することなく，そのままの状態を保っていることになり，自由粒子を表す．このように，運動方程式では場の 1 次の項，ラグランジアン密度では場の 2 次の項が自由場に対応し，ラグランジアン密度における場の 3 次以上の項が相互作用を表す．

〈check 9.13〉

$A_\mu(x)$ のゲージ変換性 (7.41) から，直接 D_μ と $F_{\mu\nu}(x)$ のゲージ変換性：$D_\mu \to D'_\mu = U(x)D_\mu U^{-1}(x)$, $F_{\mu\nu}(x) \to F'_{\mu\nu}(x) = U(x)F_{\mu\nu}(x)U^{-1}(x)$ を求めよ．また，(9.56) で定義されるラグランジアン密度がゲージ不変であることを確かめてみよう．◆

9.7 自然法則と作用積分

本節は，本書の中でも重要な位置を示める．本書の冒頭 (1.1 節) で述べた不変性の原理「**不変性が自然法則のあるべき姿を決める**」を理解してもらうことが，本節の目的である．

9.7 自然法則と作用積分

　これまで見てきたように，自然法則は勝手気ままに成り立っているわけではない．不変性の原理に従って強い制限を受ける．例えば，(特殊)相対性原理とゲージ原理は，「自然法則は時空並進，ローレンツ変換およびゲージ変換の下で不変」であることを要請する．このとき，「自然法則が不変」とは「**自然法則を記述する作用積分(あるいはラグランジアン密度)が不変**」として理解できる．

　作用積分の利点の1つは，文字通りの不変性を持つということだ．その点，運動方程式は一般に不変ではなく，ローレンツ変換やゲージ変換の下で共変的な変換性を持つ．作用積分のもう1つの利点は，すべての場を作用積分という1つの量で統一的に取り扱うことができる点だ．運動方程式だと，それぞれの場ごとに方程式を与えなければならず，方程式相互の関係が明白ではない．

　作用積分によって自然法則が記述されるとするならば，**自然法則を知るには作用積分の形を知ればよい**ことになる．なるべく少ない要請で作用積分の形を決められれば，自然法則を(完全とはいわないまでも)かなり理解することができたといってもよいだろう．

　この章で見てきたように，作用積分を書き下すために必要なものは，**どのような不変性を要請するか**ということと，**作用積分に現れる場や物理量とそれらの変換性に対する情報**である．それさえわかれば後は，要求された不変性を持つ，最も一般的でくりこみ可能な作用積分を書き下せばよい．

　そのとき，許される項は1つ残らずすべて書き下すことが重要である．つまり，「**禁止されないものは許される**」というのが現代物理の考え方だ．こうして得られたものが，我々が求めていた作用積分である．このように，作用積分，すなわち**自然法則は本質的に不変性の原理から決まる**といっても過言ではない．

【注】 他に，エルミート性，局所性や真空の存在などの要請もあるが，作用積分の形を決める本質的な要請はやはり不変性である．また，くりこみ可能性は，場の量子論からの(物

理量から無限大の発散を除去できるための) 技術的要請だ．しかし，9.4 節で議論したように低エネルギー有効理論の立場をとれば，くりこみ可能性は要請というよりも，低エネルギーで重要な項を取り出したと解釈することができる．

　自然法則は作用積分によって記述されるのであるから，作用積分に現れる物理量のリストを作成するのが最初のステップである．まず，無次元量として重要なものは，不変 (スピノル) テンソルである．

$$\eta_{\mu\nu}, \quad \delta^{\mu}{}_{\nu}, \quad \varepsilon^{\mu\nu\rho\lambda}, \quad (\gamma^{\mu})^{a}{}_{b}, \quad (I_4)^{a}{}_{b} \tag{9.57}$$

ここで，$\mu, \nu (=0,1,2,3)$ などはベクトルの添字，$a, b (=1,2,3,4)$ はスピノルの添字を表す．ローレンツ変換の下で，上つき (下つき) のベクトル添字は $\Lambda^{\mu}{}_{\nu}((\Lambda^{-1})^{\nu}{}_{\mu})$ で変換し，上つき (下つき) のスピノル添字は $S(\Lambda)$ ($S^{-1}(\Lambda)$) で変換する．

　次に質量次元を持つ量として時空座標の微分がある．

$$\partial_{\mu}, \quad [\partial_{\mu}] = 1 \tag{9.58}$$

　それから，主役となる重要な量は，場である．ここでは例として，複素スカラー場，ディラック場，$U(1)$ ゲージ場を考えることにする．

$$\Phi(x), \quad \psi^{a}(x)(\bar{\psi}_{a}(x)), \quad A_{\mu}(x) \tag{9.59}$$

ここで，ディラック場の添字 $a(=1,2,3,4)$ はスピノルの添字である．Φ と ψ の電荷を q_{Φ} と q_{ψ} としておく．それぞれの場の質量次元は，これまで見てきたように次式で与えられている．

$$[\Phi] = [A_{\mu}] = 1, \quad [\psi^{a}] = [\bar{\psi}_{a}] = \frac{3}{2} \tag{9.60}$$

　これで役者はすべてそろった．後は相対論的不変性とゲージ不変性を併せ持つ作用積分 (あるいはラグランジアン密度) の一般形を書き下せばよいだけである．さらに，くりこみ可能性を要求すると，質量次元が 4 までの項に限定することができる．このとき，$\partial_{\mu}, \Phi, \psi, A_{\mu}$ の質量次元がすべて正であることに注意すれば，ラグランジアン密度に現れる項の数は有限である．

【注】 ここでは空間反転不変性も課しておくことにする．もし，課さないなら，ψ_{R} と ψ_{L}

は独立なカイラルスピノルと見なせ，異なるゲージ相互作用を持つことができる．

実際，上で設定した状況では，(9.47) が最も一般的なラグランジアン密度である．もう一度下に再掲しておこう．

$$\mathcal{L}(A_\mu, \Phi, \psi) = -\frac{1}{4}F_{\mu\nu}F^{\mu\nu} + (D_\mu\Phi)^*(D^\mu\Phi) - m_\Phi^2\Phi^*\Phi - \frac{\lambda}{4}(\Phi^*\Phi)^2 \\ + \bar{\psi}(i\gamma^\mu D_\mu - m_\psi)\psi$$
(9.61)

このラグランジアン密度を導くのに，クライン‐ゴルドン方程式，ディラック方程式，マクスウェル方程式の知識は必要ないことに再度注意しておく．つまり，これらの運動方程式からラグランジアン密度が導かれるのではない．正しい理解は，ラグランジアン密度（あるいは作用積分）から導かれる方程式が，クライン‐ゴルドン方程式であり，ディラック方程式であり，マクスウェル方程式なのである．

(9.61) のラグランジアン密度は（本質的でない規格化係数を除けば）一意的である． したがって，いつでも (9.61) のラグランジアン密度を導くことができる．つまり，場の情報 (9.59) を与えたら (9.61) をわざわざ書く必要はないのである．

この章の理解を確実なものにするために，これから述べる質問に答えてほしい．全問クリアできたなら，あなたは自然の真理の一端を理解したことになる．では，早速始めよう．

（1）ラグランジアン密度 (9.61) の第 1 項 $-(1/4)F_{\mu\nu}F^{\mu\nu}$ で，ゲージ場 A_μ の規格化を適当に選べば比例係数は自由にとれる（ここでは 1/4 にとった）が，全体の符号は負でなければならない．その理由を述べよ．また，この項は $U(1)$ ゲージ不変性を満たしているか？

【ヒント】ラグランジアン密度の中で，物理的自由度に対する時間微分項の係数は正でなければならない ((9.2) 参照)．

（2） 第2項 $(D_\mu \Phi)^* D^\mu \Phi$ で，スカラー場の規格化を適当に選べば比例係数は自由にとれる（ここでは1にとった）が，全体の符号は正でなければならない．なぜか？ また，共変微分 $D^\mu \Phi$ の定義と，なぜそのように定義しなければならないか，理由を述べよ．

（3） 第3項 $-m_\phi^2 \Phi^* \Phi$ で，m_ϕ をスカラー場の質量と解釈できるためには，この項の係数は $-m_\phi^2$ でなければならない．なぜか？ m_ϕ をスカラー場の質量と見なすことはせず，要請 (4) の真空の存在を保証するだけなら m_ϕ^2 の符号を ＋ としてもよいか？ また，この項はゲージ不変か？

（4） 第4項 $-(\lambda/4)(\Phi^* \Phi)^2$ で，比例係数 $1/4$ は結合定数 λ の規格化を適当に選べば自由にとれるが，$\lambda \geqq 0$ でなければならない．なぜか？ また，この項はゲージ不変か？ $g(\Phi^*)^2 \Phi$ や $g\Phi^*(\Phi)^2$ の項はラグランジアン密度に加えることはできない．なぜか？

（5） 第5項 $\bar{\psi} i\gamma^\mu D_\mu \psi$ で，ディラック場の規格化を適当に選べば比例係数は自由にとれる（ここでは1にとった）．さらに，全体の符号は正でも負でもよい．その理由を説明せよ．また，$D_\mu \psi$ の定義を述べて，第5項がローレンツ不変でかつゲージ不変，および，（作用積分の意味で）エルミートであることを示せ．

【ヒント】 作用積分の中で x^μ およびゲージ場 A^μ を，$x^\mu \to -x^\mu$, $A^\mu \to -A^\mu$ におきかえるとどうなるか？ エルミート性に関しては，check 9.9 を参照せよ．

（6） 第6項 $m_\phi \bar{\psi}\psi$ の符号は正でも負でもよい．なぜか？ m_ϕ をディラック場の質量と解釈できるためには，この項の係数は（符号を除いて）1 でなければならない．なぜか？ また，この項はゲージ不変でエルミートか？

【ヒント】 $\psi' \equiv \gamma^5 \psi$ と定義して，ψ' で書き直すとどうなるか？

（7） ゲージ場の質量項 $(m^2/2) A_\mu A^\mu$，および，湯川相互作用 $g\Phi \bar{\psi}\psi$ はこ

のラグランジアン密度に加えることはできない．なぜか？　ただし Φ の電荷は $q_\Phi \neq 0$ とする．

(8) ラグランジアン密度 (9.61) に現れている項は，（パラメータを除いて）すべて質量次元 4 以下であることを確かめよ．質量次元 4 以下の項は高々有限個しか作れない．なぜか？

(9) 電荷 q_Φ を持つ複素スカラー場と電荷 q_Φ を持つディラック場からなる $U(1)$ ゲージ理論のラグランジアン密度を（何も見ずに）書き下せ．

(10) これまでの考察から，理論のラグランジアン密度の形を決定するのに必要な情報は何か，答えよ．

⟨check 9.14⟩

標準模型におけるヒッグス場 Φ は，$SU(3)$ カラーの添字は持たず（すなわち $SU(3)$ 1 重項），$SU(2)$ に関しては 2 重項 $\Phi = (\phi^+, \phi^0)^T$ である．また，$U(1)_Y$ 電荷 $Y = +1$ を持つ．したがって，$SU(3) \times SU(2) \times U(1)_Y$ ゲージ変換の下で次のように変換する．

$$\Phi \xrightarrow{SU(3)} \Phi, \quad \Phi \xrightarrow{SU(2)} U_2(x)\Phi, \quad \Phi \xrightarrow{U(1)_Y} e^{-i(g/2)\Lambda(x)}\Phi$$

（用語と記法については 7.5 節参照．）このとき，クォーク・レプトンとの $(SU(3) \times SU(2) \times U(1)_Y$ 不変な）湯川相互作用項をすべて書き下してみよう．

【ヒント】$\tilde{\Phi} \equiv i\sigma^2\Phi^*$ も Φ と同じ $SU(2)$ 変換性を持つことに注意せよ．（証明は，$\sigma^2(\sigma^a)^*\sigma^2 = -\sigma^a (a = 1, 2, 3)$ を用いよ．ここで σ^a はパウリ行列である．）ヒッグス場は非自明な真空期待値 $v \equiv \langle 0|\Phi|0\rangle$ を持つ．そのとき，湯川相互作用項に含まれている Φ を v でおきかえたものは，クォーク・レプトンの質量項を与える．これが，クォーク・レプトンの質量起源である．◆

場の量子論の初学者，中級者，上級者

　スカラー場のラグランジアン密度は？と問われると，初学者は記憶に頼って，一所懸命ラグランジアン密度の各項の符号や係数を思い出そうとするだろう．係数のほうは何とか思い出せても，符号となるとプラスだったかマイナスだったか記憶もあやふやだ．そうこうしているうちに先生から「その項の符号はなぜマイナスなのか？」などと質問されると冷や汗が出始める．間違っても「教科書にマイナスと書いてあったから」などと答えてはいけない．「君は場の量子論を理解していないね」と先生からとどめを刺されるだけだ．

　中級者になるとそのような事態に陥ることはない．ラグランジアン密度の各項の符号や係数がどのような要請から決まっているかを知っているので，ラグランジアン密度の形を覚える必要がないのだ．たとえ忘れていても，ほんの少し考える時間があれば，正しいラグランジアン密度を黒板に難なく再現してみせることができる．

　これが上級者になると一味違う．実スカラー場なら $\phi \to -\phi$ の離散的不変性，複素スカラー場なら $\Phi \to e^{-i\theta}\Phi$ の $U(1)$ 不変性があるかどうかを聞いてくるはずだ．なぜなら不変性の有無さえわかれば，ラグランジアン密度が (些細な定義の違いを除けば) 一意的に書けることを知っているからである．上級者にとって必要なのは，ラグランジアン密度の具体形ではなく不変性の情報なのである．まず，不変性から入る．これが上級者の証なのである．

第10章 有限自由度の量子化と保存量

本章では，場の量子化の準備として，有限自由度の量子化についてまとめた．特に，調和振動子模型での生成消滅演算子は，場の量子論における粒子の生成消滅の理解に不可欠である．また，不変性と保存量の間の密接な関係について，連続的不変性は保存量を導くこと，保存量は不変性に伴う無限小変換の生成子であることを明らかにする．

10.1 有限自由度の量子力学

10.1.1 有限自由度の正準量子化とハミルトニアン

スカラー場の量子化の準備として，有限自由度の量子力学をおさらいしておこう．n 自由度 $\{q_i, i = 1, 2, \cdots, n\}$ の力学系を考え，ラグランジアン L が

$$L(q, \dot{q}) = \sum_{i=1}^{n} \frac{m_i}{2} \left(\frac{dq_i}{dt} \right)^2 - V(q_1, \cdots, q_n) \tag{10.1}$$

で与えられているとする．

ラグランジアンからハミルトニアンを導くために，q_i に対する**正準共役運動量** (canonical conjugate momentum) p_i を定義しよう．

10. 有限自由度の量子化と保存量

$$p_i \equiv \frac{\partial L}{\partial \dot{q}_i} \quad (i=1, 2, \cdots, n) \tag{10.2}$$

ハミルトニアンは，次の**ルジャンドル変換**（Legendre transformation）によってラグランジアンから定義される．

$$H(q, p) \equiv \sum_{i=1}^{n} \dot{q}_i p_i - L(q, \dot{q}) \tag{10.3}$$

(10.1) のラグランジアンの場合は，(10.2) から $p_i = m_i \dot{q}_i$ となり，ハミルトニアンは運動エネルギーとポテンシャルエネルギーを足し合わせた全エネルギー

$$H = \underbrace{\sum_{i=1}^{n} \frac{(p_i)^2}{2m_i}}_{\text{運動エネルギー}} + \underbrace{V(q_1, \cdots, q_n)}_{\text{ポテンシャルエネルギー}} \tag{10.4}$$

に一致する．

量子化は，座標 $q_i(t)$ と正準共役運動量 $p_j(t)$ の間に，次の**正準交換関係**（canonical commutation relation，あるいは**量子化条件**（quantization condition））を設定することによって行われる．

$$\left.\begin{array}{c} [q_i(t), p_j(t)] = i\delta_{ij} \\ [q_i(t), q_j(t)] = [p_i(t), p_j(t)] = 0 \quad (i, j = 1, 2, \cdots, n) \end{array}\right\} \tag{10.5}$$

任意の演算子 $\mathcal{O}(t)$ の時間発展は**ハイゼンベルグ方程式**（Heisenberg equation）

$$\frac{d\mathcal{O}(t)}{dt} = i[H, \mathcal{O}(t)] \tag{10.6}$$

によって与えられる．このハイゼンベルグ方程式が，系の時間発展を決める基本的な関係式となる．

(10.5) は量子化条件であり，(10.6) は時間発展を決めるものなので，どちらも量子論の基礎となる重要な関係式である．これらの関係式を量子論の要請だと思って素直に覚えても構わないのだが，運動量やハミルトニアンの持

つ別の側面を知れば，これらの式は運動量やハミルトニアンが満たすべき関係式であることが理解できる．

このもう1つの側面は，不変性と保存量の間にある密接な関係を調べることによって明らかになる．不変性と保存量の関係は，場の量子論でも全く同様に成り立ち重要な役割を果たす．10.3節での不変性と保存量の議論は，場の量子論をより深く理解する上で欠かすことのできないものである．きちんと理解してから先に進むようにしてほしい．

⟨check 10.1⟩
ルジャンドル変換とは，$\{q_i, \dot{q}_i\}$ を独立変数とする関数 $L(q, \dot{q})$ から，$\{q_i, p_i\}$ を独立変数とする新しい関数 $H(q, p)$ へ移る変換のことである．実際，ハミルトニアン (10.3) の変分 δH を計算して，(10.2) の関係を用いると，$\delta q_i, \delta p_i, \delta \dot{q}_i$ のうち $\delta \dot{q}_i$ に比例する項の係数は 0，すなわち，H は $\dot{q}_i$ の依存性を持たないことがわかる．このことを確かめてみよう．◆

10.1.2　1次元調和振動子

調和振動子は場の量子論の基礎となるものである．実際，粒子描像に基づく場の量子論の本質は，調和振動子にあるといっても過言ではない．特に，調和振動子の生成消滅演算子の理解なくして，場の量子論の理解はありえない．ここでは，1次元調和振動子の量子化について必要な事項をまとめておく．

1次元調和振動子のラグランジアンは次式で与えられる．

$$L(q, \dot{q}) = \frac{m}{2} \dot{q}^2 - \frac{m\omega^2}{2} q^2 \tag{10.7}$$

これから正準共役運動量 p は，定義式 (10.2) より $p = m\dot{q}$ となる．ハミルトニアンは定義に従って次式で与えられる．

$$H(q, p) \equiv \dot{q}p - L(q, \dot{q}) = \frac{p^2}{2m} + \frac{m\omega^2}{2} q^2 \tag{10.8}$$

量子化条件は次の通りである．
$$[q, p] = i, \quad [q, q] = [p, p] = 0 \quad (10.9)$$
この量子化条件より，次の交換関係を導くことができる．
$$[H, q] = -\frac{i}{m}p, \quad [H, p] = im\omega^2 q \quad (10.10)$$
これらの関係式から，次式を満たす**生成消滅演算子**（creation‐annihilation operator）$a^\dagger, a$ を導入することができる．
$$[H, a^\dagger] = +\omega a^\dagger, \quad [H, a] = -\omega a \quad (10.11)$$
ここで，q, p と $a^\dagger, a$ の関係は次式で与えられている．
$$a^\dagger = \sqrt{\frac{m\omega}{2}}\Bigl(q - i\frac{p}{m\omega}\Bigr), \quad a = \sqrt{\frac{m\omega}{2}}\Bigl(q + i\frac{p}{m\omega}\Bigr) \quad (10.12)$$
$a^\dagger, a$ の規格化係数は，次式の右辺が 1 となるように決められている．
$$[a, a^\dagger] = 1 \quad (10.13)$$
q, p の代わりに，$a^\dagger, a$ を使ってハミルトニアンを書き表しておくと
$$H = \omega\Bigl(a^\dagger a + \frac{1}{2}\Bigr) \quad (10.14)$$
となる．（ここでは $\hbar = 1$ としていることに注意．）

エネルギー固有値を調べるために，エネルギーの固有状態 $|E\rangle$ を次式で定義しておく．
$$H|E\rangle = E|E\rangle \quad (10.15)$$
状態 $|E\rangle$ に演算子 $a^\dagger$ あるいは a を作用させた状態 $a^\dagger|E\rangle, a|E\rangle$ は，(10.11) より次の関係を満たすことがわかる．
$$H(a^\dagger|E\rangle) = (E+\omega)(a^\dagger|E\rangle), \quad H(a|E\rangle) = (E-\omega)(a|E\rangle) \quad (10.16)$$
このことから，状態 $a^\dagger|E\rangle, a|E\rangle$ は（ゼロでなければ）それぞれエネルギー固有値 $E + \omega, E - \omega$ を持つことがわかる．したがって，$a^\dagger (a)$ はエネルギー固有値を ω だけ上げる（下げる）．この性質から $a^\dagger (a)$ を生成（消滅）演

算子と呼ぶ．(昇降演算子とよぶこともある．)

上の解析から，$(a^\dagger)^n$ を掛けるとエネルギーが $n\omega$ だけ上がり，a^n を掛けるとエネルギーが $n\omega$ だけ下がることになる．ハミルトニアン (10.8) の形からエネルギーは負になれないので，消滅演算子 a を次々に掛けていったとき，どこかでその状態はゼロにならなければならない．(さもなければ，いつか負のエネルギー状態が現れる．)

以下のように，消滅演算子 a を掛けてゼロとなる状態を $|0\rangle$ としておこう．

$$a|0\rangle = 0 \tag{10.17}$$

この状態のエネルギー E_0 は，$H|0\rangle = \omega(a^\dagger a + (1/2))|0\rangle \stackrel{(10.17)}{=} (1/2)\omega|0\rangle$ より，$E_0 = (1/2)\omega$ であることがわかる．状態 $|0\rangle$ は**基底状態**（ground state）あるいは**真空状態**とよばれ，最低エネルギー状態である．

励起状態は，真空 $|0\rangle$ に生成演算子 $a^\dagger$ を順次掛けていくことによって，すべて求めることができる．

$$|n\rangle = N_n (a^\dagger)^n |0\rangle \quad (n = 0, 1, 2, \cdots) \tag{10.18}$$

ここで，N_n は規格化定数である．$a^\dagger$ はエネルギーを ω だけ上げるのだから，状態 $|n\rangle$ のエネルギー固有値は

$$E_n = \omega\left(n + \frac{1}{2}\right) \quad (n = 0, 1, 2, \cdots) \tag{10.19}$$

となり，よく知られた結果を再現する．

〈check 10.2〉
1 次元調和振動子模型の関係式 (10.7) 〜 (10.19) を再確認してみよう．これは，場の量子論へ入る前の準備作業である．◆

10.2 エルミート演算子

量子力学では，物理量は**エルミート演算子**（hermitian operator）で与えられるので，エルミート演算子の固有値問題を解くことは重要となる．場の

量子論も例外ではない．この節では，場の量子化の際に必要となるエルミート演算子の重要な性質に焦点を絞って説明しておく．

10.2.1 エルミート演算子の固有値と固有状態

エルミート演算子 $A\,(=A^\dagger)$ が与えられたとき，次の**固有値問題**（eigenvalue problem）

$$A|u_\lambda\rangle = \lambda|u_\lambda\rangle \tag{10.20}$$

を解くことは，演算子 A を含んだ方程式を解析する際に見通しをよくする．固有値問題とは，「固有値方程式 (10.20) を満たす**固有値**（eigenvalue）λ と**固有状態**（eigenstate）$|u_\lambda\rangle$ の組をすべて求めよ」というものである．$|u_\lambda\rangle$ は物理量 A の値 λ を持つ状態であり，(10.20) は物理量 A を測定すると観測値 λ を得ると解釈することができる．

〈check 10.3〉

エルミート演算子 A の固有値 λ は実数であること（$\lambda^* = \lambda$），および，異なる固有値に属する固有状態は直交すること（$\lambda \neq \lambda' \Longrightarrow \langle u_{\lambda'}|u_\lambda\rangle = 0$）を証明してみよう．

【ヒント】$A(=A^\dagger)$ は (10.20) のエルミート共役の式 $\langle u_\lambda|A = \lambda^*\langle u_\lambda|$ を満たす．また，内積は $\langle u_\lambda|u_\lambda\rangle \neq 0$ を満たすものとする．◆

エルミート演算子 A は，行列で与えられることもあるだろうし，微分演算子あるいは抽象的な演算子として定義されていることもあるだろう．A が行列のときは $|u_\lambda\rangle$ はベクトル $\vec{u}_\lambda$ に対応し，微分演算子のときは関数 $u_\lambda(x)$ で与えられることになる．固有状態 $|u_\lambda\rangle$ は演算子 A に応じて，**固有ベクトル**（eigenvector）や**固有関数**（eigenfunction）ともよばれる．

エルミート演算子 A の固有値 λ と固有状態 $|u_\lambda\rangle$ が求まると，A を含む方程式を簡単化することができる．エルミート演算子 A は行列だったり微分演算子だったりするので，単なる数と違って取り扱いにくい．ところが，(10.20) を見ればわかるように，演算子 A が固有状態 $|u_\lambda\rangle$ に作用すると固有

値 λ におきかわる.つまり,**固有状態は演算子 A を単なる数（固有値）に変える魔法の道具**なのだ.

そしてもう 1 つの重要な性質は,「**すべての固有状態を集めた組 $\{|u_\lambda\rangle\}$ は,エルミート演算子 A が作用する状態の基底（完全系）を張る**」ということだ.つまり,A の固有状態 $\{|u_\lambda\rangle\}$ を基底にとることによって,A が作用する任意の状態 $|f\rangle$ をいつでも次のように展開できる.

$$|f\rangle = \sum_\lambda \tilde{f}(\lambda)|u_\lambda\rangle \tag{10.21}$$

規格直交系 $\langle u_\lambda|u_{\lambda'}\rangle = \delta_{\lambda\lambda'}$ を満たすように $|u_\lambda\rangle$ をとれば,(10.21) の関係は $\tilde{f}(\lambda)$ について次のように逆解きすることができる.

$$\tilde{f}(\lambda) = \langle u_\lambda|f\rangle \tag{10.22}$$

【注】 λ が連続固有値の場合は,(10.21) での和 $\sum_\lambda$ を積分 $\int d\lambda$ におきかえる必要がある.そのとき,規格直交性はデルタ関数を用いて,$\langle u_\lambda|u_{\lambda'}\rangle = \delta(\lambda - \lambda')$ で与えられる.

$|u_\lambda\rangle$ が完全系を張っているということは,$|f\rangle$ と $\tilde{f}(\lambda)$ の間には 1 対 1 対応の関係

$$|f\rangle \underset{\sum_\lambda |u_\lambda\rangle \times}{\overset{\langle u_\lambda| \times}{\rightleftarrows}} \tilde{f}(\lambda) \tag{10.23}$$

があるということだ.つまり,$|f\rangle$ を取り扱う代わりに $\tilde{f}(\lambda)$ を使って解析しても何ら一般性を失うことはない.

さらに,$A^n|f\rangle = \sum_\lambda \lambda^n \tilde{f}(\lambda)|u_\lambda\rangle$ なので,演算子 A の（テイラー展開可能な）任意関数 $G(A)$ に対して $G(A)|f\rangle = \sum_\lambda G(\lambda)\tilde{f}(\lambda)|u_\lambda\rangle$ が成り立つ.したがって,次の対応関係

$$G(A)|f\rangle \underset{\sum_\lambda |u_\lambda\rangle \times}{\overset{\langle u_\lambda| \times}{\rightleftarrows}} G(\lambda)\tilde{f}(\lambda) \tag{10.24}$$

を得る.つまり,$\tilde{f}(\lambda)$ の空間上では,**演算子 A を単なる数（固有値）λ におきかえて構わない**ということだ.これは実にうれしい知らせだ.

具体例として，A が微分演算子 $A = -i\partial/\partial x$(すなわち，運動量演算子) の場合を考えてみよう．このとき，固有値 $p(-\infty < p < \infty)$ に属する固有関数は $u_p(x) = (1/\sqrt{2\pi})\exp\{ipx\}$ で与えられ，$Au_p(x) = pu_p(x)$ を満たす．

任意の関数 $f(x)$ は，この固有関数 $u_p(x)$ を使って次のように展開可能である．

$$f(x) = \int_{-\infty}^{\infty} dp\, \tilde{f}(p) u_p(x) \tag{10.25}$$

これは，よく知られたフーリエ変換に他ならない．フーリエ逆変換は次式で与えられる．(デルタ関数のフーリエ表示 $\int_{-\infty}^{\infty} dx\, e^{-i(p-p')x} = 2\pi\, \delta(p - p')$ を用いよ．)

$$\tilde{f}(p) = \int_{-\infty}^{\infty} dx\, u_p^*(x) f(x) \tag{10.26}$$

このとき，対応関係 (10.24) は

$$G\left(-i\frac{\partial}{\partial x}\right) f(x) \xrightleftharpoons[\int dp\, u_p(x) \times]{\int dx\, u_p^*(x) \times} G(p) \tilde{f}(p) \tag{10.27}$$

となる．つまり，**フーリエ変換とは微分演算子 $-i\partial/\partial x$ を単なる数 p におきかえるための基底変換**と理解することができる．

⟨check 10.4⟩
フーリエ変換の手法を用いて，次の方程式の解 $f(x)$ を求めてみよう．

$$\left[-\frac{d^2}{dx^2} + m^2\right] f(x) = \rho(x)$$

ただし，$\rho(x)$ は与えられた関数である．
【ヒント】$f(x)$ と $\rho(x)$ を $f(x) = \int_{-\infty}^{\infty} dp\, \tilde{f}(p) u_p(x)$, $\rho(x) = \int_{-\infty}^{\infty} dp\, \tilde{\rho}(p) u_p(x)$ とフーリエ変換して，$\tilde{f}(p)$ と $\tilde{\rho}(p)$ に関する方程式に書きかえよ．そして，$\tilde{f}(p)$ に対して解を求めよ．◆

10.2.2 生成消滅演算子

エルミート演算子が与えられたとき，固有値と固有状態以外にも重要な量が存在する．それは，前節の調和振動子でお目にかかった生成消滅演算子である．**生成演算子**（creation operator）または**消滅演算子**（annihilation operator）とは，エルミート演算子 A との交換関係が次式のように自分自身に比例する演算子のことである（(10.11) 参照）．

$$[A, a^\dagger] = +\alpha a^\dagger, \qquad [A, a] = -\alpha a \qquad (10.28)$$

ここで，α は実数である．

【注】 調和振動子のときは，$a^\dagger$ と a はさらに交換関係 $[a, a^\dagger] = 1$ を満たした．しかし，生成消滅演算子の定義にその関係は必要ない．実際，以下で示す性質 (10.29) の証明に必要なものは，(10.28) の関係のみである．(10.28) は，固有値方程式 (10.20) に似ていることに気がつく．ただし，固有値方程式 (10.20) の場合は固有状態 $|u_\lambda\rangle$ に A を単に掛ければよかったが，生成消滅演算子の場合は交換関係におきかえる必要がある．

調和振動子のところで見たように，$a^\dagger(a)$ の重要な性質は，A **の固有状態の固有値を** $\alpha(-\alpha)$ **だけ変える**ことにある．

$$A(a^\dagger|u_\lambda\rangle) = (\lambda + \alpha)(a^\dagger|u_\lambda\rangle), \qquad A(a|u_\lambda\rangle) = (\lambda - \alpha)(a|u_\lambda\rangle) \qquad (10.29)$$

これが，$a^\dagger, a$ を生成消滅演算子とよぶ理由である．(10.28) のタイプの関係式は，これからさまざまな形で顔を出す．意識していないと，気がつかずに素通りしてしまう．しっかり頭に焼きつけておこう．

【注】 調和振動子のときは，A としてハミルトニアン H，$|u_\lambda\rangle$ としてエネルギー固有状態 $|E\rangle$ を考えた．また，α は ω に対応する．

〈check 10.5〉
(10.28) の第 1 式あるいは第 2 式のどちらか一方が成り立てば，もう片方は自動的に成り立つことを証明してみよう．また，a がエルミートならば，$\alpha = 0$ でなければならないことを示してみよう．◆

⟨check 10.6⟩

角運動量演算子 $J^k (k=1, 2, 3)$ の中に，生成消滅演算子が隠れていることを示してみよう．

【ヒント】 J^2, J^3 と $J_\pm \equiv J^1 \pm iJ^2$ はどのような交換関係を満たすか？ ◆

10.2.3 調和振動子と粒子描像

最後に，調和振動子がなぜ場の量子論で重要なのかを，生成消滅演算子の観点から説明してこの節を終えることにする．

そのために，質量 m を持つ自由粒子の系を考えてみよう．自由粒子の状態は，0粒子状態（真空状態），1粒子状態，2粒子状態，…で分類される．議論を簡単にするために，すべての粒子は静止（$k=0$）しているとしよう．このとき，n粒子状態を $|n\rangle$ と表すと，その状態のエネルギーは1粒子の持つ静止エネルギー m の n 倍 $E_n = nm$ で与えられる．（0粒子状態のエネルギーは0とした．）

一方，調和振動子のエネルギースペクトラムは $E_n^{調和} = n\omega$ （ここでは零点振動エネルギー $E_0^{調和} = (1/2)\omega$ を無視した）で与えられ，エネルギー固有状態は $|n\rangle_{調和} = (a^\dagger)^n |0\rangle_{調和}$ であった．したがって，次の対応が示唆される．（ここでは状態 $|n\rangle_{調和}$ の規格化定数は省略されている．）

$$\left. \begin{array}{l} n \text{粒子状態：} \quad |n\rangle \quad \longleftrightarrow \quad |n\rangle_{調和} = (a^\dagger)^n |0\rangle_{調和} \\ n \text{粒子のエネルギー：} E_n = nm \quad \stackrel{m=\omega}{\longleftrightarrow} \quad E_n^{調和} = n\omega \end{array} \right\} $$

(10.30)

上の対応関係から，場の量子論で交換関係 $[H, a_{k=0}^\dagger] = m\, a_{k=0}^\dagger$ を満たす生成演算子 $a_{k=0}^\dagger$ が存在すれば，$a_{k=0}^\dagger$ を（静止した）粒子を生成する演算子と解釈することができる．つまり，我々の望んでいた粒子描像が得られたことになる．

粒子が運動量 k で運動している場合へ一般化すると，次のようになる．

$$[H, a_k^\dagger] = E_k a_k^\dagger, \quad [P, a_k^\dagger] = k a_k^\dagger \quad (E_k = \sqrt{k^2 + m^2})$$
(10.31)

ここで，P は運動量演算子である．上の関係を満たす演算子 $a_k^\dagger$ が存在すれば，$a_k^\dagger$ はエネルギー E_k，運動量 k を持つ粒子を 1 つ生成する演算子と解釈することができる．この点を頭において，次章のスカラー場の量子化を読み進めていくと理解が深まるはずだ．

10.3 不変性と保存量

物理法則の中には，保存則として知られる重要な法則がある．例えば，エネルギー保存則，運動量保存則，角運動量保存則などがその例である．これらの保存則は一体どのような性質から得られるのであろうか？

単純に考えると，これらの法則は物質の持つ性質に由来するように思える．しかし，それは正しくない．実は，時空構造の持つ性質から導かれるのである．実際，時空の不変性と保存則は次のように対応している．

$$\left.\begin{array}{ccc} \text{時間並進不変性} & \longleftrightarrow & \text{全エネルギーの保存} \\ \text{空間並進不変性} & \longleftrightarrow & \text{全運動量の保存} \\ \text{空間回転不変性} & \longleftrightarrow & \text{全角運動量の保存} \end{array}\right\} \quad (10.32)$$

第 9 章で議論したように，自然法則の不変性は作用積分の不変性として実現される．また，作用積分の不変性は，（全微分項の不定性を除いて）ラグランジアンの不変性と等価である（9.2.3 項参照）．このことを念頭において，不変性と保存量を結ぶ次のネーターの定理を眺めてほしい．不変性に関する重要で美しい定理の 1 つである．

10.3.1 ネーターの定理

ここでは，有限自由度系の場合にネーターの定理 (Noether's theorem) を証明する．場の理論への拡張は後で行うことにする．

n 自由度系を考え、ラグランジアン $L = L(q, \dot{q})$ が $q_i(t)$ と $\dot{q}_i(t)$ ($i = 1, 2, \cdots, n$) の関数で与えられているとする。そのとき、次の無限小変換

$$q_i(t) \longrightarrow q'_i(t) = q_i(t) + \delta_N q_i(t) \tag{10.33}$$

の下でラグランジアンが、時間の全微分項を除いて不変、すなわち、

$$\delta_N L = \frac{d}{dt} K \tag{10.34}$$

であったとしよう。ここで、K は q_i と $\dot{q}_i$ のある関数である。このとき、次の**ネーター電荷** (Noether charge)

$$N \equiv \sum_{i=1}^{n} \delta_N q_i \frac{\partial L}{\partial \dot{q}_i} - K \tag{10.35}$$

が保存する。すなわち、

$$\frac{dN}{dt} = 0 \tag{10.36}$$

である。ここで δ_N の下つき添字 N は、保存量 N を導く無限小変換であることを明示するためにつけておいた。

【注】ここでは、連続変換を考えていることに注意しよう。空間反転: $\boldsymbol{x} \to -\boldsymbol{x}$ のような離散的変換の場合は無限小変換が定義できないので、ネーターの定理は成り立たない。ただし、離散的不変性の場合でも保存則に対応するものは存在する。例えば、空間反転不変性 (パリティ不変性) を持つ理論では、空間反転に関する偶奇性が保存する。

(10.33) での無限小変換 $\delta_N q_i$ は、作用原理のところで使われた変分 δq_i とは異なる。このことをはっきり示すために N の添字を δ につけておいた。作用原理での δq_i は任意の変分が許されるが、$\delta_N q_i$ の方はある与えられた特定の (無限小) 変換である。この後に出てくる具体例を見れば、その違いが理解できるであろう。

保存量 (10.35) を導くために必要なことは、オイラー–ラグランジュ方程式 (9.3) を用いてラグランジアンの変化分 $\delta_N L$ を正しく評価することだ。

【注】
$$\delta_N L \equiv \underbrace{L(q + \delta_N q\,;\,\dot{q} + \delta_N \dot{q})}_{L(q\,;\,\dot{q}) + \sum \left\{ \delta_N q_i \frac{\partial L}{\partial q_i} + \delta_N \dot{q}_i \frac{\partial L}{\partial \dot{q}_i} \right\}} - L(q\,;\,\dot{q})$$

$$\stackrel{(9.3)}{=} \sum_{i=1}^{n} \left\{ \delta_N q_i \frac{d}{dt}\left(\frac{\partial L}{\partial \dot{q}_i}\right) + \left(\frac{d}{dt} \delta_N q_i\right) \frac{\partial L}{\partial \dot{q}_i} \right\} = \frac{d}{dt}\left(\sum_{i=1}^{n} \delta_N q_i \frac{\partial L}{\partial \dot{q}_i} \right)$$

2番目の等号では，$\delta_N q_i, \delta_N \dot{q}_i$ の 2 次以上の項は無視した．また，$\delta_N \dot{q}_i = (d/dt)\delta_N q_i$ を使った．一方，上式左辺は仮定より $(d/dt)K$ に等しく，ネーター電荷 N が保存する．

$$\frac{d}{dt}N = \frac{d}{dt}\left(\sum_{i=1}^{n}\delta_N q_i \frac{\partial L}{\partial \dot{q}_i} - K\right) = 0$$

以下では具体的に，空間並進，時間並進，空間回転不変性に対する保存量が，それぞれ運動量，エネルギー，角運動量であることを確かめる．

10.3.2 保存量の例

（1） 空間並進不変性と全運動量保存

議論を明確にするため，3 次元空間内の N 個の粒子の運動を考える．それぞれの粒子の座標を $\boldsymbol{x}_a (a = 1, 2, \cdots, N)$ としておく．

空間並進不変性（space translation invariance）は，「空間座標の原点をずらしても物理法則は変わらない」，つまり「空間に特別な点はない」ことを意味する．この場合は，次のように各粒子の座標を（無限小）並進してもラグランジアンが不変である．

$$\boldsymbol{x}_a \longrightarrow \boldsymbol{x}'_a = \boldsymbol{x}_a + \boldsymbol{\varepsilon} \equiv \boldsymbol{x}_a + \delta_P \boldsymbol{x}_a \tag{10.37}$$

ここで，$\boldsymbol{\varepsilon}$ は（無限小）定数ベクトルで，座標の原点を $\boldsymbol{\varepsilon}$ だけずらす．

この変換に対応するネーター電荷は，

$$N = \sum_{a=1}^{N} \delta_P \boldsymbol{x}_a \cdot \frac{\partial L}{\partial \dot{\boldsymbol{x}}_a} \overset{(10.2)}{=} \boldsymbol{\varepsilon} \cdot \sum_{a=1}^{N} \boldsymbol{p}_a \equiv \boldsymbol{\varepsilon} \cdot \boldsymbol{P} \tag{10.38}$$

で与えられる．(10.38) で $\boldsymbol{\varepsilon}$ は任意の（無限小）ベクトルなので，全運動量 $\boldsymbol{P} = \sum_a \boldsymbol{p}_a$ が保存することがわかる．したがって，**全運動量保存則の背後には，空間並進不変性が隠れていた**のである．

ここで，全運動量保存を導くのに，ラグランジアンの具体的な表式は必要なかったことに注意しよう．必要とされたものは，(10.37) の無限小変換でラグランジアンが不変（$\delta_P L = 0$）という性質のみである．

〈check 10.7〉
ラグランジアンが空間並進の下で不変となるためには，ポテンシャル $V(\boldsymbol{x}_1, \cdots,$

x_N) にどのような制限がつくか考察してみよう.

【ヒント】 まず, ポテンシャルに対する並進不変性の条件 $(\delta_P V = 0)$ が $\sum_{i=1}^{N}(\partial/\partial x_i)V = 0$ となることを導け. 次に, 変数 $\{x_1, x_2, \cdots, x_N\}$ の代わりに別の変数 $\{X_1 = x_1 - x_2, X_2 = x_2 - x_3, \cdots, X_{N-1} = x_{N-1} - x_N, X_N = x_N\}$ を使って条件式を書き直すと,

$$\frac{\partial}{\partial X_N}V(X_1, X_2, \cdots, X_N) = 0$$

となることを示せ. ◆

(2) 時間並進不変性と全エネルギー保存

時間並進不変性(time translation invariance) は,「時間座標の原点をどこに選んでも物理法則は変わらない」, つまり,「過去において成り立っていた法則は, 現在そして未来においても同様に成り立つ」ということを意味する.

時間並進に対応する無限小変換は次式で与えられる.

$$x_a(t) \longrightarrow x'_a(t) \equiv x_a(t+\varepsilon) \simeq x_a(t) + \varepsilon \dot{x}_a(t) \equiv x_a(t) + \delta_H x_a(t) \tag{10.39}$$

ここで ε は任意の(無限小)定数である. 空間並進や空間回転の場合と違って, 時間並進の下でラグランジアンは不変ではない.(しかし, 9.2.3項の意味で, 作用積分は不変である.)

【注】 実際, ラグランジアンの変化分を計算すると, 次のようになる.

$$\begin{aligned}\delta_H L &= L(x_a(t) + \delta_H x_a(t), \dot{x}_a(t) + \delta_H \dot{x}_a(t)) - L(x_a(t), \dot{x}_a(t)) \\ &\stackrel{(10.39)}{=} L(x_a(t+\varepsilon), \dot{x}_a(t+\varepsilon)) - L(x_a(t), \dot{x}_a(t)) \\ &= L(t+\varepsilon) - L(t) = \varepsilon \frac{d}{dt}L \end{aligned} \tag{10.40}$$

このように時間並進の場合, ラグランジアン L は不変ではないが, その変化分は時間の全微分の形をしている. これは, (10.34)で $K = \varepsilon L$ の場合に相当し, 次のようにネーター電荷は (ε を除いて) ハミルトニアンに一致する.

$$N = \sum_{a=1}^{N} \underbrace{\delta_H x_a}_{\varepsilon \dot{x}_a} \cdot \underbrace{\frac{\partial L}{\partial \dot{x}_a}}_{p_a} - \underbrace{K}_{\varepsilon L} = \varepsilon \Big(\sum_{a=1}^{N} \dot{x}_a \cdot p_a - L\Big) \stackrel{(10.3)}{=} \varepsilon H \tag{10.41}$$

したがって，ハミルトニアン（= 全エネルギー）が保存する．この導出からわかるように，全エネルギー保存はラグランジアンの詳細に依存しない．

(10.3) では，ハミルトニアンをルジャンドル変換を用いて定義した．上の結果から，ハミルトニアンのもう1つの意味が明らかになった．すなわち，**時間並進不変性に基づく保存量がハミルトニアン**なのである．この観点は非常に重要である．これからは，時間並進不変性とハミルトニアンを常にペアで覚えておくようにしよう．

（3） 空間回転不変性と全角運動量保存

空間回転は，ある回転軸の周りの回転として一般的に表すことができる．そこで，回転軸の方向を $\boldsymbol{\theta}$ としてその（無限小）回転の大きさを $|\boldsymbol{\theta}|$ としておこう（図 10.1 参照）．図 10.1 からもわかるように回転方向 $\delta_L \boldsymbol{x}_a$ は $\boldsymbol{x}_a$ にも $\boldsymbol{\theta}$ にも垂直でなければならない．そのようなベクトルは，ベクトルの外積を用いて $\boldsymbol{\theta} \times \boldsymbol{x}_a$ と表すことができる．したがって，ベクトル $\boldsymbol{x}_a$ の無限小回転は

$$\boldsymbol{x}_a \longrightarrow \boldsymbol{x}'_a = \boldsymbol{x}_a + \boldsymbol{\theta} \times \boldsymbol{x}_a \equiv \boldsymbol{x}_a + \delta_L \boldsymbol{x}_a \qquad (10.42)$$

で与えられる．

変換 (10.42) の下でのネーター電荷は，

$$N = \sum_{a=1}^{N} \delta_L \boldsymbol{x}_a \cdot \frac{\partial L}{\partial \dot{\boldsymbol{x}}_a} = \sum_{a=1}^{N} (\boldsymbol{\theta} \times \boldsymbol{x}_a) \cdot \boldsymbol{p}_a = \boldsymbol{\theta} \cdot \left(\sum_{a=1}^{N} \boldsymbol{x}_a \times \boldsymbol{p}_a \right) = \boldsymbol{\theta} \cdot \sum_{a=1}^{N} \boldsymbol{L}_a \qquad (10.43)$$

である．3番目の等号では，ベクトル解析の公式 $\boldsymbol{a} \cdot (\boldsymbol{b} \times \boldsymbol{c}) = \boldsymbol{b} \cdot (\boldsymbol{c} \times \boldsymbol{a})$

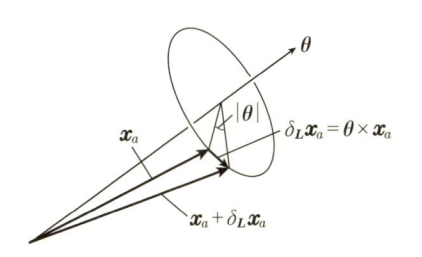

図 10.1 回転軸 $\boldsymbol{\theta}$ 周りの $|\boldsymbol{\theta}|$ 回転

を用いた．上式の $L_a \equiv x_a \times p_a$ は a 番目の粒子の角運動量である．上式のベクトル θ は任意の（無限小）定数ベクトルなので，全角運動量 $L = \sum_a L_a$ が保存することが結論づけられる．したがって，**空間回転不変性** (rotational invariance) に基づく**保存量が全角運動量**なのである．

〈check 10.8〉

変換 (10.42) が（無限小）空間回転を表していることを確かめよ．また，具体的に $\theta = (0, 0, \theta)$ として，x'_a が z 軸周りの無限小回転 (5.12) を正しく与えていることを確かめてみよう．

【ヒント】 変換 (10.42) が（無限小）空間回転を表していることを確かめるためには，この変換でベクトル x_a の長さが不変，すなわち，θ の 2 次のオーダーを無視する近似の下で，$x'_a \cdot x'_a \simeq x_a \cdot x_a$ が成り立つことを確かめればよい．◆

10.4 保存量のもう1つの役割

2 つのエルミート演算子 H と Q が可換

$$[H, Q] = 0 \tag{10.44}$$

なとき，この式から得られる物理的帰結の 1 つは（ハイゼンベルグ方程式から）Q が保存する（$dQ/dt = 0$）ということだ．では，もう 1 つの物理的帰結について，不変性の観点から答えてほしい．もし，すぐに答えられないようなら，これから議論することをきちんと理解してから先に進むようにしよう．

10.4.1 保存量と無限小変換の生成子

10.3.1 項では，無限小変換の下での不変性が存在すれば，ネーターの定理から保存量が導かれることを見た．

$$\text{連続的不変性} \xrightarrow{\text{ネーターの定理}} \text{保存量} \tag{10.45}$$

では，この逆の対応関係（保存量 → 連続的不変性）は成り立つのだろうか？すなわち，保存量が与えられたとき，それは何らかの不変性を意味している

10.4 保存量のもう1つの役割

のだろうか？

実は，ネーターの定理の逆も成り立つ．それをこれから見ていこう．そのためには，ネーター電荷 N の具体的表式

$$N = \sum_{i=1}^{n} \delta_N q_i \frac{\partial L}{\partial \dot{q}_i} - K = \sum_{i=1}^{n} \delta_N q_i \, p_i - K \tag{10.46}$$

が必要になる．2番目の等号では運動量の定義 $p_i = \partial L/\partial \dot{q}_i$ を用いた．

$\delta_N q_i$ と K が $\dot{q}_i$ を含んでいない場合には，(10.46) から N と q_i の交換関係は，q_i の無限小変換 $\delta_N q_i$ を与えることがわかる．すなわち，

$$\delta_N q_i = i[N, q_i] \tag{10.47}$$

である．ここで，(10.5) の正準交換関係を用いた．

(10.47) の関係は，保存量 N が，対応する不変性の無限小変換を引き起こす演算子（これを**無限小変換 (infinitesimal transformation) の生成子**とよぶ）であることを意味している．すなわち，

$$\text{保存量} = \text{無限小変換の生成子} \tag{10.48}$$

である．これは保存量に対する新しい見方であり，重要な帰結である．

【注】 $\delta_N q_i$ や K が $\dot{q}_i$ を含んでいる場合は，(10.47) を直接導くことはできないが，その場合は，保存量と q_i の交換関係 ((10.47) 右辺) を無限小変換 $\delta_N q_i$ の定義と見なせばよい．

このように，不変性と保存量の間には，次の1対1対応の関係が存在する．

$$\begin{array}{c} \text{無限小変換の不変性} \\ q_i \to q_i + \delta_N q_i \end{array} \underset{\delta_N q_i = i[N, q_i]}{\overset{N = \sum \delta_N q_i p_i - K}{\longleftrightarrow}} \begin{array}{c} \text{保存量 } N \\ \dfrac{dN}{dt} = 0 \end{array} \tag{10.49}$$

それでは，ここでの結果を具体例で確かめてみよう．

(1) 空間並進

空間並進不変性に対応する保存量は全運動量 $P = \sum_b p_b$ であった．（ここでは計算を楽にするため，3次元空間ではなく1次元空間に限定して議論する．3次元への拡張は自明であろう.）上での議論から，全運動量は空間並進

を生成する演算子であることが期待される．

実際，(10.47) の右辺で $N = \varepsilon P$（および，$q_i \to x_a$）として計算すると

$$i[\varepsilon P, x_a] = i\left[\varepsilon \sum_{b=1}^{n} p_b, x_a\right] \overset{(10.5)}{=} \varepsilon \overset{(10.37)}{=} \delta_P x_a \quad (10.50)$$

となり，確かに**運動量演算子は座標の無限小並進 (10.37) を引き起こす生成子**であることがわかる．

(2) 時間並進

時間並進不変性に対する保存量はハミルトニアン H であった．このことから，ハミルトニアンは時間並進を生成する演算子であることがわかる．

実際，(10.47) で $N = \varepsilon H$ として計算すると

$$i[\varepsilon H, x_a] = +i\left[\varepsilon\left(\sum_{b=1}^{n} \frac{p_b^2}{2m_b} + V(x)\right), x_a\right] = \varepsilon \frac{p_a}{m_a} \quad (10.51)$$

となる．ここでは，$H = \sum_b (p_b^2/2m_b) + V(x)$ と量子化条件 (10.5) を用いた．

上式で $p_a = m_a \dot{x}_a$ とおきかえれば，無限小時間並進 (10.39) を再現する．したがって，**ハミルトニアンは無限小時間並進の生成子**と見なすことができる．

〈check 10.9〉

不変性と保存量の関係は，正準交換関係 (10.5) やハイゼンベルグ方程式 (10.6) に対して新しい視点を与えてくれる．次の対応について論じてみよう．

$[p_b, x_a] = -i\delta_{ba}$ ⟺ 運動量演算子が座標の無限小並進の生成子

$\dfrac{d\mathcal{O}}{dt} = i[H, \mathcal{O}]$ ⟺ ハミルトニアンが時間の無限小並進の生成子 ◆

【注】これまで確かめたことは，保存量 N が座標 q_i に対して無限小変換の生成子として作用するということのみで ((10.47) 参照)，座標と運動量に関する一般の関数 $\mathcal{O}(x, p)$ に対しても，N が無限小変換の生成子となっていることは示していなかった．それについては，後の 10.4.3 項で証明する．

（3） 空間回転

最後に空間回転を考えよう．このときの保存量は全角運動量 $L = \sum_c x_c \times p_c$ である．したがって，**全角運動量は無限小空間回転の生成子**と見なすことができる．

実際，(10.43) から $N = \boldsymbol{\theta} \cdot \boldsymbol{L}$ で与えられるので，x_a と N との交換関係を計算すると

$$i[\boldsymbol{\theta} \cdot \boldsymbol{L}, x_a] = i\sum_c [\boldsymbol{\theta} \cdot (x_c \times p_c), x_a] = \boldsymbol{\theta} \times x_a = \delta_L x_a \tag{10.52}$$

となり，確かに角運動量演算子は座標の無限小回転を引き起こしていることがわかる．ここで，2番目の等号では $\boldsymbol{\theta} \cdot (x_c \times p_c) = (x_c \times p_c) \cdot \boldsymbol{\theta} = (\boldsymbol{\theta} \times x_c) \cdot p_c$ および $[\boldsymbol{v} \cdot p_c, x_a] = -iv\delta_{ca}$（ただし，$\boldsymbol{v}$ と x_a は可換）を用いた．

以上見てきたように，エネルギー，運動量，角運動量の新しい物理的役割を我々は知ったことになる．

$$\left.\begin{array}{l} \text{エネルギー} = \text{時間並進の生成子} \\ \text{運動量} = \text{空間並進の生成子} \\ \text{角運動量} = \text{空間回転の生成子} \end{array}\right\} \tag{10.53}$$

そして，より一般的に (10.49) の対応関係を明らかにしたことになる．

ここまでくると，この節の冒頭で述べたことの意味がわかるであろう．そこで提示した問題は，2つのエルミート演算子 H と Q が可換 $[H, Q] = 0$ なとき，この式が表す2つの物理的意味とは何か？というものであった．1つは，ハイゼンベルグ方程式から Q が保存量（$dQ/dt = 0$）ということである．（上で見てきた例では，$Q = P, H, L$ が対応する保存量である．）

今や，我々は保存量のもう1つの意味—無限小変換の生成子—を知った．つまり，（ε を無限小パラメータとして）次の関係を意味する．

$$\delta_Q H = i[\varepsilon Q, H] = 0 \tag{10.54}$$

最初の等号は，Q を無限小変換の生成子と見なして，ハミルトニアン H を Q

で無限小変換したことを表す関係式である．それがゼロだということは，ハミルトニアンがその変換で不変であることを意味する．

ハミルトニアンはその物理系の時間発展を決める量であり，その系のダイナミクスを決める量であるので，ハミルトニアンの不変性はその物理系の不変性そのものである．したがって，$[H, Q] = 0$ は，2つの意味を持ち，1つは Q が時間に依存しない保存量であるということ，もう1つはハミルトニアン H が Q で生成される変換の下で不変ということである．

〈check 10.10〉

H, P, L をそれぞれハミルトニアン，全運動量，全角運動量として，$[H, H] = 0, [H, P] = 0, [H, L] = 0$ を満たすとき，それぞれの式に対して2通りの物理的解釈を述べてみよう．◆

10.4.2 有限変換とユニタリー演算子

これまでは，保存量から生成される無限小変換を考えてきた．ここではこれを有限変換に拡張しておこう．そのために，$N = \varepsilon Q$ として (10.47) を次の表式に書き直しておく．

$$e^{i\varepsilon Q} q_i e^{-i\varepsilon Q} = q_i + \delta_Q q_i \tag{10.55}$$

【注】(10.55) が (10.47) と等価なのは，ε を無限小量として上式の左辺を展開すればすぐにわかる．（そのとき，ε の2次以上の項は無視する．）(10.55) から，q_i の無限小変換は，q_i を $e^{i\varepsilon Q}$ と $e^{-i\varepsilon Q}$ で左右から挟むことによって得られることがわかる．

有限変換へ拡張するには，(10.55) 左辺の無限小パラメータ ε を単に有限の値 a におきかえればよい．つまり，以下のようになる．

$$U_Q(a) q_i U_Q^{-1}(a), \qquad U_Q(a) \equiv e^{iaQ} \tag{10.56}$$

一般に，保存量 Q はエルミート演算子 ($Q^\dagger = Q$) で与えられるので，$U_Q(a)$ は**ユニタリー演算子** (unitary operator) ($U_Q^\dagger(a) = U_Q^{-1}(a)$) であることに注意しておく．このとき，(10.56) の変換を**ユニタリー変換** (unitary transformation) とよぶ．

10.4 保存量のもう1つの役割

【注】 $U_Q(a)$ がユニタリー演算子であることの証明は，$(e^{iaQ})^\dagger = (\sum_n (1/n!)(iaQ)^n)^\dagger = \sum_n (1/n!)(-iaQ)^n = e^{-iaQ}$ である．

有限変換がユニタリー変換 (10.56) で与えられる理由の1つは，指数関数 $U_Q(a) = e^{iaQ}$ の持つ加算性

$$U_Q(a_2)U_Q(a_1) = U_Q(a_1 + a_2) \tag{10.57}$$

にある．これから，

$$U_Q(a)q_i U_Q^{-1}(a) = \underbrace{U_Q(a/N)\cdots U_Q(a/N)}_{N\text{個}} q_i \underbrace{U_Q^{-1}(a/N)\cdots U_Q^{-1}(a/N)}_{N\text{個}} \tag{10.58}$$

と表せるので，$\varepsilon = a/N$ とおいて $N \to \infty$ の極限を考えれば，有限変換 (10.56) は無限小変換 (10.55) の繰り返しで実現されることになる．

【注】 無限小変換と有限変換の関係は，5.3節での空間回転，ローレンツブーストのところでも詳しく議論されている．ユニタリー変換は，演算子に対しては (10.56) の形で与えられるが，波動関数，あるいは，状態 $|\phi\rangle$ に対しては $e^{iaQ}|\phi\rangle$ で与えられる．

つまり，保存量 Q は無限小変換を引き起こす生成子であり，指数関数の肩に上げたものは有限の変換を引き起こすユニタリー演算子なのである．

$$\underbrace{\exp\{\,i \times \overset{\overset{\text{変換の}}{\text{パラメータ}}}{\underset{\Downarrow}{a}} \times \overset{\overset{\text{保存量}}{\Downarrow}}{Q}\,\}}_{\text{有限変換を引き起こすユニタリー演算子}} \tag{10.59}$$

ユニタリー演算子 e^{iaQ} と有限変換との間の関係をより具体的に見るため，以下では，空間並進，時間並進，空間回転を例にとって調べていくことにしよう．

（1） 空間並進

ユニタリー演算子 $U_p(\boldsymbol{b}) = e^{i\boldsymbol{b}\cdot\boldsymbol{p}}$ によって，空間並進 ($\boldsymbol{x} \to \boldsymbol{x} + \boldsymbol{b}$) が引き起こされる．実際，座標演算子 $\boldsymbol{x}$ に対してユニタリー演算子 $U_p(\boldsymbol{b})$ は次のように作用する．

$$U_p(\boldsymbol{b})\boldsymbol{x}U_p^{-1}(\boldsymbol{b}) = \boldsymbol{x} + \boldsymbol{b} \tag{10.60}$$

〈check 10.11〉
　空間1次元の場合, $f(b) \equiv U_p(b) x U_p^{-1}(b) = e^{ibp} x e^{-ibp}$ が, $(d/db)f(b) = 1$, および $f(0) = x$ を満たすことを確かめ，その解を求めることによって，1次元の場合の (10.60) を証明してみよう．◆

（2）**時間並進**

　時間並進のユニタリー演算子は $U_H(a) \equiv e^{iaH}$ である．$a = t$ として，$U_H(t)$ が時間 t だけ並進させる演算子とするなら，任意の演算子 $\mathcal{O}$ に対して次の関係が満たされるはずである．

$$\mathcal{O}(t) = U_H(t) \mathcal{O}(0) U_H^{-1}(t) \tag{10.61}$$

上式の両辺を時間 t で微分して H と $U_H(t)$ が可換であることを考慮すると，$\mathcal{O}(t)$ は次式を満たすことがわかる．

$$\frac{d\mathcal{O}(t)}{dt} = i[H, \mathcal{O}(t)] \tag{10.62}$$

これはハイゼンベルグ方程式に他ならない．別のいい方をすると，ハイゼンベルグ方程式の解が (10.61) で与えられるということである．

（3）**空間回転**

　一般の回転の解析は多少技術的な話になってしまうので，ここでは z 軸周りの回転に話を限ることにする．空間回転不変性に基づく保存量は，角運動量 $\boldsymbol{L} = \boldsymbol{x} \times \boldsymbol{p}$ であった．したがって，z 軸周りの角度 θ の回転を表す空間回転の演算子 $U_{L_z}(\theta)$ は次のように表せるはずである．

$$U_{L_z}(\theta) = \exp\{i\theta L_z\} = \exp\{i\theta(xp_y - yp_x)\} \tag{10.63}$$

実際，座標演算子 (x, y, z) にユニタリー変換を施すと

$$U_{L_z}(\theta) \begin{pmatrix} x \\ y \\ z \end{pmatrix} U_{L_z}(\theta)^{-1} = \begin{pmatrix} \cos\theta\, x - \sin\theta\, y \\ \sin\theta\, x + \cos\theta\, y \\ z \end{pmatrix} \tag{10.64}$$

を得る．これは，z 軸周りの角度 θ の空間回転 (5.12) に他ならない．

⟨check 10.12⟩

(10.64) で x と y に対する関係式は，次式と等価であることを確かめてみよう．

$$U_{L_z}(\theta)(x \pm iy)U_{L_z}(\theta)^{-1} = e^{\pm i\theta}(x \pm iy) \quad \text{(複号同順)} \quad (10.65)$$

次に，(10.65) の左辺を $f_\pm(\theta)$ とおいて θ で微分し，L_z と x, y の交換関係を用いることで $(d/d\theta)f_\pm(\theta) = \pm i f_\pm(\theta)$ の関係が成り立つことを導いてみよう．そして，その解が $f_\pm(\theta) = e^{\pm i\theta}f(0)$ で与えられることを確かめ，(10.65) を証明してみよう．◆

10.4.3　一般の演算子に対する変換

10.4.1 項で，保存量 Q が座標 q_i に対する無限小変換の生成子であることを確かめた ((10.47) 参照)．これを q_i と p_i の任意関数に対する無限小変換へ拡張しておこう．

保存量 Q によって q_i と $p_i (i = 1, 2, \cdots, n)$ の無限小変換が

$$\delta_Q q_i = i[\varepsilon Q, q_i], \qquad \delta_Q p_i = i[\varepsilon Q, p_i] \quad (10.66)$$

で与えられているとする．

【注】　保存量 Q が与えられたなら，(10.66) の右辺で q_i と p_i の無限小変換を定義すると考えてよい．

このとき，$\{q_i, p_i; i = 1, 2, \cdots, n\}$ の任意関数 $A(q, p) \equiv A(q_1, \cdots, q_n, p_1, \cdots, p_n)$ に対する無限小変換 $\delta_Q A(q, p)$ は，次式で定義される．

$$\delta_Q A(q, p) \equiv A(q + \delta_Q q, p + \delta_Q p) - A(q, p) \quad (10.67)$$

ここで重要なことは，保存量 Q が，$A(q, p)$ に対しても (10.66) と同様に，無限小変換の生成子として

$$\delta_Q A(q, p) = i[\varepsilon Q, A(q, p)] \quad (10.68)$$

のように作用することである．初学者のために以下で，交換関係を使った証明とユニタリー変換を使った証明 (check 10.13) の 2 通りを紹介する．これらの証明から，交換関係とユニタリー変換の間の密接な関係を学ぶことができる．

【注】 $\delta_Q A(q, p)$ の定義は，あくまでも (10.67) であって，(10.68) は証明すべき式であることに注意せよ．ただし，$A = q_i$ あるいは $A = p_i$ のときは，(10.66) と (10.68) は等価である．

仮定として，$A(q, p)$ は $\{q_i, p_i\}$ の多項式で与えられているとする．これは，$A(q, p)$ が $\{q_i, p_i\}$ に関してテイラー展開可能な関数であればいつでも成り立つ．表式を簡単化するために，$z_a \equiv q_a, z_{a+n} \equiv p_a (a = 1, 2, \cdots, n)$ を導入する．まず初めに，$A(z) \equiv A(q, p)$ として，$\{z_a ; a = 1, 2, \cdots, 2n\}$ に関する N 次の単項式 $A(z) = z_{a_1} z_{a_2} \cdots z_{a_N}$ を考えてみよう．(10.67) の定義に従って，$A(z)$ の無限小変換を計算すると

$$\delta_Q A(z) \stackrel{(10.67)}{=} (z_{a_1} + \delta_Q z_{a_1})(z_{a_2} + \delta_Q z_{a_2}) \cdots (z_{a_N} + \delta_Q z_{a_N}) - z_{a_1} z_{a_2} \cdots z_{a_N}$$
$$= \sum_{k=1}^{N} z_{a_1} \cdots z_{a_{k-1}} \delta_Q z_{a_k} z_{a_{k+1}} \cdots z_{a_N}$$
$$\stackrel{(10.66)}{=} \sum_{k=1}^{N} z_{a_1} \cdots z_{a_{k-1}} [i\varepsilon Q, z_{a_k}] z_{a_{k+1}} \cdots z_{a_N}$$
$$= [i\varepsilon Q, z_{a_1} z_{a_2} \cdots z_{a_N}]$$
$$= [i\varepsilon Q, A(z)]$$

となる．ここで，2 番目の等号では $\delta_Q z_a$ の 2 次以上の項は無視した．4 番目の等号を示すには，3 番目の等号の右辺の交換関係を定義に従ってばらすとよい．ほとんどの項は両隣で相殺し，残った項が 4 番目の等号の右辺を与える．上では $A(z)$ が単項式の場合に (10.68) を証明したが，一般の多項式でも同様に成り立つ．その証明は難しくないので読者に任せることにする．

⟨check 10.13⟩

$A(z) = z_{a_1} z_{a_2} \cdots z_{a_N}$ としたとき，$A(z)$ のユニタリー変換に関して，次式が成り立つことを証明してみよう．

$$e^{i\varepsilon Q} A(z) e^{-i\varepsilon Q} = A(e^{i\varepsilon Q} z e^{-i\varepsilon Q})$$

次に，ε を無限小量として展開し，ε の 1 次まで残すことによって

$$A(z) + [i\varepsilon Q, A(z)] = A(z + [i\varepsilon Q, z])$$

が成り立つことを確かめ，(10.68) が成り立つことを証明してみよう．◆

10.5 ウィグナーの定理

これまで見たように空間並進，時間並進，空間回転などの不変性変換は，量子力学において一般的に**ユニタリー変換**（あるいは，**反ユニタリー変換**

で表される．これを**ウィグナーの定理**（Wigner's theorem）とよぶ．直感的には次のようにして理解できる．

量子力学において，不変性とは遷移確率を変えない変換として定義できる．このことをディラックのブラ・ケット記法を用いて表すと，任意の状態 $|\Psi\rangle$, $|\Phi\rangle$ に対して次式が成り立つことである．

$$|\langle\Psi'|\Phi'\rangle|^2 = |\langle\Psi|\Phi\rangle|^2 \tag{10.69}$$

ここで $|\Psi'\rangle$ と $|\Phi'\rangle$ は変換された状態を表す．

$|\Psi\rangle \to |\Psi'\rangle$, $|\Phi\rangle \to |\Phi'\rangle$ への変換が演算子 U を用いて次のように書かれたと仮定しよう．

$$|\Psi'\rangle = U|\Psi\rangle \equiv |U\Psi\rangle, \quad |\Phi'\rangle = U|\Phi\rangle \equiv |U\Phi\rangle \tag{10.70}$$

これらの式を (10.69) に代入して次式を得る．

$$|\langle U\Psi|U\Phi\rangle|^2 = |\langle\Psi|\Phi\rangle|^2 \tag{10.71}$$

この式が任意の状態 Ψ, Φ に対して成り立つことから，演算子 U は**線形ユニタリー**（linear and unitary）

$$U(\alpha|\Psi_1\rangle + \beta|\Psi_2\rangle) = \alpha U|\Psi_1\rangle + \beta U|\Psi_2\rangle \text{ かつ } \langle U\Psi|U\Phi\rangle = \langle\Psi|\Phi\rangle \tag{10.72}$$

もしくは**反線形反ユニタリー**（antilinear and antiunitary）

$$U(\alpha|\Psi_1\rangle + \beta|\Psi_2\rangle) = \alpha^* U|\Psi_1\rangle + \beta^* U|\Psi_2\rangle \text{ かつ } \langle U\Psi|U\Phi\rangle = \langle\Psi|\Phi\rangle^* \tag{10.73}$$

でなければならないことが示される．ここで，α, β は任意の複素数である．反線形反ユニタリーの条件 (10.73) は通常の不変性では現れず，6.2 節での時間反転のときにお目にかかったものだ．

【注】 ウィグナーの定理の証明は，原論文以外に，例えば，河原林研 著：「岩波講座 現代物理学 3 量子力学」（岩波書店，1993 年）の付録 A，あるいは，S. ワインバーグ 著：「場の量子論 1 巻 粒子と量子場」（吉岡書店，1997 年）の第 2 章補遺 A に与えられている．

10.6 場の理論における不変性と保存量

この節では，10.3 節での有限自由度系における不変性と保存量の議論を場の理論に拡張する．そのためにまず，スカラー場の理論におけるネーターの定理を証明し，その後で時空並進，ローレンツ変換，位相変換の下での不変性と保存量を議論する．

10.6.1 場の理論におけるネーターの定理

10.3 節で証明した有限自由度系でのネーターの定理を，実スカラー場の場合へ拡張しておく．そのために，n 個の実スカラー場 $\phi_i (i=1, 2, \cdots, n)$ の無限小変換を考えよう．

$$\phi_i(x) \longrightarrow \phi'_i(x) = \phi_i(x) + \delta_Q \phi_i(x) \quad (i=1, 2, \cdots, n) \tag{10.74}$$

ここで，δ_Q の添字 Q は保存量 Q を導く無限小変換であることを明示するためにつけておいた．

ラグランジアン密度 $\mathcal{L}(\phi_i, \partial_\mu \phi_i)$ は ϕ_i と $\partial_\mu \phi_i$ の関数で与えられているとし，(10.74) の変換の下で，$\mathcal{L}$ の無限小変換 $\delta_Q \mathcal{L} \equiv \mathcal{L}(\phi_i + \delta_Q \phi_i, \partial_\mu(\phi_i + \delta_Q \phi_i)) - \mathcal{L}(\phi_i, \partial_\mu \phi_i)$ が，次式のように全微分の形で与えられたと仮定する．

$$\delta_Q \mathcal{L} = \partial_\mu K^\mu(\phi) \tag{10.75}$$

このとき，次の保存則（流れの保存）が成り立つ．

$$\partial_\mu N^\mu = 0 \tag{10.76}$$

ここで，N^μ はネーターカレント（**Noether current**）とよばれ，次式で定義される量である．

$$N^\mu \equiv \sum_{i=1}^{n} \delta_Q \phi_i \frac{\partial \mathcal{L}}{\partial(\partial_\mu \phi_i)} - K^\mu \tag{10.77}$$

N^μ が保存則 ($\partial_\mu N^\mu = 0$) を満たすことから，直ちに保存量 Q を得ることができる．すなわち，

10.6 場の理論における不変性と保存量   295

$$\frac{dQ}{dt} = 0, \qquad Q \equiv \int d^3\boldsymbol{x}\, N^0 \qquad (10.78)$$

が成り立つ.

【注】 (10.78) の証明は (2.14) で行ったものと同じなので，以下では保存則 (10.76) の証明を与えておく．(10.76) の左辺から出発して 0 になることを示す．

$$\begin{aligned}
\partial_\mu N^\mu &\stackrel{(10.77)}{=} \partial_\mu\left[\sum_{i=1}^n \delta_Q \phi_i \frac{\partial \mathscr{L}}{\partial(\partial_\mu \phi_i)} - K^\mu\right] \\
&= \sum_{i=1}^n \left[\delta_Q \phi_i \partial_\mu \left\{\frac{\partial \mathscr{L}}{\partial(\partial_\mu \phi_i)}\right\} + (\partial_\mu \delta_Q \phi_i)\frac{\partial \mathscr{L}}{\partial(\partial_\mu \phi_i)}\right] - \partial_\mu K^\mu \\
&= \underbrace{\sum_{i=1}^n \left\{\delta_Q \phi_i \frac{\partial \mathscr{L}}{\partial \phi_i} + (\partial_\mu \delta_Q \phi_i)\frac{\partial \mathscr{L}}{\partial(\partial_\mu \phi_i)}\right\}}_{\mathscr{L}(\phi_i + \delta_Q \phi_i, \partial_\mu(\phi_i+\delta_Q\phi_i)) - \mathscr{L}(\phi_i, \partial_\mu \phi_i)\, =\, \delta_Q \mathscr{L}} - \delta_Q \mathscr{L} \\
&= 0
\end{aligned}$$

ここで，2 行目から 3 行目へ移るときにオイラー–ラグランジュ方程式 (9.18) と (10.75) を用いた．

10.6.2 時空並進不変性と保存量

ここではネーターの定理を使って，時空並進不変性に基づく保存量，すなわち，エネルギー運動量 P^μ を具体的に求めておく．まず，実スカラー場に対する無限小時空並進を次式で定義する．

$$\phi(x) \longrightarrow \phi'(x) \equiv \phi(x+\varepsilon) = \phi(x) + \varepsilon_\nu \partial^\nu \phi(x) \equiv \phi(x) + \delta_P \phi(x) \qquad (10.79)$$

【注】 ここで，(10.74) および (10.79) の変換について注意点を述べておく．それは，(10.74) および (10.79) での $\phi'(x)$ と $\phi(x)$ は，同一の時空座標 x^μ を引数とする場でなければならない点だ．時空並進 $x'^\mu = x^\mu - \varepsilon^\mu$ の下で，スカラー場は $\phi'(x') = \phi(x)$ を満たす (2.2 節参照). すなわち，$\phi'(x - \varepsilon) = \phi(x)$ である．この関係は任意の時空点 x^μ で成り立つので，x^μ を $x^\mu + \varepsilon^\mu$ でおきかえることができて，$\phi'(x) = \phi(x+\varepsilon)$ が成り立つ．これが (10.79) の最初の等号で使われている関係である．

このとき，ラグランジアン密度の無限小変換は次のように全微分の形で与えられる．

$$\delta_P \mathscr{L} = \partial_\mu(\varepsilon_\nu \eta^{\mu\nu} \mathscr{L}) \qquad (10.80)$$

10. 有限自由度の量子化と保存量

【注】 証明は以下の通りである.

$$\begin{aligned}
\delta_P \mathcal{L} &\equiv \mathcal{L}(\phi(x)+\delta_P\phi(x), \partial_\mu\{\phi(x)+\delta_P\phi(x)\}) - \mathcal{L}(\phi(x), \partial_\mu\phi(x)) \\
&\stackrel{(10.79)}{=} \mathcal{L}(\phi(x+\varepsilon), \partial_\mu\phi(x+\varepsilon)) - \mathcal{L}(\phi(x), \partial_\mu\phi(x)) \\
&= \mathcal{L}(x+\varepsilon) - \mathcal{L}(x) = \varepsilon_\nu \partial^\nu \mathcal{L}(x) = \partial_\mu(\varepsilon_\nu \eta^{\mu\nu}\mathcal{L})
\end{aligned}$$

したがって, ネーターの定理より (10.77) で定義されるネーターカレント

$$N^\mu \equiv \delta_P \phi \frac{\partial \mathcal{L}}{\partial(\partial_\mu \phi)} - (\varepsilon_\nu \eta^{\mu\nu}\mathcal{L}) = \varepsilon_\nu(\partial^\mu\phi\partial^\nu\phi - \eta^{\mu\nu}\mathcal{L}) \tag{10.81}$$

は保存則 ($\partial_\mu N^\mu = 0$) を満たす. ここでは, ラグランジアン密度として $\mathcal{L} = (1/2)\partial_\mu\phi\partial^\mu\phi - V(\phi)$ の形を仮定して, $\partial\mathcal{L}/\partial(\partial_\mu\phi) = \partial^\mu\phi$ を用いた.

ε_ν は任意の (無限小) 定数ベクトルなので, N^μ から ε_ν を取り外して定義した 2 階のテンソル

$$T^{\mu\nu} \equiv \partial^\mu\phi\partial^\nu\phi - \eta^{\mu\nu}\mathcal{L} \tag{10.82}$$

も保存則

$$\partial_\mu T^{\mu\nu} = 0 \tag{10.83}$$

を満たす. また, $T^{\mu\nu}$ は $\mu\nu$ に関して次のように対称であることに注意しておく.

$$T^{\mu\nu} = T^{\nu\mu} \tag{10.84}$$

$T^{\mu\nu}$ は**エネルギー運動量テンソル** (energy‐momentum tensor) とよばれ, 時間成分 ($\mu=0$) を空間積分したものが, 時空並進不変性に基づく保存量—エネルギー運動量 (energy‐momentum) P^ν—である. すなわち,

$$P^\nu \equiv \int d^3\boldsymbol{x}\, T^{0\nu} = \int d^3\boldsymbol{x}\left\{\partial^0\phi\partial^\nu\phi - \eta^{0\nu}\left(\frac{1}{2}\partial_\lambda\phi\partial^\lambda\phi - V(\phi)\right)\right\} \tag{10.85}$$

である. P^ν の時間成分 P^0 はハミルトニアン演算子 H, 空間成分 $P^j(j=1, 2, 3)$ は運動量演算子に対応する.

それぞれ具体的に求めてみると

$$H = P^0 = \int d^3\boldsymbol{x} \left\{ \frac{1}{2}\pi^2 + \frac{1}{2}(\boldsymbol{\nabla}\phi)^2 + V(\phi) \right\} \quad (10.86\text{a})$$

$$P^j = \int d^3\boldsymbol{x}\, \pi \partial^j \phi \quad (j = 1, 2, 3) \quad (10.86\text{b})$$

となる．ここで，$\pi \equiv \partial^0 \phi$ と定義した．上で求めた保存量 P^0 は，ルジャンドル変換で定義したハミルトニアン (11.5) に一致していることを次章で確かめる．$P^\mu = (H, P^j)$ は**時空並進不変性に基づく保存量**であると同時に，**時空並進の生成子**でもある．これを確かめる作業は次章の11.1.3項で行う．

10.6.3　ローレンツ不変性と保存量

ローレンツ変換の不変性に基づく保存量 $J^{\lambda\nu}$ も導いておこう．5.2節で議論したように，無限小ローレンツ変換は $x^\mu \to x^\mu + \Delta\omega^\mu{}_\nu x^\nu \equiv (x + \Delta\omega \cdot x)^\mu$ の形で与えられるので，スカラー場の無限小ローレンツ変換を次式で定義する．

$$\begin{aligned}\phi(x) \longrightarrow \phi'(x) &\equiv \phi(x - \Delta\omega \cdot x) = \phi(x) - (\Delta\omega^\mu{}_\nu x^\nu)\partial_\mu \phi(x) \\ &\equiv \phi(x) + \delta_J \phi(x)\end{aligned} \quad (10.87)$$

ここで，$\Delta\omega^\mu{}_\nu$ は無限小ローレンツ変換のパラメータで，下つき添字にしたもの ($\Delta\omega_{\rho\nu} \equiv \eta_{\rho\mu}\Delta\omega^\mu{}_\nu$) は反対称の性質 ($\Delta\omega_{\rho\nu} = -\Delta\omega_{\nu\rho}$) を持つ．

【注】 10.6.2項で注意したように，(10.87) での $\phi'(x)$ と $\phi(x)$ は同一時空座標 x^μ を引数とする場でなければならない．一方，スカラー場のローレンツ変換性は $\phi'(x') = \phi(x)$ で与えられるので，無限小ローレンツ変換 $x'^\mu = x^\mu + (\Delta\omega \cdot x)^\mu$ の下で $\phi'(x + \Delta\omega \cdot x) = \phi(x)$ が成り立つ．この関係は任意の x^μ に対して成り立つので，x^μ を $x^\mu - (\Delta\omega \cdot x)^\mu$ でおきかえて $\phi'(x) = \phi(x - \Delta\omega \cdot x)$ を得る．これが，(10.87) の最初の等号で使われている関係である．

このときラグランジアン密度の無限小ローレンツ変換は，(10.80) の変形と同様にして次のように全微分の形で与えられる．

$$\delta_J \mathscr{L} = \partial_\mu(-\Delta\omega^\mu{}_\nu x^\nu \mathscr{L}) \quad (10.88)$$

10. 有限自由度の量子化と保存量

【注】 証明は以下の通りである.
$$\delta_J \mathcal{L} = \mathcal{L}(\phi(x) + \delta_J \phi(x)) - \mathcal{L}(\phi(x)) = \mathcal{L}(x - \Delta\omega \cdot x) - \mathcal{L}(x)$$
$$= -(\Delta\omega^\mu{}_\nu x^\nu)\partial_\mu \mathcal{L} = \partial_\mu(-\Delta\omega^\mu{}_\nu x^\nu \mathcal{L})$$

最後の等号で $\partial_\mu x^\nu = \delta_\mu^\nu$ および $\Delta\omega^\mu{}_\mu = 0$ を用いた. これは, $\Delta\omega^\mu{}_\mu = \eta^{\mu\nu}\Delta\omega_{\mu\nu}$ と書き直したときに, $\eta^{\mu\nu}$ は $\mu\nu$ に関して対称, $\Delta\omega_{\mu\nu}$ は反対称なので (4.53) の性質より 0 となるからである.

(10.88) から, ネーターカレント N^μ は (10.77) の定義より

$$N^\mu \equiv \delta_J \phi \frac{\partial \mathcal{L}}{\partial(\partial_\mu \phi)} - (-\Delta\omega^\mu{}_\nu x^\nu \mathcal{L}) = -\frac{1}{2}\Delta\omega_{\lambda\nu}(x^\nu T^{\mu\lambda} - x^\lambda T^{\mu\nu})$$

(10.89)

となる.

【注】
$$N^\mu \equiv \delta_J \phi \frac{\partial \mathcal{L}}{\partial(\partial_\mu \phi)} - (-\Delta\omega^\mu{}_\nu x^\nu \mathcal{L}) \overset{(10.87)}{=} (-\underbrace{\Delta\omega^\rho{}_\nu x^\nu \partial_\rho \phi}_{\eta^{\rho\lambda}\Delta\omega_{\lambda\nu}})\partial^\mu \phi + \underbrace{\Delta\omega^\mu{}_\nu x^\nu \mathcal{L}}_{\eta^{\mu\lambda}\Delta\omega_{\lambda\nu}}$$
$$= -\Delta\omega_{\lambda\nu} x^\nu T^{\mu\lambda} = -\frac{1}{2}\Delta\omega_{\lambda\nu}(x^\nu T^{\mu\lambda} - x^\lambda T^{\mu\nu})$$

3番目の等号では, エネルギー運動量テンソル $T^{\mu\nu}$ の定義式 (10.82) を用いた. 最後の等号では, $\Delta\omega_{\lambda\nu}$ が反対称なので括弧の中身を $\lambda\nu$ に関して反対称化しておいた.

$\Delta\omega_{\lambda\nu}$ は任意の反対称パラメータなので, N^μ から $\Delta\omega_{\lambda\nu}$ を取り外した

$$\mathcal{M}^{\mu\lambda\nu} \equiv x^\lambda T^{\mu\nu} - x^\nu T^{\mu\lambda} \quad (10.90)$$

も保存則

$$\partial_\mu \mathcal{M}^{\mu\lambda\nu} = 0 \quad (10.91)$$

を満たす.

$\mathcal{M}^{\mu\lambda\nu}$ は保存則を満たすので, $\mu = 0$ 成分を空間積分した量が保存する.

$$J^{\lambda\nu} \equiv \int d^3 x\, \mathcal{M}^{0\lambda\nu} = \int d^3 x\, \{x^\lambda T^{0\nu} - x^\nu T^{0\lambda}\} = -J^{\nu\lambda} \quad (10.92)$$

【注】 ローレンツ不変性に対する保存量 $J^{\lambda\nu}$ が2階の反対称テンソルで与えられる理由は, ローレンツ変換のパラメータ $\Delta\omega_{\lambda\nu}$ が2階の反対称テンソルだからである.

不変性と保存量の関係から, $J^{\mu\nu}$ がローレンツ変換の**生成子**に対応する.

特に，空間回転の生成子である角運動量演算子 $J^{ij} (i, j = 1, 2, 3)$ は，上の結果と (10.82) から次式で与えられる．

$$J^{ij} = \int d^3\boldsymbol{x}\, \pi (x^i \partial^j - x^j \partial^i) \phi \tag{10.93}$$

J^{ij} が実際に無限小回転の生成子であり，角運動量の交換関係を満たすことを，次章で確かめることにする．

〈check 10.14〉

(10.90) で定義される $\mathcal{M}^{\mu\lambda\nu}$ が保存則 (10.91) を満たすことを，$T^{\mu\nu}$ の性質 ($\partial_\mu T^{\mu\nu} = 0$, $T^{\mu\nu} = T^{\nu\mu}$) を使って示してみよう．◆

10.6.4　位相変換不変性と電荷の保存

複素スカラー場 Φ のラグランジアン密度として (9.33)，すなわち $\mathscr{L} = (D_\mu \Phi)^* D^\mu \Phi - V(|\Phi|^2)$ を考えよう．このとき，$\mathscr{L}$ は次の位相変換の下で不変である．

$$\Phi(x) \longrightarrow \Phi'(x) = e^{-iq\theta} \Phi(x) \simeq \Phi(x) - iq\theta \Phi(x) \equiv \Phi(x) + \delta_Q \Phi(x) \tag{10.94}$$

ここで，q は複素スカラー場 Φ の電荷に対応し，θ は無限小（実定数）パラメータである．

この無限小変換に対応するネーターカレント N^μ は，次式で与えられる．

$$N^\mu = \theta iq \{\Phi^* (D^\mu \Phi) - (D^\mu \Phi)^* \Phi\} \tag{10.95}$$

【注】
$$N^\mu = \delta_Q \Phi^* \frac{\partial \mathscr{L}}{\partial(\partial_\mu \Phi^*)} + \delta_Q \Phi \frac{\partial \mathscr{L}}{\partial(\partial_\mu \Phi)} = (+iq\theta \Phi^*)(D^\mu \Phi) + (-iq\theta \Phi)(D^\mu \Phi)^*$$
$$= \theta iq \{\Phi^* (D^\mu \Phi) - (D^\mu \Phi)^* \Phi\}$$

ここで，$\delta_Q \Phi^* = +iq\theta \Phi^*$ を用いた．

θ は任意の（無限小）パラメータなので，次式で定義される J^μ が保存する．

$$\partial_\mu J^\mu = 0, \qquad J^\mu \equiv iq\{\Phi^* (D^\mu \Phi) - (D^\mu \Phi)^* \Phi\} \tag{10.96}$$

この保存カレント J^μ は，マクスウェル方程式に現れる 4 元電流ベクトル

(9.51) そのものである．したがって，次の保存量は電荷に対応することがわかる．

$$\frac{dQ}{dt} = 0, \qquad Q \equiv \int d^3\boldsymbol{x}\, J^0 \qquad (10.97)$$

ゲージ相互作用をしていない (9.31) の作用積分の場合でも，(10.94) の位相変換不変性が存在する．このときの保存カレント j^μ は，(10.96) で共変微分 D^μ を ∂^μ におきかえたもの

$$j^\mu = iq\{\Phi^*(\partial^\mu \Phi) - (\partial^\mu \Phi)^*\Phi\} \qquad (10.98)$$

である．比例係数を除けば，これが第 2 章で見た保存カレント (2.17) に他ならない．このとき，Φ, Φ^* にそれぞれ"電荷" q, $-q$ を割り当てておくと，Φ と Φ^* に関する全"電荷"が保存する．この"電荷"は**粒子数 (particle number)** とよばれることもある．

【注】例えば，標準模型では**レプトン数 (lepton number)** が保存する．レプトン数は，すべてのレプトンに対して +1，反レプトンには -1，その他の粒子に対しては 0 の値が割り当てられる．このとき，全レプトン数は保存し，例えば散乱の前後で全レプトン数は同じ値をとる．

今やクライン - ゴルドン方程式に流れの保存を満たすカレント j^μ ((2.17) 参照) が存在する理由がはっきりした．それは，位相変換 (10.94) の下での不変性に基づく保存カレントだったのである．

⟨check 10.15⟩

保存カレント (10.98) を別の方法で導いてみよう．(9.31) の作用積分 $S = \int d^4x\{\partial_\mu \Phi^* \partial^\mu \Phi - V(|\Phi|^2)\}$ で，次の無限小変換

$$\Phi(x) \longrightarrow \Phi'(x) = \Phi(x) + \delta_Q \Phi(x) = \Phi(x) - iq\theta(x)\Phi(x)$$

を行い，S の変化分 $\delta_Q S$ が

$$\delta_Q S = \int d^4x\, (\partial_\mu \theta(x)) j^\mu(x)$$

で与えられることを確かめてみよう．ここで，$\theta(x)$ は x^μ の任意の（無限小）関数で，j^μ は (10.98) で定義された量である．次に，$\Phi(x)$ が運動方程式（すなわち，任意の変分 $\delta\Phi$ に対して作用原理 $\delta S = 0$）に従うならば，$j^\mu(x)$ は保存カレント，すなわち，$\partial_\mu j^\mu(x) = 0$ を満たすことを示してみよう．◆

なぜ電子は安定か？

　保存量の存在は，系の時間発展に対して強い制限を与える．この制限は**選択則**とよばれ，物理現象を理解する上で重要な役割を果たす．
　我々は電子が安定であることを知っている．もし安定でなければ，我々自体が存在できないであろう．では，なぜ電子は安定なのだろうか？　その答は，電荷の保存とエネルギー保存に基づく次の定理にある．
　　　　『ゼロでない保存"電荷"を持つ最も軽い粒子は安定である．』
【注】　ここでの"電荷"は電磁気における電荷でなくても構わない．

　電子の場合で説明しておこう．電子がもし崩壊したとすると，エネルギー保存から，崩壊先の粒子の質量は電子の質量より軽くなければならない．また，電荷の保存から，崩壊先には電荷を持った粒子が（少なくとも 1 つは）含まれていなければならない．ところが，電子より軽くて電荷を持った粒子は存在しない．したがって，電子は崩壊したくても崩壊できないのである．（何だか騙された気分になる論法だが，この推論は正しい．）
【注】　電子だけでなく，陽子も安定である．陽子の場合は，バリオン数保存が安定性を保証する．（クォークは 1/3，反クォークは $-1/3$ のバリオン数を持ち，陽子はクォーク 3 体で構成されるのでバリオン数 1 を持つ．）ゼロでないバリオン数を持つ最も軽い粒子が陽子なのである．

　このように保存則に基づく選択則は，非常に強力な武器となる．起こってもよいと考えられるのに実際には全く起こらない反応や現象があれば，その背後には何らかの保存則の存在（さらには保存則の起源となる不変性の存在）があると考えるのが自然である．

宇宙論的観測で，宇宙の組成の約 4 分の 1 は**暗黒物質**（dark matter）が占めていることがわかっている．暗黒物質の最有力候補は未知の素粒子である．もし，暗黒物質の正体が未知の素粒子であるなら，その素粒子は宇宙年齢（約 138 億年）の間，崩壊せずに生き延びてきたことになる．とすると，その安定性は何によって保証されているのだろうか？

第11章

スカラー場の量子化

　本章ではスカラー場の量子化を行う．クライン-ゴルドン方程式を満たす場の演算子から粒子の生成消滅演算子が得られることを示し，それらを使って粒子描像を明らかにする．このとき場の量子論の整合性から，スカラー粒子はボース-アインシュタイン統計において従わなければならないことがわかる．複素スカラー場の理論では，1粒子状態において質量は同じだが電荷がお互い逆符号の粒子と反粒子が現れる．また，摂動論を行うときに重要なファインマン伝播関数についても紹介する．

11.1　実スカラー場の量子化

　前章で行った有限自由度の量子化の手続きは，簡単な読みかえによって実スカラー場へ適用できる．この節では，実スカラー場のラグランジアン密度から出発して正準共役運動量とハミルトニアンを求め，正準量子化を行う．また，前章で議論したネーターの定理および不変性と保存量の関係を具体的に確かめる．

11.1.1　実スカラー場のハミルトニアン

　ここでは，実スカラー場 $\phi(t, \boldsymbol{x})(=\phi^*(t, \boldsymbol{x}))$ の正準量子化を行う．ラグランジアン密度としては，$\phi \to -\phi$ の Z_2 不変性を課した次のものを考える．

$$\mathcal{L}(\phi, \partial_\mu \phi) = \frac{1}{2} \partial_\mu \phi \partial^\mu \phi - \frac{m^2}{2} \phi^2 - \frac{\lambda}{4!} \phi^4 \tag{11.1}$$

前章での有限自由度 $q_i(t)$ と実スカラー場 $\phi(t, \boldsymbol{x})$ との対応は, 形式的に $q_{\boldsymbol{x}}(t) \equiv \phi(t, \boldsymbol{x})$ と書き表せばわかりやすいだろう.

$$q_i(t) \quad \longleftrightarrow \quad q_{\boldsymbol{x}}(t) = \phi(t, \boldsymbol{x}) \tag{11.2}$$

つまり, 空間座標 $\boldsymbol{x}$ が q_i の自由度の添字 i に対応する.

【注】 ここで強調しておきたいことは, スカラー場 $\phi(t, \boldsymbol{x})$ に含まれる空間座標 $\boldsymbol{x}$ は力学変数ではなく, 単に位置を表すパラメータにすぎないという点だ. つまり, 時間依存性を持つ量はスカラー場 $\phi(t, \boldsymbol{x})$ であって, 座標 $\boldsymbol{x}$ ではない. この点を混乱しないようにしておこう.

(11.2) における添字 i は離散的な添字だが, $\boldsymbol{x}$ は連続パラメータである. したがって次式のように, i の和 $\sum_i$ は $\boldsymbol{x}$ の積分 $\int d^3\boldsymbol{x}$ に, クロネッカーのデルタ δ_{ij} はディラックのデルタ関数 $\delta^3(\boldsymbol{x} - \boldsymbol{y})$ におきかえるのが自然であろう.

$$\left. \begin{aligned} i &\longrightarrow \boldsymbol{x} \\ \sum_i &\longrightarrow \int d^3\boldsymbol{x} \\ \delta_{ij} &\longrightarrow \delta^3(\boldsymbol{x} - \boldsymbol{y}) \equiv \delta(x^1 - y^1)\delta(x^2 - y^2)\delta(x^3 - y^3) \end{aligned} \right\} \tag{11.3}$$

つまり, 実スカラー場 $\phi(t, \boldsymbol{x})$ の理論は, $\boldsymbol{x}$ に関する連続自由度を持った力学系と見なすことができる.

量子化を行うには, $\phi(t, \boldsymbol{x})$ に正準共役な運動量 $\pi(t, \boldsymbol{x})$ を導入する必要がある. 有限自由度系と同じように, $\phi(t, \boldsymbol{x})$ に対する**正準共役運動量**をラグランジアン密度 $\mathcal{L}$ から

$$\pi(t, \boldsymbol{x}) \equiv \frac{\partial \mathcal{L}}{\partial \partial_0 \phi(t, \boldsymbol{x})} = \partial^0 \phi(t, \boldsymbol{x}) \tag{11.4}$$

として定義する. ハミルトニアンは, ルジャンドル変換によってラグランジ

11.1 実スカラー場の量子化

アン密度から次のように定義される.

$$H \equiv \int d^3\boldsymbol{x}\, (\partial^0 \phi \pi - \mathcal{L}) = \int d^3\boldsymbol{x} \left\{ \frac{1}{2}\pi^2 + \frac{1}{2}(\boldsymbol{\nabla}\phi)^2 + \frac{m^2}{2}\phi^2 + \frac{\lambda}{4!}\phi^4 \right\} \tag{11.5}$$

ここで空間積分が必要な理由は, (10.3) 右辺第 1 項で $\sum_i \to \int d^3\boldsymbol{x}$ のおきかえが必要なのと, ラグランジアン密度 $\mathcal{L}$ とラグランジアン L の関係は $L = \int d^3\boldsymbol{x}\, \mathcal{L}$ だからである. また, ハミルトニアンがエネルギーと同じ質量次元 ($[H] = [E] = 1$) を持つためにも空間積分が必要である.

【注】 ハミルトニアンに現れている量の質量次元は, $[d^3\boldsymbol{x}] = -3$, $[\phi] = 1$, $[\pi] = [\partial^0 \phi] = 2$, $[\boldsymbol{\nabla}] = [m] = 1$, $[\lambda] = 0$ である. これより, $[H] = 1$ となっていることを確かめてほしい.

ハミルトニアン (11.5) は, 我々を勇気づけるものだ. 上式のハミルトニアンに含まれている項はすべて正の量で, 負のエネルギーは現れようがない. したがって, 相対論的量子力学で出会った負エネルギー問題が, ここでは解決しているように見える. 現段階では, 量子論として本当に負エネルギー問題が解決されているのか今一つはっきりしないが, 11.2 節で自由スカラー場のスペクトラムを調べることによって, その答が明らかになる. どうやら我々は正しい方向へ進んでいるようだ.

では, ハミルトニアン (11.5) の各項の物理的意味を見ておこう. 直感的イメージをつかむために, 第 8 章と同じように太鼓の膜を想像しよう. そのとき, 時刻 t, 位置 $\boldsymbol{x}$ におけるスカラー場 $\phi(t, \boldsymbol{x})$ は, 太鼓の膜が平衡点の位置から $\phi(t, \boldsymbol{x})$ だけ離れていることを表す.

太鼓の膜が平衡点の位置から (一様に) ずれていれば ($\phi(t, \boldsymbol{x}) = $ 定数 $\neq 0$), 当然エネルギーを持つ. そのエネルギーに対応するのが, ハミルトニアン (11.5) の ϕ^2 項 (第 3 項) と ϕ^4 項 (第 4 項) だ. 平衡点からのずれが小さいときは ϕ^2 項が支配的だが, ずれが大きくなると ϕ^4 項の寄与が重要になってくる.

次に，太鼓の膜の形が一様ではなく，場所によって凹凸がある場合は $\nabla\phi \neq 0$ なので，ハミルトニアンの第2項 $(1/2)(\nabla\phi)^2$ からエネルギーが生じる．さらに，膜が静的ではなく時間的に変動しているとき ($\partial^0\phi \neq 0$) は，第1項 $(1/2)\pi^2 = (1/2)(\partial^0\phi)^2$ もエネルギーに寄与する．

このように，太鼓の膜が持つエネルギーとの対応を考えれば，ハミルトニアン (11.5) の各項の物理的意味を直感的に理解でき，負のエネルギーが現れる余地はなさそうである．

11.1.2 実スカラー場の正準量子化

量子化は，$\phi(t, \boldsymbol{x})$ と正準共役運動量 $\pi(t, \boldsymbol{y})$ の間に，次の**同時刻交換関係** (equal‐time commutation relation) を設定することによって行われる．

$$[\phi(t, \boldsymbol{x}), \pi(t, \boldsymbol{y})] = i\delta^3(\boldsymbol{x} - \boldsymbol{y}) \tag{11.6a}$$

$$[\phi(t, \boldsymbol{x}), \phi(t, \boldsymbol{y})] = 0 = [\pi(t, \boldsymbol{x}), \pi(t, \boldsymbol{y})] \tag{11.6b}$$

普通の数と演算子を区別するために，普通の数を **c 数** (c‐number)，演算子を **q 数** (q‐number) とよぶことにする．

【注】 波動関数の確率解釈に基づく量子力学では，波動関数は c 数で，座標 $\boldsymbol{x}$ と運動量 $\boldsymbol{p}$ を q 数と見なした．一方，場の量子論では，座標 $\boldsymbol{x}$ は c 数で，波動関数 ϕ が q 数と見なされる．そのため文献によっては，量子力学における $\boldsymbol{x}, \boldsymbol{p}$ の量子化を「第1量子化」とよび，場の量子論における波動関数の量子化を「第2量子化」とよぶこともある．しかしながら，それは適切なよび方ではない．量子化は場に対して一度行うのみだ．

これらの交換関係は，有限自由度の場合の正準交換関係 (10.5) に対して，$q_i(t) \to \phi(t, \boldsymbol{x})$, $p_i(t) \to \pi(t, \boldsymbol{x})$, $\delta_{ij} \to \delta^3(\boldsymbol{x} - \boldsymbol{y})$ とおきかえれば得られる．交換関係 (11.6a) から場 $\phi(t, \boldsymbol{x})$ はもはや古典的な量ではありえず，演算子と見なさなければならない．前にも注意したが，場の量子論では $\{t, \boldsymbol{x}\}$ は時空座標を表す単なるパラメータであり，量子論における演算子ではない．また，$\boldsymbol{x}$ は t の関数ではなく，$\boldsymbol{x}$ と t は独立なパラメータである．混乱しないように頭を切りかえておこう．

【注】 (11.6a) の両辺の質量次元が等しいことを確かめておこう．前章で確かめたように

$[\phi] = 1$ および $[\pi] = [\partial^0 \phi] = 2$ なので，(11.6a) の左辺の質量次元は 3 である．一方，$[\int d^3 \boldsymbol{x}\, \delta^3(\boldsymbol{x})] = [1] = 0$ より $[\delta^3(\boldsymbol{x} - \boldsymbol{y})] = 3$ である．

任意の演算子 $\mathcal{O}(x) = \mathcal{O}(t, \boldsymbol{x})$ の時間発展は，有限自由度のときと同じハイゼンベルグ方程式

$$\frac{\partial \mathcal{O}(x)}{\partial t} = i[H, \mathcal{O}(x)] \tag{11.7}$$

で与えられる．前章での議論から明らかなように，ハイゼンベルグ方程式の背後には，時間並進不変性が隠れている．その不変性に基づく保存量がハミルトニアンであり，そのことはハミルトニアンが時間並進の生成子としての役割を持つことを意味する．

実際，時間並進不変性に基づく保存量は前章の (10.86a) で与えられ，ラグランジアンから定義されたハミルトニアン (11.5) と一致している．そして，ハミルトニアンが時間並進の生成子であることを式で表したものが，ハイゼンベルグ方程式 (11.7) に他ならないのである．

11.1.3 時空並進の生成子としてのエネルギー運動量

10.6.2 項で，次式で定義されるエネルギー運動量 $P^\mu = (H, P^j)$ が時空並進不変性に基づく保存量であることを導いた．

$$H = P^0 = \int d^3\boldsymbol{x} \left\{ \frac{1}{2}\pi^2 + \frac{1}{2}(\boldsymbol{\nabla}\phi)^2 + \frac{m^2}{2}\phi^2 + \frac{\lambda}{4!}\phi^4 \right\} \tag{11.8a}$$

$$P^j = \int d^3\boldsymbol{x}\, \pi \partial^j \phi \quad (j = 1, 2, 3) \tag{11.8b}$$

一方，10.4 節の議論から，保存量 P^μ は無限小時空並進 $\delta_P \phi = \varepsilon_\mu \partial^\mu \phi$ に対する生成子 ($\delta_P \phi = i[\varepsilon_\mu P^\mu, \phi]$)，すなわち，次の交換関係を満たすはずである．

$$[P^\mu, \phi(x)] = -i\partial^\mu \phi(x) \tag{11.9}$$

有限の時空並進は，次のようにユニタリー変換で与えられる (10.4.2 項参

照).

$$e^{ia\cdot P}\phi(x)e^{-ia\cdot P} = \phi(x+a) \qquad (11.10)$$

ここで, $a\cdot P \equiv a_\mu P^\mu$ と略記した. ユニタリー変換 (11.10) で見れば, P^μ が時空並進を引き起こす生成子であることが明確になる. また, (11.10) で $x^\mu \to 0$, $a^\mu \to x^\mu$ とおき直すと, 次の重要な関係式を得る.

$$e^{ix\cdot P}\phi(0)e^{-ix\cdot P} = \phi(x) \qquad (11.11)$$

【注】(11.9) を具体的に確かめることは後に回して, (11.9) と (11.10) の等価性を先に証明しておこう. 数学的には, (11.9) は微分形, (11.10) は積分形の表式に対応する. (11.10) から (11.9) へは, a_μ を無限小量だとして a_μ の 1 次まで展開して両辺を比べれば容易に確かめられる. (11.9) から (11.10) の導出は, (11.10) の代わりに等価な $\phi(x) = e^{-ia\cdot P}\phi(x+a)e^{ia\cdot P}$ を導くほうが易しい. この式の右辺が a_μ に依存していないこと (a_μ で微分して 0 になる) を以下のように示せば, 右辺で $a_\mu = 0$ とおいて左辺 $\phi(x)$ に一致することがわかる.

$$\frac{\partial}{\partial a_\mu}\left[e^{-ia\cdot P}\phi(x+a)e^{ia\cdot P}\right]$$
$$= e^{-ia\cdot P}\left\{-i[P^\mu, \phi(x+a)] + \left(\frac{\partial}{\partial a_\mu}\phi(x+a)\right)\right\}e^{ia\cdot P} = 0 \qquad (11.12)$$

上式の最初の等号では, P^μ 同士は可換 ($[P^\mu, P^\nu] = 0$) なので, $e^{\pm ia\cdot P}$ を普通の関数だと思って a_μ で微分した. P^μ 同士が可換なのは, まず $P^j (j = 1, 2, 3)$ が保存量なので $P^0 = H$ とは可換, それから, (量子力学を思い出してもらえば) 運動量演算子同士は可換 $[P^j, P^k] = 0$ であることから理解できる. (11.8) の定義から直接 $[P^\mu, P^\nu] = 0$ を導くこともできる (check 11.2 参照). (11.12) の最後の等号では, (11.9) と微分の定義から導かれる関係式 $(\partial/\partial a_\mu)\phi(x+a) = (\partial/\partial x_\mu)\phi(x+a)$ を用いた.

(11.9) の証明の前に, 有用な計算のテクニックを与えておこう. これから演算子同士の交換関係の計算が何度も出てくる. 以下で述べるテクニックは, 今後の計算の見通しをよくしてくれるはずだ. 演算子の積の交換関係を計算する際に次の公式が役に立つ.

$$[A_1\cdots A_{N-1}A_N, X] = A_1\cdots A_{N-1}[A_N, X] + A_1\cdots A_{N-2}[A_{N-1}, X]A_N$$
$$+ \cdots + [A_1, X]A_2\cdots A_N$$
$$= \sum_{k=1}^{N} A_1\cdots A_{k-1}[A_k, X]A_{k+1}\cdots A_N \qquad (11.13\text{a})$$

$$[X, B_1 B_2 \cdots B_N] = [X, B_1]B_2 \cdots B_N + B_1[X, B_2]B_3 \cdots B_N$$
$$+ \cdots + B_1 \cdots B_{N-1}[X, B_N]$$
$$= \sum_{k=1}^{N} B_1 \cdots B_{k-1}[X, B_k]B_{k+1} \cdots B_N \tag{11.13b}$$

証明は右辺から左辺を示すほうが簡単だ．右辺の交換関係を定義に従ってばらして書き下せば，ほとんどの項は両隣の項と相殺して，最終的に左辺の交換関係にまとまることがわかる．なお，上式の公式では右辺の演算子の順番に気をつけよう．

【注】 この公式を使えば，$[A_1 A_2, B_1 B_2]$ のような演算子の積同士の交換関係も簡単に計算できる．まず $B_1 B_2$ をひとかたまりの演算子だと思い，公式 (11.13a) を用いる．その後で公式 (11.13b) を用いれば次の結果に到達するはずだ．

$$[A_1 A_2, B_1 B_2] \stackrel{(11.13a)}{=} A_1[A_2, B_1 B_2] + [A_1, B_1 B_2]A_2$$
$$\stackrel{(11.13b)}{=} A_1[A_2, B_1]B_2 + A_1 B_1[A_2, B_2] + [A_1, B_1]B_2 A_2 + B_1[A_1, B_2]A_2$$

この公式は覚えるものではない．(11.13) から導くものである．

⟨check 11.1⟩

公式 (11.13) を確かめ，より一般的に $[A_1 A_2 \cdots A_N, B_1 B_2 \cdots B_M]$ の交換関係は，$[A_i, B_j]$ $(i = 1, 2, \cdots, N; j = 1, 2, \cdots, M)$ の交換関係の計算に帰着することを示してみよう．◆

上の考察から次の重要な帰結が導かれる．ϕ と π の積や和から構成されるどんな複雑な演算子の同時刻交換関係であっても，公式 (11.13) を用いれば，ϕ と π あるいは ϕ 同士，π 同士の交換関係 (11.6) に帰着する．つまり，**「任意の演算子の交換関係は，基本的な場（ここでは ϕ と π）の間の交換関係を使って計算できる」**ということだ．しかも (11.6b) から ϕ 同士，π 同士の同時刻交換関係はゼロなので，結局消えずに残るのは ϕ と π の交換関係を含んだ項のみである．したがって，同時刻交換関係を計算する際に，

（ⅰ）公式 (11.13) を用いて，ϕ と π あるいは ϕ 同士，π 同士の交換関係の形に持っていく．

11. スカラー場の量子化

（ii） ϕ同士とπ同士の同時刻交換関係は0なので，それらを含む項は無視して，ϕとπの交換関係を含む項だけを残して計算すればよい．

【注】 これからは交換関係を保持しながら計算するように心掛けよう．交換関係をばらしてしまうと，正しい結果が得られているのか判断が難しい．何より交換関係の持つ重要な性質（上に書かれた太字部分）を理解していれば，交換関係を安易にばらしたりしないはずだ．

このことを頭に入れておくと，交換関係の計算を素早く実行できる．では，早速 (11.9) を計算してみよう．まず，ハミルトニアン $H = P^0$ と $\phi(t, \boldsymbol{x})$ との交換関係を計算する．

$[H, \phi(t, \boldsymbol{x})]$

$$\stackrel{(11.8a)}{=} \left[\int d^3\boldsymbol{y} \left\{ \frac{1}{2} (\pi(t, \boldsymbol{y}))^2 + \frac{1}{2} (\boldsymbol{\nabla} \phi(t, \boldsymbol{y}))^2 + \frac{m^2}{2} (\phi(t, \boldsymbol{y}))^2 \right. \right.$$
$$\left. \left. + \frac{\lambda}{4!} (\phi(t, \boldsymbol{y}))^4 \right\}, \phi(t, \boldsymbol{x}) \right]$$

$$\stackrel{(11.13)}{=} \int d^3\boldsymbol{y} \frac{1}{2} (\pi(t, \boldsymbol{y}) \underbrace{[\pi(t, \boldsymbol{y}), \phi(t, \boldsymbol{x})]}_{-i\delta^3(\boldsymbol{y}-\boldsymbol{x})} + \underbrace{[\pi(t, \boldsymbol{y}), \phi(t, \boldsymbol{x})]}_{-i\delta^3(\boldsymbol{y}-\boldsymbol{x})} \pi(t, \boldsymbol{y}))$$

$$= -i\pi(t, \boldsymbol{x}) = -i\partial^0 \phi(t, \boldsymbol{x}) \tag{11.14}$$

ここで，2番目の等号ではπとϕの交換関係を含む項のみを残した．最後の等号では，$\pi = \partial^0 \phi$を用いた．

また，運動量 P^j と $\phi(t, \boldsymbol{x})$ の交換関係は次のように計算できる．

$$[P^j, \phi(t, \boldsymbol{x})] \stackrel{(11.8b)}{=} \left[\int d^3\boldsymbol{y} \, \pi(t, \boldsymbol{y}) \partial_y^j \phi(t, \boldsymbol{y}), \phi(t, \boldsymbol{x}) \right]$$

$$\stackrel{(11.13)}{=} \int d^3\boldsymbol{y} \, [\pi(t, \boldsymbol{y}), \phi(t, \boldsymbol{x})] \partial_y^j \phi(t, \boldsymbol{y})$$

$$= -i\partial^j \phi(t, \boldsymbol{x}) \tag{11.15}$$

このように，$P^\mu = (H, P^j)$ は期待通りに (11.9) を満たしており，時空並進の生成子と見なせることが確認できた．

【注】 上の計算で見過ごしやすい点についてコメントしておこう．H と P^j は時間によらない保存量なので，$H = \int d^3\boldsymbol{y}\,\{(1/2)(\pi(t',\boldsymbol{y}))^2 + \cdots\}$ と $P^j = \int d^3\boldsymbol{y}\,\pi(t',\boldsymbol{y})\partial^j\phi(t',\boldsymbol{y})$ に含まれる場 $\phi(t',\boldsymbol{y})$ と $\pi(t',\boldsymbol{y})$ の時間 t' を自由に選ぶことができる．ここでは，同時刻交換関係が使えるように，$\phi(t,\boldsymbol{x})$ に合わせて H と P^j に含まれる場の時刻 t' を t に選んでいる．（つまり，H と P^j が保存量でなければ，一般に同時刻交換関係は使えないことになる．）

⟨check 11.2⟩

(11.8) で定義されるエネルギー運動量演算子 $P^\mu = (H, P^j)$ は互いに可換，すなわち $[P^\mu, P^\nu] = 0$ であることを，交換関係 (11.6) を用いて具体的に確かめてみよう．

【ヒント】 $[P^j, H] = 0\,(j=1,2,3)$ を証明するには，ハミルトニアン H を $H = \int d^3\boldsymbol{x} \times \mathcal{H}(t,\boldsymbol{x})$ と表し，P^j と $\mathcal{H}(t,\boldsymbol{x})$ との交換関係が $[P^j, \mathcal{H}(t,\boldsymbol{x})] = -i\partial^j\mathcal{H}(t,\boldsymbol{x})$ となることを示せばよい．（これは (11.9) の拡張である．）この関係が示されれば，$[P^j, H] = -i\int d^3\boldsymbol{x}\,\partial^j\mathcal{H}(t,\boldsymbol{x}) = 0$ が導かれる．$[P^j, P^k] = 0$ の証明も同様である．◆

11.1.4　空間回転の生成子としての角運動量

10.6.3 項で，空間回転不変性に基づく保存量が，次式で定義される角運動量演算子 $J^{ij}\,(i,j=1,2,3)$ であることを導いた．

$$J^{ij} = -J^{ji} = \int d^3\boldsymbol{x}\,\pi(x^i\partial^j - x^j\partial^i)\phi \tag{11.16}$$

ここで，J^{ij} は ij 平面内での回転に対応する角運動量である．

一方，10.4 節の議論から，保存量 J^{ij} は無限小空間回転 $\delta_J\phi = \sum_{i,j=1}^{3}\frac{1}{2}\Delta\omega_{ij}$ $\times (x^i\partial^j - x^j\partial^i)\phi$ に対する生成子 $\left(\delta_J\phi = i\left[\sum_{i,j=1}^{3}\frac{1}{2}\Delta\omega_{ij}J^{ij},\,\phi\right]\right)$，すなわち，次の交換関係を満たすはずである．

$$[J^{ij}, \phi(x)] = -i(x^i\partial^j - x^j\partial^i)\phi(x) \tag{11.17}$$

J^{ij} が ij 平面内での回転の生成子であることは，ユニタリー変換の形で表すとより明確になる．例えば，12 平面内（z 軸周り）での θ 回転は次式で与えられる．（θ は有限の値の場合でも成り立つ．）

$$e^{-i\theta J^{12}}\phi(t, x^1, x^2, x^3)e^{i\theta J^{12}} = \phi(t, \cos\theta x^1 - \sin\theta x^2, \sin\theta x^1 + \cos\theta x^2, x^3) \tag{11.18}$$

また，J^{ij} は角運動量演算子なので，次の交換関係

$$[J^{ij}, J^{kl}] = -i(\delta^{ik}J^{jl} - \delta^{jl}J^{ik} + \delta^{il}J^{jk} - \delta^{ik}J^{jl}) \tag{11.19}$$

あるいは，$(J^1, J^2, J^3) \equiv (J^{23}, J^{31}, J^{12})$ と定義して (11.19) と等価な（お馴染みの）交換関係

$$[J^i, J^j] = i\sum_{k=1}^{3} \varepsilon^{ijk} J^k \tag{11.20}$$

を満たす．これらの関係を導くことは，読者の練習問題としておこう．

⟨check 11.3⟩

(11.17) ～ (11.20) を導いてみよう．

【ヒント】(11.17) の証明は，11.1.3 項での (11.13) から下の議論をしっかり身につけていれば，それほど難しい計算ではないだろう．(11.19) の証明は，$J^{ij} = \int d^3\boldsymbol{x}\, \pi(t, \boldsymbol{x})(x^i\partial_x^j - x^j\partial_x^i)\phi(t, \boldsymbol{x})$, $J^{kl} = \int d^3\boldsymbol{y}\, \pi(t, \boldsymbol{y})(y^k\partial_y^l - y^l\partial_y^k)\phi(t, \boldsymbol{y})$ とおき，同時刻交換関係 (11.6) と公式 (11.13) を用いて $[J^{ij}, J^{kl}]$ を計算すればよい．そのとき，$[\pi(t, \boldsymbol{x}), (y^k\partial_y^l - y^l\partial_y^k)\phi(t, \boldsymbol{y})] = (y^k\partial_y^l - y^l\partial_y^k)[\pi(t, \boldsymbol{x}), \phi(t, \boldsymbol{y})] = -i(y^k\partial_y^l - y^l\partial_y^k)\delta^3(\boldsymbol{x} - \boldsymbol{y})$ などの計算と部分積分の公式を用いよ．$(\partial_y^l = \partial/\partial y_l = -\partial/\partial y^l$ であることに注意．) (11.18) の証明は，まず，無限小変換 ($|\Delta\theta| = |\theta/N| \ll 1$) のときに $e^{-i\Delta\theta J^{12}}\phi(t, \boldsymbol{x})e^{i\Delta\theta J^{12}} = \phi(t, \boldsymbol{x}')$ が成り立つことを，(11.17) を使って確かめよ．このとき，$\boldsymbol{x}'$ は

$$\boldsymbol{x}' = R(\Delta\theta)\boldsymbol{x}, \qquad R(\Delta\theta) = \begin{pmatrix} \cos(\Delta\theta) & -\sin(\Delta\theta) & 0 \\ \sin(\Delta\theta) & \cos(\Delta\theta) & 0 \\ 0 & 0 & 1 \end{pmatrix}$$

と定義され，$R(\Delta\theta)$ は z 軸周りの回転行列となる．有限の θ の場合は，$(e^{-i\Delta\theta J^{12}})^N = e^{-i\theta J^{12}}$, $(R(\Delta\theta))^N = R(\theta)$ を用いよ．◆

11.2　自由実スカラー場のスペクトラム

11.1 節での議論は相互作用を含む一般の場合で成り立つものだったが，ここから先は特に断り書きがない限り，相互作用を持たない自由スカラー場に限定して議論を進めていく．

スカラー場の理論がスカラー粒子を正しく記述しているならば，少なくとも相互作用を持たない場合 ($\lambda = 0$)，次のような自由粒子の状態を含んでいるはずだ．

$|0\rangle$：0粒子状態（真空状態），$|\mathbf{k}\rangle$：1粒子状態，$|\mathbf{k}_1, \mathbf{k}_2\rangle$：2粒子状態，…
$|0\rangle$ は粒子が存在していない場合で，最低エネルギー状態，すなわち真空状態を意味する．$|\mathbf{k}\rangle$ は運動量 $\mathbf{k}$ を持った1粒子状態を表し，エネルギー $k^0 = \sqrt{\mathbf{k}^2 + m^2}$ を持つ．$|\mathbf{k}_1, \mathbf{k}_2\rangle$ は運動量 $\mathbf{k}_1$ と $\mathbf{k}_2$ を持つ2粒子状態で，それぞれの粒子のエネルギーは $k_i^0 = \sqrt{(\mathbf{k}_i)^2 + m^2}\,(i=1,2)$ である．これらの状態が自由スカラー場の理論に含まれていることを以下で見ていこう．

11.2.1 真空状態 $|0\rangle$

真空状態あるいは**基底状態**は，最低エネルギー状態として定義される．**真空エネルギー**（vacuum energy）を E_0 とすると，真空状態 $|0\rangle$ は $H|0\rangle = E_0 |0\rangle$ を満たす．真空エネルギーはハミルトニアンの最低固有値であり，エネルギー固有値の下限（$E \geqq E_0$）である．エネルギーの差は観測可能だが，ハミルトニアン H に定数項を加えても運動方程式を変えないので，エネルギーの絶対値（原点）は重力を考えない限り物理的意味を持たない．

【注】重力は質量に作用するが，質量とエネルギーの等価性より，重力はエネルギーに作用すると考えるほうがより正確だ．真空エネルギーは，**暗黒エネルギー**（dark energy）としてアインシュタインの重力方程式に寄与する．暗黒エネルギーは，宇宙全体のエネルギーのなんと7割近くを占めることが観測から明らかになっている．暗黒エネルギーの正体は何か？　これは素粒子論が答えるべき問題の1つである．

素粒子間の相互作用では重力の効果はケタ外れに小さいので，重力を無視することができる．そのときは，エネルギーの原点をどこに選んでも構わない．ここでは，真空のエネルギーを原点にとることにして $E_0 = 0$ とする．これは，$H - E_0$ を改めて H とおくことで実現できる．また，真空は最低エネルギー状態なので，運動量を持たないと期待できる．したがって，真空 $|0\rangle$ は次式を満たす．

$$P^\mu|0\rangle = 0 \iff 真空のエネルギー運動量はゼロ \quad (11.21)$$

この式は，真空の持つエネルギー H と運動量 $P^j (j=1,2,3)$ がゼロという意味以外に，もうひとつの重要な意味を持つ．10.2節および11.1節で考察したように，ハミルトニアン $H = P^0$ は時間並進の生成子，運動量演算子 P^j は空間並進の生成子でもある．したがって，$P^\mu|0\rangle = 0$ は (11.21) の対応だけでなく，真空が時空並進の下で不変であることも同時に意味する．$P^\mu|0\rangle = 0$ と真空の時空並進不変性との対応がピンとこない場合は，ユニタリー変換の形で表すとわかりやすい．

$$P^\mu|0\rangle = 0 \iff e^{ia\cdot P}|0\rangle = |0\rangle \iff 真空は時空並進不変$$
$$(11.22)$$

(11.10) から，$e^{ia\cdot P}$ は時空座標の有限並進を引き起こすユニタリー演算子なので，(11.22) 中央の条件式は，真空が時空並進の下で不変であることを意味している．

真空は最低エネルギー状態として定義されるが，場の量子論は相対論的不変性の下に構築されているので，真空の時空並進不変性とローレンツ不変性は場の量子論の要請である．したがって，真空 $|0\rangle$ は $P^\mu|0\rangle = 0$ に加えて

$$J^{\mu\nu}|0\rangle = 0 \iff e^{-(i/2)\omega_{\mu\nu}J^{\mu\nu}}|0\rangle = |0\rangle \iff 真空はローレンツ不変$$
$$(11.23)$$

を満たしていると仮定する．

【注】 真空の時空並進不変性 (11.22) とローレンツ不変性 (11.23) は場の量子論の一般的要請だが，以下で考察する自由スカラー場の理論では，(11.22) と (11.23) が成り立っていることを具体的に確かめることができる．

11.2.2　1粒子状態 $|k\rangle$

真空の持つ性質がわかったので，1粒子状態 $|k\rangle$ に移ろう．この状態はエネルギー運動量 P^μ の固有状態

$$P^\mu|k\rangle = k^\mu|k\rangle \quad (\mu = 0, 1, 2, 3) \quad (11.24)$$

で，粒子のエネルギー k^0 はアインシュタインの関係

11.2 自由実スカラー場のスペクトラム

$$k^0 = \sqrt{\bm{k}^2 + m^2} \tag{11.25}$$

を満たしていなければならない．自由スカラー場の理論にこの1粒子状態が含まれていることを示すのが，この項の目的である．

このような1粒子状態が自由スカラー場の理論の中に含まれているかどうかを知るために，この状態を得るにはどうしたらよいかを考えてみよう．ヒントは10.2.3項に与えておいた．

真空状態 $|0\rangle$ と1粒子状態 $|\bm{k}\rangle$ は共にエネルギー運動量演算子 P^μ の固有状態なので，固有値 $k^\mu (k^0 = \sqrt{\bm{k}^2 + m^2})$ に対応する生成演算子 $a^\dagger(\bm{k})$，すなわち

$$[P^\mu, a^\dagger(\bm{k})] = k^\mu a^\dagger(\bm{k}) \quad (k^0 = \sqrt{\bm{k}^2 + m^2}) \tag{11.26}$$

が存在すれば，

$$|\bm{k}\rangle = a^\dagger(\bm{k})|0\rangle \tag{11.27}$$

として1粒子状態を作ることができる．実際，上式で定義される状態 $|\bm{k}\rangle$ が (11.24) の関係を満たすことは，次のように確かめられる．

$$P^\mu|\bm{k}\rangle = P^\mu a^\dagger(\bm{k})|0\rangle = (\underbrace{[P^\mu, a^\dagger(\bm{k})]}_{k^\mu a^\dagger(\bm{k})} + a^\dagger(\bm{k})\underbrace{P^\mu)|0\rangle}_{0} = k^\mu|\bm{k}\rangle \tag{11.28}$$

このような生成演算子 $a^\dagger(\bm{k})$ がスカラー場の理論に含まれているのだろうか？ 実は，答は目の前に与えられている！ もう一度，実スカラー場 $\phi(x)$ の満たす方程式を書き下しておこう．

$$[P^\mu, \phi(x)] = -i\partial^\mu \phi(x) \tag{11.29a}$$

$$(\partial_\mu \partial^\mu + m^2)\phi(x) = 0 \tag{11.29b}$$

(11.29a) は，P^μ が時空並進の生成子であることを述べているにすぎないが，よく見ると右辺の微分 $-i\partial^\mu$ がエネルギー運動量固有値 k^μ に変わったものが我々の求めたい関係式 (11.26) である．そのときアインシュタインの関係 $k_\mu k^\mu = m^2$ は，(11.29b) によって保証される．微分演算子 $-i\partial^\mu$ を固有値 k^μ におきかえる操作は，(10.2.1項で指摘したように) フーリエ変換による

運動量表示への基底変換に他ならない．それを以下で実行してみよう．

【注】（11.29）はスカラー場固有の関係式ではないことに気がついただろうか？（11.29a）は，P^μ が時空並進の生成子であることを述べているにすぎず，任意の場に対して成立する．また，クライン - ゴルドン方程式（11.29b）は，自由スカラー場だけでなく，すべての相対論的（自由）粒子が満たすべき方程式である．（すべての自由粒子はアインシュタインの関係 $k_\mu k^\mu - m^2 = 0$ を満たさなければならないことを思い出そう．）したがって，ディラック場やゲージ場も同様の式を満たす．以下での解析は（スピンの自由度による違いはあるが），ディラック場やゲージ場に対して同様に適用できる．

上で説明したようにフーリエ変換を用いると，(11.29b) の一般解が次式で与えられる．

$$\phi(t, \boldsymbol{x}) = \int \frac{d^3\boldsymbol{k}}{\sqrt{(2\pi)^3 2E_k}} \{a(\boldsymbol{k})e^{-ik\cdot x} + a^\dagger(\boldsymbol{k})e^{ik\cdot x}\}$$

$$= \int d^3\boldsymbol{k}\, \{a(\boldsymbol{k})f_k^{(+)}(x) + a^\dagger(\boldsymbol{k})f_k^{(-)}(x)\} \quad (11.30)$$

ここで，$E_k \equiv \sqrt{\boldsymbol{k}^2 + m^2}$ および

$$f_k^{(\pm)}(x) \equiv \frac{e^{\mp i(E_k t - \boldsymbol{k}\cdot\boldsymbol{x})}}{\sqrt{(2\pi)^3 2E_k}} \equiv \frac{e^{\mp ik\cdot x}}{\sqrt{(2\pi)^3 2E_k}} = (f_k^{(\mp)}(x))^* \quad (11.31)$$

である．ここで，$k \cdot x \equiv k_\mu x^\mu \equiv E_k t - \boldsymbol{k}\cdot\boldsymbol{x}$ と定義した．(11.30) の展開で，$a(\boldsymbol{k})$ および $a^\dagger(\boldsymbol{k})$ が演算子であり，$f_k^{(\pm)}(x)$ を含め，他の量は通常の c 数あるいは c 数関数であることに注意しておく．

【注】(11.30) の証明を以下に与えておく．(11.26) でエネルギー k^0 は運動量 $\boldsymbol{k}$ の関数（$k^0 = \sqrt{\boldsymbol{k}^2 + m^2}$）なので，$a^\dagger(\boldsymbol{k})$ は k^μ というよりも 3 次元運動量 $\boldsymbol{k}$ の関数である．したがって，時間 t はそのままにして，空間方向のフーリエ積分表示を用いて $\phi(t, \boldsymbol{x})$ を次のように表してみよう．

$$\phi(t, \boldsymbol{x}) = \int d^3\boldsymbol{k}\, a(t, \boldsymbol{k}) e^{i\boldsymbol{k}\cdot\boldsymbol{x}} \quad (11.32)$$

ここまではまだ何もしていない．実際，$\{e^{i\boldsymbol{k}\cdot\boldsymbol{x}}\}$ は完全系を張るので，任意の関数 $\phi(t, \boldsymbol{x})$ は上の積分表示を持つ．

フーリエ係数 $a(t, \boldsymbol{k})$ の時間依存性は，クライン - ゴルドン方程式から決めることができる．クライン - ゴルドン方程式 (11.29b) に (11.32) を代入して，$\{e^{i\boldsymbol{k}\cdot\boldsymbol{x}}\}$ が完全系を張っていることを用いると次式が得られる．

$$(11.29\mathrm{b}) \implies \int d^3\boldsymbol{k}\left\{\frac{\partial^2 a(t,\boldsymbol{k})}{\partial t^2}+(\boldsymbol{k}^2+m^2)a(t,\boldsymbol{k})\right\}e^{i\boldsymbol{k}\cdot\boldsymbol{x}}=0$$

$$\implies \frac{\partial^2 a(t,\boldsymbol{k})}{\partial t^2}=-(\boldsymbol{k}^2+m^2)a(t,\boldsymbol{k}) \tag{11.33}$$

この方程式には 2 つの独立解 ($e^{\pm i\sqrt{k^2+m^2}t}$) があり，その線形結合で一般解は与えられる．

$$a(t,\boldsymbol{k})=\frac{1}{\sqrt{(2\pi)^3 2E_k}}\{a^{(+)}(\boldsymbol{k})e^{-iE_k t}+a^{(-)}(\boldsymbol{k})e^{iE_k t}\} \tag{11.34}$$

ここで，$a^{(\pm)}(\boldsymbol{k})$ は $\boldsymbol{k}$ の任意関数で，$E_k \equiv \sqrt{\boldsymbol{k}^2+m^2}$ と定義した．比例係数 $1/\sqrt{(2\pi)^2 2E_k}$ は $a^{(\pm)}(\boldsymbol{k})$ の定義に押し込めてもよいが，後で確かめる (11.44a) 右辺の係数が 1 となるように比例係数を決めている．

(11.34) を (11.32) に代入して ϕ が実，すなわちエルミート ($\phi^\dagger = \phi$) であることを用いると，$(a^{(-)}(-\boldsymbol{k}))^\dagger = a^{(+)}(\boldsymbol{k})$ の関係が得られる．ここで，$a(\boldsymbol{k}) \equiv a^{(+)}(\boldsymbol{k})$ とおくと（このとき $a^{(-)}(\boldsymbol{k}) = a^\dagger(-\boldsymbol{k})$），$\phi(t,\boldsymbol{x})$ は (11.30) のように展開されることがわかる．ただし，(11.30) を導く際に，右辺第 2 項では $\boldsymbol{k} \to -\boldsymbol{k}$ の変数変換を行った．

〈check 11.4〉

(11.30) で与えられる $\phi(t,\boldsymbol{x})$ が，エルミートでクライン–ゴルドン方程式を満たすことを確かめてみよう．◆

【注】(11.30) は自由クライン–ゴルドン方程式の解なので，自由スカラー場に対してのみ成り立つ展開式である．かといって，相互作用のある場合に全く使えないかというと，そうではない．相互作用が弱く摂動論が使える場合は，自由スカラー場の周りでの摂動展開として (11.30) は重要な役割を果たす．

次に (11.29a) から，P^μ と $a(\boldsymbol{k})$, $a^\dagger(\boldsymbol{k})$ の交換関係を求めることにしよう．そのために，$\phi(t,\boldsymbol{x})$ の展開式 (11.30) を (11.29a) の両辺に代入して

$$\int d^3\boldsymbol{k}\,\{[P^\mu, a(\boldsymbol{k})]f_{\boldsymbol{k}}^{(+)}(x)+[P^\mu, a^\dagger(\boldsymbol{k})]f_{\boldsymbol{k}}^{(-)}(x)\}$$
$$=\int d^3\boldsymbol{k}\,\{-k^\mu a(\boldsymbol{k})f_{\boldsymbol{k}}^{(+)}(x)+k^\mu a^\dagger(\boldsymbol{k})f_{\boldsymbol{k}}^{(-)}(x)\} \tag{11.35}$$

を得る．このとき x^μ や k^μ は単なる数なので，$f_{\boldsymbol{k}}^{(\pm)}(x)$ と P^μ は可換である．後で示すように $f_{\boldsymbol{k}}^{(\pm)}(x)$ は直交系を張るので，(11.35) 両辺の $f_{\boldsymbol{k}}^{(\pm)}(x)$ の係

数は等しくなければならない．つまり，次式が成り立つ．

$$[P^\mu, a^\dagger(\boldsymbol{k})] = +k^\mu a^\dagger(\boldsymbol{k}), \qquad [P^\mu, a(\boldsymbol{k})] = -k^\mu a(\boldsymbol{k})$$
(11.36)

ただし，$k^0 = E_k = \sqrt{\boldsymbol{k}^2 + m^2}$ である．したがって，$a^\dagger(\boldsymbol{k})$ と $a(\boldsymbol{k})$ が望みの生成消滅演算子の関係を満たしていることがわかる．

$f_k^{(\pm)}(x)$ の直交性を示すために，任意の関数 $f(t, \boldsymbol{x})$, $g(t, \boldsymbol{x})$ に対して次の量を定義しておく．

$$(f|g) \equiv \int d^3\boldsymbol{x} \left\{ f^*(t, \boldsymbol{x}) i \frac{\partial g(t, \boldsymbol{x})}{\partial t} - i \frac{\partial f^*(t, \boldsymbol{x})}{\partial t} g(t, \boldsymbol{x}) \right\}$$

$$= \int d^3\boldsymbol{x}\, f^*(t, \boldsymbol{x}) i \overleftrightarrow{\partial}_0 g(t, \boldsymbol{x}) \tag{11.37}$$

ここで時間微分 $\overleftrightarrow{\partial}_0$ を次式で定義した．

$$f \overleftrightarrow{\partial}_0 g \equiv f(\partial_0 g) - (\partial_0 f) g \tag{11.38}$$

この定義より，$f_k^{(\pm)}(x)$ は次の**直交関係 (orthogonality relation)** を満たすことがわかる．

$$(f_k^{(\pm)}|f_{k'}^{(\pm)}) = \pm \delta^3(\boldsymbol{k} - \boldsymbol{k}') \tag{11.39a}$$

$$(f_k^{(\pm)}|f_{k'}^{(\mp)}) = 0 \tag{11.39b}$$

【注】(11.39) の証明は以下の通りである．まず，(11.39a) を次のように確かめることができる．

$$(f_k^{(\pm)}|f_{k'}^{(\pm)}) = \int d^3\boldsymbol{x}\, (f_k^{(\pm)}(x))^* i \overleftrightarrow{\partial}_0 f_{k'}^{(\pm)}(x)$$

$$= \int d^3\boldsymbol{x}\, \frac{\pm(E_{k'} + E_k)}{(2\pi)^3 \sqrt{2E_k 2E_{k'}}} e^{\pm i(E_k - E_{k'})t \mp i(\boldsymbol{k} - \boldsymbol{k}') \cdot \boldsymbol{x}}$$

$$= \pm \frac{E_{k'} + E_k}{\sqrt{2E_k 2E_{k'}}} e^{\pm i(E_k - E_{k'})t} \delta^3(\boldsymbol{k} - \boldsymbol{k}')$$

$$= \pm \delta^3(\boldsymbol{k} - \boldsymbol{k}')$$

ここで，3番目の等号ではデルタ関数の積分表示

$$\int d^3\boldsymbol{x}\, e^{\pm i\boldsymbol{k}\cdot\boldsymbol{x}} = (2\pi)^3 \delta^3(\boldsymbol{k}) \tag{11.40}$$

を用いた．最後の等号では，$E_k \delta^3(\boldsymbol{k} - \boldsymbol{k}') = E_{k'} \delta^3(\boldsymbol{k} - \boldsymbol{k}')$ を用いた．(11.39b) も，$E_k \delta^3(\boldsymbol{k} + \boldsymbol{k}') = E_{-k} \delta^3(\boldsymbol{k} + \boldsymbol{k}') = E_{k'} \delta^3(\boldsymbol{k} + \boldsymbol{k}')$ を用いて同様に確かめられる．

⟨check 11.5⟩

 $(f|g)$ の定義の由来は，クライン–ゴルドン方程式の持つ性質からきている．クライン–ゴルドン方程式を満たす任意の場 (実でも複素スカラー場でもよい) $\phi_1(x)$, $\phi_2(x)$ に対して，$(\phi_1|\phi_2)$ は時間によらないこと，すなわち，$(d/dt)(\phi_1|\phi_2) = 0$ を確かめてみよう．◆

 この項を終える前に，第2章で見た負エネルギー問題が，場の量子論でどのように解決されたのか (正確にはなぜ問題とならなかったのか) を確認しておこう．確率解釈に基づき $\phi(x)$ を1粒子波動関数と見なす立場では，$\phi(x)$ の展開式 (11.30) で第1項は正エネルギー解，第2項は負エネルギー解に対応し，係数 $a(\mathbf{k})$, $a^\dagger(\mathbf{k})$ はそれぞれエネルギー運動量 $\pm(E_k, \mathbf{k})$ を持つ粒子の確率振幅と見なされる (図 11.1 参照)．そのため，負エネルギー問題が生じることになる．

 一方，場の量子論では，$\phi(x)$ は演算子なので別の解釈が可能になる．すなわち，$\phi(x)$ の展開式 (11.30) の中で $a(\mathbf{k})$, $a^\dagger(\mathbf{k})$ は演算子であり，(11.30) 右辺第1項は正エネルギー E_k を持つ粒子を1つ消滅させ，第2項は正エネルギー E_k を持つ粒子を1つ生成すると解釈することができる (図 11.1 参照)．つまり，$a(\mathbf{k})$ と $a^\dagger(\mathbf{k})$ に消滅と生成という異なる役割を持たせることによって，正エネルギーの状態だけで系が閉じていて，負エネルギー状態を

(a) 確率解釈に基づき　　→　　正エネルギー $+E_k$ を持つ　　負エネルギー $-E_k$ を持つ
    $\phi(x)$ を1粒子波動　　　　　粒子の確率振幅　　　　　　粒子の確率振幅
    関数と見なす立場
                                         正エネルギー解　　　　負エネルギー解
                                              ↓   ↓
$$\phi(x) = \int \frac{d^3\mathbf{k}}{\sqrt{(2\pi)^3 2E_k}} \left\{ a(\mathbf{k}) e^{-i(E_k t - \mathbf{k}\cdot\mathbf{x})} + a^\dagger(\mathbf{k}) e^{+i(E_k t - \mathbf{k}\cdot\mathbf{x})} \right\}$$
                                              ↑   ↑
(b) 場の量子論の立場　　→　　正エネルギー $+E_k$ を持つ　　正エネルギー $+E_k$ を持つ
                              粒子を**消滅**させる演算子　　粒子を**生成**する演算子

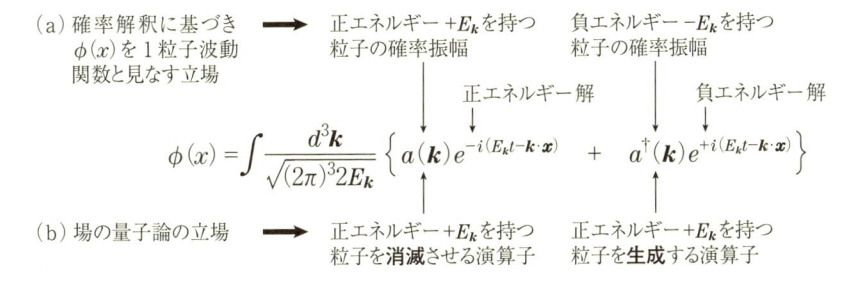

図 11.1　$\phi(x)$ に対する2つの立場：(a) 確率解釈に基づき $\phi(x)$ を1粒子波動関数と見なす立場．(b) 場の量子論の立場．

持ち込む必要がないのである．

〈check 11.6〉
　スカラー場の1粒子状態はスピンを持たない．このことを示すために，静止している1粒子状態 $|\bm{k}=0\rangle$ の角運動量はゼロ，すなわち $J^i|\bm{k}=0\rangle = 0\,(i=1,2,3)$ であることを確かめてみよう．

【ヒント】 $(J^1, J^2, J^3) = (J^{23}, J^{31}, J^{12})$ は角運動量演算子で，(11.17) の関係 $[J^{ij}, \phi(x)] = -i(x^i\partial^j - x^j\partial^i)\phi(x)$ を満たす．後で導く (11.45) を用いて $J^{ij}|\bm{k}=0\rangle = J^{ij} \times a^\dagger(\bm{k}=0)|0\rangle = [J^{ij}, a^\dagger(\bm{k}=0)]|0\rangle = i\int f^{(-)}_{\bm{k}=0}(x^i\partial^j - x^j\partial^i)\phi)|0\rangle$ をまず導け．次に $f^{(-)}_{\bm{k}=0}(x)$ は $\bm{x}$ に依存しない（$\partial^j f^{(-)}_{\bm{k}=0}(x) = 0$）ことから，上式右辺は部分積分を行うことによって0になることを示せ．◆

11.2.3 n 粒子状態 $|\bm{k}_1, \bm{k}_2, \cdots, \bm{k}_n\rangle$

n 粒子状態 $|\bm{k}_1, \bm{k}_2, \cdots, \bm{k}_n\rangle$ は，n 個の粒子がそれぞれエネルギー運動量 $k_1^\mu, k_2^\mu, \cdots, k_n^\mu$ を持つ状態なので，真空 $|0\rangle$ に生成演算子 $a^\dagger(\bm{k}_1)a^\dagger(\bm{k}_2)\cdots a^\dagger(\bm{k}_n)$ を掛けることによって作ることができる．

$$|\bm{k}_1, \bm{k}_2, \cdots, \bm{k}_n\rangle = N_n a^\dagger(\bm{k}_1)a^\dagger(\bm{k}_2)\cdots a^\dagger(\bm{k}_n)|0\rangle \qquad (11.41)$$

ここで，N_n は規格化定数である．

この状態は，エネルギー運動量 P^μ の固有状態で

$$P^\mu|\bm{k}_1, \bm{k}_2, \cdots, \bm{k}_n\rangle = (k_1^\mu + k_2^\mu + \cdots + k_n^\mu)|\bm{k}_1, \bm{k}_2, \cdots, \bm{k}_n\rangle \qquad (11.42)$$

を満たす．このとき，各粒子のエネルギーと運動量は $k_i^0 = \sqrt{(\bm{k}_i)^2 + m^2}$ $(i=1,2,\cdots,n)$ の関係にある．

【注】 (11.42) は，(11.36) と公式 (11.13) から導かれる関係式 $[P^\mu, a^\dagger(\bm{k}_1)\cdots a^\dagger(\bm{k}_n)] = (k_1^\mu + \cdots + k_n^\mu)a^\dagger(\bm{k}_1)\cdots a^\dagger(\bm{k}_n)$ を使えば，簡単に示すことができる．

11.2.4 生成消滅演算子による表示

自由実スカラー場の場合，生成消滅演算子を使ってハミルトニアンと運動量演算子を表すと

$$H = P^0 = \int d^3\bm{k}\, E_{\bm{k}} a^\dagger(\bm{k})a(\bm{k}) \qquad (11.43\text{a})$$

11.2 自由実スカラー場のスペクトラム

$$P = \int d^3\boldsymbol{k}\, \boldsymbol{k} a^\dagger(\boldsymbol{k})a(\boldsymbol{k}) \qquad (11.43\text{b})$$

となる.ただし,ハミルトニアンは真空エネルギーがゼロとなるように定数項を差し引いている.以下で (11.43) の表式を求めることにする.

ϕ と π に対する正準交換関係 (11.6) を生成消滅演算子の言葉に焼き直すと,次の交換関係におきかえられる.

$$[a(\boldsymbol{k}), a^\dagger(\boldsymbol{k}')] = \delta^3(\boldsymbol{k} - \boldsymbol{k}') \qquad (11.44\text{a})$$

$$[a(\boldsymbol{k}), a(\boldsymbol{k}')] = 0 = [a^\dagger(\boldsymbol{k}), a^\dagger(\boldsymbol{k}')] \qquad (11.44\text{b})$$

交換関係 (11.44) を求めるために,$a(\boldsymbol{k})$, $a^\dagger(\boldsymbol{k})$ を $\phi(x)$ で書き表す必要がある.$\phi(x)$ の展開式 (11.30) と $f_k^{(\pm)}(x)$ の直交関係 (11.39) を用いると,$a(\boldsymbol{k})$, $a^\dagger(\boldsymbol{k})$ は次のように $\phi(x)$ から簡単に抜き出すことができる.

$$a(\boldsymbol{k}) = (f_k^{(+)}|\phi), \qquad a^\dagger(\boldsymbol{k}) = -(f_k^{(-)}|\phi) \qquad (11.45)$$

【注】(11.45) を用いて,(11.44) を以下で確かめることにしよう.((11.43) は後ほど確かめる.)

$$\begin{aligned}
[a(\boldsymbol{k}), a^\dagger(\boldsymbol{k}')] &= \Big[\int d^3\boldsymbol{x}\, \{(f_k^{(+)}(t,\boldsymbol{x}))^* i\pi(t,\boldsymbol{x}) - i(\partial_0 f_k^{(+)}(t,\boldsymbol{x}))^* \phi(t,\boldsymbol{x})\}, \\
&\quad -\int d^3\boldsymbol{y}\, \{(f_{k'}^{(-)}(t,\boldsymbol{y}))^* i\pi(t,\boldsymbol{y}) - i(\partial_0 f_{k'}^{(-)}(t,\boldsymbol{y}))^* \phi(t,\boldsymbol{y})\}\Big] \\
&= \int d^3\boldsymbol{x}\, d^3\boldsymbol{y}\, \{-(f_k^{(+)}(t,\boldsymbol{x}))^* (\partial_0 f_{k'}^{(-)}(t,\boldsymbol{y}))^* [\pi(t,\boldsymbol{x}), \phi(t,\boldsymbol{y})] \\
&\quad - (\partial_0 f_k^{(+)}(t,\boldsymbol{x}))^* (f_{k'}^{(-)}(t,\boldsymbol{y}))^* [\phi(t,\boldsymbol{x}), \pi(t,\boldsymbol{y})]\} \\
&= (f_k^{(+)}|f_{k'}^{(+)}) \\
&= \delta^3(\boldsymbol{k} - \boldsymbol{k}')
\end{aligned}$$

として,(11.44a) が確かめられる.ここで,最初の等号では (11.37) の定義と $\pi = \partial^0 \phi$,2 番目の等号では ϕ 同士,π 同士は可換,3 番目の等号では (11.6a) と $(f_{k'}^{(-)})^* = f_{k'}^{(+)}$,最後の等号では (11.39a) を用いた.交換関係の計算で $f_k^{(\pm)}$ は c 数関数なので,ϕ や π とは可換である.残りの交換関係 (11.44b) も上と同様に計算すればよい.その導出は読者の練習問題としておく.

⟨check 11.7⟩

(11.44b) を確かめてみよう. ◆

11. スカラー場の量子化

自由実スカラー場のハミルトニアンと運動量演算子を生成消滅演算子で表すには，(11.8) で $\lambda = 0$ とおいた式

$$H = \int d^3\boldsymbol{x} \left\{ \frac{1}{2}\pi^2 + \frac{1}{2}(\boldsymbol{\nabla}\phi)^2 + \frac{m^2}{2}\phi^2 \right\} \tag{11.46a}$$

$$\boldsymbol{P} = -\int d^3\boldsymbol{x} \frac{1}{2} \{\pi \boldsymbol{\nabla}\phi + (\boldsymbol{\nabla}\phi)\pi\} \tag{11.46b}$$

に，$\phi(x)$ の展開式 (11.30) を代入して $\boldsymbol{x}$ 積分を実行すればよい．$\boldsymbol{P}$ の右辺にマイナス符号が現れているが，これは $\partial^j = -\partial_j = -\partial/\partial x^j$ のマイナス符号からきている．また，$\boldsymbol{P}$ の表式をエルミート性が明白な形に書き表しておいた．それから，$\boldsymbol{P}$ の表式は相互作用のあるなしに関わらず，同じ形 (11.46b) で与えられることに注意しておく．

【注】 ここでは，(11.46a) 右辺の第 1 項の計算例を与えておく．

$$\begin{aligned}
\int d^3\boldsymbol{x} \frac{1}{2}(\pi(t,\boldsymbol{x}))^2 &= \int d^3\boldsymbol{x} \frac{1}{2}(\partial^0 \phi(t,\boldsymbol{x}))^2 \\
&= \frac{1}{2}\int d^3\boldsymbol{x} \int \frac{d^3\boldsymbol{k}}{\sqrt{(2\pi)^3 2E_k}} \{a(\boldsymbol{k})(-iE_k)e^{-ik\cdot x} + a^\dagger(\boldsymbol{k})(iE_k)e^{ik\cdot x}\} \\
&\quad \times \int \frac{d^3\boldsymbol{k}'}{\sqrt{(2\pi)^3 2E_{k'}}} \{a(\boldsymbol{k}')(-iE_{k'})e^{-ik'\cdot x} + a^\dagger(\boldsymbol{k}')(iE_{k'})e^{ik'\cdot x}\} \\
&= \frac{1}{2}\int \frac{d^3\boldsymbol{k}\, d^3\boldsymbol{k}'}{(2\pi)^3} \int d^3\boldsymbol{x}\, \frac{\sqrt{E_k E_{k'}}}{2} \{a(\boldsymbol{k})a^\dagger(\boldsymbol{k}')e^{-i(E_k - E_{k'})t + i(k - k')\cdot x} \\
&\qquad + a^\dagger(\boldsymbol{k})a(\boldsymbol{k}')\,e^{i(E_k - E_{k'})t - i(k - k')\cdot x} \\
&\qquad - a(\boldsymbol{k})a(\boldsymbol{k}')\,e^{-i(E_k + E_{k'})t + i(k + k')\cdot x} \\
&\qquad - a^\dagger(\boldsymbol{k})a^\dagger(\boldsymbol{k}')\,e^{i(E_k + E_{k'})t - i(k + k')\cdot x}\} \\
&= \int d^3\boldsymbol{k}\, \frac{E_k}{4} \{a(\boldsymbol{k})a^\dagger(\boldsymbol{k}) + a^\dagger(\boldsymbol{k})a(\boldsymbol{k}) \\
&\qquad - a(\boldsymbol{k})a(-\boldsymbol{k})e^{-2iE_k t} - a^\dagger(\boldsymbol{k})a^\dagger(-\boldsymbol{k})e^{2iE_k t}\}
\end{aligned} \tag{11.47}$$

ここで，2 番目の等号では (11.30) を代入して $(\partial/\partial t)\,e^{\mp ik\cdot x} = \mp iE_k e^{\pm ik\cdot x}$ を用いた．4 番目の等号では，まず $\boldsymbol{x}$ で積分した後に $\boldsymbol{k}'$ で積分した．そのとき，デルタ関数の積分表示 (11.40) と任意の関数 $g(\boldsymbol{k}')$ に対するデルタ関数の公式 $g(\boldsymbol{k}')\delta^3(\boldsymbol{k} \mp \boldsymbol{k}') = g(\pm \boldsymbol{k}) \times \delta^3(\boldsymbol{k} \mp \boldsymbol{k}')$，および $E_{-k} = E_k (= \sqrt{\boldsymbol{k}^2 + m^2})$ を用いた．(11.46) の残りの項も同様に計算すればよい．慣れていないと多少計算に時間がかかるかもしれないが，計算自体に難しいところはない．

11.2 自由実スカラー場のスペクトラム

$(E_k)^2 = \bm{k}^2 + m^2$ の関係を考慮して，(11.46a) 右辺の3つの項を足し合わせると，次のハミルトニアンが得られる．

$$H = \int d^3\bm{k} \frac{E_k}{2} \{a^\dagger(\bm{k})a(\bm{k}) + a(\bm{k})a^\dagger(\bm{k})\} \qquad (11.48)$$

上の結果を導くのに，$a(\bm{k})$ と $a^\dagger(\bm{k})$ の順番は入れかえていないことに注意しておく．また，(11.47) 右辺の時間 t に依存した項 (第3項と第4項) がハミルトニアン (11.48) から消えた理由は，ハミルトニアンが保存量 $(dH/dt = 0)$ であることの帰結に他ならない．

〈check 11.8〉
(11.46) に $\phi(x)$ の展開式 (11.30) を代入して，(11.48) および $P = \int d^3\bm{k} \dfrac{\bm{k}}{2}$ $\times \{a^\dagger(\bm{k})a(\bm{k}) + a(\bm{k})a^\dagger(\bm{k})\}$ を導いてみよう．◆

すぐ後でわかることだが，(11.48) 右辺の表式は無限大の定数を含んでおり，このままでは真空のエネルギーが無限大となって物理的に意味をなさない．そこで数学的にきちんと定義されたものにするために，生成消滅演算子の積の順番として，生成演算子 $a^\dagger(\bm{k})$ を消滅演算子 $a(\bm{k}')$ の左に持ってくる**正規順序** (normal order) にとることにする．

生成消滅演算子の積の正規順序をとることを，: (コロン) で挟んで表すことが多い．例えば，$a(\bm{k})a^\dagger(\bm{p})a(\bm{q})$ の**正規順序積** (normal ordered product) $:a(\bm{k})a^\dagger(\bm{p})a(\bm{q}):$ は次式で定義される．

$$:a(\bm{k})a^\dagger(\bm{p})a(\bm{q}): \equiv a^\dagger(\bm{p})a(\bm{k})a(\bm{q}) = a^\dagger(\bm{p})a(\bm{q})a(\bm{k})$$

(11.48) 右辺の第2項 $a(\bm{k})a^\dagger(\bm{k})$ を正規順序の形に持っていくために，交換関係を使って形式的に $a(\bm{k})a^\dagger(\bm{k}) = a^\dagger(\bm{k})a(\bm{k}) + [a(\bm{k}), a^\dagger(\bm{k})]$ と書き表しておこう．この右辺の交換関係は (11.44a) から $\delta^3(\bm{0})$ となり無限大の発散量を与える．これを見て読者は不安になったかもしれない．しかし，心配する必要はない．どのように対処すればよいか説明しておこう．

まず，交換関係 $[a(\bm{k}), a^\dagger(\bm{k})]$ から現れた $\delta^3(\bm{0})$ がどのような発散量なの

かをはっきりさせよう．

$$[a(\boldsymbol{k}), a^\dagger(\boldsymbol{k})] = [a(\boldsymbol{k}), a^\dagger(\boldsymbol{k}')]|_{k'\to k} = \delta^3(\boldsymbol{k}-\boldsymbol{k}')|_{k'\to k}$$
$$= \int \frac{d^3\boldsymbol{x}}{(2\pi)^3} e^{i(k-k')\cdot x}\Big|_{k'\to k} = \int \frac{d^3\boldsymbol{x}}{(2\pi)^3} \quad (11.49)$$

この結果から $\delta^3(\boldsymbol{0})$ は，空間の体積が無限大であることからくる発散量ということがわかる．

上式を用いると，ハミルトニアン (11.48) は形式的に次のように表すことができる．

$$H = \int d^3\boldsymbol{k}\, E_k a^\dagger(\boldsymbol{k})a(\boldsymbol{k}) + E_0, \qquad E_0 \equiv \int \frac{d^3\boldsymbol{x}\, d^3\boldsymbol{k}}{(2\pi)^3} \frac{E_k}{2}$$
$$(11.50)$$

調和振動子のハミルトニアン $H = \omega a^\dagger a + (\omega/2)$ から類推できるように，E_0 の物理的意味は，真空の零点振動エネルギー $E_k/2$ を全自由度 (全位相体積) について足し上げたものである．真空の零点振動エネルギーの問題は，物理的に興味深い論点を含むので，次の 11.2.5 項でいくつかコメントを与えておく．

真空エネルギー E_0 は (発散しているが) 定数なので，11.2.1 項で議論したように，ハミルトニアンから E_0 を差し引いたものを新たにハミルトニアン H として再定義することができる．それが，この項の冒頭で与えたハミルトニアン (11.43a) である．

【注】ハミルトニアン (11.43a) は，(11.48) の正規順序積と見なすことができる．すなわち，

$$\int d^3\boldsymbol{k}\, \frac{E_k}{2} : \{a^\dagger(\boldsymbol{k})a(\boldsymbol{k}) + a(\boldsymbol{k})a^\dagger(\boldsymbol{k})\} : = \int d^3\boldsymbol{k}\, E_k a^\dagger(\boldsymbol{k})a(\boldsymbol{k})$$

である．したがって，(11.48) の正規順序をとることは，(11.50) で定義される真空エネルギー E_0 を無視することと等価である．

真空 $|0\rangle$ は最低エネルギー状態なので，任意の運動量 $\boldsymbol{k}$ に対して

$$a(\boldsymbol{k})|0\rangle = 0 \tag{11.51}$$

を満たさなければならない．さもなければ，真空よりもエネルギーが E_k だけ低い状態 $a(\boldsymbol{k})|0\rangle$ が存在することになり仮定と矛盾する．したがって，真空 $|0\rangle$ は (11.43a) のハミルトニアンに対して，ゼロエネルギー状態であり，時間並進不変性を持つことになる．すなわち，真空 $|0\rangle$ は次式を満たす．

$$H|0\rangle = \int d^3\boldsymbol{k}\, E_k a^\dagger(\boldsymbol{k})a(\boldsymbol{k})|0\rangle = 0 \tag{11.52}$$

【注】 くどいようだが，上式 $H|0\rangle = 0$ は2つの物理的意味——「真空エネルギーはゼロ」と「真空は時間並進の下で不変」——を表していることに注意せよ．

運動量演算子 P のほうは，ハミルトニアンと違って定数項を差し引いたりしなくても，(11.43b) の表式が導かれる．実際は，$a(\boldsymbol{k})$ と $a^\dagger(\boldsymbol{k})$ を交換関係を使って入れかえたときに，(11.43b) 右辺の項以外にも $\int d^3\boldsymbol{k}\,\boldsymbol{k}$ の項が現れる．しかし，被積分関数が $\boldsymbol{k} \to -\boldsymbol{k}$ の下で奇関数なので，$\boldsymbol{k}$ 積分を実行すると 0 になる．したがって，真空 $|0\rangle$ は運動量のゼロ固有値状態であり，空間並進不変性を持つことが確かめられたことになる．すなわち，

$$P|0\rangle = 0 \tag{11.53}$$

が成り立つ．

【注】 より厳密には，運動量積分 $\int_{-\infty}^{\infty} dk\, f(k)$ をコーシーの主値 $\lim_{\Lambda \to \infty} \int_{-\Lambda}^{\Lambda} dk\, f(k)$ として定義する．

最後に交換関係の計算に慣れたかどうかのチェックとして，(11.43) で与えられるエネルギー運動量演算子 P^μ ($\mu = 0, 1, 2, 3$) を用いて，(11.36) の交換関係を導いてほしい．必要なのは，公式 (11.13) と交換関係 (11.44) のみである．(11.43) と (11.36) の関係を一般化したものが check 11.9 に与えられている．

⟨check 11.9⟩

$\boldsymbol{k}$ の任意関数 $g(\boldsymbol{k})$ に対して，次の関係を確かめてみよう．

$$G \equiv \int d^3k \, g(\mathbf{k}) a^\dagger(\mathbf{k}) a(\mathbf{k}) \implies \begin{cases} [G, a^\dagger(\mathbf{k})] = +g(\mathbf{k}) a^\dagger(\mathbf{k}) \\ [G, a(\mathbf{k})] = -g(\mathbf{k}) a(\mathbf{k}) \end{cases}$$
(11.54)

◆

11.2.5 真空エネルギー

真空エネルギーを単に捨て去るだけではもったいない．いくつかコメントを与えておこう．前に述べたように，重力を考えなければ，エネルギーの絶対値そのものは観測可能ではない．したがって，エネルギーの原点をずらしても物理が変わることはない．

【注】古典力学で考えるとわかりやすいだろう．ラグランジアン密度に定数項を加えると，ハミルトニアンもその定数分だけ定義がずれる．しかし，ラグランジアン密度の定数項はオイラー–ラグランジュ方程式には寄与しない．したがって，運動方程式は変わらない．

実際，ハミルトニアンに定数項を加えても，定数はすべての量と可換なのでハイゼンベルグ方程式には寄与しない．つまり，演算子の時間発展に影響を与えることはない．では，真空エネルギーは物理的意味を持たないのだろうか？ 実はそう単純ではない．それを説明しておこう．

- 生成消滅演算子が定義できる場合は，これまで行ってきたように，消滅演算子を一番右に持ってくる正規順序をとれば $H|0\rangle = 0$ が保証できる．しかし，それが可能なのは生成消滅演算子が定義可能，すなわち，粒子描像が成り立つ場合に限られる．相互作用がある場合には，一般に生成消滅演算子を導入できるとは限らない．したがって，第一義的な基本量である場 $\phi(x)$ を使ってハミルトニアンを書き表すのが最も自然と思われる．ただし，そのときは無限大の真空エネルギーが一般に現れる．
- 真空エネルギーが物理的意味を持つ，実験的証拠がある．それは**カシミア効果** (Casimir effect) である．カシミアは，真空中に2枚の金属板を平行に置いて，真空エネルギーの観点から金属にはたらく力を調べた．

カシミアの洞察が素晴らしかったのは，系の真空エネルギーではなく，2枚の金属板の距離を変えたときのエネルギー差（変化）に着目したことだ．金属板の距離が L のときの真空エネルギーを $E(L)$ としたとき，$E(L)$ そのものは（前に見たように）発散しているが，距離を変えたときの差 $E(L+\varDelta L) - E(L)$ は有限な値を持ち，実験で検証可能であることをカシミアは見出した（実際には $dE(L)/dL$ を計算した）．

その導出には数学的技巧が必要とされるので，ここではその結果のみを下に与えておく（$\hbar$ と c を復活させておいた）．

$$\frac{F}{A} = -\frac{1}{A}\frac{dE(L)}{dL} = -\frac{\pi^2 \hbar c}{240 L^4} \quad (11.55)$$

ここで，A は金属板の面積，F/A は単位面積当たりの金属板にはたらく力である．（力とポテンシャルエネルギーの関係 $F = -\partial V(x)/\partial x$ を思い出そう．）F/A が負ということは引力を意味する．これは $E(L+\varDelta L) > E(L)$ を意味し，金属板を離したほうがエネルギーが高い，すなわち，金属板を近づけたほうがエネルギー的に安定ということだ．

実験的には，1997年に Lamoreaux によって5%の精度でカシミア効果が検証された．

【注】H. B. G. Casimir：On the attraction between two perfectly conducting plates, Proc. Koninkl. Ned. Akad. Wetenschap. **51** (1948) 793, S. K. Lamoreaux：Demonstration of the Casimir Force in the 0.6 to 6 μm Range, Phys. Rev. Lett. **78** (1997) 5.

● 素粒子間の相互作用を考えるだけなら重力はケタ違いに小さいので無視できる．しかし，宇宙全体を考えるならば重力を無視することはできない．そのとき，真空エネルギーの原点を勝手にずらすことはできず，真空エネルギーは重力方程式の宇宙項（あるいは**宇宙定数（cosmological constant）**）に対応する物理的意味を持つ．もし，宇宙定数が無限大の値を持つと，我々の宇宙のような平坦な時空を実現できない．この真

空エネルギーに起因する宇宙定数の問題を真剣に捉えるならば，真空エネルギーの発散は何らかの形で相殺する必要がある．

そのひとつのヒントはディラック場の真空エネルギーの符号にある．自由粒子の場合は，次章で確かめるように，実スカラー場とディラック場の真空エネルギーの間には $E_0^{ディラック} = -4E_0^{実スカラー}$ の関係がある．つまり，自由実スカラー場を4つ，自由ディラック場をひとつ含む系では，真空エネルギーは両者で完全に相殺する．

相互作用を取り入れると一般にこの性質は失われてしまう．しかし，**超対称性**が理論の不変性として存在するならば，真空エネルギーの相殺は相互作用も含めて厳密に成り立つことが知られている．これは，超対称性が**ボース粒子とフェルミ粒子の入れかえの下での不変性**を保証し，その結果，真空エネルギーへの寄与がボース粒子とフェルミ粒子とで相殺するからである（check 12.10 参照）．この事実は，超対称性が自然界で成り立っている根拠の1つと考える研究者も多い．（ボース粒子とフェルミ粒子については次節を参照．）

【注】 超対称性理論の標準的教科書として，J. ウェス，J. バガー 著：「超対称性と超重力」（丸善出版，2011 年）がある．その他に日本語で書かれた教科書として，S. ワインバーグ 著：「場の量子論5巻 超対称性：構成と超対称標準模型」（吉岡書店，2001 年）と太田信義，坂井典佑 共著：「超対称性理論—現代素粒子論の基礎として—」（サイエンス社，2006 年）がある．また，量子力学の観点から超対称性を解説した教科書として，坂本眞人 著：「量子力学から超対称性へ」（サイエンス社，2012 年）がある．

11.3 スカラー場の統計性

この節で，相対論の基本的要請のひとつである因果律について議論する．そして，スカラー場の理論が因果律と矛盾しないためには，スカラー粒子はボース–アインシュタイン統計に従わなければならないことを示す．これは，場の量子論の成果の1つである．

11.3.1 ボース-アインシュタイン統計

前節で見たように，場 $\phi(x)$ を量子化することによって，粒子描像に到達できた．このとき，生成演算子 $a^\dagger(\boldsymbol{k})$ を真空 $|0\rangle$ に作用して作られる状態を考え，それらの線形結合で張られる状態空間を**フォック空間**（Fock space）とよぶ．

交換関係 (11.44b) から，状態ベクトル $|\boldsymbol{k}_1, \cdots, \boldsymbol{k}_n\rangle$ は任意の 2 つの粒子の入れかえに対して対称になっていることがわかる．

$$|\cdots, \boldsymbol{k}_a, \cdots, \boldsymbol{k}_b, \cdots\rangle = |\cdots, \boldsymbol{k}_b, \cdots, \boldsymbol{k}_a, \cdots\rangle \qquad (11.56)$$

このように同種粒子の入れかえに対して対称な粒子を**ボース粒子**，あるいは**ボソン**と呼び，**ボース-アインシュタイン統計**（あるいは簡単に**ボース統計**）に従うという．一方，同種粒子の入れかえに対して反対称な粒子を**フェルミ粒子**，あるいは**フェルミオン**とよび，**フェルミ-ディラック統計**（もしくは簡単に**フェルミ統計**）に従うという．次章で見るように，ディラック粒子はフェルミ-ディラック統計に従う．

スカラー粒子がボース-アインシュタイン統計に従う理由は，正準交換関係 (11.6) あるいは (11.44) にある．第 12 章でディラック場の量子化を議論するが，そこでは交換関係の代わりに反交換関係が設定され，その性質からディラック粒子はフェルミ-ディラック統計に従うことが示される．

ここで強調しておきたいことは，これらの統計性は勝手に決められたものではなく，場の量子論としての整合性から一意的に決まるという点である．実際，スカラー粒子を反交換関係 $\{a(\boldsymbol{k}), a^\dagger(\boldsymbol{k}')\} \equiv a(\boldsymbol{k})a^\dagger(\boldsymbol{k}') + a^\dagger(\boldsymbol{k}')a(\boldsymbol{k}) = \delta^3(\boldsymbol{k}-\boldsymbol{k}')$ を使って量子化すると，(11.48) のハミルトニアンは単なる定数となってしまい量子論として意味をなさない．さらに，11.3.3 項および 11.3.4 項で議論するように，局所因果律の要請から，スカラー場は交換関係を用いて量子化されなければならないことが示され，ボース-アインシュタイン統計に従うことがわかる．

スピン統計定理（spin‐statistics theorem）はフィルツとパウリによって証明され，整数スピンを持つ粒子はボース‐アインシュタイン統計，半整数スピンを持つ粒子はフェルミ‐ディラック統計に従わなければならない．ディラック粒子の場合は，第 12 章で具体的にスピンと統計の関係を導くことにする．

【注】 M. Fierz：Helv. Phys. Acta **12** (1939) 3, W. Pauli：Phys. Rev. **58** (1940) 716. 公理論的場の量子論による証明は，R. F. Streater and A. S. Wightman：*PCT, SPIN AND STATISTICS AND ALL THAT* (W. A. Benjamin, Inc. 1964) が参考になるだろう．

11.3.2　因果律

ある地点で起こった現象が，光速を超えて別の地点の物理に影響を与えることはない．これは**因果律**とよばれる相対性理論の基本的性質の 1 つである．

この因果律は，相対論的場の量子論の枠組みの中で自明な性質ではない．それは粒子の位置や速度という量が，場の量子論では一義的なものではないからである．場の量子論での基本量は場 $\phi(x)$ なので，因果律を場 $\phi(x)$ に対する要請としていい直す必要がある．この要請は，初学者にとってわかりづらい部分があるので，ここで少し詳しく説明しておく．また 11.3.3 項と 11.3.4 項で，因果律の要請はスカラー場の統計性を決めることを見るので，そちらも読んでもらいたい．

まず，量子力学における座標と運動量の交換関係 $[x,p]=i$ から議論を始めよう．x と p が可換でない（$xp \neq px$）ので，粒子の運動量を測定した後で粒子の位置を測定した結果と，順番を逆にして位置を先に測定しその後で運動量を測定した結果は一般に異なる．つまり，粒子の運動量（位置）の測定は，位置（運動量）の測定に影響を与えることになる．

任意の演算子 A, B に対して上の議論を拡張すると，次のようになる．A と B が非可換（$[A,B] \neq 0$）なら A と B の測定は互いに影響を及ぼすが，A と B が可換（$[A,B] = 0$）なら A の測定は B の測定に（逆も同様に）影響を

与えることはない．

上での考察を場の量子論での因果律に結びつけると次のようになる．ある時空点 $\{x^\mu\}$ での任意の物理量を $A(x)$，異なる時空点 $\{y^\mu\}$ での物理量を $B(y)$ としておく．2 つの時空点 $\{x^\mu\}$ と $\{y^\mu\}$ を $(x-y)^2 \equiv (x^0 - y^0)^2 - (\boldsymbol{x}-\boldsymbol{y})^2 > 0$（時間的）と $(x-y)^2 < 0$（空間的）の場合に分けたとき，$\{x^\mu\}$ と $\{y^\mu\}$ が空間的に離れている場合は光円錐の外側（図 11.2 の灰色部分に対応）にあるので，因果関係を持てないはずだ．したがって，この場合，時空点 $\{x^\mu\}$ で起こった現象は時空点 $\{y^\mu\}$ での物理に影響を与えることはない．その逆も同じである．

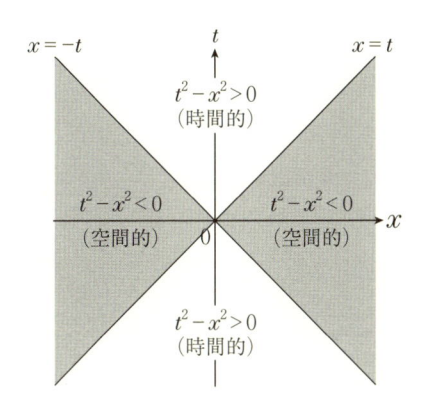

図 11.2 2 次元時空 (t, x) の場合の光円錐の内側と外側．

【注】 図 11.2 は，$y^\mu = 0$ として 2 次元時空 (t, x) の場合における光円錐の内側と外側を描いたものである．光円錐の内側（$t^2 - x^2 > 0$：時間的）は時空の原点（$(t, x) = (0, 0)$）と因果関係を持ちうる領域だが，灰色に塗られた光円錐の外側（$t^2 - x^2 < 0$：空間的）は時空の原点に影響を与えることはないし，時空の原点で起こったことは光円錐の外側に影響を与えることはない．

このことを演算子 $A(x)$ と $B(x)$ の言葉に焼き直すと，前の段落での議論を踏まえて

$$[A(x), B(y)] = 0, \qquad (x-y)^2 < 0 \tag{11.57}$$

が結論づけられる．これは**局所因果律（micro causality）**とよばれる関係式で，相対論的場の量子論の要請の 1 つである．

【注】 A と B がフェルミ的演算子であれば，交換関係の代わりに反交換関係が課される．

11.3.3 スカラー場の交換関係と局所因果律

局所的な演算子 $A(x)$ は，場 $\phi(x)$ および $\phi(x)$ に微分 ∂^μ がかかったものから構成されるだろう．($\pi(x)$ も $\phi(x)$ の時間微分 $\partial^0 \phi(x)$ と見なすことができる．) このとき，公式 (11.13) を考慮するならば，場 $\phi(x)$ に対する次の条件

$$[\phi(x), \phi(y)] = 0, \qquad (x-y)^2 < 0 \qquad (11.58)$$

が成り立っていれば，一般に (11.57) の局所因果律が保証されることになる．では，以下で (11.58) が成り立っていることを確かめよう．

同時刻 ($x^0 = y^0$) の場合は (このときは $(x-y)^2 = -(\boldsymbol{x}-\boldsymbol{y})^2 \leq 0$)，同時刻交換関係 (11.6b) から確かに (11.58) は満たされていることがわかる．一般の $(x-y)^2 < 0$ の場合にも局所因果律 (11.58) が成り立っていることを，$\phi(x)$ の展開式 (11.30) を使って確かめてみよう．

$$\begin{aligned}
[\phi(x), \phi(y)] &= \int \frac{d^3\boldsymbol{k}\, d^3\boldsymbol{k}'}{(2\pi)^3 \sqrt{2E_k 2E_{k'}}} \{ [a(\boldsymbol{k}), a^\dagger(\boldsymbol{k}')] e^{-i(k\cdot x - k'\cdot y)} \\
&\qquad\qquad + [a^\dagger(\boldsymbol{k}), a(\boldsymbol{k}')] e^{i(k\cdot x - k'\cdot y)} \} \\
&= \int \frac{d^3\boldsymbol{k}}{(2\pi)^3 2E_k} \{ e^{-ik\cdot(x-y)} - e^{ik\cdot(x-y)} \} \\
&= \int \frac{d^4 k}{(2\pi)^3} \delta(k^2 - m^2) \theta(k^0) \{ e^{-ik\cdot(x-y)} - e^{ik\cdot(x-y)} \} \\
&\equiv i\Delta(x-y) \qquad\qquad (11.59)
\end{aligned}$$

ここで，最初の等号では $[a(\boldsymbol{k}), a(\boldsymbol{k}')]$ と $[a^\dagger(\boldsymbol{k}), a^\dagger(\boldsymbol{k}')]$ に比例する項を落とした．2番目の等号では，生成消滅演算子の交換関係 (11.44) と $k^0 = E_k = \sqrt{\boldsymbol{k}^2 + m^2}$ を用いた．3番目の等号では，次のデルタ関数の恒等式

$$\delta(k^2 - m^2) \theta(k^0) = \frac{1}{2E_k} \delta(k^0 - E_k) \qquad (11.60)$$

を用いた．$\theta(k^0)$ は階段関数で次式で定義される．

$$\theta(k^0) = \begin{cases} 1 & (k^0 > 0) \\ 0 & (k^0 < 0) \end{cases} \tag{11.61}$$

(11.59) の3番目の等号で，右辺の k^0 は積分変数であり $\sqrt{\boldsymbol{k}^2 + m^2}$ ではないことに注意しておく．

【注】(11.60) の証明は次式で与えられる．

$$\begin{aligned}\delta(k^2 - m^2)\theta(k^0) &= \delta((k^0 - E_k)(k^0 + E_k))\theta(k^0) \\ &= \Big\{\frac{\delta(k^0 - E_k)}{|k^0 + E_k|} + \frac{\delta(k^0 + E_k)}{|k^0 - E_k|}\Big\}\theta(k^0) \\ &= \frac{\delta(k^0 - E_k)}{|k^0 + E_k|}\theta(k^0) = \frac{1}{2E_k}\delta(k^0 - E_k)\end{aligned}$$

2番目の等号ではデルタ関数の公式

$$\delta(f(x)) = \sum_i \frac{1}{|f'(x_i)|}\delta(x - x_i) \quad (\text{ただし}, f(x_i) = 0) \tag{11.62}$$

を用いた．ここで，$\sum_i$ は $f(x_i) = 0$ を満たすすべての x_i について和がとられている．また，3番目（4番目）の等号では，$E_k > 0$ より $\theta(-E_k) = 0$ ($\theta(E_k) = 1$) を用いた．

(11.59) で定義した $\varDelta(x)$ は**不変デルタ関数** (invariant delta function) とよばれるものの1つで，次の性質を満たす．

$$(\text{i}) \quad \varDelta(x) = \varDelta(x') \quad (x'^{\mu} = \varLambda^{\mu}{}_{\nu}x^{\nu}) \tag{11.63a}$$

$$(\text{ii}) \quad \varDelta(-x) = -\varDelta(x) \tag{11.63b}$$

$$(\text{iii}) \quad \varDelta(x) = 0 \quad (x^2 < 0) \tag{11.63c}$$

$$(\text{iv}) \quad \varDelta(x)\big|_{x^0 = 0} = 0, \quad \frac{\partial}{\partial x^0}\varDelta(x)\Big|_{x^0 = 0} = -\delta^3(\boldsymbol{x}) \tag{11.63d}$$

（ⅰ）は $\varDelta(x)$ のローレンツ不変性を意味する．これは，$\phi(x)$ がローレンツ不変なスカラー場であることから当然の帰結だが，(11.59) 右辺の第3番目の表式からも具体的に確かめられる．（ⅱ）は (11.59) 右辺の第2番目の表式，あるいは交換関係の性質 $[\phi(x), \phi(y)] = -[\phi(y), \phi(x)]$ から確かめられる．（ⅲ）は後で証明する．（ⅳ）の第1式は，(11.59) 右辺の第2番目の表式で第2項の $\boldsymbol{k}$ を $-\boldsymbol{k}$ におきかえれば，第1項と第2項が相殺するこ

とからわかる．また，これは $\phi(t, \boldsymbol{x})$ と $\phi(t, \boldsymbol{y})$ の同時刻交換関係 (11.6b) に他ならない．(iv) の第 2 式は，(11.59) 右辺の第 2 番目の表式を時間で微分してデルタ関数の積分表示 (11.40) から導くこともできるし，(11.59) の左辺を $x^0 = t$ で微分して $\pi(t, \boldsymbol{x}) = \partial^0 \phi(t, \boldsymbol{x})$ とおき直せば，$\pi(t, \boldsymbol{x})$ と $\phi(t, \boldsymbol{y})$ の正準交換関係 (11.6a) に他ならないことがわかる．

(iii) は我々が示したかった局所因果律の関係式だ．これは次のように示される．$x^2 < 0$，すなわち時空点 $\{x^\mu\}$ が原点から空間的に離れている場合は，ローレンツ変換をうまく選ぶことによって，新しい慣性系で $x'^0 = 0$ とできる（図 11.3 参照）．$\varDelta(x)$ は (i) よりローレンツ不変かつ (iv) の第 1 式の性質を満たすので，$x^2 < 0$ に対して $\varDelta(x) = \varDelta(x')|_{x'^0 = 0} = 0$ となることが確かめられたことになる．

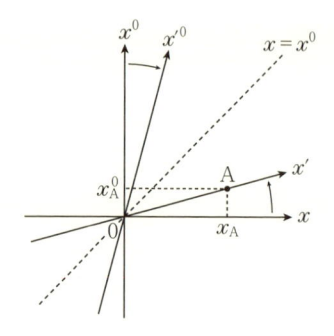

図 11.3 原点から空間的 ($x^2 < 0$) に離れている時空点 $A = \{x^\mu{}_A\}$ は，いつでも $x'^0{}_A = 0$ となる慣性系 $\{x'^\mu\}$ に移ることができる．

【注】 時間的 $x^2 > 0$ の場合は，図 11.3 からもわかるように，$x'^0 = 0$ となる慣性系をとることはできない．

〈check 11.10〉

(11.59) 右辺の 3 番目の表式を用いて，$\varDelta(x)$ が本義ローレンツ変換の下で不変 ((11.63a) の性質) であることを具体的に示してみよう．◆

11.3.4 反交換関係による量子化は可能か？

交換関係に基づいた正準量子化 (11.6) の下に，スカラー場は局所因果律 (11.58) を満たすことを 11.3.3 項で確かめた．交換関係 (11.6) あるいは (11.44b) から生成演算子は互いに可換 ($a^\dagger(\boldsymbol{k})a^\dagger(\boldsymbol{k}') = a^\dagger(\boldsymbol{k}')a^\dagger(\boldsymbol{k})$) なので，スカラー場はボース-アインシュタイン統計に従うことになる．しかし，11.3.3 項では，反交換関係を使ってスカラー場を量子化したならば，局所因果律がどうなるかまでは調べなかった．それをここで確認しておこう．

反交換関係を使ってスカラー場を量子化した場合，生成消滅演算子の交換関係 (11.44) はすべて反交換関係でおきかえられる．すなわち，$\{a(\boldsymbol{k}), a^\dagger(\boldsymbol{k}')\} = \delta^3(\boldsymbol{k} - \boldsymbol{k}')$, $\{a(\boldsymbol{k}), a(\boldsymbol{k}')\} = 0 = \{a^\dagger(\boldsymbol{k}), a^\dagger(\boldsymbol{k}')\}$ である．

このとき局所因果律 (11.58) は，$\{\phi(x), \phi(y)\} = 0 \,((x-y)^2 < 0)$ におきかわる．生成消滅演算子の反交換関係を用いて，$\{\phi(x), \phi(y)\}$ を計算すると

$$\{\phi(x), \phi(y)\} = \int \frac{d^3\boldsymbol{k}}{(2\pi)^3 2E_{\boldsymbol{k}}} \{e^{-ik \cdot (x-y)} + e^{ik \cdot (x-y)}\} \quad (11.64)$$

を得る．(11.59) との違いは右辺第 2 項の符号だ．この符号が負であれば，$(x-y)^2 < 0$ のとき右辺第 1 項と第 2 項が相殺して 0 となる ((11.63c) の証明参照)．しかし，(11.64) の場合は $(x-y)^2 < 0$ のときに第 1 項と第 2 項が一般に相殺することはないし，各項が単独でゼロになることもない．

【注】 (11.59) と (11.64) の右辺第 2 項の符号の違いは，交換関係と反交換関係の次の性質の違いから生じる．

$$[a(\boldsymbol{k}), a^\dagger(\boldsymbol{k}')] = -[a^\dagger(\boldsymbol{k}'), a(\boldsymbol{k})] = \delta^3(\boldsymbol{k} - \boldsymbol{k}')$$
$$\{a(\boldsymbol{k}), a^\dagger(\boldsymbol{k}')\} = +\{a^\dagger(\boldsymbol{k}'), a(\boldsymbol{k})\} = \delta^3(\boldsymbol{k} - \boldsymbol{k}')$$

したがって，局所因果律は満たされないことがわかる．つまり，スカラー場は交換関係を使って量子化しなければならず，その結果としてボース-アインシュタイン統計に従うことになる．

【注】 ボース統計とフェルミ統計以外の統計性の可能性はないのか，と疑問を持つかもし

れない．それはもっともなことだ．多くの人々によってその可能性（**パラ統計**（para statistics）とよばれる）は考察されてきた．興味のある読者は，Y. Ohnuki and S. Kamefuchi：*Quantum Field Theory and Parastatistics* (University of Tokyo Press, 1982) が参考になるだろう．また，空間が3次元ではなく2次元平面の場合は，ボース-アインシュタイン統計やフェルミ-ディラック統計以外の統計（**分数統計**（fractional statistics）とよばれることもある）に従う粒子の存在が可能となり，そのような粒子は**エニオン**（anyon）とよばれる．

11.3.5　量子化条件の再考

11.3.2項で因果律を学んだので少し寄り道をして，因果律の観点から量子化条件を再考して見ることにしよう．場の演算子間の同時刻交換関係

$$[\phi(t,\boldsymbol{x}),\pi(t,\boldsymbol{y})] = i\delta^3(\boldsymbol{x}-\boldsymbol{y}) \qquad (11.65a)$$

$$[\phi(t,\boldsymbol{x}),\phi(t,\boldsymbol{y})] = [\pi(t,\boldsymbol{x}),\pi(t,\boldsymbol{y})] = 0 \qquad (11.65b)$$

を量子化条件として（有無をいわせず！）課した．しかし，これ以外に可能性がありうるかを考えてみるのも，場の量子論の理解を深める上で無駄ではないだろう．完全な一般論を展開することはできないので，ここでは上式の交換関係の右辺にどのような可能性がありうるかを探ることにする．

まずは，$\phi(t,\boldsymbol{x})$ と $\pi(t,\boldsymbol{y})$ の同時刻交換関係から考察してみよう．ここでは仮定として，$[\phi(t,\boldsymbol{x}),\pi(t,\boldsymbol{y})] = iC(t,\boldsymbol{x},\boldsymbol{y})$ としたとき，$C(t,\boldsymbol{x},\boldsymbol{y})$ は演算子ではなく通常の c 数あるいは c 数関数で与えられているとする．$C(t,\boldsymbol{x},\boldsymbol{y})$ としてどのような関数が許されるかが，ここでの問題である．

交換関係 $[\phi(t,\boldsymbol{x}),\pi(t,\boldsymbol{y})] = iC(t,\boldsymbol{x},\boldsymbol{y})$ の左から $e^{-ix \cdot P}$，右から $e^{ix \cdot P}$ を作用させると，(11.10)より左辺は

$$e^{-ix \cdot P}[\phi(t,\boldsymbol{x}),\pi(t,\boldsymbol{y})]e^{ix \cdot P} = [e^{-ix \cdot P}\phi(t,\boldsymbol{x})e^{ix \cdot P}, e^{-ix \cdot P}\pi(t,\boldsymbol{y})e^{ix \cdot P}]$$
$$= [\phi(0,\boldsymbol{0}),\pi(0,\boldsymbol{y}-\boldsymbol{x})]$$

となるので，左辺は $\boldsymbol{x}-\boldsymbol{y}$ のみの座標依存性を持つことがわかる．一方，右辺の $iC(t,\boldsymbol{x},\boldsymbol{y})$ は演算子ではないので，$e^{-ix \cdot P}$ と $e^{ix \cdot P}$ は素通りして1となり何も変わらない．したがって，$C(t,\boldsymbol{x},\boldsymbol{y})$ は $\boldsymbol{x}-\boldsymbol{y}$ のみの関数，すなわち，$C(t,\boldsymbol{x},\boldsymbol{y}) = C(\boldsymbol{x}-\boldsymbol{y})$ と書き表されることがわかる．

11.3 スカラー場の統計性

次に，局所因果律を要請してみる．同時刻交換関係を考えているので，$\{x^\mu\}$ と $\{y^\mu\}$ は $\boldsymbol{x} \neq \boldsymbol{y}$ ならば常に空間的，すなわち $(x-y)^2 = -(\boldsymbol{x}-\boldsymbol{y})^2 < 0$ である．したがって，局所因果律の要請より，$\phi(t, \boldsymbol{x})$ と $\pi(t, \boldsymbol{y})$ の交換関係は ($\boldsymbol{x} \neq \boldsymbol{y}$ では) ゼロでなければならない．唯一の例外は $\boldsymbol{x} = \boldsymbol{y}$ の場合で，このとき $\{x^\mu\}$ と $\{y^\mu\}$ は同一時空点 ($x^\mu = y^\mu$) を表しており，交換関係はゼロでなくても構わない．$\boldsymbol{x} \neq \boldsymbol{y}$ のときはゼロで $\boldsymbol{x} = \boldsymbol{y}$ のときのみゼロでない関数は，デルタ関数あるいはデルタ関数に微分 ∇ が掛かったものに他ならない．

最後に，質量次元を調べてみる．ϕ と π の質量次元は $[\phi] = 1$，$[\pi] = [\partial^0 \phi] = 2$ なので，ϕ と π の交換関係は質量次元 3 を持つ．一方デルタ関数 $\delta^3(\boldsymbol{x} - \boldsymbol{y})$ は，$\int d^3x \, \delta^3(\boldsymbol{x}) = 1$ および $\left[\int d^3x\right] = -3$ より，質量次元 3 を持ち両者は一致している．空間微分 ∇ の質量次元は $[\nabla] = 1$ なので，(質量次元 -1 を持つ量を導入しない限り) デルタ関数に微分が掛かった量は質量次元の考察より排除される．つまり，$C(\boldsymbol{x} - \boldsymbol{y})$ はデルタ関数 $\delta^3(\boldsymbol{x} - \boldsymbol{y})$ そのものに比例すると考えられる．比例係数を $f(\boldsymbol{x} - \boldsymbol{y})$ とおくと，$C(\boldsymbol{x} - \boldsymbol{y}) = f(\boldsymbol{x} - \boldsymbol{y})\delta^3(\boldsymbol{x} - \boldsymbol{y}) = f(\boldsymbol{0})\delta^3(\boldsymbol{x} - \boldsymbol{y})$ となる．$f(\boldsymbol{0})$ は単なる定数なので，(11.65a) の右辺は比例定数を除けば，(ここでの仮定の範囲内で) 一意的であることがわかる．

【注】 右辺の虚数 i は，左辺の反エルミート性 ($[\phi, \pi]^\dagger = [\pi^\dagger, \phi^\dagger] = [\pi, \phi] = -[\phi, \pi]$) からきている．

残りの同時刻交換関係 (11.65b) も同様の考察から決定することができる．ただし，この場合は $\boldsymbol{x} - \boldsymbol{y}$ に関して反対称の性質がさらに加わる．例えば，$[\pi(t, \boldsymbol{x}), \pi(t, \boldsymbol{y})]$ の場合，時空並進不変性，局所因果律，質量次元 4，$\boldsymbol{x} - \boldsymbol{y}$ に関する反対称性から，デルタ関数を空間微分した $\nabla \delta^3(\boldsymbol{x} - \boldsymbol{y})$ が許される．しかしながら，$\nabla \delta^3(\boldsymbol{x} - \boldsymbol{y})$ は空間回転の下で 3 次元ベクトルの変換性を持つので，空間回転の下で不変でない．一方，$\pi = \partial^0 \phi$ は空間回

転の下で不変である．したがって，$\nabla \delta^3(\bm{x}-\bm{y})$ の可能性も排除され，すべてを満足する関数は存在しない．すなわち，ゼロ以外に可能性がないことになる．$[\phi(t,\bm{x}),\phi(t,\bm{y})]$ の考察は読者に任せることにする．

【注】 $\delta^3(\bm{x}-\bm{y})$ は空間回転の下で不変だが，∇ は3次元ベクトルの変換性を持つ．また，質量次元 -1 を持った量はないと，ここでは仮定した．

11.4 グリーン関数とファインマン伝播関数

微分演算子の逆演算子を**グリーン関数**（Green's function）とよぶ．例えば，クライン–ゴルドン演算子 $(\partial_\mu \partial^\mu + m^2)$ のグリーン関数 $\varDelta_\mathrm{G}(x,y)$ は次式で定義される．

$$(\partial_\mu^x \partial_x^\mu + m^2)\varDelta_\mathrm{G}(x,y) = -i\delta^4(x-y) \qquad (11.66)$$

【注】 時空並進不変性があれば，$\varDelta_\mathrm{G}(x,y)$ は $x^\mu - y^\mu$ の関数，すなわち，$\varDelta_\mathrm{G}(x-y)$ と表される．（check 11.12 参照．）(11.66) 右辺の $\delta^4(x-y)$ の比例係数は自由に選んで構わないが，ここでは後で定義する (11.69) から $-i$ と係数を決めている．

グリーン関数が与えられると，次のような微分方程式

$$(\partial_\mu \partial^\mu + m^2)f(x) = \rho(x) \qquad (11.67)$$

の特解 $f(x)$ が次のように簡単に求められる．

$$f(x)_{\text{特解}} = i\int d^4y\, \varDelta_\mathrm{G}(x,y)\rho(y) \qquad (11.68)$$

⟨check 11.11⟩

(11.68) で与えられる関数 $f(x)$ が (11.67) を満たすことを確かめよ．また，(11.67) の一般解は，特解 $f(x)_{\text{特解}}$ に $\rho(x)=0$ とおいた斉次方程式 $(\partial_\mu \partial^\mu + m^2) \times g(x) = 0$ の一般解 $g(x)$ を加えたもの，$f(x)_{\text{特解}} + g(x)$ で与えられることを証明してみよう．

【ヒント】 (11.67) の一般解を $f(x)$ としたとき，$f(x) = f(x)_{\text{特解}} + g(x)$ とおいて $g(x)$ に対する方程式を求めてみよ．◆

⟨check 11.12⟩
2点関数 $\langle 0|\phi(x)\phi(y)|0\rangle$ は $x^\mu - y^\mu$ の関数であることを証明してみよう．（この性質は，自由場だけでなく相互作用がある場合でも一般に成り立つ．）
【ヒント】 $P^\mu|0\rangle = 0$ および (11.11) を用いよ． ◆

一般にグリーン関数は一意的ではない．状況に応じて異なるグリーン関数が使われる．場の量子論の摂動論では，次式で定義される**ファインマン伝播関数**（Feynman propagator）が最も重要である．

$$\Delta_F(x-y) \equiv \langle 0|T\phi(x)\phi(y)|0\rangle \quad (11.69)$$

ここで，シンボル T は**時間順序積**（T 積：time ordered product）を表し，時間的に過去から未来へ向かって演算子を右から左へ並べるものと約束する．上式の場合の定義は，

$$T\phi(x)\phi(y) \equiv \theta(x^0-y^0)\phi(x)\phi(y) + \theta(y^0-x^0)\phi(y)\phi(x) \quad (11.70)$$

である．3つの演算子の積の場合は，次式で定義される．

$$\begin{aligned}T\phi(x)\phi(y)\phi(z) \equiv &\, \theta(x^0-y^0)\theta(y^0-z^0)\phi(x)\phi(y)\phi(z) \\ &+ \theta(x^0-z^0)\theta(z^0-y^0)\phi(x)\phi(z)\phi(y) \\ &+ \theta(y^0-x^0)\theta(x^0-z^0)\phi(y)\phi(x)\phi(z) \\ &+ \theta(y^0-z^0)\theta(z^0-x^0)\phi(y)\phi(z)\phi(x) \\ &+ \theta(z^0-x^0)\theta(x^0-y^0)\phi(z)\phi(x)\phi(y) \\ &+ \theta(z^0-y^0)\theta(y^0-x^0)\phi(z)\phi(y)\phi(x)\end{aligned} \quad (11.71)$$

【注】 相互作用の強さが小さい場合，自由場の周りで展開する摂動論が使える．このとき，時間に依存する摂動論を行う必要があり，そこでは時間順序積（T 積）が自然に現れる．

また，ファインマン伝播関数は (11.66)，すなわち

$$(\partial_\mu^x \partial_x^\mu + m^2)\Delta_F(x-y) = -i\delta^4(x-y) \quad (11.72)$$

を満たす．詳しい証明は以下の【注】を参照してもらいたい．

11. スカラー場の量子化

【注】 初めに，(11.72) を導くために必要な公式を列挙しておこう．まず，以下のように階段関数の微分はデルタ関数に等しい．

$$\frac{\partial}{\partial x^0}\theta(x^0 - y^0) = \delta(x^0 - y^0) = -\frac{\partial}{\partial x^0}\theta(y^0 - x^0) \tag{11.73}$$

$f(0) = 0$ を満たす任意の関数 $f(x^0)$ に対して，次のデルタ関数の公式が成り立つ

$$\left(\frac{\partial}{\partial x^0}\delta(x^0 - y^0)\right)f(x^0 - y^0) = -\delta(x^0 - y^0)\left(\frac{\partial}{\partial x^0}f(x^0 - y^0)\right) \tag{11.74}$$

($f(0) \neq 0$ の場合は，任意関数 $G(x^0)$ を掛けて $((\partial/\partial x^0)\delta(x^0 - y^0))f(x^0 - y^0)G(x^0) = -\delta(x^0 - y^0)\{((\partial/\partial x^0)f(x^0 - y^0))G(x^0) + f(x^0 - y^0)((\partial/\partial x^0)G(x^0))\}$ としておく必要がある．)

他に必要なものは，同時刻交換関係 (11.6)，および $\pi(x) = \partial\phi(x)/\partial x^0$ と

$$(\partial_\mu\partial^\mu + m^2)\phi(x) = 0 \tag{11.75}$$

である．以上の準備の基に，次の量を計算しよう．

$$(\partial^x_\mu\partial^\mu_x + m^2)T\phi(x)\phi(y)$$
$$= (\partial^x_\mu\partial^\mu_x + m^2)\{\theta(x^0 - y^0)\phi(x)\phi(y) + \theta(y^0 - x^0)\phi(y)\phi(x)\}$$
$$= \frac{\partial^2\theta(x^0 - y^0)}{\partial(x^0)^2}\phi(x)\phi(y) + \frac{\partial^2\theta(y^0 - x^0)}{\partial(x^0)^2}\phi(y)\phi(x)$$
$$\quad + 2\frac{\partial\theta(x^0 - y^0)}{\partial x^0}\frac{\partial\phi(x)}{\partial x^0}\phi(y) + 2\frac{\partial\theta(y^0 - x^0)}{\partial x^0}\phi(y)\frac{\partial\phi(x)}{\partial x^0}$$
$$= -\delta(x^0 - y^0)[\pi(x^0, \boldsymbol{x}), \phi(x^0, \boldsymbol{y})] + 2\delta(x^0 - y^0)[\pi(x^0, \boldsymbol{x}), \phi(x^0, \boldsymbol{y})]$$
$$= -i\delta^4(x - y)$$

ここで，2番目の等号では (11.75)，3番目の等号では (11.73)〜(11.75)，および $\pi = \partial^0\phi$ を用いた．上式の左辺と右辺をそれぞれ真空状態 $\langle 0|$ と $|0\rangle$ ではさんだもの (真空期待値) が，(11.72) に他ならない．ただし，$\langle 0|0\rangle = 1$ とした．

ファインマン伝播関数 $\Delta_\mathrm{F}(x - y)$ は次のフーリエ積分表示を持つ．

$$\Delta_\mathrm{F}(x - y) = \int\frac{d^4k}{(2\pi)^4}\frac{ie^{-ik\cdot(x-y)}}{k^2 - m^2 + i\varepsilon} \tag{11.76}$$

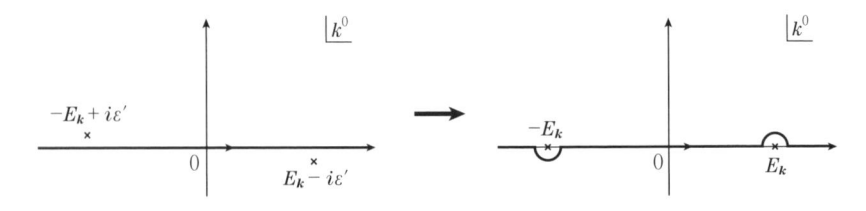

図 11.4 ファインマン伝播関数の積分路

11.4 グリーン関数とファインマン伝播関数

ここで, ε は正の無限小量で, (11.76) 右辺の k^0 積分の**極 (pole)** を図 11.4 の左図のように, 無限小だけ実軸からずらす ($k^0 = \pm\sqrt{\boldsymbol{k}^2 + m^2 - i\varepsilon} = \pm\sqrt{\boldsymbol{k}^2 + m^2} \mp i\varepsilon'$, $\varepsilon' \equiv \varepsilon/(2\sqrt{\boldsymbol{k}^2 + m^2}) > 0$) 役割を持つ. これは実質, k^0 の積分路を図 11.4 の右図のように変形したことと等価だ. 実際, ファインマン伝播関数が (11.76) で与えられることは, 次のようにして確かめられる.

【注】

$$
\begin{aligned}
&\langle 0|T\phi(x)\phi(y)|0\rangle \\
&= \int \frac{d^3\boldsymbol{k}\,d^3\boldsymbol{p}}{(2\pi)^3\sqrt{2E_k 2E_p}} \{\theta(x^0 - y^0)e^{-ik\cdot x + ip\cdot y}\langle 0|a(\boldsymbol{k})a^\dagger(\boldsymbol{p})|0\rangle \\
&\qquad\qquad\qquad\qquad + \theta(y^0 - x^0)e^{+ik\cdot x - ip\cdot y}\langle 0|a(\boldsymbol{p})a^\dagger(\boldsymbol{k})|0\rangle\} \\
&= \int \frac{d^3\boldsymbol{k}}{(2\pi)^3 2E_k} \{\theta(x^0 - y^0)e^{-ik\cdot(x-y)} + \theta(y^0 - x^0)e^{ik\cdot(x-y)}\} \\
&= \int \frac{d^3\boldsymbol{k}}{(2\pi)^3 2E_k} \frac{i}{2\pi} \int_{-\infty}^{\infty} dz \left\{\frac{e^{-iz(x^0-y^0)}}{z + i\varepsilon'}e^{-i\boldsymbol{k}\cdot(\boldsymbol{x}-\boldsymbol{y})} - \frac{e^{-iz(x^0-y^0)}}{z - i\varepsilon'}e^{i\boldsymbol{k}\cdot(\boldsymbol{x}-\boldsymbol{y})}\right\} \\
&= \int \frac{d^4 k\, i}{(2\pi)^4 2E_k} \left\{\frac{e^{-ik\cdot(x-y)}}{k^0 - E_k + i\varepsilon'} - \frac{e^{-ik\cdot(x-y)}}{k^0 + E_k - i\varepsilon'}\right\} \\
&= \int \frac{d^4 k}{(2\pi)^4} \frac{ie^{-ik\cdot(x-y)}}{(k^0)^2 - (E_k - i\varepsilon')^2} \\
&= \int \frac{d^4 k}{(2\pi)^4} \frac{ie^{-ik\cdot(x-y)}}{k^2 - m^2 + i\varepsilon}
\end{aligned}
$$

ここで最初の等号では (11.30) と $a(\boldsymbol{p})|0\rangle = \langle 0|a^\dagger(\boldsymbol{p}) = 0$, 2 番目の等号では $k^0 = E_k = \sqrt{\boldsymbol{k}^2 + m^2}$, および, $\langle 0|a(\boldsymbol{k})a^\dagger(\boldsymbol{p})|0\rangle = \langle 0|[a(\boldsymbol{k}), a^\dagger(\boldsymbol{p})]|0\rangle = \delta^3(\boldsymbol{k} - \boldsymbol{p})$ の関係を使った. 3 番目の等号では階段関数のフーリエ積分表示 (ε' は正の無限小量)

$$\theta(x^0 - y^0) = \frac{i}{2\pi}\int_{-\infty}^{\infty} dz\, \frac{e^{-iz(x^0-y^0)}}{z + i\varepsilon'} \tag{11.77a}$$

$$\theta(y^0 - x^0) = \frac{-i}{2\pi}\int_{-\infty}^{\infty} dz\, \frac{e^{-iz(x^0-y^0)}}{z - i\varepsilon'} \tag{11.77b}$$

を用いた. 4 番目の等号の第 1 項では $z \to k^0 - E_k$, 第 2 項では $z \to k^0 + E_k$, および $\boldsymbol{k} \to -\boldsymbol{k}$ のおきかえを行った. 5 番目と 6 番目の等号では, ε' が無限小量であることと, 新たな正の無限小量 $\varepsilon \equiv 2E_k\varepsilon'$ を導入した. 最後の表式に含まれる $k^\mu = (k^0, \boldsymbol{k})$ の時間成分 k^0 は積分変数であり, E_k ではないことに注意しておく.

⟨check 11.13⟩

階段関数 $\theta(x^0 - y^0)$ のフーリエ積分表示 (11.77) を証明してみよう.

11. スカラー場の量子化

(a)

(b)

(c)

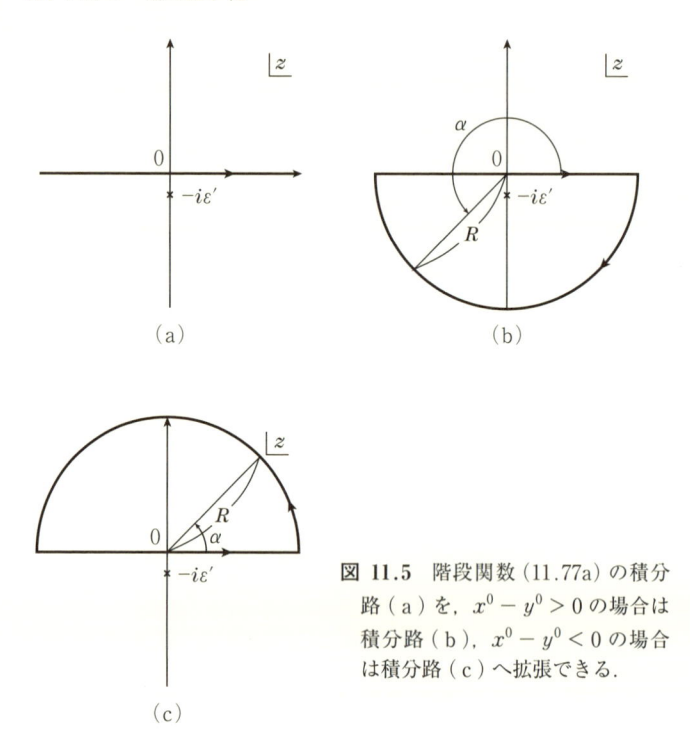

図 11.5 階段関数 (11.77a) の積分路 (a) を, $x^0 - y^0 > 0$ の場合は積分路 (b), $x^0 - y^0 < 0$ の場合は積分路 (c) へ拡張できる.

【ヒント】 (11.77a) の場合は次のように考えればよい. $x^0 - y^0 > 0$ のときは, $z = Re^{i\alpha}(\pi < \alpha < 2\pi)$ とおいたとき $e^{-iz(x^0-y^0)} \xrightarrow{R \to \infty} 0$ なので積分路を図 11.5(b) へ拡張でき, $x^0 - y^0 < 0$ のときは, $z = Re^{i\alpha}(0 < \alpha < \pi)$ とおいたとき $e^{-iz(x^0-y^0)} \xrightarrow{R \to \infty} 0$ なので積分路を図 11.5(c) へ拡張することができる. 後はコーシーの積分公式を用いて留数を計算すればよい. そのとき, 積分路が右回りなのか左回りなのか, また積分路の内部に極を含むか含まないかに注意せよ. ◆

⟨check 11.14⟩

次式で定義される関数 $\Delta(x-y)$ は, クライン-ゴルドン方程式のグリーン関数の定義式 (11.66) を (形式的に) 満たしていることを確かめてみよう.

$$\Delta(x-y) \equiv \int_\Gamma \frac{dk^0}{2\pi} \int \frac{d^3\boldsymbol{k}}{(2\pi)^3} \frac{ie^{-ik\cdot(x-y)}}{k^2 - m^2} \tag{11.78}$$

k^0 の積分路 Γ として図 11.4 をとればファインマン伝播関数を与えるが, 図

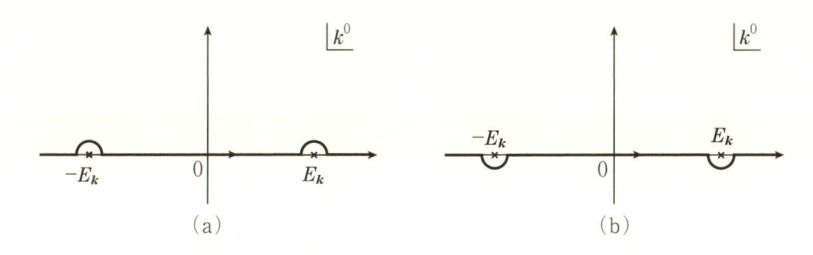

図 11.6 遅延グリーン関数の積分路は（a），先行グリーン関数の積分路は（b）にとられる．

11.6（a）（図 11.6（b））の積分路をとると，次の性質を満たす遅延グリーン関数 $\Delta_{\rm ret}(x-y)$（先行グリーン関数 $\Delta_{\rm adv}(x-y)$）を与えることを示してみよう．

$$\Delta_{\rm ret}(x-y) = 0 \quad (x^0-y^0 < 0), \quad \Delta_{\rm adv}(x-y) = 0 \quad (x^0-y^0 > 0)$$

また，次の関数 $\int d^4k\,\delta(k^2-m^2)f(k)e^{-ik\cdot(x-y)}$ を $\Delta(x-y)$ に加えても，グリーン関数の定義を再び満たすことを示してみよう．ここで，$f(k)$ はローレンツ不変な k^μ の任意関数である．

【ヒント】 デルタ関数のフーリエ積分表示 $2\pi\delta(x) = \int dk\,e^{-ikx}$ と，デルタ関数の公式 $x\delta(x) = 0$ を用いよ．また，遅延グリーン関数は時間の未来に向かってのみ伝播し，先行グリーン関数は時間の過去に向かってのみ伝播する場を表す．◆

11.5 複素スカラー場の量子化

実スカラー場と同じように複素スカラー場の量子化を行うことができる．そこでは，実スカラー場にはなかった新しい性質が現れる．それは，$U(1)$ 不変性と反粒子の存在である．反粒子は粒子と厳密に等しい質量を持つが，$U(1)$ 電荷は粒子と反粒子とでは逆符号である．以下ではこれらの性質について議論していこう．

11.5.1 自由複素スカラー場の正準量子化とハミルトニアン

自由複素スカラー場を Φ として次のラグランジアン密度を考える．

11. スカラー場の量子化

$$\mathcal{L}(\Phi, \partial_\mu \Phi) = \partial_\mu \Phi^\dagger \partial^\mu \Phi - m^2 \Phi^\dagger \Phi \tag{11.79}$$

【注】Φ は演算子なので、複素共役 Φ^* を使う代わりにエルミート共役 $\Phi^\dagger$ を用いた．

Φ と $\Phi^\dagger$ に対する正準共役運動量 Π, $\Pi^\dagger$ は，定義に従って次式で与えられる．

$$\left.\begin{array}{l} \Pi(t, \boldsymbol{x}) \equiv \dfrac{\partial \mathcal{L}}{\partial \partial_0 \Phi(t, \boldsymbol{x})} = \partial^0 \Phi^\dagger(t, \boldsymbol{x}) \\[2mm] \Pi^\dagger(t, \boldsymbol{x}) \equiv \dfrac{\partial \mathcal{L}}{\partial \partial_0 \Phi^\dagger(t, \boldsymbol{x})} = \partial^0 \Phi(t, \boldsymbol{x}) \end{array}\right\} \tag{11.80}$$

量子化条件は，次の同時刻交換関係で与えられる．

$$[\Phi(t, \boldsymbol{x}), \Pi(t, \boldsymbol{y})] = i\delta^3(\boldsymbol{x} - \boldsymbol{y}) = [\Phi^\dagger(t, \boldsymbol{x}), \Pi^\dagger(t, \boldsymbol{y})] \tag{11.81}$$

その他の同時刻交換関係はすべて 0 である．

ハミルトニアンはルジャンドル変換によって次のように定義される．

$$H \equiv \int d^3 x \, \{(\partial_0 \Phi)\Pi + (\partial_0 \Phi)^\dagger \Pi^\dagger - \mathcal{L}\}$$

$$= \int d^3 x \, \{\Pi^\dagger \Pi + (\boldsymbol{\nabla}\Phi)^\dagger \boldsymbol{\nabla}\Phi + m^2 \Phi^\dagger \Phi\} \tag{11.82}$$

運動量演算子 $\boldsymbol{P}$ は

$$\boldsymbol{P} = -\int d^3 x \, \frac{1}{2} \{\Pi \boldsymbol{\nabla}\Phi + (\boldsymbol{\nabla}\Phi)\Pi + (\boldsymbol{\nabla}\Phi)^\dagger \Pi^\dagger + \Pi^\dagger (\boldsymbol{\nabla}\Phi)^\dagger\} \tag{11.83}$$

で与えられ，エネルギー運動量演算子 $P^\mu = (H, \boldsymbol{P})$ は，時空並進の生成子でもあり次式を満たす．

$$[P^\mu, \Phi(x)] = -i\partial^\mu \Phi(x) \tag{11.84}$$

11.5.2 $U(1)$ 不変性と $U(1)$ 電荷

ラグランジアン密度 (11.79) は次の大域的 $U(1)$ 不変性を持つ．

$$\left.\begin{aligned}\Phi &\longrightarrow \Phi' = e^{-iq\theta}\Phi \stackrel{|\theta|\ll 1}{\simeq} \Phi - iq\theta\Phi \equiv \Phi + \delta_Q\Phi \\ \Phi^\dagger &\longrightarrow \Phi'^\dagger = e^{iq\theta}\Phi^\dagger \stackrel{|\theta|\ll 1}{\simeq} \Phi^\dagger + iq\theta\Phi^\dagger \equiv \Phi^\dagger + \delta_Q\Phi^\dagger \end{aligned}\right\}$$
(11.85)

10.6.4項で議論したように，この $U(1)$ 不変性に基づくネーターカレント j^μ は次式で与えられる．

$$j^\mu = iq\{\Phi^\dagger(\partial^\mu\Phi) - (\partial^\mu\Phi)^\dagger\Phi\} \tag{11.86}$$

このときの保存量 Q は，一般論に従って j^0 を空間積分したもので与えられる．

$$\begin{aligned}Q &\equiv \int d^3\boldsymbol{x}\, j^0 = iq\int d^3\boldsymbol{x}\, \{\Phi^\dagger(\partial^0\Phi) - (\partial^0\Phi)^\dagger\Phi\} \\ &= iq\int d^3\boldsymbol{x}\, \{\Phi^\dagger\Pi^\dagger - \Pi\Phi\} \end{aligned} \tag{11.87}$$

【注】 場が1種類しか含まれていないときは，$q=1$ としても一般性を失うことはない．しかし，複数の場が存在するときは，場ごとに q の値は一般に異なる．例えば，2種類の複素スカラー場 Φ_1, Φ_2 に対して次の大域的 $U(1)$ 変換
$$\Phi_1 \to \Phi'_1 = e^{-iq_1\theta}\Phi_1, \qquad \Phi_2 \to \Phi'_2 = e^{-iq_2\theta}\Phi_2$$
の下でラグランジアンが不変なとき，保存電荷 Q は次式で与えられる．
$$Q = i\int d^3\boldsymbol{x}\, \{q_1(\Phi_1^\dagger\Pi_1^\dagger - \Pi_1\Phi_1) + q_2(\Phi_2^\dagger\Pi_2^\dagger - \Pi_2\Phi_2)\}$$

不変性と保存量の関係から，Q は保存量であると同時に，無限小 $U(1)$ 変換の生成子でもある．したがって，Q は $\delta_Q\Phi = i\theta[Q, \Phi]$，$\delta_Q\Phi^\dagger = i\theta[Q, \Phi^\dagger]$ の関係も満たす．これらの式を (11.85) で与えられている $\delta_Q\Phi$ と $\delta_Q\Phi^\dagger$ の定義を使って書き直しておくと，物理的意味がより明確になる．

$$[Q, \Phi] = -q\Phi, \qquad [Q, \Phi^\dagger] = +q\Phi^\dagger \tag{11.88}$$

これらの関係式は，10.2.2項での (10.28) と同じタイプのものだ．したがって，保存量 Q を $U(1)$ 電荷とよぶことにすると，$\Phi^\dagger$ と Φ はそれぞれ $+q$ と $-q$ の $U(1)$ 電荷を生成する演算子ということができる．実際，次の 11.5.3

項で 1 粒子状態が $\pm q$ の $U(1)$ 電荷を持つことを確かめる．

〈check 11.15〉

交換関係 (11.81) を使って (11.88) を導いてみよう．◆

11.5.3 自由複素スカラー場のスペクトラム

自由複素スカラー場もクライン-ゴルドン方程式を満たすので，(11.30) と同じように展開できる．

$$\Phi(x) = \int \frac{d^3 k}{\sqrt{(2\pi)^3 2E_k}} \{a_+(k) e^{-ik \cdot x} + a_-^\dagger(k) e^{ik \cdot x}\} \quad (11.89)$$

実スカラー場との違いは，$\Phi^\dagger \neq \Phi$ なので $a_+(k)$ と $a_-(k)$ は独立な演算子という点だ．生成消滅演算子の間の交換関係は，次式で与えられる．

$$[a_+(k), a_+^\dagger(k')] = \delta^3(k - k') = [a_-(k), a_-^\dagger(k')] \quad (11.90)$$

その他の交換関係はすべて 0 である．

ハミルトニアン H，運動量 P，$U(1)$ 保存電荷 Q を生成消滅演算子を使って書き表すと次のようになる．

$$H = \int d^3 k \, E_k \{a_+^\dagger(k) a_+(k) + a_-^\dagger(k) a_-(k)\} \quad (11.91\text{a})$$

$$P = \int d^3 k \, k \{a_+^\dagger(k) a_+(k) + a_-^\dagger(k) a_-(k)\} \quad (11.91\text{b})$$

$$Q = \int d^3 k \, q \{a_+^\dagger(k) a_+(k) - a_-^\dagger(k) a_-(k)\} \quad (11.91\text{c})$$

ここでは，消滅演算子 $a_\pm(k)$ が右にくるように（正規順序に）演算子の順番を並べかえている．ハミルトニアンに関しては，さらに真空エネルギーが 0 となるように零点振動エネルギーを取り除いて定義している．

【注】(11.87) の定義のままでは，Q の表式にも発散項が現れる．そこで，対称化した定義

$$Q = iq \int d^3 x \frac{1}{2}(\Phi^\dagger \Pi^\dagger + \Pi^\dagger \Phi^\dagger - \Pi\Phi - \Phi\Pi) \quad (11.92)$$

にしておけば発散項は相殺して，(11.91c) が得られる．

11.5 複素スカラー場の量子化

真空 $|0\rangle$ は，最低エネルギー状態として定義され次式を満たす．

$$H|0\rangle = P|0\rangle = Q|0\rangle = 0 \qquad (11.93)$$

これらの関係から真空 $|0\rangle$ は，エネルギー，運動量，$U(1)$ 電荷を持たず，時空並進および $U(1)$ 変換の下で不変であることがわかる．また，H, P, Q はすべて (11.54) のタイプに当てはまるので，$a_\pm^\dagger(\boldsymbol{k})$ との交換関係は次式を満たすことが直ちに結論づけられる．

$$[H, a_\pm^\dagger(\boldsymbol{k})] = E_k a_\pm^\dagger(\boldsymbol{k}), \quad [P, a_\pm^\dagger(\boldsymbol{k})] = \boldsymbol{k} a_\pm^\dagger(\boldsymbol{k}), \quad [Q, a_\pm^\dagger(\boldsymbol{k})] = \pm q a_\pm^\dagger(\boldsymbol{k})$$
$$(11.94)$$

これらの交換関係から，$a_\pm^\dagger(\boldsymbol{k})$ は H, P, Q の固有値をそれぞれ $E_k, \boldsymbol{k}, \pm q$ だけ変える生成演算子であることがわかる．

【注】 上では，H, P, Q の表式 (11.91) と $a_\pm^\dagger(\boldsymbol{k})$, $a_\pm(\boldsymbol{k})$ の間の交換関係を用いて，交換関係 (11.94) を導いた．しかし，逆に交換関係 (11.94)（とそのエルミート共役の式）および $a_\pm^\dagger(\boldsymbol{k})$, $a_\pm(\boldsymbol{k})$ の間の交換関係から，H, P, Q の表式 (11.91) を（定数を除いて）再構築できることに注意しておこう．そのことを見るには，H, P, Q が生成消滅演算子の（正規順序）多項式で与えられていると仮定して，(11.94) の左辺を計算し右辺を再現するかどうかを確かめればよい．そのとき，公式 (11.13) を使えば，可換な定数を除いて，H, P, Q は (11.91) の形をしていなければならないことがわかる．したがって，(11.91) と (11.94) は本質的に等価な内容を含む．

上の交換関係 (11.94) と真空の定義式 (11.93) を用いると，1 粒子状態 $|\boldsymbol{k}, \pm q\rangle \equiv a_\pm^\dagger(\boldsymbol{k})|0\rangle$ は H, P, Q の同時固有状態であることがわかる．

$$\left.\begin{array}{l} H|\boldsymbol{k}, \pm q\rangle = E_k|\boldsymbol{k}, \pm q\rangle \\ P|\boldsymbol{k}, \pm q\rangle = \boldsymbol{k}|\boldsymbol{k}, \pm q\rangle \\ Q|\boldsymbol{k}, \pm q\rangle = \pm q|\boldsymbol{k}, \pm q\rangle \end{array}\right\} \qquad (11.95)$$

したがって，1 粒子状態 $|\boldsymbol{k}, \pm q\rangle$ はエネルギー運動量 $k^\mu = (E_k, \boldsymbol{k})$ を持ち，$U(1)$ 電荷 $Q = \pm q$ の状態である．$|\boldsymbol{k}, +q\rangle$ を粒子の状態とよぶならば，$|\boldsymbol{k}, -q\rangle$ は電荷の符号が逆の反粒子の状態ということになる．状態 $|\boldsymbol{k}, \pm q\rangle$ のエネルギーと運動量の関係は共に $E_k = \sqrt{\boldsymbol{k}^2 + m^2}$ で与えられるので，粒子と反粒子は同じ質量 m を持っていることもわかる．

【注】 $|k, +q\rangle$ と $|k, -q\rangle$ のどちらを粒子とよんでも構わない．好みの問題である．

ここまでくれば，実スカラー場のときに反粒子が現れなかった理由は明らかであろう．実スカラー場は $\phi = \phi^\dagger$ なので $a_+(k) = a_-(k)$ となり粒子と反粒子が同じものだったのである．また，$\phi = \phi^\dagger$ のときは $U(1)$ 不変性 (11.85) は存在しない．実際，(11.86) で与えられる保存カレントは恒等的に 0 となる．

〈check 11.16〉

(11.91)〜(11.95) を確かめてみよう．◆

11.5.4　複素スカラー場の荷電共役不変性

複素スカラー場には，質量は同じだが $U(1)$ 電荷の符号がお互い逆の粒子と反粒子が含まれていることを見た．このことは，ラグランジアン密度の荷電共役不変性からも導かれる．それを以下で見ていこう．

ラグランジアン密度 (11.79) は，次の**荷電共役**変換 C の下で不変である．

$$C : \phi \longleftrightarrow \phi^\dagger \tag{11.96}$$

この変換は，物理的には粒子と反粒子の入れかえを表す．それを以下で見ていこう．

(11.82)，(11.83)，(11.92) から，H, P, Q は荷電共役変換 C の下で次のように変換する．

$$H \xrightarrow{C} H, \quad P \xrightarrow{C} P, \quad Q \xrightarrow{C} -Q \tag{11.97}$$

H と P は不変だが，Q の符号が変わる点が重要だ．ゼロでない $U(1)$ 電荷 q を持つ状態があれば，荷電共役変換によって $U(1)$ 電荷 $-q$ を持つ状態が得られることになる．そのとき荷電共役不変性が意味することは，$\pm q$ の $U(1)$ 電荷を持つ状態が，両方共に理論の中に含まれていなければならないことである．

実際，自由複素スカラー場のときは，それを具体的に確かめることができ

る．(11.89) の Φ の展開から，荷電共役変換 (11.96) は $a_+(\boldsymbol{k})$ と $a_-(\boldsymbol{k})$（あるいは $a_+^\dagger(\boldsymbol{k})$ と $a_-^\dagger(\boldsymbol{k})$）の入れかえ

$$a_+(\boldsymbol{k}) \stackrel{C}{\longleftrightarrow} a_-(\boldsymbol{k}) \quad (a_+^\dagger(\boldsymbol{k}) \stackrel{C}{\longleftrightarrow} a_-^\dagger(\boldsymbol{k})) \quad (11.98)$$

と等価である．これは，粒子状態 $|\boldsymbol{k}, +q\rangle = a_+^\dagger(\boldsymbol{k})|0\rangle$ と反粒子状態 $|\boldsymbol{k}, -q\rangle = a_-^\dagger(\boldsymbol{k})|0\rangle$ の入れかえ

$$|\boldsymbol{k}, +q\rangle \stackrel{C}{\longleftrightarrow} |\boldsymbol{k}, -q\rangle \quad (11.99)$$

に他ならない．

荷電共役変換は，ユニタリー演算子 $\mathcal{C}$ を用いてユニタリー変換で表すことができる (10.5 節参照)．例えば，(11.96) は

$$\mathcal{C}\Phi\mathcal{C}^{-1} = \Phi^\dagger, \qquad \mathcal{C}\Phi^\dagger\mathcal{C}^{-1} = \Phi \quad (11.100)$$

と表される．この変換を生成消滅演算子の言葉に焼き直すと

$$\mathcal{C}a_\pm(\boldsymbol{k})\mathcal{C}^{-1} = a_\mp(\boldsymbol{k}), \qquad \mathcal{C}a_\pm^\dagger(\boldsymbol{k})\mathcal{C}^{-1} = a_\mp^\dagger(\boldsymbol{k}) \quad (11.101)$$

となる．H, P, Q はこのユニタリー変換で

$$\mathcal{C}H\mathcal{C}^{-1} = H, \qquad \mathcal{C}P\mathcal{C}^{-1} = P, \qquad \mathcal{C}Q\mathcal{C}^{-1} = -Q \quad (11.102)$$

と変換する．また，(11.101) から，ユニタリー演算子 $\mathcal{C}$ を 1 粒子状態 $|\boldsymbol{k}, \pm q\rangle$ に作用させると，粒子と反粒子状態が入れかわることになる．

$$\mathcal{C}|\boldsymbol{k}, \pm q\rangle = |\boldsymbol{k}, \mp q\rangle \quad (11.103)$$

11.6 場の演算子と 1 粒子波動関数

場の量子論は任意の n 粒子状態を含んでいるので多体系の理論である．しかしながら，状態を 1 粒子状態に限るならば，場の演算子から 1 粒子波動関数（これは演算子ではなく c 数関数だ）を導くことができる．複素スカラー場を使って，それを説明しておこう．

11. スカラー場の量子化

（相対論的）量子力学では，エネルギー $E_k = \sqrt{\boldsymbol{k}^2 + m^2}$，運動量 $\boldsymbol{k}$ を持つ1粒子波動関数 $\phi_{k,+}(x)$ は（規格化定数を除いて）次式で与えられる．

$$\phi_{k,+}(x) = e^{-i(E_k t - \boldsymbol{k} \cdot \boldsymbol{x})} = e^{-ik \cdot x} \qquad (11.104)$$

【注】 $\phi_{k,+}(x)$ は微分演算子 $i\partial/\partial t$ および $-i\boldsymbol{\nabla}$ の固有関数で，固有値 E_k と $\boldsymbol{k}$ を持つ自由粒子の平面波解である．1粒子波動関数 $\phi_{k,+}(x)$ は，演算子ではなく c 数関数であることに注意しておく．

一方，複素スカラー場の量子論において，エネルギー E_k，運動量 $\boldsymbol{k}$ を持つ（粒子の）1粒子状態は $|\boldsymbol{k}, +q\rangle = a_+^\dagger(\boldsymbol{k})|0\rangle$ であった．

1粒子状態 $|\boldsymbol{k}, +q\rangle$ と1粒子波動関数 $\phi_{k,+}(x)$ の間に，何らかの関係があると想像してもおかしくはない．その推測は正しく，次の関係で結びつくことがわかる．

$$\phi_{k,+}(x) = N_k \langle 0|\Phi(x)|\boldsymbol{k}, +q\rangle \qquad (11.105)$$

ここで，$N_k = \sqrt{(2\pi)^3 2 E_k}$ である．これが，場の演算子 $\Phi(x)$ とシュレディンガー方程式における（1粒子波動関数）$\phi_{k,+}(x)$ との対応関係である．

【注】 (11.105) は次のようにして確かめられる．

$$\langle 0|\Phi(x)|\boldsymbol{k}, +q\rangle = \langle 0|\int \frac{d^3 k'}{\sqrt{(2\pi)^3 2 E_{k'}}} \{a_+(\boldsymbol{k}')e^{-ik'\cdot x} + a_-^\dagger(\boldsymbol{k}')e^{ik'\cdot x}\} a_+^\dagger(\boldsymbol{k})|0\rangle$$

$$= \int \frac{d^3 k'}{\sqrt{(2\pi)^3 2 E_{k'}}} \langle 0|[a_+(\boldsymbol{k}'), a_+^\dagger(\boldsymbol{k})]|0\rangle e^{-ik'\cdot x} = \frac{1}{\sqrt{(2\pi)^3 2 E_k}} e^{-ik\cdot x}$$

ここで，2番目の等号では $a_+(\boldsymbol{k}') a_+^\dagger(\boldsymbol{k}) = [a_+(\boldsymbol{k}'), a_+^\dagger(\boldsymbol{k})] + a_+^\dagger(\boldsymbol{k}) a_+(\boldsymbol{k}')$ および $\langle 0|a_-^\dagger(\boldsymbol{k}') = a_+(\boldsymbol{k}')|0\rangle = 0$ を用いた．

このように，1粒子波動関数 $\phi_{k,+}(x)$ は，場の演算子 $\Phi(x)$ を真空 $\langle 0|$ と1粒子状態 $|\boldsymbol{k}, +q\rangle$ で挟んだものに他ならない．また，(11.105) の関係から，$\phi_{k,+}(x)$ が $\Phi(x)$ と同じく，クライン–ゴルドン方程式を満たすことも理解できる．

複素スカラー場には，反粒子の1粒子状態 $|\boldsymbol{k}, -q\rangle = a_-^\dagger(\boldsymbol{k})|0\rangle$ も存在している．この状態に対応する1粒子波動関数を $\phi_{k,-}(x)$ としておくと，

11.6 場の演算子と1粒子波動関数

$\Phi(x)$ ではなく $\Phi^{\dagger}(x)$ を $\langle 0|$ と $|\boldsymbol{k}, -q\rangle$ で挟む必要がある.

$$\phi_{k,-}(x) = N_k \langle 0|\Phi^{\dagger}(x)|\boldsymbol{k}, -q\rangle$$
$$= N_k (\langle \boldsymbol{k}, -q|\Phi(x)|0\rangle)^* \qquad (11.106)$$

ここで,2番目の等号では内積の性質 $(\langle\alpha|A|\beta\rangle)^* = \langle\beta|A^{\dagger}|\alpha\rangle$ を用いた.2.5.3項で,負エネルギー解から反粒子の波動関数を取り出すときに複素共役をとる必要があった ((2.32) 参照).その理由が上の解析から理解できる.

最後に,$\Phi^{\dagger}(x)|0\rangle$ および $\Phi(x)|0\rangle$ がどのような状態を表しているかを考察して,この章を終えることにする.

(11.89) より,$\Phi^{\dagger}(x)|0\rangle$ および $\Phi(x)|0\rangle$ は次式で与えられる.

$$\left. \begin{aligned} \Phi^{\dagger}(x)|0\rangle &= \int \frac{d^3\boldsymbol{k}}{\sqrt{(2\pi)^3 2E_k}} |\boldsymbol{k}, +q\rangle e^{ik\cdot x} \\ \Phi(x)|0\rangle &= \int \frac{d^3\boldsymbol{k}}{\sqrt{(2\pi)^3 2E_k}} |\boldsymbol{k}, -q\rangle e^{ik\cdot x} \end{aligned} \right\} \qquad (11.107)$$

上式から $\Phi^{\dagger}(x)|0\rangle$ は,運動量 $\boldsymbol{k}$ を持った1粒子状態 $|\boldsymbol{k}, +q\rangle$ の重ね合わせ状態で,$(1/\sqrt{(2\pi)^3 2E_k}$ の因子を除けば) 運動量空間 $|\boldsymbol{k}, +q\rangle$ から座標空間 $|\boldsymbol{x}, +q\rangle$ へフーリエ変換したものと見なすことができるだろう.一方,$\Phi(x)|0\rangle$ は,反粒子状態に関して運動量空間 $|\boldsymbol{k}, -q\rangle$ から座標空間 $|\boldsymbol{x}, -q\rangle$ へフーリエ変換したものと見なすことができる.

したがって,$\Phi^{\dagger}(x)|0\rangle$ は時空点 x^{μ} に粒子が1つ生成された状態と解釈でき,同様の考察から,$\Phi(x)|0\rangle$ は時空点 x^{μ} に反粒子が1つ生成された状態と解釈することができる.

第12章 ディラック場の量子化

　ディラック場の量子化でスカラー場と異なる点は，ディラック場は4成分スピノルの変換性を持つことと，反交換関係を用いて量子化されなければならないことである．ディラック場の1粒子状態には，スピン 1/2 を持つ粒子と荷電共役変換で結びつく反粒子が存在する．また，ディラック場が持つ反可換性から，ディラック粒子はフェルミ – ディラック統計に従うことがわかる．

12.1 自由ディラック場の量子化

　この節では，自由ディラック場の量子化について議論する．量子化の手続き自身はスカラー場の場合と本質的に同じだが，スカラー場と異なる点が2つある．1つ目はディラック場は4成分スピノルの変換性を持つこと，2つ目はディラック場同士の順番の入れかえに対して反可換な性質を持つことである．この最後の**反可換性**は，(半整数スピンを持つ) ディラック場の最も特徴的な性質である．

12.1.1　ボース変数とフェルミ変数

　ディラック場は，スカラー場と違って，反交換関係を用いて量子化される ((12.10) 参照)．そのため，ディラック場は反可換性を持った変数と見なさなければならない．そこで，ディラック場の量子化に入る前に，可換性を持

つボース変数と反可換性を持つフェルミ変数について，その定義と性質を簡単にまとめておく．

ボース変数（bosonic variable）とは古典レベルでは互いに可換な量を指し，**フェルミ変数**（fermionic variable）とは互いに反可換（ただし，ボース変数とは可換）な量のことである．

より正確には，ボース変数を $b_i (i = 1, 2, \cdots)$，フェルミ変数を $\eta_\alpha (\alpha = 1, 2, \cdots)$ としたとき，量子化前の古典レベルでは次の関係を満たす変数として定義される．

$$b_i b_j = +b_j b_i \quad \text{あるいは} \quad [b_i, b_j] = 0 \tag{12.1a}$$

$$b_i \eta_\alpha = +\eta_\alpha b_i \quad \text{あるいは} \quad [b_i, \eta_\alpha] = 0 \tag{12.1b}$$

$$\eta_\alpha \eta_\beta = -\eta_\beta \eta_\alpha \quad \text{あるいは} \quad \{\eta_\alpha, \eta_\beta\} = 0 \tag{12.1c}$$

ここで，$[A, B] = AB - BA$ は交換関係，$\{A, B\} = AB + BA$ は反交換関係を表す．

(12.1c)（および(12.1b)）に従う量 $\{\eta_\alpha\}$ は**グラスマン数**（Grassmann number）ともよばれる．フェルミ変数（グラスマン数）の特徴は**反可換性** $\eta_\alpha \eta_\beta = -\eta_\beta \eta_\alpha$ にあり，特に $\alpha = \beta$ としたときは**ベキ零性**（nilpotent）

$$(\eta_\alpha)^2 = 0 \tag{12.2}$$

を満たす．

(12.1c) を満たす η_α をなぜフェルミ変数とよぶかは，フェルミ粒子の持つ統計性を考えると理解できる．例えば，2個の同種フェルミ粒子の座標を入れかえると，波動関数にマイナス符号がつく．このフェルミ-ディラック統計性は，フェルミ変数の持つ反可換性 $\eta_\alpha \eta_\beta = -\eta_\beta \eta_\alpha$ から導かれる．また，**パウリの排他原理**は，2個の同種フェルミ粒子が完全に同一の量子状態をとることができないことを要請するが，この性質は (12.2) のベキ零性の帰結である．

フェルミ変数の反可換性 (12.1c) は，フェルミ変数の微分の反可換性

12. ディラック場の量子化

$$\frac{\partial}{\partial \eta_\alpha}\frac{\partial}{\partial \eta_\beta} = -\frac{\partial}{\partial \eta_\beta}\frac{\partial}{\partial \eta_\alpha} \tag{12.3}$$

も意味する．

【注】 $\eta_\alpha \eta_\beta = -\eta_\beta \eta_\alpha$ と微分が矛盾しないためには，上の反可換性が要求される．

また，積の微分（ライプニッツ則）にも注意が必要である．

$$\frac{\partial}{\partial \eta_\alpha}(XY) = \begin{cases} \left(\dfrac{\partial}{\partial \eta_\alpha}X\right)Y + X\left(\dfrac{\partial}{\partial \eta_\alpha}Y\right) & (X \text{がボース変数のとき}) \\ \left(\dfrac{\partial}{\partial \eta_\alpha}X\right)Y - X\left(\dfrac{\partial}{\partial \eta_\alpha}Y\right) & (X \text{がフェルミ変数のとき}) \end{cases} \tag{12.4}$$

【注】 X がフェルミ変数のときは，微分 $\partial/\partial \eta_\alpha$ が X を飛び越える際にマイナス符号が出ることを忘れないようにしよう．この性質は，すぐ後の (12.8) で ψ^a の正準共役運動量を定義する際に重要となる．

任意の変数 $X_1, \cdots, X_n$ の積に対するエルミート共役を次式で定義する．

$$(X_1 X_2 \cdots X_n)^\dagger = X_n^\dagger \cdots X_2^\dagger X_1^\dagger \tag{12.5}$$

この定義は，$X_1, \cdots, X_n$ がボース変数かフェルミ変数かにはよらない．

【注】 例えば，フェルミ変数 η_1, η_2 に対して $(\eta_1 \eta_2)^\dagger = \eta_2^\dagger \eta_1^\dagger = -\eta_1^\dagger \eta_2^\dagger$ となる．(12.5) の定義は行列に対するエルミート共役の性質と同じである．

〈check 12.1〉

$f(X)$ を変数 $X_1, \cdots, X_n$ の関数とする．このとき，$X_1, \cdots, X_n$ がボース変数かフェルミ変数かによらず，任意の変分 $\delta f(X)$ は次式となることを証明してみよう．

$$\delta f(X) \equiv f(X + \delta X) - f(X) = \sum_{\alpha=1}^n \delta X_\alpha \frac{\partial}{\partial X_\alpha} f(X) \tag{12.6}$$

【ヒント】 上式で重要なのは，右辺の表式で $\delta X_\alpha, \partial/\partial X_\alpha, f(X)$ の順番である．$\{X_\alpha\}$ の中にフェルミ変数が含まれる場合は，(12.6) 右辺の代わりに，例えば $\sum_{\alpha=1}^n ((\partial/\partial X_\alpha)f(X))\delta X_\alpha$ としたものは一般に $\delta f(X)$ には等しくない．(12.6) の証明は，$f(X)$ が $\{X_\alpha\}$ の N 次単項式 $f(X) = X_{\beta_1} \cdots X_{\beta_N}$ で与えられている場合に確かめれば十分である．このとき，次のライプニッツ則が一般に成り立つことをまず証明すればよい．

$$\delta X_\alpha \frac{\partial}{\partial X_\alpha}(X_{\beta_1}\cdots X_{\beta_N}) = \sum_{k=1}^{N} X_{\beta_1}\cdots X_{\beta_{k-1}}\left(\delta X_\alpha \frac{\partial}{\partial X_\alpha}X_{\beta_k}\right)X_{\beta_{k+1}}\cdots X_{\beta_N}$$

公式 (12.6) は，ディラック場に対してネーターの定理を導く際に使われる．◆

12.1.2 自由ディラック場のハミルトニアン

自由ディラック場のハミルトニアンを求めるために，次の作用積分から出発しよう．

$$S = \int d^4x\, \mathcal{L} = \int d^4x\, \bar{\psi}(x)\,(i\gamma^\mu \partial_\mu - m)\,\psi(x) \qquad (12.7)$$

ディラック場 $\psi^a(x)\,(a=1,2,3,4)$ に正準共役な運動量 $\pi_a(x)$ は，スカラー場と同様に次式で定義される．

$$\pi_a(x) \equiv \frac{\partial}{\partial \partial_0 \psi^a(x)}\mathcal{L} = -i\psi_a^\dagger(x) \quad (a=1,2,3,4) \qquad (12.8)$$

ここでスカラー場との違いは，（量子化の前では）ψ^a, $\psi_a^\dagger$ をフェルミ変数として取り扱う必要があるという点だ (check 12.2 参照)．そのため π の定義を $\frac{\partial \mathcal{L}}{\partial \partial_0 \psi}$ と書かずに，フェルミ変数の順序が明確なように $\frac{\partial}{\partial \partial_0 \psi}\mathcal{L}$ と表記した．(12.8) の最後の表式 $-i\psi^\dagger$ のマイナス符号に注意しよう．微分 $\frac{\partial}{\partial \partial_0 \psi}$ が $\bar{\psi}$ を飛び越える際に現れたものである．

【注】(12.8) から本質的に ψ と $\psi^\dagger$ は互いに共役量であることがわかるので，ここでは $\psi^\dagger$ の共役運動量を求めることはしなかった．実際は，作用積分 (12.7) に $\psi^\dagger$ の時間微分 $\partial_0 \psi^\dagger$ が含まれていないため，定義通りに $\psi^\dagger$ の共役運動量を計算するとゼロになってしまう．このような場合は，ディラックによって定式化された**拘束系の量子化** (**quantization of constrained system**) の手続きが必要となる．幸いなことに，拘束系の量子化法と，以下で行う手続きは同じ結果を導く．拘束系の量子化に興味のある読者は，ディラック自身による解説 (P. A. M. Dirac : *Lectures on Quantum Mechanics* (Belfer Graduate School of Science, Yeshiva Univ., New York, 1964)) を読むか，崎田文二，吉川圭二 共著：「経路積分による多自由度の量子力学」(岩波書店，1986 年)，あるいは，九後汰一郎 著：「ゲージ場の量子論 I 」(培風館，1989 年) などの教科書が参考になるだろう．

ハミルトニアンは，ルジャンドル変換によってラグランジアンから次のように定義される．

$$H \equiv \int d^3\boldsymbol{x} \left(\sum_{a=1}^{4} (\partial_0 \psi)^a \pi_a - \mathscr{L} \right) = \int d^3\boldsymbol{x}\, \bar{\psi}\left(-i \sum_{k=1}^{3} \gamma^k \partial_k + m \right)\psi \tag{12.9}$$

【注】 上のハミルトニアンの定義で，$\partial_0\psi\pi$ とするか $\pi\partial_0\psi$ とするか迷うところである．なぜなら，フェルミ変数の反可換性から，$\partial_0\psi\pi$ とするか $\pi\partial_0\psi$ とするかで符号が異なるからである．正しい順番は，ルジャンドル変換によってラグランジアンから ψ の時間微分 $\partial_0\psi$ の依存性が取り除かれるほうである．（つまり，(12.9) の定義が正しい．）

⟨check 12.2⟩

自由ディラック場の作用積分は，次の荷電共役不変性を持つことを証明せよ．

$$\int d^4 x\, \bar{\psi}(i\gamma^\mu \partial_\mu - m)\psi = \int d^4 x\, \overline{\psi^C}(i\gamma^\mu \partial_\mu - m)\psi^C$$

ここで，$\psi^C = C\bar{\psi}^T$ である（6.3節参照）．このとき，荷電共役不変性が成り立つためには，ディラック場が反可換性 ($\psi_a^\dagger \psi^b = -\psi^b \psi_a^\dagger$) を持つ必要があることを確かめてみよう．

【ヒント】 まず，6.3節の定義から $\bar{\psi}^T = C^{-1}\psi^C$，$\psi^T = -\overline{\psi^C}C$ を証明せよ．次に反可換性を考慮して，次の関係式 $\bar{\psi}\gamma^\mu \partial_\mu \psi = \bar{\psi}_a (\gamma^\mu)^a{}_b (\partial_\mu \psi)^b = -(\partial_\mu \psi)^b (\gamma^\mu)^a{}_b \bar{\psi}_a = -(\partial_\mu \psi)^T \times (\gamma^\mu)^T \bar{\psi}^T$，および $\bar{\psi}\psi = \bar{\psi}_a \psi^a = -\psi^a \bar{\psi}_a = -\psi^T \bar{\psi}^T$ を用いよ．また，部分積分の際に現れる表面項は無視してよい．◆

12.1.3 　自由ディラック場の量子化と同時刻反交換関係

ディラック場 ψ の正準共役運動量 π が求まったので，これらの場の変数に量子化条件を課すことができる．ψ や π はフェルミ変数なので，交換関係ではなく次の**同時刻反交換関係**（equal‐time anticommutation relation）を設定する．

$$\{\psi^a(t, \boldsymbol{x}),\, \pi_b(t, \boldsymbol{y})\} = -i\delta^a{}_b \delta^3(\boldsymbol{x} - \boldsymbol{y}) \tag{12.10a}$$

$$\{\psi^a(t, \boldsymbol{x}),\, \psi^b(t, \boldsymbol{y})\} = \{\pi_a(t, \boldsymbol{x}),\, \pi_b(t, \boldsymbol{y})\} = 0 \quad (a, b = 1, 2, 3, 4) \tag{12.10b}$$

上式1行目の反交換関係は，(12.8) を使って

$$\{\psi^a(t, \boldsymbol{x}),\, \psi_b^\dagger(t, \boldsymbol{y})\} = \delta^a{}_b \delta^3(\boldsymbol{x} - \boldsymbol{y}) \tag{12.11}$$

12.1 自由ディラック場の量子化

と書き直すことができる．なぜ交換関係ではなく反交換関係を使って量子化するのかについては，後の 12.2.3 項でその正当性を議論する．

【注】 教科書によっては，$\pi = \partial \mathcal{L}/\partial \partial_0 \psi \equiv +i\psi^\dagger$ と定義して (12.10a) の右辺を $+i\delta^a_b \times \delta^3(\boldsymbol{x} - \boldsymbol{y})$ と設定することもある．この定義でも，ψ と $\psi^\dagger$ の反交換関係 (12.11) は変わらない．ディラック場の量子化条件は，(12.10a) よりも (12.11) のほうがより基本的であり，(12.11) の右辺の係数がプラスとなるように (12.10a) の右辺の符号が決められている．以下では，共役運動量 π の代わりに $\psi^\dagger$ をそのまま使うことにする．

第 12 章は主に自由ディラック場に対する解析だが，量子化条件 (12.10) および (12.11) は相互作用がある場合にも成立する．

ψ と $\psi^\dagger$ の間の同時刻反交換関係が設定されたので，さまざまな量の（反）交換関係を計算することができる．ディラック場を含む計算は交換関係だけでなく反交換関係も現れ，さらにスピノルの添字も考慮しないといけないので，スカラー場の場合に比べて計算が少し煩雑だ．ディラック場（スピノル場）を含んだ計算に慣れてもらうために，以下で ψ に対するハイゼンベルグ方程式 $i\partial \psi/\partial t = [\psi, H]$ から，ディラック方程式を導出してみよう．

$\psi^a(t, \boldsymbol{x})$ と H の交換関係は次のようにして計算することができる．

$$[\psi^a(t, \boldsymbol{x}), H]$$

$$= \left[\psi^a(t, \boldsymbol{x}), \int d^3\boldsymbol{y} \sum_{b,c=1}^{4} \psi^\dagger_b(t, \boldsymbol{y}) (\gamma^0(-i\gamma^k \partial^y_k + m))^b{}_c \psi^c(t, \boldsymbol{y}) \right]$$

$$= \int d^3\boldsymbol{y} \sum_{b,c=1}^{4} (\{\psi^a(t, \boldsymbol{x}), \psi^\dagger_b(t, \boldsymbol{y})\} (\gamma^0(-i\gamma^k \partial^y_k + m))^b{}_c \psi^c(t, \boldsymbol{y})$$

$$\quad - \psi^\dagger_b(t, \boldsymbol{y}) \underbrace{\{\psi^a(t, \boldsymbol{x}), (\gamma^0(-i\gamma^k \partial^y_k + m))^b{}_c \psi^c(t, \boldsymbol{y})\}}_{(\gamma^0(-i\gamma^k \partial^y_k + m))^b{}_c \{\psi^a(t,\boldsymbol{x}), \psi^c(t,\boldsymbol{y})\}})$$

$$= (\gamma^0(-i\gamma^k \partial_k + m)\psi(t, \boldsymbol{x}))^a \qquad (12.12)$$

ここで，2 番目の等号では，次の公式（の第 1 番目）を用いた．

$$\left. \begin{array}{l} [X, AB] = \{X, A\}B - A\{X, B\} \\ {[AB, X]} = A\{B, X\} - \{A, X\}B \end{array} \right\} \qquad (12.13)$$

(12.12) の 3 番目の等号では，同時刻反交換関係 (12.10b) と (12.11) を用

いた．(12.12)左辺はハイゼンベルグ方程式から $i\partial\psi^a/\partial t$ に等しいので，両辺に左から γ^0 を掛けることによってディラック方程式 $(i\gamma^\mu\partial_\mu - m)\psi = 0$ が得られる．また，(12.12) では $\gamma^k\partial_k$ に対する k の和記号を省略した．

【注】 この手の計算に慣れないうちは，スピノルの添字と場の引数をきちんと書くこと $(\psi \to \psi^a(t, \boldsymbol{x}))$ が，間違わずに計算する第一歩だ．初学者の計算を見ると，添字や引数が書かれていないため正しい結果に到達しないことがよくある．また，(12.12) でのハミルトニアンの積分変数を，$\psi(t, \boldsymbol{x})$ の $\boldsymbol{x}$ とかぶらないように他の記号（ここでは $\boldsymbol{y}$）に書き直すことも忘れないように気をつけよう．スピノルの添字も同様だ．

12.1.4　自由ディラック場の保存量

ここでは，自由ディラック場の保存量（エネルギー運動量 P^μ，角運動量 J^i，および保存電荷 Q）を具体的に求めることにする．これらの量は，自由ディラック場のスペクトラムを解析する際に使われる．

ディラック場に対するエネルギー運動量演算子 P^μ は次式で与えられる．

$$P^\mu = \int d^3\boldsymbol{x}\,(i\psi^\dagger \partial^\mu \psi - \eta^{0\mu}\mathcal{L}) \tag{12.14}$$

この表式を導くには，10.6.2 項での議論をディラック場に適用すればよい (check 12.3 参照)．あるいは，P^μ が時空並進の生成子，すなわち

$$[P^\mu, \psi(x)] = -i\partial^\mu \psi(x) \tag{12.15}$$

を満たすことを確かめてもよい．

P^μ が時空並進の生成子であることを確かめるために，$\mu = 0$ と $\mu = i(i = 1, 2, 3)$ に分けて考える．

$$P^0 = \int d^3\boldsymbol{x}\,(i\psi^\dagger\partial^0\psi - \mathcal{L}) = H, \qquad P^i = \int d^3\boldsymbol{x}\,i\psi^\dagger\partial^i\psi \tag{12.16}$$

P^0 は期待通りにハミルトニアン H に等しいことがわかる．エネルギー演算子 P^0 と運動量演算子 P^i が (12.15) の交換関係を満たすことは，12.1.3 項でのハイゼンベルグ方程式の計算を参考にすれば，それほど難しい計算ではないはずだ．ただし，(12.15) で $\mu = 0$ の場合は，(12.12) 最後の表式でディ

12.1　自由ディラック場の量子化

ラック方程式を用いる必要がある.

ディラック場に対する角運動量演算子を $(J^1, J^2, J^3) = (J^{23}, J^{31}, J^{12})$ と書いておくと, $J^{ij} (= -J^{ji})$ は ij 平面内の角運動量演算子に対応する. このとき, J^{ij} は次式で与えられる.

$$J^{ij} = \int d^3\boldsymbol{x}\, \psi^\dagger \Big(i(x^i \partial^j - x^j \partial^i) + \frac{1}{2}\sigma^{ij}\Big)\psi \equiv L^{ij} + S^{ij} \quad (12.17)$$

ここで, L^{ij} は軌道角運動量, S^{ij} はディラック粒子の持つ**スピン角運動量**に対応する. また, $\sigma^{ij} = (i/2)[\gamma^i, \gamma^j]$ である.

【注】 J^{ij} の表式で $\psi^\dagger$ と ψ で挟まれている量 $i(x^i \partial^j - x^j \partial^i) + (1/2)\sigma^{ij}$ は, 4.2 節で導いた全角運動量の表式 (4.25) に対応していることがわかる. つまり, (12.17) は量子力学での全角運動量演算子を場の量子論に拡張したものになっている.

⟨check 12.3⟩

10.6 節での議論を参考にして, エネルギー運動量演算子 (12.14), および角運動量演算子 (12.17) の表式を導出してみよう. ◆

(12.17) で定義される角運動量演算子 J^{ij} は, スカラー場のときと違ってスピン角運動量成分 S^{ij} を含んでいるので, もう少し詳しく議論しておこう. 以下では, 保存量として J^{ij} を直接導く代わりに, (12.17) で定義される J^{ij} が角運動量演算子のもう 1 つの役割——空間回転の生成子——を担っていることを確かめる.

5.2 節での解析から, 無限小ローレンツ変換 $x^\mu \to x'^\mu = x^\mu + \Delta\omega^\mu{}_\nu x^\nu$ の下で, ディラック場は $\psi'(x') = (I_4 - (i/4)\Delta\omega_{\mu\nu}\sigma^{\mu\nu})\psi(x)$ と変換することがわかった. したがって, $\psi(x)$ に対する無限小ローレンツ変換 $\delta_J \psi(x)$ は次式で与えられることになる.

$$\delta_J \psi(x) \equiv \psi'(x) - \psi(x) = -\frac{i}{2}\Delta\omega_{\mu\nu}\Big(i(x^\mu \partial^\nu - x^\nu \partial^\mu) + \frac{1}{2}\sigma^{\mu\nu}\Big)\psi(x)$$
$$(12.18)$$

12. ディラック場の量子化

【注】 上式2番目の等号は次のように示される.

$$\begin{aligned}\phi'(x) - \phi(x) &= \phi'(x' - \Delta\omega \cdot x) - \phi(x) \\ &\simeq \phi'(x') - (\Delta\omega^\mu{}_\nu x^\nu)\partial'_\mu \phi'(x') - \phi(x) \\ &\simeq \left(I_4 - \frac{i}{4}\Delta\omega_{\mu\nu}\sigma^{\mu\nu}\right)\phi(x) + \frac{1}{2}\Delta\omega_{\mu\nu}(x^\mu\partial^\nu - x^\nu\partial^\mu)\phi(x) - \phi(x) \\ &= -\frac{i}{2}\Delta\omega_{\mu\nu}\left(i(x^\mu\partial^\nu - x^\nu\partial^\mu) + \frac{1}{2}\sigma^{\mu\nu}\right)\phi(x)\end{aligned}$$

ここで最初の等号では, $x^\mu = x'^\mu - \Delta\omega^\mu{}_\nu x^\nu$ の関係を用いた. 1行目から2行目へ移るときに, $\phi'(x' - \Delta\omega \cdot x)$ を x'^μ の周りでテイラー展開して $(\Delta\omega)^2$ 以上のオーダーの項を無視した. 2行目から3行目へは, $\phi'(x') = (I_4 - (i/4)\Delta\omega_{\mu\nu}\sigma^{\mu\nu})\phi(x)$, $\partial'_\mu\phi'(x') = \partial_\mu\phi(x) + \mathcal{O}(\Delta\omega)$ および $\Delta\omega_{\mu\nu} = -\Delta\omega_{\nu\mu}$ を用いた.

ローレンツ変換を空間回転に限る（つまり, $\Delta\omega_{\mu\nu}$ を $\Delta\omega_{ij}(i, j = 1, 2, 3)$ に制限する）と, 角運動量演算子 J^{ij} は空間回転不変性に基づく保存量なので, 10.4節の議論からディラック場の無限小回転 $\delta_J\phi(x)$ に対する生成子としての役割, すなわち $\delta_J\phi = i[(1/2)\Delta\omega_{ij}J^{ij}, \phi]$ を満たすはずだ. つまり, (12.18) の結果を用いると, J^{ij} は次の交換関係を満たすことになる.

$$[J^{ij}, \phi(x)] = -\bigg(\underbrace{i(x^i\partial^j - x^j\partial^i)}_{\text{空間座標}\,x\text{の無限小回転}} + \underbrace{\frac{1}{2}\sigma^{ij}}_{\text{スピノル}\,\phi\text{の無限小回転}}\bigg)\phi(x) \tag{12.19}$$

右辺の最初の項は空間座標 $\boldsymbol{x}$ に関する無限小回転に対応し, 第2項がスピノル ϕ に関する無限小回転に対応する. (12.17) で定義される J^{ij} が上式を満たすことは読者の練習問題としておく.

自由ディラック場の系には, 保存量としてエネルギー運動量と角運動量以外にも, 次の大域的 $U(1)$ 不変性に基づく $U(1)$ 電荷が保存する.

$$\left.\begin{aligned}\phi \to \phi' &= e^{-iq\theta}\phi \overset{|\theta|\ll 1}{\simeq} \phi - iq\theta\phi \equiv \phi + \delta_Q\phi \\ \phi^\dagger \to \phi'^\dagger &= e^{+iq\theta}\phi^\dagger \overset{|\theta|\ll 1}{\simeq} \phi^\dagger + iq\theta\phi^\dagger \equiv \phi^\dagger + \delta_Q\phi^\dagger\end{aligned}\right\} \tag{12.20}$$

この $U(1)$ 不変性に基づくネーターカレントは $j^\mu = q\bar{\phi}\gamma^\mu\phi$ で与えられ,

このとき保存量 Q は次のように j^0 を空間積分したものである．

$$Q \equiv \int d^3\boldsymbol{x}\, j^0 = q \int d^3\boldsymbol{x}\, \phi^\dagger \phi \tag{12.21}$$

【注】　この大域的 $U(1)$ 不変性は，ゲージ場との相互作用を加えた系でもそのまま成り立つ．そのとき，保存量 Q は電荷そのものである．

不変性と保存量の関係から，Q は無限小 $U(1)$ 変換の生成子でもあるので，$\delta_Q \phi = i\theta[Q, \phi]$, $\delta_Q \phi^\dagger = i\theta[Q, \phi^\dagger]$ の関係も満たす．$\delta_Q \phi$, $\delta_Q \phi^\dagger$ は (12.20) で与えられているので，Q と $\phi, \phi^\dagger$ の交換関係は次式で与えられることになる．

$$[Q, \phi] = -q\phi, \qquad [Q, \phi^\dagger] = +q\phi^\dagger \tag{12.22}$$

したがって，保存量 Q を $U(1)$ 電荷とよぶことにすると，ϕ と $\phi^\dagger$ はそれぞれ $-q$ と $+q$ の $U(1)$ 電荷を生成する演算子であることがわかる．

⟨check 12.4⟩

(12.16), (12.17) および (12.21) を用いて，(12.15), (12.19), (12.22) を導いてみよう．

【ヒント】　(12.12) の計算を参考にせよ．場の引数やスピノルの添字を省略せずにきちんと書くように心掛けよう．そのとき，場の引数やスピノルの添字が他の引数や添字と重複して使われていないか確認せよ．また，ディラック場の反可換性にも注意せよ．(12.15), (12.19), (12.22) は，自由ディラック場だけでなく相互作用がある系でも成り立つ．◆

12.2　自由ディラック場のスペクトラム

この節では自由ディラック場のスペクトラムを求める．特に，どのような 1 粒子状態が現れるのかを詳しく議論する．また，ディラック粒子はスピン 1/2 を持ち，フェルミ – ディラック統計に従うことを確かめる．

12.2.1 ディラック方程式の一般解

ここでは，ディラック方程式の一般解を求め，その展開係数としてディラック粒子の生成消滅演算子を導く．また，解の満たす性質について議論する．

ディラック方程式の一般解を求めるために，複素スカラー場の結果を用いることにしよう．複素スカラー場に対するクライン－ゴルドン方程式の一般解は，(11.89) で与えられた．この結果は，ディラック場に対してそのまま成り立つ．なぜなら，第4章の初めに議論したように，ディラック場もクライン－ゴルドン方程式を満たすからである．

したがって，ディラック場 $\phi(x)$ は次のように展開することができる．

$$\phi(x) = \int \frac{d^3k}{\sqrt{(2\pi)^3 2E_k}} \{a_+(\boldsymbol{k}) e^{-ik\cdot x} + a_-^\dagger(\boldsymbol{k}) e^{ik\cdot x}\} \quad (12.23)$$

ここで，$k\cdot x \equiv k_\mu x^\mu$ および $k^0 = E_k = \sqrt{\boldsymbol{k}^2 + m^2}$ である．複素スカラー場との違いは，$a_+(\boldsymbol{k})$, $a_-^\dagger(\boldsymbol{k})$ が4成分スピノルで与えられているという点である．

$a_+(\boldsymbol{k})$ と $a_-^\dagger(\boldsymbol{k})$ の関数形を求めるために，まず (12.23) をディラック方程式 $(i\gamma^\mu \partial_\mu - m)\phi(x) = 0$ に代入する．そのとき $e^{-ik\cdot x}$ と $e^{ik\cdot x}$ は独立な関数なので，$e^{-ik\cdot x}$ と $e^{ik\cdot x}$ の係数がそれぞれ独立にゼロでなければならない．すなわち，

$$(\not{k} - m) a_+(\boldsymbol{k}) = 0, \quad (-\not{k} - m) a_-^\dagger(\boldsymbol{k}) = 0 \quad (12.24)$$

を得る．ここで，ファインマンの記法 $\not{k} \equiv \gamma^\mu k_\mu$ を用いた．後で示すように，(12.24) はそれぞれ独立な解が2つずつあることがわかる．そこで2つの解を s で区別して $u(\boldsymbol{k}, s)$ と $v(\boldsymbol{k}, s)$ $(s = \pm)$ としておくと，(12.24) の一般解は $s = +$ と $s = -$ の解の重ね合わせ $a_+(\boldsymbol{k}) = \sum_{s=\pm} b(\boldsymbol{k}, s) u(\boldsymbol{k}, s)$, $a_-^\dagger(\boldsymbol{k}) = \sum_{s=\pm} d^\dagger(\boldsymbol{k}, s) v(\boldsymbol{k}, s)$ で表されることになる．ここで，$b(\boldsymbol{k}, s)$, $d^\dagger(\boldsymbol{k}, s)$ は，任意の複素係数で演算子の役割を担う．

したがって，ディラック方程式の一般解は，次式で与えられることになる．

12.2 自由ディラック場のスペクトラム

$$\phi(x) = \int \frac{d^3\boldsymbol{k}}{\sqrt{(2\pi)^3 2E_k}} \sum_{s=\pm} \{b(\boldsymbol{k}, s)u(\boldsymbol{k}, s)e^{-ik\cdot x} + d^\dagger(\boldsymbol{k}, s)v(\boldsymbol{k}, s)e^{ik\cdot x}\}$$
(12.25)

$u(\boldsymbol{k}, s)$ と $v(\boldsymbol{k}, s)$ $(s = \pm)$ は,

$$(\not{k} - m)u(\boldsymbol{k}, s) = 0, \quad (-\not{k} - m)v(\boldsymbol{k}, s) = 0 \quad (s = \pm)$$
(12.26)

の方程式の解で, s は2つの独立解をラベルするものだ. また, $u(\boldsymbol{k}, s)$ と $v(\boldsymbol{k}, s)$ がそれぞれ (12.26) を満たすならば, $\gamma^0(\gamma^\mu)^\dagger\gamma^0 = \gamma^\mu$ を用いて次式が成り立つことに注意しておく.

$$\bar{u}(\boldsymbol{k}, s)(\not{k} - m) = 0, \quad \bar{v}(\boldsymbol{k}, s)(-\not{k} - m) = 0 \quad (12.27)$$

ここで注意してもらいたいことは, スピノルの添字を持っているのは $u(\boldsymbol{k}, s)$ と $v(\boldsymbol{k}, s)$ であり, 演算子の役割は $b(\boldsymbol{k}, s)$ と $d(\boldsymbol{k}, s)$ が担っていることである. したがって, $u(\boldsymbol{k}, s)$ と $v(\boldsymbol{k}, s)$ は4成分を持つ c 数関数でスピノルの変換性を持ち, $b(\boldsymbol{k}, s)$ と $d(\boldsymbol{k}, s)$ は演算子として**反可換性**を持つことになる. それぞれの役割を正しく理解しておこう.

【注】 (12.26) の2つの式に独立な解がそれぞれ2つずつあることは, 次のように示すことができる. 議論を簡単にするために, γ 行列としてディラック表示 (4.16) をとることにする. それぞれの方程式はローレンツ共変なので, 静止系 $\tilde{k}^\mu = (m, \boldsymbol{0})$ に移って議論しても一般性を失うことはない. (これは, ローレンツ不変 (共変) 性の御利益だ.)

具体的には, 第5章の議論から $S(\Lambda)\not{k}S^{-1}(\Lambda) = \tilde{\not{k}}$ を満たすスピノルの変換行列 $S(\Lambda)$ が存在するので, $\tilde{u}(\tilde{\boldsymbol{k}} = \boldsymbol{0}, s) \equiv S(\Lambda)u(\boldsymbol{k}, s)$, $\tilde{v}(\tilde{\boldsymbol{k}} = \boldsymbol{0}, s) \equiv S(\Lambda)v(\boldsymbol{k}, s)$ と定義することで, (12.26) は

$$(\tilde{\not{k}} - m)\tilde{u}(\tilde{\boldsymbol{k}} = \boldsymbol{0}, s) = \begin{pmatrix} 0 & 0 \\ 0 & -2mI_2 \end{pmatrix} \tilde{u}(\tilde{\boldsymbol{k}} = \boldsymbol{0}, s) = 0$$

$$(-\tilde{\not{k}} - m)\tilde{v}(\tilde{\boldsymbol{k}} = \boldsymbol{0}, s) = \begin{pmatrix} -2mI_2 & 0 \\ 0 & 0 \end{pmatrix} \tilde{v}(\tilde{\boldsymbol{k}} = \boldsymbol{0}, s) = 0$$

となる. ここで, $\boldsymbol{0}$ は 2×2 零行列を表す.

したがって, $\tilde{u}(\tilde{\boldsymbol{k}} = \boldsymbol{0}, s) = (\chi_s, \boldsymbol{0})^T$, $\tilde{v}(\tilde{\boldsymbol{k}} = \boldsymbol{0}, s) = (\boldsymbol{0}, \chi'_s)^T$ が解となり, $\chi_{s=\pm}$ (および $\chi'_{s=\pm}$) は独立な2つの2次元ベクトルであれば何でもよい. これらの解は, 4.3節で議論した正エネルギー解 ($\tilde{u}(\tilde{\boldsymbol{k}} = \boldsymbol{0}, s)$) と負エネルギー解 ($\tilde{v}(\tilde{\boldsymbol{k}} = \boldsymbol{0}, s)$) に対応し, $s = \pm$ の2つの自由度はスピン上向きと下向きの2つの状態に対応する. 元の $u(\boldsymbol{k}, s)$ と $v(\boldsymbol{k}, s)$

は、$S^{-1}(\Lambda)$ を $\tilde{u}(\tilde{\bm{k}}=\bm{0},s)$ と $\tilde{v}(\tilde{\bm{k}}=\bm{0},s)$ に掛けることによって得られる．（数学的には上で行った手続きは，相似変換 $S(\Lambda)kS^{-1}(\Lambda)$ によって対角化された表示 $\tilde{k}$ に移ることに他ならない．）

12.2.2 解の性質

(12.26) を満たす解 $u(\bm{k},s)$，$v(\bm{k},s)$ の表式を求めるためには，γ 行列の具体的な表示を指定する必要がある．ここでは，具体的な解の表式を与える前に，γ 行列の表示によらない一般的な性質についてまとめておこう．ほとんどの場合，それらの性質がわかれば十分である．

(12.26) で定義される $u(\bm{k},s)$ と $v(\bm{k},s)$ を独立に用意してもよいのだが，物理的意味がはっきりするように，$v(\bm{k},s)$ を $u(\bm{k},s)$ の荷電共役変換

$$v(\bm{k},s) \equiv C\bar{u}^T(\bm{k},s) \tag{12.28}$$

によって定義しておくと便利だ．ここで行列 C は，6.3 節で定義した荷電共役行列で，ディラック表示やカイラル表示では $C = i\gamma^2\gamma^0$ で与えられる．荷電共役変換は2度続けて行うと元に戻るので，上式は $u(\bm{k},s)$ について次のように解き直すことができる．

$$u(\bm{k},s) = C\bar{v}^T(\bm{k},s) \tag{12.29}$$

$v(\bm{k},s)$ の定義式 (12.28) から，$u(\bm{k},s)$ が $(k-m)u(\bm{k},s)=0$ を満たせば，自動的に $v(\bm{k},s)$ は $(-k-m)v(\bm{k},s)=0$ を満たすことがわかる．（その証明は 6.3 節での議論と本質的に同じである．）このことから，$v(\bm{k},s)$ を (12.28) によって定義することが正当化される．また，この定義からディラック場 ϕ の反粒子場 $\phi^C \equiv C\bar{\phi}^T$ は

$$\phi^C(x) = \int \frac{d^3\bm{k}}{\sqrt{(2\pi)^3 2E_k}} \sum_{s=\pm} \{d(\bm{k},s)u(\bm{k},s)e^{-ik\cdot x} + b^\dagger(\bm{k},s)v(\bm{k},s)e^{ik\cdot x}\} \tag{12.30}$$

と表され，$\phi(x)$ と $\phi^C(x)$ の関係は，$b(\bm{k},s)$ と $d(\bm{k},s)$ の役割を入れかえたものになっている．

$(k-m)u(\bm{k},s)=0$ の2つの独立解は s で区別されるが，解 $u(\bm{k},s)$ が

次の直交性

$$\bar{u}(\boldsymbol{k}, s) u(\boldsymbol{k}, s') = 2m\delta_{ss'} \quad (12.31)$$

を満たすように選んでおくと便利である．このとき，次の直交関係が導かれる．

$$\bar{v}(\boldsymbol{k}, s) v(\boldsymbol{k}, s') = -2m\delta_{ss'} \quad (12.32)$$

$$\bar{u}(\boldsymbol{k}, s) v(\boldsymbol{k}, s') = \bar{v}(\boldsymbol{k}, s) u(\boldsymbol{k}, s') = 0 \quad (12.33)$$

$$u^\dagger(\boldsymbol{k}, s) u(\boldsymbol{k}, s') = v^\dagger(\boldsymbol{k}, s) v(\boldsymbol{k}, s') = 2E_k \delta_{ss'} \quad (12.34)$$

$$u^\dagger(\boldsymbol{k}, s) v(-\boldsymbol{k}, s') = v^\dagger(-\boldsymbol{k}, s) u(\boldsymbol{k}, s') = 0 \quad (12.35)$$

$$\bar{u}(\boldsymbol{k}, s) \gamma^\mu u(\boldsymbol{k}, s') = \bar{v}(\boldsymbol{k}, s) \gamma^\mu v(\boldsymbol{k}, s') = 2k^\mu \delta_{ss'} \quad (12.36)$$

【注】まず，(12.32) は次のように確かめられる．6.3 節の結果を用いて，$v = C\bar{u}^T$ から $\bar{u}^T = C^{-1}v$ および $u^T = -\bar{v}C$ の関係が成り立つ．これらを用いて，$\bar{u}u = \bar{u}_a u^a = u^a \bar{u}_a = u^T \bar{u}^T = (-\bar{v}C)(C^{-1}v) = -\bar{v}v$ を導くことができる．ここで，u は可換な c 数（スピノル）関数であることに注意しておく．

次に (12.33) は，$u, \bar{u}, v, \bar{v}$ がそれぞれ $\not{k}u = mu, \bar{u}\not{k} = m\bar{u}, \not{k}v = -mv, \bar{v}\not{k} = -m\bar{v}$ を満たすことから，$\bar{u}\not{k}v$ および $\bar{v}\not{k}u$ を 2 通りの方法で計算することによって導くことができる．

(12.34) は，(12.36) で $\mu = 0$ と置いた式である．

(12.35) は，$u(\boldsymbol{k}, s)$ と $v(-\boldsymbol{k}, s)$ がそれぞれエルミート行列 $\gamma^0(-\sum_{j=1}^{3}\gamma^j k_j + m)$ の固有値 $\pm k^0 = \pm E_k$ に属する固有ベクトルであることから導かれる．

(12.36) は，関係式 $2k^\mu = \not{k}\gamma^\mu + \gamma^\mu \not{k}$ の両辺を $\bar{u}(\boldsymbol{k}, s)$ と $u(\boldsymbol{k}, s')$，あるいは $\bar{v}(\boldsymbol{k}, s)$ と $v(\boldsymbol{k}, s')$ で挟んで，$\not{k}u = mu, \bar{u}\not{k} = m\bar{u}, \not{k}v = -mv, \bar{v}\not{k} = -m\bar{v}$，および (12.31)，(12.32) を用いることで導くことができる．

$\{u(\boldsymbol{k}, s), s = \pm\}$ は $\not{k}u(\boldsymbol{k}, s) = mu(\boldsymbol{k}, s)$ の解空間の完全系を張り，$\{v(\boldsymbol{k}, s), s = \pm\}$ は $\not{k}v(\boldsymbol{k}, s) = -mv(\boldsymbol{k}, s)$ の解空間の完全系を張る．このことと，直交関係 (12.31) 〜 (12.33) を考慮に入れると，次の**完全性関係**（**completeness relation**）が成り立つことがわかる．

$$\frac{1}{2m} \sum_{s=\pm} \{u^a(\boldsymbol{k}, s) \bar{u}_b(\boldsymbol{k}, s) - v^a(\boldsymbol{k}, s) \bar{v}_b(\boldsymbol{k}, s)\} = \delta^a{}_b \quad (12.37)$$

$$\frac{1}{2m} \sum_{s=\pm} u^a(\boldsymbol{k}, s) \bar{u}_b(\boldsymbol{k}, s) = \left(\frac{\not{k} + m}{2m}\right)^a{}_b \quad (12.38)$$

12. ディラック場の量子化

$$\frac{1}{2m}\sum_{s=\pm} v^a(\bm{k},s)\bar{v}_b(\bm{k},s) = \left(\frac{\slashed{k}-m}{2m}\right)^a_b \qquad (12.39)$$

【注】 上式の証明には，他でも役に立つ考え方が含まれているので，少し詳しく説明しておこう．$\slashed{k}$ の 2 乗を計算すると，$(\slashed{k})^2 = (\gamma^\mu k_\mu)(\gamma^\nu k_\nu) = k_\mu k_\nu \gamma^\mu \gamma^\nu = k_\mu k_\nu (1/2)\{\gamma^\mu, \gamma^\nu\}$ $= k_\mu k^\mu = m^2$ となるので，$\slashed{k}$ の固有値は $\pm m$ である．$\slashed{k}$ の固有値 $+m$ ($\slashed{k}u = mu$) の解空間の完全系は $\{u(\bm{k},s), s=\pm\}$ で張られ，$\slashed{k}$ の固有値 $-m$ ($\slashed{k}v = -mv$) の解空間の完全系は $\{v(\bm{k},s), s=\pm\}$ で張られているので，$\slashed{k}$ の作用する 4 成分スピノル空間の完全系は $\{u(\bm{k},s), v(\bm{k},s), s=\pm\}$ で張られることになる．すなわち，4 成分を持つ任意のスピノル w は，4 つの独立な 4 成分スピノル $\{u(\bm{k},s), v(\bm{k},s), s=\pm\}$ を使って，次のように

$$w = \sum_{s=\pm} \{\alpha(s)u(\bm{k},s) + \beta(s)v(\bm{k},s)\}$$

と展開可能である．ここで，$\alpha(s), \beta(s)$ は展開係数である．この w に (12.37) の左辺を作用させ，(12.31) 〜 (12.33) の直交性関係を用いると

$$\frac{1}{2m}\sum_{s=\pm}\{u(\bm{k},s)\bar{u}(\bm{k},s) - v(\bm{k},s)\bar{v}(\bm{k},s)\}w = w$$

が導かれる．これは任意の 4 成分スピノル w に対して成り立つので，(12.37) 左辺は単位行列でなければならないことがわかる．

同様に，w に (12.38) と (12.39) の左辺を作用させると次式を得る．

$$\frac{1}{2m}\sum_{s=\pm} u(\bm{k},s)\bar{u}(\bm{k},s)w = \sum_{s=\pm}\alpha(s)u(\bm{k},s)$$

$$\frac{1}{2m}\sum_{s=\pm} v(\bm{k},s)\bar{v}(\bm{k},s)w = -\sum_{s=\pm}\beta(s)v(\bm{k},s)$$

これらの式から，$(1/2m)\sum_{s=\pm} u(\bm{k},s)\bar{u}(\bm{k},s) (-(1/2m)\sum_{s=\pm} v(\bm{k},s)\bar{v}(\bm{k},s))$ は，$\{u(\bm{k},s)\}$ ($\{v(\bm{k},s)\}$) で張られる空間への射影演算子の役割を果たしていることがわかる．実際，$\{u(\bm{k},s)\}$ で張られる空間への射影演算子は $P_+ \equiv (\slashed{k}+m)/(2m)$，一方 $\{v(\bm{k},s)\}$ で張られる空間への射影演算子は $P_- \equiv (-\slashed{k}+m)/(2m)$ である．$P_\pm$ が射影演算子であることは，次の関係式を満たすことから確かめられる．

$$P_+ + P_- = I_4, \qquad (P_\pm)^2 = P_\pm, \qquad P_+P_- = P_-P_+ = 0$$

また，

$$\slashed{k}P_\pm = P_\pm \slashed{k} = \pm m P_\pm$$

となり，$P_\pm$ は $\slashed{k}$ に対して $\pm m$ の固有値を持つ空間への射影演算子である．すなわち，

$$P_+ u(\bm{k},s) = u(\bm{k},s), \qquad P_- u(\bm{k},s) = 0$$
$$P_- v(\bm{k},s) = v(\bm{k},s), \qquad P_+ v(\bm{k},s) = 0$$

となる．以上のことから，(12.38) および (12.39) の左辺はそれぞれ P_+ および $-P_-$ に等しいことが結論づけられる．

〈**check 12.5**〉

静止系 $\tilde{k}^\mu = (m, 0, 0, 0)$ で $(\tilde{\slashed{k}} - m)\tilde{u}(\tilde{\bm{k}} = \bm{0}, s) = 0$ と (12.31) を満たす

12.2 自由ディラック場のスペクトラム

$\tilde{u}(\tilde{\boldsymbol{k}}=\boldsymbol{0}, s)$ を具体的に求め，(12.32) 〜 (12.39) が成り立っていることを確かめてみよう．

【ヒント】 ここでは，γ^0 を対角化する表示，例えば，ディラック表示を使って計算するのが便利である．また，$\tilde{v}(\tilde{\boldsymbol{k}}=\boldsymbol{0}, s)$ は $\tilde{v}(\tilde{\boldsymbol{k}}=\boldsymbol{0}, s) = C\bar{u}^T(\tilde{\boldsymbol{k}}=\boldsymbol{0}, s)$ で定義される． ◆

(12.38) と (12.39) で s の和をとらない場合は，s で区別される独立解を何に選ぶかでその表式は異なる．本書では s として，応用上重要なヘリシティ固有値 $s = \pm 1/2$ をとることにする．このときヘリシティは運動量方向のスピンの値 $\boldsymbol{S}\cdot\boldsymbol{k}/|\boldsymbol{k}|$ なので，$u(\boldsymbol{k}, s)$，$v(\boldsymbol{k}, s)$ は次の固有値方程式に従う．

$$\frac{\boldsymbol{S}\cdot\boldsymbol{k}}{|\boldsymbol{k}|}u(\boldsymbol{k}, s) = su(\boldsymbol{k}, s), \qquad \frac{\boldsymbol{S}\cdot\boldsymbol{k}}{|\boldsymbol{k}|}v(\boldsymbol{k}, s) = -sv(\boldsymbol{k}, s) \quad \left(s = \pm\frac{1}{2}\right) \tag{12.40}$$

ここで $\boldsymbol{S}$ は，(4.26) で与えられるスピン角運動量行列

$$\boldsymbol{S} = \left(\frac{i}{2}\gamma^2\gamma^3, \frac{i}{2}\gamma^3\gamma^1, \frac{i}{2}\gamma^1\gamma^2\right) \tag{12.41}$$

である．ヘリシティ演算子 $\boldsymbol{S}\cdot\boldsymbol{k}/|\boldsymbol{k}|$ は $\not{k}$ と可換なので，$u(\boldsymbol{k}, s)$ と $v(\boldsymbol{k}, s)$ をそれらの同時固有状態にとることができる．この性質が s としてヘリシティ固有値にとる理由の 1 つである．

【注】 $\boldsymbol{S}\cdot\boldsymbol{k}/|\boldsymbol{k}|$ と $\not{k}$ が可換であることを示すには，γ^0 と $\gamma^i\gamma^j (i, j = 1, 2, 3)$ は可換なので，$\boldsymbol{S}\cdot\boldsymbol{k} = \sum_{i=1}^{3} S^i k^i$ と $\sum_{j=1}^{3} \gamma^j k^j$ が可換であることを確かめれば十分である．また，(12.40) の第 2 式右辺のマイナス符号は，$v(\boldsymbol{k}, s) = C\bar{u}^T(\boldsymbol{k}, s)$ の定義から従う．

s をヘリシティ固有値にとったので，(12.38) と (12.39) で s の和をとらない表式は

$$\frac{1}{2m}u(\boldsymbol{k}, s)\bar{u}(\boldsymbol{k}, s) = \left(\frac{\not{k}+m}{2m}\right)\left(\frac{1+2s(2\boldsymbol{S}\cdot\boldsymbol{k}/|\boldsymbol{k}|)}{2}\right) \tag{12.42a}$$

$$\frac{1}{2m}v(\boldsymbol{k}, s)\bar{v}(\boldsymbol{k}, s) = \left(\frac{\not{k}-m}{2m}\right)\left(\frac{1-2s(2\boldsymbol{S}\cdot\boldsymbol{k}/|\boldsymbol{k}|)}{2}\right) \tag{12.42b}$$

となる．ここでヘリシティ固有値 s の値は $\pm 1/2$ である．

【注】 $u(\boldsymbol{k},s)$ は $\hat{k}$ および $\boldsymbol{S}\cdot\boldsymbol{k}/|\boldsymbol{k}|$ の固有値 m, s に属する固有状態,$v(\boldsymbol{k},s)$ は固有値 $-m, -s$ に属する固有状態なので,(12.38) と (12.39) の下で議論されていることから,$(1/2m)u(\boldsymbol{k},s)\bar{u}(\boldsymbol{k},s)(-(1/2m)v(\boldsymbol{k},s)\bar{v}(\boldsymbol{k},s))$ は,$\hat{k}$ および $2\boldsymbol{S}\cdot\boldsymbol{k}/|\boldsymbol{k}|$ の固有値 m,$2s(-m, -2s)$ の解空間への射影演算子に対応することがわかる.$\hat{k}$ の固有値 $\pm m$ に属する解空間への射影演算子は $(\pm \hat{k}+m)/(2m)$ で,$2\boldsymbol{S}\cdot\boldsymbol{k}/|\boldsymbol{k}|$ の固有値 $\pm 2s$ に属する解空間への射影演算子は $\{1\pm 2s(2\boldsymbol{S}\cdot\boldsymbol{k}/|\boldsymbol{k}|)\}/2$ なので,(12.42) の関係が成り立つことがわかる.

$u(\boldsymbol{k},s)$ や $v(\boldsymbol{k},s)$ の具体的な表式が必要になることはあまりないが,ディラック表示の場合で $u(\boldsymbol{k},s)$,$v(\boldsymbol{k},s)$ の具体形を下に与えておこう.

$$u(\boldsymbol{k},s)=\begin{pmatrix}\sqrt{E_k+m}\,\chi^{(s)}\\ \sqrt{E_k-m}\,\dfrac{\boldsymbol{\sigma}\cdot\boldsymbol{k}}{|\boldsymbol{k}|}\chi^{(s)}\end{pmatrix}, \quad v(\boldsymbol{k},s)=\begin{pmatrix}\sqrt{E_k-m}\,\dfrac{\boldsymbol{\sigma}\cdot\boldsymbol{k}}{|\boldsymbol{k}|}\tilde\chi^{(s)}\\ \sqrt{E_k+m}\,\tilde\chi^{(s)}\end{pmatrix}$$
(12.43)

ここで,上式の中の $\boldsymbol{\sigma}$ はパウリ行列,$\chi^{(s)}, \tilde\chi^{(s)}$ は 2 成分スピノルで $\tilde\chi^{(s)}=-i\sigma^2(\chi^{(s)})^*$ の関係で結ばれている.ここでは,s をヘリシティの固有値 $s=\pm 1/2$ にとっているので

$$\chi^{(s=+1/2)}=\begin{pmatrix}e^{-i\varphi/2}\cos\dfrac{\theta}{2}\\ e^{+i\varphi/2}\sin\dfrac{\theta}{2}\end{pmatrix}, \quad \chi^{(s=-1/2)}=\begin{pmatrix}-e^{-i\varphi/2}\sin\dfrac{\theta}{2}\\ e^{+i\varphi/2}\cos\dfrac{\theta}{2}\end{pmatrix}$$
(12.44)

で与えられる.θ, φ は $\boldsymbol{k}$ を極座標表示で表したときの天頂角と方位角で,$\boldsymbol{k}=(k_x,k_y,k_z)=(|\boldsymbol{k}|\cos\varphi\sin\theta, |\boldsymbol{k}|\sin\varphi\sin\theta, |\boldsymbol{k}|\cos\theta)$ で定義される.

⟨check 12.6⟩

ディラック表示での解の表式 (12.43) と (12.44) を確かめよ.また,(12.43) と (12.44) を用いて,具体的に $(12.31)\sim(12.40)$ および (12.42) が成り立っていることを確かめてみよう.

【ヒント】 $|\boldsymbol{k}|=\sqrt{(E_k)^2-m^2}=\sqrt{(E_k+m)(E_k-m)}$,およびディラック表示で $\boldsymbol{S}=\dfrac{1}{2}\begin{pmatrix}\boldsymbol{\sigma} & 0\\ 0 & \boldsymbol{\sigma}\end{pmatrix}$($\boldsymbol{\sigma}$ はパウリ行列)を用いよ.◆

12.2.3 自由ディラック粒子の生成消滅演算子と反交換関係

ここでは，$\phi(x)$ の展開式 (12.25) において，$b(\bm{k}, s)$ ($d(\bm{k}, s)$) とそのエルミート共役 $b^\dagger(\bm{k}, s)$ ($d^\dagger(\bm{k}, s)$) がディラック粒子 (反粒子) の消滅と生成演算子であることを確かめ，それらが交換関係ではなく反交換関係を使って量子化されなければならない理由を明らかにする．

以下の議論では，次の内積を定義しておくと便利である．

$$(\phi'|\phi) \equiv \int d^3\bm{x}\, \bar{\phi}'(x)\gamma^0 \phi(x) = \int d^3\bm{x}\, \phi'^\dagger(x)\phi(x) = (\phi|\phi')^\dagger \tag{12.45}$$

この定義と 12.2.2 項で明らかにした解の性質を使えば，$u(\bm{k}, s)$, $v(\bm{k}, s)$ は次の規格直交関係を満たすことがわかる．

$$\left. \begin{aligned} (U_{\bm{k},s}|U_{\bm{k}',s'}) = (V_{\bm{k},s}|V_{\bm{k}',s'}) = \delta_{ss'}\delta^3(\bm{k}-\bm{k}') \\ (U_{\bm{k},s}|V_{\bm{k}',s'}) = (V_{\bm{k},s}|U_{\bm{k}',s'}) = 0 \end{aligned} \right\} \tag{12.46}$$

ただし，$U_{\bm{k},s}(x)$ と $V_{\bm{k},s}(x)$ は次式で定義される．

$$U_{\bm{k},s}(x) \equiv \frac{u(\bm{k},s)e^{-ik\cdot x}}{\sqrt{(2\pi)^3 2E_k}}, \qquad V_{\bm{k},s}(x) \equiv \frac{v(\bm{k},s)e^{+ik\cdot x}}{\sqrt{(2\pi)^3 2E_k}} \tag{12.47}$$

ここで，$k\cdot x = k_\mu x^\mu = E_k t - \bm{k}\cdot\bm{x}$ である．

【注】 混乱することはないと思うので，前章で導入した (11.37) と同じ記号 (|) をここでも使った．(11.37) と (12.45) の定義で共通することは，(11.37) では $f(x)$, $g(x)$ がクライン-ゴルドン方程式を満たし，(12.45) の場合は $\phi(x)$, $\phi'(x)$ がディラック方程式を満たすならば，共にその量は時間に依存しないという性質である．

(12.46) は，まずデルタ関数の積分表示 $\int d^3\bm{x}\, e^{\pm i\bm{k}\cdot\bm{x}} = (2\pi)^3 \delta^3(\bm{k})$ を用いて，次に (12.34) と (12.35) を使えば導くことができる．

〈check 12.7〉

$\phi(x)$ と $\phi'(x)$ がディラック方程式の解ならば，$(\phi'|\phi)$ は時間によらないことを示せ．また，(12.46) の規格直交関係を確かめてみよう．◆

上で定義した記号 (|) を用いれば, $\phi(x)$ の展開式 (12.25) から $b(\bm{k},s)$ および $d(\bm{k},s)$ を $\phi(x)$ から次のように求めることができる.

$$\left.\begin{array}{ll} b(\bm{k},s) = (U_{\bm{k},s}|\psi), & b^\dagger(\bm{k},s) = (U_{\bm{k},s}|\psi)^\dagger = (\psi|U_{\bm{k},s}) \\ d^\dagger(\bm{k},s) = (V_{\bm{k},s}|\psi), & d(\bm{k},s) = (V_{\bm{k},s}|\psi)^\dagger = (\psi|V_{\bm{k},s}) \end{array}\right\}$$
(12.48)

(12.48) の関係を用いれば, 同時刻反交換関係 (12.10) は $b(\bm{k},s)$ や $d(\bm{k},s)$ に対する次の反交換関係におきかわることがわかる.

$$\left.\begin{array}{c} \{b(\bm{k},s),b^\dagger(\bm{k}',s')\} = \{d(\bm{k},s),d^\dagger(\bm{k}',s')\} = \delta_{ss'}\delta^3(\bm{k}-\bm{k}') \\ \text{その他の反交換関係} = 0 \end{array}\right\}$$
(12.49)

逆に上の反交換関係から, $\psi(t,\bm{x}), \psi^\dagger(t,\bm{x})$ に対する同時刻反交換関係 (12.10) を導くことができる.

⟨check 12.8⟩

$\psi(t,\bm{x}), \psi^\dagger(t,\bm{x})$ に対する同時刻反交換関係 (12.10) から, $b(\bm{k},s), b^\dagger(\bm{k},s), d(\bm{k},s), d^\dagger(\bm{k},s)$ に対する反交換関係 (12.49) を導いてみよう. 逆に, $b(\bm{k},s), b^\dagger(\bm{k},s), d(\bm{k},s), d^\dagger(\bm{k},s)$ に対する反交換関係から, $\psi(t,\bm{x}), \psi^\dagger(t,\bm{x})$ に対する同時刻反交換関係を導いてみよう.

【ヒント】 (12.10) から (12.49) を導く際には, (12.48) を (12.49) に代入して (12.34) と (12.35) を用いるとよい. 逆に, (12.49) から (12.10) を導く際には, (12.25) を (12.10) に代入して (12.38) と (12.39) を用いる. また, デルタ関数の積分表示 $\int d^3\bm{x} \times e^{\pm i\bm{k}\cdot\bm{x}} = (2\pi)^3\delta^3(\bm{k})$ および $E_{\bm{k}} = E_{-\bm{k}}$ の関係も用いる. ◆

次に, (12.16) で与えられるエネルギー運動量 P^μ に $\psi(x)$ の展開式 (12.25) を代入し, 演算子の順序を変えないで計算すると次式を得る.

$$P^\mu = \int d^3\bm{k} \sum_{s=\pm 1/2} k^\mu \{b^\dagger(\bm{k},s)b(\bm{k},s) - d(\bm{k},s)d^\dagger(\bm{k},s)\}$$
(12.50)

12.2 自由ディラック場のスペクトラム

【注】 $\phi(x)$ の展開式 (12.25) はディラック方程式の解として得られたものなので，P^0 の導出の際に (12.16) で $\mathcal{L} = \bar{\psi}(i\gamma^\mu \partial_\mu - m)\psi = 0$ として計算するのが楽である．(12.50) の導出に必要なものは，デルタ関数の積分表示 $\int d^3x \, e^{\pm ik \cdot x} = (2\pi)^3 \delta^3(\boldsymbol{k})$ と直交関係 (12.34) と (12.35) である．ここで，(12.50) を導出する際に，量子化条件 (12.10) (あるいは (12.49)) を用いていないことに注意しておく．

(12.50) の右辺第 2 項のマイナス符号は，ディラック場の量子化に対して重要な帰結を導く．

check 12.9 で示されるように，生成消滅演算子を交換関係で量子化したならば，P^0 のエネルギー固有値に下限がなくなるか，あるいは負のノルム (negative norm) 状態が現れるか，どちらにせよ量子論として意味のある理論を得ることはできない．

一方，(12.10)，あるいは (12.49) で行ったように反交換関係を用いて量子化するならば，(12.50) で $d(\boldsymbol{k}, s)$ と $d^\dagger(\boldsymbol{k}, s)$ を入れかえて

$$P^\mu = \int d^3k \sum_{s=\pm 1/2} k^\mu \{b^\dagger(\boldsymbol{k}, s) b(\boldsymbol{k}, s) + d^\dagger(\boldsymbol{k}, s) d(\boldsymbol{k}, s)\} \tag{12.51}$$

を得る．ここでは，スカラー場の場合と同じように，(無限大の) c 数定数項を落とした．

【注】 (12.50) から (12.51) を得るために，正規順序をとったといってもよい．ただし，ディラック場の生成消滅演算子に対する**正規順序積**は，スカラー場と違って，反可換性に注意する必要がある．例えば，(12.50) の右辺第 2 項の正規順序積は：$d(\boldsymbol{k}, s) d^\dagger(\boldsymbol{k}, s)$：$\equiv -d^\dagger(\boldsymbol{k}, s) d(\boldsymbol{k}, s)$ で定義される．

表式 (12.51) ではエネルギー $P^0 = H$ の固有値は $E \geqq 0$ となり，量子論として意味を持つ．このようにディラック場は，反交換関係を用いて量子化することによって，場の量子論としての定式化が可能となるのである．(「交換関係を用いて量子化したディラック場の量子論は存在しない」ということもできる．)

【注】 (12.51) の導出の際に落とした c 数項は，$\mu = 0$ の場合，零点 (真空) エネルギーに

対応し，

$$E_0 \equiv \int \frac{d^3\boldsymbol{x}\, d^3\boldsymbol{k}}{(2\pi)^3}(-2E_k) \tag{12.52}$$

で与えられる．ただし，上の表記では $\delta^3(\boldsymbol{k}=\boldsymbol{0}) = \int d^3\boldsymbol{x}/(2\pi)^3$ を用いた．ここで注目すべき点は，真空エネルギーの値が負である点と，その大きさがちょうど実スカラー場の4倍（複素スカラー場の2倍）である点だ．したがって，実スカラー場が4つ存在すれば，真空エネルギーは相殺してゼロになることがわかる．実際，超対称性が存在するときは，相互作用がある場合でも相殺が起こり真空エネルギーは厳密にゼロであることが示される（check 12.10 参照）．

〈**check 12.9**〉

ハミルトニアンが $H = -\omega dd^\dagger\,(\omega > 0)$ で与えられ，d と $d^\dagger$ が交換関係 $[d, d^\dagger] = 1$ を満たしているとしよう．このとき，次の（Ⅰ），（Ⅱ）の性質を確かめてみよう．

（Ⅰ）"真空" $|0\rangle$ を $d|0\rangle = 0\,(\langle 0|0\rangle = 1)$ で定義するならば，状態 $|n\rangle \equiv (1/\sqrt{n!})(d^\dagger)^n|0\rangle\,(n = 0, 1, 2, \cdots)$ のエネルギー固有値は $E_n = -(n+1)\omega\,(n = 0, 1, 2, \cdots)$ で与えられる．

（Ⅱ）"真空" $|\tilde{0}\rangle$ を $d^\dagger|\tilde{0}\rangle = 0\,(\langle\tilde{0}|\tilde{0}\rangle = 1)$ で定義するならば，状態 $|\tilde{n}\rangle \equiv (1/\sqrt{\tilde{n}!})(d)^{\tilde{n}}|\tilde{0}\rangle\,(\tilde{n} = 0, 1, 2, \cdots)$ のエネルギー固有値は正エネルギー $E_{\tilde{n}} = +\tilde{n}\omega\,(\tilde{n} = 0, 1, 2, \cdots)$ で与えられるが，負のノルム状態 $\langle\tilde{n}|\tilde{n}\rangle = (-1)^{\tilde{n}}$ が現れる．◆

〈**check 12.10**〉

超対称性を持つ理論には，超対称変換を引き起こす生成子 $Q^a\,(a = 1, 2, 3, 4$ はマヨラナスピノルの添字）が存在し，エネルギー運動量演算子 P^μ との間に**超対称代数**（supersymmetry algebra）とよばれる関係式 $2P^\mu(\gamma_\mu)^a{}_b = \{Q^a, \bar{Q}_b\}$ が成り立つことが知られている．ここで，$\bar{Q} = Q^\dagger \gamma^0$ で，Q は**超電荷**（supercharge）とよばれている．このとき，真空 $|0\rangle$ が超対称変換の下で不変ならば，真空エネルギー E_0 は $E_0 = 0$ であることを証明してみよう．

【ヒント】 超対称代数に γ^0 を掛けて γ 行列のトレースをとることによって，まず $8H = \sum_{a=1}^{4}(Q^a(Q^\dagger)_a + (Q^\dagger)_a Q^a)$ を導け．次に，この関係と $(Q^\dagger)_a = (Q^a)^\dagger$ からエネルギー固有値 E は $E \geqq 0$ となることを示せ．このことから，$E = 0$ の状態は最低エネルギー状態（=

真空状態)であることがわかる．また，「真空 $|0\rangle$ が超対称変換の下で不変」ということを超対称変換の生成子 Q を用いて式で表すと，$Q|0\rangle = Q^\dagger|0\rangle = 0$ である．◆

12.2.4 自由ディラック粒子の1粒子状態と統計性

ここでは，自由ディラック場のスペクトラムについて考察する．1粒子状態はスピン 1/2 を持ち，粒子と反粒子は同じ質量を持つが電荷の符号はお互い逆であることを具体的に確かめる．また，ディラック粒子はフェルミ-ディラック統計に従い，パウリの排他原理を満たすことを見る．

真空 $|0\rangle$ は最低エネルギー状態として定義される．自由ディラック場の理論では，消滅演算子 $b(\bm{k}, s)$ と $d(\bm{k}, s)$ を使って，次式を満たすものとして真空 $|0\rangle$ が定義される．

$$b(\bm{k}, s)|0\rangle = d(\bm{k}, s)|0\rangle = 0 \qquad (12.53)$$

【注】(12.53) を満たす状態 $|0\rangle$ が最低エネルギー状態であることは，次のように確かめることができる．$H = P^0$ の表式 (12.51) をエネルギーの固有状態 $|E\rangle$ と $\langle E|$ で挟むことによって，

$$E = \langle E|H|E\rangle \stackrel{(12.51)}{=} \int d^3\bm{k}\, E_k (\|b(\bm{k}, s)|E\rangle\|^2 + \|d(\bm{k}, s)|E\rangle\|^2) \geq 0$$

が導かれ，$E = 0$ がエネルギーの下限であることがわかる．ここで，$\|b(\bm{k}, s)|E\rangle\|^2 = \langle E|b^\dagger(\bm{k}, s)b(\bm{k}, s)|E\rangle \geq 0$ は状態 $b(\bm{k}, s)|E\rangle$ のノルム（の 2 乗）である．一方，(12.53) を満たす状態 $|0\rangle$ のエネルギーは $E = 0$ ($H|0\rangle = 0$) なので，最低エネルギー状態である．

時空座標の並進不変性とローレンツ不変性の要請から，真空 $|0\rangle$ にエネルギー運動量演算子 P^μ およびローレンツ変換の生成子 $J^{\mu\nu}$ を作用させたものはゼロでなければならない．

$$P^\mu|0\rangle = 0, \qquad J^{\mu\nu}|0\rangle = 0 \qquad (12.54)$$

さらに，12.1.4 項で議論した大域的 $U(1)$ 不変性から，大域的 $U(1)$ 変換の生成子である保存電荷 Q を真空に作用させると

$$Q|0\rangle = 0 \qquad (12.55)$$

となる．自由ディラック場のときは，演算子 P^μ, $J^{\mu\nu}$, Q に含まれる生成消滅演算子を正規順序にとることによって，真空 $|0\rangle$ が (12.54) と (12.55) を

満たすことを具体的に示すことができる.

【注】 これまで何度も述べてきたことだが,重要なので繰り返しておこう. $P^\mu|0\rangle = 0 (\mu = 0, 1, 2, 3)$ は,真空 $|0\rangle$ が時空並進の下で不変であると同時に,真空のエネルギー運動量の値がゼロであることを意味する. $J^{\mu\nu}|0\rangle = 0 (\mu, \nu = 0, 1, 2, 3)$ は,真空がローレンツ変換の下で不変であると同時に, $J^{ij}|0\rangle = 0 (i, j = 1, 2, 3)$ は真空の角運動量の値がゼロであることを意味する. $Q|0\rangle = 0$ は,真空が大域的 $U(1)$ 変換の下で不変であると同時に,真空の $U(1)$ 電荷はゼロであることを意味する.

自由ディラック粒子の1粒子状態は,真空 $|0\rangle$ に生成演算子 $b^\dagger(\boldsymbol{k}, s)$,あるいは $d^\dagger(\boldsymbol{k}, s)$ を作用させたもの

$$b^\dagger(\boldsymbol{k}, s)|0\rangle, \qquad d^\dagger(\boldsymbol{k}, s)|0\rangle \quad (s = \pm 1/2) \tag{12.56}$$

で与えられる.以下で,これらの状態の性質について詳しく調べていこう.

まず (12.51) の形から直ちに,エネルギー運動量演算子 P^μ と生成消滅演算子の交換関係が次式で与えられることがわかる.(公式 (12.13) と反交換関係 (12.49) を用いると得られる.)

$$\left.\begin{aligned}[P^\mu, b^\dagger(\boldsymbol{k}, s)] &= +k^\mu b^\dagger(\boldsymbol{k}, s), & [P^\mu, b(\boldsymbol{k}, s)] &= -k^\mu b(\boldsymbol{k}, s) \\ [P^\mu, d^\dagger(\boldsymbol{k}, s)] &= +k^\mu d^\dagger(\boldsymbol{k}, s), & [P^\mu, d(\boldsymbol{k}, s)] &= -k^\mu d(\boldsymbol{k}, s)\end{aligned}\right\} \tag{12.57}$$

これらの交換関係から, $b^\dagger(\boldsymbol{k}, s)$ と $d^\dagger(\boldsymbol{k}, s)$ ($b(\boldsymbol{k}, s)$ と $d(\boldsymbol{k}, s)$) はエネルギー運動量 $k^\mu = (E_k, \boldsymbol{k})$ を生成(消滅)する演算子であることがわかる.また,上式と (12.54) から

$$P^\mu b^\dagger(\boldsymbol{k}, s)|0\rangle = +k^\mu b^\dagger(\boldsymbol{k}, s)|0\rangle, \qquad P^\mu d^\dagger(\boldsymbol{k}, s)|0\rangle = +k^\mu d^\dagger(\boldsymbol{k}, s)|0\rangle \tag{12.58}$$

を得る.つまり,1粒子状態 $b^\dagger(\boldsymbol{k}, s)|0\rangle$ と $d^\dagger(\boldsymbol{k}, s)|0\rangle$ はエネルギー運動量 k^μ を持つ.

【注】 (12.58) が示せて初めて,ディラック場がアインシュタインの関係 $E_k^2 = \boldsymbol{k}^2 + m^2$ を満たす相対論的1粒子状態 (12.56) を持つことが確かめられたことになる.これらの1粒子状態が質量 m を持つことは,エネルギーと運動量の関係 $E_k = \sqrt{\boldsymbol{k}^2 + m^2}$ から導かれるものである.(つまり,ここまできて初めて,ディラック方程式,あるいは作用積分に含

まれているパラメータ m がディラック粒子の質量を表すことがきちんと示されたことになる．)

次に，12.1.4 項で議論した保存電荷 Q と生成消滅演算子の交換関係を求めよう．古典的には (12.21) で保存電荷 Q は与えられているが，量子論的には演算子の順序が問題となる．ここでは，真空 $|0\rangle$ の電荷が 0，すなわち $Q|0\rangle = 0$ となるように次式で定義する．(この定義は演算子の積を正規順序にとったことと同じだ．)

$$Q \equiv \int d^3\boldsymbol{x} \sum_{a=1}^{4} \frac{q}{2} [\phi_a^\dagger(x), \psi^a(x)] = \int d^3\boldsymbol{x} \sum_{a=1}^{4} \frac{q}{2} (\phi_a^\dagger(x)\psi^a(x) - \psi^a(x)\phi_a^\dagger(x))$$
$$= \int d^3\boldsymbol{k} \sum_{s=\pm 1/2} q(b^\dagger(\boldsymbol{k}, s)b(\boldsymbol{k}, s) - d^\dagger(\boldsymbol{k}, s)d(\boldsymbol{k}, s)) \qquad (12.59)$$

この表式から直ちに，次の交換関係が導かれる．(前と同様に，公式 (12.13) と反交換関係 (12.49) を用いよ．)

$$\left.\begin{array}{ll} [Q, b^\dagger(\boldsymbol{k}, s)] = +qb^\dagger(\boldsymbol{k}, s), & [Q, b(\boldsymbol{k}, s)] = -qb(\boldsymbol{k}, s) \\ [Q, d^\dagger(\boldsymbol{k}, s)] = -qd^\dagger(\boldsymbol{k}, s), & [Q, d(\boldsymbol{k}, s)] = +qd(\boldsymbol{k}, s) \end{array}\right\}$$
$$(12.60)$$

これらの交換関係から，$b^\dagger(\boldsymbol{k}, s)$ は $+q$ の電荷，$d^\dagger(\boldsymbol{k}, s)$ は $-q$ の電荷を生成する演算子であることがわかる．また，上式と $Q|0\rangle = 0$ から

$$Qb^\dagger(\boldsymbol{k}, s)|0\rangle = +qb^\dagger(\boldsymbol{k}, s)|0\rangle, \qquad Qd^\dagger(\boldsymbol{k}, s)|0\rangle = -qd^\dagger(\boldsymbol{k}, s)|0\rangle$$
$$(12.61)$$

が導かれる．このことから，$b^\dagger(\boldsymbol{k}, s)|0\rangle$ と $d^\dagger(\boldsymbol{k}, s)|0\rangle$ はお互い逆符号の電荷を持ち，粒子と反粒子 ($q = -e$ とすれば電子と陽電子) の状態に対応することがわかる．

最後に 1 粒子状態のスピンを調べ，ディラック粒子はスピン 1/2 を持つことを確かめよう．議論を明確にするために，z 軸方向に運動する場合 (1 粒

子状態 $b^\dagger(\tilde{\boldsymbol{k}}, s)|0\rangle$, $d^\dagger(\tilde{\boldsymbol{k}}, s)|0\rangle$, ($\tilde{\boldsymbol{k}} = (0, 0, k_z > 0)$) を考えることにする.

まず，この状態に対する z 軸方向の角運動量 $J_z(= J^{12})$ の値を調べよう．運動方向の軌道角運動量成分はゼロ ($\boldsymbol{k} \cdot \boldsymbol{L} = \boldsymbol{k} \cdot (\boldsymbol{x} \times \boldsymbol{k}) = 0$) なので，$J_z$ の値は純粋にスピン角運動量からの寄与を与えることになる．J_z と $b^\dagger(\tilde{\boldsymbol{k}}, s)$, $d^\dagger(\tilde{\boldsymbol{k}}, s)$ との交換関係は (12.19) から

$$\left.\begin{aligned} \left[J_z, b^\dagger\left(\tilde{\boldsymbol{k}}, \pm\frac{1}{2}\right)\right] &= \pm\frac{1}{2} b^\dagger\left(\tilde{\boldsymbol{k}}, \pm\frac{1}{2}\right) \\ \left[J_z, d^\dagger\left(\tilde{\boldsymbol{k}}, \pm\frac{1}{2}\right)\right] &= \pm\frac{1}{2} d^\dagger\left(\tilde{\boldsymbol{k}}, \pm\frac{1}{2}\right) \end{aligned}\right\} \quad (12.62)$$

で与えられ，$b^\dagger(\tilde{\boldsymbol{k}}, \pm 1/2)|0\rangle$ および $d^\dagger(\tilde{\boldsymbol{k}}, \pm 1/2)|0\rangle$ は J_z の $\pm 1/2$ の固有状態であることがわかる．

$$\left.\begin{aligned} J_z b^\dagger\left(\tilde{\boldsymbol{k}}, \pm\frac{1}{2}\right)|0\rangle &= \pm\frac{1}{2} b^\dagger\left(\tilde{\boldsymbol{k}}, \pm\frac{1}{2}\right)|0\rangle \\ J_z d^\dagger\left(\tilde{\boldsymbol{k}}, \pm\frac{1}{2}\right)|0\rangle &= \pm\frac{1}{2} d^\dagger\left(\tilde{\boldsymbol{k}}, \pm\frac{1}{2}\right)|0\rangle \end{aligned}\right\} \quad (12.63)$$

これでやっと，ディラック粒子がスピン 1/2 を持つことが確かめられたことになる．

⟨check 12.11⟩

(12.62) を確かめてみよう．

【ヒント】J_z と $b(\tilde{\boldsymbol{k}}, s)$ の交換関係の計算例を下に与えておく．各々の等号で何を用いたかを考えよ．

$$\begin{aligned} [J_z, b(\tilde{\boldsymbol{k}}, s)] &= [J^{12}, (U_{\tilde{k},s}|\psi)] = \left[J^{12}, \int d^3\boldsymbol{x}\, (U_{\tilde{k},s}(x))^\dagger \psi(x)\right] \\ &= \int d^3\boldsymbol{x}\, (U_{\tilde{k},s}(x))^\dagger \left(-i(x^1\partial^2 - x^2\partial^1) - \frac{1}{2}\sigma^{12}\right)\psi(x) \\ &= -\int d^3\boldsymbol{x}\, (U_{\tilde{k},s}(x))^\dagger \frac{1}{2}\sigma^{12}\psi(x) = -\int d^3\boldsymbol{x}\, (U_{\tilde{k},s}(x))^\dagger \frac{\boldsymbol{S}\cdot\tilde{\boldsymbol{k}}}{|\tilde{\boldsymbol{k}}|}\psi(x) \\ &= -\int d^3\boldsymbol{x} \left(\frac{\boldsymbol{S}\cdot\tilde{\boldsymbol{k}}}{|\tilde{\boldsymbol{k}}|} U_{\tilde{k},s}(x)\right)^\dagger \psi(x) = -s\, b(\tilde{\boldsymbol{k}}, s) \end{aligned}$$

両辺のエルミート共役をとると $[J_z, b^\dagger(\tilde{k}, s)] = +s\, b^\dagger(\tilde{k}, s)$ を得る．J_z と $d^\dagger(\tilde{k}, s)$ の交換関係の計算も $d^\dagger(\tilde{k}, s) = (V_{\tilde{k}, s}|\psi)$ を用いれば同様にできる．ただし，そのとき $(\mathbf{S} \cdot \tilde{\mathbf{k}}/|\tilde{\mathbf{k}}|) v(\tilde{k}, s) = -s\, v(\tilde{k}, s)$ に注意しておく．◆

以上の考察をまとめると，1 粒子状態 $b^\dagger(\mathbf{k}, s)|0\rangle$ はエネルギー運動量 $k^\mu = (E_k, \mathbf{k})$，$U(1)$ 電荷 $+q$ を持つスピン 1/2 の粒子を表し，$d^\dagger(\mathbf{k}, s)|0\rangle$ はエネルギー運動量 $k^\mu = (E_k, \mathbf{k})$，$U(1)$ 電荷 $-q$ を持つスピン 1/2 の反粒子を表すことがわかった．

次に，n 粒子状態

$$b^\dagger(\mathbf{k}_1, s_1) \cdots b^\dagger(\mathbf{k}_l, s_l) d^\dagger(\mathbf{k}_{l+1}, s_{l+1}) \cdots d^\dagger(\mathbf{k}_n, s_n)|0\rangle \quad (12.64)$$

を調べよう．すぐにわかることは，全エネルギー運動量が $P^\mu = k_1^\mu + \cdots + k_n^\mu$ で与えられ，$U(1)$ 電荷は $(l - (n-l))\, q = (2l - n)\, q$ を持つことである．

状態 (12.64) の持つ重要な性質は，任意の隣り合う 2 つの生成演算子の入れかえによってマイナス符号が現れるという点だ．これは，ディラック場が反交換関係 (12.10) あるいは (12.49) によって量子化されることからくる性質である．12.2.3 項で見たように，ディラック場は反交換関係を使って量子化されなければ，物理的に意味のある場の量子論は得られない．したがって，**必然的にディラック粒子はフェルミ – ディラック統計に従わなければならない**．またパウリの排他原理は，反交換関係から得られるベキ零性 $(b^\dagger(\mathbf{k}, s))^2 = (d^\dagger(\mathbf{k}, s))^2 = 0$ からの帰結である．

12.2.5 ディラック場の荷電共役変換とパリティ変換

第 6 章でディラック方程式の荷電共役と空間反転を議論した．ここでは場の演算子の観点から，もう一度荷電共役変換とパリティ変換について眺めてみることにしよう．

ディラック場の荷電共役変換は，6.3 節で見たように $\phi \xrightarrow{C} \phi^C = C \bar{\phi}^T$ で与えられる．ここで C は $C(\gamma^\mu)^T C^{-1} = -\gamma^\mu$ を満たす荷電共役行列である．

場の演算子の観点からは，この荷電共役変換はユニタリー演算子 $\mathcal{C}$ を用いて次のように表される．

$$\mathcal{C}\phi(x)\mathcal{C}^{-1} = C\bar{\phi}^T(x) \tag{12.65}$$

【注】 ここで，荷電共役行列 C とユニタリー演算子 $\mathcal{C}$ について，多少紛らわしいので注意を与えておこう．荷電共役行列 C は c 数行列でスピノルに作用し，ユニタリー演算子 $\mathcal{C}$ は c 数 (関数) とは可換で演算子に作用する．したがって，C は $u(\boldsymbol{k}, s)$ や $v(\boldsymbol{k}, s)$ には作用するが，$b(\boldsymbol{k}, s)$ や $d(\boldsymbol{k}, s)$ とは可換である．一方，$\mathcal{C}$ は $b(\boldsymbol{k}, s)$ や $d(\boldsymbol{k}, s)$ には作用するが ((12.66) 参照)，$u(\boldsymbol{k}, s)$ や $v(\boldsymbol{k}, s)$ とは可換である．

$\phi(x)$ の展開式 (12.25) に現れる関数 $u(\boldsymbol{k}, s)$ と $v(\boldsymbol{k}, s)$ は，互いに荷電共役変換で結びつくように選んであるので ((12.28) と (12.29))，(12.65) 右辺 $C\bar{\phi}^T(x)$ は (12.30) の形を持つ．したがって，(12.65) の関係を生成消滅演算子に対する荷電共役変換に書きかえると

$$\left.\begin{array}{ll} \mathcal{C}b(\boldsymbol{k}, s)\mathcal{C}^{-1} = d(\boldsymbol{k}, s), & \mathcal{C}d(\boldsymbol{k}, s)\mathcal{C}^{-1} = b(\boldsymbol{k}, s) \\ \mathcal{C}b^\dagger(\boldsymbol{k}, s)\mathcal{C}^{-1} = d^\dagger(\boldsymbol{k}, s), & \mathcal{C}d^\dagger(\boldsymbol{k}, s)\mathcal{C}^{-1} = b^\dagger(\boldsymbol{k}, s) \end{array}\right\} \tag{12.66}$$

で与えられる．

また，この関係と真空が荷電共役変換で不変 ($\mathcal{C}|0\rangle = |0\rangle$) を用いると

$$\mathcal{C}b^\dagger(\boldsymbol{k}, s)|0\rangle = d^\dagger(\boldsymbol{k}, s)|0\rangle, \quad \mathcal{C}d^\dagger(\boldsymbol{k}, s)|0\rangle = b^\dagger(\boldsymbol{k}, s)|0\rangle \tag{12.67}$$

が得られる．したがって，$b^\dagger(\boldsymbol{k}, s)|0\rangle$ と $d^\dagger(\boldsymbol{k}, s)|0\rangle$ は互いに荷電共役変換で結ばれ，$b^\dagger(\boldsymbol{k}, s)|0\rangle$ を粒子の状態とすると $d^\dagger(\boldsymbol{k}, s)|0\rangle$ が反粒子の状態に対応することになる．もちろん，この結果は期待されたものである．

次に，パリティ変換について同様の考察を行おう．6.1 節の結果から，ディラック場のパリティ変換はユニタリー演算子 $\mathcal{P}$ を用いて次のように表される．

$$\mathcal{P}\phi(t, \boldsymbol{x})\mathcal{P}^{-1} = \gamma^0 \phi(t, -\boldsymbol{x}) \tag{12.68}$$

これを生成消滅演算子に対する変換式に書きかえると次のようになる．

12.2 自由ディラック場のスペクトラム

$$\left.\begin{array}{ll} \mathcal{P}b(\boldsymbol{k},s)\mathcal{P}^{-1} = b(-\boldsymbol{k},-s), & \mathcal{P}b^\dagger(\boldsymbol{k},s)\mathcal{P}^{-1} = b^\dagger(-\boldsymbol{k},-s) \\ \mathcal{P}d(\boldsymbol{k},s)\mathcal{P}^{-1} = -d(-\boldsymbol{k},-s), & \mathcal{P}d^\dagger(\boldsymbol{k},s)\mathcal{P}^{-1} = -d^\dagger(-\boldsymbol{k},-s) \end{array}\right\}$$
(12.69)

s をヘリシティ $\boldsymbol{S}\cdot\boldsymbol{k}/|\boldsymbol{k}|$ の固有値に選んでいるので，運動量 $\boldsymbol{k}$ だけでなくヘリシティ固有値 s もパリティ変換で符号を変えることになる．(12.69) 1 行目と 2 行目の相対符号から，粒子と反粒子は相対的に逆符号の固有パリティを持つことがわかる．これは，(6.33) で導いた結果を，生成消滅演算子を使って再導出したことになる．

【注】 (12.69) は次のようにして導かれる．$u(\boldsymbol{k},s)$ は $(\slashed{k}-m)u(\boldsymbol{k},s)=0$ と $(\boldsymbol{S}\cdot\boldsymbol{k}/|\boldsymbol{k}|)\times u(\boldsymbol{k},s) = su(\boldsymbol{k},s)$ の解であることを思い出すと，$\gamma^0 u(-\boldsymbol{k},-s)$ は，$(\slashed{k}-m)\gamma^0 u(-\boldsymbol{k},-s) = 0$ および $(\boldsymbol{S}\cdot\boldsymbol{k}/|\boldsymbol{k}|)\gamma^0 u(-\boldsymbol{k},-s) = s\gamma^0 u(-\boldsymbol{k},-s)$ を満たすことがわかる．したがって，$\gamma^0 u(-\boldsymbol{k},-s)$ は解 $u(\boldsymbol{k},s)$ に比例する．その比例係数は，波動関数 $u(\boldsymbol{k},s)$ の位相の任意性を，

$$\gamma^0 u(-\boldsymbol{k},-s) = u(\boldsymbol{k},s) \tag{12.70}$$

と固定することで決めることができる．この関係と $v(\boldsymbol{k},s) = C\bar{u}^T(\boldsymbol{k},s)$ の定義より，

$$-\gamma^0 v(-\boldsymbol{k},-s) = v(\boldsymbol{k},s) \tag{12.71}$$

が導かれる．(12.70) と (12.71) を用いると

$$\gamma^0 \phi(t,-\boldsymbol{x})$$
$$= \int \frac{d^3\boldsymbol{k}}{\sqrt{(2\pi)^3 2E_k}} \sum_{s=\pm 1/2} \{b(\boldsymbol{k},s)\gamma^0 u(\boldsymbol{k},s)e^{-iE_k t+i\boldsymbol{k}\cdot(-\boldsymbol{x})} + d^\dagger(\boldsymbol{k},s)\gamma^0 v(\boldsymbol{k},s)e^{iE_k t-i\boldsymbol{k}\cdot(-\boldsymbol{x})}\}$$
$$= \int \frac{d^3\boldsymbol{k}}{\sqrt{(2\pi)^3 2E_k}} \sum_{s=\pm 1/2} \{b(-\boldsymbol{k},-s)\gamma^0 u(-\boldsymbol{k},-s)e^{-ik\cdot x} + d^\dagger(-\boldsymbol{k},-s)\gamma^0 v(-\boldsymbol{k},-s)e^{ik\cdot x}\}$$
$$= \int \frac{d^3\boldsymbol{k}}{\sqrt{(2\pi)^3 2E_k}} \sum_{s=\pm 1/2} \{b(-\boldsymbol{k},-s)u(\boldsymbol{k},s)e^{-ik\cdot x} - d^\dagger(-\boldsymbol{k},-s)v(\boldsymbol{k},s)e^{ik\cdot x}\}$$

が得られる．ここで，最初の等号では，$\phi(t,\boldsymbol{x})$ の展開式 (12.25) を用いた．2 番目の等号では，$\boldsymbol{k}\to-\boldsymbol{k},s\to-s$ におきかえて $E_{-k}=E_k$ を用いた．3 番目の等号では，(12.70) と (12.71) を用いた．上式を (12.68) 右辺に代入して両辺を見比べれば，(12.69) が得られる．

12.3 ディラック場のファインマン伝播関数

この節では，まずスカラー場に対する局所因果律の議論（11.3.3項参照）を自由ディラック場に対して行い，局所因果律が成り立っていることを確かめる．次に，自由ディラック場のファインマン伝播関数を求めることにする．

12.3.1 ディラック場と局所因果律

以下では，自由ディラック場の4次元反交換関係を計算し，局所因果律が成り立っていることを確かめる．まず，結果を先に述べておこう．x^μ と y^μ をそれぞれ任意の4次元時空座標として，自由ディラック場に対して次の4次元反交換関係が成り立つ．

$$\{\psi^a(x), \bar{\psi}_b(y)\} = (i\gamma^\mu \partial_\mu^x + m)^a{}_b i\Delta(x-y) \quad (12.72\text{a})$$

$$\{\psi^a(x), \psi^b(y)\} = \{\bar{\psi}_a(x), \bar{\psi}_b(y)\} = 0 \quad (12.72\text{b})$$

ここで，スカラー関数 $\Delta(x-y)$ はスカラー場の4次元交換関係（11.59）で定義されたものである．(12.72b) は，$\psi(x)$ の展開式（12.25）を代入して，b と $d^\dagger$，b 同士および $d^\dagger$ 同士（あるいは $b^\dagger$ と d，$b^\dagger$ 同士および d 同士）は互いに反可換であることから導かれる．

【注】 (12.72a) を導くためには，$\psi(x)$ の展開式（12.25）を代入して，まず b と $b^\dagger$ および d と $d^\dagger$ の反交換関係（12.49）を用いる．そうすれば，$u(k,s)$ および $v(k,s)$ の満たす完全性関係（12.38）と（12.39）が使える形になるので，それらと次の関係式（$\pm \gamma^\mu k_\mu + m)e^{\mp ik \cdot (x-y)} = (i\gamma^\mu \partial_\mu^x + m)e^{\mp ik \cdot (x-y)}$（複号同順）を用いれば，(11.59) で定義されている $\Delta(x-y)$ を使って (12.72a) が導かれる．

スカラー関数 $\Delta(x-y)$ は，(11.63c) から時空点 x^μ と y^μ が空間的に離れているとき（$(x-y)^2 < 0$），$\Delta(x-y) = 0$ なので

$$\{\psi^a(x), \bar{\psi}_b(y)\} = 0, \quad (x-y)^2 < 0 \quad (12.73)$$

が成り立つことがわかる．したがって，(12.72b) と合わせると，空間的に離れたディラック場は互いに反可換であり，場の量子論の要請である局所因果律を満たしていることがわかる．

⟨check 12.12⟩

(12.72a) で $x^0 = y^0$ とおくことによって，$\phi(t, \boldsymbol{x})$ と $\phi^\dagger(t, \boldsymbol{y})$ の同時刻交換関係 (12.11) が導かれることを確かめてみよう．◆

12.3.2　ディラック場のファインマン伝播関数

ディラック場のファインマン伝播関数 $S_\mathrm{F}(x-y)$ は，次式で定義されるディラック場に対する時間順序積（T 積）

$$T\psi^a(x)\bar{\psi}_b(y) \equiv \theta(x^0 - y^0)\psi^a(x)\bar{\psi}_b(y) - \theta(y^0 - x^0)\bar{\psi}_b(y)\psi^a(x) \tag{12.74}$$

を用いて定義される．このとき，ディラック場の反可換性のため，T 積の定義で (12.74) 右辺の第 2 項にはマイナス符号がつくことに注意しておく．この T 積の真空期待値

$$S_\mathrm{F}(x-y)^a{}_b \equiv \langle 0|T\psi^a(x)\bar{\psi}_b(y)|0\rangle = (i\gamma^\mu \partial_\mu^x + m)^a{}_b \varDelta_\mathrm{F}(x-y) \tag{12.75}$$

として，ディラック場のファインマン伝播関数 $S_\mathrm{F}(x-y)$ が定義される．ここで $\varDelta_\mathrm{F}(x-y)$ はスカラー場のファインマン伝播関数 (11.76) である．

【注】　(12.75) の右辺を導くためには，まず $\psi(x)$ の展開式 (12.25) を代入して，次の関係式 $b(\boldsymbol{k}, s)|0\rangle = d(\boldsymbol{k}, s)|0\rangle = \langle 0|b^\dagger(\boldsymbol{k}, s) = \langle 0|d^\dagger(\boldsymbol{k}, s) = 0$，および $\langle 0|b(\boldsymbol{k}, s)b^\dagger(\boldsymbol{k}', s')|0\rangle = \langle 0|\{b(\boldsymbol{k}, s), b^\dagger(\boldsymbol{k}', s')\}|0\rangle = \delta_{ss'}\delta^3(\boldsymbol{k} - \boldsymbol{k}')$（$d(\boldsymbol{k}, s)$ に対しても同様）を用いる．
そうすれば (12.72a) の導出と同様に，完全性関係 (12.38) と (12.39) が使える形になるので，それらを用いて変形した後に次の関係式

$(\pm\gamma^\mu k_\mu + m)\theta(\pm(x^0 - y^0))e^{\mp ik\cdot(x-y)}$
$\qquad = (i\gamma^\mu \partial_\mu^x + m)(\theta(\pm(x^0 - y^0))e^{\mp ik\cdot(x-y)}) \mp i\gamma^0 \delta(x^0 - y^0)e^{\mp ik\cdot(x-y)}$

を用いることによって，(12.75) を得る．このとき，上式の右辺第 2 項からくる余分な項 $\gamma^0 \delta(x^0 - y^0) \varDelta(x-y)$ が現れるが，(11.63d) から $\varDelta(x-y)|_{x^0=y^0} = 0$ なので，この項は消えることがわかる．

$\varDelta_\mathrm{F}(x-y)$ のフーリエ積分表示 (11.76) を用いて，次のように表しておくと便利である．

$$S_F(x-y) = \int \frac{d^4k}{(2\pi)^4} \frac{i(\slashed{k}+m)}{k^2-m^2+i\varepsilon} e^{-ik\cdot(x-y)}$$

$$\equiv \int \frac{d^4k}{(2\pi)^4} S_F(k) e^{-ik\cdot(x-y)} \tag{12.76}$$

ここで $S_F(k)$ は運動量表示でのファインマン伝播関数で，次式で定義される．

$$S_F(k) \equiv \frac{i(\slashed{k}+m)}{k^2-m^2+i\varepsilon} = \frac{i}{\slashed{k}-m+i\varepsilon} \tag{12.77}$$

【注】(12.77)最後の表式は便利なのでよく使われる．あくまで $S_F(k)$ の正確な定義は (12.77) の真ん中の表式であるが，右辺の表式を次のように変形すれば，真ん中の形にもっていける．

$$\frac{i}{\slashed{k}-m+i\varepsilon} = \frac{i(\slashed{k}+m-i\varepsilon)}{(\slashed{k}-m+i\varepsilon)(\slashed{k}+m-i\varepsilon)} = \frac{i(\slashed{k}+m-i\varepsilon)}{k^2-(m-i\varepsilon)^2} = \frac{i(\slashed{k}+m)}{k^2-m^2+i\varepsilon}$$

ここで3番目の等号では，分母の $2\varepsilon m > 0$ を改めて ε におきかえた．また，ε の高次の項を無視した．

ファインマン伝播関数 $S_F(x-y)$ はディラック演算子 $(i\gamma^\mu \partial_\mu - m)$ に対するグリーン関数になっている．すなわち，

$$(i\gamma^\mu \partial_\mu^x - m) S_F(x-y) = i I_4 \delta^4(x-y) \tag{12.78}$$

を満たす．このことは，(12.76) の表式から直接確かめることもできるし，元々の定義式 (12.75) に $(i\gamma^\mu \partial_\mu^x - m)$ を作用させて，$\psi(x)$ がディラック方程式に従うことと同時刻反交換関係 (12.11) を用いれば確かめられる．

〈check 12.13〉

ファインマン伝播関数 $S_F(x-y)$ は (12.78) を満たす．これについて，(12.76) を使って確かめてみよう．また，(12.75) の定義式から (12.78) が成り立つことを証明してみよう．◆

最後にファインマン伝播関数の物理的描像について議論して，この章を終えることにする．

12.3 ディラック場のファインマン伝播関数

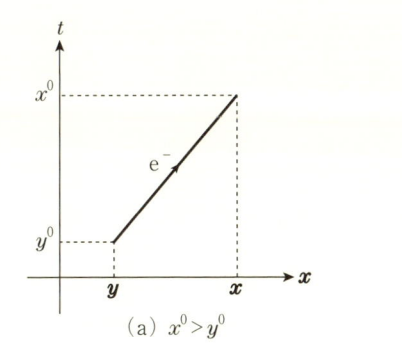

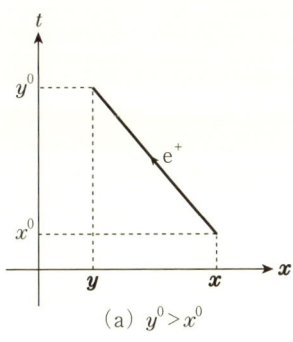

図 12.1 ファインマン伝播関数 $S_\mathrm{F}(x-y)$ は，（a）$x^0 > y^0$ のときは時空点 y^μ から x^μ への粒子（電子 e^-）の伝播，（b）$y^0 > x^0$ のときは時空点 x^μ から y^μ への反粒子（陽電子 e^+）の伝播を表す．

$x^0 - y^0 > 0$ のときは，$S_\mathrm{F}(x-y) = \langle 0|\psi(x)\bar{\psi}(y)|0\rangle$ となる．このとき，$d(\boldsymbol{k},s)|0\rangle = \langle 0|d^\dagger(\boldsymbol{k},s) = 0$ なので，$\bar{\psi}(y)|0\rangle$ では $b^\dagger(\boldsymbol{k},s)|0\rangle$ が生き残り，$\langle 0|\psi(x)$ では $\langle 0|b(\boldsymbol{k},s)$ が生き残る．したがって，前章の 11.6 節後半の議論を思い出すと，$\langle 0|\psi(x)\bar{\psi}(y)|0\rangle$ は時空点 y^μ で生成された粒子（電子）が時空点 x^μ まで伝播し，そこで消滅すると解釈できるだろう（図 12.1（a）参照）．

一方，$y^0 - x^0 > 0$ のときは，$S_\mathrm{F}(x-y) = -\langle 0|\bar{\psi}(y)\psi(x)|0\rangle$ となり，$\psi(x)|0\rangle$ では $d^\dagger(\boldsymbol{k},s)|0\rangle$ が生き残り，$\langle 0|\bar{\psi}(y)$ では $\langle 0|d(\boldsymbol{k},s)$ が生き残る．したがって，$\langle 0|\bar{\psi}(y)\psi(x)|0\rangle$ は，時空点 x^μ から y^μ への反粒子（陽電子）の伝播を表すと解釈できる（図 12.1（b）参照）．

第13章 マクスウェル場の量子化

　マクスウェル場の量子化は，スカラー場やディラック場と違ってゲージ不変性のため，通常の量子化の手続きではうまくいかない．そのため，作用積分にゲージ固定項をつけ加え，さらに物理的状態に対する補助条件を課す必要がある．本章では，ゲージ場の量子化の問題点と解決のためのアイデアについて議論し，マクスウェル場の1粒子状態，すなわち光子は2つの物理的自由度を持ち，スピンの大きさは1でヘリシティの固有状態で分類されることを明らかにする．

13.1　マクスウェル場とローレンスゲージ条件

　本章では，マクスウェル場の量子化を行う．マクスウェル場に対しても，スカラー場やディラック場と同じように量子化を行えばよいように思える．しかし，実はそう単純ではない．その主な原因は，マクスウェル場の持つゲージ不変性にある．古典論的には問題ないのだが，量子論の場合はゲージ不変性をどのように取り入れて定式化するか自明ではない．本章では導出過程の説明は最小限にとどめて，ゲージ場の量子化の問題点とその解決のためのアイデアに焦点を絞って解説する．

13.1.1　ローレンスゲージ条件とゲージ固定

　マクスウェル場の作用積分は，(9.45) から

13.1　マクスウェル場とローレンツゲージ条件

$$S = \int d^4 x \, \mathcal{L} = \int d^4 x \left\{ -\frac{1}{4} F_{\mu\nu} F^{\mu\nu} \right\}, \qquad F^{\mu\nu} = \partial^\mu A^\nu - \partial^\nu A^\mu \tag{13.1}$$

で与えられる．ゲージ場 A^μ を量子化しようとしたときに初めに出会う問題は，A^0 の正準共役運動量 $\pi_0 \equiv \partial \mathcal{L}/\partial(\partial_0 A^0)$ が存在しない ($\pi_0 = 0$) ことである．これは，3.7節で指摘したように，ラグランジアン密度 $\mathcal{L}$ の中に A^0 の時間微分 $\partial_0 A^0$ が含まれていないからである．

共役運動量 π_0 の問題を解決するために，以下に示す A^0 の時間微分 $\partial_0 A^0$ を含んだ項を作用積分 (13.1) に加えることにする．

$$S_\alpha = \int d^4 x \left\{ -\frac{1}{4} F_{\mu\nu} F^{\mu\nu} - \frac{1}{2\alpha} (\partial_\mu A^\mu)^2 \right\} \tag{13.2}$$

ここで，α は任意の実数で**ゲージパラメータ** (gauge prameter) とよばれる．余分な項を作用積分に加えてしまったが，次の**ローレンツゲージ条件**

$$\partial_\mu A^\mu(x) = 0 \tag{13.3}$$

を課しておけば，元の作用積分 (13.1) と等しいと考えてよいだろう．新たに加えた項はゲージ不変性を破っているので (確かめよ！)，**ゲージ固定項** (gauge fixing term) とよばれる．

【注】 (13.3) の条件をそのまま課してしまうと，(13.2) は (13.1) に戻ってしまうので何ら解決になっていない．また，(13.3) を演算子レベルで課すと，量子化条件と矛盾してしまう (check 13.2参照)．そのため，(13.3) をより弱い条件として，物理的状態に対する補助条件 (13.24) におきかえる必要がある．この点については後の 13.3 節で議論する．

13.1.2　ファインマンゲージ

(13.2) のパラメータ α は任意の値に選んでかまわない．$\alpha = 1$ にとると解析が非常に簡単になるので，以下の計算では $\alpha = 1$ (**ファインマンゲージ** (Feynman gauge) とよばれる) に限定して議論を進めることにする．

(13.2) で $\alpha = 1$ とおいて，部分積分を実行し表面項を落とすと，作用積分

(13.2) は次のように書き直せる．

$$S_{\alpha=1} = \int d^4x \left\{ -\frac{1}{2} \partial_\nu A_\mu \partial^\nu A^\mu \right\}$$

$$= \int d^4x \left\{ -\frac{1}{2} \partial_\nu A^0 \partial^\nu A^0 + \sum_{j=1}^{3} \frac{1}{2} \partial_\nu A^j \partial^\nu A^j \right\} \quad (13.4)$$

この形から $S_{\alpha=1}$ は，$A^\mu (\mu = 0, 1, 2, 3)$ を実スカラー場と見なしたときの（質量を持たない）クライン–ゴルドン作用積分と見なせることがわかる．実際，A^μ に対する運動方程式は，(13.4) から質量を持たないクライン–ゴルドン方程式に等しい．

$$\partial_\nu \partial^\nu A^\mu(x) = 0 \quad (\mu = 0, 1, 2, 3) \quad (13.5)$$

ただし，1つだけ大きな違いがある．それは，作用積分における A^0 項の符号が，スカラー場とは逆符号という点である．そのことはラグランジアンからハミルトニアンへ移行したときに問題を生じる．なぜなら，ハミルトニアンにおける A^0 の運動エネルギー項の符号が負となってしまうからである．その解決策については，ゲージ条件 (13.3) の問題と合わせて 13.3 節で議論する．

【注】 上で述べた問題を回避する1つの方法は，物理的自由度（2つの横波成分）のみを使って理論を構築することである．これは，例えば 3.7 節で議論したように，クーロンゲージ条件 ($\nabla \cdot \boldsymbol{A} = 0$) を課せば実行できる．しかしながら，その代償としてローレンツ不変（共変）性があらわに見えなくなる．（ローレンツ不変性が失われたわけではなく，実際には物理量に関してローレンツ不変性は保たれている．）ローレンツ不変性が明白でない理論形式では，一般論を議論することが難しくなる．そのため，本書ではローレンツ不変性が明白なゲージ固定（ここではローレンスゲージ条件 (13.3)）を考えることにする．

⟨check 13.1⟩

(13.4) および (13.5) を確かめてみよう．◆

13.1.3 マクスウェル場の量子化条件

作用積分 (13.4) にはすべての $\partial_0 A^\mu (\mu = 0, 1, 2, 3)$ が含まれているので，A^μ に対する正準共役運動量 π_μ が定義できる．

13.1 マクスウェル場とローレンスゲージ条件

$$\pi_\mu \equiv \frac{\partial \mathcal{L}}{\partial \partial_0 A^\mu} = -\partial^0 A_\mu \quad (\mu = 0, 1, 2, 3) \tag{13.6}$$

量子化条件は，一般論に従って次の同時刻交換関係が課される．

$$\left.\begin{array}{c}[A^\mu(t,\boldsymbol{x}), \pi_\nu(t,\boldsymbol{y})] = i\delta^\mu{}_\nu \delta^3(\boldsymbol{x}-\boldsymbol{y}) \\ [A^\mu(t,\boldsymbol{x}), A^\nu(t,\boldsymbol{y})] = [\pi_\mu(t,\boldsymbol{x}), \pi_\nu(t,\boldsymbol{y})] = 0 \quad (\mu, \nu = 0, 1, 2, 3)\end{array}\right\} \tag{13.7}$$

【注】この交換関係は，一見すると特に問題はないように思える．しかし，A^μ と $\partial^0 A^\nu$ の間の同時刻交換関係

$$[A^\mu(t,\boldsymbol{x}), \partial^0 A^\nu(t,\boldsymbol{y})] = -i\eta^{\mu\nu}\delta^3(\boldsymbol{x}-\boldsymbol{y})$$

におきかえると，問題が見えてくる．スカラー場のときの同時刻交換関係は $[\phi(t,\boldsymbol{x}), \partial^0 \phi(t,\boldsymbol{y})] = i\delta^3(\boldsymbol{x}-\boldsymbol{y})$ であった．この交換関係と上式を見比べると，$A^j (j=1,2,3)$ 成分はスカラー場と同じものだが，A^0 成分は $[A^0(t,\boldsymbol{x}), \partial^0 A^0(t,\boldsymbol{y})] = -i\delta^3(\boldsymbol{x}-\boldsymbol{y})$ となるので，右辺の符号が逆であることがわかる．このことは 13.2 節で見るように，生成消滅演算子の交換関係の符号に影響を与え，問題を引き起こす．

〈check 13.2〉

　量子化条件 (13.7) とローレンスゲージ条件 (13.3) は互いに矛盾することを導いてみよう．

【ヒント】次の同時刻交換関係 $[A^0(t,\boldsymbol{x}), \partial_\mu A^\mu(t,\boldsymbol{y})]$ を計算してみよ．もし，量子化条件 (13.7) とローレンスゲージ条件 (13.3) が矛盾しないならば，ローレンスゲージ条件からこの交換関係はゼロになるはずだ．◆

　A^μ に対する正準共役運動量 π_μ が求まったので，定義に従ってハミルトニアンを求めることができる．

$$\begin{aligned}H_{\alpha=1} &= \int d^3\boldsymbol{x} \left\{-\frac{1}{2}\pi_\mu \pi^\mu + \frac{1}{2}\sum_{k=1}^{3}\partial_k A_\mu \partial^k A^\mu\right\} \\ &= \int d^3\boldsymbol{x} \left\{\frac{1}{2}\sum_{j=1}^{3}\left[(\partial_0 A^j)^2 + (\boldsymbol{\nabla} A^j)^2\right] - \frac{1}{2}\left[(\partial_0 A^0)^2 + (\boldsymbol{\nabla} A^0)^2\right]\right\}\end{aligned} \tag{13.8}$$

予想したように，$A^j (j=1,2,3)$ はスカラー場と同じハミルトニアンを与え

るが，A^0 項の全体の符号が負となっている．したがって，このままでは $H_{\alpha=1}$ の物理的意味づけができない．13.3 節で示すように，この問題はローレンスゲージ条件 (13.3) をうまく物理的状態に課すことによって解決される．

13.2　マクスウェル場と生成消滅演算子

この節では，マクスウェル場の 1 粒子状態にどのような状態が含まれているかを詳しく調べる．

13.2.1　マクスウェル場のフーリエ分解

ファインマンゲージ ($\alpha = 1$) においてゲージ場 $A^\mu(x)$ は，（質量を持たない）クライン – ゴルドン方程式 (13.5) に従う．したがって，スカラー場のフーリエ分解の式 (11.30) を使うことができる．スカラー場と異なる点は，ゲージ場 A^μ は 4 成分を持つことと，質量がゼロなので E_k の代わりに $k^0 \equiv \omega_k \equiv |\boldsymbol{k}|$ を用いることである．

$$A^\mu(x) = \int \frac{d^3\boldsymbol{k}}{\sqrt{(2\pi)^3 2\omega_k}} \sum_{\lambda=0}^{3} \{ a(\boldsymbol{k},\lambda) \varepsilon^\mu(\boldsymbol{k},\lambda) e^{-ik\cdot x} \\ + a^\dagger(\boldsymbol{k},\lambda) \varepsilon^\mu(\boldsymbol{k},\lambda)^* e^{ik\cdot x} \} \tag{13.9}$$

ここで，$k \cdot x = k_\mu x^\mu = \omega_k t - \boldsymbol{k} \cdot \boldsymbol{x}$ である．

(13.9) で $\varepsilon^\mu(\boldsymbol{k},\lambda)$ ($\lambda = 0, 1, 2, 3$) は**偏極ベクトル（polarization vector)** で，お互い独立であればどのように選んでも構わない．とはいえ，物理的な意味がはっきりしているほうが便利なので，ここでは運動量が z 軸正方向に向いた系 ($\tilde{k}^\mu = (\tilde{k}^0, \tilde{\boldsymbol{k}}) = (\tilde{k}, 0, 0, \tilde{k})$, $\tilde{k} > 0$) で，次のように選ぶことにする．

13.2 マクスウェル場と生成消滅演算子

$$\left.\begin{array}{l} \varepsilon^\mu(\tilde{\bm{k}},0) = (1,0,0,0), \quad \varepsilon^\mu(\tilde{\bm{k}},1) = (0,1,0,0) \\ \varepsilon^\mu(\tilde{\bm{k}},2) = (0,0,1,0), \quad \varepsilon^\mu(\tilde{\bm{k}},3) = (0,0,0,1) \end{array}\right\} \quad (13.10)$$

このとき $\varepsilon^\mu(\tilde{\bm{k}},\lambda)$ の物理的意味ははっきりしており，$\varepsilon^\mu(\tilde{\bm{k}},\lambda)$ $(\lambda=1,2)$ は運動量と垂直方向の**横波モード** (transverse mode) を表し，$\varepsilon^\mu(\tilde{\bm{k}},3)$ は運動量方向の**縦波モード** (longitudinal mode) に対応する．$\varepsilon^\mu(\tilde{\bm{k}},0)$ は**スカラーモード** (scalar mode) とよばれる．

【注】 一般のエネルギー運動量 k^μ に対する $\varepsilon^\mu(k,\lambda)$ の表式は，ローレンツ変換を行うことで求めることができる．以下では，その具体的な表式を必要としないので，特別な座標系で定義した表式 (13.10) で十分である．

(13.10) から $\varepsilon^\mu(\tilde{\bm{k}},\lambda)$ は，次の**直交関係**と**完全性関係**を満たす．

$$\varepsilon_\mu(\tilde{\bm{k}},\lambda)^* \varepsilon^\mu(\tilde{\bm{k}},\lambda') = \eta_{\lambda\lambda'} \quad (13.11\text{a})$$

$$\sum_{\lambda=0}^{3} \eta_{\lambda\lambda} \varepsilon^\mu(\tilde{\bm{k}},\lambda)^* \varepsilon^\nu(\tilde{\bm{k}},\lambda) = \eta^{\mu\nu} \quad (13.11\text{b})$$

また，次の関係も満たしていることがわかる．

$$\tilde{k}_\mu \varepsilon^\mu(\tilde{\bm{k}},\lambda) = 0 \quad (\lambda=1,2) \quad (13.12\text{a})$$

$$\tilde{k}_\mu(\varepsilon^\mu(\tilde{\bm{k}},0) + \varepsilon^\mu(\tilde{\bm{k}},3)) = 0, \quad \varepsilon^\mu(\tilde{\bm{k}},0) + \varepsilon^\mu(\tilde{\bm{k}},3) = \frac{\tilde{k}^\mu}{|\tilde{\bm{k}}|} \quad (13.12\text{b})$$

これらの関係は，13.3 節で物理的状態を取り出す際に重要となる．

【注】 添字 $\lambda = 0,1,2,3$ は 4 つの偏極ベクトル $\varepsilon^\mu(k,\lambda)$ を区別するラベルであって，ベクトルの添字ではない．(13.11a) の右辺は，値としてたまたま計量 $\eta_{\lambda\lambda'}$ と一致しているので記号 $\eta_{\lambda\lambda'}$ を使っているが，(13.11a) の左辺の量は λ と λ' に関してローレンツテンソルではない．

(13.11) と (13.12) は，基準系 $\tilde{k}^\mu = (\tilde{k}^0, \tilde{\bm{k}}) = (\tilde{k}, 0, 0, \tilde{k}), \tilde{k} > 0$ で成り立つことが確かめられるので，左辺の量がローレンツ不変/共変量であることに注意すれば，任意の慣性系 $(k^\mu = (\omega_k, \bm{k}))$ でも，(13.11) と (13.12) は成り立つことになる．

同時刻交換関係 (13.7) から，生成消滅演算子 $a^\dagger(\bm{k},\lambda), a(\bm{k},\lambda)$ の間の交換関係は次式で与えられることがわかる．

$$[a(\boldsymbol{k},\lambda), a^\dagger(\boldsymbol{k}',\lambda')] = -\eta_{\lambda\lambda'}\delta^3(\boldsymbol{k}-\boldsymbol{k}') \tag{13.13a}$$

$$[a(\boldsymbol{k},\lambda), a(\boldsymbol{k}',\lambda')] = [a^\dagger(\boldsymbol{k},\lambda), a^\dagger(\boldsymbol{k}',\lambda')] = 0 \tag{13.13b}$$

(13.13a) で $\lambda=\lambda'=0$ のスカラーモードの交換関係は，$\lambda=\lambda'=1,2,3$ と右辺の符号が逆になっていることに注意しておく．

【注】 これらの交換関係を導くには，$a(\boldsymbol{k},\lambda)$ を $A^\mu(x)$ を使って次のように表せることを用いるとよい（(11.45) 参照）．

$$a(\boldsymbol{k},\lambda) = \eta_{\lambda\lambda}\int d^3x \frac{e^{ik\cdot x}}{\sqrt{(2\pi)^3 2\omega_k}} \varepsilon_\mu(\boldsymbol{k},\lambda)^* i\overleftrightarrow{\partial}_0 A^\mu(x) \tag{13.14}$$

ここで $\overleftrightarrow{\partial}_0$ は (11.38) で定義されたものだ．逆に，(13.13) と $A^\mu(x)$ の展開式 (13.9) から交換関係 (13.7) を導くこともできる．

⟨check 13.3⟩

(13.11)〜(13.13) を確かめてみよう．◆

13.2.2　マクスウェル場のエネルギー運動量と角運動量演算子

エネルギー運動量演算子 $P^\mu = (H, \boldsymbol{P})$ を，生成消滅演算子を使って表すと次式となる．（以下ではファインマンゲージ $\alpha=1$ の添字は省略する．）

$$H = \int d^3k\, \omega_k \left\{ \sum_{\lambda=1}^{3} a^\dagger(\boldsymbol{k},\lambda)a(\boldsymbol{k},\lambda) - a^\dagger(\boldsymbol{k},0)a(\boldsymbol{k},0) \right\} \tag{13.15a}$$

$$\boldsymbol{P} = \int d^3k\, \boldsymbol{k} \left\{ \sum_{\lambda=1}^{3} a^\dagger(\boldsymbol{k},\lambda)a(\boldsymbol{k},\lambda) - a^\dagger(\boldsymbol{k},0)a(\boldsymbol{k},0) \right\} \tag{13.15b}$$

ここでは，生成消滅演算子に関して正規順序がとられている．予想されたように，ハミルトニアンの右辺第2項のスカラーモード ($\lambda=0$) の符号は負となっており，物理的自由度に対応していないことがわかる．上の表式から直ちに，P^μ と生成消滅演算子の交換関係

13.2 マクスウェル場と生成消滅演算子

$$[P^\mu, a^\dagger(\bm{k}, \lambda)] = k^\mu a^\dagger(\bm{k}, \lambda)$$
$$[P^\mu, a(\bm{k}, \lambda)] = -k^\mu a(\bm{k}, \lambda) \quad (\lambda = 0, 1, 2, 3) \quad \Big\} \quad (13.16)$$

を得る．また，P^μ とゲージ場 $A^\nu(x)$ との交換関係

$$[P^\mu, A^\nu(x)] = -i\partial^\mu A^\nu(x) \tag{13.17}$$

は，P^μ が時空並進の生成子としての役割を持つことを保証する．

【注】 ハミルトニアン (13.15a) の中で，スカラーモード ($\lambda = 0$) は逆符号で含まれているにも関わらず，(13.16) の交換関係から，$a^\dagger(\bm{k}, 0)$ は正エネルギー $+\omega_k$ を生成する演算子となっていることに注意しておく．これは一見奇妙に思えるが，$a(\bm{k}, 0)$ と $a^\dagger(\bm{k}', 0)$ の交換関係 (13.13a) の右辺の符号が $\lambda = 1, 2, 3$ とは逆符号になっているからである．

⟨check 13.4⟩

(13.15) ～ (13.17) を確かめてみよう．◆

角運動量演算子 $\bm{J} = (J^{23}, J^{31}, J^{12})$ は，次式で与えられる．

$$J^{ij} = \int d^3\bm{x} \,\{\underbrace{\pi_\mu(x)(x^i\partial^j - x^j\partial^i)A^\mu(x)}_{\text{軌道角運動量部分}} + \underbrace{\pi^i(x)A^j(x) - \pi^j(x)A^i(x)}_{\text{スピン角運動量部分}}\}$$
$$(13.18)$$

上式の軌道角運動量部分は空間座標の回転を引き起こし，スピン角運動量部分は 3 次元ベクトル A^k の回転を引き起こす．すなわち，

$$[J^{ij}, A^0(x)] = -i(x^i\partial^j - x^j\partial^i)A^0(x) \tag{13.19a}$$

$$[J^{ij}, A^k(x)] = -i(x^i\partial^j - x^j\partial^i)A^k(x) + i(\delta^{ik}A^j(x) - \delta^{jk}A^i(x)) \tag{13.19b}$$

となる．ここで，(13.19b) の右辺第 2 項部分は 3 次元ベクトル A^k の ij 平面内での無限小回転に相当し，(13.19a) と (13.19b) の右辺第 1 項部分は空間座標 $\bm{x}$ の回転に相当する．また，A^0 は空間回転の下では 3 次元スカラーなので，(13.19b) の右辺第 2 項のような寄与は (13.19a) には現れない．

⟨check 13.5⟩

10.6 節での議論を参考にして，角運動量演算子の表式 (13.18) を導いてみよう．

さらに，(13.18) を用いて (13.19) を確かめてみよう．◆

13.2.3　マクスウェル場の1粒子状態と不定計量

ここでは，マクスウェル場の1粒子状態のエネルギーとノルムについて調べることにする．

スカラー場やディラック場と同様に，マクスウェル場の真空 $|0\rangle$ を任意の運動量 $\boldsymbol{k}$ と偏極 λ に対して

$$a(\boldsymbol{k}, \lambda)|0\rangle = 0 \qquad (13.20)$$

と定義する．また，真空の規格化を $\langle 0|0\rangle = 1$ としておく．このとき，1粒子状態は

$$a^\dagger(\boldsymbol{k}, \lambda)|0\rangle \quad (\lambda = 0, 1, 2, 3) \qquad (13.21)$$

で与えられる．この状態は，(13.16) から次式

$$H a^\dagger(\boldsymbol{k}, \lambda)|0\rangle = \omega_k a^\dagger(\boldsymbol{k}, \lambda)|0\rangle \quad (\lambda = 0, 1, 2, 3) \qquad (13.22)$$

を満たすので，正エネルギー ω_k を持つ状態であることがわかる．

【注】 (13.17) の下のコメントでも指摘したが，ハミルトニアン (13.15a) の形からスカラーモードの1粒子状態 $a^\dagger(\boldsymbol{k}, 0)|0\rangle$ は負のエネルギーを持ちそうだが，生成と消滅演算子の交換関係 (13.13a) の右辺の符号が $\lambda = 1, 2, 3$ と $\lambda = 0$ では逆符号なので，エネルギー固有値が正になったのである．

スカラーモードの1粒子状態 $a^\dagger(\boldsymbol{k}, 0)|0\rangle$ は正エネルギー ω_k を持つことがわかった．しかしながら，**負のノルム**を持つため，やはり物理的状態とは見なせない．そのことを下に示そう．

$$\langle 0|a(\boldsymbol{k}', \lambda')a^\dagger(\boldsymbol{k}, \lambda)|0\rangle = \langle 0|[a(\boldsymbol{k}', \lambda'), a^\dagger(\boldsymbol{k}, \lambda)]|0\rangle = -\eta_{\lambda\lambda'}\delta^3(\boldsymbol{k} - \boldsymbol{k}')$$

ここで $\boldsymbol{k} = \boldsymbol{k}'$, $\lambda = \lambda' = 0$ とおくと $\|a^\dagger(\boldsymbol{k}, 0)|0\rangle\|^2 = -\delta^3(\boldsymbol{0})$ となり，(実際には発散しているが) 負のノルムを持つことがわかる．このような負のノルム状態を含む空間のことを**不定計量空間** (indefinite metric space) とよぶ．

【注】 負のノルムを持つ状態が現れる原因は，上式からもわかるように，交換関係 (13.13a) の右辺の係数 $-\eta_{\lambda\lambda'}$ が $\lambda = \lambda' = 0$ のとき -1 になるからである．この交換関係

を課すかぎり，$a^\dagger(\boldsymbol{k},0)$ で張られるフォック空間に負のノルムを持つ状態が現れることは避けられない．

ゲージ場の量子化をローレンツ不変な形式で行おうとすると，負のノルムの問題は避けて通れない．この問題は，ローレンスゲージ条件 (13.3) を適切に課すことによって解決できる．これは次節の課題である．

13.3 補助条件と物理的状態

前節で見たように，1粒子状態には物理的状態の横波モード $(a^\dagger(\boldsymbol{k},\lambda)|0\rangle$, $\lambda=1,2)$ だけでなく，非物理的状態の縦波モード $(a^\dagger(\boldsymbol{k},3)|0\rangle)$ および負ノルム状態のスカラーモード $(a^\dagger(\boldsymbol{k},0)|0\rangle)$ が含まれている．ここでは，ローレンスゲージ条件 (13.3) をうまく課すことによって非物理的状態を取り除き，**正定値計量空間**（positive definite space）を取り出せることを以下に示す．

ローレンスゲージ条件 $\partial_\mu A^\mu(x) = 0$ を演算子レベルで課してしまうと矛盾が生じることを，check 13.2 で見た．そこでグプタ (Gupta) とブロイラー (Bleuler) は条件を弱め，物理的状態 $|\Psi_\text{phys}\rangle$ に対する期待値

$$\langle \Psi_\text{phys}|\partial_\mu A^\mu(x)|\Psi_\text{phys}\rangle = 0 \tag{13.23}$$

として，ローレンスゲージ条件を課すことを提案した．

【注】　S. Gupta：Proc. Phys. Soc. **63A** (1950) 681, K. Bleuler：Helv. Phys. Acta **23** (1950) 567.

この条件は期待値の形で書かれているので，このままでは扱いにくい．そこで，$A^\mu(x) \equiv A^{\mu(+)}(x) + A^{\mu(-)}(x)$ として，$e^{-i\omega_k t}$ に比例する**正振動部分**（positive frequency part）$A^{\mu(+)}(x)$ と $e^{+i\omega_k t}$ に比例する**負振動部分**（negative frequency part）$A^{\mu(-)}(x)$ に分けて，(13.23) の代わりに次の条件を物理的状態 $|\Psi_\text{phys}\rangle$ に課すことにする．

$$\partial_\mu A^{\mu(+)}(x)|\Psi_\text{phys}\rangle = 0, \qquad \langle \Psi_\text{phys}|\partial_\mu A^{\mu(-)}(x) = 0 \tag{13.24}$$

ここで,

$$A^{\mu(+)}(x) \equiv \int \frac{d^3\boldsymbol{k}}{\sqrt{(2\pi)^3 2\omega_k}} \sum_{\lambda=0}^{3} \{a(\boldsymbol{k},\lambda)\varepsilon^\mu(\boldsymbol{k},\lambda)e^{-ik\cdot x}\} = (A^{\mu(-)}(x))^\dagger \tag{13.25}$$

である.(13.24) から直ちに (13.23) が導かれることがわかる.

(13.24) の条件を満たす状態 $|\Psi_{\text{phys}}\rangle$ を,物理的状態と見なそうというのがアイデアである.(13.24) を生成消滅演算子で書き表すと次のようになる.

$$(a(\boldsymbol{k},0) - a(\boldsymbol{k},3))|\Psi_{\text{phys}}\rangle = 0, \quad \langle\Psi_{\text{phys}}|(a^\dagger(\boldsymbol{k},0) - a^\dagger(\boldsymbol{k},3)) = 0 \tag{13.26}$$

【注】 上式を導くには,(13.25) の展開式を (13.24) に代入して,$e^{-ik\cdot x}$ は異なる $\boldsymbol{k}$ に関して独立な関数であることに注意すれば,$\sum_{\lambda=0}^{3} k_\mu \varepsilon^\mu(\boldsymbol{k},\lambda)a(\boldsymbol{k},\lambda)|\Psi_{\text{phys}}\rangle = 0$ が得られる.後は,偏極ベクトルの性質 (13.12) を用いれば (13.26) が導かれる.((13.12) は一般の k^μ に対しても成り立つことに注意.)

物理的状態に対する条件 (13.26) は,我々が望んでいたものである.それを見るために,物理的状態 $|\Psi_{\text{phys}}\rangle$ に対するハミルトニアンの期待値を計算してみよう.

$$\langle\Psi_{\text{phys}}|H|\Psi_{\text{phys}}\rangle$$
$$\stackrel{(13.15a)}{=} \langle\Psi_{\text{phys}}|\int d^3\boldsymbol{k}\,\omega_k\left\{\sum_{\lambda=1}^{3} a^\dagger(\boldsymbol{k},\lambda)a(\boldsymbol{k},\lambda) - a^\dagger(\boldsymbol{k},0)a(\boldsymbol{k},0)\right\}|\Psi_{\text{phys}}\rangle$$
$$\stackrel{(13.26)}{=} \langle\Psi_{\text{phys}}|\int d^3\boldsymbol{k}\,\omega_k \sum_{\lambda=1}^{2} a^\dagger(\boldsymbol{k},\lambda)a(\boldsymbol{k},\lambda)|\Psi_{\text{phys}}\rangle \tag{13.27}$$

この表式から明らかなように,ハミルトニアン H に含まれていた縦波モードとスカラーモードは相殺して抜け落ち,物理的な横波モードの寄与しか残っていない.これは運動量演算子や角運動量演算子についても同様である.

このように,物理的状態に対する条件 (13.26) を課すことによって,横波モードのみが物理量に寄与し,正定値計量を持った状態空間が得られたこと

になる．したがって，物理的状態 $|\Psi_{\text{phys}}\rangle$ は，真空 $|0\rangle$ に横波モードの生成演算子 $a^\dagger(\boldsymbol{k}, \lambda)(\lambda = 1, 2)$ を作用させることによって構築すればよいことになる．

$$\{|\Psi_{\text{phys}}\rangle\} = \{a^\dagger(\boldsymbol{k}_1, \lambda_1) \cdots a^\dagger(\boldsymbol{k}_n, \lambda_n)|0\rangle (\lambda_i = 1, 2 ; n = 0, 1, 2, \cdots)\} \tag{13.28}$$

また，物理的状態 $|\Psi_{\text{phys}}\rangle$ に対する期待値の計算では，ハミルトニアン (13.15a) や運動量演算子 (13.15b) を次のようにおきかえてもよいことになる．

$$\left.\begin{aligned} H &\longrightarrow H_{\text{phys}} \equiv \int d^3k\, \omega_k \sum_{\lambda=1}^{2} a^\dagger(\boldsymbol{k}, \lambda) a(\boldsymbol{k}, \lambda) \\ \boldsymbol{P} &\longrightarrow \boldsymbol{P}_{\text{phys}} \equiv \int d^3k\, \boldsymbol{k} \sum_{\lambda=1}^{2} a^\dagger(\boldsymbol{k}, \lambda) a(\boldsymbol{k}, \lambda) \end{aligned}\right\} \tag{13.29}$$

ここで議論した形式では，物理的状態は一意的に決まらず不定性が存在する．それを見るために，$|\Psi_{\text{phys}}\rangle$ を (13.28) で与えられる状態として，$|\Psi_{\text{phys}}\rangle$ から $|\Psi'_{\text{phys}}\rangle \equiv |\Psi_{\text{phys}}\rangle + |\Delta\Psi_{\text{phys}}\rangle$ を次のように定義しよう．

$$|\Delta\Psi_{\text{phys}}\rangle \equiv \sum_{n=1}^{\infty} \int d^3k_1 \cdots \int d^3k_n f(\boldsymbol{k}_1, \cdots, \boldsymbol{k}_n) X^\dagger(\boldsymbol{k}_1) \cdots X^\dagger(\boldsymbol{k}_n) |\Psi_{\text{phys}}\rangle \tag{13.30}$$

ここで，$f(\boldsymbol{k}_1, \cdots, \boldsymbol{k}_n)$ は $\boldsymbol{k}_1, \cdots, \boldsymbol{k}_n$ の任意関数で，$X(\boldsymbol{k}) \equiv a(\boldsymbol{k}, 0) - a(\boldsymbol{k}, 3)$ である．このとき，$|\Psi'_{\text{phys}}\rangle$ も物理的状態の条件 (13.26) を満たし，さらに次式が成り立つ．

$$\left.\begin{aligned} \langle\Psi_{\text{phys}}|\Delta\Psi_{\text{phys}}\rangle &= \langle\Delta\Psi_{\text{phys}}|\Delta\Psi_{\text{phys}}\rangle = 0 \\ \langle\Psi'_{\text{phys}}|\Psi'_{\text{phys}}\rangle &= \langle\Psi_{\text{phys}}|\Psi_{\text{phys}}\rangle \\ \langle\Psi'_{\text{phys}}|H|\Psi'_{\text{phys}}\rangle &= \langle\Psi_{\text{phys}}|H|\Psi_{\text{phys}}\rangle \end{aligned}\right\} \tag{13.31}$$

この関係式から，$|\Psi_{\text{phys}}\rangle$ と $|\Psi'_{\text{phys}}\rangle$ は物理的に同じ状態を表していることがわかる．また，$|\Delta\Psi_{\text{phys}}\rangle$ は $|\Psi_{\text{phys}}\rangle$ と直交しているだけではなく，自分自身のノルムもゼロである．このとき，集合 $\{|\Psi_{\text{phys}}\rangle, |\Psi'_{\text{phys}}\rangle\}$ は $|\Psi_{\text{phys}}\rangle$ から作

られる**同値類**(equivalence class)をなすといい，$|\Psi_{\text{phys}}\rangle$ を**代表元**(representative)とよぶ．

⟨check 13.6⟩

$|\Psi'_{\text{phys}}\rangle$ も物理的状態の条件 (13.26) を満たすことを確かめてみよう．また，(13.31) を証明してみよう．

【ヒント】 $[X(\boldsymbol{k}'), X^\dagger(\boldsymbol{k})] = 0$, $[H, X^\dagger(\boldsymbol{k})] = \omega_k X^\dagger(\boldsymbol{k})$, および $X(\boldsymbol{k})|\Psi_{\text{phys}}\rangle = \langle \Psi_{\text{phys}}| \times X^\dagger(\boldsymbol{k}) = 0$ を用いよ. ◆

上で見たように，$|\Psi_{\text{phys}}\rangle$ と $|\Psi'_{\text{phys}}\rangle$ は本質的に同じ物理的状態と見なせ，実際は $|\Psi_{\text{phys}}\rangle$ のみを考えれば十分である．物理的状態 $|\Psi_{\text{phys}}\rangle$ にこのような不定性が存在する理由は，ゲージ理論の持つゲージ不変性にある．このことは，$|\Psi_{\text{phys}}\rangle$ と $|\Psi'_{\text{phys}}\rangle = |\Psi_{\text{phys}}\rangle + |\Delta\Psi_{\text{phys}}\rangle$ が，ゲージ変換 $A'^\mu(x) = A^\mu(x) + \partial^\mu \Lambda(x)$ を通じて，次の関係を満たすことから理解できる．

$$\langle \Psi'_{\text{phys}}|A^\mu(x)|\Psi'_{\text{phys}}\rangle = \langle \Psi_{\text{phys}}|A^\mu(x) + \partial^\mu\Lambda(x)|\Psi_{\text{phys}}\rangle$$

(13.32)

ここで，$\Lambda(x)$ は c 数関数で次式で与えられる．

$$\Lambda(x) = -i\int \frac{d^3k}{\sqrt{(2\pi)^3 2\omega_k}} \left\{ \frac{f(\boldsymbol{k})}{|\boldsymbol{k}|} e^{-ik\cdot x} - \frac{f^*(\boldsymbol{k})}{|\boldsymbol{k}|} e^{ik\cdot x} \right\}$$

$f(\boldsymbol{k})$ は (13.30) 右辺で $n=1$ の場合の係数関数である．

⟨check 13.7⟩

(13.32) の関係を確かめてみよう．

【ヒント】 check 13.6 での議論と，$A^\mu(x)$ と $X(\boldsymbol{k})$, $X^\dagger(\boldsymbol{k})$ の交換関係が c 数となることを考慮すれば，(13.32) 左辺で $|\Psi_{\text{phys}}\rangle$ に含まれている $X^\dagger(\boldsymbol{k})$ の 2 次以上の項は寄与しないことがわかる．そのことに気がつけば，後は check 13.6 のヒントに書かれている性質と次の交換関係（およびエルミート共役をとった式）

$$[A^\mu(x), X^\dagger(\boldsymbol{k})] = -\frac{1}{\sqrt{(2\pi)^3 2\omega_k}}(\varepsilon^\mu(\boldsymbol{k}, 0) + \varepsilon^\mu(\boldsymbol{k}, 3))e^{-ik\cdot x}$$

それから，$\varepsilon^\mu(\boldsymbol{k}, 0) + \varepsilon^\mu(\boldsymbol{k}, 3) = k^\mu/|\boldsymbol{k}|$ ((13.12b) 参照), $k^\mu e^{\mp ik\cdot x} = \pm i\partial^\mu e^{\mp ik\cdot x}$ を用いればよい．((13.12b) は，そこでの【注】に書かれているように，一般の k^μ に対しても成り立つ.) ◆

【注】 ここで用いたグプタ–ブロイラー形式は，**補助場**を導入することによってより美しい理論形式に書き直せることを，中西とロートラップ (Lautrap) が示した (中西襄 著:「場の量子論」(培風館, 1975年)). これはさらに九後と小嶋によって洗練され，非可換ゲージ理論の正準量子化へ拡張された (九後汰一郎 著:「ゲージ場の量子論Ⅰ, Ⅱ」(培風館, 1989年)).

13.4　光子の物理的1粒子状態の分類

前節の解析から光子の1粒子状態は

$$a^{\dagger}(\boldsymbol{k}, \lambda)|0\rangle \quad (\lambda = 1, 2) \tag{13.33}$$

で与えられ，$\lambda = 1, 2$ の横波モードのみが物理的状態として寄与することがわかった．これらの状態のエネルギー，運動量および角運動量について以下で調べよう．

エネルギー運動量演算子 (13.15) (あるいは (13.16)) の表式から，光子の1粒子状態 (13.33) はエネルギーと運動量の固有状態で次式を満たす．

$$Ha^{\dagger}(\boldsymbol{k}, \lambda)|0\rangle = \omega_k a^{\dagger}(\boldsymbol{k}, \lambda)|0\rangle \tag{13.34a}$$

$$\boldsymbol{P}a^{\dagger}(\boldsymbol{k}, \lambda)|0\rangle = \boldsymbol{k}a^{\dagger}(\boldsymbol{k}, \lambda)|0\rangle \quad (\lambda = 1, 2) \tag{13.34b}$$

したがって，光子の持つエネルギー運動量 $k^{\mu} = (\omega_k, \boldsymbol{k})$ は $k_{\mu}k^{\mu} = (\omega_k)^2 - \boldsymbol{k}^2 = 0$ を満たし，期待通り光子は質量を持たないことが確かめられた．

次に，角運動量 (正確にはヘリシティ) の固有状態と固有値について求めよう．(13.33) の状態は，そのままではヘリシティの固有状態にはなっていない．次の重ね合わせの状態

$$a^{\dagger}(\boldsymbol{k}, \pm)|0\rangle \equiv \frac{1}{\sqrt{2}}(a^{\dagger}(\boldsymbol{k}, 1) \pm ia^{\dagger}(\boldsymbol{k}, 2))|0\rangle \tag{13.35}$$

が**ヘリシティ** (運動量方向の角運動量成分) の固有状態である．これらの2つの状態は，光子の右回りと左回りの**円偏光 (circular polarization)** 状態に対応する．

(13.35) で与えた2つの状態がヘリシティの固有状態であることを見るに

は，z軸正方向に運動している系 ($\tilde{k}^\mu = (\tilde{k}^0, \tilde{\boldsymbol{k}}) = (\tilde{k}, 0, 0, \tilde{k}), \tilde{k} > 0$) に移って議論するとわかりやすい．このとき，$z$軸方向の角運動量演算子 $J_z = J^{12}$ はヘリシティ演算子に等しくなる．

(13.19b) から，$[J^{12}, a^\dagger(\tilde{\boldsymbol{k}}, 1)] = +ia^\dagger(\tilde{\boldsymbol{k}}, 2)$ および $[J^{12}, a^\dagger(\tilde{\boldsymbol{k}}, 2)] = -ia^\dagger(\tilde{\boldsymbol{k}}, 1)$ が導けるので

$$J_z a^\dagger(\tilde{\boldsymbol{k}}, \pm)|0\rangle = \pm a^\dagger(\tilde{\boldsymbol{k}}, \pm)|0\rangle \tag{13.36}$$

が成り立つ．したがって，円偏光状態 (13.35) は z 軸方向の角運動量 $J_z = \pm 1$ を持つことがわかる．運動量方向の軌道角運動量は常にゼロ ($\boldsymbol{k} \cdot \boldsymbol{L} = \boldsymbol{k} \cdot (\boldsymbol{x} \times \boldsymbol{k}) = 0$) なので，(13.36) の結果は，光子自身の持つ**固有スピンの大きさが 1** であることと，光子は**ヘリシティの固有状態で分類できる**ことを意味する．

【注】 ここで読者は，光子のスピンに関して奇妙な点に気がついたかもしれない．量子力学における角運動量の一般論から，スピンの大きさが $j = 1$ の状態は $J_z = \pm 1, 0$ の 3 つの状態を持つはずだ．ところが光子はスピンの大きさ 1 を持ちながら，状態数は 2 つ（ヘリシティ固有状態の 2 つ，あるいは横波モードの 2 つ）しかない．光子は $J_z = 0$ に対応する状態を持っていないのである．これは矛盾ではないか？　この問題の解決の鍵は，光子が質量を持たない点にある．次章で，質量を持つ粒子は角運動量の固有状態で分類されるが，光子などの質量を持たない粒子は角運動量の固有状態にはなっておらず，ヘリシティの固有状態で分類されることを明らかにする．

⟨check 13.8⟩

(13.36) を確かめてみよう．

【ヒント】 (13.9) を (13.19b) に代入して $a^\dagger(\tilde{\boldsymbol{k}}, \lambda)$ ($\lambda = 1, 2$) に関する部分を抜き出すことによって（そのとき (13.10) を用いる），$[J^{12}, a^\dagger(\tilde{\boldsymbol{k}}, 1)] = +ia^\dagger(\tilde{\boldsymbol{k}}, 2)$, $[J^{12}, a^\dagger(\tilde{\boldsymbol{k}}, 2)] = -ia^\dagger(\tilde{\boldsymbol{k}}, 1)$ を導け．◆

13.5　マクスウェル場のファインマン伝播関数

マクスウェル場の**ファインマン伝播関数**は，スカラー場やディラック場と同様に，時間順序積（T 積）を用いて次の真空期待値で定義される．

13.5 マクスウェル場のファインマン伝播関数

$$D_F^{\mu\nu}(x-y) \equiv \langle 0|TA^\mu(x)A^\nu(y)|0\rangle \tag{13.37}$$

ファインマンゲージ ($\alpha = 1$) では,$A^\mu(x)$ ($\mu = 0, 1, 2, 3$) を (質量を持たない) 4つの実スカラー場と見なしてよいので,スカラー場のファインマン伝播関数 (11.76) からの類推より

$$D_F^{\mu\nu}(x-y)_{\alpha=1} = \int \frac{d^4k}{(2\pi)^4} \frac{-i\eta^{\mu\nu}}{k^2+i\varepsilon} e^{-ik\cdot(x-y)} \tag{13.38}$$

で与えられることが予想される.実際,$A^\mu(x)$ の展開式 (13.9) を (13.37) に代入して,(13.38) を確かめることができる.

⟨check 13.9⟩

(13.38) を確かめてみよう.◆

一般のゲージ (任意の α) に対するファインマン伝播関数も実際の計算ではよく使われる.下にその表式を与えておく.

$$D_F^{\mu\nu}(x-y) = \int \frac{d^4k}{(2\pi)^4}\left[\frac{-i\eta^{\mu\nu}}{k^2+i\varepsilon} + i(1-\alpha)\frac{k^\mu k^\nu}{(k^2+i\varepsilon)^2}\right]e^{-ik\cdot(x-y)} \tag{13.39}$$

これを定義からきちんと求めるためには,共役運動量の定義からやり直す必要がある.しかし,ファインマン伝播関数が運動方程式に現れる微分演算子のグリーン関数であるという事実を使えば,もっと簡単に導く方法がある.

まず,作用積分 (13.2) から,一般の α に対する $A^\nu(x)$ の運動方程式が次式で与えられることがわかる.

$$\left[\eta_{\mu\nu}\partial_\rho\partial^\rho - \left(1-\frac{1}{\alpha}\right)\partial_\mu\partial_\nu\right]A^\nu(x) = 0 \tag{13.40}$$

このとき,ファインマン伝播関数 $D_F^{\mu\nu}(x-y)$ は,この式の微分演算子 $\eta_{\mu\nu}\partial_\rho\partial^\rho - (1-1/\alpha)\,\partial_\mu\partial_\nu$ に対するグリーン関数となっている ((11.72) 参照).すなわち,

13. マクスウェル場の量子化

$$\left[\eta_{\mu\nu}\partial_\rho\partial^\rho - \left(1 - \frac{1}{\alpha}\right)\partial_\mu\partial_\nu\right]D_F^{\nu\lambda}(x-y) = i\delta_\mu{}^\lambda\delta^4(x-y)$$

(13.41)

を満たす．(13.39) が (13.41) の解となっていることの確認は，読者の練習問題としておく．

【注】 ファインマンゲージ ($\alpha = 1$) と並んでよく使われるゲージは，$\alpha = 0$ ととる**ランダウゲージ**（**Landau gauge**）である．興味深いことに，作用積分 (13.2) の段階では $\alpha = 0$ とできないが，伝播関数 (13.39) の段階では $\alpha = 0$ ととることができる．α を特定の値 ($\alpha = 1$ や $\alpha = 0$) にとらず，一般の α のまま，ファインマン伝播関数 (13.39) を用いて計算するのは面倒なだけに思える．（実際，計算は大変である．）しかし，α を残して計算することで，計算が正しく行われたかどうかのチェックになる．物理量を計算したとき最終結果に α が残っていたら，その計算はどこかで間違った可能性が高い．なぜなら，物理量はゲージ不変なので，α によらないはずだからである．

⟨check 13.10⟩

作用積分 (13.2) から運動方程式 (13.40) を導け．また，ファインマン伝播関数 (13.39) が (13.41) の解となっていることを確かめてみよう．◆

第14章 ポアンカレ代数と1粒子状態の分類

　相対論的場の量子論は，時空並進とローレンツ変換の下での不変性，すなわちポアンカレ不変性を持つ．これらの変換の生成子はポアンカレ代数とよばれる交換関係に従う．本章では，ポアンカレ代数を用いて1粒子状態の分類を行う．ポアンカレ不変性に基づいて自然法則が成り立っているならば，自然界に存在するすべての素粒子はこの分類に従うことになる．

14.1 ポアンカレ不変性とポアンカレ代数

　相対論的場の量子論は，時空の不変性として

（1）　**時空並進不変性**

（2）　**ローレンツ不変性**（空間回転 ⊕ ローレンツブースト不変性）

を持つ．時空並進とローレンツ変換を合わせたものは**ポアンカレ変換**とよばれ，（1）と（2）を合わせた不変性は**ポアンカレ不変性**（Poincaré invariance）とよばれる．本章の目的は，ポアンカレ不変性に基づいて1粒子状態の分類を行うことである．その準備として，この節では，ポアンカレ変換の生成子が満たす交換関係を求め，それらの物理的意味について詳しく議論する．

　1粒子状態の分類とは，ポアンカレ不変性を持つ理論に現れうる1粒子状

態のリストを作成することである．自然法則がポアンカレ変換の下で不変ならば，このリストにない粒子が自然界に現れることはないはずだ．これは相対論的場の量子論にとって大きな賭けだ．もし，このリストにない粒子が発見されたならば，場の量子論はその前提から崩れることになる．実際には，これまで観測された素粒子はすべてこのリストの中に含まれている．この事実は，自然法則がポアンカレ不変性の下に成り立っていることを支持する証拠であり，相対論的場の量子論の成功でもある．

14.1.1 ポアンカレ代数

時空並進の生成子を P^μ ($\mu = 0, 1, 2, 3$)，**ローレンツ変換の生成子**を $J^{\mu\nu}$ ($\mu, \nu = 0, 1, 2, 3$) としておくと，これらの生成子は次の交換関係—**ポアンカレ代数**—を満たす．

$$[P^\mu, P^\nu] = 0 \tag{14.1a}$$

$$[J^{\mu\nu}, P^\rho] = -i(\eta^{\mu\rho} P^\nu - \eta^{\nu\rho} P^\mu) \tag{14.1b}$$

$$[J^{\mu\nu}, J^{\rho\lambda}] = -i(\eta^{\mu\rho} J^{\nu\lambda} - \eta^{\nu\rho} J^{\mu\lambda} + \eta^{\mu\lambda} J^{\rho\nu} - \eta^{\nu\lambda} J^{\rho\mu}) \tag{14.1c}$$

ここで，$J^{\mu\nu}$ は 2 階の反対称テンソル $J^{\mu\nu} = -J^{\nu\mu}$ として定義されており，独立な成分は**角運動量 (angular momentum)** $\boldsymbol{J} = (J^{23}, J^{31}, J^{12})$ と**ローレンツブースト** $\boldsymbol{K} = (J^{01}, J^{02}, J^{03})$ の 6 つである（第 5 章参照）．

【注】 J^{23} は 23 平面内の回転の生成子を表し，J^1 と書くこともある．これは，23 平面内での回転は 1 軸周りの回転と同じだからだ．J^{31}, J^{12} についても同様だ．J^{0i} ($i = 1, 2, 3$) は i 軸方向のローレンツブーストの生成子で，K^i と書くこともある．

14.1.2 項でポアンカレ代数の導出とその幾何学的意味を説明する．14.1.3 項では，ポアンカレ代数を時間成分と空間成分（1 + 3 次元）に分解して，それぞれの交換関係に対する物理的意味を考察する．14.2 節では，ポアンカレ代数を考察する下準備として，角運動量代数と 2 次元ユークリッド代数の固有値と固有状態について調べる．最後の 14.3 節で，ポアンカレ代数の 1 粒子状態を分類する．そこで相対論的な量子論にどのような 1 粒子状

態が現れうるかを明らかにし，質量を持つ粒子とゼロ質量の粒子がポアンカレ代数の異なる固有状態として分類されることを示す．

【注】 ポアンカレ変換の生成子 P^μ, $J^{\mu\nu}$ を exp の肩に乗せたもの $U(a,\omega) \equiv \exp\{ia_\mu P^\mu + (i/2)\omega_{\mu\nu}J^{\mu\nu}\}$ は群をなし，**ポアンカレ群**（Poincaré group）とよばれる．(14.1a)〜(14.1c) をなぜ代数とよぶかは，7.3.2項を参照のこと．

14.1.2　ポアンカレ代数の導出と幾何学的解釈

この項で，ポアンカレ代数 (14.1a)〜(14.1c) を変換性の観点から導出しておく．時空並進とローレンツ変換の下で，エネルギー運動量 P^μ とローレンツ変換の生成子 $J^{\mu\nu}$ がどのように変換するか（P^μ はベクトル，$J^{\mu\nu}$ は 2 階のテンソルの変換性を持つ）を理解しているなら，ポアンカレ代数 (14.1a)〜(14.1c) を導くことはそれほど難しくはない．それを以下で見ていこう．

（Ⅰ）　$[P^\mu, P^\nu] = 0$

この式を次の等価な式に書き直しておくと，その意味がより一層はっきりする．

$$e^{i\Delta a \cdot P} P^\nu e^{-i\Delta a \cdot P} = P^\nu \tag{14.2}$$

P^μ は時空並進の生成子であり，$e^{i\Delta a \cdot P}$ は時空座標 x^μ を Δa^μ だけ平行移動するユニタリー演算子である．

上式は時空座標の原点を変えてもエネルギー運動量 P^μ は変化しないということを意味する．（これは，ベクトル（矢印）を平行移動してもベクトル（矢印）自体は変わらないことと同じだ．）物理的には，離れた場所に立っている 2 人の観測者が，1 つの同じ粒子のエネルギーと運動量を測定したら，2 人とも同じ値を得るということだ．これは当然の結果といえる．

（Ⅱ）　$[J^{\mu\nu}, P^\rho] = -i(\eta^{\mu\rho}P^\nu - \eta^{\nu\rho}P^\mu)$

$J^{\mu\nu}$ をローレンツ変換（空間回転 ⊕ ローレンツブースト）の生成子と見たとき，この交換関係は単に (4次元) ベクトル P^ρ のローレンツ変換性を書き下したものにすぎない．このことを以下で説明しておこう．

P^ρ はベクトルなので，(無限小) ローレンツ変換の下でベクトルとしての変換性を持つ (5.2 節参照)．すなわち，

$$P^\rho \longrightarrow P'^\rho = \Lambda^\rho{}_\nu P^\nu \quad (\Lambda^\rho{}_\nu = \delta^\rho{}_\nu + \Delta\omega^\rho{}_\nu) \qquad (14.3)$$

である．一方この変換は，ローレンツ変換の生成子 $J^{\mu\nu}$ を用いて次のユニタリー変換で与えられる．

$$P'^\rho = \exp\left\{\frac{i}{2}\Delta\omega_{\mu\nu}J^{\mu\nu}\right\} P^\rho \exp\left\{-\frac{i}{2}\Delta\omega_{\mu\nu}J^{\mu\nu}\right\} \qquad (14.4)$$

【注】 exp の肩が 1/2 で割られている理由は，和が 2 重にとられているからである．実際，$\Delta\omega_{\mu\nu}J^{\mu\nu} = \Delta\omega_{01}J^{01} + \Delta\omega_{10}J^{10} + \cdots = \Delta\omega_{01}J^{01} + (-\Delta\omega_{01})(-J^{01}) + \cdots = 2(\Delta\omega_{01}J^{01} + \cdots)$ である．

したがって，次の関係が成り立つ．

$$\exp\left\{\frac{i}{2}\Delta\omega_{\mu\nu}J^{\mu\nu}\right\} P^\rho \exp\left\{-\frac{i}{2}\Delta\omega_{\mu\nu}J^{\mu\nu}\right\} = P^\rho + \Delta\omega^\rho{}_\nu P^\nu \quad (14.5)$$

上式の両辺で $\Delta\omega_{\mu\nu}$ の 1 次の係数を比べたものが (II) 式に他ならない．

(III) $[J^{\mu\nu}, J^{\rho\lambda}] = -i(\eta^{\mu\rho}J^{\nu\lambda} - \eta^{\nu\rho}J^{\mu\lambda} + \eta^{\mu\lambda}J^{\rho\nu} - \eta^{\nu\lambda}J^{\rho\mu})$

(II) と同様に，$J^{\mu\nu}$ をローレンツ変換の生成子と見なしたとき，この交換関係は，$J^{\rho\lambda}$ が (無限小) ローレンツ変換の下で 2 階のテンソルの変換性を持つことを表している．すなわち，

$$J^{\rho\lambda} \longrightarrow J'^{\rho\lambda} = \Lambda^\rho{}_\alpha \Lambda^\lambda{}_\beta J^{\alpha\beta} = J^{\rho\lambda} + \Delta\omega^\rho{}_\alpha J^{\alpha\lambda} + \Delta\omega^\lambda{}_\beta J^{\rho\beta}$$
$$(14.6)$$

である．ここで，$\Lambda^\rho{}_\lambda = \delta^\rho{}_\lambda + \Delta\omega^\rho{}_\lambda$ とおいて $\Delta\omega$ の 2 次の項は無視した．

(14.4) と同様に，$J^{\rho\lambda}$ のローレンツ変換はユニタリー変換

$$J'^{\rho\lambda} = \exp\left\{\frac{i}{2}\Delta\omega_{\mu\nu}J^{\mu\nu}\right\} J^{\rho\lambda} \exp\left\{-\frac{i}{2}\Delta\omega_{\mu\nu}J^{\mu\nu}\right\} \qquad (14.7)$$

で与えられる．したがって，(14.6) と (14.7) を等しくおき $\Delta\omega_{\mu\nu}$ の 1 次の係数を比べることによって，$J^{\mu\nu}$ と $J^{\rho\lambda}$ の間の交換関係 (III) を導くことができる．

14.1 ポアンカレ不変性とポアンカレ代数 405

⟨check 14.1⟩

(14.3) と (14.4) から (Ⅱ) の交換関係を，(14.6) と (14.7) から (Ⅲ) の交換関係を導いてみよう．

【ヒント】 $\Delta\omega_{\mu\nu}$ が $\mu\nu$ に関して反対称であることに注意せよ．例えば，(14.5) 右辺で $\Delta\omega^{\rho}{}_{\nu}P^{\nu} = \Delta\omega_{\mu\nu}\eta^{\mu\rho}P^{\nu} = (1/2)\Delta\omega_{\mu\nu}(\eta^{\mu\rho}P^{\nu} - \eta^{\nu\rho}P^{\mu})$ と $\mu\nu$ に関して反対称化しておく必要がある．◆

⟨check 14.2⟩

$J^{\rho\lambda}$ のローレンツ変換性だけから (Ⅲ) の交換関係は求まるので，別の簡単な導出方法がある．$J^{\rho\lambda}$ の変換性だけが問題となっているのだから，$J^{\rho\lambda}$ と同じ2階のテンソルの変換性を持つ $T^{\rho\lambda} \equiv P^{\rho}\tilde{P}^{\lambda}$ を考えても同じことである．(P^{ρ} と $\tilde{P}^{\rho}$ は共に (Ⅱ) の交換関係を満たすものとする．) このとき，次の交換関係を満たすことを確かめてみよう．

$$[J^{\mu\nu}, T^{\rho\lambda}] = -i(\eta^{\mu\rho}T^{\nu\lambda} - \eta^{\nu\rho}T^{\mu\lambda} + \eta^{\mu\lambda}T^{\rho\nu} - \eta^{\nu\lambda}T^{\rho\mu})$$

【ヒント】 $J^{\mu\nu}$ と $P^{\rho}\tilde{P}^{\lambda}$ の交換関係は，$[J^{\mu\nu}, (P^{\rho}\tilde{P}^{\lambda})] = [J^{\mu\nu}, P^{\rho}]\tilde{P}^{\lambda} + P^{\rho}[J^{\mu\nu}, \tilde{P}^{\lambda}]$ として (Ⅱ) の交換関係を用いれば計算できる．この交換関係は2階のテンソル $P^{\rho}\tilde{P}^{\lambda}$ のローレンツ変換性を示したものにすぎないので，任意の2階のテンソル $T^{\rho\lambda}$ に対して成り立つ関係式だ．実際，$T^{\rho\lambda}$ を $J^{\rho\lambda}$ におきかえたものは，確かに (Ⅲ) の交換関係を再現している．◆

上記のポアンカレ代数の導出で必要とされたものは，$P^{\mu}, J^{\mu\nu}$ がそれぞれ時空並進，ローレンツ変換の生成子であること，それから，$P^{\mu}, J^{\mu\nu}$ がそれぞれローレンツ変換の下でベクトルと2階のテンソルの変換性を持つということのみだ．$P^{\mu}, J^{\mu\nu}$ が，具体的にどのような量で書かれているのかを知る必要はない．

実際，(Ⅲ) の $J^{\mu\nu}$ と $J^{\rho\lambda}$ の間の交換関係は，第5章で与えた (5.48) と一致していることを確かめてほしい．そこでは，(5.48) の交換関係の意味は不明であったが，今やその物理的/幾何学的意味がはっきりした．ポアンカレ代数を丸暗記するのはナンセンスだ．覚えるものはポアンカレ代数の持つ物理的/幾何学的意味のほうである．それさえ理解していれば，ポアンカレ代数

はいつでも再現できる．

14.1.3 ポアンカレ代数の 1 + 3 次元分解

14.1.2 項では 4 次元時空における変換性の観点から，ポアンカレ代数を考察した．しかしながら，もう少し細かく見ると，$H = P^0$ は**時間並進の生成子とエネルギー**，$\bm{P} = (P^1, P^2, P^3)$ は**空間並進の生成子と運動量**，$\bm{J} = (J^{23}, J^{31}, J^{12})$ は**空間回転の生成子と角運動量**という物理的意味を持つ．$\bm{K} = (J^{01}, J^{02}, J^{03})$ は**ローレンツブースト**としての役割を持つ．

【注】 ローレンツブースト演算子 $\bm{K}$ は，ハミルトニアンと可換でないので，エネルギーとの同時固有状態に選ぶことができない．そのため，$\bm{K}$ の固有値の物理的意味は今一つはっきりしない．ここでは，$\bm{K}$ の固有値に関する考察は行わない．

そこで，ポアンカレ代数を H, P^i, J^i, K^i $(i = 1, 2, 3)$ に対する交換関係に書き直し，その物理的解釈を見ておくこともポアンカレ不変性を理解する上で役に立つだろう．下にそれぞれの交換関係とその物理的解釈をつけておいた．読者のみなさんは，そこに書かれていることを自分なりに理解してほしい．交換関係では理解しにくいと感じたときは，(14.4) や (14.7) のようにユニタリー変換の形で書き直すとよい．そちらのほうがより直感的な理解に向いている．

$$[H, H] = 0 \Leftrightarrow \text{エネルギーは保存量．また，エネルギーは時間並進の下で不変．} \tag{14.8}$$

$$[H, P^i] = 0 \Leftrightarrow \text{運動量は保存量．また，エネルギーは空間並進の下で不変．} \tag{14.9}$$

$$[P^i, P^j] = 0 \Leftrightarrow \text{空間並進の下で運動量は不変．} \tag{14.10}$$

14.1 ポアンカレ不変性とポアンカレ代数

$$[H, J^i] = 0 \Leftrightarrow \text{角運動量は保存量. また, エネルギーは空間回転の下で不変.}$$

(14.11)

$$[K^i, H] = -iP^i \Leftrightarrow \text{ローレンツブースト } K^i \text{ によって, エネルギー } H \text{ は運動量 } P^i \text{ と混じり合う.}$$

(14.12)

$$[J^i, P^j] = i\sum_{k=1}^{3} \varepsilon^{ijk} P^k \Leftrightarrow \text{運動量 } P^j \text{ は空間回転の下で (3次元) ベクトルの変換性を持つ. また, 原点をずらして角運動量を見たときの角運動量の変化分が右辺で与えられる.}$$

(14.13)

$$[K^i, P^j] = -i\delta^{ij} H \Leftrightarrow \text{ローレンツブースト } K^i \text{ によって, 運動量 } P^i \text{ はエネルギー } H \text{ と混じり合う.}$$

(14.14)

$$[J^i, J^j] = i\sum_{k=1}^{3} \varepsilon^{ijk} J^k \Leftrightarrow SU(2) \text{ の交換関係. また, 角運動量 } J^i \text{ は空間回転の下で (3次元) ベクトルの変換性を持つ.}$$

(14.15)

$$[J^i, K^j] = i\sum_{k=1}^{3} \varepsilon^{ijk} K^k \Leftrightarrow \text{ローレンツブースト } K^j \text{ は, 空間回転の下で (3次元) ベクトルの変換性を持つ.}$$

(14.16)

$$[K^i, K^j] = -i\sum_{k=1}^{3} \varepsilon^{ijk} J^k \Leftrightarrow \text{トーマス歳差.}$$

(14.17)

これらの関係について理解を深めるために, 以下の【注】でいくつかコメントをしておこう.

【注】

- (14.12) と (14.14) から, ローレンツブースト変換 K^i で $P^0 = H$ と P^i が混じり合

う．これは，x^i 方向のローレンツブースト K^i で，時間 $x^0 = t$ と座標 x^i が混じり合ったことを思い出せば理解できるだろう（(5.13) 参照）．

- 3次元の空間回転不変性しか知らなければ，これだけ多くの交換関係を書き下す必要があるということだ．しかし，4次元時空の相対論的不変性を知っていれば，たった3つの交換関係 (14.1a) ～ (14.1c) にまとまる．自然は「統一（unification）」されることを好むようだ．

- (14.13)，(14.15)，(14.16) は，すべて次のタイプの交換関係 $[J^i, V^j] = i\sum \varepsilon^{ijk} V^k$ を満たしている．これは，3次元ベクトル V^j の無限小空間回転に対する変換性を表した式に他ならない．つまり，これらの交換関係は「P^j, J^j, K^j が3次元ベクトルである」と述べているにすぎない．

実際，ユニタリー変換の形で表すと，例えば $i=3$ の場合は

$$e^{i\theta J^3} \begin{pmatrix} V^1 \\ V^2 \\ V^3 \end{pmatrix} e^{-i\theta J^3} = \begin{pmatrix} V^1 \cos\theta - V^2 \sin\theta \\ V^1 \sin\theta + V^2 \cos\theta \\ V^3 \end{pmatrix} \qquad (14.18)$$

となり，3次元ベクトル $V^j (j=1,2,3)$ が3軸周りに角度 θ の回転をしていることがわかる．（証明は check 10.12，あるいは，(14.33) 下の説明を参照．）

多くの学生は，角運動量の交換関係 $[J^i, J^j] = i\sum \varepsilon^{ijk} J^k$ を"覚える"ものだと思っているようだ．（私も学生の頃は"覚えた"．）しかし，3次元角運動量ベクトル J^j が空間回転の生成子であることを理解していれば，この角運動量の交換関係を覚える必要はなかったのだ．

- (14.17) でのトーマス歳差について説明しておこう．**トーマス歳差**（Thomas precession）とは，スピンを持った粒子が円運動すると回転面と垂直な軸周りにスピンが歳差運動する現象のことである．

このことを理解するには，交換関係 (14.17) を次のように書きかえたほうがわかりやすいだろう．

$$e^{-i\varepsilon K^2} e^{-i\varepsilon K^1} e^{+i\varepsilon K^2} e^{+i\varepsilon K^1} = e^{-i(\varepsilon)^2 J^3} \qquad (14.19)$$

ここでは，$i=1, j=2$ の場合，すなわち，$[K^1, K^2] = -iJ^3$ の場合の書きかえを行った．実際，(14.19) の両辺を ε で展開して，$(\varepsilon)^2$ の係数を見比べれば，交換関係 (14.17) が得られる．他の式は，(123) に関してサイクリックに書きかえればよい．

(14.19) の左辺は次のように解釈できる．4つのユニタリー演算子を右から読み取っていくと，1軸正方向にローレンツブースト $e^{+i\varepsilon K^1}$ して，次に2軸正方向にローレンツブースト $e^{+i\varepsilon K^2}$ する．今度は1軸負方向にローレンツブースト $e^{-i\varepsilon K^1}$ して，最後に2軸負方向にローレンツブースト $e^{-i\varepsilon K^2}$ する．これは，ちょうど12平面（xy 平面）内で正方形の周りを一周して元に戻ってくる変換に対応する．その結果が (14.19) の右辺で与えられており，12平面と垂直な3軸周りの回転 $e^{-i(\varepsilon)^2 J^3}$ と等価であることがわかる．

つまり，12平面内で円運動している電子が，一周して元の場所に戻ってきたとき（(14.19) 左辺），電子のスピンは3軸周りの空間回転（(14.19) 右辺）を受ける．すな

わち，電子のスピンは3軸周りに歳差運動をすると解釈できる．

⟨check 14.3⟩

(14.8) 〜 (14.17) の交換関係をポアンカレ代数 (14.1) から導き，それぞれの式に書かれている物理的意味を確認してみよう．◆

14.2 ポアンカレ代数の部分代数

次節で，ポアンカレ代数の1粒子状態に対応する固有値と固有状態を求める．そこでは，$\{J^1, J^2, J^3\}$ で構成される角運動量代数と，$\{P^1, P^2, J^3\}$ から構成される2次元ユークリッド代数の固有値と固有状態を求める必要がある．この節では 14.3 節の準備として，それらの代数の固有値と固有状態について調べることにする．

14.2.1 角運動量代数の固有値と固有状態

角運動量代数とは，量子力学でお馴染みの角運動量の交換関係 (14.15)，すなわち，$[J^i, J^j] = i\sum_{k=1}^{3} \varepsilon^{ijk} J^k$ のことである．角運動量の固有値と固有状態を調べるために，通常の手続きに従って，角運動量 $\{J^1, J^2, J^3\}$ に加えて，角運動量の2乗 $\boldsymbol{J}^2 \equiv (J^1)^2 + (J^2)^2 + (J^3)^2$ を代数の中に加えることにする．$\{\boldsymbol{J}^2, J^i (i=1,2,3)\}$ の間の交換関係は，次式で与えられる．

$$[\boldsymbol{J}^2, J^i] = 0 \quad (i = 1, 2, 3) \tag{14.20a}$$

$$[J^1, J^2] = iJ^3, \quad [J^2, J^3] = iJ^1, \quad [J^3, J^1] = iJ^2 \tag{14.20b}$$

先に進む前に，上の交換関係の物理的意味を述べておこう．(14.20b) の意味は 14.1.3 項で説明した．(14.20a) は，J^i が空間回転の生成子であることから，$\boldsymbol{J}^2$ が空間回転の下で不変であることを意味する．これは幾何学的には自明な性質だ．なぜなら，$\boldsymbol{J}^2$ はベクトルの長さ（の2乗）であり，空間回転の下でベクトルの長さは変わらないからである．

これからの解析では，$\{J^1, J^2, J^3\}$ の代わりに $\{J^3, J^\pm = (J^1 \pm iJ^2)/\sqrt{2}\}$ を使う方が便利である．そのとき，上の交換関係は次のようになる．

$$[\boldsymbol{J}^2, J^3] = [\boldsymbol{J}^2, J^\pm] = 0 \qquad (14.21\text{a})$$

$$[J^3, J^\pm] = \pm J^\pm, \qquad [J^+, J^-] = J^3, \qquad J^\pm \equiv \frac{1}{\sqrt{2}}(J^1 \pm iJ^2)$$

$$(14.21\text{b})$$

標準的な量子力学の教科書には必ず導出法が書かれているので，以下では角運動量の固有値や固有状態を導くことは行わない．その代わりにここでは，その結果に対する直感的な説明を与えておく．

【注】 ここで記号に気をつけてもらいたい．J^1, J^2, J^3 はそれぞれ 3 次元ベクトル $\boldsymbol{J}$ の第 1，第 2，第 3 成分であり，（太字の）$\boldsymbol{J}^2$ は角運動量ベクトルの 2 乗を表す．

$\boldsymbol{J}^2$ と J^3 は互いに可換なので，同時固有状態をとることができる．それぞれの固有値を $j(j+1)$ と m，固有状態を $|j, m\rangle$ としておくと，次のようになる．

$$\boldsymbol{J}^2|j, m\rangle = j(j+1)|j, m\rangle, \qquad J^3|j, m\rangle = m|j, m\rangle \quad (14.22)$$

幾何学的には，固有値 j は**スピン**（あるいは角運動量）の大きさを表し，固有値 m はスピンの 3 軸成分に対応する．

j のとりうる値は，0 以上の整数または半整数である．

$$j = 0, \frac{1}{2}, 1, \frac{3}{2}, \cdots \qquad (14.23)$$

j を固定したときに m のとりうる値は次式で与えられる．

$$m = -j, -j+1, \cdots, j-1, j \qquad (14.24)$$

つまり，スピンの大きさ j を持つ固有状態は，$(2j+1)$ 個の状態 $\{|j, m\rangle$, $m = -j, \cdots, j\}$ からなり，$(2j+1)$ 多重項を組む．

スピンの大きさ j を持つ状態が，なぜ，これらの $(2j+1)$ 多重項から構成されるのかは，次の関係を見れば理解しやすいだろう．

$$0 \xleftarrow{J^-} \underbrace{|j,-j\rangle \underset{J^-}{\overset{J^+}{\rightleftarrows}} |j,-j+1\rangle \underset{J^-}{\overset{J^+}{\rightleftarrows}} \cdots \underset{J^-}{\overset{J^+}{\rightleftarrows}} |j,j-1\rangle \underset{J^-}{\overset{J^+}{\rightleftarrows}} |j,j\rangle}_{(2j+1)多重項} \xrightarrow{J^+} 0$$

(14.25)

この関係は次のように理解できる．まず，演算子 $J^\pm$ は，交換関係 (14.21a) と (14.21b) から，J^2 と J^3 に対する生成消滅演算子と見なすことができる (10.2.2項参照)．すなわち，

$$[J^2, J^\pm] = 0 \longrightarrow J^\pm \text{ は } J^2 \text{ の固有値 } j \text{ を変えない．}$$

(14.26a)

$$[J^3, J^\pm] = \pm J^\pm \longrightarrow J^\pm \text{ は } J^3 \text{ の固有値 } m \text{ を } \pm 1 \text{ だけ変える．}$$

(14.26b)

である．したがって，状態 $|j,m\rangle$ に $J^\pm$ を作用させると，次のように j の値は変えずに，m の値を $m\pm 1$ に変えることがわかる．

$$|j,m-1\rangle \xleftarrow{J^-} |j,m\rangle \xrightarrow{J^+} |j,m+1\rangle \quad (14.27)$$

$|j,j\rangle$ ($|j,-j\rangle$) は，スピンの方向が 3 軸正 (負) 方向に最大限向いた状態なので，これ以上 J^3 の値を大きくすることができない．したがって，

$$J^+|j,j\rangle = 0 = J^-|j,-j\rangle \quad (14.28)$$

でなければならない．

【注】これは，もし $J^\pm|j,\pm j\rangle \neq 0$ なら，$|j,\pm(j+1)\rangle$ の状態が存在することになり，$J^2 = (J^1)^2 + (J^2)^2 + (J^3)^2$ の固有値 $j(j+1)$ より $(J^3)^2$ の固有値 $(j+1)^2$ のほうが大きくなり矛盾するからである．

最後に，スピンの大きさ j が整数または半整数に限られる理由を述べて，この項を終えることにする．これも (14.25) から容易に理解できる．J^3 の最小固有値の状態 $|j,-j\rangle$ から出発して，J^+ を作用させるごとに J^3 の固有値は 1 ずつ増える．したがって，$2j$ 回作用させることによって，J^3 の最大固有値の状態 $|j,j\rangle$ に到達する．この構成法からすぐにわかるように，J^3 の最

大値と最小値の差 $2j$ は整数でなければならない．これが，j の値が整数または半整数，すなわち，(14.23) となる理由なのである．

⟨check 14.4⟩

(14.28) が成り立つことを，直接計算で確かめてみよう．

【ヒント】 $\|J^{\pm}|j, \pm j\rangle\|^2 = \langle j, \pm j|J^{\mp}J^{\pm}|j, \pm j\rangle = 0$（複号同順）を示せばよい．このとき，$J^2 = J^-J^+ + J^+J^- + (J^3)^2$, $[J^+, J^-] = J^3$, および (14.22) を用いよ．◆

14.2.2　2次元ユークリッド代数の固有値と固有状態

2次元ユークリッド空間（平面）は，1軸と2軸方向の並進不変性と平面内での回転不変性を持つ．3次元ユークリッド空間内での12平面をこの2次元ユークリッド空間だと見なすと，それぞれの不変性に対する保存量は次式で与えられる．

$$1\text{軸方向の並進不変性} \longleftrightarrow \text{運動量 } P^1 \text{ の保存} \quad (14.29\text{a})$$
$$2\text{軸方向の並進不変性} \longleftrightarrow \text{運動量 } P^2 \text{ の保存} \quad (14.29\text{b})$$
$$12\text{平面内での回転不変性} \longleftrightarrow \text{角運動量 } J^3 \text{ の保存} \quad (14.29\text{c})$$

これらの保存量の間の交換関係は次式で与えられる．

$$[J^3, P^1] = iP^2, \quad [J^3, P^2] = -iP^1, \quad [P^1, P^2] = 0 \tag{14.30}$$

これらの交換関係の説明はもはや必要ないであろう．

固有状態として J^3 の固有状態を選ぶこともできるが，ここでは，お互い可換な P^1, P^2 の同時固有状態を考えることにする．

$$P^a|k^1, k^2\rangle = k^a|k^1, k^2\rangle \quad (a = 1, 2) \tag{14.31}$$

$P^a (a = 1, 2)$ の固有値 k^a の性質を調べるために，固有状態 $|k^1, k^2\rangle$ にユニタリー演算子 $e^{-i\theta J^3}$ を作用させた状態を考えてみよう．$e^{-i\theta J^3}$ は12平面内の θ 回転を引き起こす演算子なので，状態 $e^{-i\theta J^3}|k^1, k^2\rangle$ は固有値 (k^1, k^2) を θ 回転した状態に移ると予想できる．すなわち，

$$e^{-i\theta J^3}|k^1, k^2\rangle = |k^1 \cos\theta - k^2 \sin\theta, k^1 \sin\theta + k^2 \cos\theta\rangle \tag{14.32}$$

である．

【注】 これを示すには，次式の関係式を用いればよい（証明は check 10.12，または check 14.5 参照）．

$$e^{i\theta J^3}\begin{pmatrix} P^1 \\ P^2 \end{pmatrix} e^{-i\theta J^3} = \begin{pmatrix} P^1 \cos\theta - P^2 \sin\theta \\ P^1 \sin\theta + P^2 \cos\theta \end{pmatrix} \tag{14.33}$$

この式から，

$$P^1 e^{-i\theta J^3} = e^{-i\theta J^3}(P^1 \cos\theta - P^2 \sin\theta) \tag{14.34a}$$
$$P^2 e^{-i\theta J^3} = e^{-i\theta J^3}(P^1 \sin\theta + P^2 \cos\theta) \tag{14.34b}$$

が導かれるので，これらの式を用いて，状態 $e^{-i\theta J^3}|k^1, k^2\rangle$ に対する $P^a (a=1,2)$ の固有値が次のように求まる．

$$P^1(e^{-i\theta J^3}|k^1, k^2\rangle) \stackrel{(14.34a)}{=} e^{-i\theta J^3}(P^1 \cos\theta - P^2 \sin\theta)|k^1, k^2\rangle$$
$$\stackrel{(14.31)}{=} (k^1 \cos\theta - k^2 \sin\theta)(e^{-i\theta J^3}|k^1, k^2\rangle)$$
$$P^2(e^{-i\theta J^3}|k^1, k^2\rangle) \stackrel{(14.34b)}{=} e^{-i\theta J^3}(P^1 \sin\theta + P^2 \cos\theta)|k^1, k^2\rangle$$
$$\stackrel{(14.31)}{=} (k^1 \sin\theta + k^2 \cos\theta)(e^{-i\theta J^3}|k^1, k^2\rangle)$$

これで，(14.32) が示された．（厳密にいえば，比例係数の不定性が存在するが，ここではそれを 1 にとった．）

上の結果をよりわかりやすくするために，$k \equiv \sqrt{(k^1)^2 + (k^2)^2}$ を定義して $(k^1, k^2) = (k\cos\phi, k\sin\phi)$ と表しておくと便利である．この表示を基に，(14.32) を書き直すと，

$$e^{-i\theta J^3}|k\cos\phi, k\sin\phi\rangle = |k\cos(\phi+\theta), k\sin(\phi+\theta)\rangle \tag{14.35}$$

となり，ユニタリー演算子 $e^{-i\theta J^3}$ は 2 次元ベクトル (k^1, k^2) の θ 回転を引き起こすという，幾何学的意味が明白になる．

このことから，1 つの運動量ベクトルの固有状態 $|k\cos\phi, k\sin\phi\rangle$ が存在すれば，それに $e^{-i\theta J^3}$ を掛けることによって，任意の方向 $\phi+\theta$ を向いた運動量ベクトルの状態を作り出せることがわかる．

ここでの重要な結論は，P^1, P^2 の同時固有状態 $|k^1, k^2\rangle$ がひとつでもあれば，任意の $0 \leq \phi < 2\pi$ についての連続固有状態 $|k\cos\phi, k\sin\phi\rangle$ ($k \equiv \sqrt{(k^1)^2 + (k^2)^2}$) が存在するということである．

例外は $k = 0$ の場合である．そのときは $|k^1 = 0, k^2 = 0\rangle$ となり，連続固有状態は存在しない．（零ベクトルを回転しても，零ベクトルのままである．）これらの事実は，（14.3.2項で議論する）質量を持たない粒子状態の解析のところで重要な意味を持つ．

〈check 14.5〉

交換関係 (14.30) から $J^3 P^\pm = P^\pm (J^3 \pm 1)$（ただし，$P^\pm \equiv P^1 \pm iP^2$）が成り立つことを確かめ，一般にテイラー展開可能な任意関数 $f(J^3)$ に対して，

$$f(J^3) P^\pm = P^\pm f(J^3 \pm 1) \tag{14.36}$$

が成り立つことを証明せよ．また，$f(J^3) = e^{i\theta J^3}$ と選んだ場合が，(14.33) の証明を与えることを示してみよう．

【ヒント】 この問題から (14.36) の意味が理解できる．$P^\pm$ は J^3 に対する生成消滅演算子と見なせ，J^3 の固有値を ± 1 だけ変える．したがって，J^3 が $P^\pm$ の左から右へ通過したとき，$J^3 \to J^3 \pm 1$ に変化したと見なすことができる．◆

14.2.3　固有値問題の解法テクニック

14.2.1項と 14.2.2項の解析で，いくつかの教訓を得ることができた．それをここでまとめておこう．

まず，物理量に対応するエルミート演算子 A^a を用意する．物理量としては，エネルギー，運動量，角運動量などいろいろあるだろう．それらの演算子をひとまとめにして $\{A^a, a = 1, 2, \cdots, n\}$ と書くことにする．例えば，ポアンカレ代数の場合は $\{A^a\} = \{P^\mu, J^{\mu\nu}\}$ である．また，角運動量代数の場合は $\{A^a\} = \{J^2, J^1, J^2, J^3\}$，2次元ユークリッド代数の場合は $\{A^a\} = \{J^3, P^1, P^2\}$ である．

では，14.2.1項と 14.2.2項で，どのように固有状態と固有値を決定していったかを振り返ってみよう．

ステップ1：可換な演算子と固有状態の決定

どのような固有状態を選ぶかは，どの物理量を調べたいかによっていろいろな選択肢がある．量子論では，すべての物理量を同時に測定することはできない．知りたい物理量（に対応する演算子）はお互いに可換でなければならない．そうでないと同時固有状態が存在しないからである．

したがって，最初のステップは，演算子 $\{A^a, a = 1, 2, \cdots, n\}$ の中から可換な物理量の組を決めることから始まる．可換な物理量の組を $\{H^I, I = 1, 2, \cdots, r\}$ としておこう．

$$[H^I, H^J] = 0 \quad (I, J = 1, 2, \cdots, r) \tag{14.37}$$

H^I は A^a そのものの場合もあるだろうし，いくつかの A^a の線形結合で与えられている場合もあるだろう．そして，残りの演算子をまとめて $\{E^\alpha, \alpha = 1, 2, \cdots, n - r\}$ と書いて H^I と区別しておく．このとき，E^α はどれかの H^I とは可換ではない．

求めたい可換な物理量の組 $\{H^I, I = 1, 2, \cdots, r\}$ が決まったので，それらの同時固有状態を導入することができる．

$$H^I|h^1, h^2, \cdots, h^r\rangle = h^I|h^1, h^2, \cdots, h^r\rangle \quad (I = 1, 2, \cdots, r) \tag{14.38}$$

14.2.1 項と 14.2.2 項の例でいうと，角運動量代数では $\{H^I\} = \{J^2, J^3\}$，$\{E^\alpha\} = \{J^1, J^2\}$ と選び，2次元ユークリッド代数では $\{H^I\} = \{P^1, P^2\}$，$\{E^\alpha\} = \{J^3\}$ と選んだことに対応する．

ステップ2：非可換な演算子と固有値の決定

量子論では古典論と違って，物理量（固有値）は任意の値が取れるとは限らない．その固有値がどのような値をとりうるかを知るには固有値問題を解かなければならない．可換な交換関係 (14.37) からは，固有値に対する制限は何も出てこない．

固有値問題を解くときに，演算子 $\{H^I, E^\alpha\}$ の具体的な形を知ることなく，それらの間の交換関係だけから固有値が決まる場合がある．その感触を見る

ために，ある固有状態 $|h_0^1, h_0^2, \cdots, h_0^r\rangle$ が存在したと仮定しよう．E^α を固有状態に作用させると一般に異なる状態に移る．そのとき，再び $H^I (I = 1, 2, \cdots, r)$ の固有状態になっていたなら，あなたは運がいい．その状態の固有値は，始めの状態の固有値 $h_0^I (I = 1, 2, \cdots, r)$ とは異なっているはずだ．なぜなら，演算子 E^α はどれかの H^I とは可換ではないからである．

このステップを繰り返せば，出発した固有値 $\{h_0^I\}$ から異なる固有値のセットが得られる．場合によっては有限個の固有値の組が得られるであろうし，連続無限，あるいは可付番無限個の固有値の組が得られることもあるだろう．

角運動量代数の場合は，J^3 と非可換な $J^\pm$ がその役割を果たし，2次元ユークリッド代数の場合は，P^1, P^2 と非可換な J^3 がその役割を果たす．実際，角運動量代数の場合は，J^2, J^3 の固有状態 $|j, m\rangle$ に $J^\pm$ を作用させたものは，$J^\pm |j, m\rangle \propto |j, m \pm 1\rangle$ のように J^3 の固有値を ± 1 だけ変化させ，2次元ユークリッド代数の場合において，P^1, P^2 の固有状態 $|k\cos\phi, k\sin\phi\rangle$ に $e^{-i\theta J^3}$ を作用させたものは，$e^{-i\theta J^3}|k\cos\phi, k\sin\phi\rangle = |k\cos(\phi + \theta), k\sin(\phi + \theta)\rangle$ のように固有値 $(k\cos\phi, k\sin\phi)$ を θ 回転させる．

このように**固有値問題では H^I と非可換な演算子 E^α も重要な役割を担う**．これからは H^I だけでなく，H^I と非可換な演算子 E^α にも注意を向けておこう．

⟨check 14.6⟩

座標演算子 $\hat{x}$ と運動量演算子 $\hat{p}$ が存在して，交換関係 $[\hat{p}, \hat{x}] = -i$ を満たしているとする．このとき，$\hat{p}$ の固有状態を $\hat{p}|k\rangle = k|k\rangle$ としたとき，固有値 k のとりうる範囲は実数全体，すなわち $-\infty < k < \infty$ となることを示してみよう．

【ヒント】$\hat{p}$ の1つの固有状態を $|k_0\rangle$ としたとき，任意の実数 a に対して状態 $e^{ia\hat{x}}|k_0\rangle$ は $\hat{p}$ の固有値 $k_0 + a$ を持つ固有状態に比例していることを示せ．◆

14.3　1粒子状態の分類

　準備が整ったので，ポアンカレ代数の1粒子状態の分類を行うことにする．この節で議論するポアンカレ群/代数の表現に興味のある読者は，（今や古典となった）ウィグナーの論文，あるいはポアンカレ群の解説書を読むとよいだろう．以下の説明では，本書の方針に従って，数学的厳密性よりも本質の直感的理解を優先させる．

【注】 ウィグナーの原論文は，E. Wigner：On Unitary Representation of the Inhomogeneous Lorentz Group, Ann. Math. **40** (1939) 149 である．ポアンカレ群の解説書としては，大貫義郎 著：「ポアンカレ群と波動方程式」（岩波書店，1976年）が詳しい．また，この節のより詳しい議論は，ワインバーグ 著：「場の量子論 1 巻」（吉岡書店，1997年）の第2章に与えられている．

　相対論的場の量子論は，ポアンカレ不変性の上に構築された理論である．したがって，場の量子論に現れるすべての物理的状態は，ポアンカレ代数から逃れることはできない．つまり，あらゆる物理的状態は—理論の詳細とは関係なく—ポアンカレ代数に従わなければならない．以下ではポアンカレ代数の固有値と固有状態を調べることによって，1粒子状態の分類を行う．これがこの章の目的である．

【注】 群論の言葉では，ポアンカレ代数の**表現**を求めることに対応する．ここでは，数学用語を使うのをなるべく避けて，物理の言葉で説明するように努めた．

　エネルギー運動量 P^μ はお互い可換なので，物理的状態をこれらの固有状態に選ぶのは自然であろう．エネルギー運動量以外で1粒子状態を指定する自由度については，当面添字 σ を使って表すことにする．

$$P^\mu|k,\sigma\rangle = k^\mu|k,\sigma\rangle \tag{14.39}$$

ポアンカレ代数の表現には1粒子状態だけでなく，一般には束縛状態や多粒子状態も含まれている．その場合，添字 σ は離散的な値だけでなく，連続的な値もとりうるだろう．我々は1粒子状態について知りたいので，エネル

ギー運動量以外の自由度 σ は離散的な値をとる場合に限ることにする.

4次元エネルギー運動量 k^μ の2乗 $k^2 (= k_\mu k^\mu)$ と第0成分 k^0 の正負は，本義ローレンツ変換の下で不変なので，k^μ は表 14.1 の6つのカテゴリーに分類される．これらの6つのクラスのうち，（1），（3），（6）のみが物理的状態として解釈可能である．

表 14.1　4元運動量 k^μ による1粒子状態の分類

クラス	基準となる k^μ
（1）$k^2 = m^2 > 0,\ k^0 > 0$	$k^\mu = (m, 0, 0, 0)$
（2）$k^2 = m^2 > 0,\ k^0 < 0$	$k^\mu = (-m, 0, 0, 0)$
（3）$k^2 = 0,\ k^0 > 0$	$k^\mu = (E, 0, 0, E)$
（4）$k^2 = 0,\ k^0 < 0$	$k^\mu = (-\kappa, 0, 0, \kappa)$
（5）$k^2 < 0$	$k^\mu = (0, 0, 0, N)$
（6）$k^\mu = 0$	$k^\mu = (0, 0, 0, 0)$

（2）と（4）の場合は，負のエネルギーを持つので物理的状態とは見なせない．（5）の場合は質量2乗が負，すなわち，虚数質量を持つ粒子——**タキオン**（tachyon）とよばれる——に対応する．対称性の自発的破れのところで説明するが，このような粒子は不安定であり，質量の2乗が正の状態のみが安定な物理的状態として実現されると考えられている．（6）は最低エネルギー状態の真空 $|0\rangle$ に対応し，次式を満たす．

$$P^\mu |0\rangle = 0, \quad J^{\mu\nu}|0\rangle = 0 \quad (\mu, \nu = 0, 1, 2, 3) \quad (14.40)$$

(14.40) は真空 $|0\rangle$ の定義と見なすこともできる．

これからの議論では，（1）と（3）の場合のみを考える．それぞれ質量 m を持つ場合と質量ゼロの粒子の場合だ．

14.3.1　質量を持つ1粒子状態の分類 ($m > 0$)

この場合，粒子が止まって見える静止系を選ぶと便利である．質量を持つ粒子の場合は必ず粒子の静止系をとることができる．

$$k^\mu = (m, 0, 0, 0) \qquad (14.41)$$

このとき，ローレンツ変換の中で，この運動量の値を変えない変換がこれから重要な役割を果たす．静止系では粒子の運動量はゼロなので，幾何学的に考えると3次元空間回転の下で上記の k^μ の値が不変であることは自明であろう．

別のいい方をすれば，$J^{ij}(i \neq j = 1, 2, 3)$ と $P^\mu (\mu = 0, 1, 2, 3)$ はこの状態の上では可換と見なせるということである．なぜなら，J^{ij} と P^μ の交換関係は，(14.1b) から運動量 P^i または P^j に比例するからである．すなわち，

$$[J^{ij}, P^\mu]|k, \sigma\rangle \stackrel{(14.1b)}{=} -i(\eta^{i\mu}P^j - \eta^{j\mu}P^i)|k, \sigma\rangle \stackrel{(14.41)}{=} 0 \quad (14.42)$$

が成り立つ．

したがって，状態 $|k, \sigma\rangle$ 上では P^μ と J^{ij} を互いに可換と見なしてよく，同時固有状態が存在できる．つまり，状態 $|k, \sigma\rangle$ は角運動量 $\boldsymbol{J} = (J^{23}, J^{31}, J^{12})$ の表現によってさらに分類されることになる．我々はすでに角運動量の表現を知っている．それは，$\boldsymbol{J}^2$ と $J^3 (= J^{12})$ の固有値 $\{j, j_z\}$ で分類され，$j = 0, 1/2, 1, 3/2, \cdots$，および，$j_z = -j, -j+1, \cdots, j-1, j$ で与えられる．（ここでは質量 m と混同しないように J^3 の固有値を j_z で表すことにする．）

$$P^\mu |k, j, j_z\rangle = k^\mu |k, j, j_z\rangle \quad (k^\mu = (m, 0, 0, 0), m > 0)$$
$$(14.43a)$$

$$\boldsymbol{J}^2 |k, j, j_z\rangle = j(j+1)|k, j, j_z\rangle \quad (j = 0, 1/2, 1, 3/2, \cdots)$$
$$(14.43b)$$

$$J^3 |k, j, j_z\rangle = j_z |k, j, j_z\rangle \quad (j_z = -j, -j+1, \cdots, j-1, j)$$
$$(14.43c)$$

したがって，**質量を持つ粒子は，エネルギー運動量だけでなく (j, j_z) でラベルされる角運動量の属性を持ちうる**ことがわかる．この角運動量は粒子の静止系で与えられたものなので，水素原子のように電子が陽子の周りを回転することによって得られる軌道角運動量とは別物である．これは粒子自身が

持つ固有の角運動量で**スピン角運動量**(あるいは簡単に**スピン**)とよばれる．実際，軌道角運動量と共に各粒子の固有スピンを足したものが全角運動量として保存される．

スピンの直感的なイメージとしては自転しているコマを想像したくなる．しかし，量子力学的スピンを古典的に捉えることは決してできない．あくまで粒子のスピンを図示するための便宜的な描像と理解しておこう．

これまで本書で学んできた粒子が，ここでの分類に従っているか確かめておこう．$j=0$ の1粒子状態は，スカラー粒子に対応しスピンの自由度を持っていない．$j=1/2$ の1粒子状態は，ディラック粒子に対応しスピンのアップ・ダウンの自由度 $j_z=\pm 1/2$ を持つ．質量を持つスピン $j=1$ の1粒子状態は，3.6節と3.7節で議論したプロカ場に対応し，プロカ場の横波2成分と縦波1成分の自由度がスピン $j_z=\pm 1$ と 0 にそれぞれ対応している．このように，質量を持つ1粒子状態は，確かにスピン角運動量 $\{j,j_z\}$ による分類に従っていることがわかる．

【注】 光子やプロカ場のようなベクトル場 A^μ がスピン $j=1$ を持つ直感的な理解は，5.4節で議論した双1次形式から得られる．スピノル場 ψ はスピン $j=1/2$ を持つので，スピノル場の2体はスピンの合成から $1/2\otimes 1/2=0\oplus 1$，すなわち，スピン $j=0$ と $j=1$ に分解されるはずである．実際，スピノル場2体から作られる双1次形式 $\bar{\psi}\psi$ はスピン $j=0$ に対応し，$\bar{\psi}\gamma^\mu\psi$ がスピン $j=1$ 成分に対応する．$\bar{\psi}\gamma^\mu\psi$ は5.4.2項で見たようにベクトルの変換性を持つので，ベクトル場はスピン $j=1$ を持つのである．

ここでは，静止系で1粒子状態を分類したが，静止系ではない一般の系でも同様に角運動量の固有状態で分類することができる．一般のエネルギー運動量 p^μ ($p^2=m^2$, $p^0>0$) の場合は，まず，空間回転とローレンツブーストによって $k^\mu=(m,0,0,0)$ の静止系に移る．そこで状態を上で行ったように角運動量で分類して，再び逆ローレンツ変換によって元のエネルギー運動量 p^μ の状態へ戻ればよい．結果として，一般のエネルギー運動量を持つ場合も，角運動量の固有状態によって分類されることになる．

14.3.2 質量を持たない1粒子状態の分類 ($m=0$)

よく考えると，光子のスピンは不思議な性質(謎)を持っている．まず，そのことを説明しておこう．

光子はマクスウェル方程式に従い，(プロカ場と同じ)スピン角運動量 $j=1$ を持つ粒子である．ところが，3.7節あるいは13.4節で示したように，光子は縦波成分を持たず，横波成分に対応する2つの自由度しか持たない．(あるいは，ヘリシティ $h = \bm{J} \cdot \bm{k}/|\bm{k}| = \pm 1$ を光子は持つ．)角運動量の一般論から導かれる帰結(角運動量の大きさ $j=1$ の状態数は $j_z = \pm 1, 0$ の3つ)と矛盾しているように見える．これが光子のスピンにまつわる謎である．この謎がここで解ける．

【注】 質量を持つプロカ場は縦波成分1つと横波成分2つの合計3つの自由度を持ち，それは $j=1$ の状態数3と一致していて何の問題もない．

質量を持たない粒子の場合は，光速で動いているので静止系をとることができない．その代わりに運動方向を3軸にとって，粒子のエネルギー運動量が $k^\mu = (E, 0, 0, E)$ となる慣性系をいつでもとることができる．

$$P^\mu |k, \sigma\rangle = k^\mu |k, \sigma\rangle \quad (k^\mu = (E, 0, 0, E)) \quad (14.44)$$

ここでエネルギー $k^0 = E$ は正 ($E > 0$) である．

前と同じようにローレンツ変換の生成子で，この k^μ を変えない変換を探すと次の3つの量があることがわかる．

$$J^{12}, \quad A \equiv J^{01} - J^{31}, \quad B \equiv J^{02} + J^{23} \quad (14.45)$$

この中で最初の J^{12} は，12平面内の回転なので (14.44) の k^μ が不変なのはすぐにわかるが，A, B の変換で k^μ が不変かどうかは少し手を動かしてみないとわからないだろう．実際，(14.44) の状態 $|k, \sigma\rangle$ 上では，P^μ と $\{J^{12}, A, B\}$ が可換である．その詳細を以下の【注】に示す．

【注】
$$[J^{12}, P^\mu]|k, \sigma\rangle = -i(\eta^{1\mu}P^2 - \eta^{2\mu}P^1)|k, \sigma\rangle = 0$$
$$[A, P^\mu]|k, \sigma\rangle = [J^{01} - J^{31}, P^\mu]|k, \sigma\rangle = -i(\eta^{0\mu}P^1 - \eta^{1\mu}P^0 - \eta^{3\mu}P^1 + \eta^{1\mu}P^3)|k, \sigma\rangle = 0$$

$[B, P^\mu]|k, \sigma\rangle = [J^{02} + J^{23}, P^\mu]|k, \sigma\rangle = -i(\eta^{0\mu}P^2 - \eta^{2\mu}P^0 + \eta^{2\mu}P^3 - \eta^{3\mu}P^2)|k, \sigma\rangle = 0$
ここで, $k^1 = k^2 = 0, k^0 = k^3 = E$ を用いた.

J^{12}, A, B は次の交換関係を満たすことがすぐに確かめられる.

$$[J^{12}, A] = iB, \qquad [J^{12}, B] = -iA, \qquad [A, B] = 0 \quad (14.46)$$

$J^{12} \leftrightarrow J^3, A \leftrightarrow P^1, B \leftrightarrow P^2$ と対応づければ, これらの交換関係はすでに 14.2.2 項で出会った (14.30) そのものだ. A と B はお互い可換で, P^μ とも (状態 $|k, \sigma\rangle$ 上では) 可換なので, 同時固有状態がとれる.

$$A|k, a, b\rangle = a|k, a, b\rangle, \qquad B|k, a, b\rangle = b|k, a, b\rangle \quad (14.47)$$

ところが問題となるのは, もし, ゼロでない A, B の固有値 (a, b) が 1 つでも見つかれば, 連続無限個の固有状態が存在してしまうことだ. これは, 14.2.2 項で議論したように, J^{12} が A, B を無限小回転させる生成子であることから結論づけられる.

【注】 実際, 状態 $|k, a, b\rangle$ に演算子 $e^{-i\theta J^{12}}$ を作用させた状態
$$|k, a, b\rangle^\theta \equiv e^{-i\theta J^{12}}|k, a, b\rangle \quad (14.48)$$
は, (14.32) より (A, B) の固有値 $(a\cos\theta - b\sin\theta, a\sin\theta + b\cos\theta)$ を持つ. つまり,
$$A|k, a, b\rangle^\theta = (a\cos\theta - b\sin\theta)|k, a, b\rangle^\theta$$
$$B|k, a, b\rangle^\theta = (a\sin\theta + b\cos\theta)|k, a, b\rangle^\theta$$
となる. したがって, $a^2 + b^2 \neq 0$ であるような状態が 1 つでも存在すると, θ という連続パラメータを持った質量ゼロの粒子が存在することになる.

k^μ 以外の自由度については, 離散的な値を持つ (1 粒子) 状態に興味があるので, 物理的状態は $a = b = 0$ の固有値を持っていると, ここでは仮定する. (そのとき, (14.48) は新しい状態を生み出さない.)

$$A|k, h\rangle = 0, \qquad B|k, h\rangle = 0 \quad (14.49)$$

ここでは記法の簡単化のため, 状態 $|k, h\rangle$ として A, B の固有値 $a = b = 0$ は省いた. また, P^μ, A, B 以外の自由度を, (後の結果を先取りして σ の代わりに) h として残しておいた.

J^{12} は A, B とは一般に可換ではないが, $a = b = 0$ の固有状態上では特別

に可換と見なせる．すなわち，

$$[J^{12}, A]|k, h\rangle \overset{(14.46)}{=} iB|k, h\rangle \overset{(14.49)}{=} 0 \qquad (14.50\text{a})$$

$$[J^{12}, B]|k, h\rangle \overset{(14.46)}{=} -iA|k, h\rangle \overset{(14.49)}{=} 0 \qquad (14.50\text{b})$$

である．つまり，この状態は3軸方向の角運動量$J^3(=J^{12})$の同時固有状態にとることができて，J^3の固有値hによって分類されることになる．

$$J^3|k, h\rangle = h|k, h\rangle \qquad (14.51)$$

上式で運動量$k = (0, 0, E)$は3軸方向を向いており，hは3軸方向の角運動量J^3の値である．このことから，hは運動量方向の角運動量成分，すなわち，$h \equiv \boldsymbol{J} \cdot \boldsymbol{k}/|\boldsymbol{k}|$と見なすことができ，**ヘリシティ**に対応していることがわかる．したがって，**質量を持たない粒子は，エネルギー運動量k^μとヘリシティhでラベルされる**ことになる．

質量を持つ粒子$(m > 0)$の場合は，角運動量$\{J^i, i = 1, 2, 3\}$の代数からスピンjが整数または半整数に限られることを導いた．一方，質量を持たない粒子$(m = 0)$の場合，$\{J^3, A, B\}$のなす代数からは，ヘリシティhに対する制限は実数値をとること以外に何も出てこない．

しかし，ヘリシティhも整数または半整数の値に限られる．これは代数的に得られるものではなく，**トポロジー**（**topology**）的（大域的）な情報から導かれる帰結である．

J^3は3軸周りの回転の生成子であり，（上の解析では）粒子の運動量方向を軸とした回転に対応する．5.3.2項でのスピノルの二価性で説明したように，2π回転では必ずしも元に戻る必要はない．しかし，4π回転（つまり2回転）では元の状態に戻らなければならない．（群論の言葉では，「ローレンツ群は一価および二価表現のみを含む」という．）このことはユニタリー演算子$\exp(i4\pi J^3)$が恒等演算子，すなわち，$\exp(i4\pi J^3) = 1$でなければならないことを意味する．つまり，J^3の固有値hは整数または半整数に限られる．

$$h = 0, \pm\frac{1}{2}, \pm 1, \pm\frac{3}{2}, \cdots. \tag{14.52}$$

【注】 より詳しい解説は，14.3 節の第 1 段落下で紹介した文献に与えられている．

　ヘリシティは，ローレンツ変換の下での不変量であることに注意しよう．なぜなら，質量ゼロの粒子のヘリシティは上式のように飛び飛びの値しか許されないので，連続的な変換で異なる値のヘリシティをつなぐことはできないからである．（より直感的な説明は，6.4.3 項で与えた．）

　この結果を，これまで議論してきた質量を持たないカイラルスピノルや光子で確認しておこう．まず，カイラル（ワイル）スピノルは，6.4.3 項で見たように，ヘリシティ $h = \pm 1/2$ の固有状態であった．これは偶然ではなく，質量を持たないことから導かれる必然的な帰結だったのである．次に質量を持たない光子は，3.7 節あるいは 13.4 節で見たように，進行方向に対して横波成分しか持たず，縦波成分を持っていない．2 つの横波成分の自由度は，13.4 節で議論したように，円偏光状態 (13.35) に組みかえることによって進行方向を z 軸としたとき $j_z = \pm 1$ の角運動量を与え，それらはちょうどヘリシティ $h = \pm 1$ の状態に対応する．

【注】 本書では取り扱わなかったが，重力子も同様だ．z 軸を進行方向としたとき，重力子は $j_z = \pm 2$ の角運動量（ヘリシティ）固有状態のみを持ち，$j_z = 0, \pm 1$ の状態を持たない．これは，重力子も光子と同様，横波成分の 2 つの自由度しか持っていないからである．

　14.3.2 項の冒頭で述べた光子のスピンの謎が，これで解けたことになる．光子は質量を持たないので，角運動量の固有状態（$j = 1$ で $j_z = \pm 1, 0$）にはなっておらず，ヘリシティの固有状態（$h = \pm 1$）に対応していたのである．この帰結は，マクスウェル方程式に光子が従っているからというよりも，光子がポアンカレ代数に従っているからというのが，より本質的な理解である．

　この章を終える前に，2 つのコメントを与えておこう．1 つ目は，ヘリシティ $+h$ とヘリシティ $-h$ の状態は，同じ粒子の異なる状態と見なすことが

できるかという問題についてで，2つ目は，ポアンカレ代数による1粒子状態の分類と場の量子論における実現についてである．

本義ローレンツ変換の不変性のみを要請するのであれば，質量ゼロの粒子のヘリシティ $+h$ と $-h$ が，同じ粒子の異なる状態とは結論づけられない．しかし，本義ローレンツ変換の不変性に加えて空間反転不変性を要求するならば，空間反転の下で $h \to -h$ と変換するので，$\pm h$ のヘリシティ状態は1つの粒子の異なる状態と見なされる．

実際，電磁相互作用や重力相互作用は空間反転不変性を持つので，電磁相互作用をする質量ゼロの光子はヘリシティ ± 1 を持ち，(アインシュタイン重力理論においてその存在が予言されている) 質量ゼロの重力子はヘリシティ ± 2 を持つ．

では，空間反転不変性を持たない理論の場合はどうであろうか．核子の β 崩壊で放出されるニュートリノは，空間反転不変な相互作用を持たない．空間反転不変性を持っていない場合でも，荷電共役変換 (C) と空間反転 (P)，さらに時間反転 (T) を続けて行った変換 **CPT 変換 (CPT transformation)** とよぶ) の下で相対論的場の量子論は必ず不変になることがわかっている．これを **CPT 定理 (CPT theorem)** とよぶ．CPT 変換の下でヘリシティ $+h$ の状態は $-h$ の状態と結びつくので，やはりヘリシティ $\pm h$ の状態は1つの粒子の異なる状態と考えることができる．実際，ニュートリノはヘリシティ $-1/2$ を持ち，ヘリシティ $+1/2$ を持つ粒子は反ニュートリノ (ニュートリノの反粒子) とよばれる．

【注】 CPT 変換や CPT 定理の一般論については，R. F. Streater and A. S. Wightman： *PCT, SPIN AND STATISTICS, AND ALL THAT* (Benjamin, 1964) が参考になるだろう．そこでは公理論的場の量子論を使って厳密な議論がなされている．

2つ目のコメントは，ポアンカレ代数の1粒子状態の分類と場の量子論における実現についてである．ポアンカレ代数からどのような1粒子状態が現れうるかが，明らかになった．しかし，この1粒子状態すべてが自然界に現

れるかどうかについては，ポアンカレ代数は何も語らない．また，それらの状態がすべて，場の量子論の枠内で実現できるかについても口を閉ざしたままだ．実際，2よりも大きなスピンを持ち，質量ゼロの粒子が存在できるかという問いに対しては，否定的な結果が得られている．

【注】 スピン3以上の質量を持たない粒子の存在可能性については，否定的な結果として Coleman–Mandula の定理とよばれる No-Go 定理が知られている．S. Coleman and J. Mandula：Phys. Rev. **D159** (1967) 1251. ただし，この定理の前提条件を変えれば，抜け道が存在することが次の論文で指摘された．E. S. Fradkin and M. A. Vasiliev：Phys. Lett. **B189** (1987) 89, Nucl. Phys. **B291** (1987) 141.

スピン1を持つ質量ゼロの粒子として光子が知られており，自然界における電磁気的現象を説明する．スピン2を持つ質量ゼロの粒子は重力子であり，宇宙の時空構造を説明する．スピン3以上の質量ゼロの粒子が存在したら，さぞかし興味のある理論になっていると期待できるのだが，残念ながらその期待はかなわないようだ．

〈check 14.7〉

理論に超対称性が存在すると，ポアンカレ代数は**超ポアンカレ代数**（**super Poincaré algebra**）に拡張される．このとき，ポアンカレ代数に次の（反）交換関係が新たに加わることになる．

$$[J^{\mu\nu}, Q^a] = -\frac{1}{2}(\sigma^{\mu\nu}Q)^a, \quad [P^\mu, Q^a] = 0, \quad \{Q^a, \bar{Q}_b\} = 2(\gamma_\mu)^a{}_b P^\mu$$

ここで，$Q^a (a = 1, \cdots, 4)$ はマヨラナスピノルで，超対称変換の生成子（超電荷）である．自明でないのは3番目の反交換関係で（これは check 12.10 で出会った），超対称変換を続けて2度行う操作は，時空並進に等しいことを意味する．最初の2つの交換関係の物理的意味は明確だ．それは何か，答えてほしい．◆

科学的理論と反証可能性

　科学哲学の分野で著名な哲学者のカール・ポパー (Karl Popper) は，「**科学的な理論は反証可能でなければならない**」と主張した．つまり，自らが間違っていると反証できる論理を，科学的な理論は内在していなければならないという主張だ．

　わかりやすくいえば，「これこれの実験をやってみてこの結果にならなければ，この理論は間違っている」と自ら主張できることが，科学理論としての資格を持つためには必要だというのだ．後は，その実験を実際に行ってみて，その理論の結論と一致するかを確かめればよい．実験結果と理論の結論が一致しなければ，その理論は間違っていることになる．実験と理論の結果が一致した場合でも，直ちにその理論が正しいということにはならない．

　さらに，その理論は「別のこれこれの実験でこの結果にならなければ私の理論は間違っている」という反証可能性を提示しなければならない．この反証可能性の実験を繰り返して，実験と理論の一致がいつまでも続けば，その理論の信憑性は増していくことになる．ただし，一度でも反証されてしまったら，その理論は間違っているということを潔く認めなければならない．

　相対論的場の量子論は，カール・ポパーのいう科学的理論に相応しい．場の量子論は多くの反証可能性を持つ．例えば，粒子のスピンの大きさは（プランク定数 $\hbar$ を単位に）整数または半整数でなければならない．これは場の量子論に対する反証可能性となる．スピンに関してニュートン力学は，反証可能性とならない．なぜなら，ニュートン力学は粒子のスピンに対して何も語らないからだ．

　また，相対論的場の量子論は，スピン 1/2 を持つ粒子はディラック方程式（あるいはワイル方程式）に従わなければならないことを予言する．これも場の量子論の反証可能性となる．もし，スピン 1/2 の粒子がそれらの方程式に従わなければ，場の量子論は間違っていることを自ら認めることになる．

　ここですべてを挙げることはできないが，場の量子論に対する反証可能性は無数に存在する．そして，その反証可能性の実験に対して，場の量子論はことごとく勝利を収めてきた．やはり，場の量子論は科学的理論として十分な資格を持つようだ．

事項索引

ア

アインシュタインの関係 20, 69
　——式　3
アインシュタインの縮約規則 14
アップ　30
アノマリー　221
アハロノフ-ボーム効果 72-74, 77
暗黒エネルギー　313
暗黒物質　302

イ

1重項　210, 267
1粒子状態　314, 373, 392
　——の分類　401, 417, 418, 425
1粒子波動関数　319, 349
位相変換　173, 246, 299
色　33, 207, 213
　白——　34, 207
　量子——力学　33, 206, 208
因果律　224, 330
　局所——　335, 380

ウ

ウィグナーの定理　155, 293
ウィークボソン　33, 37
宇宙定数　327
宇宙年齢　302
運動エネルギー　270
運動量　3
　——演算子　286, 296
　——空間　81, 351
　エネルギー——　296, 307, 403, 419
　エネルギー——演算子　344, 358, 390
　エネルギー——テンソル 296
　エネルギー——ベクトル 20
　角——　402
　角——演算子　95, 299, 312, 359, 391
　角——代数　409
　角——の保存　96
　軌道角——　34, 95, 359, 391
　軌道角——演算子　95
　スピン角——　34, 95, 359, 391, 420
　スピン角——演算子　95
　正準共役——　269, 304, 344, 355
　全——の保存　279, 281
　全角——の保存　279, 283

エ

$SL(N, \mathbb{C})$　191
$SO(3)$　199
$SO(N)$　191
$SU(2)$　198, 206, 209
$SU(3)$　199, 206
$SU(N)$　189-194, 198, 200, 201, 204, 260
エニオン　336
エネルギー運動量　296, 307, 403, 419
　——演算子　344, 358, 390
　——テンソル　296
　——ベクトル　20
エネルギー保存　3, 301
エルミート　191, 260
　——演算子　273-275, 277, 414
　——共役　91, 156, 354
　——性　245, 247
　反——　134
円偏光　397

オ

$O(N)$　191
オイラー-ラグランジュ方程式　235, 239

カ

γ(ガンマ)行列　88-90, 92-94, 138
γ^5　141
階段関数　333, 340, 341
カイラリティ　161, 164, 167
カイラルスピノル　159-161, 168-173, 179, 210
カイラル対称性　173, 174
カイラル表示　159, 161, 168
カイラル分解　167, 172
カイラル変換　173
ガウスの発散定理　48, 238
角運動量　402
　——演算子　95, 299, 312, 359, 391
　——代数　409
　——の保存　96
　軌道——　34, 95, 359, 391
　軌道——演算子　95
　スピン——　34, 95, 359, 391, 420
　スピン——演算子　95
　全——の保存　279, 283
核子　30
確率解釈　47, 49, 51, 58, 223
確率の保存　48
確率密度　50
カシミア効果　326
カットオフスケール　252
荷電共役　155-157, 159, 170, 348
加法的　125
可約　197
カラーの閉じ込め　207
カレント　49

事項索引　*429*

軸性ベクトル —— 174
ネーター —— 294, 345, 360
慣性系　7
完全系　275, 316, 365
完全性関係　365, 389
完全反対称テンソル　91, 145

キ

q 数　306
擬スカラー　142, 158
基底状態　273, 313
軌道角運動量　34, 95, 359, 391
軌道角運動量演算子　95
擬ベクトル　143
基本表現　205
既約　197
鏡映　152
共変　19, 115
　—— 微分　64, 186, 205
　—— ベクトル　15
行列式　12, 145, 190
行列の関数　123, 124
局所因果律　331, 335, 380
局所性　245, 247
局所的変換　185
極性ベクトル　151
"距離"の2乗　6

ク

空間回転　117
　—— の生成子　287, 299, 311, 359, 406
　—— 不変性　279, 283, 284
空間的　334, 380
空間反転　12, 13, 149, 150 - 152
　—— の破れ　174
　—— 不変性　150, 152, 211, 280, 425
　—— 不変性の破れ　169
空間並進の生成子　287, 406
空間並進不変性　279, 281, 285, 325
偶奇性　144, 280
クォーク　30 - 36, 206, 301

　—— の閉じ込め　33, 34, 207
反 —— 30, 158, 206
クライン-ゴルドン演算子　338
クライン-ゴルドン方程式　2, 5, 42 - 44, 48 - 59, 86, 237
グラスマン数　353
くりこみ　250
　—— 可能　250, 258
　—— 可能性　245, 248
　—— 不可能　251
グリーン関数　338, 339, 342, 382, 399
　先行 —— 343
　遅延 —— 343
グルーオン　207, 218
クロネッカーシンボル　9, 22
クーロンゲージ条件　80, 386
クーロンポテンシャル　224
群　137, 189 - 192, 194 - 201, 204, 206, 221, 403
　—— の生成子　195
　—— 論　123
　直交 —— 191
　特殊直交 —— 191
　特殊ユニタリー —— 190
　複素特殊線形変換 —— 191
　ポアンカレ —— 403
　ユニタリー —— 190
　リー —— 191
　ローレンツ —— 137, 197, 423

ケ

計量テンソル　8, 22
ゲージ原理　31, 71, 183 - 185, 188, 204, 220, 221, 260
ゲージ固定　80, 83, 384
ゲージ対称性　71
ゲージ場　62, 63, 71, 256 - 262
　非可換 —— 260
ゲージパラメータ　385
ゲージ不変性　71, 79, 183 - 185, 187 - 189, 193, 200,

204 - 207, 209, 211, 212, 215, 216, 220, 221, 384
　—— の破れ　78, 215
ゲージ変換　71, 183, 185, 201
ゲージボソン　31, 35, 262
結合定数　202, 210, 211, 247
ゲルマン行列　199, 207
原子核　28, 30, 32, 175

コ

Coleman - Mandula の定理　426
交換関係　321, 346, 389
　正準 —— 270, 286
　同時刻 —— 306, 344, 387
　同時刻反 —— 356
　反 —— 89, 335, 353, 356
　4次元反 —— 380
光子　5, 32, 37, 61, 69, 78 - 81, 225, 397, 421
格子ゲージ理論　207
構造定数　195, 197 - 199
　微細 —— 62, 111
光速　3, 26
ゴースト　110
固有関数　274
固有磁気モーメント　99
固有状態　274
固有値　274
　—— 問題　274, 414
固有パリティ　151, 158, 379
固有ベクトル　274

サ

最小結合　187, 203, 205
最小作用の原理　235
作用　235
　—— 原理　235
　—— 積分　235, 237 - 248, 254 - 257, 262 - 266
　自己相互 —— 262
　重力相互 —— 31
　強い相互 —— 31, 214
　電磁相互 —— 31, 54, 187, 209, 216
　湯川相互 —— 256
　弱い相互 —— 31, 209

430　事項索引

3次元ベクトル　391, 408

シ

c 数　306
CP 変換　171
CPT 定理　425
CPT 変換　425
g 因子　102, 111
時間順序積（T 積）　339, 381, 398
時間的　334
時間反転　12, 13, 153, 293
時間並進の生成子　287, 406
　　無限小――　286
時間並進不変性　279, 282, 325
時空座標　7
時空反転　12, 13
時空並進　2, 4, 9
　　――の生成子　297, 307, 391, 402
　　――不変性　2, 248, 295, 401
軸性ベクトル　143, 151
　　――カレント　174
次元　194, 199
　　――解析　28, 253
　　3――ベクトル　391, 408
　　4――反交換関係　380
自己相互作用　262
指数関数行列　124
自然単位系　26, 27
磁束の量子化　77
実スカラー場　237, 238, 246, 248, 253, 294, 303, 304, 306, 312, 320, 328
質量起源　4, 6, 37, 215, 267
　　――の問題　215
質量次元　27, 244, 249, 264
磁場　61, 63, 73, 229
射影演算子　167, 366
自由度　33, 79, 80, 82, 83
　　物理的――　81
自由場　262
自由粒子　42, 185, 231
重力子　33, 424
重力相互作用　31

シュレディンガー方程式　42, 54, 75
消滅演算子　277
　　生成――　272, 320, 369, 388, 389, 394
白色　34, 207
真空エネルギー　313, 321, 324 - 328, 346, 372
真空期待値　267, 340, 381, 398
真空状態　248, 273, 313
真空の存在　245, 248

ス

随伴表現　197, 206
スカラー　16, 19 - 22
　　――場　229, 237, 242 - 244, 248, 253, 255, 256
　　――の量子化　303
　　――ポテンシャル　54, 62
　　――モード　389, 392
　　擬――　142, 158
　　実――場　237, 238, 246, 248, 253, 294, 303, 304, 306, 312, 320, 328
　　複素――場　245, 258, 299, 343, 346, 348 - 350
ストークスの定理　73, 77
ストレンジ　30
スピノル　18, 19, 114, 129, 138
　　カイラル――　159 - 161, 168 - 173, 179, 210
　　ディラック――　149
　　不変――　140
　　不変――テンソル　138
　　マヨラナ――　178 - 181, 372
　　ワイル――　161
スピン　2, 34, 99, 398, 410, 420
　　――角運動量　34, 95, 359, 391, 420
　　――角運動量演算子　95
　　――統計定理　330
　　――と統計　35, 108, 109

セ

Z_2 不変性　249, 250, 303
Z ボソン　33, 169, 262
正エネルギー解　3, 54, 98, 319
正規順序　323, 371, 390
　　――積　323, 371
静止系　82, 418
正準共役運動量　269, 304, 344, 355
正準交換関係　270, 286
正準量子化　269, 306, 343
正振動部分　393
生成演算子　277
生成消滅演算子　272, 320, 369, 388, 389, 394
世代　36, 212
　　――数問題　36
全運動量の保存　279, 281
全エネルギーの保存　279, 282
全角運動量の保存　279, 283
線形ユニタリー　293
先行グリーン関数　343
選択則　158, 301
全微分項　238, 241, 280

ソ

双 1 次形式　137, 139, 141, 143 - 145
相似変換　93
相対性原理　188
相対性理論　1, 26, 223
相対論的共変性　242
相対論的表記法　6
相対論的不変性　2, 18, 69, 70, 112, 245
相対論的不変性　242
相対論的量子力学　52, 86
素過程　37, 219

タ

W ボソン　33, 169, 262
第 2 量子化　306
大域的不変性　187
大域的変換　185, 205

事項索引　　*431*

対応規則　42
対称性の自発的破れ　6, 79, 215, 216, 243
代表元　396
タウニュートリノ　31
タウ粒子　31
ダウン　30
タキオン　418
多重項　410
縦波　80
　——モード　389, 393
ダランベール演算子　21, 45
短距離力　32, 33
単磁極　62

チ

遅延グリーン関数　343
力の源　31, 189
チャーム　30
中間子　30
　——論　29
　π——　28, 158
中性子　28, 30, 206, 220
長距離力　32
超弦理論　180
超対称性　36, 328, 372, 426
　——理論　328
超対称代数　372
超対称変換　372
超電荷　372, 426
超伝導　231
超ポアンカレ代数　426
調和振動子　271, 278
直交関係　318, 365, 369, 389
直交群　191
　特殊——　191

ツ

対消滅　39
対生成　39
強い相互作用　31, 214
強い力　32, 206, 262

テ

低エネルギー有効理論　251
ディラック共役　141, 143
ディラック質量　170

ディラックスピノル　149
ディラック場　112, 254
　——の量子化　352, 356, 371
ディラック表示　92, 93
ディラック方程式　2, 86, 112, 149, 254, 362
デルタ関数　22, 304
　——のフーリエ積分表示　22
不変——　333
電荷　36, 54, 217, 300
　——の保存　65, 67, 299, 301
超——　372, 426
ネーター——　280, 282, 283
$U(1)$——　211, 344, 360
電子　31, 37, 99, 206
　——ニュートリノ　31
反——ニュートリノ　175
陽——　4, 39, 104, 219, 375, 383
電磁気力　206
電磁相互作用　31, 54, 187, 209, 216
電弱理論　209
テンソル　16, 19
　エネルギー運動量——　296
　完全反対称——　91, 145
　計量——　8, 22
　不変スピノル——　138
　不変——　22, 24, 113, 140, 148
電場　61, 63, 229

ト

統一　36, 209, 408
同時刻交換関係　306, 344, 387
同時刻反交換関係　356
同種粒子　35, 110, 329
到達距離　28, 32
同値　196
　——類　396
特殊相対性原理　4, 43, 254

特殊直交群　191
特殊ユニタリー群　190
トップ　31
トポロジー　423
トーマス歳差　408
トレースレス　191, 260

ナ

流れの保存　48, 65, 94

ニ

2重項　209, 267
二価性　129, 423
西島-ゲルマンの法則　217
ニュートリノ　36, 166, 170, 206, 210
　——振動　210
　タウ——　31
　電子——　31
　反電子——　175
　反——　166, 171
　ミュー——　31

ネ

ネーターカレント　294, 345, 360
ネーター電荷　280, 282, 283
ネーターの定理　279, 294

ハ

π中間子　28, 158
場　40, 223, 229
　——の強さ　63, 260
　——の量子論　1, 223
　ゲージ——　62, 63, 71, 256-262
　実スカラー——　237, 238, 246, 248, 253, 294, 303, 304, 306, 312, 320, 328
　磁——　61, 63, 73, 229
　自由——　262
　スカラー——　229, 237, 242-244, 248, 253, 255, 256
　スカラー——の量子化　303
　ディラック——　112, 254

事項索引

ディラック ―― の量子化 352, 356, 371
電 ―― 61, 63, 229
非可換ゲージ ―― 260
ヒッグス ―― 267
複素スカラー ―― 245, 258, 299, 343, 346, 348 - 350
ブロカ ―― 81, 420
ベクトル ―― 228
補助 ―― 82, 397
マクスウェル ―― の量子化 384, 386
ハイゼンベルグ方程式 270, 290, 286
ハイパーチャージ 211
パウリ行列 91, 198, 209
パウリ項 99, 102
パウリの排他原理 35, 353, 377
パウリ方程式 99
波動方程式 68
ハドロン 30
ハミルトニアン 96, 269, 283, 286, 304, 355, 387
―― 演算子 296
パラ統計 336
バリオン 30, 206
―― 数保存 301
パリティの破れ 174
パリティ不変性 152
パリティ変換 150
反エルミート 134
反可換性 110, 141, 352, 353, 363, 381
反クォーク 30, 158, 206
反交換関係 89, 335, 353, 356
4次元 ―― 380
同時刻 ―― 356
反証可能性 427
反線形反ユニタリー 293
反電子ニュートリノ 175
反ニュートリノ 166, 171
反変ベクトル 14
反ユニタリー性 155
反ユニタリー変換 292
反粒子 4, 39, 104, 155, 348,

375

ヒ

BCS 理論 231
ビアンキ恒等式 65
非可換ゲージ場 260
非可換ゲージ理論 200, 262
微細構造定数 62, 111
非相対論的極限 53, 99
左巻き 161, 165, 209, 210
ヒッグス場 267
ヒッグス粒子 6, 36
表現 196, 199, 206, 417, 419
基本 ―― 205
随伴 ―― 197, 206
標準模型 6, 206

フ

ファインマン規則 40, 240
ファインマンゲージ 385
ファインマン図 37, 218
ファインマン伝播関数 339, 380, 381, 398
負エネルギー解 3, 52, 56, 98, 319
フェルミオン 34
フェルミ - ディラック統計 108, 329, 377
フェルミ統計 329
フェルミ変数 353
フェルミ粒子 35, 328, 329
フォック空間 329, 393
フォノン 231
不確定性関係 28, 223
複素共役 56, 103, 153
複素スカラー場 245, 258, 299, 343, 346, 348 - 350
複素特殊線形変換群 191
負振動部分 393
物理的自由度 81
物理的状態 393, 417
不定計量空間 392
負のノルム 371, 372, 392
不変スピノル 140
―― テンソル 138
不変性 2, 189, 245
―― の原理 1, 3, 4, 84, 263

空間回転 ―― 279, 283, 284
空間反転 ―― 150, 152, 211, 280, 425
空間反転 ―― の破れ 169
空間並進 ―― 279, 281, 285, 325
ゲージ ―― 71, 79, 183 - 185, 187 - 189, 193, 200, 204 - 207, 209, 211, 212, 215, 216, 220, 221, 384
ゲージ ―― の破れ 78, 215
時間並進 ―― 279, 282, 325
時空並進 ―― 2, 248, 295, 401
Z_2 ―― 249, 250, 303
相対論的 ―― 2, 18, 69, 70, 112, 245
大域的 ―― 187
パリティ ―― 152
ポアンカレ ―― 401
離散的 ―― 149
ローレンツ ―― 2, 248, 297, 401
不変デルタ関数 333
不変テンソル 22, 24, 113, 140, 147
不変量 16, 208
プランク定数 5, 26, 34, 243
フーリエ変換 69, 81, 276, 316, 351
ブロカ場 81, 420
ブロカ方程式 78
分数統計 336

ヘ

平面波解 42, 164, 350
ベーカー - キャンベル - ハウスドルフの公式 195
ベキ零性 353, 377
ベクトル 7, 14, 19, 20, 46
―― 場 228
―― ポテンシャル 54, 62
3次元 ―― 391, 408
4元荷電 ―― 65

事項索引　*433*

4元—— 49
エネルギー運動量—— 17, 20
擬—— 143
共変—— 14
極性—— 151
固有—— 274
軸性—— 143, 151
軸性——カレント 174
反変—— 14
偏極—— 388
ベータ崩壊 32, 152
ヘビサイド - ローレンツ (CGS ガウス) 有理化単位系 62
ヘリシティ 164, 367, 397, 398, 423
偏極ベクトル 388

ホ

ポアンカレ群 403
ポアンカレ代数 137, 401, 402
　超—— 426
ポアンカレの補題 64
ポアンカレ不変性 401
ポアンカレ変換 7, 401
補助条件 393
補助場 82, 397
ボース - アインシュタイン統計 34, 108, 329, 335
ボース統計 329
ボース変数 353
ボース粒子 34, 328, 329
ボソン 34, 329
　W—— 33, 169, 262
　Z—— 33, 169, 262
　ウィーク—— 33, 37
　ゲージ—— 31, 36, 262
保存則 279, 294
ポテンシャルエネルギー 270
ボトム 30
本義ローレンツ変換 12, 13, 162, 168

マ

マクスウェル場の量子化 384, 386
マクスウェル方程式 2, 61, 226, 257
マヨラナ質量 170, 179
マヨラナ条件 178, 179
マヨラナスピノル 178 - 181, 372
マヨラナ表示 180

ミ

右巻き 161, 165, 210
ミューニュートリノ 31
ミュー粒子 31, 219

ム

無限小時間並進の生成子 286
無限小変換 279, 284, 294
無限小変換の生成子 284
無限小ローレンツ変換 116, 119
無限大 250, 323, 327

メ

メソン 30, 158, 206

ヤ

ヤコビの恒等式 65, 197
ヤン - ミルズ理論 200

ユ

$U(1)$ 190, 206, 209, 216, 344
　——電荷 211, 344, 360
$U(N)$ 190
有限変換 288
有限ローレンツ変換 122
湯川相互作用 256
湯川ポテンシャル 32
ユークリッド代数 412
ユニタリー演算子 288, 314, 349, 378
ユニタリー群 190
　特殊—— 190
ユニタリー変換 160, 288 - 292, 307, 311, 349, 404
　反—— 292

ヨ

4元荷電ベクトル 65, 67
4元ベクトル 49
4次元反交換関係 380
陽子 30, 206, 301
陽電子 4, 39, 104, 219, 375, 383
横波 80
　——モード 389, 397
弱い相互作用 31, 209
弱い力 206, 262

ラ

ラグランジアン 235
　——形式 234
　——密度 239, 258, 261
ラピディティ 118, 132
ラリタ - シュウィンガー方程式 2
ランダウゲージ 400

リ

リー群 191
離散的不変性 149
リー代数 191
粒子数 300
粒子の生成と消滅 38, 40, 223, 230, 252
粒子描像 228, 278, 326
量子異常 221
量子色力学 33, 206, 208
量子化条件 270, 336, 356, 387
量子電磁力学 39, 111
量子力学 4, 59, 223, 269
　相対論的—— 52, 86

ル

ルジャンドル変換 270, 271, 304, 355

レ

零点振動エネルギー 278, 324

レプトン　31, 36, 206, 300

ロ

ローレンスゲージ条件　83, 385, 393
ローレンツ群　137, 197, 423
ローレンツ代数　137
ローレンツブースト　117, 162, 402, 406
ローレンツ不変性　2, 248, 297, 401
ローレンツ変換　4, 9, 43, 112 - 116, 120, 122, 134, 137 - 139, 142, 143, 146, 148, 197
　——の生成子　120, 298, 402
　本義——　12, 13, 162, 168

無限小——　116, 119
有限——　122

ワ

ワイルスピノル　161
ワイル表示　159
ワインバーグ角　216
ワインバーグ-サラム理論　209, 211

欧文索引

A

action 235
——— integral 235
——— principle 235
additive 125
adjoint representation 197
Aharonov–Bohm effect 72
angular momentum 402
anomaly 221
anticommutation relation 89
anticommutativity 110
antilinear and antiunitary 293
antiparticle 4
anyon 336
auxiliary field 82
axial vector 151
——— current 174

B

Baker–Campbell–Hausdorff formula 195
baryon 30
Bianchi identity 65
bilinear form 137
Bose–Einstein statistics 34
bose particle 34
boson 34
bosonic variable 353

C

c-number 306
canonical commutation relation 270
canonical conjugate momentum 269
Casimir effect 326
causality 224
charge conjugation 155
charge conservation 67

chiral decomposition 167
chiral representation 159
chiral spinor 161
chiral symmetry 173
chiral transformation 173
chirality 161
circular polarization 397
color 207
color confinement 207
completeness relation 365
complex special linear group 191
contravariant vector 14
cosmological constant 327
Coulomb gauge condition 80
covariant 19
——— derivative 186
——— vector 14
CPT theorem 425
CPT transformation 425
creation–annihilation operator 272
current 49
——— conservation 48
cutoff scale 252

D

d'Alembert operator 21
dark energy 313
dark matter 302
degrees of freedom 33
determinant 145
dimension 194
Dirac conjugate 141
Dirac equation 2
Dirac mass 170
Dirac representation 93
discrete invariance 149
doublet 209

E

eigenfunction 274
eigenstate 274
eigenvalue 274
eigenvalue problem 274
eigenvector 274
Einstein's summation convention 14
electromagnetic interaction 31
electroweak theory 209
energy–momentum 296
——— tensor 296
——— vector 20
equal–time commutation relation 306
equivalence 196
——— class 396

F

Fermi–Dirac statistics 108
fermion 34
fermionic variable 353
fermi particle 35
Feynman diagram 37
Feynman gauge 385
Feynman propagator 339
Feynman rule 40
field 40
——— strength 63
fine–structure constant 62
Fock space 329
fractional statistics 336
function of matrices 123
fundamental representation 205

G

g-factor 102
gamma matrices 89
gauge boson 31

欧文索引

gauge field　63
gauge fixing　80
gauge invariance　71
gauge parameter　385
gauge principle　31
gauge symmetry　71
gauge transformation　71
Gell–Mann matrices　199
generation　36
—— problem　36
generator　120
ghost　110
global transformation　185
gluon　207
Grassmann number　353
gravitational interaction　31
graviton　33
Green's function　338
ground state　273
group　137
—— theory　123

H

hadron　30
Heisenberg equation　270
helicity　164
hermitian operator　273
Higgs particle　6
hyper charge　211

I

indefinite metric space　392
infinitesimal Lorentz transformation　116
infinitesimal transformation　285
intrinsic parity　151
invariance　2
—— principle　1
invariant delta function　333
invariant spinor　140
—— tensor　138
invariant tensor　22
irreducible　197

J

Jacobi identity　65

K

Klein–Gordon equation　2

L

Lagrangian　235
—— density　239
Landau gauge　400
lattice gauge theory　207
least action principle　235
left–handed　161
Legendre transformation　270
lepton　31
lepton number　300
Lie algebra　191
Lie group　191
linear and unitary　293
local transformation　185
longitudinal mode　389
longitudinal wave　80
Lorentz algebra　137
Lorentz boost　117
Lorentz group　137
Lorentz invariance　2
Lorenz gauge condition　83
low energy effective theory　251

M

magnetic flux quantization　77
Majorana condition　178
Majorana mass　170
Majorana representation　180
Majorana spinor　178
Maxwell equation　2
meson　30
metric tensor　8
micro causality　331
minimal coupling　187
monopole　62

N

natural unit　27
negative frequency part　393
negative norm　371
neutrino oscillation　210
neutron　30
nilpotent　353
Nishijima–Gell–Mann formula　217
Noether charge　280
Noether current　294
Noether's theorem　279
non–abelian gauge theory　200
non–relativistic limit　53
normal order　323
normal ordered product　323
nucleon　30

O

orbital angular momentum　34
orthogonality relation　318

P

pair annihilation　39
pair creation　39
para statistics　336
parity　144
—— transformation　150
—— violation　174
particle number　300
Pauli equation　99
Pauli exclusion principle　35
Pauli matrices　91
Pauli term　100
phase transformation　173
phonon　231
photon　5
Planck constant　5
Poincare algebra　137
Poincare group　403
Poincare invariance　401
Poincare transformation　7
Poincare's lemma　64
polar vector　151
polarization vector　388
positive definite space　393

positive frequency part　393
positron　4
principle of special relativity　4
problem of mass generation　215
Proca equation　78
projection operator　167
proper orthochronous Lorentz transformation　12
proton　30
pseudo scalar　142
pseudo vector　143

Q

q - number　306
QED　39
quantization condition　270
quantum chromodynamics　33
quantum electrodynamics　39
quark　30
—— confinement　207

R

rapidity　118
Rarita - Schwinger equation　2
reducible　197
reflection　152
relativistic invariance　2
renormalizable　250
renormalization　250
representation　196
representative　396
right - handed　161
rotational invariance　284

S

scalar　16
—— mode　389
selection rule　158
similarity transformation　93
singlet　210
source of force　189
space translation invariance　281
spacetime translation invariance　2
special unitary group　190
speed of light　26
spin　2
—— - statistics theorem　330
—— and statistics　35
—— angular momentum　34
spinor　18
standard model　6
Stokes' theorem　73
strong interaction　31
structure constant　195
super Poincare algebra　426
supercharge　372
superstring theory　180
supersymmetry　36

T

tachyon　418
tensor　16
Thomas precession　408
time ordered product　339
time reversal　153
time translation invariance　282
topology　423
totally antisymmetric tensor　91
transverse mode　389
transverse wave　80

U

unification　408
unitary group　190
unitary operator　288
unitary transformation　288

V

vacuum energy　313
vacuum state　248
vector　14

W

wave equation　68
weak angle　216
weak boson　33
weak interaction　31
Weinberg - Salam theory　209
Weinberg angle　216
Weyl representation　160
Weyl spinor　161
Wigner's theorem　293

Y

Yang - Mills theory　200
Yukawa interaction　256

Z

Z_2 invariance　249

著者略歴
坂本眞人
（さかもと　まこと）

1985 年 3 月	九州大学大学院理学研究科博士後期課程修了及び理学博士の学位取得
1985 年 4 月	日本学術振興会特別研究員 所属機関：九州大学理学部
1986 年 4 月	日本学術振興会奨励研究員 所属機関：九州大学理学部 （1986 年 4 月〜1987 年 3 月） 京都大学基礎物理学研究所 （1987 年 4 月〜1988 年 3 月）
1988 年 4 月	京都大学基礎物理学研究所研究員
1988 年 5 月	神戸大学理学部物理学科助手 ニールスボーア研究所文部省在外研究員 （1992 年 3 月〜1993 年 4 月）
2007 年 4 月	神戸大学大学院理学研究科物理学専攻助教
2015 年 10 月	神戸大学大学院理学研究科物理学専攻准教授
2023 年 3 月	神戸大学を定年退職 現在に至る

量子力学選書　場の量子論 ― 不変性と自由場を中心にして ―

2014 年 11 月 5 日　第 1 版 1 刷発行
2022 年 1 月 20 日　第 4 版 1 刷発行
2024 年 2 月 5 日　第 4 版 2 刷発行

検印省略

定価はカバーに表示してあります．

著作者　坂本　眞人
発行者　吉野　和浩
発行所　東京都千代田区四番町 8-1
　　　　電話　03-3262-9166（代）
　　　　郵便番号　102-0081
　　　　株式会社　裳華房
印刷所　三報社印刷株式会社
製本所　株式会社松岳社

一般社団法人
自然科学書協会会員

JCOPY〈出版者著作権管理機構 委託出版物〉
本書の無断複製は著作権法上での例外を除き禁じられています．複製される場合は，そのつど事前に，出版者著作権管理機構（電話 03-5244-5088，FAX 03-5244-5089，e-mail: info@jcopy.or.jp）の許諾を得てください．

ISBN 978-4-7853-2511-4

© 坂本眞人, 2014　　Printed in Japan

量子力学選書

坂井典佑・筒井　泉 監修

相対論的量子力学

川村嘉春 著　Ａ５判上製／368頁／定価 5060円（税込）

【主要目次】第Ⅰ部 相対論的量子力学の構造（1. ディラック方程式の導出　2. ディラック方程式のローレンツ共変性　3. γ行列に関する基本定理，カイラル表示　4. ディラック方程式の解　5. ディラック方程式の非相対論的極限　6. 水素原子　7. 空孔理論）　第Ⅱ部 相対論的量子力学の検証（8. 伝搬理論 −非相対論的電子−　9. 伝搬理論 −相対論的電子−　10. 因果律，相対論的共変性　11. クーロン散乱　12. コンプトン散乱　13. 電子・電子散乱と電子・陽電子散乱　14. 高次補正 −その1−　15. 高次補正 −その2−）

場の量子論 −不変性と自由場を中心にして−

坂本眞人 著　Ａ５判上製／454頁／定価 5830円（税込）

【主要目次】1. 場の量子論への招待　2. クライン - ゴルドン方程式　3. マクスウェル方程式　4. ディラック方程式　5. ディラック方程式の相対論的構造　6. ディラック方程式と離散的不変性　7. ゲージ原理と3つの力　8. 場と粒子　9. ラグランジアン形式　10. 有限自由度の量子化と保存量　11. スカラー場の量子化　12. ディラック場の量子化　13. マクスウェル場の量子化　14. ポアンカレ代数と1粒子状態の分類

場の量子論（Ⅱ） −ファインマン・グラフとくりこみを中心にして−

坂本眞人 著　Ａ５判上製／592頁／定価 7150円（税込）

【主要目次】1. 場の量子論への招待 −自然法則を記述する基本言語−　2. 散乱行列と漸近場　3. スペクトル表示　4. 散乱行列の一般的性質とLSZ簡約公式　5. 散乱断面積　6. ガウス積分とフレネル積分　7. 経路積分 −量子力学−　8. 経路積分 −場の量子論−　9. 摂動論におけるウィックの定理　10. 摂動計算とファインマン・グラフ　11. ファインマン則　12. 生成汎関数と連結グリーン関数　13. 有効作用と有効ポテンシャル　14. 対称性の自発的破れ　15. 対称性の自発的破れから見た標準模型　16. くりこみ　17. 裸の量とくりこまれた量　18. くりこみ条件　19. 1ループのくりこみ　20. 2ループのくりこみ　21. 正則化　22. くりこみ可能性

経路積分 −例題と演習−

柏 太郎 著　Ａ５判上製／412頁／定価 5390円（税込）

【主要目次】1. 入り口　2. 経路積分表示　3. 統計力学と経路積分のユークリッド表示　4. 経路積分計算の基礎　5. 経路積分計算の方法

多粒子系の量子論

藪 博之 著　Ａ５判上製／448頁／定価 5720円（税込）

【主要目次】1. 多体系の波動関数　2. 自由粒子の多体波動関数　3. 第2量子化　4. フェルミ粒子多体系と粒子空孔理論　5. ハートリー - フォック近似　6. 乱雑位相近似と多体系の励起状態　7. ボース粒子多体系とボース - アインシュタイン凝縮　8. 摂動法の多体系量子論への応用　9. 場の量子論と多粒子系の量子論

裳華房ホームページ　https://www.shokabo.co.jp/